D1996994

E-Book inside.

Mit folgendem persönlichen Code erhalten Sie die E-Book-Ausgabe dieses Buches zum kostenlosen Download.

2018l-6w6p5-
6r314-700es

Registrieren Sie sich unter
www.hanser-fachbuch.de/ebookinside
und nutzen Sie das E-Book auf Ihrem Rechner*, Tablet-PC und E-Book-Reader.

* Systemvoraussetzungen:
Internet-Verbindung und Adobe® Reader®

Edgar Dietrich/Alfred Schulze

Eignungsnachweis von Prüfprozessen

Edgar Dietrich/Alfred Schulze

Eignungsnachweis von Prüfprozessen

Prüfmittelfähigkeit und Messunsicherheit im aktuellen Normenumfeld

4., überarbeitete Auflage

HANSER

Bibliografische Information der Deutschen Nationalbibliothek:
Die Deutsche Nationalbibliothek verzeichnet diese Publikation in der Deutschen Nationalbibliografie; detaillierte bibliografische Daten sind im Internet über <http://dnb.ddb.de> abrufbar.

ISBN 978-3-446-42777-8
E-Book ISBN 978-3-446-42925-3

www.hanser-fachbuch.de
Lektorat: Dipl.-Ing.Volker Herzberg
Herstellung: Der Buchmacher, Arthur Lenner, München
Coverconcept: Marc Müller-Bremer, Rebranding, München, Germany
Titelillustration: Atelier Frank Wohlgemuth, Bremen
Coverrealisierung: Stephan Rönigk
Druck und Bindung: Kösel, Krugzell
Printed in Germany

Vorwort

Die Bedeutung der „Eignung von Prüfprozessen“ hat in den letzten Jahren immer mehr zugenommen. Ende der 80er-Jahre waren es nur einige wenige Firmenrichtlinien, die auf die Bedeutung der Prüfmittel hingewiesen haben und die Eignung mit sogenannten Fähigkeitsstudien gefordert haben. Im Laufe der Zeit sind immer neue und weitere Richtlinien hinzugekommen. Weiter wurde die Vorgehensweise immer mehr verfeinert und für die Anwendung verbessert. Nachdem sich diese Methodik etabliert hatte, kamen immer mehr Forderungen aus Quasi-Normen wie den Richtlinien nach QS-9000 oder VDA 6.1 hinzu. Damit mussten Prüfmittelfähigkeitsuntersuchungen regelmäßig durchgeführt werden, um ein Zertifikat gemäß des jeweiligen QM-Systems zu erhalten.

Mittlerweile ist zu dem Thema Fähigkeitsuntersuchung die Bestimmung der Messunsicherheit für die Anwendungsfälle in der Fertigung hinzugekommen. So fordert beispielsweise die DIN EN ISO 14253 [17] für Längenmaße die Bestimmung der Messunsicherheit und deren Berücksichtigung an den Spezifikationsgrenzen. Damit sind immer mehr Firmen verpflichtet im Rahmen ihres QM-Systems die Messunsicherheit zu berechnen und im jeweiligen Anwendungsfall zu verwalten. Um dies möglichst einfach durchführen zu können, hat mittlerweile der VDA den Band Prüfprozesseignung (VDA 5 [42]) herausgebracht. Bereits dem Titel ist zu entnehmen, dass man sich nicht ausschließlich mit dem Messgerät auseinandersetzt, sondern mit dem Messgerät plus aller darauf wirkenden Einflussfaktoren.

In unserem Buch „Statistische Verfahren zur Maschinen- und Prozessqualifikation“ [11] hatten wir bereits in der zweiten und dritten Auflage ein Kapitel dem Thema „Prüfmittelfähigkeit“ gewidmet. Aufgrund der Vielfältigkeit der einzelnen Verfahren zum Nachweis der Prüfprozesseignung haben wir uns entschlossen, dieses Thema in der 4. Auflage nicht mehr zu behandeln und dafür das vorliegende Buch herauszugeben, das diese Thematik detaillierter behandelt.

Besonders möchten wir uns bei Herrn Ofen (Robert Bosch GmbH, Bamberg) für die langjährige Zusammenarbeit und seine fachliche Unterstützung bedanken. Von ihm stammen große Teile des Buches „Sonderfälle bei der Beurteilung von Messverfahren“. Daraus haben wir mit seiner Zustimmung einige Textpassagen in das vorliegende Buch übernommen.

Weiter möchten wir uns ganz herzlich bei Frau Mesad für das Layout und die Gestaltung des Buches bedanken.

Bei Fragen können Sie sich auch direkt an die Q-DAS® GmbH, Eisleber Str. 2, 69469 Weinheim, Tel.: 06201/3941-0, Fax: 06201/3941-24, Hotline Tel.: 06201/3941-14, E-Mail: q-das@q-das.de wenden.

Weinheim, April 2003

Edgar Dietrich und Alfred Schulze

Vorwort zur 2. Auflage

Das in dem vorliegenden Buch behandelte Thema ist auf große Resonanz gestoßen. So hatten wir auf die erste Auflage ein hohes Feedback mit vielen Anregungen. Insbesondere möchten wir uns bei den Lesern bedanken, die uns auf die eine oder andere Unzulänglichkeit hingewiesen haben. Diese Vorschläge wurden aufgegriffen und in der neuen Auflage berücksichtigt.

Mittlerweile ist der VDA Band 5 „Prüfprozesseignung“ im Rotdruck erschienen. Dieser hat in der Fachwelt für eine Menge Diskussionsstoff gesorgt, aber auch Fragen aufgeworfen. Daher sind wir insbesondere auf diese Thematik näher eingegangen und haben Rechenbeispiele ergänzt.

In vielen Gesprächen und Seminaren wurde immer der Wunsch geäußert, dass man sich zur Bestimmung der „Erweiterten Messunsicherheit“ in Analogie zu der weit verbreiteten Vorgehensweise der Messmittelfähigkeit „R&R“ eine ähnlich strukturierte Vorgehensweise wünscht. Daher haben wir basierend auf aktuell gültigen Normenentwürfen eine von den Autoren als so genannte AIO (All-in-One Methode) bezeichnete Vorgehensweise zur Bestimmung der erweiterten Messunsicherheit entwickelt. Damit können quasi kochrezeptartig die einzelnen Standardunsicherheiten ermittelt und als Endergebnis die erweiterte Messunsicherheit berechnet werden.

Bei der Erstellung der neuen Rechenbeispiele hat uns Herr Dipl.-Ing. Michael Radeck unterstützt. Auch hat er das Thema „Attributive Prüfmittel“ bearbeitet. Für seine Mithilfe möchten wir uns bei ihm recht herzlich bedanken.

Weinheim, Mai 2004

Edgar Dietrich und Alfred Schulze

Vorwort zur 3. Auflage

Zwar war die Bestimmung der Messunsicherheit gemäß der „Anleitung zur Bestimmung der Messunsicherheit“ (GUM Guide to the Uncertainty in Measurement [23]) bereits in den vorangegangenen Auflagen vorhanden. Deren Anwendung in der industriellen Produktion war allerdings nur wenig verbreitet. Dies hat sich in letzter Zeit allerdings verändert.

Insbesondere durch die neue ISO 10012:2004 [16] „Messmanagementsysteme – Anforderungen an Messprozesse und Messmittel“ hat dieses Thema deutlich an Bedeutung gewonnen. Wie der Untertitel dieser Norm ausdrückt, ist die Messunsicherheit für die jeweiligen Messprozesse nachzuweisen. Darin steht wörtlich: „Die Messunsicherheit muss für jeden vom Messsystem überwachten Messprozess abgeschätzt werden. Die hierbei anzuwendenden Methoden sind im Guide to the Expression of Uncertainty in Measurement (GUM) [23] angegeben“.

Dies war Anlass, sich innerhalb dieses Buches mit dem Thema Messunsicherheit intensiver auseinanderzusetzen.

Seit dem Erscheinen der zweiten Auflage im Mai 2004 sind weitere Firmenrichtlinien zu dem Thema „Eignungsnachweis von Prüfprozessen“ veröffentlicht worden. Der dritten Auflage sind die Richtlinien von DaimlerChrysler LF05 und von der Robert Bosch GmbH Heft 10 angefügt. In beiden Richtlinien sind die in der vorliegenden Auflage theoretisch behandelten Verfahren und Vorgehensweisen für den Eignungsnachweis von Prüfprozessen umgesetzt. Mittlerweile liegen durch die Anwendung der Richtlinien innerhalb der Unternehmen und bei Zulieferern Erfahrungen im Umgang mit dieser Methodik vor, das den praktischen Nutzen zusätzlich bestätigt.

Bei der Erstellung des Kapitels „Bestimmung der Messunsicherheit“ hat uns Herr Dipl.-Ing. Stephan Conrad unterstützt. Für seine Mithilfe möchten wir uns bei ihm recht herzlich bedanken.

Bei Fragen können Sie sich auch direkt an die Q-DAS GmbH & Co. KG, Eisleber Str. 2, 69469 Weinheim, Tel.: 06201/3941-0, Fax: 06201/3941-24, Hotline Tel.: 06201/3941-14, E-Mail: q-das@q-das.de wenden.

Weinheim, September 2006

Edgar Dietrich und Alfred Schulze

Vorwort zur 4. Auflage

Sowohl die AIAG (Automotive Industry Action Group) als auch der VDA (Verband der Automobilindustrie) haben 2010 bzw. 2011 die Leitfäden zum Eignungsnachweis von Prüfprozessen neu veröffentlicht. Während die 4. Ausgabe der MSA (Measurement System Analysis [1]) gegenüber der 3. Ausgabe nur unwesentliche Änderungen enthält, wurde der VDA Band 5 (Prüfprozesseignung [40]) gänzlich überarbeitet und unterscheidet sich gegenüber der 1. Ausgabe von 2003 erheblich. Daher ist das Kapitel 8 (Bestimmung der erweiterten Messunsicherheit nach VDA 5) vollständig überarbeitet worden. Weiter wurden Änderungen und Trends aufgrund der aktuellen Normung eingearbeitet. So gibt es mittlerweile die ISO 22514-7, die inhaltlich mit dem VDA 5 Band identisch ist.

Mein besonderer Dank gilt Herrn Michael Radeck für die intensive Durchsicht und die vielen Anregungen.

Weinheim, November 2013

Edgar Dietrich

Inhalt

1 Prüfprozesseignung

1.1 Einführung

1.1.1 Warum Prüfprozesseignung?

Diese Frage kann mit einem plakativen Satz beantwortet werden: „Man kann nur so genau fertigen, wie man messen kann! Daraus leitet sich die technische Notwendigkeit ab, dass für die korrekte Beurteilung von Prozessen in der Fertigung und Produktion geeignete Prüfprozesse zur Verfügung stehen müssen.“ Die mit dem Prüfprozess ermittelten Messwerte sind die Grundlage der Beurteilung von realen Sachverhalten und müssen diese ausreichend sicher widerspiegeln. Ein nicht geeigneter Prüfprozess verwischt die Realität und lässt keine sicheren Rückschlüsse zu.

Daher gilt es zunächst die Frage zu beantworten: „Was versteht man unter einem geeigneten Prüfprozess?“. Hierzu gibt es mehrere Normen, Leitfäden und Richtlinien (s. Bild 1.1), die nicht nur den Eignungsnachweis fordern, sondern Vorgehensweisen aufzeigen, wie dieser durchgeführt werden kann.

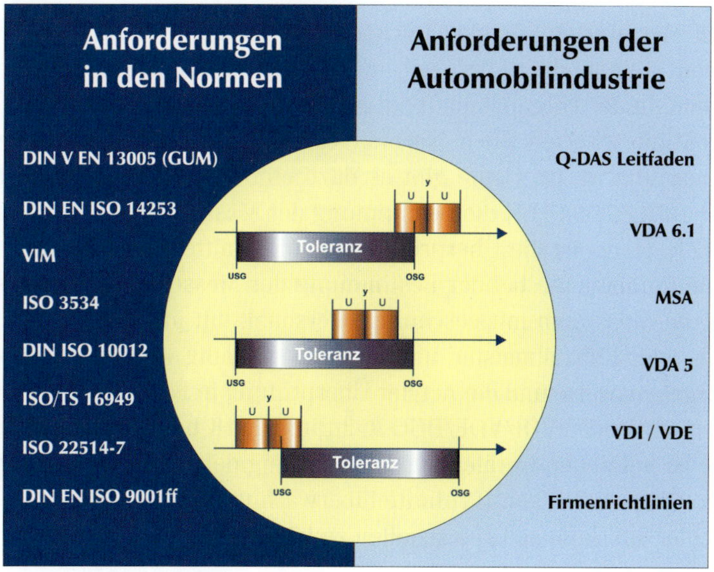

Bild 1.1 Wichtige Normen und Richtlinien im Zusammenhang mit der Prüfprozesseignung

So fordert ISO/TS 16949:2009 [20] für die Beurteilung von Messsystemen:

„Für jede Art von Messsystemen müssen statistische Untersuchungen zur Analyse der Streuung der Messergebnisse durchgeführt werden. Diese Anforderung muss für alle Messsysteme, auf die im Produktionslenkungsplan Bezug genommen wird, angewendet werden. Die angewendeten Methoden und Annahmekriterien müssen denen in den Referenzhandbüchern des Kunden für die Beurteilung von Messsystemen entsprechen. Andere analytische Methoden und Annahmekriterien dürfen mit Genehmigung des Kunden angewendet werden.“

Die Aussage, dass andere Methoden mit der Genehmigung zulässig sind, ist für viele Lieferanten allerdings nicht relevant, da in der Regel spezielle Einzelvereinbarungen mit allen Kunden nicht getroffen werden können. Daher bleibt für die Zertifizierung des QM-Systems nur die Möglichkeit, allgemeine Standards als Grundlage (z. B. MSA [1] oder VDA [40]) heranzuziehen.

In Abschnitt 1.2 „Historischer Rückblick und Ausblick“ sind die Zusammenhänge und die Entwicklung der einzelnen Dokumente nochmals verdeutlicht. Die Abnahme von Maschinen und Fertigungseinrichtungen, die Beurteilung von Prozessen und Produkten oder die kontinuierliche Prozessüberwachung erfolgt anhand der Beurteilung von qualitativen und quantitativen Produktmerkmalen. Schwerpunkt der Untersuchungen sind quantitative bzw. variable Merkmale. Nichtsdestotrotz werden in einem späteren Abschnitt Eignungsnachweise für qualitative bzw. attributive Merkmale behandelt.

Bei quantitativen Merkmalen werden mit Hilfe von Messsystemen, den Merkmalen der gefertigten Werkstücke bzw. den Prozessparametern Messwerte entnommen. Dazu sind aufgabenbezogene Messsysteme, spezielle Sensoren oder handelsübliche Standardmessgeräte erforderlich.

Um aus den Messwerten korrekte Rückschlüsse zu ziehen, müssen die Werte mit ausreichender „Genauigkeit“ bezogen auf die Merkmalstoleranz oder den Prozess erfasst werden. In der Vergangenheit hat man primär die Eignung eines Messgerätes anhand von Mindestwerten, die in Normen festgehalten sind, überprüft bzw. die Herstellerangaben überwacht. Heute gibt es dazu eindeutige Vorgaben. So fordert die DIN EN ISO 10012:2004 [14] die Bestimmung der Messunsicherheit gemäß der DIN EN 13005 [21]. Dabei ist die Überprüfung des Messmittels unter idealen Bedingungen nur eine Komponente bei der Bestimmung der Messunsicherheit des Messprozesses: z. B. im Messraum mit geschultem Personal, mit idealisierten Werkstücken, wie Normale oder Einstellmeister, und in standardmäßig vorgegebenen Vorrichtungen. Die Vorgehensweise und die Art der Überprüfung in Form von Prüfanweisungen ist exemplarisch in der VDI/VDE/DGQ-Richtlinie 2618 beschrieben. Diese Handhabungsweise ist bei neuen Geräten zur Überprüfung der Herstellerangaben, bzw. für regelmäßige Überwachungen (Prüfmittelüberwachung) notwendig, um Veränderungen oder Fehler am Gerät selbst feststellen zu können.

Die so ermittelte „Eignung“ sagt allerdings noch nichts bzw. sehr wenig über das Verhalten des Gerätes unter den realen Bedingungen aus, da mehrere bei einem Prüfprozess wirkende Einflusskomponenten nicht berücksichtigt sind.

In Bild 1.2 sind die bei einem Prüfprozess wirkenden Einflusskomponenten dargestellt. Gleichzeitig werden einige Einflusskomponenten dem sogenannten Messsystem als ein zentrales Element des Prüfprozesses zugeordnet. Diese Aufteilung ist sinnvoll, da so zwischen der Eignung des Messsystems und der Eignung des Prüfprozesses unterschieden werden kann. Weiter kann die Eignung des Messsystems unabhängig vom realen Einsatz des Messgeräts bestimmt werden und ist weitestgehend vom Hersteller des Messgerätes beeinflusst. Daher können Hersteller unter Angabe der Vorgehensweise und der Referenzgrößen die Eignungsnachweise selbst durchführen. Das Gleiche gilt für die Unternehmen selbst. Sie können für die vorhandenen Messsysteme die Eignungsnachweise dokumentieren und haben für die Auswahl bei einer Messaufgabe eine Einschätzung, ob die Eignung des Messprozesses überhaupt erreicht werden kann.

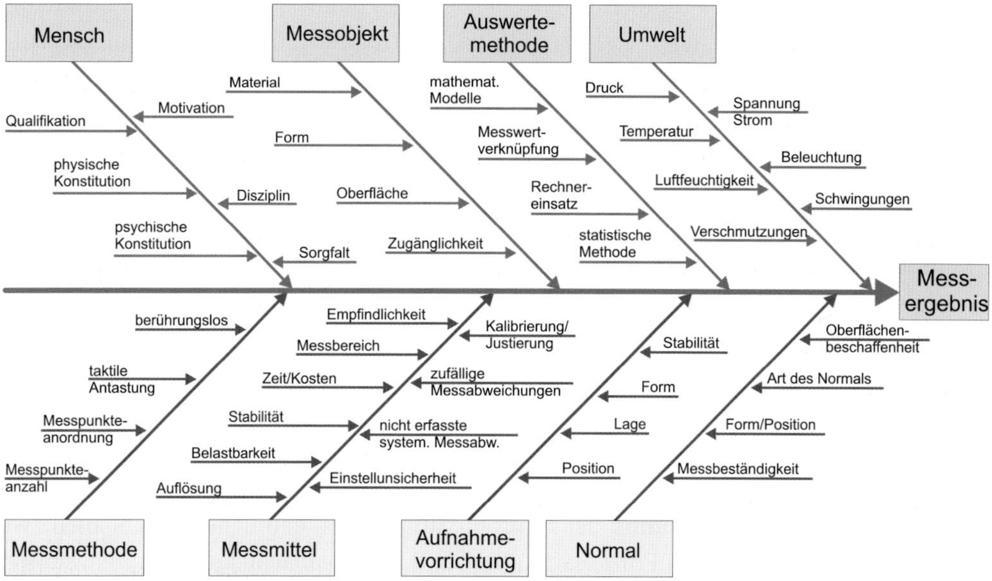

Bild 1.2 Wichtige Einflüsse auf die Unsicherheit von Messergebnissen
Quelle: VDA 5 Prüfprozesseignung

HINWEIS: Einschlägige Erfahrungen haben gezeigt, dass der Einfluss eines Messgeräts allein an dem gesamten Messprozess häufig die geringste Komponente darstellt. Daher sind für eine Gerätebetrachtung **alle** Einflussgrößen zu berücksichtigen.

Daher kann mit den oben beschriebenen Verfahren bestenfalls eine theoretische Aussage getroffen werden, dass ein Messgerät für eine vorgegebene Toleranz prinzipiell geeignet sein könnte. Um allerdings unter den genannten Einflüssen feststellen zu können, ob das Messsystem geeignet bzw. qualifiziert ist, um einen vorliegenden Prozess mit ggf. sehr kleiner Prozessstreuung unter realen Bedingungen sicher zu beurteilen, sind andere Verfahren und Vorgehensweisen erforderlich.

Insbesondere unter der Zielsetzung „Never Ending Improvement" werden Toleranzen immer enger und die Prozessstreuung immer kleiner. Daher muss das Messsystem der jeweiligen Aufgabenstellung gerecht werden. Ist dies nicht der Fall, sind die Messergebnisse verfälscht und für die statistische Analyse nahezu unbrauchbar.

Um diesen Anforderungen gerecht zu werden, verlangen mehrere Normen und Richtlinien die Beurteilung der Messsysteme anhand von so genannten Fähigkeitsstudien bzw. die Bestimmung der Messunsicherheit. Im Rahmen der ISO/TS 16949 [20] wird ebenfalls die Bestimmung der Eignung des Prüfprozesses verbindlich vorgeschrieben. Die Vorgehensweise ist darin nicht näher spezifiziert. Es ist nur der Hinweis, dass die Vorgaben des Kunden gelten. Dies können damit einerseits Prüfmittelfähigkeitsuntersuchungen oder andererseits die Bestimmung der erweiterten Messunsicherheit sein. Aller Voraussicht nach werden in absehbarer Zukunft beide Verfahren nebeneinander stehen. In erster Linie wird im Umfeld der amerikanischen Automobilindustrie nach wie vor die MSA zum Tragen kommen. Es ist zu erwarten, dass bei den deutschen Automobilkonzernen die Prüfprozesseignung gemäß VDA 5 in den Vordergrund rücken wird.

In dem vorliegenden Buch werden die verschiedenen Vorgehens- und Betrachtungsweisen behandelt. Weiter werden Zusammenhänge, aber auch Unterschiede in den Verfahren erörtert.

In Bild 1.3 und Bild 1.4 sind die Auswirkungen der **„Streuung eines Messsystems"** auf die „Beobachtete Prozessstreuung" zu sehen. In Bild 1.3 ist die **„Streuung des Messsystems"** ausreichend klein. Damit ist die „Tatsächliche Prozessstreuung" nahezu identisch mit der „Beobachteten Prozessstreuung". Die in Bild 1.4 dargestellte **„Streuung des Messsystems"** ist zu groß. Daher ist ein deutlicher Unterschied zwischen der „Tatsächlichen Prozessstreuung" und der „Beobachteten Prozessstreuung" zu erkennen. Diese ist in der Bild 1.4 wegen der besseren Übersichtlichkeit nur in eine Richtung (nach oben) dargestellt. Konsequenterweise kann die „Beobachtete Prozessstreuung" auch nach unten abweichen. Diese Differenz führt konsequenterweise zu Fehlinterpretation des realen Sachverhaltens.

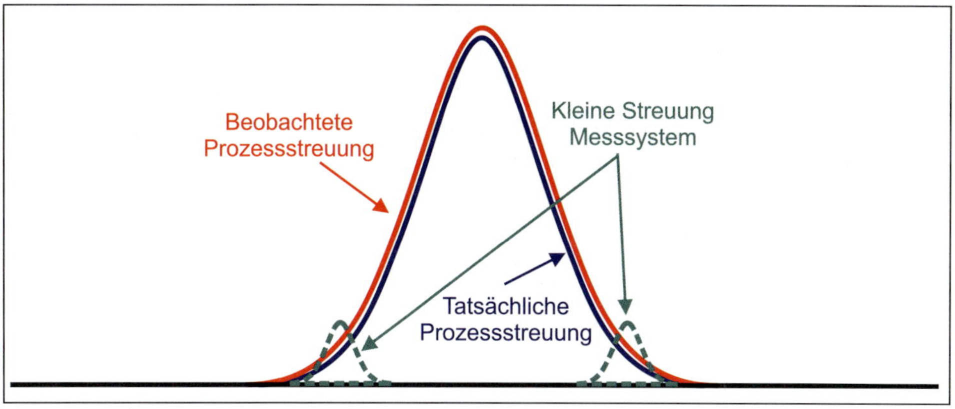

Bild 1.3 Beobachtete Prozessstreuung durch Messsystem kaum beeinflusst (Darstellung nicht maßgerecht)

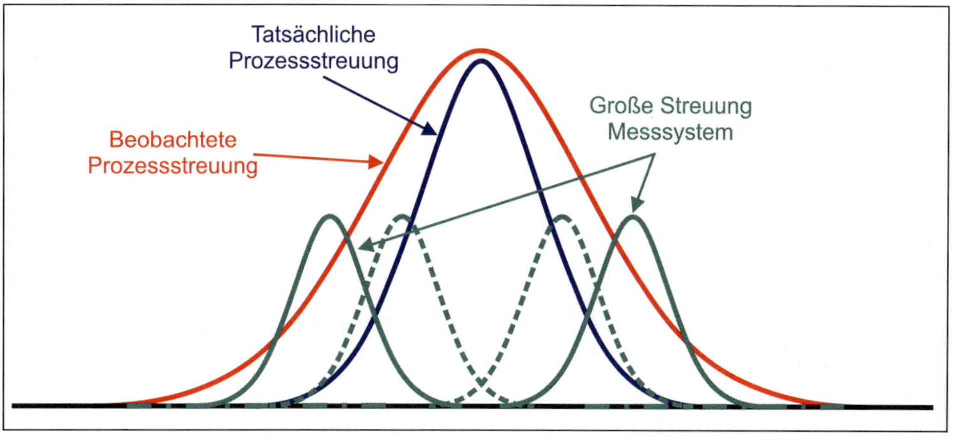

Bild 1.4 Beobachtete Prozessstreuung durch Messsystem beeinflusst (Darstellung nicht maßgerecht)

Damit stellen sich zwei Fragen:

1. Wie kann die „Streuung eines Messsystems“ ermittelt werden?
2. Wie groß darf die „Streuung des Messsystems“ höchstens sein, damit der Unterschied zwischen der „Beobachteten Prozessstreuung“ und der „Tatsächlichen Prozessstreuung“ noch akzeptabel ist?

Die erste Frage kann mit dem im Folgenden beschriebenen Verfahren beantwortet werden. Dazu werden je nach Verfahren unterschiedliche Kennwerte wie C_g, %GRR, U usw. berechnet. Der Vergleich der Ergebnisse mit vorgegebenen Grenzwerten beantwortet die zweite Frage. Die Bilder 1.5 bis 1.7 zeigen den Einfluss dieser Kennwerte auf die Prozessfähigkeit C_p. Bei C_p handelt es sich um eine Qualitätsfähigkeitskenngröße, die in [9] näher erläutert ist. Die Betrachtungsweise kann unverändert auch auf andere Qualitätsfähigkeitskenngrößen wie C_m und P_p oder T_p übertragen werden.

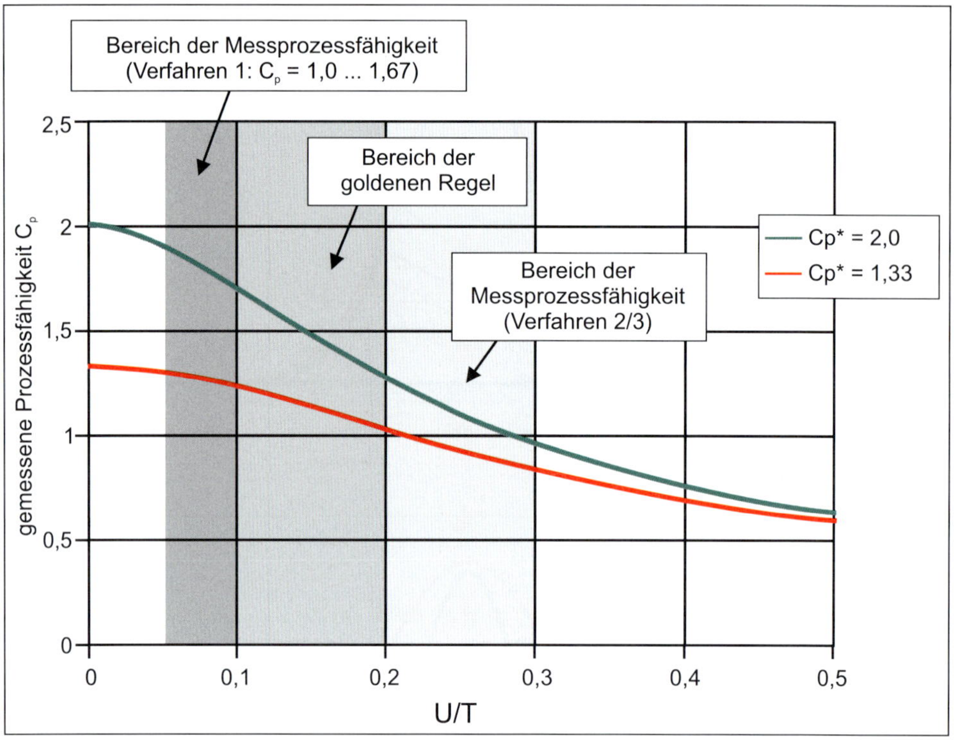

Bild 1.5 Einfluss von U/T auf Qualitätsfähigkeitsgröße C_p

Bild 1.5 zeigt den Einfluss der Messunsicherheit auf die Qualitätsfähigkeitskenngröße C_p. Dargestellt ist der Verlauf des C_p-Wertes (nur C_p = 2.0 und C_p = 1,33) über dem Verhältnis der erweiterten Messunsicherheit zur Toleranz (U/T). Bereits bei einem Verhältnis von U/T = 0,15 (d. h. U ist 15 % der Toleranz) erhält man aus den Anzeigewerten des Messprozesses C_p = 1,5 für eine Messgröße mit dem tatsächlichen Prozesspotenzial C_p^* = 2,0. Im Anhang „Auswirkung des Messprozesses auf die Prozessfähigkeit" ist die Beziehung zwischen dem beobachteten Prozesspotenzial C_p, dem Prüfprozesseignungskennwert QMP nach VDA 5 und dem tatsächlichen Prozesspotenzial dargestellt (s. Seite 112).

Analog lässt sich eine Beziehung für das Prozesspotenzial und die Fähigkeitskenngröße %GRR herleiten (s. MSA [1]).

In Bild 1.6 ist die beobachtete Prozessfähigkeit in Abhängigkeit von der tatsächlichen Prozessfähigkeit der Messgröße und der Fähigkeitskenngröße %GRR des Messsystems als Funktion dargestellt. Wählt man in dem Diagramm beispielsweise das tatsächliche Prozesspotenzial C_p = 2,0, so erhält man aus den Anzeigewerten eines Messsystems mit %GRR = 30 % das beobachtete Prozesspotenzial C_p = 1,7.

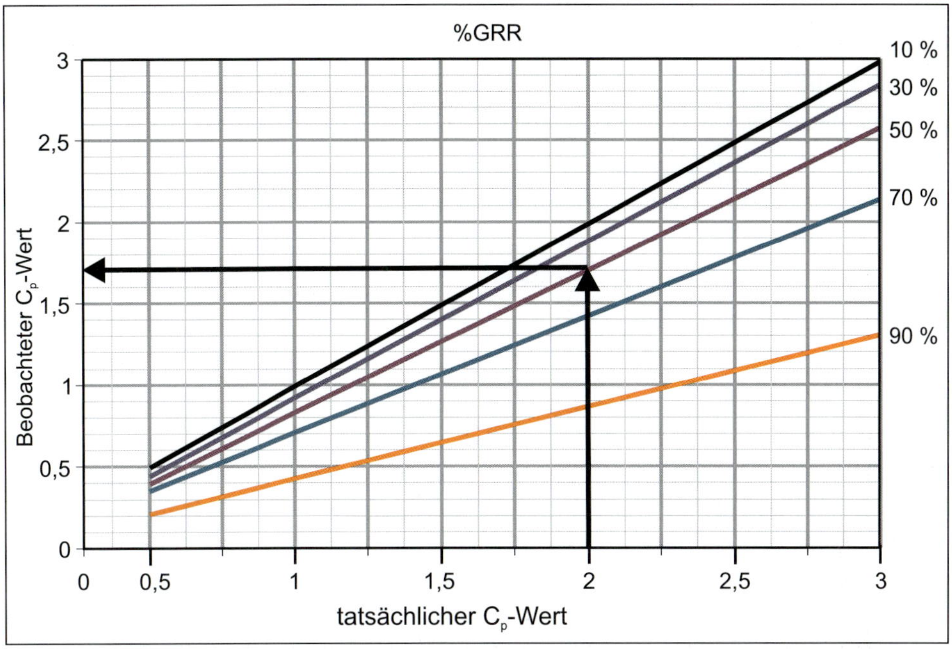

Bild 1.6 Einfluss von %GRR auf Qualitätsfähigkeitskenngröße C_p bei Prozessstreuung als Bezugsgröße

Wählt man als Bezugsgröße die Toleranz, so erhält man die in Bild 1.7 dargestellte Beziehung.

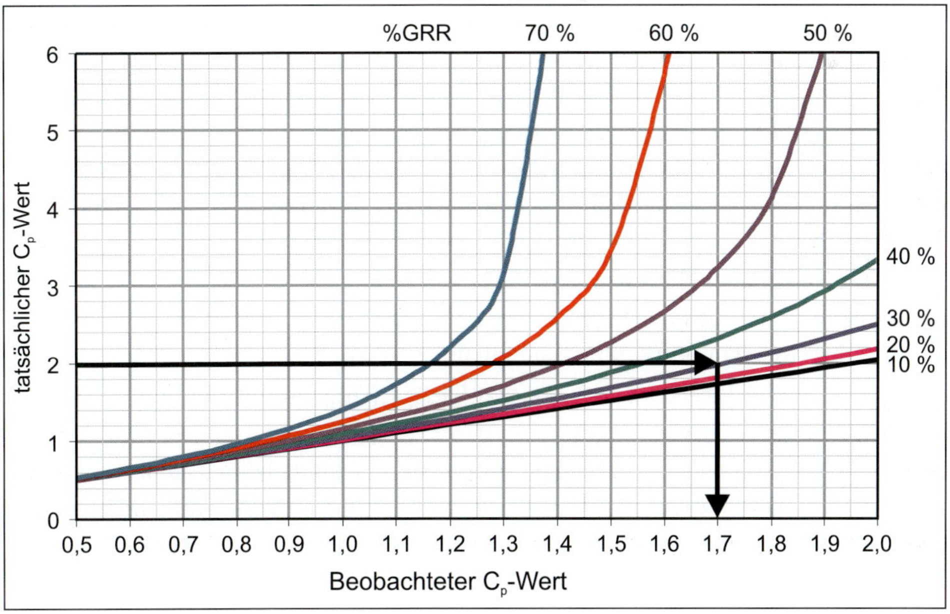

Bild 1.7 Einfluss von %GRR auf Qualitätsfähigkeitskenngröße C_p bei Toleranz als Bezugsgröße

Aus dem Bild 1.7 leitet man ab: Für eine Messgröße ist das tatsächliche Prozesspotenzial beispielsweise C_p = 2,0. Wird diese Messgröße nun mit einem Messsystem gemessen, dessen Streuung %GRR = 30% aufweist, so berechnet man aus den Anzeigewerten das beobachtete Prozesspotenzial C_p = 1,7.

Im Anhang 17.2 „Auswirkung des Messprozesses auf die Prozessfähigkeit" ist die Herleitung der hier beschriebenen Zusammenhänge erläutert.

Ganz allgemein lässt sich ableiten, dass für einen %GRR-Wert größer als 30 % die Abweichung zwischen dem „Beobachteten C_p-Wert" und dem „Tatsächlichen C_p-Wert" zu groß und nicht mehr akzeptabel ist. In vielen Richtlinien ist ein Messsystem mit %GRR kleiner 10 % als fähig zu bewerten und Messsysteme mit %GRR zwischen 10 % und 30 % als bedingt fähig. Dementsprechend sind Messsysteme mit %GRR größer oder gleich 30 % als nicht fähig einzustufen und dürfen für die angedachte Messaufgabe nicht eingesetzt werden.

Ist ein Prüfprozess nicht geeignet, sind die erfassten Merkmalswerte für die Beurteilung der Maschinenfähigkeit, der vorläufigen und fortdauernden Prozessfähigkeit wertlos. Diese Methoden hat man bereits Mitte der achtziger Jahre eingeführt, ohne auf die Eignung des Messprozesses zu achten. An vielen Stellen konnte beobachtet werden, dass sehr häufig die Streuung des Messprozesses beurteilt wurde anstatt der Fertigungsprozess selbst. Dies waren die Hauptgründe, warum das Thema Prüfmittelfähigkeit eingeführt wurde.

Einige Praktiker behaupten, die Aussage: „Man kann nur so genau fertigen, wie man auch messen kann" stimme nicht. Hintergrund ist dabei, dass der Messprozess Bestandteil des Fertigungsprozesses ist und oftmals nicht zwischen beiden unterschieden werden kann. Allerdings werden die Forderungen an die Messverfahren immer weiter steigen. Aus technischen Gründen werden häufig die Spezifikationsgrenzen enger. Konsequenterweise wird der Spielraum für die Fertigung immer geringer, daher ist eine sinnvolle Regelung bzw. Steuerung wichtig. Dabei sind die Messergebnisse eines Messprozesses die Grundlage. Ein typisches Beispiel an höchste Anforderungen an einen Messprozess ist beispielsweise die Fertigung der Common Rail-Einspritzventile. Um Drücke in der Größenordnung von 2000 Bar und mehr zu erreichen, sind Forderungen an die Rundheit der Stifte und Bohrungen in der Größenordnung unter 0,5 μm unabdingbar. Eine solche Fertigung kann nur kostengünstig gesteuert werden, wenn man in der Lage ist, diese Merkmale mittels eines geeigneten Messprozesses zu überprüfen. Dieses Beispiel ist auf viele andere Anwendungen übertragbar.

Bei der Festlegung der Spezifikationsgrenzen ist allerdings bereits in der Konstruktion auch die Machbarkeit des Messverfahrens zu überprüfen. Auch dies sollte in einem Team zwischen Konstruktion, Fertigung und Kunde bzw. Lieferant erfolgen. Nur so kann das Ziel wirtschaftlich erreicht werden.

1.2 Historischer Rückblick und Ausblick

Die Tatsache, dass das Ergebnis einer Messung eine Unsicherheit aufweist, ist so alt wie das Messen selbst. In der Praxis wurde häufig der Slogan verwendet „Wer misst, misst Mist“. Das bedeutet nichts anderes als eine zu große Messunsicherheit, die konsequenterweise einen falschen Merkmalswert und damit zu Fehlinterpretationen führen kann. In der Vergangenheit wurde die Messunsicherheit häufig auch als Fehler bezeichnet.

Das mag im Altertum weniger Bedeutung gehabt haben. Im globalen industriellen Zeitalter hat sich das aber gänzlich geändert. So war es Carl Friedrich Gauß, der bei der Landvermessung sich dieser Unsicherheit bewusst wurde und die Fehler- und Ausgleichsrechnung entwickelte, um die Streuung von empirisch ermittelten Daten zu berücksichtigen. In diesem Zusammenhang wurde für die Fortpflanzung von Streuungen die berühmte Gauß'sche Glockenkurve (Normalverteilung) geboren.

Erste Empfehlungen, den Begriff „Messunsicherheit“ näher zu spezifizieren, gehen auf das nationale Komitee für Maße und Gewicht zurück. Diese wurden erstmals 1977 artikuliert. 1994 wurde der Begriff in der ersten Auflage des internationalen Wörterbuchs der Metrologie, kurz VIM [24], definiert und damit festgelegt. Die heute gültige Festlegung des Begriffs Messunsicherheit ist auch der DIN 1319-Teil 1 zu entnehmen. Wie die Messunsicherheit zu bestimmen ist, wurde in dem „Leitfaden zur Angabe der Unsicherheit beim Messen“ 1995 näher spezifiziert. Dieser liegt seit 1999 als Vornorm DIN V EN V 13005 [21] (GUM – Guide to the Expression of Uncertainty, IEC) vor.

Obwohl man sich schon lange der Notwendigkeit für den jeweiligen Messprozess die Unsicherheit zu bestimmen, bewusst ist, werden diese Verfahren in Fertigung und Produktion nicht herangezogen. Die Hintergründe sind relativ einfach. Schaut man sich die DIN V EN V 13005 [21] näher an, so ist dieses Dokument mit vielen theoretischen Überlegungen bestückt, die in der Praxis nur sehr schwer umsetzbar ist. In Messräumen hat man sich aufgrund der geforderten Zertifizierung bzw. Akkreditierung schon länger mit dieser Thematik auseinandergesetzt. Dort ist die Problematik aufgrund der geringeren Anzahl von Einflussgrößen einfacher zu handhaben. Messprozesse, wie sie in der alltäglichen Praxis vorkommen, mit einer Vielzahl von Einflüssen, können nicht so ohne weiteres über theoretische Betrachtungen analysiert und bewertet werden. Die einzelnen Einflüsse sind nur schwer abschätzbar bzw. durch mathematische Formeln und Modelle beschreibbar. Dies war sicherlich der Hauptgrund, warum man sich Ende der achtziger Jahre in der Automobilindustrie mit dem Thema Prüfmittelfähigkeit auseinandergesetzt hat.

1.2.1 Entwicklung „Prüfprozessfähigkeit"

Bei der Prüfmittelfähigkeit wird versucht, anhand einer eindeutig und leicht durchführbaren Vorgehensweise die Eignung eines Messverfahrens nachzuweisen. Dabei werden in erster Linie Versuche durchgeführt. Die Messergebnisse werden statistisch ausgewertet und entsprechende Kennzahlen berechnet. Die ermittelten Qualitätsfähigkeitskenngrößen werden mit vorgegebenen Grenzwerten verglichen. Sind die Forderungen eingehalten, kann das Messverfahren für die jeweilige Messaufgabe als geeignet angesehen werden.

Bei dieser Vorgehensweise werden unter Umständen nicht alle Einflüsse vollständig berücksichtigt. Trotzdem hat sich diese Methode in der Praxis immer mehr durchgesetzt. Mit der Einführung der Prüfmittelfähigkeit sind quasi zwei Lager entstanden. Das Lager der „Statistiker", die diese Vorgehensweise etabliert haben, und das Lager der „Messtechniker", die diese Beurteilung anhand der Messunsicherheit bevorzugen.

Das Wort „Messunsicherheit" ist ein negativer Begriff und daher bei Herstellern von Messgeräten nicht beliebt. Selbst mit einer kleinen Messunsicherheit kann sich der Lieferant eines Messgerätes nicht brüsten. Daher ist der Begriff Marketing-Strategen eher ein Dorn im Auge. Dies hat sicherlich nichts mit der hier beschriebenen Zielsetzung zu tun.

Erste Richtlinien zur Beurteilung der Prüfmittelfähigkeit wurden in der Automobilindustrie erstellt. Dazu gehörten General Motors und Ford. Die Vorläufer der heute gültigen Richtlinien [2], [30] wurden bereits 1987/1989 publiziert. Andere Automobilhersteller und große Zulieferer folgten diesen Vorgaben und haben ähnliche Richtlinien erarbeitet (z. B. Robert Bosch [39]). Mit der Zeit entstanden mehrere Richtlinien mit der gleichen Zielsetzung, allerdings mit unterschiedlichen Berechnungsmethoden. Um dem Wildwuchs etwas Einhalt zu gebieten, hat in den USA die A. I. A. G. (Automotive Industry Action Group, 1995 [1]) die erste Ausgabe ihres Leitfadens „Measurement System Analysis", kurz MSA, herausgegeben.

Im Vorwort ist zu lesen: *„In der Vergangenheit hatten Chrysler, Ford und General Motors jeweils ihre eigenen Richtlinien und Berichtsformate zur Sicherstellung der Lieferantenfähigkeit. Die unterschiedlichen Vorgaben in diesen Richtlinien führten dazu, dass die Lieferanten zusätzlichen Aufwand betreiben mussten. Um diese Situation zu verbessern, wurde eine Projektgruppe damit beauftragt, die von Chrysler, Ford und General Motors eingesetzten Referenzbücher, Verfahrensweisen, Berichtsformblätter und verwendete Begriffe und Benennungen zu vereinheitlichen.*

Dieses Handbuch ist eine Einführung in die Messsystemanalyse. Es ist nicht beabsichtigt, die Entwicklung von Analysemethoden auf bestimmte Prozesse oder Produkte zu beschränken. Da diese Richtlinien Zustände von Messsystemen beschreiben, die sich auf Standardfälle beziehen, können weitere Fragen aufkommen. Richten Sie diese Fragen bitte direkt an die Abteilung Lieferantenqualitätssicherung (Supplier Quality Assistance, SQA) Ihres Kunden. Falls Sie nicht wissen, wie diese Abteilung zu erreichen ist, wenden Sie sich an den Einkäufer in der Einkaufsabteilung Ihres Kunden."

Dieses Dokument wurde im Rahmen der Zertifizierung nach QS-9000 ab 1995 verbindlich vorgeschrieben. Zwar enthält das Dokument den Hinweis, dass auch andere Verfahren zulässig sind, diese sind allerdings mit dem jeweiligen Kunden abzustimmen, was in der Praxis in der Regel nur in Ausnahmefällen möglich ist. Daher hat dieses Dokument heute noch einen verbindlichen Charakter.

Die erste Ausgabe der MSA enthielt noch viele Fehler und Unzulänglichkeiten. Vor allem wurden viele praxisrelevante Fälle nicht ausreichend berücksichtigt und Grenzwerte für die Eignung des Prüfprozesses gefordert, die oftmals nicht einzuhalten waren. Konsequenterweise waren die Firmen wieder aufgefordert, individuelle Anpassungen vorzunehmen. Das Ergebnis dieser Situation sind beispielsweise die eigenen Richtlinien bei Ford [30] und General Motors [32]. Diese haben das umfassende Dokument MSA konkretisiert, um die Vorgehensweise in der Praxis besser umsetzen zu können. Weiter sind die Grenzwerte geändert.

Mittlerweile ist die MSA in der vierten Auflage erschienen. Viele Schwachstellen sind modifiziert, so dass das Dokument heute als brauchbar angesehen werden kann. Allerdings wird der Anwender nicht umhin kommen, aus der Vielzahl der Möglichkeiten eine für das Unternehmen verbindliche Verfahrensanweisung zu erstellen. Die MSA lässt unterschiedliche Berechnungsmethoden zu. Konsequenterweise sind die Ergebnisse der jeweiligen Verfahren verschieden und damit nicht vergleichbar.

In Deutschland ist eine ähnliche Situation eingetreten. Es wurde in der Automobilindustrie viel Zeit und Geld investiert, um individuelle Vorgehensweisen zu entwickeln. Diese führen nur zu Irritationen und erzeugen noch mehr Kosten bei Lieferanten von Messgeräten und Zulieferern. Viel wichtiger ist, dass man sich der Tatsache bewusst ist, einen Messprozess umfassend zu beurteilen. Aufgrund der Komplexität wird dies in der Regel ohne praktische Versuche nicht gehen. Für eine sinnvolle Beurteilung ist es dabei wichtig, die einzelnen Komponenten (Einflüsse) möglichst einzeln bewerten zu können. Nur so können die Haupt-Einflussfaktoren ermittelt und entsprechende Abstellmaßnahmen ergriffen werden. Übertriebene und zum Teil aus wirtschaftlichen Gründen nicht machbare Forderungen sind ebenfalls nicht angebracht. Hier sollten gemeinsam Lösungen erarbeitet werden und Kompromisse gefunden werden, es sei denn, ein Unternehmen schreibt diesen Leitfaden verbindlich vor.

Dies war Anlass, sich innerhalb der Automobilindustrie zu treffen und dieses Thema zu diskutieren. Das Ergebnis dieser Besprechungen war ein „Leitfaden der Automobilindustrie“ [36], den die Fa. Q-DAS® 1999 zusammen mit Vertretern der Automobilindustrie und Konzerne erstellt hat. Einige Firmen haben dieses Dokument als verbindliche Verfahrensanweisung hausintern vorgeschrieben. Es kann quasi als kleinster gemeinsamer Nenner bezeichnet werden. Andere Unternehmen haben den Leitfaden übernommen und einige Passagen individuell angepasst.

1.2.2 Entwicklung „Prüfprozesseignung“

1998 hat der VDA (Verband der Automobilindustrie) eine Arbeitsgruppe ins Leben gerufen. Diese sollte eine Empfehlung für den Eignungsnachweis eines Prüfprozesses erstellen. Mittlerweile liegt der Band VDA 5 „Prüfprozesseignung“ [40] vor. Im Gegensatz zu der Prüfmittelfähigkeitsuntersuchung wird im VDA 5 Band beschrieben, wie für die verschiedensten Einflussfaktoren die Standardunsicherheitskomponente bestimmt wird, um daraus die sogenannte erweiterte Messunsicherheit berechnen zu können.

Der Grund, diese Vorgehensweise zu wählen, ist in vielen Normen begründet. So fordert beispielsweise die DIN EN ISO 14253 [19] für geometrische Maße die Messunsicherheit eines Messprozesses zu bestimmen und diese an den Spezifikationsgrenzen zu berücksichtigen. In dem VDA 5 Band wird ähnlich wie bei der Prüfmittelfähigkeitsuntersuchung versucht, eine praxisrelevante Vorgehensweise zur Bestimmung der Unsicherheitskomponenten vorzugeben.

Ähnlich wie bei der Prüfmittelfähigkeitsuntersuchung werden unter anderem Versuche durchgeführt und die Messergebnisse statistisch ausgewertet. Das Gesamtergebnis wird ins Verhältnis zur Spezifikation (Toleranz) gesetzt, um letztendlich eine Aussage über die Eignung des Messprozesses zu erhalten.

Das Vorwort der ersten Ausgabe des VDA 5 Bandes von 2003 lautet:

„Verschiedene Normen und Richtlinien enthalten Forderungen zur Bestimmung und Berücksichtigung der Messunsicherheit. Unternehmen werden diesbezüglich insbesondere bei dem Aufbau und der Zertifizierung ihres Qualitätsmanagementsystems mit vielfältigen Fragestellungen konfrontiert.

Die vorliegende Schrift zeigt auf, wie diese vielfältigen Forderungen zu erfüllen sind. Sie entstand in einem Arbeitskreis der Automobil- und Zulieferindustrie und ist für diesen Industriezweig gültig.

Die hier beschriebenen Verfahren basieren auf DIN V EN 13005 (Leitfaden zur Angabe von Unsicherheiten beim Messen (GUM)) /1/ und DIN EN ISO 14253 (Prüfung von Werkstücken und Messgeräten durch Messen, Teil 1: Entscheidungsregeln für die Feststellung von Übereinstimmung oder Nichtübereinstimmung mit Spezifikationen) /2/.

Um die Funktion von technischen Systemen zu gewährleisten, ist die Einhaltung vorgegebener Toleranzen von Einzelteilen und Baugruppen erforderlich. Die Festlegung der erforderlichen Toleranzen im Konstruktionsprozess hat folgende Aspekte zu berücksichtigen:

- *Die Funktion des Erzeugnisses muss gewährleistet sein.*
- *Einzelteile und Baugruppen müssen sich problemlos fügen lassen.*
- *Die Toleranzen müssen in wirtschaftlicher Hinsicht so groß wie möglich und im Hinblick auf die Funktionalität so klein wie nötig sein.*

Im Bereich der Toleranzgrenzen kann auf Grund der Messunsicherheit keine gesicherte Aussage über die Einhaltung oder Nichteinhaltung der Toleranzen erfolgen. Dies kann zu falschen Bewertungen von Messergebnissen führen. Deshalb sind bereits bei der Planung von Prüfmitteln die Prüfmittel- und die Prüfprozessunsicherheit zu berücksichtigen.

Diese Schrift bezieht sich auf die Prüfung geometrischer Größen. Zu einem späteren Zeitpunkt ist eine Erweiterung auf andere physikalische Messgrößen vorgesehen.“

Erfahrungen bei der Anwendung dieser Ausgabe haben gezeigt, dass die Vorgehensweise zur Bestimmung der erweiterten Messunsicherheit nicht konkret genug waren. Weiter sollten die von den weit verbreiteten Prüfmittelfähigkeitsuntersuchungen vorliegenden Ergebnisse integriert werden. Daher wurde der VDA Band 5 überarbeitet und 2010 als 2. Ausgabe veröffentlicht.

1.2.3 „Prüfprozess oder Messprozess?“

Warum verwenden wir den Begriff „Prüf“prozess und nicht einfach „Mess“prozess? Zwischen Lieferant und Kunde werden für ein Produkt Merkmale festgelegt, an die bestimmte Forderungen gestellt werden. Es gibt aber zwei Merkmalsgruppen: „quantitative“ und „qualitative“ Merkmale. Bei quantitativen Merkmalen werden die Anforderungen in der Regel durch obere und untere Spezifikationsgrenzen spezifiziert, in denen die Merkmalswerte der Produkte liegen müssen. Zur Beurteilung werden Messprozesse eingesetzt. Deren Eignung wird anhand ihrer Unsicherheit bewertet und darauf basierend ein Prüfentscheid getroffen.

Bei qualitativen Merkmalen werden keine Messgeräte im o. g. Sinne eingesetzt, sondern Einrichtungen verwendet, die als Ergebnis direkt den Prüfentscheid liefern, z. B. das beurteilte Merkmal liegt innerhalb oder außerhalb der Toleranz. In der Praxis spricht man bei solchen Vorgängen von einer attributiven Prüfung. Das Gleiche gilt auch für häufig durchgeführte Sichtprüfungen.

Da sowohl bei quantitativen als auch bei qualitativen Merkmalen der Prüfentscheid ausschlaggebend ist, verwendet man unabhängig vom Merkmalstyp den Oberbegriff „Prüfen“. Nichtsdestotrotz beschäftigt sich der größte Teil des Buches mit der Beurteilung von Messprozessen, da hierfür die meisten Verfahren entwickelt wurden. Es ist zu vermuten, dass künftig auch für die Eignung von Prüfprozessen für qualitative Merkmale Verfahren entwickelt werden, da deren Bedeutung nicht unerheblich ist.

■ 1.3 Anmerkung Autoren zu MSA und VDA 5

Um einen Prüfprozess umfassend beurteilen zu können, muss man seine Einflussfaktoren und deren Auswirkungen auf das Messergebnis kennen. In der Vergangenheit hat man sich viel zu sehr auf das Messgerät konzentriert, ohne das Umfeld bzw. die verschiedensten Einflüsse zu berücksichtigen. Um die Haupteinflussfaktoren herauszufinden, müssen verschiedene Vorgehensweisen angewendet werden, damit deren Einfluss beurteilt werden kann. Dabei ist es zunächst einmal unabhängig, ob dies über die Vorgehensweise der MSA [1] (Prüfmittelfähigkeit) oder des VDA 5 [40] (erweiterte Messunsicherheit) erfolgt. Da man selbst einfachste Prüfprozesse in der Regel aus theoretischen Betrachtungen alleine nicht ausreichend exakt bestimmen kann, werden immer praktische Versuche notwendig sein. Diese Vorgehensweise sehen beide Betrachtungsweisen vor. In der MSA [1] ist zu dem Thema Vergleich der Prüfmittelfähigkeit mit der Messunsicherheit folgender Text enthalten:

„Der wesentliche Unterschied zwischen Messunsicherheit und MSA liegt darin, dass MSA besonderes Augenmerk auf das Verständnis des Messprozesses legt, wobei das Ausmaß von Fehlern im Messprozess bestimmt und die Angemessenheit des Messsystems für die Prozesslenkung und Produktüberwachung bewertet wird. MSA fördert das Verständnis und die Verbesserung (Reduzierung der Streuung). Messunsicherheit ist der Bereich der Messwerte, welcher durch ein Konfidenzintervall definiert wird und dem ein Messergebnis zugeordnet wird, wobei erwartet wird, dass dieser Bereich den Wahren Wert der Messung enthält.“

Diese Aussage ist nur zutreffend, wenn man die DIN V ENV 13005 [21] nur von ihrer theoretischen Seite, wie sie häufig in Kalibrierlaboren verwendet wird, betrachtet. Legt man die Interpretation gemäß dem VDA Band 5 [40] zugrunde, so ist diese Aussage nicht zutreffend.

Aus Sicht der Autoren ist genau das Gegenteil der Fall. Die MSA in der dritten und insbesondere in der vierten Auflage hat sich eher in Richtung Messunsicherheitsbetrachtung gewandelt. Es werden weitere Unsicherheitskomponenten betrachtet und bei der Bestimmung der entsprechenden Kenngrößen berücksichtigt. In der vierten Auflage werden die gleichen Standardunsicherheitskomponenten betrachtet und berechnet wie es bei der Vorgehensweise im VDA 5 der Fall ist. So hat man beispielsweise bei der Prüfmittelfähigkeit die K1, K2 und K3-Faktoren dahingehend geändert, dass die Überdeckungswahrscheinlichkeit (Vertrauensbereich 99 % bzw. 99,73 %) nicht mehr berücksichtigt wird. Damit sind die Zwischenergebnisse vergleichbar mit einer Standardunsicherheitskomponente im Sinne der Bestimmung der Messunsicherheit.

Bei der Bestimmung der erweiterten Messunsicherheit werden zunächst einzelne Standardunsicherheitskomponenten bestimmt, aus denen die kombinierte Standardunsicherheit berechnet wird. Ist eine Einflussgröße klein gegenüber den anderen, kann diese vernachlässigt werden, da sie keinen Beitrag zum Endergebnis liefert. Bei der MSA wird beispielsweise bei der systematischen Messabweichung keine Standardunsicherheitskomponente berechnet. Dafür fordert man, dass die systematische Messabweichung sehr klein ist und damit keine Auswirkung auf das Gesamtergebnis hat. Ähnliches gilt für die Messgerätestreuung. Damit ist im Endeffekt das Gleiche erreicht, da durch diese Forderung die Auswirkungen dieser Einflusskomponente vernachlässigbar klein werden.

Problematisch wird es bei solchen Forderungen allerdings, wenn die vorgegebenen Grenzwerte nicht eingehalten werden können. Hierin liegen mit Sicherheit die Stärken der Bestimmung der Messunsicherheit, da hierbei die erweiterte Messunsicherheit an den Spezifikationsgrenzen berücksichtigt wird.

Bei der Prüfmittelfähigkeit wird ein sogenannter %GRR-Wert (Gage Repeatability and Reproducibility ≙ Wiederholpräzision und Vergleichspräzision) bestimmt, der quasi die Streuung des Messsystems widerspiegelt. Im Gegensatz dazu wird beim VDA 5 Band die erweiterte Messunsicherheit errechnet. Sind alle Einflussgrößen in beiden Rechengrößen beinhaltet, können diese formal miteinander verglichen werden. Dies gilt nicht für den Zahlenwert. Bei der MSA wird der Kennwert %GRR ins Verhältnis zu einer Bezugsgröße gesetzt. Dies kann die Prozessstreuung, die Teilestreuung, bzw. die Toleranz sein. Im VDA 5 Band wird die erweiterte Messunsicherheit ins Verhältnis zur Toleranz (2 U/T) gesetzt. Beide Kennzahlen (%GRR und 2 U/T) werden mit Grenzwerten verglichen. Werden die Grenzen eingehalten, gilt der Prüfprozess unabhängig von der Vorgehensweise als geeignet.

Eine Schwachstelle bei der Prüfmittelfähigkeit ist, dass Prüfprozesse freigegeben werden und trotzdem Fehlentscheidungen an den Spezifikationsgrenzen möglich sind. Um diese zu vermeiden, muss die Messunsicherheit an den Spezifikationsgrenzen (Streuung der Messsysteme) berücksichtigt werden. Konsequenterweise verringert sich die Toleranz für die Fertigung.

HINWEIS: Im Gegensatz zur MSA beschäftigt sich der VDA Band 5 auch mit weiteren Einflusskomponenten wie „Temperatur", Objekteinfluss bzw. weitere Einflüsse, die im Einzelfall näher spezifiziert werden müssen. ■

■ 1.4 Experimentelle Beurteilung

Unabhängig davon, ob es sich um eine Prüfmittelfähigkeitsuntersuchung im Sinne der MSA [1] handelt, oder um Eignungsnachweise für Prüfprozesse im Sinne der GUM bzw. VDA 5 [40], sind experimentelle Beurteilungen des Prüfprozesses unumgänglich. Sicherlich sind theoretische Überlegungen, welche Einflussfaktoren wirken, wichtig. Allerdings kann aus den Überlegungen heraus deren wahre Auswirkung nur bedingt abgeschätzt werden. Die folgende Situation soll diesen Sachverhalt verdeutlichen.

In Bild 1.8 ist zur Überprüfung der Höhe eines Ventilsitzes ein Messprozess dargestellt. An einem Stativ ist ein Langwegtaster eingebaut. Seine systematische Messabweichung über den gesamten Messbereich ist vom Hersteller mit 0,07 µm angegeben. Ein entsprechender Kalibrierschein liegt vor. Der Taster kann pneumatisch angehoben werden, so dass immer gleiche Antastverhältnisse herrschen. Vor jeder Wiederholungsmessung wird das Parallelendmaß von der Platte entfernt. Die Anzeige hat eine Auflösung von 0,3 µm. Die Untersuchung findet in diesem Fall in einem Seminarraum eines Hotels statt. Zunächst soll die systematische Messabweichung und die Gerätestreuung (Wiederholpräzision) ermittelt werden. Zur Ermittlung der beiden Kenngrößen werden Wiederholungsmessungen an einem Parallelendmaß durchgeführt.

Bild 1.8 Langwegtaster mit Stativ

Die Fragestellung, welche Einflussgrößen wirken, wird mit den Seminarteilnehmern diskutiert. Diese haben praktische Erfahrungen in der Messtechnik. Weiter wird die zu erwartende Wiederholpräzision erörtert. Im Rahmen der Diskussion werden in der Regel folgende Einflussparameter genannt:

- Temperatureinfluss
- Veränderung des Endmaßes durch das Anfassen
- Unsicherheit durch verschiedene Antastpunkte am Endmaß
- unterschiedliche Antastgeschwindigkeit
- Schwingungen und Erschütterungen am Tisch
- Verunreinigungen

Bei der Frage, welche Streuung bei 25 Messungen zu erwarten sind, gehen die Meinungen meist sehr weit auseinander. Sie liegen bei diesem Messaufbau zwischen 0,5 bis 5 µm. Nach der Erörterung des Messprozesses führt ein Seminarteilnehmer die Messungen durch. Dazu wird er kurz in die Handhabung des Messgerätes eingewiesen.

Zunächst wird die Anzeige auf Null gestellt und mehrere Wiederholungsmessungen auf der Grundplatte durchgeführt. Diese Messungen haben sich als stabil herausgestellt. Die Anzeige war auch nach 5 Wiederholungsmessungen immer noch auf 0,0 µm gestanden. Anschließend werden 25 Wiederholungsmessungen an dem Endmaß durchgeführt, der Taster pneumatisch angehoben und das Endmaß von der Grundplatte genommen. Zwischen jeder Messung wird immer versucht, möglichst in der Mitte des Endmaßes anzutasten. Der Bediener sieht die Messergebnisse nicht, diese werden protokolliert und in Form eines Werteverlaufs (Bild 1.9) dargestellt.

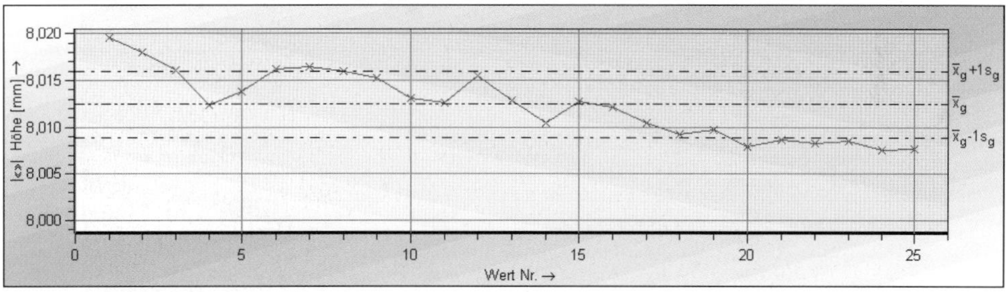

Bild 1.9 Werteverlauf (1. Durchgang)

Die Überraschung der Teilnehmer über das Ergebnis ist sehr hoch. Die statistischen Kennwerte sind in Bild 1.10 zusammengefasst. Der Größtwert liegt bei fast 20 µm, die Spannweite ist 12 µm und die Standardabweichung liegt bei 3,5 µm. Dann ist der Werteverlauf noch entgegen der ursprünglichen Annahme fallend. Diese müsste mit der Zeit bei zunehmender Temperatur des Normals steigen. Offen bleibt auch die Frage: „Woher kommt der fallende Trend?“.

Zeichnungswerte			Gemessene Werte			Statistische Werte		
x_m	=	8,000000				$\bar{x}_g$	=	8,012448
USG	=	7,9750	$x_{min\,g}$	=	8,0076	s_g	=	0,0035102
OSG	=	8,0250	$x_{max\,g}$	=	8,0196	$\lvert Bi \rvert = \lvert \bar{x}_g - x_m \rvert$	=	0,0124
T	=	0,0500	R_g	=	0,0120			
			n_{ges}	=	25	n_{eff}	=	25

Bild 1.10 Ergebnisse (1. Durchgang)

Die Lösung dieser Frage ist relativ einfach. Das Parallelendmaß und die Auflagefläche wurden nicht ausreichend gereinigt. Hier reicht schon der Fingerabdruck auf Grundplatte und Endmaß. Weiter wurde das Parallelendmaß bei den Wiederholungsmessungen nicht angesprengt bzw. angebratzt.

Werden Auflagefläche und Parallelendmaß gereinigt und vor jeder Messung das Endmaß an der Grundfläche angebratzt, ergibt sich ein völlig anderes Bild. Die Messwerte sind in Bild 1.11 dargestellt und die numerischen Ergebnisse in Bild 1.12 zusammengefasst. Die neuen Ergebnisse sind um über den Faktor 10 besser. Die Skalierung der y-Achse in Bild 1.12 ist um den Faktor 5 (!) größer als in Bild 1.9. Damit hat eine relativ einfache und kostenneutrale Maßnahme zu dieser dramatischen Verbesserung geführt.

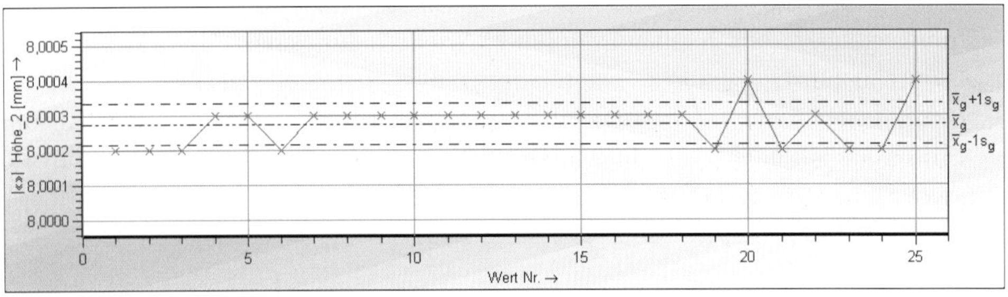

Bild 1.11 Werteverlauf (2. Durchgang)

Zeichnungswerte			Gemessene Werte			Statistische Werte		
x_m	=	8,000000				$\bar{x}_g$	=	8,000276
USG	=	7,9750	$x_{min\,g}$	=	8,0002	s_g	=	0,000059722
OSG	=	8,0250	$x_{max\,g}$	=	8,0004	$\lvert Bi\rvert = \lvert\bar{x}_g - x_m\rvert$	=	0,000276
T	=	0,0500	R_g	=	0,0002			
			n_{ges}	=	25	n_{eff}	=	25

Bild 1.12 Ergebnisse (2. Durchgang)

Dieses Beispiel zeigt deutlich, dass allein aus theoretischen Überlegungen heraus diese Größenordnung der Einflüsse nicht abgeschätzt werden kann. Wichtig ist dann im nächsten Schritt, dass die getroffenen Maßnahmen bei dem realen Prozess auch umgesetzt und überwacht werden. Ansonsten muss mit einer wesentlich höheren Unsicherheit des Messergebnisses gerechnet werden. Die hier beschriebene Situation konnte in den letzten Jahren bei vielen Seminaren beobachtet werden. Ganz selten hat die Gruppe bzw. der Bediener den Sachverhalt sofort richtig eingeschätzt.

2 Definitionen und Begriffe

Die verwendeten Begriffe und Definitionen sind in [1], [3], [9], [24] und [40] festgelegt und können dort nachgelesen werden. Hier sind nur die für die folgenden Abschnitte wesentlichen Begriffe nochmals kurz dargestellt und an Hand von Grafiken untermauert und kurz kommentiert.

2.1 Prozess

Bei der Frage, ob ein Messsystem für die jeweilige Aufgabe geeignet ist oder nicht, wird immer der gesamte Vorgang als ein Prozess betrachtet und untersucht. Das Bild 2.1 zeigt die Definition „Prozess“ im Sinne der EFQM (European Foundation of Quality Management).

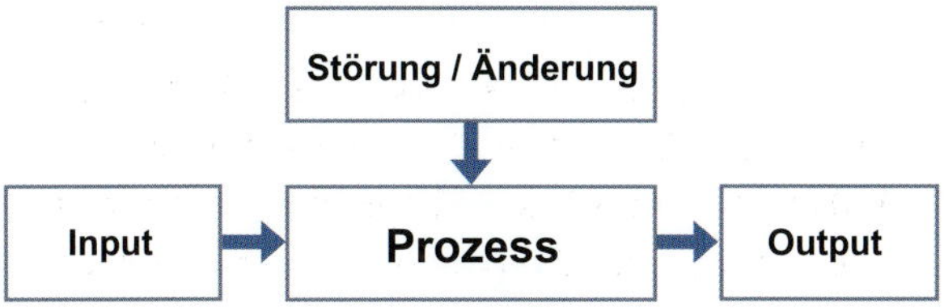

Bild 2.1 Definition Prozess nach EFQM (European Foundation of Quality Management)

2.2 Prüfprozess

Der Prüfprozess (s. Bild 2.2) ist immer als Gesamtheit aller Einflussfaktoren zu sehen. In der Vergangenheit wurde oftmals nur das Messgerät alleine betrachtet. Praktische Erfahrungen haben gezeigt, dass das Messgerät in der Regel den kleinsten Einfluss auf das Gesamtergebnis hat. Viel kritischer sind Einflussfaktoren wie Umgebung oder das Prüfobjekt selbst. So kann sich ein Prüfobjekt mit der Zeit aufgrund seiner Materialeigenschaften verändern. Damit können beispielsweise Ergebnisse eines Lieferanten nicht mit den Ergebnissen eines Abnehmers verglichen werden, wenn diese Veränderungen des Prüfobjektes nicht berücksichtigt werden.

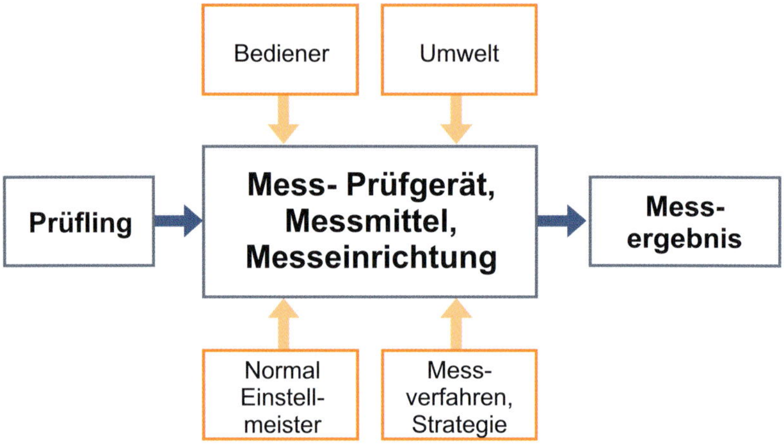

Bild 2.2 Definition Prüfprozess

2.3 Prüfen

Der Begriff „Prüfen“ (Bild 2.3) ist als Oberbegriff für eine subjektive bzw. objektive Beurteilung zu verstehen. Prinzipiell sollte jede Prüfung möglichst objektiv d. h. durch Lehren oder durch Messen erfolgen. Stehen in Ausnahmefällen für eine Messaufgabe aus technischen oder wirtschaftlichen Gründen keine Lehren oder Messmittel zur Verfügung, bleibt nur die subjektive Prüfung durch Sinneswahrnehmung übrig. Diese ist wegen unterschiedlicher Wahrnehmung und Bewertung des jeweiligen Prüfers äußerst kritisch und bedarf viel Erfahrung.

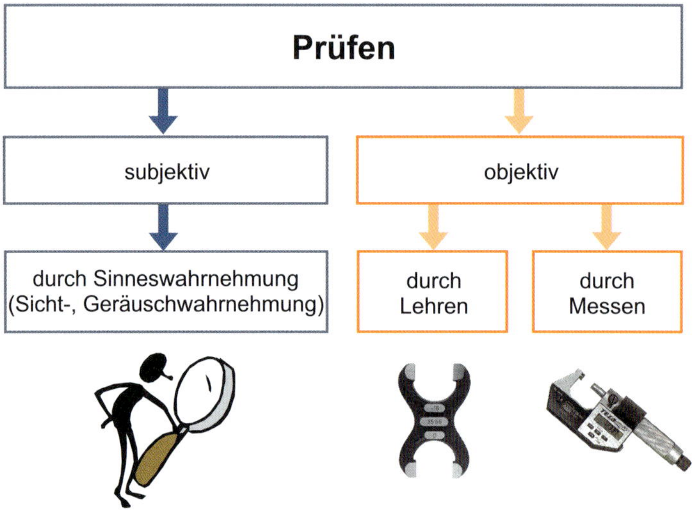

Bild 2.3 Definition: Prüfen, Lehren, Messen

Die beste Beurteilungsmöglichkeit ist die Prüfung mit einem geeigneten Messsystem. Die Messwerte können oftmals elektronisch erfasst und automatisch weiterverarbeitet werden. Diese Vorgehensweise vermeidet Fehler bei der Messung und vermindert Übertragungsfehler.

2.4 Prüfmittel

Die für den objektiven Prüfer zur Verfügung stehenden Prüfmittel (Bild 2.4) können grob eingeteilt werden in: Normale (Bild 2.6), Messgeräte (Bild 2.5), Lehren (Bild 2.7) und Hilfsmittel.

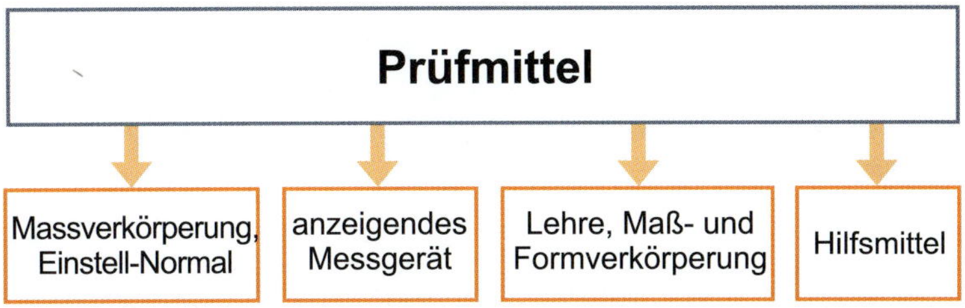

Bild 2.4 Definition Prüfmittel

Die Maßverkörperungen und Einstellnormale stellen die Rückführbarkeit eines Messprozesses auf die nationalen und internationalen Normale her. Gleichzeitig dienen diese zur Einstellung der Messgeräte für die jeweilige Aufgabenstellung. Oftmals sind Messgeräte an Stativen befestigt oder in Vorrichtungen eingebaut. Dabei handelt es sich um Hilfsmittel, die Bestandteil des Messprozesses sind.

Lehren lassen nur eine gut/schlecht Prüfung zu und sind damit für eine statistische Auswertung im Sinne einer Prozessfähigkeitsstudie nicht brauchbar. Eine automatische Übertragung des Prüfergebnisses ist ebenfalls nicht möglich. Der Vorteil bei Lehren ist die einfache und schnelle Handhabung.

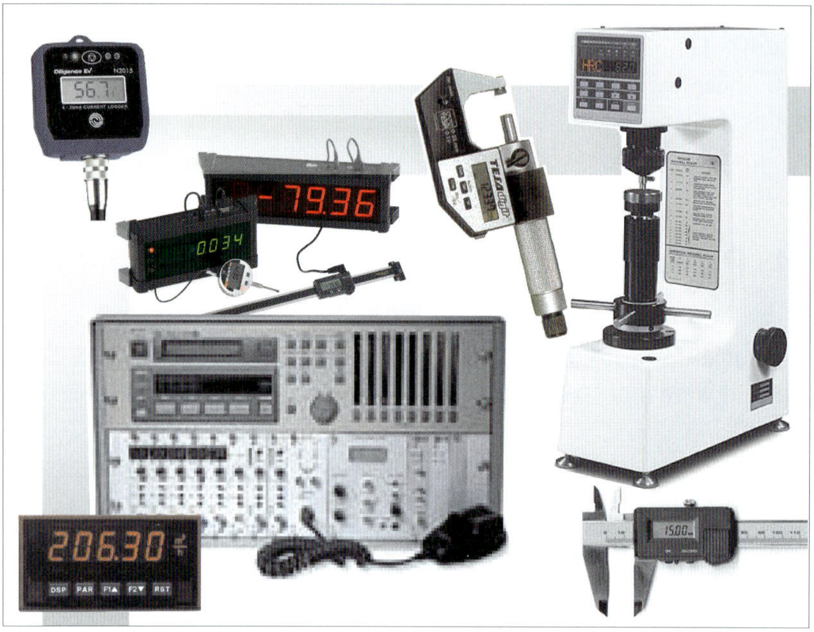

Bild 2.5 Anzeigende Messgeräte

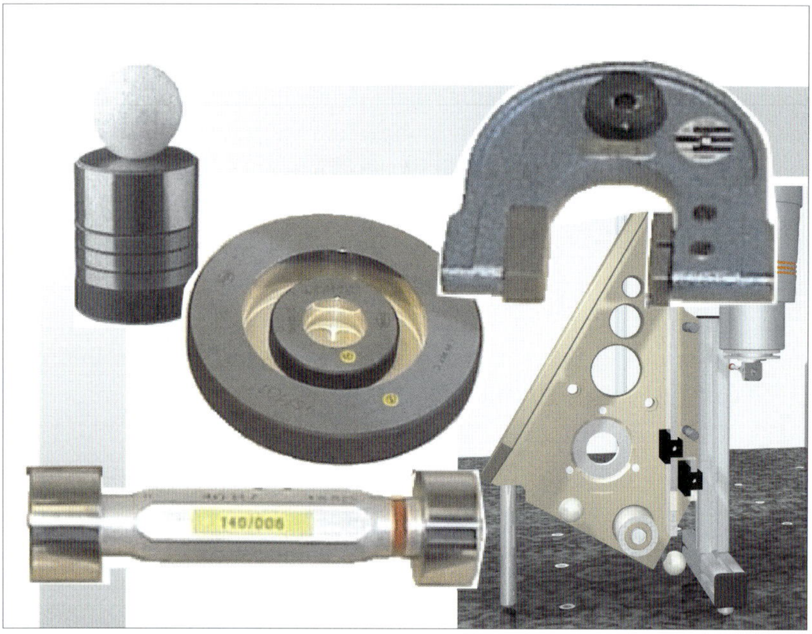

Bild 2.6 Normale, Maßverkörperungen

Bild 2.7 Lehren, Maß- und Formverkörperungen

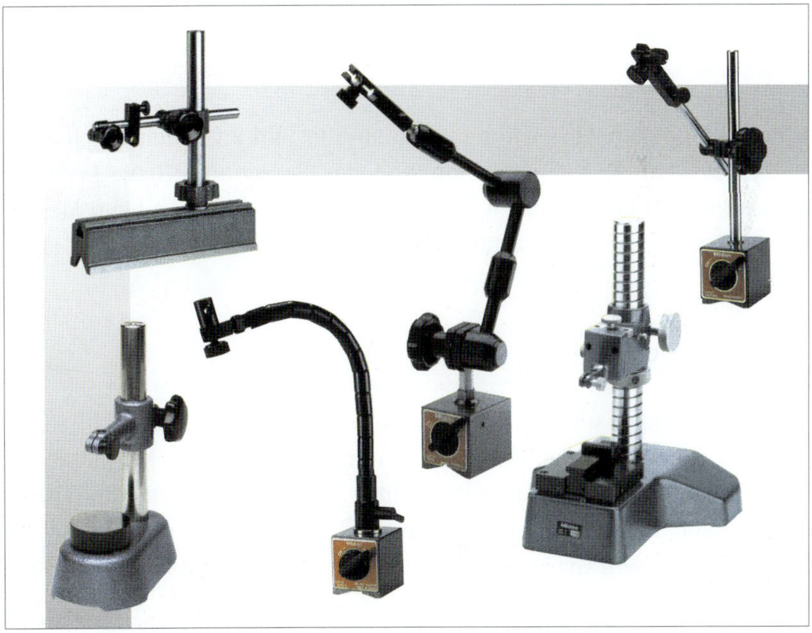

Bild 2.8 Hilfsmittel

2.5 Messabweichungen und Messunsicherheit

Zeigt ein anzeigendes Messgerät einen Wert an, ist dieser nicht zwangsläufig der „Richtige Wert". Dieser liegt in einem Bereich um das Messergebnis. Der Bereich ist die Messunsicherheit, die sich aus mehreren Messabweichungen zusammensetzt.

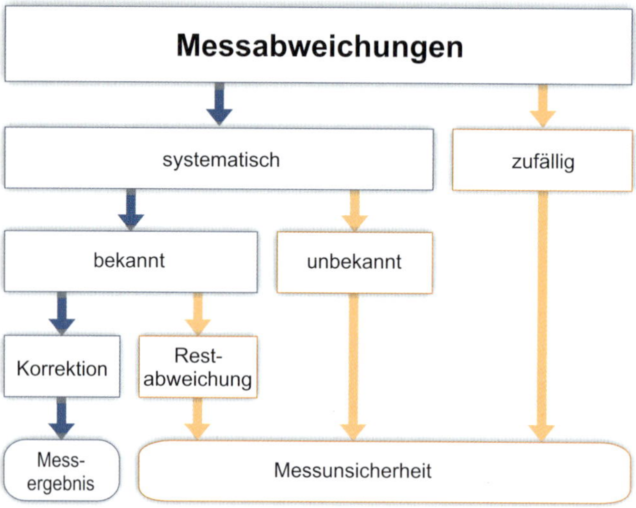

Bild 2.9 Wirkung von Messabweichungen

Diese unterschiedlichen Abweichungsarten sind in Bild 2.9 schematisch zusammengefasst. Näheres zur Begriffsdefinition und der Berechnung bzw. Ermittlung der Messunsicherheit ist im „Leitfaden zur Angabe der Unsicherheit beim Messen" oder „Guide to the Expression of Uncertainty in Measurement", kurz GUM, zu entnehmen.

2.5.1 Messabweichungen

Die Messabweichungen setzen sich aus den systematischen und zufälligen Messabweichungen zusammen (siehe Bild 2.9). Der wahre Wert einer Messabweichung ist unbekannt, da zum einen der wahre Wert einer Messgröße nicht bekannt ist und zum anderen nicht alle störenden Einflüsse messtechnisch erfasst oder abgeschirmt werden können. Aus diesem Grund muss der Wert der Messabweichung aus Versuchen oder Annahmen abgeschätzt werden.

2.5.1.1 Systematische Messabweichungen

Theoretisch ergäbe sich der wahre Wert der systematischen Messabweichungen aus der Differenz zwischen dem Erwartungswert μ und dem wahren Wert der Messgröße x_{wahr}:

$$e_{sys,wahr} = \mu - x_{wahr}$$

Den Erwartungswert μ erhielte man als Mittelwert einer unbegrenzten Anzahl von Messungen derselben Messgröße unter Wiederholbedingungen. Leider ist weder der wahre Wert der Messgröße bekannt, noch sind alle Stör-Einflüsse ermittelbar. Deshalb ist auch der wahre Wert der systematischen Messabweichung praktisch nicht bestimmbar. Also wird man sich mit einem Schätzwert für die systematische Messabweichung begnügen müssen, der entweder aus Versuchen oder aus Annahmen abgeleitet wird.

Bekannte systematische Messabweichungen

Für den Versuch werden Messungen an einem Normal, dessen richtiger Wert aus einem Kalibrierschein bekannt ist, unter Wiederholbedingungen ausgeführt. Dabei ist der Wert der bekannten systematischen Messabweichung $e_{sys,b}$ gleich der Differenz zwischen dem arithmetischem Mittelwert $\overline{x}$ und dem richtigen Wert x_m:

$e_{sys,b} = \overline{x} - x_r$, mit

$\overline{x}$ = arithmetischer Mittelwert der Anzeigewerte

x_r = richtiger Wert der Messgröße, bekannt aus dem Kalibrierschein.

Bekannte systematische Messabweichungen machen einen Messwert unrichtig. Da der Betrag und das Vorzeichen bekannt sind, sollten diese stets korrigiert werden.

HINWEIS: Unter Wiederholbedingungen ist zu verstehen, dass die Versuche von einem Bediener mit einem Normal am gleichen Ort durchgeführt werden. Auch die Umgebungsbedingungen sind konstant zu halten.

Unbekannte systematische Messabweichungen

Die Bezeichnung „unbekannt“ meint hier, dass weder der absolute Wert, noch das Vorzeichen der Abweichung bekannt ist und man daher auf Abschätzungen angewiesen ist. Solche nicht erfassbaren systematischen Abweichungen sind beispielsweise Graduierungsfehler einer Analoganzeige oder das Spiel im Gewinde eines Messgerätes. Da auch die Wirkrichtung nicht bekannt ist, werden die unbekannten systematischen Messabweichungen wie zufällige Messabweichungen behandelt.

2.5.1.2 Zufällige Messabweichungen

Die zufälligen Messabweichungen sind diejenigen, die unter Beharrungsbedingungen nach Abzug der systematischen Abweichungen verbleiben. Sie treten mit unterschiedlicher Größe und Vorzeichen zufällig auf und verursachen das Streuen der Messwerte. Leider können zufällige Messabweichungen nicht rechnerisch korrigiert werden. Der Wert der zufälligen Messabweichungen wird üblicherweise aus Versuchen (Wiederholstandardabweichung) ermittelt oder anhand von Vorinformationen und Verteilungsannahmen abgeschätzt. Zufällige Messabweichungen machen das Messergebnis unsicher.

2.5.2 Messergebnis

Ein Messergebnis liegt vor, wenn der Anzeigewert einer Messgröße um die bekannten systematischen Messabweichungen korrigiert wurde und die Messunsicherheit mit angegeben wird:

$x_{korr} \pm U$, mit

x_{korr} = Korrigierter Anzeigewert

U = Erweiterte Messunsicherheit

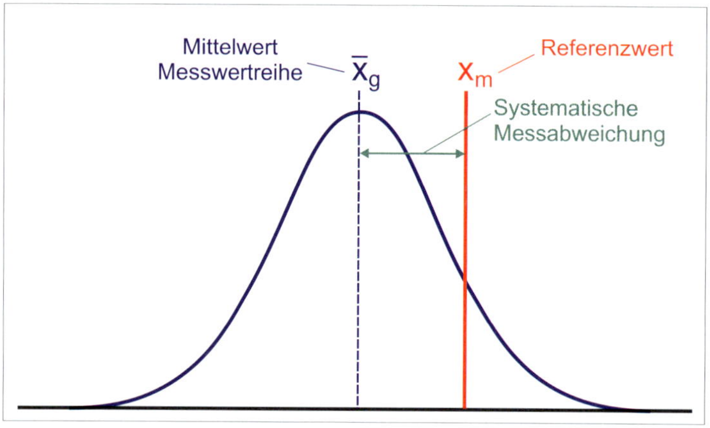

Bild 2.10 Systematische Messabweichung

2.5.3 Wiederholpräzision

In kurzen Zeitabständen werden Wiederholungsmessungen nach einem festgelegten Messverfahren an den selben Teilen (Normal, Prüfteil oder mehrere gleichartige Teile) mit dem selben Gerätebediener sowie derselben Geräteausrüstung und am selben Ort durchgeführt.

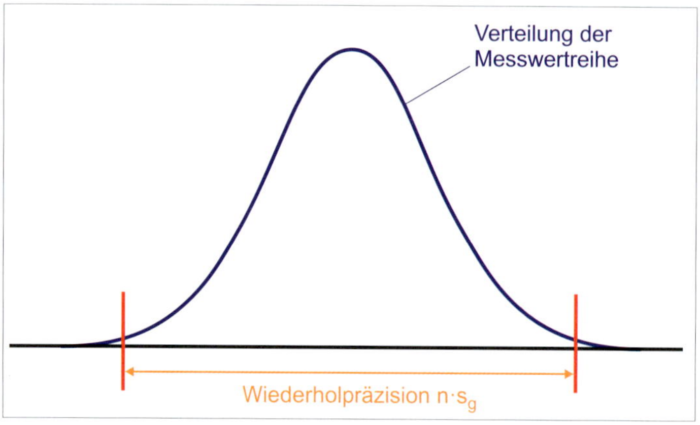

Bild 2.11 Wiederholpräzision

Ein Maß für die Wiederholpräzision ist die einfache Standardabweichung einer Messwertreihe unter Wiederholbedingungen oder ein Vielfaches dieser Standardabweichungen.

2.5.4 Vergleichspräzision

Hierbei werden mit einem festgelegten Messverfahren am identischen Objekt (Werkstücke aus der Serie) Messungen durchgeführt. Die Messungen werden:

- durch verschiedene Bediener oder
- an verschiedenen Orten oder
- mit verschiedenen Gerätschaften

durchgeführt.

In der Regel sind es zwei oder drei verschiedene Gerätebediener, die an den gleichen Teilen Messwerte aufnehmen. Oder ein und derselbe Gerätebediener wiederholt den Messvorgang an unterschiedlichen Orten bzw. mit verschiedenen Gerätschaften.

Bei der Durchführung einer Vergleichpräzisionsuntersuchung muss darauf geachtet werden, dass jeweils nur eine der drei variablen Größen verändert werden darf. Wenn diese Forderung nicht erfüllt wird, können bei der Auswertung die einzelnen Einflussgrößen nicht mehr bestimmt werden und machen die Auswertung unbrauchbar.

Ein Maß für die Vergleichspräzision ist die aus allen Werten sich ergebende Spannweite von Prüfermittelwerten und die Gesamtstreuung.

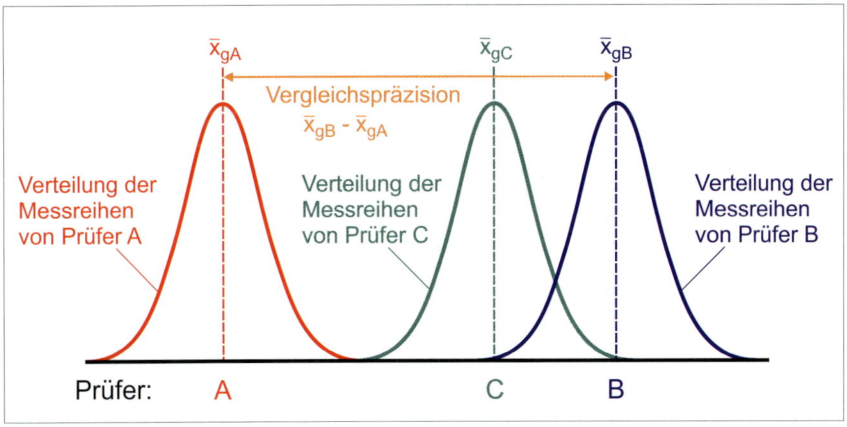

Bild 2.12 Vergleichspräzision

2.5.5 Linearität

An Normalen bzw. an kalibrierten Referenzteilen, die den gesamten Messbereich des Gerätes abdecken, werden durch den selben Bediener am selben Ort nach einem festgelegten Messverfahren Wiederholungsmessungen durchgeführt (Bild 2.13). Der Mittelwert einer Messwertreihe an den verschiedenen Normalen wird mit dem Referenzwert des Normals verglichen. Die Abweichungen sind ein Maß für die „Linearität". Trägt man diese in ein Diagramm ein, so erhält man die Kennlinie der Linearitätsabweichung.

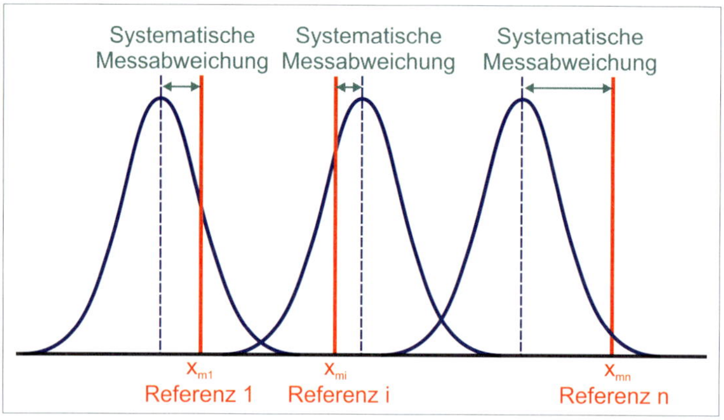

Bild 2.13 Untersuchung der Linearität

In Bild 2.14 sind die Ergebnisse (Mittelwerte) von Linearitätsuntersuchungen dargestellt. Dazu wurden an jeweils sieben Normalen mit unterschiedlichen Messgeräten fünf Wiederholungsmessungen durchgeführt und die Mittelwerte über den Referenzwert der Normale aufgetragen. Die Abbildung zeigt vier typische Situationen:

ideal: Die Mittelwerte stimmen mit dem Referenzwert überein, bzw. die systematische Messabweichung an jedem Normal ist vernachlässigbar klein.

Verschiebung: Über den gesamten Messbereich ist eine konstante systematische Messabweichung vorhanden.

Verstärkung: Die systematische Messabweichung kann durch eine Ausgleichsgerade beschrieben werden. Die Steigung der Geraden weicht von „eins" ab.

„nicht linear": Die systematische Messabweichung ist nicht durch eine Ausgleichsgerade beschreibbar.

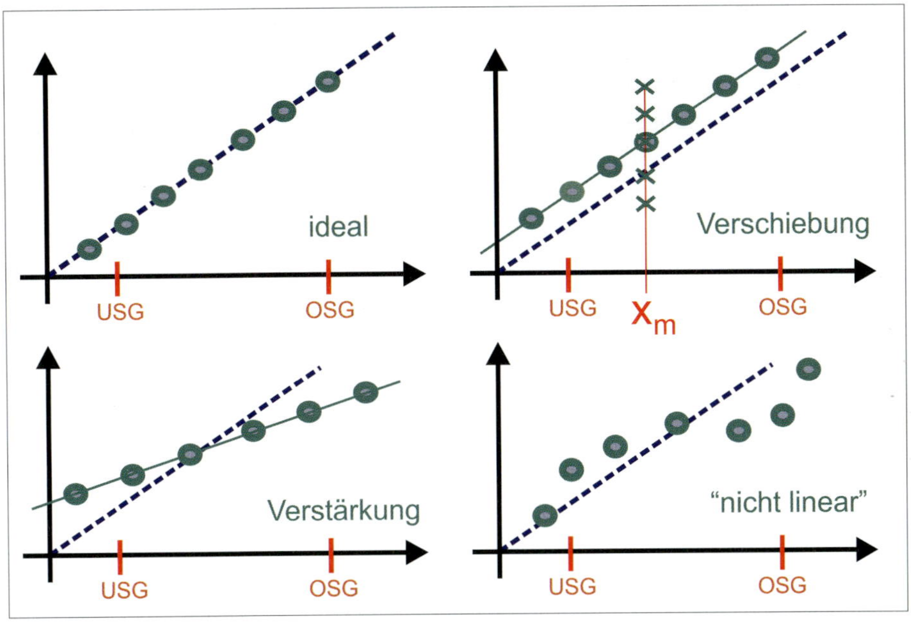

Bild 2.14 Unterschiedliche Linearitätsabweichungen

Zur Beurteilung der Linearität kann die Ausgleichsgerade als „Null“ angesehen und über den Referenzpunkten die jeweilige systematische Messabweichung dargestellt werden (Bild 2.15). Dadurch wird die tatsächliche Abweichung deutlich sichtbar.

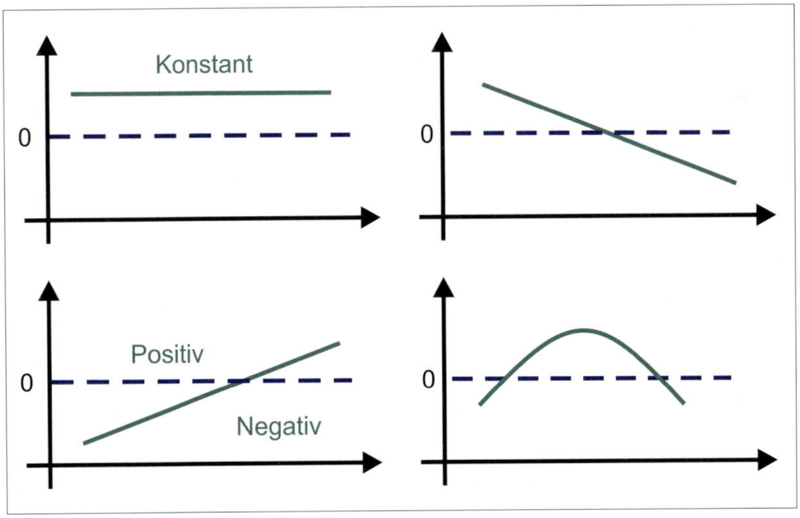

Bild 2.15 Linearität transformiert

2.5.6 Stabilität/Messbeständigkeit

Einem festgelegten Messverfahren mit derselben Geräteausrüstung und dem identischen Objekt werden am selben Ort durch denselben Beobachter in festgelegten Zeitabständen Messungen vorgenommen und die sich ergebenden Mittelwerte miteinander verglichen.

Ein Maß für die Stabilität ist die maximale Differenz zwischen den Mittelwerten dieser Messwertreihen.

Die ermittelten Abweichungen beinhalten sowohl zufällige als auch systematische Einflüsse durch Messwertaufnehmer, die Kalibrierung, Verschleiß sowie durch die Umgebung.

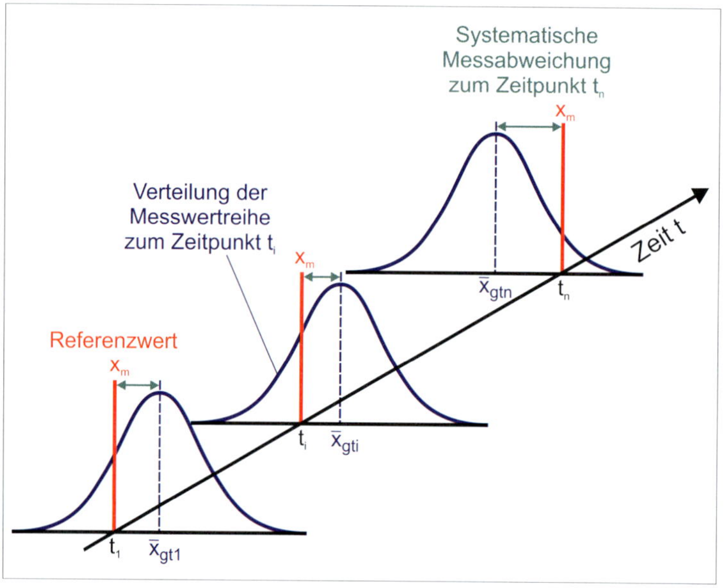

Bild 2.16 Stabilität

3 Einflussgrößen auf den Messprozess

3.1 Typische Einflussgrößen

Die beste Untersuchung und Beurteilung eines Messgerätes, wie diese im Sinne der Prüfmittelüberwachung (DIN EN ISO 100192) durchgeführt wird, ist für den Eignungsnachweis eines Messprozesses nur eine Komponente. Im realen Einsatz bzw. bei einer konkreten Messaufgabe haben immer mehrere Einflussgrößen eine erhebliche Auswirkung auf das Messergebnis. Daher wird hier von einem Messsystem gesprochen, das neben dem Messgerät selbst alle relevanten Einflussgrößen enthält (s. Bild 1.2 und Bild 3.1). Jede Einflussgröße für sich allein betrachtet, trägt einen Teil zur gesamten Messabweichung bei. Ob sich aufgrund von Abhängigkeiten von Einflussgrößen die Auswirkung verstärkt oder korrigiert, soll hier nicht näher erörtert werden. Vielmehr ist es das Ziel des Eignungsnachweises bei einem Messprozess die signifikanten Einflussgrößen zu finden und den Beitrag an Messabweichung abzuschätzen. Die Gesamtheit der einzelnen Messabweichungen ergibt die Messunsicherheit.

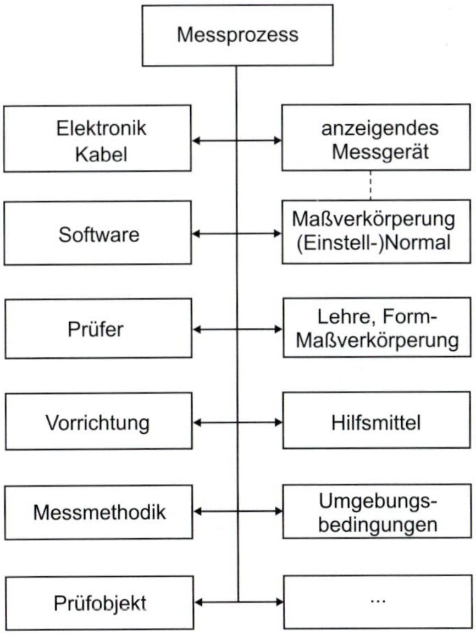

Bild 3.1 Definition Messprozess

Typische Ursachen für Messabweichungen sind:

- Form- und Lageabweichungen (s. Bild 3.2)
  - Beschaffenheit der Oberfläche
  - Werkstückverformung
- Messanordnung und verfahrensbedingte Abweichungen
  - Nichteinhaltung des Abbe'schen Grundsatzes
  - Vorgehensweise beim Einstellen
  - Berücksichtigung von Positioniergrundsätzen
  - Beachtung des Eigengewichtes
  - Antastrichtung
  - Bezugsfestlegung
- Durch Maßverkörperungen und Messgeräte verursachte Abweichungen
  - Maßverkörperung selbst (s. Bild 3.2)
  - Wiederholbarkeit der Messwerte
  - Messwertumkehrspanne
  - Messkraft
  - Abplattung
  - falsche Nullstellung
  - falsche Messgeräte
  - Linearitätsabweichungen
  - Abnutzung
- Umgebungseinflüsse
  - Temperaturschwankungen
  - relative Luftfeuchtigkeit, Luftdruck
  - Sauberkeit (s. Bild 3.3)
  - Magnetfelder
  - Schwingungen
- Bedienpersonal
  - Ablesefehler z. B. Parallaxe
  - Beurteilungsvermögen
  - Gefühl beim Prüfen (s. Bild 3.4)
  - Werkstückspannung
- Messmethode (s. Bild 3.2)
  - Anzahl Messpunkte/Scannen
  - unterschiedliche Referenzen
  - Auswerte-/Berechnungsmethode
  - Messgeschwindigkeit

Diese Aufstellung kann beliebig verlängert werden. Bei dem jeweiligen Prüfprozess sind die relevanten Einflussgrößen entsprechend zu berücksichtigen.

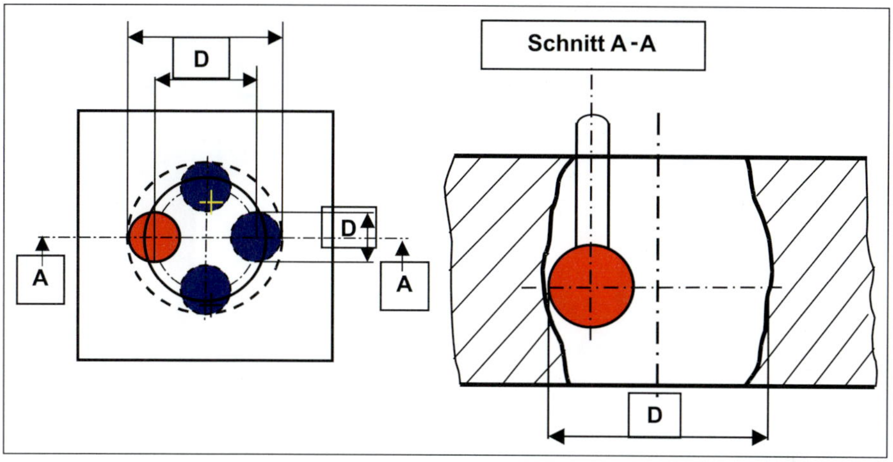

Bild 3.2 Antast-Strategie, Messort, Formfehler

	Gewichtung	Größe [µm]	Anzahl	100%	zul.Anzahl	Ergebnis
1	1.0	> 10 ... 30	572			
2	5.0	> 30 ... 50	124		200	i.O
3	10.0	> 50 ... 100	40		50	i.O
4	40.0	> 100 ... 200	11		20	i.O
5	80.0	> 200 ... 500	2		10	i.O
6	160.0	> 500	0		10	i.O

Gesamtergebnis: i.O

Kontaminationszahl: 2192.0

Bild 3.3 Sauberkeitsanalyse

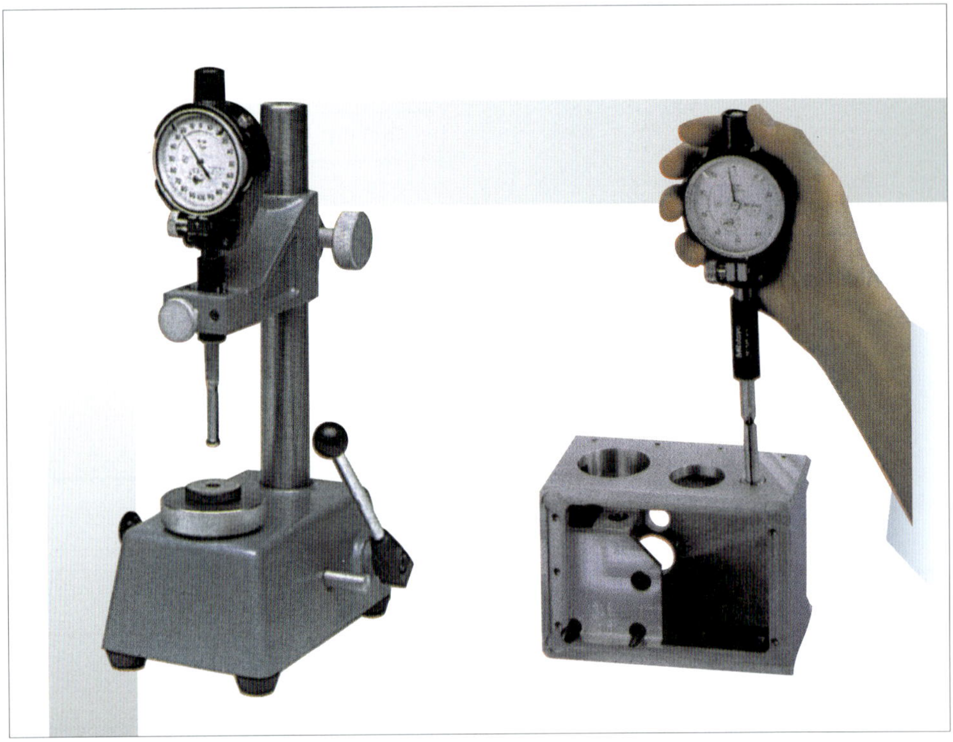

Bild 3.4 Bedienereinfluss durch Halterung minimiert

3.2 Auswirkung der Einflussgrößen beim Messsystem

Die Auswirkungen der einzelnen Einflussgrößen bei einem Messsystem führen zu einer systematischen Messabweichung und zu einer Wiederholpräzision.

Ähnlich wie bei einer Prozessfähigkeitsuntersuchung muss bei dem Messprozess die „Lage“ (≙ systematische Messabweichung) und die „Streuung“ (≙ Messwertstreuung) ermittelt, bewertet und im Einsatz kontinuierlich beobachtet werden, um signifikante Veränderungen des Messprozesses feststellen zu können. Die Bild 3.5 zeigt die Auswirkung der beiden Komponenten. Diese sind von Messsystem zu Messsystem unterschiedlich und können sich mit der Zeit für ein und denselben Messprozess verändern. In der Bild 3.7 sind die Anforderungen bezüglich der systematischen Messabweichung und der Wiederholpräzision eines Messprozesses grafisch dargestellt.

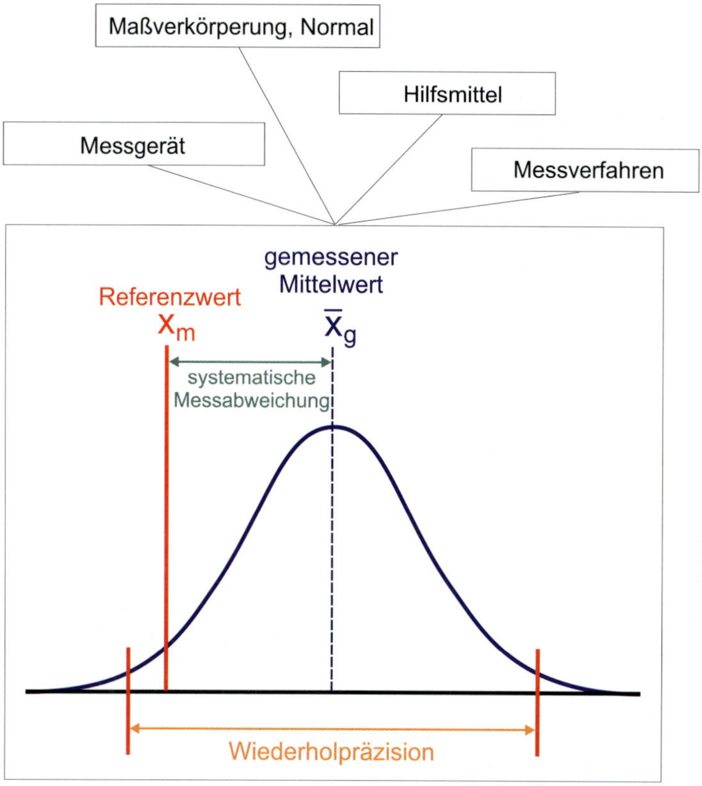

Bild 3.5 Entstehung der Unsicherheit eines Messsystems

Wie sich die Messsystemabweichung und Wiederholpräzision bei der Beurteilung eines Prozesses im Rahmen einer Prozessfähigkeitsuntersuchung auswirkt, zeigt Bild 3.6. Dargestellt sind die Auswirkungen der beiden Komponenten in einer $\bar{x}$-Lagekarte und in einer s-Streuungskarte.

systematische Messabweichung	Daten eines idealen Prozesses mit fähigen Messverfahren erfasst	Ist die systematische Messabweichung oder Wiederholpräzision nicht ausreichend, hat dies, ohne den Prozess zu verändern, folgende Auswirkungen auf den Verlauf von Mittelwert und Standardabweichung

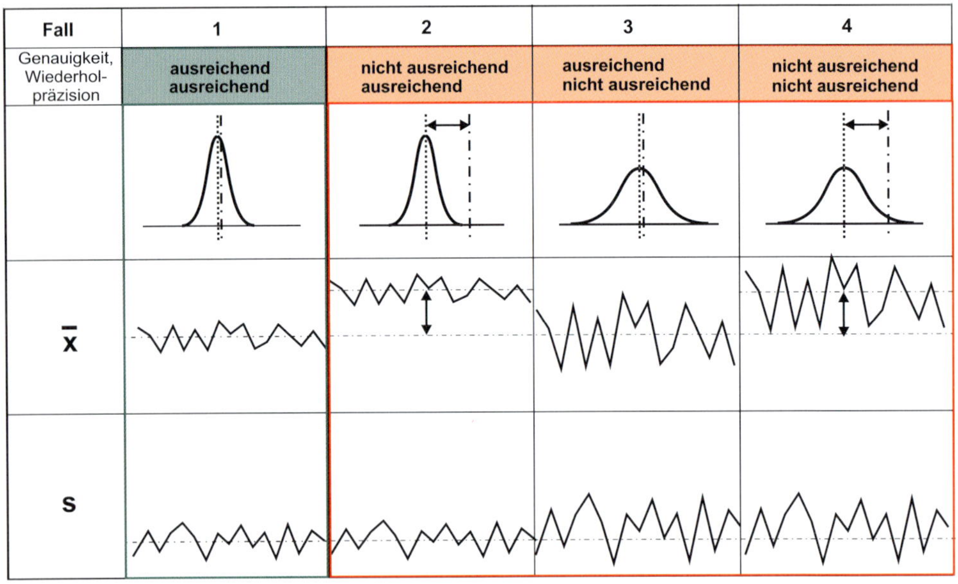

Bild 3.6 Auswirkung der Unsicherheit eines Messsystems

In den Fällen 2, 3 und 4 (Bild 3.6) wird ein idealer Prozess nur aufgrund eines ungeeigneten Messsystems fehlerhaft beurteilt. Die Auswirkungen auf die Qualitätsfähigkeitskenngröße C_p ist in Bild 1.5, 1.6 und 1.7 aufgezeigt.

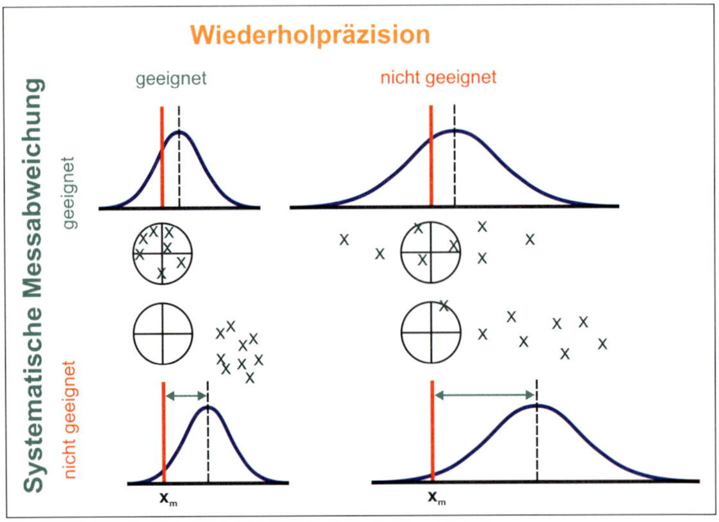

Bild 3.7 Auswirkung der Systematischen Messabweichung und Wiederholpräzision auf den Messprozess

3.3 Bewertung des Messprozesses

Wie in den Abschnitten 3.1 und 3.2 erörtert, sind bei einem Messprozess unweigerlich Einflussgrößen vorhanden und diese haben ihre Auswirkung auf das Messergebnis. Ziel muss es immer sein, die Auswirkung der Einflussgrößen durch adäquate Maßnahmen zu vermeiden oder so klein wie möglich zu halten. Aus technischen oder wirtschaftlichen Gründen werden nicht alle Einflussfaktoren vermieden werden können. Daher benötigt man Verfahren, um die Auswirkungen anhand der Messabweichung zu ermitteln und Kenngrößen zu bestimmen. Mit diesem „Wissen" kann über die Eignung des Messprozesses entschieden werden. Die hierfür verwendeten Verfahren sind, wie in der Einleitung erläutert, entweder „Prüfmittelfähigkeitsuntersuchung" oder die Bestimmung der „Messunsicherheit". Worin liegen die Unterschiede in diesen beiden Ansätzen? Die Zielsetzung ist die gleiche: „Es soll eine Aussage über die Eignung des Prüfprozesses gemacht werden." Das Messgerät und die vorhandenen Einflussgrößen sind ebenfalls gleich. Der Unterschied liegt in der Vorgehensweise und der Berechnung von Kenngrößen. So wird bei der Prüfmittelfähigkeit (s. Bild 3.8) der Kennwert %GRR bestimmt.

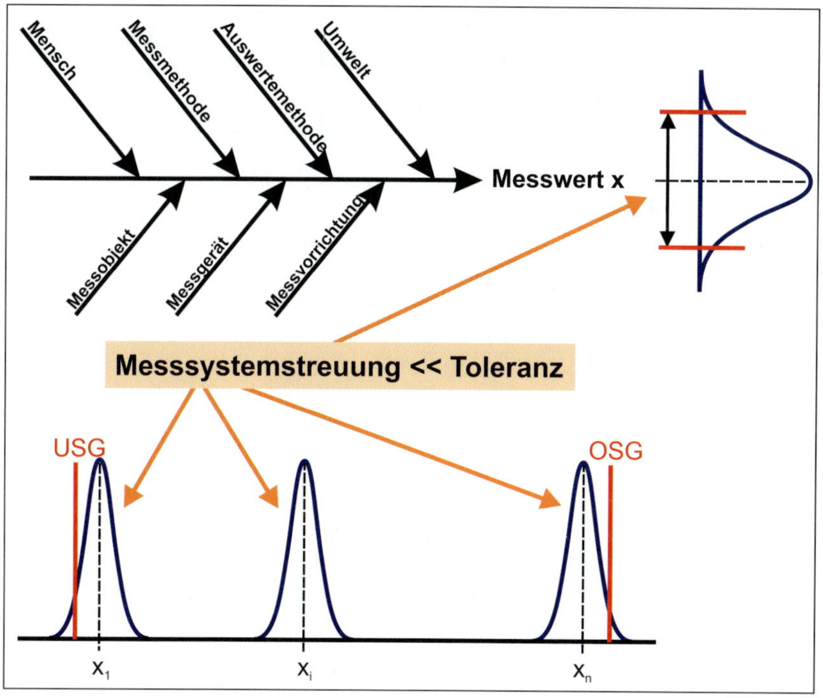

Bild 3.8 %GRR Wiederhol- und Vergleichspräzision

Anhand dessen wird entschieden, ob der Messprozess geeignet ist oder nicht. Das heißt, man akzeptiert, wenn auch gering, eine bestimmte Messabweichung. Dies hat zur Konsequenz, dass bei Messergebnissen in der Nähe der oberen bzw. unteren Spezifikationsgrenze „Fehlentscheidungen" möglich sind (Bild 3.9). Um diese zu vermeiden, muss der Bereich II (Bild 3.10) abgeschätzt werden.

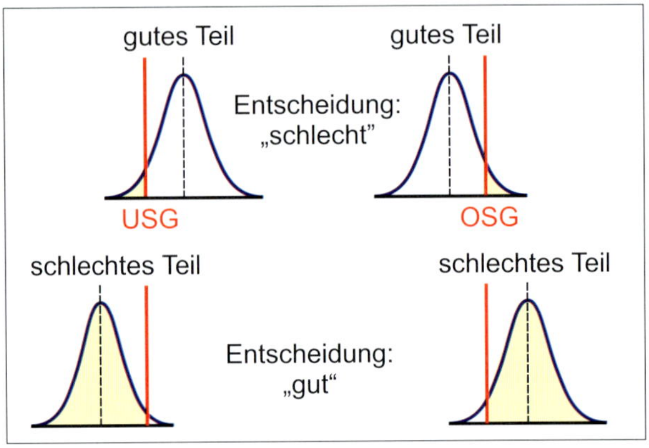

Bild 3.9 Mögliche Fehlentscheidungen auf Grund eines unzureichenden Messprozesses

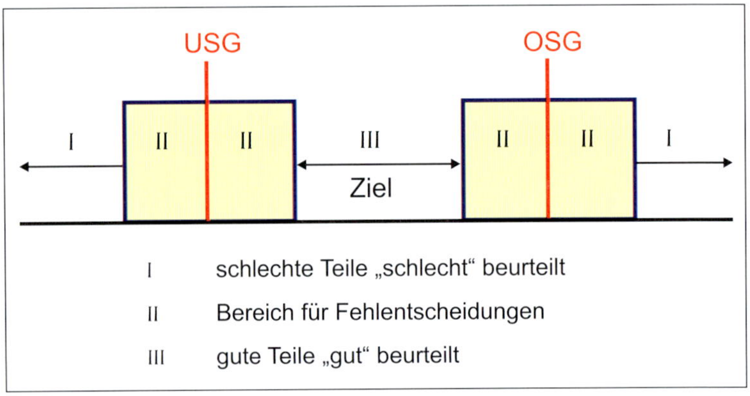

Bild 3.10 Einteilung in Bereiche für eindeutige Entscheidungen

Genau diese Denk- und Handlungsweise fordert die DIN EN ISO 14253 [19]. Dort wird die Bestimmung der „Erweiterten Messunsicherheit" U für einen Prüfprozess gefordert und hat Entscheidungsregeln für einseitig bzw. zweiseitig begrenzte Merkmale festgelegt:

- **Bereich der Übereinstimmung:**
  Der Spezifikationsbereich verringert um die erweiterte Messunsicherheit U
- **Bereich der Nicht-Übereinstimmung:**
  Der Bereich außerhalb des Spezifikationsbereichs erweitert um die erweiterte Messunsicherheit U
- **Unsicherheitsbereich:**
  Bereiche in der Nähe der Spezifikationsgrenzen, für den unter Berücksichtigung der Messunsicherheit weder Übereinstimmung noch Nicht-Übereinstimmung nachgewiesen werden kann.

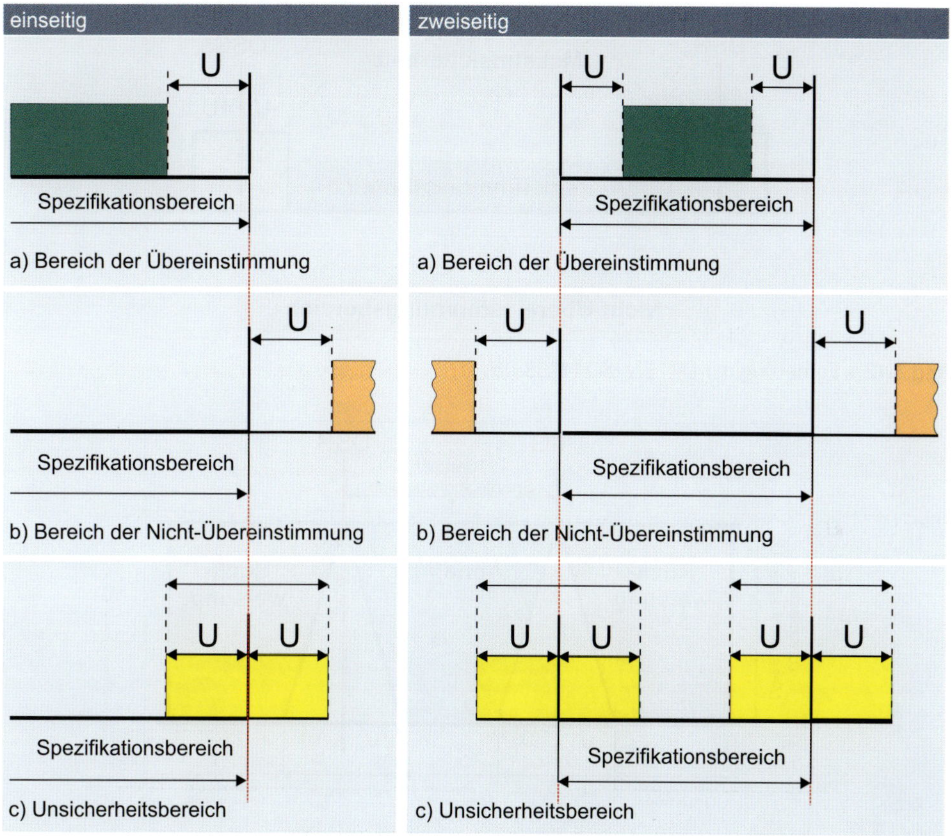

Bild 3.11 Messunsicherheit an den Spezifikationsgrenzen

Diese Regel hat für Lieferant und Abnehmer die in Bild 3.12 und Bild 3.13 dargestellte Auswirkung. Der Lieferant muss seine Fertigung so ausrichten, dass sich der Fertigungsprozess nur in der Rubrik „Übereinstimmung" bewegt. Das bedeutet, dass unter zunehmender Messunsicherheit sich der Spielraum für die Fertigung bewegt. Umgekehrt muss der Abnehmer den Bereich „Übereinstimmung" plus „Unsicherheitsbereich" akzeptieren.

Ist die erweiterte Messunsicherheit U für einen Messprozess bekannt, wird die Kenngröße $2 \cdot U/T$ (T = Toleranz) berechnet und als Entscheidungsgrundlage für die Eignung eines Prüfprozesses [40], [4] herangezogen.

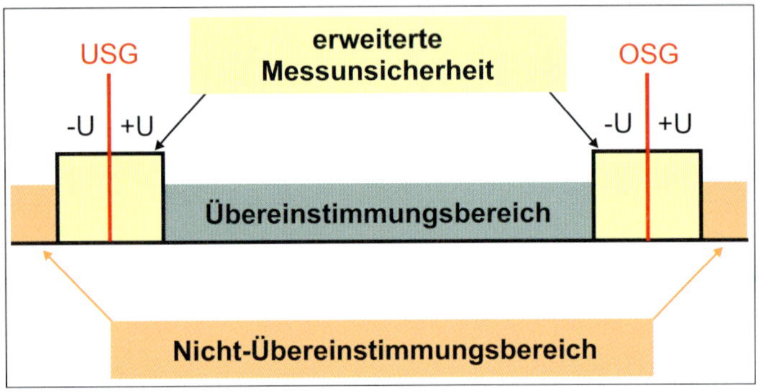

Bild 3.12 Forderung der DIN EN ISO 14253 [15]

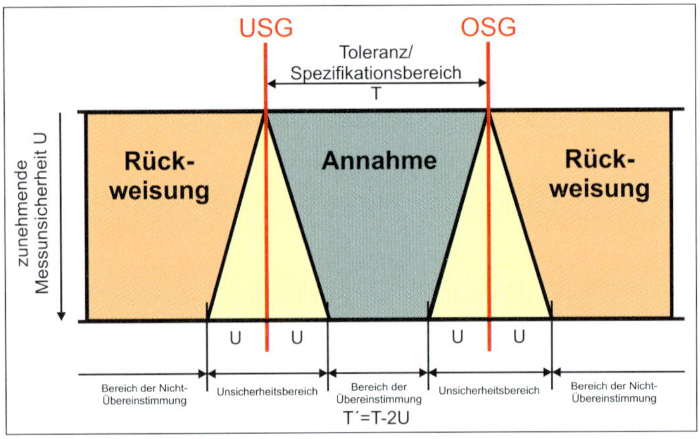

Bild 3.13 Auswirkung der zunehmenden Messunsicherheit auf die Fertigungstoleranz

4 Prüfmittelfähigkeit als Eignungsnachweis für Messprozesse

4.1 Grundlegende Verfahren und Vorgehensweise

Die Vorgehensweise bei Prüfmittelfähigkeitsuntersuchungen wurde in erster Linie von der Automobilindustrie entwickelt. Eine Norm, in der diese Betrachtungsweise festgelegt ist, gibt es bis heute nicht. Daher steht keine einheitliche Vorgehensweise zur Verfügung. Basierend auf der MSA [1] sind zur Konkretisierung und praktikablen Umsetzung mehrere firmenspezifische Richtlinien entstanden:

- SP-Q-MSS – General Motors. Co. [32]
- EU 1880 – Ford Motor Co. [31]
- Heft 10 – Robert Bosch GmbH [39]
- LF 1236 – DaimlerChrysler AG [2]
- Leitfaden der Automobilindustrie [36] (s. Anhang)

um nur einige zu nennen. Alle haben zwar die gleiche Zielsetzung, unterscheiden sich allerdings bei der Berechnung der Kennwerte, Festlegung der Grenzwerte und Begriffsdefinitionen. Übergreifend kann gesagt werden, dass der in Bild 4.1 dargestellte Ablauf allen Richtlinien zu Grunde liegt. Nur die im Flussdiagramm aufgeführten Verfahren 1, 2 und 3 sind von der Zielsetzung identisch:

Analyse-Phase

Verfahren	Zielsetzung	Kennwerte
Verfahren 1	Systematische Messabweichung und Wiederholpräzision	C_g, C_{gk}, t-Test, Vertrauensbereich *)
Verfahren 2	Wiederhol-, Vergleichspräzision (mit Bedienereinfluss)	%GRR, ndc, Vertrauensbereich *)
Verfahren 3	Wiederholpräzision (ohne Bedienereinfluss)	%GRR, ndc, Vertrauensbereich *)

* Die Abkürzungen werden bei den jeweiligen Verfahren erläutert.

HINWEIS ZU VERFAHREN 3: Es liegt eindeutig kein Bedienereinfluss vor, wenn das Teil automatisch in das Messsystem eingeführt und entnommen wird. Allerdings kann und sollte der Begriff „Bedienereinfluss" weiter gefasst werden. Durch bautechnische Maßnahmen wie Anschlag, Positionierhilfe usw. kann der Bedienereinfluss minimiert werden. Die Vergleichspräzision verringert sich, bzw. die grafischen Darstellungen zeigen keine signifikanten Unterschiede zwischen den Prüfern.

Bei einigen Firmen werden weitere Verfahren 4, 5, usw. behandelt. Diese haben allerdings unterschiedliche Bedeutung und können daher weder verallgemeinert noch miteinander verglichen werden. ▪

Bild 4.1 verdeutlicht die Anwendungsgebiete der beschriebenen Verfahren. Das Verfahren 1 wird vornehmlich bei Herstellern von Messmitteln und im Messmittelbau verwendet. Damit kann die prinzipielle Eignung und Tauglichkeit nachgewiesen werden. Erst wenn diese Untersuchung erfolgreich abgeschlossen ist, ist die Beurteilung im realen Einsatzbereich gemäß Verfahren 2 oder 3 sinnvoll.

Zitat aus der Ford Richtlinie EU 1880B [30]:

„Eine Untersuchung nach Verfahren 1 wird man in der Regel beim Lieferanten zur Beurteilung eines neuen Instruments vor dessen endgültiger Auslieferung und Installation durchführen. Die Untersuchung nach Verfahren 2 wird in erster Linie durchgeführt für neue oder bereits vorhandene Messmittel vor deren endgültiger Genehmigung für den Einsatz in der Fertigung. Diese Methode kann auch für Routineprüfungen und zur Neuausstellung eines Fähigkeitszertifikats verwendet werden."

Warum ist die Durchführung von Verfahren 1 sinnvoll?

Das Verfahren 1 beurteilt die systematische Messabweichung und die Wiederholpräzision unter „idealisierten" Bedingungen. Da die Verfahren 2 und 3 die umfassende Vorgehensweise ist, und mehr Einflussgrößen berücksichtigen als Verfahren 1, liegt der Gedanke nahe, auf das Verfahren 1 zu verzichten, zumal es in der MSA [1] nicht als solches aufgeführt ist. Trotzdem ist es von größter Bedeutung. Denn durch Verfahren 1 wird die geforderte Rückführbarkeit auf nationale und internationale Normale sichergestellt, und Abweichungen werden anhand der systematischen Messabweichung bewertbar.

Ein weiterer Grund ist in der Einfachheit des Verfahrens zu sehen. Auch wenn es unter idealisierten Bedingungen:

- Messungen an einem Normal/Referenzteil
- Messungen von nur einem Prüfer

durchgeführt wird, erhält man sehr schnell einen ersten Überblick. Sollte sich bereits bei Verfahren 1 herausstellen, dass das Messsystem nicht geeignet ist, können die weiteren Untersuchungen nach Verfahren 2 oder 3 entfallen. Dafür können in einer frühen Phase des Eignungsnachweises Verbesserungs- und Abstellmaßnahmen eingeleitet werden.

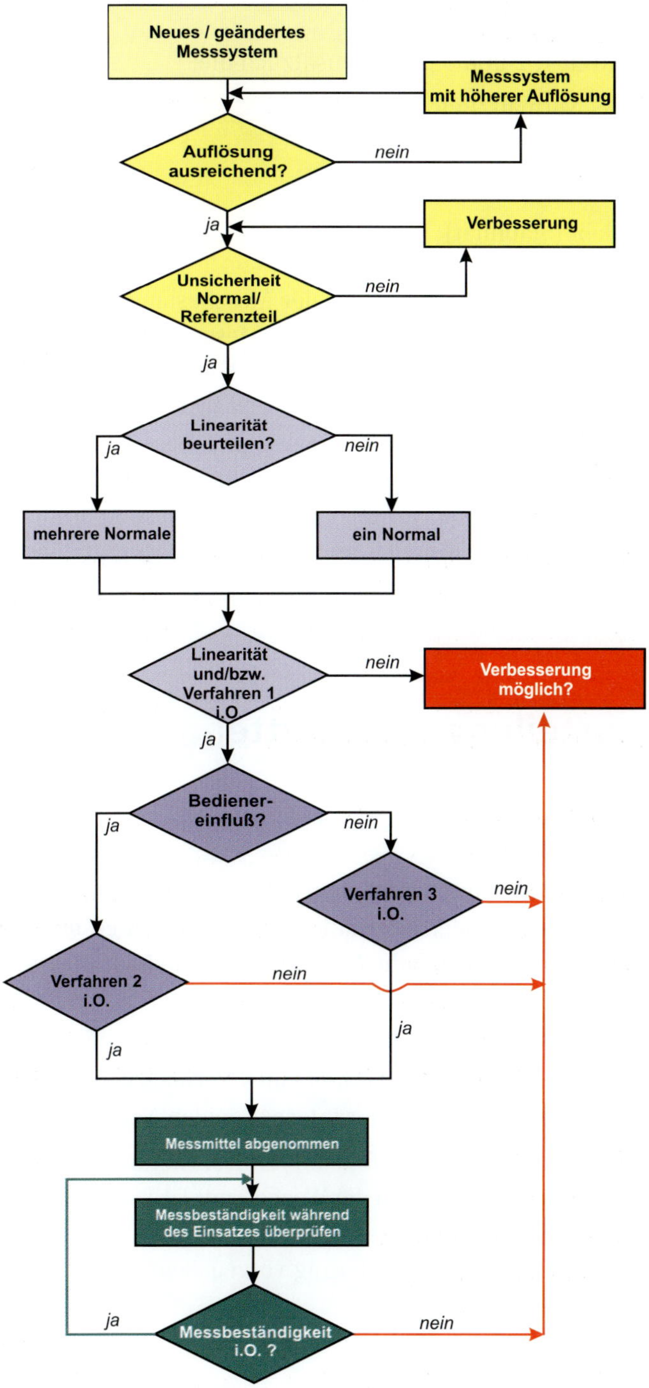

Bild 4.1 Ablauf und Zusammenhang der Verfahren

HINWEIS: Ab der dritten Ausgabe der MSA [29] wird die systematische Messabweichung extra beurteilt und ein Grenzwert vorgegeben.

Neben den Verfahren 1, 2 und 3 gilt es, zusätzlich die:

- Unsicherheit des Normals/Referenzteil
- Auflösung
- Linearität und
- Messbeständigkeit (Stabilität)

zu beurteilen. Dabei ist die Untersuchung der Messbeständigkeit das letzte Glied in der Kette und wird nur durchgeführt, wenn der Messprozess als geeignet angesehen wird. Mit diesem Verfahren wird der Messprozess kontinuierlich beobachtet, um festzustellen, ob er sich signifikant verändert. Dies ist insbesondere bei der Serienfertigung von eminenter Wichtigkeit. Nur so können plötzliche oder schleichende Veränderungen der Messabweichung erkannt und Fehlentscheidungen aufgrund eines nicht geeigneten Messprozesses vermieden werden. Diese kontinuierliche Beurteilung der Messbeständigkeit wird auch im Rahmen der Prüfmittelüberwachung (DIN EN ISO 10012 [14]) gefordert.

4.2 Beurteilung Messmittel

4.2.1 Unsicherheit des Normals/Einstellmeister

Um die systematische Messabweichung beurteilen zu können, muss die Rückführbarkeit in Bezug zu nationalen oder internationalen Normalen gestellt werden. Im einfachsten Fall sind dies handelsübliche Normale. Aufgrund der Messkette weist jedes Normal eine Messunsicherheit auf. Diese ist umso größer, je weiter das Normal von dem „Primär“-Normal entfernt ist.

Bild 4.2 zeigt, wie sich die Messunsicherheit eines Normals vergrößert, je weiter es in der Hierarchiestufe vom nationalen oder internationalen Normal entfernt ist.

Für die Maßeinheit „Gewicht“ sind in Bild 4.3 für drei Hierarchiestufen typische Waagen dargestellt. In diesem Fall werden die Waagen mit DKD-Zertifikat für das Wiegen von Teilen verwendet. Diese unterliegen der regelmäßigen Qualifizierung gemäß DIN EN ISO 10012 [12]. Das bei der Kalibrierung vorgegebene Qualifikationsintervall ist einzuhalten.

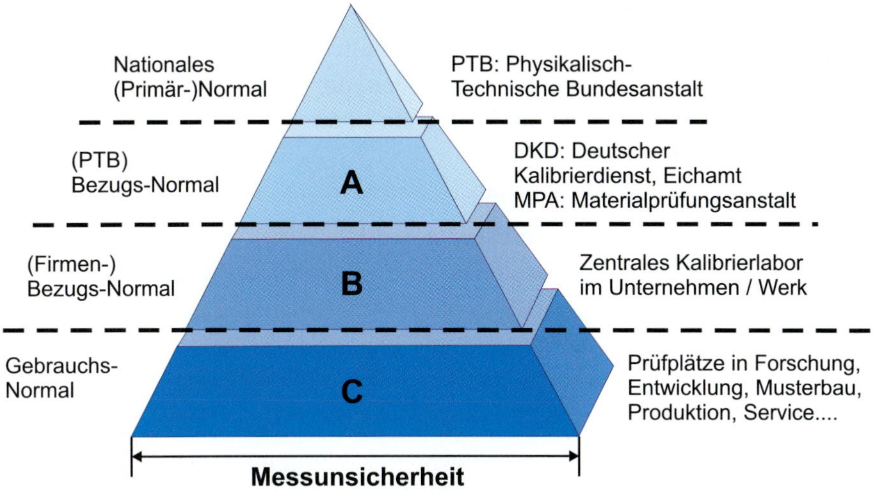

Bild 4.2 Hierarchie der Normale

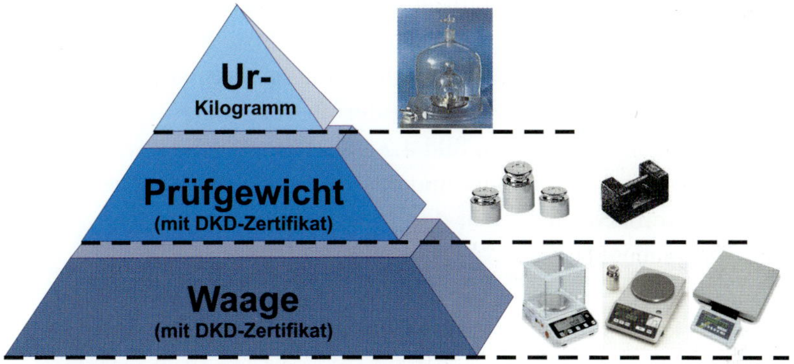

Bild 4.3 Messunsicherheit für die Einheit „Gewicht“

Die Messunsicherheit U des Prüfnormals, die sich aus dem Kalibrierschein ergibt, ist quasi der erste Einflussfaktor, der sich bei der Beurteilung des Messprozesses auswirkt. Der Messprozess kann auf keinen Fall besser sein als die Unsicherheit des Normals. Daher muss zunächst die Frage gestellt werden, wie groß darf die Messunsicherheit U eines Normals werden, damit das verwendete Normal akzeptiert ist? Als Erfahrungswert hat sich die Forderung bewahrheitet, dass $U \mathrel{\hat{=}} 5\,\%$ der Merkmalstoleranz sein muss. Bewegt sich U in dieser Größenordnung, ist die daraus resultierende Messunsicherheitskomponente bei der Bestimmung der erweiterten Messunsicherheit des gesamten Messprozesses in der Regel vernachlässigbar!

Häufig steht kein handelsübliches Normal zur Verfügung. In diesem Fall können so genannte Einstellmeister oder Meisterteile (im Folgenden als Referenzteile bezeichnet) herangezogen werden. Die Namensgebung ist nicht genormt und daher firmenübergreifend unterschiedlich. Dabei handelt es sich häufig um normale, der Fertigung entnommene, Werkstücke oder speziell für einen Messprozess hergestellte

Teile. Um diese Referenzteile für die Beurteilung der systematischen Messabweichung heranziehen zu können, müssen diese ähnliche Bedingungen wie die Normale erfüllen. Das heißt, sie müssen kalibriert werden und unterliegen der Prüfmittelüberwachung. Folgende Situationen sind zu unterscheiden:

Kalibriertes Einstellstück als Normal

Ein Einstellstück welches zum Einmessen der Messvorrichtung dient, ist nicht in jedem Fall geeignet, da beim Einstellen eine mögliche systematische Messabweichung, die bei der Messsystemanalyse bewertet werden soll, eliminiert wird. Wird aus wirtschaftlichen Gründen trotzdem das Einstellstück verwendet, kann nur die Wiederholpräzision C_g/EV sicher bestimmt werden. Die Bestimmung von C_{gk} ist nicht sinnvoll.

Mehrere kalibrierte Einstellstücke als Normale

Häufig geht man schon dazu über, für jeden Messvorgang mehrere Kalibrierstücke zu besorgen. Dies ist Basis für eine sinnvolle Messsystemanalyse und bringt zusätzlich logistische Vorteile während der Überwachung der Einstellstücke. Werden zwei oder mehrere Einstellstücke beschafft, ist darauf zu achten, dass deren Ist-Maße über den Toleranzbereich verteilen sind (z. B. nahe der oberen, nahe der unteren Toleranzgrenze und in der Toleranzmitte, s. Bild 4.24). Ein Einstellstück wird dann zum Einmessen des Messsystems verwendet und das zweite für die Messsystemanalyse. Bei Verwendung mehrerer Normale über den Toleranzbereich verteilt ist zusätzlich eine Linearitätsaussage möglich.

Kalibriertes Werkstück (Meisterteil)

Viele Bereiche lassen ein spezielles Werkstück (Meisterteil) erfassen und entsprechend kalibrieren. Dieses kalibrierte Werkstück kann sowohl zur Stabilitätsüberwachung als auch für eine Messsystemanalyse der Fertigungsmesseinrichtung verwendet werden. Zu beachten ist hierbei, dass die Kalibrierung der einzelnen Merkmale in ausreichender Genauigkeit erfolgt ist.

Nicht kalibrierte Merkmale an einem Einstellstück

Sind an Einstellstücken einzelne Merkmale wie z. B. Form- und Lagetoleranzen nicht kalibriert, sondern nur auf Einhaltung der Herstellerangaben geprüft, dürfen diese Messergebnisse nicht als Kalibrierwerte für eine Messsystemanalyse verwendet werden. Die Messwerte der Prüfung des Einstellstücks im Messraum kann sich von dem Wert auf der Fertigungsmesseinrichtung z. B. aufgrund unterschiedlicher Messstelle oder Messstrategie erheblich unterscheiden, was zu einer falschen Bewertung des Messsystems führen kann. Wird für diese Merkmale trotzdem eine Messsystemanalyse durchgeführt, kann nur die Wiederholpräzision C_g sicher bestimmt werden. Die Berechnung von C_{gk} ist nicht sinnvoll.

4.2.2 Einfluss der Auflösung

Jedes anzeigende Messgerät hat eine kleinste Auflösung. Bei einer analogen Anzeige kann ein Messwert auch zwischen zwei Strichen noch abgeschätzt werden. Dies ist bedienerabhängig und daher nur in Ausnahmefällen sinnvoll. Der Ziffernsprung (Auflösung) bei einer digitalen Anzeige ist nicht beeinflussbar. Bevor man überhaupt mit Verfahren 1 beginnt, sollte festgestellt werden, ob die Auflösung bei dem vorliegenden Messprozess ausreichend klein ist. Als Grenzwert für die Auflösung hat sich die Forderung: „Die Auflösung darf höchstens 5 % der Toleranz betragen" als sinnvoll herausgestellt.

> **HINWEIS:** Die Auflösung ist eine Standardunsicherheitskomponente bei der Bestimmung der erweiterten Messunsicherheit. Ist die oben gemachte Forderung erfüllt, ist in der Regel der Anteil der Messabweichung aufgrund der Auflösung vernachlässigbar klein.

Entsteht ein Messwert aus einer Rechengröße (z. B. Mittelwert), ist die Anzahl der Nachkommastellen festzulegen. Dieser ist gleichzeitig die Auflösung dieses Messverfahrens.

Bild 4.4 und Bild 4.5 zeigen die Auswirkung der Auflösung auf die Qualitätsfähigkeitskenngröße C_g und C_{gk} gemäß Verfahren 1.

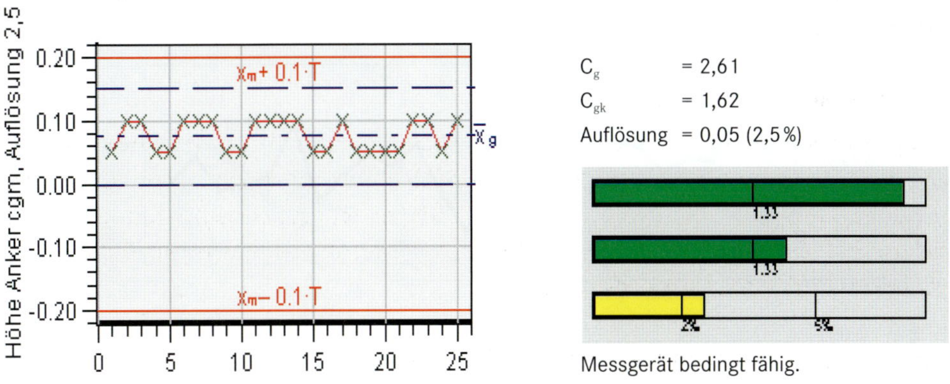

Bild 4.4 Auflösung Messgerät 0,05

Das Messgerät in Bild 4.4 hat eine Auflösung von 0,05. Bezogen auf die Toleranz (T=2) ergibt dies den ausreichenden Prozentsatz von 2,5 %. Im Gegensatz dazu hat das Messgerät in Bild 4.5 eine Auflösung von 0,1. Dies entspricht bei gleicher Toleranz einem Prozentsatz von 5 %.

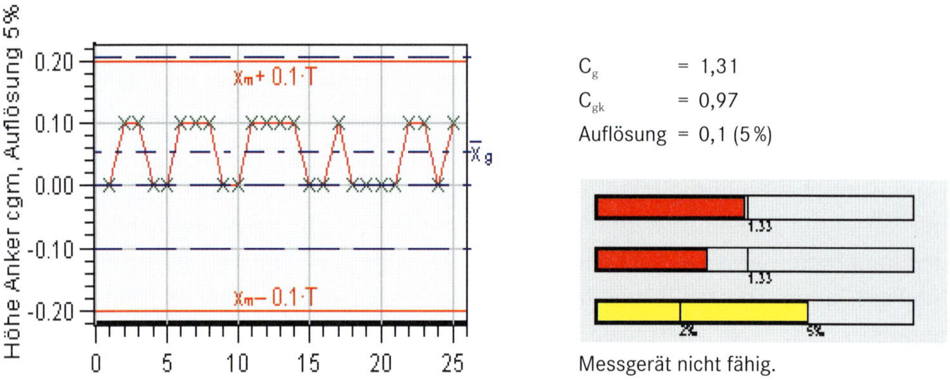

Bild 4.5 Auflösung für Messgerät 0,1

Das Beispiel bestätigt den Grenzwert von 5 %. Wird dieser Prozentsatz überschritten, wird mit höherer Wahrscheinlichkeit der Messprozess mit diesem anzeigenden Messgerät nicht geeignet sein. Daher können weitere Untersuchungen entfallen.

Die Auflösung hat nicht nur Auswirkungen auf die Fähigkeitsuntersuchung des Messprozesses selbst, sondern vor allem auf die Messwerte für die Prozessfähigkeitsüberwachung. Bild 4.6 und Bild 4.7 zeigen die Auswirkung der Auflösung in der Qualitätsregelkarte.

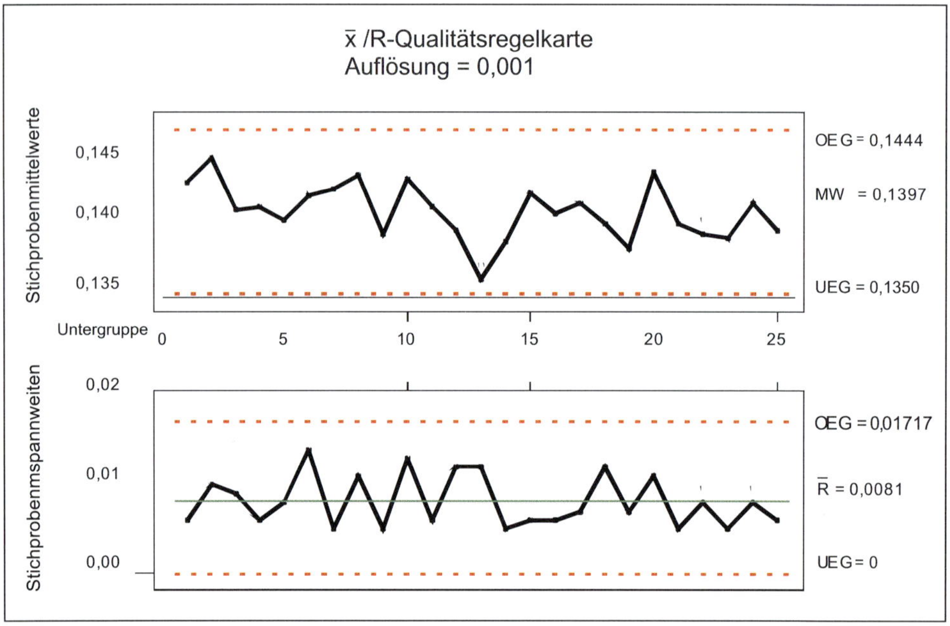

Bild 4.6 x̄-R-Karte mit Messgeräteauflösung 0,001

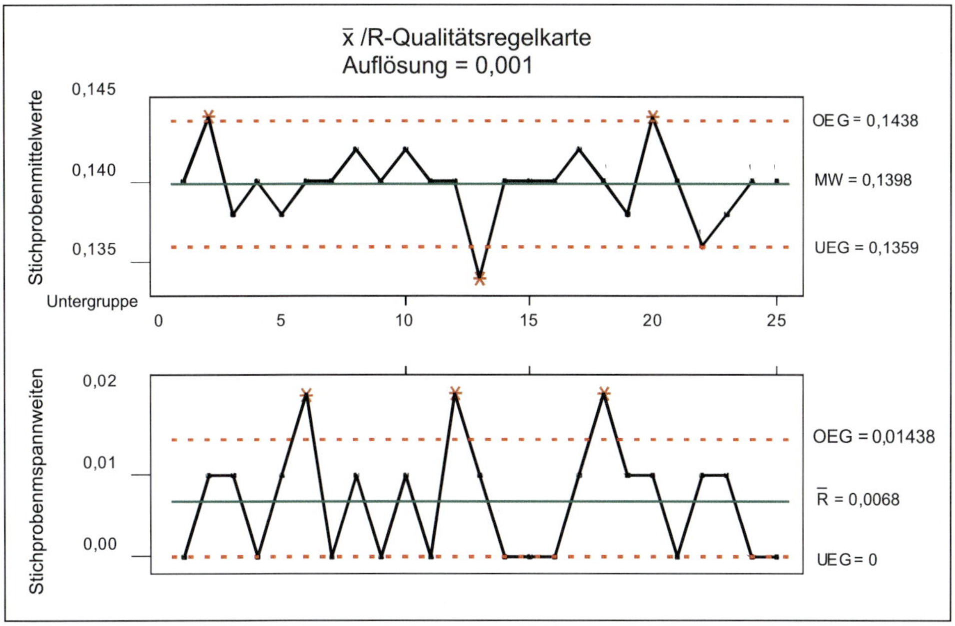

Bild 4.7 $\overline{x}$-R-Karte mit Messgeräteauflösung 0,01

4.2.3 Beurteilung der Systematischen Messabweichung

Um die systematische Messabweichung beurteilen zu können, wird ein Normal bzw. ein Referenzteil mehrfach (mindestens 25-mal) gemessen. Aus dieser Messwertreihe wird der Mittelwert berechnet. Der Absolutwert dieser Differenz zwischen dem richtigen Wert (aus dem Kalibrierschein) und dem Mittelwert der Messung ergibt die systematische Messabweichung Bi (Bias):

$$|Bi| = |\overline{x}_g - x_m|$$

x_m = richtiger Wert des Normals aus dem Kalibrierschein

$$\overline{x}_g = \frac{\sum_{i=1}^{n} x_i}{n}$$

Mittelwert der Messwertreihe

$$s_g = \sqrt{\frac{1}{n-1}\sum_{i=1}^{n}\left(x_i - \overline{x}_g\right)^2}$$

Standardabweichung der Messwertreihe

mit i = 1,…,n und $n \geq 15$ Anzahl der Messwerte.

Nun stellt sich die Frage nach dem Beurteilungskriterium für die systematische Messabweichung. In der MSA [1] wird der t-Test empfohlen.

Bei diesem Test werden zwei Hypothesen formuliert:

Nullhypothese H0: Die wahre systematische Messabweichung ist Null

versus

Alternativhypothese H1: Die wahre systematische Messabweichung ist ungleich Null

Die Aussage der Nullhypothese kann z. B. mit dem zweiseitigen 95 %-Vertrauensbereich für die systematische Messabweichung bestimmt werden.

$$\hat{Bi} - \frac{t_{n-1, 1-\frac{\alpha}{2}} \cdot s_g}{\sqrt{n}} \le Bi \le \hat{Bi} + \frac{t_{n-1, 1-\frac{\alpha}{2}} \cdot s_g}{\sqrt{n}}$$

Beinhaltet der Vertrauensbereich den Wert Null, so wird die Nullhypothese nicht verworfen und der Test gilt als bestanden.

Ist der Wert Null nicht in dem Vertrauensbereich enthalten, so wird die Nullhypothese zugunsten der Alternativhypothese verworfen und der Test gilt als nicht bestanden.

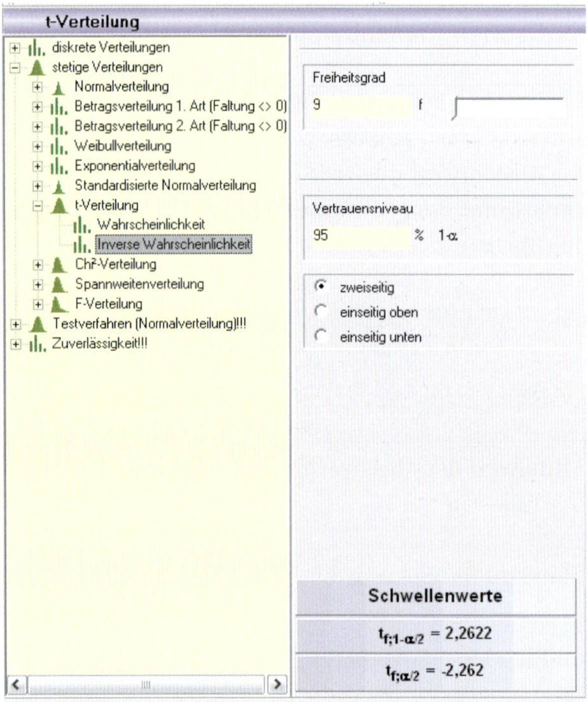

Der t-Wert kann entweder aus der t-Wert-Tabelle entnommen oder mit dem qs-STAT®-Modul „Verteilungen" (s. Bild 4.8) ermittelt werden. Dabei ist der Freiheitsgrad f = n-1.

Bild 4.8 Bestimmung t-Wert

Bild 4.9 und Bild 4.10 zeigen zwei unterschiedliche Fallbeispiele. Bei dem Messprozess in Bild 4.9 (aus MSA [1]) fällt die systematische Messabweichung |Bi| = 0,00667 in den Vertrauensbereich von − 0,111 … + 0,124 und kann damit als geeignet angesehen werden. Im Gegensatz dazu ist bei dem in Bild 4.10 dargestellten Messprozess die systematische Messabweichung zu groß. Damit muss der Messprozess verbessert werden.

HINWEIS:

1. Das Verfahren ist sehr sensibel. Daher werden viele Messprozesse in der Fertigung dieser Anforderung nicht gerecht.
2. Die Beurteilung des Messprozesses bezüglich der systematischen Messabweichung kann bei diesem Verfahren ohne Vorgabe einer Bezugsgröße (z. B. der Toleranz) erfolgen.

i	x_i
1	5,8
2	5,7
3	5,9
4	5,9
5	6,0
6	6,1
7	6,0
8	6,1
9	6,4
10	6,3
11	6,0
12	6,1
13	6,2
14	5,6
15	6,0

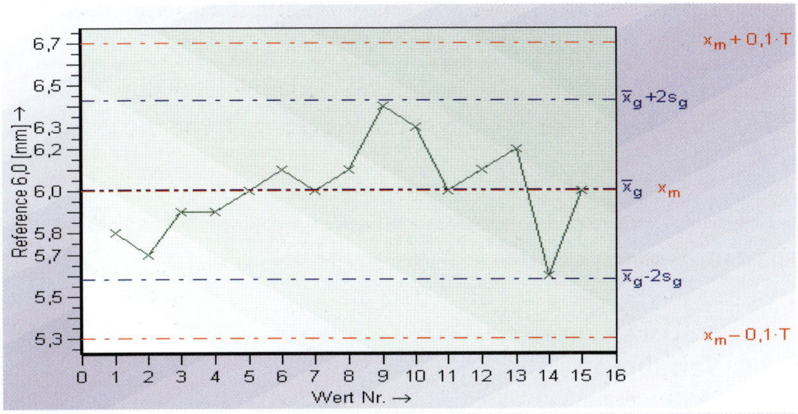

Zeichnungswerte			Gemessene Werte			Statistische Werte		
x_m	=	6,000				$\bar{x}_g$	=	6,007
USG	=	2,5	$x_{min\,g}$	=	5,6	s_g	=	0,21202
OSG	=	9,5	$x_{max\,g}$	=	6,4	$\lvert Bi \rvert = \lvert \bar{x}_g - x_m \rvert$	=	0,00667
T	=	7,0	R_g	=	0,8			
			n_{ges}	=	15	n_{eff}	=	15

$|Bi| = -0{,}111 \le 0{,}00667 \le 0{,}124$

0,00667

Bild 4.9 Systematische Messabweichung akzeptabel

x_i	x_i	x_i	x_i	x_i	x_i	x_i	x_i	x_i	x_i
20,303	20,296	20,311	20,298	20,311	20,308	20,313	20,303	20,306	20,302
20,301	20,301	20,297	20,295	20,309	20,302	20,303	20,310	20,296	20,303
20,304	20,300	20,295	20,301	20,308	20,294	20,308	20,304	20,306	20,307
20,303	20,307	20,302	20,307	20,304	20,302	20,298	20,309	20,299	20,303
20,306	20,305	20,304	20,312	20,298	20,304	20,306	20,305	20,300	20,305

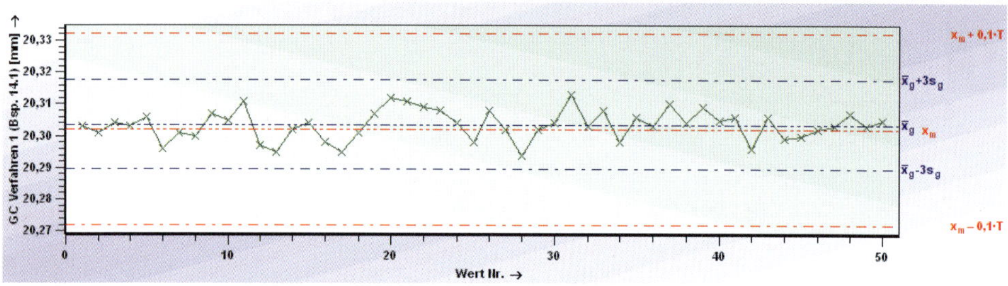

Zeichnungswerte			Gemessene Werte			Statistische Werte		
x_m	=	20,30200				$\bar{x}_g$	=	20,30348
USG	=	20,150	$x_{min\,g}$	=	20,294	s_g	=	0,0046565
OSG	=	20,450	$x_{max\,g}$	=	20,313	$\lvert Bi\rvert = \lvert\bar{x}_g - x_m\rvert$	=	0,00148
T	=	0,300	R_g	=	0,019			
			n_{ges}	=	50	n_{eff}	=	50
$\lvert Bi\rvert$=	0,000157 ≤ 0,00148 ≤ 0,00280		0			0,00148		

Bild 4.10 Systematische Messabweichung nicht akzeptabel

4.2.4 Verfahren 1

Bei dem Verfahren 1 für zweiseitig begrenzte Merkmale wird die systematische Messabweichung und die Streuung des Messgerätes ohne Bedienereinfluss an Hand eines Prüfnormals beurteilt. Dazu werden mit dem Messgerät an einem Normal mehrere Wiederholungsmessungen (in der Regel mindestens 25) durchgeführt. Aus der Messwertreihe können Mittelwert und Standardabweichung berechnet werden. Aus diesen ergeben sich in Verbindung mit der Merkmalstoleranz die Qualitätsfähigkeitskenngröße C_g, $C_{gk.}$ Mit dem C_g-Wert kann die Streuung und mit dem C_{gk}-Wert kann die systematische Messabweichung und die Streuung als Ganzes bewertet werden. Bild 4.11 zeigt die Einflussgrößen und die sich aus der Messung ergebenden Kenngrößen „Systematische Messabweichung“ und „Gerätestreuung/Wiederholpräzision“.

Ziel des Verfahrens 1 ist die Beurteilung von Herstellerangaben, insbesondere bei neuen Messsystemen oder nach Modifikationen.

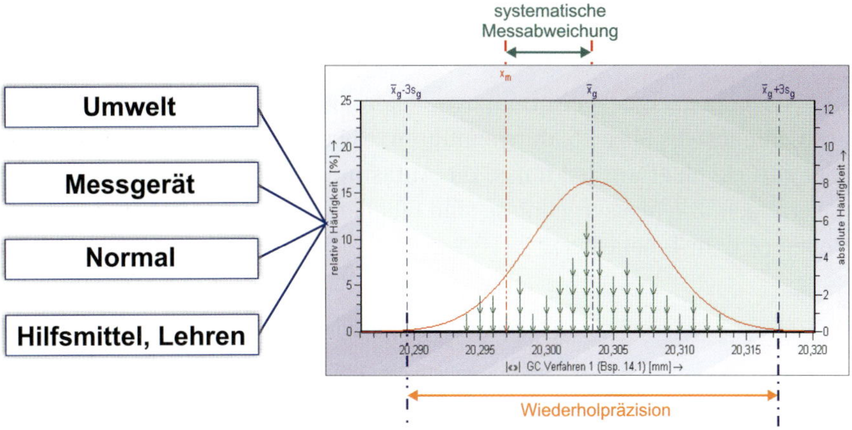

Bild 4.11 Typische Einflussfaktoren bei der Beurteilung nach Verfahren 1

Vorbereitung:

- Das Normal (bzw. Referenzteil) muss während der gesamten Untersuchung stets dieselbe Ausrichtung (Orientierung) haben.
- Zur Dokumentation der Untersuchung ist ein entsprechendes Formblatt (s. Tabelle 4.1), auf dem die Ergebnisse festgehalten und die Auswertung durchgeführt wird, zu erstellen. Neben den Messergebnissen sind die Kopfdaten, wie Angaben zur Messeinrichtung, zum Normal bzw. zum Werkstück zu dokumentieren. Falls ein Rechnerprogramm wie qs-STAT® vorhanden ist, sind die Daten in die Bildschirmmaske einzutragen (s. Bild 4.12).
- Wann immer möglich, sollte die Untersuchung in einer Umgebung durchgeführt werden, die der normalen Fertigungsumgebung entspricht.

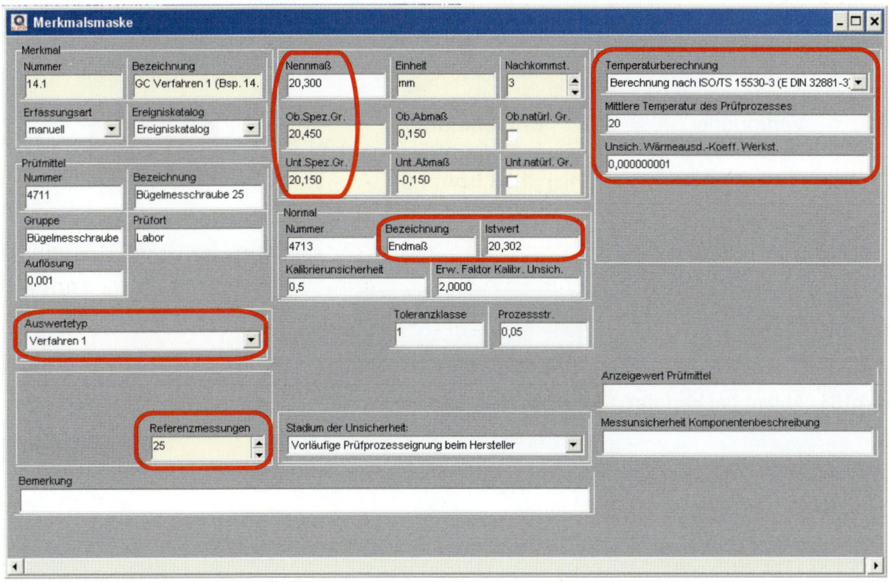

Bild 4.12 qs-STAT® Eingabemaske

Durchführung:

Die Bild 4.13 zeigt den Ablauf der Untersuchung in Form eines Flussdiagramms.

- Zunächst ist ein geeignetes Normal bzw. Referenzteil auszuwählen. Es sind 50 Messungen, mindestens aber 25, durchzuführen, wobei das Normal nach jeder Messung wieder zurückgelegt werden muss. Die Antastungen sollten immer an der gleichen Stelle erfolgen. Die Messergebnisse sind tabellarisch festzuhalten und grafisch darzustellen (z.B. in Tabelle 4.1).

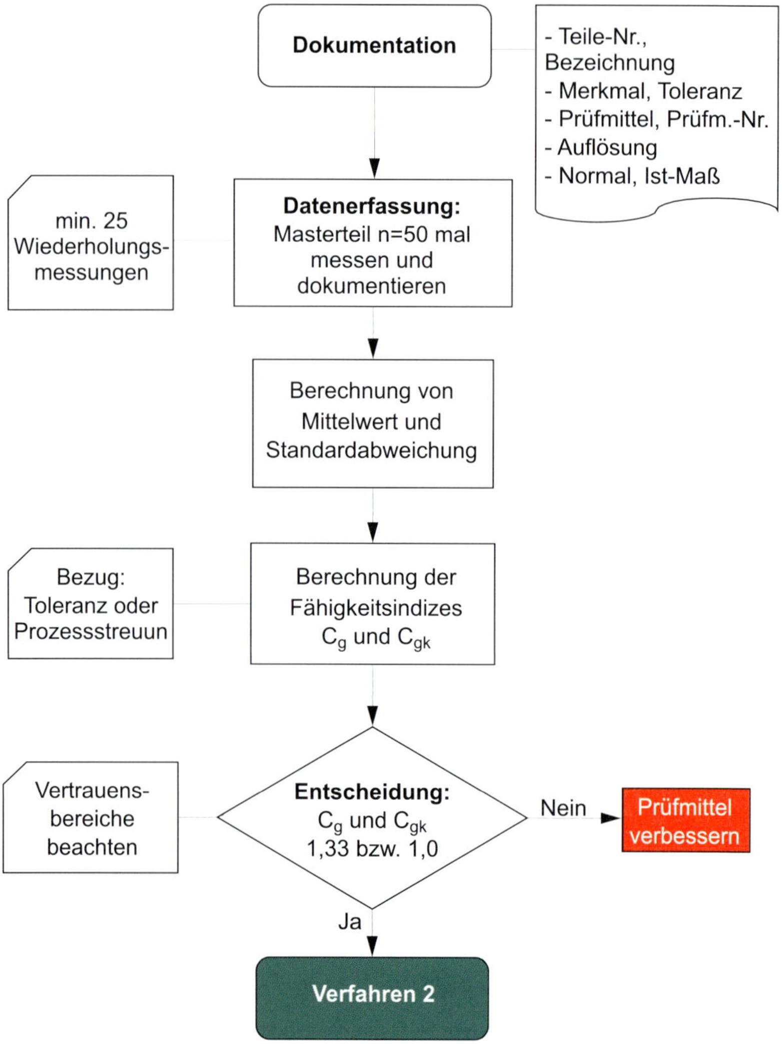

Bild 4.13 Ablauf bei Verfahren 1

Tab. 4.1 Formblatt zur Erfassung und Auswertung der Werte

	Meßsystemanalyse Verfahren 1: Cg / Cgk - Studie	Seite 1/1

Akt. Dat.	Bearb.Name.	Abt./Kst./Prod.	Prüfort

Prüfmittel	Normal	Merkmal
Bezeichnung Nummer Auflösung Prüfgrnd.	Bezeichnung Nummer Istwert Einheit	Bezeichnung Nummer Nennm. OSG Einheit USG
Bem.		

Bezugsgröße : T = ______ n = ______ Auflösung = ______

Bi = $|\bar{x}_g - x_m|$ = ______ s_g = ______

s_g = ______ $\bar{x}_g$ = ______

$$C_g = \frac{0.2 \cdot T}{4 \cdot s_g} = \_\_\_\_\_\_ = \_\_\_\_$$

1,33

$$C_{gk} = \frac{0.1 \cdot T - |\bar{x}_g - x_m|}{2 \cdot s_g} = \_\_\_\_\_\_ = \_\_\_\_$$

1,33

☐ fähig ☐ nicht fähig

Verfahren 1: Cg / Cgk - Studie

Auswertung:

- Bestimme den Mittelwert $\overline{x}_g$ und die Standardabweichung s_g der Messwertreihe.
- Anhand der auf dem Arbeitsblatt (Tabelle 4.1) angegebenen Formeln sind die Qualitätsfähigkeitskenngrößen C_g und C_{gk} zu berechnen.

HINWEIS: Zur Berechnung der Qualitätsfähigkeitskenngrößen C_g und C_{gk} sind mehrere Formeln bekannt. Daher ist bei der Angabe der Kennwerte die Berechnungsmethode zu dokumentieren. ■

- Das Ergebnis wird mit der vorgegebenen Mindestforderung verglichen.

HINWEIS: Je nach Berechnungsmethode für die Qualitätsfähigkeitskenngrößen C_g und C_{gk} sind unterschiedliche Grenzwerte in den verschiedenen Richtlinien enthalten. ■

- Die Beurteilung „fähig“ oder „nicht fähig“ ist zu dokumentieren und das Formblatt mit Datum und Unterschrift zu versehen.

4.2.5 Qualitätsfähigkeitskenngrößen C_g und C_{gk}

In Analogie der Definition der Qualitätsfähigkeitskenngrößen bei der Prozessfähigkeit sind für Messmittel die Qualitätsfähigkeitskenngrößen C_g und C_{gk} festgelegt. Da die Berechnungsmethoden bei unterschiedlichen Firmen entstanden sind, gibt es zur Bestimmung von C_g und C_{gk} keine einheitliche Formel.

Bild 4.14 verdeutlicht die Formeln zur Berechnung der Kenngrößen.

Je nach Firmenstandard (bzw. Zeitpunkt der Gültigkeit von Vorschriften) wird als Bezug n% der Merkmalstoleranz bzw. 6 oder 8 $\hat{\sigma}_{Prozess}$ gewählt. Ebenso kann die Forderung nach dem kleinsten Wert für die Fähigkeitsindizes C_g und C_{gk} unterschiedlich sein (z. B. 1,0 [34] bzw. 1,33 [43]).

Im Folgenden sind exemplarisch verschiedene Berechnungsmethoden aufgeführt:

Nach GMPT SP-Q-MSS [36] und Bosch Heft 10 [39]:

$$C_g = \frac{0{,}2 \cdot T}{6 \cdot s_g} \qquad T = OSG - USG$$

$$C_{gk} = \frac{0{,}1 \cdot T - |Bi|}{3 \cdot s_g}$$

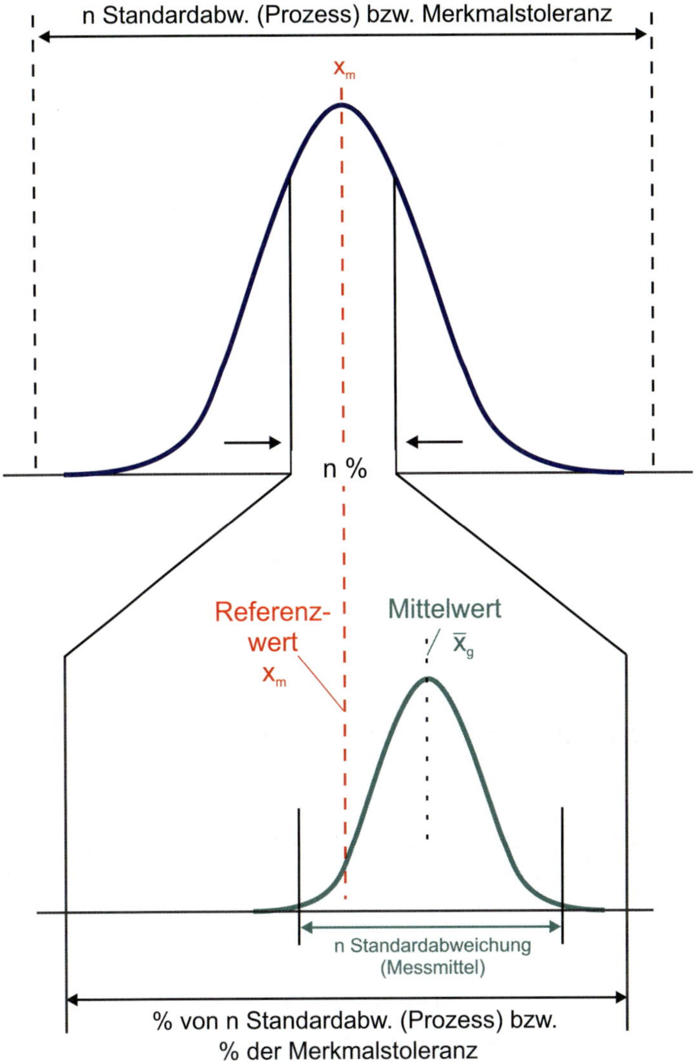

Bild 4.14 Berechnung der Fähigkeitsindizes

$$|Bi| = x_m - \overline{x}_g$$

x_m = Referenzwert des Normals bzw. Referenzteils

mit $\overline{x}_g = \frac{1}{n} \cdot \sum_{i=1}^{n} x_i \qquad s_g = \sqrt{\frac{1}{n-1} \sum_{i=1}^{n} \left(x_i - \overline{x}_g\right)^2}$ und i = 1,…,n

n = Anzahl der Messungen

Der Grenzwert für die Beurteilung der Eignung ist C_g und $C_{gk} \geq 1{,}33$.

Nach Ford EU 1880 [30]:

$$C_g = \frac{0{,}15 \cdot T}{6 \cdot s_g} \qquad \text{und} \qquad C_{gk} = \frac{0{,}075 \cdot T - |Bi|}{3 \cdot s_g}$$

Alternativ dazu kann statt der Toleranz T auch die Prozentstreubreite eingesetzt werden. Kann der Prozess durch das Modell der Normalverteilung (s. Dietrich/Schulze [37]) beschrieben werden, entspricht die Prozessstreubreite $6\sigma_{Prozess}$. Damit ergeben sich folgende Formeln:

$$C_g = \frac{0{,}15 \cdot \sigma_{Prozess}}{s_g} \qquad \text{und} \qquad C_{gk} = \frac{0{,}45 \cdot \sigma_{Prozess} - |Bi|}{3 \cdot s_g}$$

Der Grenzwert für die Beurteilung der Eignung ist C_g und $C_{gk} \geq 1{,}0$.

Nach dem Leitfaden der Automobilindustrie [36]:

$$C_g = \frac{0{,}2 \cdot T}{4 \cdot s_g} \qquad \text{und} \qquad C_{gk} = \frac{0{,}1 \cdot T - |Bi|}{2 \cdot s_g}$$

Der Grenzwert für die Beurteilung der Eignung ist C_g und $C_{gk} \geq 1{,}33$.

Warum $4s_g$ als Streubereich?

Zitat aus dem Leitfaden [36]:

In den bisher vorliegenden Richtlinien zur Berechnung der Fähigkeitsindizes C_g bzw. C_{gk} wurde in der Regel als Streubereich des Messsystems $6 \cdot s_g$ herangezogen. In dem vorliegenden Leitfaden wurde als Streubereich des Messsystems $4 \cdot s_g$ verwendet.

Begründung:

1. *Insbesondere, wenn die Auflösung des Messsystems nicht wesentlich unter 5 % der Toleranz liegt, klassiert das Messverfahren quasi die Messwerte.*
2. *Umfangreiche praktische Versuche haben bestätigt, dass bei Messprozessen, sowohl in der industriellen Fertigungsüberwachung als auch bei Kalibrierungen in Laboratorien, die Messwertstreuung bei Wiederholmessungen mit einem Streubereich von ± 2sg, vollständig abgedeckt ist. Das gilt bei Annahme einer Normalverteilung. Treten Werte außerhalb dieses Bereichs auf, sind diese auf eine defekte Messeinrichtung oder auf unzulässig in die Messung mit einbezogene Trends zurückzuführen.*

In einigen Firmenrichtlinien findet man zur Berechnung der C_{gk}-Werte die Formel:

$$C_{gk} = \frac{0{,}1 \cdot T}{3 \cdot s_g + |Bi|}$$

HINWEIS: Die Richtlinie enthält unterschiedliche Berechnungsformeln für C_g und C_{gk}. Daher können die Ergebnisse nicht untereinander verglichen werden: Für eine firmeninterne Vorgehensweise muss eine Berechnungsmethode ausgewählt und diese in einer Verfahrensanweisung bzw. Richtlinie verbindlich vorgeschrieben werden. Um die Ergebnisse für C_g und C_{gk} nachvollziehen zu können, muss die Berechnungsmethode mit angegeben sein!

Bild 4.15 zeigt schematisiert den Zusammenhang zwischen der Streuung des Messgeräts und dem daraus resultierenden Fähigkeitsindex.

HINWEIS: Es ist nicht sinnvoll, die Messgerätestreuung nach Verfahren 1 anhand der Spannweitenmethode zu schätzen, da sich die Messergebnisse im Allgemeinen nur unwesentlich unterscheiden.

Darüber hinaus kann als Alternative zu C_g und C_{gk} die sog. Prozentstreubreite angegeben werden:

$$\text{Prozentstreubreite} = \frac{15}{C_g} \text{ bzw. } \frac{20}{C_g} \quad \text{für die Messgerätestreuung}$$

$$= \frac{15}{C_{gk}} \text{ bzw. } \frac{20}{C_{gk}} \quad \text{für die Messgerätestreuung und die systematische Messabweichung}$$

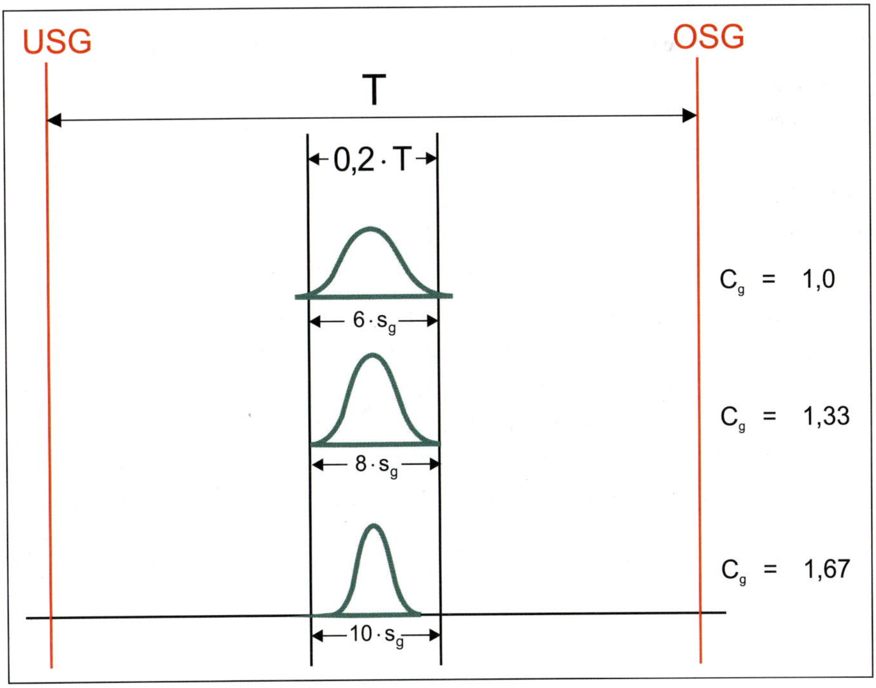

Bild 4.15 Verhältnis s_g zu C_g bei Bezugsgröße „Toleranz“

Fallbeispiel 1 für Verfahren 1: mit toleranzbezogener Berechnung

Mit einem Messverfahren wurde ein Normal mit dem Istwert x_m = 20,302 mm fünfzig Mal gemessen. Dabei ergaben sich folgende Werte.

x_i	x_i	x_i	x_i	x_i	x_i	x_i	x_i	x_i	x_i
20,303	20,296	20,311	20,298	20,311	20,308	20,313	20,303	20,306	20,302
20,301	20,301	20,297	20,295	20,309	20,302	20,303	20,310	20,296	20,303
20,304	20,300	20,295	20,301	20,308	20,294	20,308	20,304	20,306	20,307
20,303	20,307	20,302	20,307	20,304	20,302	20,298	20,309	20,299	20,303
20,306	20,305	20,304	20,312	20,298	20,304	20,306	20,305	20,300	20,305

Basierend auf einer vorgegebenen Toleranz von OSG = 20,45 und USG = 20,15 sind die Fähigkeitsindizes zu ermitteln. Die Prozessstreuung beträgt 0,05.

HINWEIS: Eine prozessbezogene Auswertung führt zu den gleichen Ergebnissen, da in diesem Fall $T = 6 \cdot \hat{\sigma}_{Prozess}$ ist.

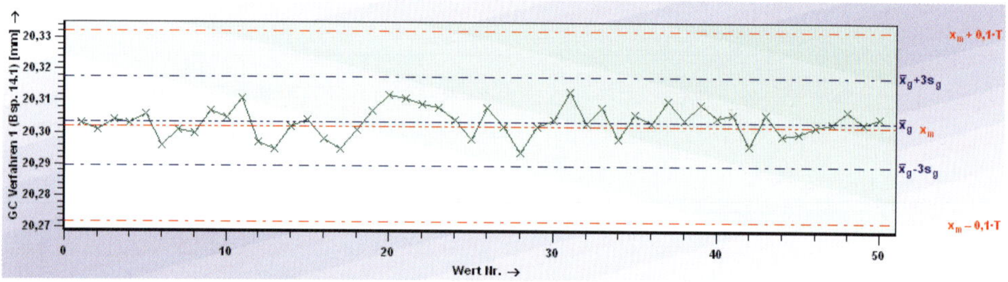

Zeichnungswerte			Gemessene Werte			Statistische Werte		
x_m	=	20,30200				$\bar{x}_g$	=	20,30348
USG	=	20,150	$x_{min\,g}$	=	20,294	s_g	=	0,0046565
OSG	=	20,450	$x_{max\,g}$	=	20,313	$\|Bi\| = \|\bar{x}_g - x_m\|$	=	0,00148
T	=	0,300	R_g	=	0,019			
			n_{ges}	=	50	n_{eff}	=	50

				Minimale Bezugsgrösse für fähiges Messsystem		
$C_g = \frac{0{,}2 \cdot T}{6 \cdot s_g}$	=	2,15	0 — 1,33	T_{min}	=	0,18558
$C_{gk} = \frac{0{,}1 \cdot T - \|\bar{x}_g - x_m\|}{3 \cdot s_g}$	=	2,04	0 — 1,33	T_{min}	=	0,20060
%RE	=	0,33%	0 — 5	T_{min}	=	0,020000

Messsystem fähig (RE, C_g, C_{gk})

GMPT EMS 3.2 (ARM): Type 1 Study

Fallbeispiel 2 für Verfahren 1: mit prozessbezogener Berechnung

Mit einem Messverfahren wurde ein Normal mit dem Istwert x_m = 17,05 mm fünfzig Mal gemessen. Dabei ergaben sich folgende Werte:

x_i	x_i	x_i	x_i	x_i	x_i	x_i	x_i	x_i	x_i
17,05	17,05	17,05	17,04	17,05	17,04	17,03	17,04	17,04	17,05
17,06	17,04	17,05	17,04	17,04	17,04	17,05	17,06	17,03	17,07
17,04	17,06	17,07	17,06	17,05	17,06	17,05	17,05	17,05	17,06
17,06	17,05	17,05	17,05	17,03	17,04	17,06	17,07	17,06	17,06
17,04	17,04	17,05	17,06	17,05	17,04	17,05	17,04	17,05	17,05

Basierend auf einer Prozessstreuung von $\hat{\sigma}_{Prozess}$ = 0,07 sind die Fähigkeitsindizes zu ermitteln. Die Toleranz ist 0,5 mm.

HINWEIS: Im Vergleich dazu sind die Ergebnisse der toleranzbezogenen Auswertung

Messmittelfähigkeit C_g : 1,25 12,000 %

Messmittelfähigkeit C_{gk} : 1,23 12,195 %

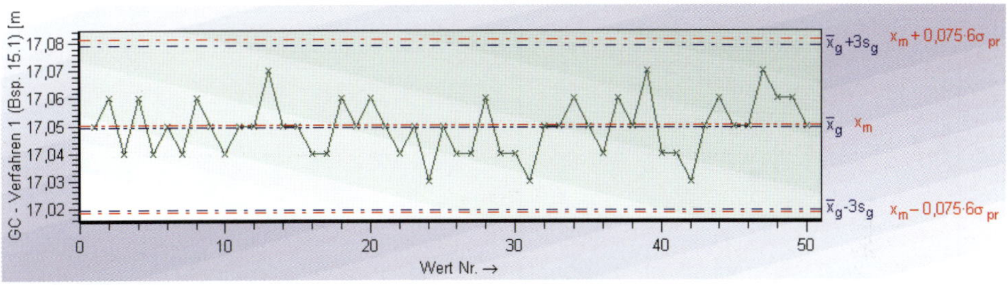

Zeichnungswerte			Gemessene Werte			Statistische Werte		
x_m	=	17,0500				$\bar{x}_g$	=	17,0494
USG	=	16,75	$x_{min\,g}$	=	17,03	s_g	=	0,0099816
OSG	=	17,25	$x_{max\,g}$	=	17,07	$\lvert Bi\rvert = \lvert\bar{x}_g - x_m\rvert$	=	0,000600
T	=	0,50	R_g	=	0,04			
			n_{ges}	=	50	n_{eff}	=	50

				Minimale Bezugsgrösse für fähiges Messsystem		
$C_g = \frac{0{,}15\cdot6\cdot\sigma_p}{6\cdot s_g}$	=	1,05	0 1	$6\cdot\sigma_{p\,min}$	=	0,40000
$C_{gk} = \frac{0{,}075\cdot6\cdot\sigma_p - \lvert\bar{x}_g - x_m\rvert}{3\cdot s_g}$	=	1,03	0 1	$6\cdot\sigma_{p\,min}$	=	0,40726
%RE	=	2,38%	0 2 5	$6\cdot\sigma_{p\,min}$	=	---

Messsystem bedingt fähig (RE,C_g,C_{gk})

prozessbezogen: Ford EU 1880A

Toleranz- bzw. prozessstreuungsbezogene Auswertung

Die Problematik einer toleranz- bzw. prozessstreuungsbezogenen Auswertung soll Bild 4.16 verdeutlichen.

Der dargestellte Prozessverlauf (Bild 4.16) zeigt eine sehr kleine Streuung innerhalb einer Stichprobe (s. linke Seite des Bildes). Eine toleranzbezogene Fähigkeitsuntersuchung würde eine zu große Auflösung des Messmittels (s. rechte Seite des Bildes) zulassen. Die Messwerte könnten nicht mehr in der gezeigten „Genauigkeit" ermittelt werden. Dadurch wird das Prozessverhalten verfälscht. Die prozessbezogene Auswertung ist daher in solchen Fällen sinnvoll.

Diese Vorgehensweise beinhaltet allerdings zwei Problematiken:

1. Die Prozessstreuung ist oftmals nicht bekannt (z. B. bei neuen Prozessen) und kann daher nicht als Bezugsgröße herangezogen werden. Es sei denn, man führt spezielle Untersuchungen mit sehr genauen Messsystemen durch. Diese sind in der Regel sehr zeitaufwändig oder aufgrund fehlender Messsysteme nicht möglich.
2. Ändert sich die Prozessstreuung, muss diese auch bei der Fähigkeitsbeurteilung des Messsystems berücksichtigt werden. Daher wird eine Vergleichbarkeit der Beurteilung von Messsystemen über der Zeit nicht oder nur bedingt möglich.

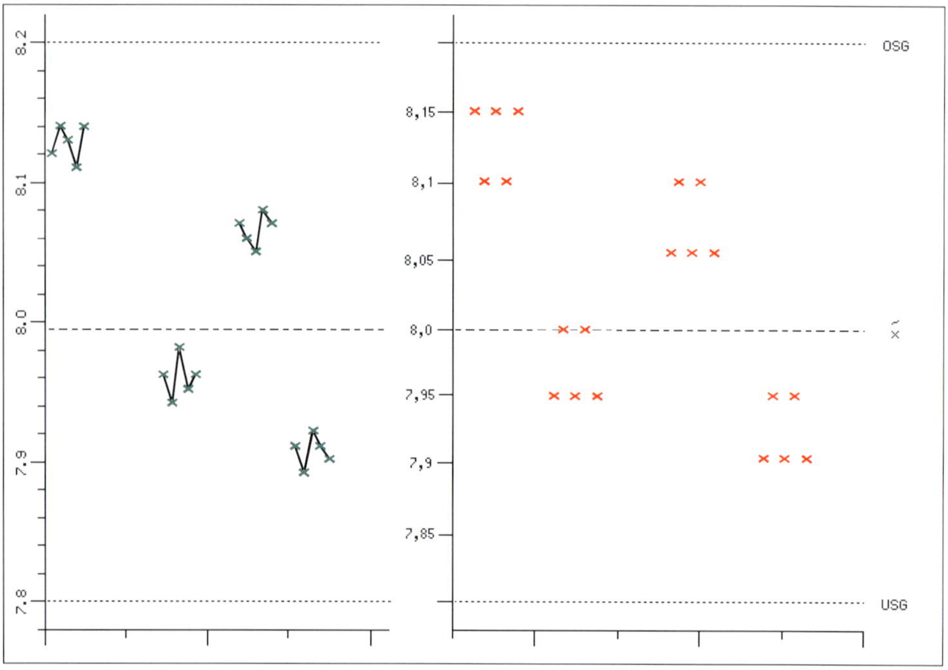

Bild 4.16 Prozess mit geringer innerer Streuung

Daher empfiehlt sich, als Bezugsgröße die Merkmalstoleranz heranzuziehen. Diese bleibt in der Regel über längere Zeiträume konstant, ist in der Teilezeichnung dokumentiert und fester Bestandteil in Lieferantenvereinbarungen.

Um eine eventuelle Fehlbeurteilung bei der Toleranz als Bezugsgröße zu vermeiden, ist eine Auflösung des Messsystems von 2 % (mindestens 5 %) der Merkmalstoleranz zu fordern.

Rückrechnung auf eine minimale Toleranz

Sind die Qualitätsfähigkeitskenngrößen C_g und C_{gk} berechnet und liegen diese über dem geforderten Grenzwert von z. B. 1,33, stellt sich die Frage: „Bis zu welcher kleinsten Toleranz T_{min} bezüglich C_g bzw. C_{gk} ist dieser Messprozess gerade noch geeignet?“

Für C_g berechnet sich T_{min}:

$$T_{min} = \frac{C_{g\,soll}}{C_{g\,ist}} \cdot T \qquad \text{mit } T = \text{Toleranz}$$

Liegt der Grenzwert bei 1,33 ($= \frac{4}{3}$), kann für die Berechnung von T_{min} bezüglich C_{gk} die Formel

$$C_{gk} = \frac{0{,}1 \cdot T_{min} - |Bi|}{3 \cdot s_g} \overset{!}{=} \frac{4}{3} \qquad (\hat{=} \text{ Grenzwert nach [2], [39]})$$

nach T_{min} umgeformt werden. Daraus ergibt sich

$$T_{min} \geq 40 \cdot s_g + 10 \cdot |Bi|$$

HINWEISE:

1. Je nach Rechengenauigkeit bzw. Anzahl Nach-Kommastellen für die Grenzwerte kann es zu geringen Abweichungen beim Ergebnis kommen.
2. Ist der C_{gk}-Wert kleiner als die vorgegebene Grenze, kann umgekehrt die Frage beantwortet werden: „Wie groß müsste die Toleranz T mindestens sein, um die Forderung zu erfüllen?“ Dies ist insbesondere für Standardprüfmittel interessant. Damit kann mit relativ geringem Aufwand für jedes Standardprüfmittel eine Untersuchung nach Verfahren 1 durchgeführt und C_{gk} berechnet werden. Durch das Einsetzen irgendeines Wertes für die Toleranz T kann T_{min} in der beschriebenen Form berechnet werden.
   Sinnvollerweise sollte man solche Untersuchungen nicht nur mit einem Messgerät machen, sondern sicherheitshalber mehrere auswählen. Vor allem sollten Geräte gleichen Typs aber von unterschiedlichen Herstellern berücksichtigt werden.

Die systematische Messabweichung darf Grenzwert nicht überschreiten

Das Ergebnis des C_{gk}-Werts wird durch die systematische Messabweichung $|Bi|$ und die Gerätestreuung s_g beeinflusst. Gerade die systematische Messabweichung als Bezug für die Rückführbarkeit darf nicht zu groß werden. Zumal diese im Vergleich zur Gerätestreuung einfacher beeinflusst, also verringert werden kann. In Abschnitt 4.2.3 ist ein Verfahren vorgestellt, das unabhängig von einer Merkmalstoleranz durch das Testverfahren einen Grenzwert vorgibt. Als Alternative dazu hat sich die Forderung

$$|Bi| \leq 10\% \text{ der Toleranz}$$

als sinnvoll herausgestellt. Ist diese errechnete Grenze kleiner als die Auflösung, so ist Auflösung die Grenze für $|Bi|$.

BEISPIEL: Gegeben ist eine Toleranz von 20 µm. Das Messgerät hat eine Auflösung von 1 µm. In diesem Fall darf $|Bi|$ maximal 2 µm werden. Wird eine kleinere Toleranz von z. B. 8 µm mit diesem Messgerät gemessen, darf $|Bi|$ maximal 1 µm werden. ■

Vertrauensbereich für C_g, C_{gk} beachten:

Statistische Kennwerte sollten gerade bei kleinen Stichprobenumfängen nur mit dem Vertrauensbereich ausgewiesen werden. So ergibt beispielsweise für den Datensatz aus Fallbeispiel 2 folgender Vertrauensbereich für:

C_g: $0{,}84 \leq 1{,}05 \leq 1{,}26$ $\qquad$ C_{gk}: $0{,}81 \leq 1{,}03 \leq 1{,}26$

Die Beachtung des Vertrauensbereichs ist besonders wichtig, wenn die Ergebnisse in der Nähe eines Grenzwerts liegen. So sollte auf keinen Fall ein Messprozess verworfen werden, wenn ein C_{gk}-Wert knapp unter dem Grenzwert liegt. Umgekehrt sollte ein Messprozess nicht blindlings als geeignet angesehen werden, wenn ein C_{gk}-Wert knapp über dem Grenzwert liegt. In beiden Fällen sollten zusätzliche Betrachtungen die gewonnenen Ergebnisse untermauern.

4.2.6 Verfahren 1 für einseitig begrenzte Merkmale

Bei der Berechnung der Fähigkeit wird die Normalverteilung der Messwerte zugrunde gelegt. Dies gilt auch für nicht normalverteilte Merkmalswerte (s. Bild 4.17). Um andere Verteilungsformen weitestgehend auszuschließen, ist der Einstellmeister auch bei unsymmetrischen Toleranzen möglichst in die Mitte der Toleranz zu legen.

In diesem Fall sind zwei Situationen zu unterscheiden. Zum einen können obere und untere Spezifikationsgrenzen bekannt sein (z. B. nullbegrenztes Merkmal), zum anderen kann ein Grenzwert fehlen.

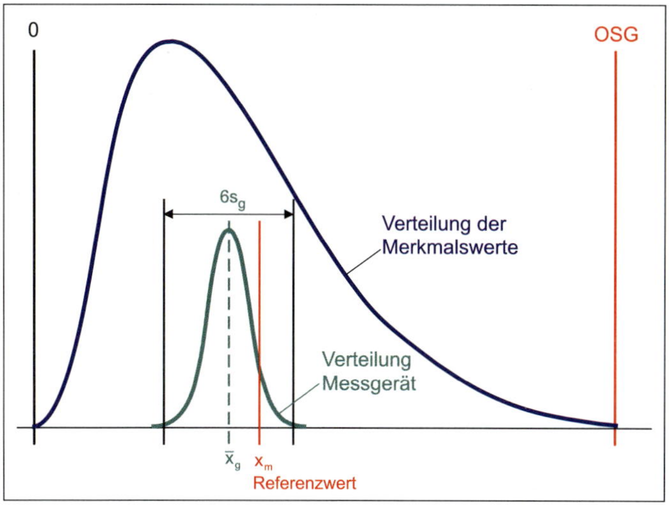

Bild 4.17 Messgerätestreuung für nicht normalverteilte Merkmalswerte

Handelt es sich um ein nullbegrenztes Merkmal, gibt es eine Toleranz T (T=OSG, siehe Bild 4.2 bis 4.18). Damit kann C_{gk} wie folgt berechnet werden (s. Bild 4.17):

$$\text{bei} \quad \bar{x}_g > x_m : C_{gk} = \frac{0{,}1 \cdot T - \left(\bar{x}_g - x_m\right)}{3 \cdot s_g}$$

$$\text{bei} \quad \bar{x}_g < x_m : C_{gk} = \frac{0{,}1 \cdot T - \left(x_m - \bar{x}_g\right)}{3 \cdot s_g}$$

Dieser kann größer oder kleiner als x_m sein. Im Gegensatz zur Bestimmung von Prozess- oder Maschinenfähigkeitsindizes ist der Fähigkeitsindex nur von dieser Bedingung abhängig und nicht vom Abstand des Mittelwerts zu den Spezifikationsgrenzen.

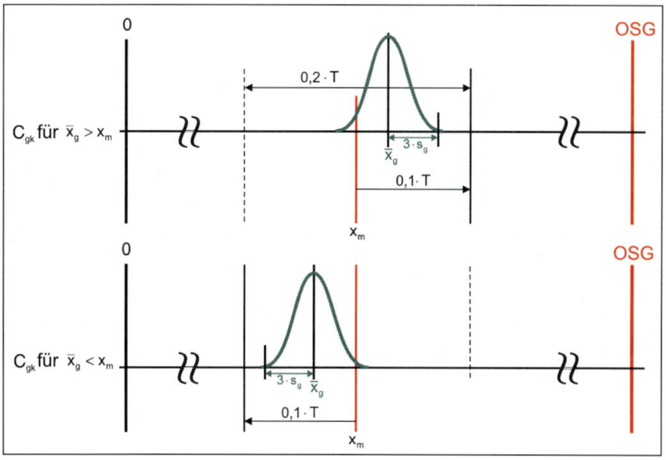

Bild 4.18 Bestimmung von C_{gk} für einseitiges Merkmal

Bild 4.19 verdeutlicht den Sachverhalt für ein nullbegrenztes Merkmal.

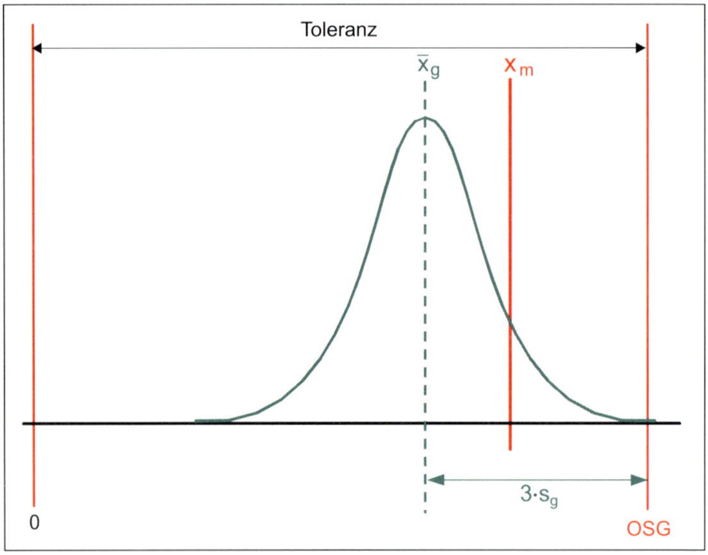

Bild 4.19 Fähigkeitsuntersuchung bei nullbegrenztem Merkmal

Analog verhält sich der Sachverhalt bei einem einseitig nach oben begrenzten Merkmal.

Ist nur ein Grenzwert (z. B. untere Spezifikationsgrenze) festgelegt (d. h. gemessene Werte müssen größer als ein Mindestwert sein), dann ist keine Ermittlung von C_g bzw. C_{gk} möglich. Um sicherzustellen, dass keine Werte ober- bzw. unterhalb des Höchst- bzw. Mindestwertes liegen, kann je nach Festlegung als Grenzwert ein Abstand von $3s_g$ ($\triangleq C_g = 1{,}0$) bzw. von $4s_g$ ($\triangleq C_g = 1{,}33$) berücksichtigt werden.

Bild 4.20 verdeutlicht für $C_g = 1{,}0$ den Sachverhalt für eine obere Spezifikationsgrenze.

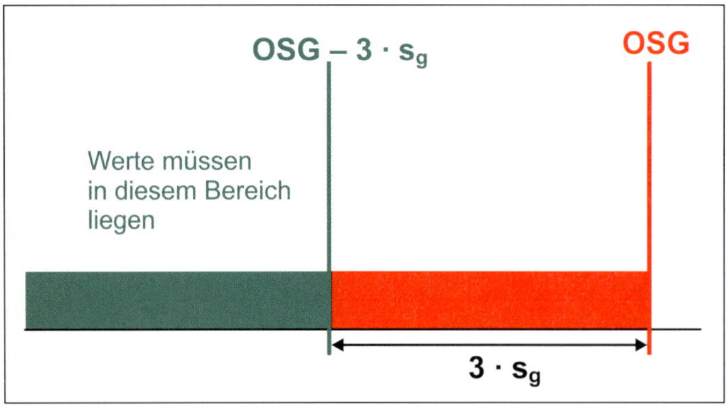

Bild 4.20 Fähigkeitsuntersuchung bei einem Grenzwert

> **HINWEIS:** Falls bekannt, wird die Prozessstreuung als Bezugsgröße für die Auswertung verwendet. In diesem Fall kann der C_g bzw. C_{gk}-Wert in gewohnter Form bestimmt werden.

4.2.7 Verfahren 1 für mehrere Merkmale

In der Praxis werden häufig an einem Teil mehrere Merkmale gleichzeitig geprüft. Dabei ist es sinnvoll, alle Qualitätsfähigkeitskenngrößen und Kennwerte in einem zusammenzufassen. Damit erhält man z. B. bei Messvorrichtungen sofort einen Überblick, welche Merkmale in Ordnung sind und welche nicht. Ähnliche Informationen liefert der Box-Plot in normierter Form [9] in einer Gesamtübersicht (Bild 4.21).

In Bild 4.21 ist sofort zu erkennen, dass die Merkmale M2, M3 und M6 die Forderung (≥ 1,33) nicht erfüllen. Der Box-Plot in Bild 4.21b zeigt zusätzlich, dass bei den Merkmalen M3 und M6 die systematische Messabweichung groß ist. Eine noch detailliertere Form der Darstellung zeigt Bild 4.22. Diese enthält für andere Daten zusätzlich die wichtigsten numerischen Ergebnisse.

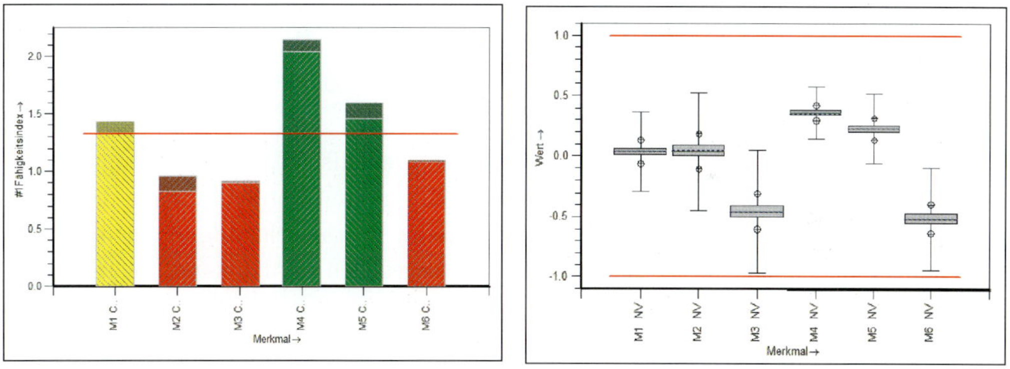

a) C-Werte b) Box-Plot

Bild 4.21 Ergebnisübersicht bei mehreren Merkmalen

Merkm.Nr	Merkm.Bez.	n_{eff}	T	$\bar{x}_g$	s_g	Index	Index			Werteverlauf Einzelwe
4711	Aussendruchmesser	50	0,060	6,00086	0,00098680	C_g 2,03	C_{gk} 1,64			
1	Verfahren 1	50	0,0200	56,830130	0,00042052	C_g 1,59	C_{gk} 1,48			
14.1	GC Verfahren 1 (Bsp. 14.1)	50	0,300	20,30348	0,0046565	C_g 2,15	C_{gk} 2,04			
15.1	GC - Verfahren 1 (Bsp. 15.1)	50	0,50	17,0494	0,0099816	C_g 1,67	C_{gk} 1,65			

Bild 4.22 Kennwerte für mehrere Merkmale

4.2.8 Linearität

Beim Einsatz des Messsystems ist dessen „Linearität" nachzuweisen. Bei der Untersuchung der Linearität sind folgende Situationen zu unterscheiden:

1. Das Messsystem enthält eine lineare Maßverkörperung. Dies ist in Form eines Zertifikates bzw. Überprüfung nachzuweisen.

   In diesem Fall ist keine separate Linearitätsstudie erforderlich. Die Beurteilung des Messverfahrens nach Verfahren 1 (s. Abschnitt 4.2.4) ist dann ausreichend.

2. Das Messsystem enthält keine lineare Maßverkörperung. Typische Beispiele sind elektronische Taster, pneumatische Messungen usw.

   In diesem Fall sollte die Linearität des Messsystems näher untersucht werden.

4.2.8.1 Begriffserklärung „Linearität"

Der Begriff „Linearität" ist im Internationalen Wörterbuch der Metrologie [24] nicht zu finden. In [7] findet man folgende Definition für „Linearität".

„Konstant bleibender Zusammenhang zwischen der Ausgangsgröße und der Eingangs-(Mess-)größe eines Messmittels bei deren Änderung."

Eine ähnliche Festlegung ist in [29] zu finden. Beide Begriffsdefinitionen sind für eine umfassende Linearitätsuntersuchung nicht ausreichend. Daher wird zunächst der Begriff „Linearität" beschrieben, wie er im vorliegenden Dokument verstanden wird.

Mit einer Linearitätsuntersuchung soll die „Systematische Messabweichung" eines Messsystems über einen spezifizierten Bereich ermittelt werden. Anhand der Ergebnisse ist zu beurteilen, ob sich die systematische Messabweichung in einem Bereich bewegt, in dem das Messsystem als geeignet angesehen werden kann.

Die folgenden Bilder zeigen verschiedene Situationen mit Abweichungen von der Linearität. Es bedeuten:

....	Verbindungslinie der Mittelwerte
——	ideale Position, bei der alle Messwerte dem jeweiligen Referenzwert entsprechen
●	Mittelwert der Messwertreihe am Normal i
$(x_m)_i$	Referenzwert des Normals i
x_i	Messwert

Folgende unterschiedliche Situationen sind zu betrachten:

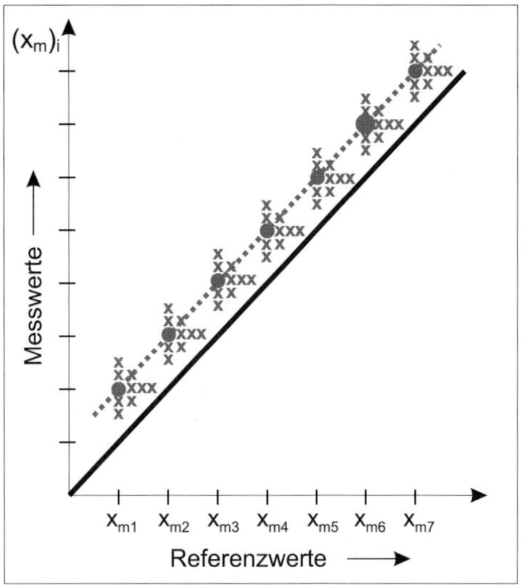

Die systematische Messabweichung ist unabhängig von den Referenzwerten über den spezifizierten Bereich konstant.

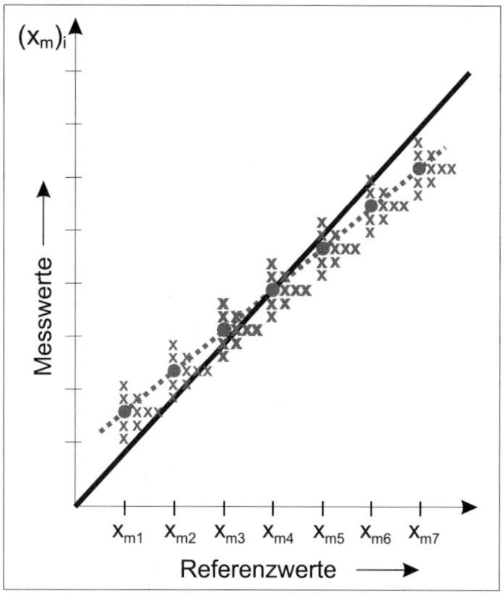

Die systematische Messabweichung ändert sich über den spezifizierten Bereich. Es besteht ein linearer Zusammenhang zwischen den Referenzwerten und der systematischen Messabweichung.

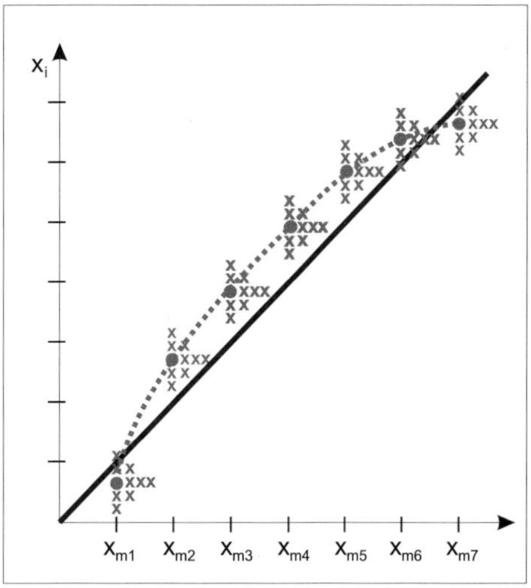

Es besteht kein linearer Zusammenhang zwischen den Referenzwerten und der systematischen Messabweichung.

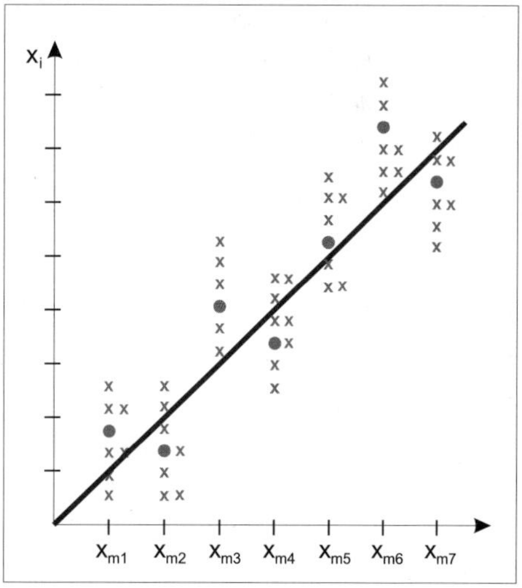

Die Streuung der Messwerte bei den einzelnen Referenzwerten ist signifikant.

Beurteilung der Linearität

Gemäß der oben beschriebenen Begriffsdefinition „Linearität“ läuft die Beurteilung auf die Forderung hinaus:

„Die systematische Messabweichung $|Bi|$ in den einzelnen Referenzpunkten über dem Einsatzbereich des Messgerätes muss ausreichend klein sein.“

Die Frage: „Was ist ausreichend klein?“ wurde bereits in Abschnitt 4.2.3 und 4.2.4 beantwortet. Die MSA [1] schlägt vor, eine Regressionsgerade durch die an den Referenzwerten aufgetragene systematische Messabweichung zu bestimmen und einen t-Test durchzuführen. Anhand der errechneten Prüfgröße ist zu entscheiden, ob die Linearität als akzeptabel angesehen werden kann. Für diese Beurteilung ist keine Referenzgröße wie Prozessstreuung oder Toleranz erforderlich. Eine andere Variante ist im Leitfaden der Automobilindustrie [36] enthalten. Dort wird gefordert, dass die systematische Messabweichung $|Bi|$ in den einzelnen Referenzpunkten nicht größer als 10 % der Referenzgröße (z. B. Toleranz) sein darf.

Durchführung der Linearitätsuntersuchung

Es ist ein Formblatt zu erstellen, in dem die Kopfdaten und die Ergebnisse sowie die Auswertung eingetragen werden können. In den Kopfdaten ist der Bezug zu dem zu messenden Teil herzustellen. Die einzelnen Referenzwerte und deren Unsicherheit sind festzuhalten. Das Messgerät und der Prüfer sind ebenfalls zu dokumentieren.

In Bild 4.23 ist der Ablauf in Form eines Flussdiagramms dargestellt.

Es sind fünf Normale oder Referenzteile auszuwählen. Diese müssen kalibriert werden und der Referenzwert bekannt sein. Die Messunsicherheit der Normale bzw. Referenzteile muss kleiner als 5 % der Toleranz sein. Bei der Auswahl der Referenzteile ist darauf zu achten, dass der gesamte Anwendungsbereich des Messgeräts abgedeckt ist. Dies kann beispielsweise die Merkmalstoleranz sein oder die Prozessstreubreite. Auf jeden Fall müssen Teile vom Randbereich enthalten sein.

In Bild 4.24 ist für den Sonderfall „drei Referenzteile“ deren vorgeschlagene Lage dargestellt.

Anschließend wird jedes der fünf Referenzteile mit dem Messgerät mindestens zehn Mal gemessen. Die MSA [1] sieht mindestens 10 Messungen vor. Die Messergebnisse sind in Form einer Tabelle festzuhalten und, wenn möglich, grafisch darzustellen. Die grafische Darstellung hat immer den Vorteil, dass Ausreißer bzw. größere Abweichungen sofort erkannt werden. In begründeten Fällen ist die entsprechende Messung zu wiederholen.

Zur Beurteilung der Ergebnisse werden die gemessenen Werte grafisch dargestellt. In diese Grafik wird eine Ausgleichsgerade und der dazugehörige Vertrauensbereich eingetragen.

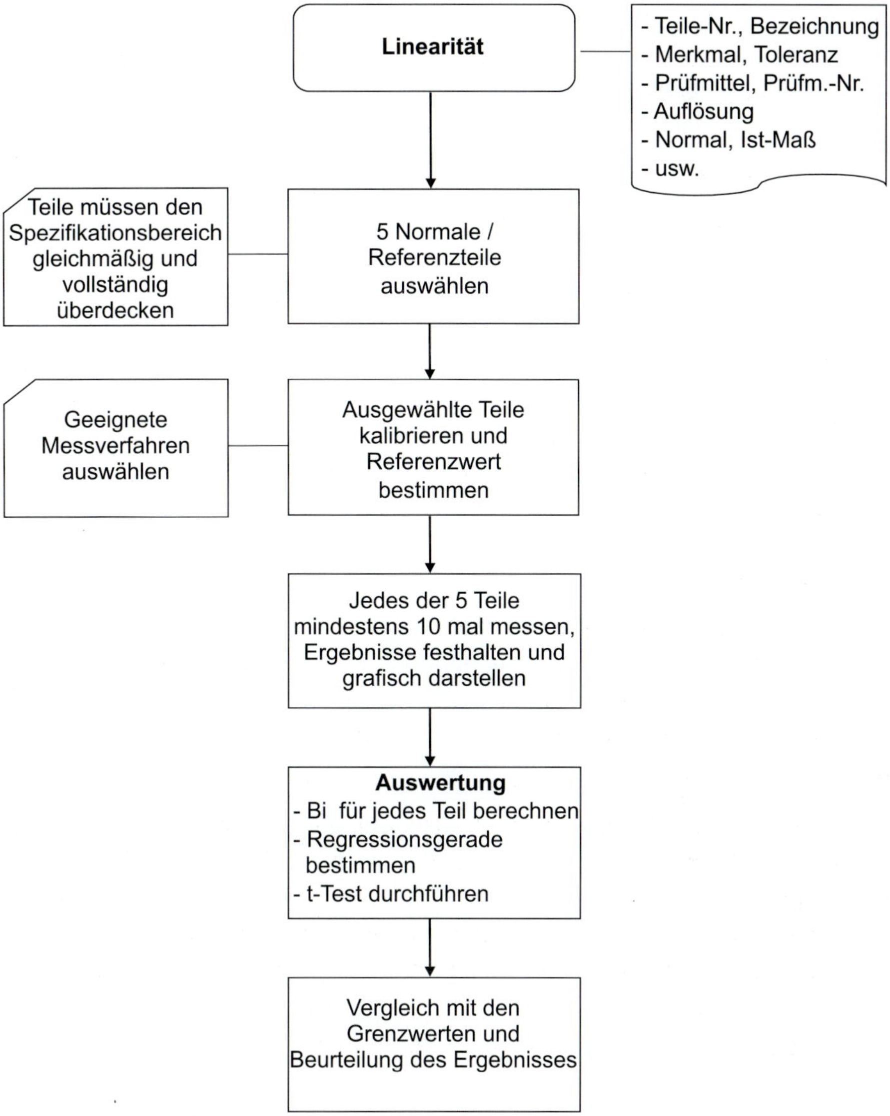

Bild 4.23 Ablauf Linearitätsuntersuchung

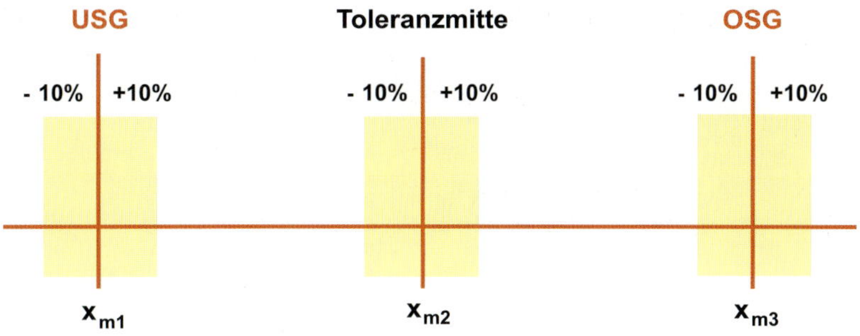

Bild 4.24 Lage der Referenzteile

Richtlinie zur Bestimmung der Linearität (Auszug aus MSA [29])

Durchführung der Untersuchung

Die Linearität kann anhand folgender Richtlinien ermittelt werden:

1. Es sind $g \geq 5$ Teile auszuwählen, deren Messwerte in Abhängigkeit von der Prozessstreuung den gesamten Arbeitsbereich (Messbereich) des Messmittels abdecken.
2. Jedes Teil ist mittels eines Messgeräts aus dem Messraum zu messen, um dessen Referenzwert zu bestimmen und um zu bestätigen, dass der Arbeitsbereich (Messbereich) des Messmittels ausreichend abgedeckt ist.
3. Jedes Teil ist $m \geq 12$ mal mit dem Messmittel von einer Person zu messen, die üblicherweise das Messmittel verwendet.

Die Teile sind zufällig auszuwählen, um „wiederkehrende" Systematische Messabweichungen bei den Messungen zu minimieren.

Grafische Analyse der Ergebnisse

4. Die Systematische Messabweichung eines jeden Messergebnisses und die mittlere Systematische Messabweichung jedes Teils ist zu berechnen mit:

$$\text{Syst. Messabw.}_{i,j} = x_{i,j} - (\text{Referenzwert})_i$$

$$\text{Syst. Messabw.}_{i,j} = \frac{\sum_{j=1}^{m} \text{Syst. Messabw.}_{i,j}}{3 \cdot s_g}$$

5. Nun sind die Systematischen Messabweichungen und die mittleren systematischen Messabweichungen über die Referenzwerte in einer grafischen Darstellung in linearer Form darzustellen (Bild 4.28).
6. Im nächsten Schritt ist die Ausgleichsgerade und das Konfidenzband zu berechnen und in die grafische Darstellung einzuzeichnen:

Für die Ausgleichsgerade ist folgende Gleichung anzusetzen:

$$\bar{y}_i = a \cdot x_i + b$$

wobei x_i = Referenzwert

$\bar{y}_i$ = Mittelwert der systematischen Messabweichung

und

$$a = \frac{\sum xy - \left(\frac{1}{gm} \sum x \sum y\right)}{\sum x^2 - \frac{1}{gm}\left(\sum x\right)^2} = \text{Steigung}$$

$$b = \bar{\bar{y}} - a\bar{x} = \text{Achsenabschnitt}$$

Für ein gegebenes x_0 ergeben sich auf einem Konfidenzniveau α folgende Konfidenzschranken:

$$\text{wobei} \quad s = \sqrt{\frac{\sum y_i^2 - b\sum y_i - a\sum x_i y_i}{gm - 2}}$$

$$\text{unten} \quad b + ax_0 - \left[t_{gm-2,1-\alpha/2} \left(\frac{1}{gm} + \frac{(x_0 - \bar{x})^2}{\sum (x_i - \bar{x})^2} \right)^{\frac{1}{2}} \cdot s \right]$$

$$\text{oben} \quad b + ax_0 - \left[t_{gm-2,1-\alpha/2} \left(\frac{1}{gm} + \frac{(x_0 - \bar{x})^2}{\sum (x_i - \bar{x})^2} \right)^{\frac{1}{2}} \cdot s \right]$$

7. Die Linie „Systematische Messabweichung = 0“ ist einzuzeichnen und die grafische Darstellung ist in Bezug auf Indikatoren für Systematische Streuungsursachen und der Akzeptanz der Linearität hin zu untersuchen.

Damit die Linearität des Messsystems annehmbar ist, muss die Linie „Systematische Messabweichung = 0“ (Bild 4.23) sich vollständig innerhalb des eingezeichneten Konfidenzbandes befinden.

Numerische Analyse der Ergebnisse

8. Bei einem bezüglich der Linearität als annehmbar eingestuften Messsystem muss folgende Hypothese wahr sein:

   H_0: a = 0 Steigung = 0

   Verwerfe nicht, falls:

$$|t| = \frac{|a|}{\left[\frac{s}{\sqrt{\sum (x_j - \bar{x})^2}} \right]} \leq t_{gm-2,\,1-\alpha/2}$$

Falls die oben genannte Hypothese wahr ist, dann hat das Messsystem für alle Referenzwerte die gleiche Systematische Messabweichung.

Damit die Linearität annehmbar ist, muss diese systematische Messabweichung statistisch null sein.

H_0: b = 0 Achsenabschnitt (Syst. Messabw.) = 0

Verwerfe nicht, falls:

$$|t| = \frac{|b|}{\left[\sqrt{\frac{1}{gm} + \frac{(\bar{x})^2}{\sum (x_i - \bar{x})^2}} \right] \cdot s} \leq t_{gm-2,\,1-\alpha/2}$$

Fallbeispiel Linearität

Für die Untersuchung der Linearität wurden an fünf Referenzteilen jeweils zwölf Messungen durchgeführt. Dabei ergaben sich folgende Messwerte:

n	$\bar{x}_{g\,Ref.}$	$x_{A;1}$	$x_{A;2}$	$x_{A;3}$	$x_{A;4}$	$x_{A;5}$	$x_{A;6}$	$x_{A;7}$	$x_{A;8}$	$x_{A;9}$	$x_{A;10}$	$x_{A;11}$	$x_{A;12}$	$\bar{x}_{g\,i}$	$s_{g\,i}$
1	2,0000	2,70	2,50	2,40	2,50	2,70	2,30	2,50	2,50	2,40	2,40	2,60	2,40	2,492	0,124
2	4,0000	5,10	3,90	4,20	5,00	3,80	3,90	3,90	3,90	3,90	4,00	4,10	3,80	4,125	0,447
3	6,0000	5,80	5,70	5,90	5,90	6,00	6,10	6,00	6,10	6,40	6,30	6,00	6,10	6,025	0,196
4	8,0000	7,60	7,70	7,80	7,70	7,80	7,80	7,80	7,70	7,80	7,50	7,60	7,70	7,708	0,100
5	10,0000	9,10	9,30	9,50	9,30	9,40	9,50	9,50	9,50	9,60	9,20	9,30	9,40	9,383	0,147

Die Messergebnisse können in Form eines Werteverlaufes (Bild 4.25) oder in Form eines Wertestrahls (Bild 4.26) dargestellt werden.

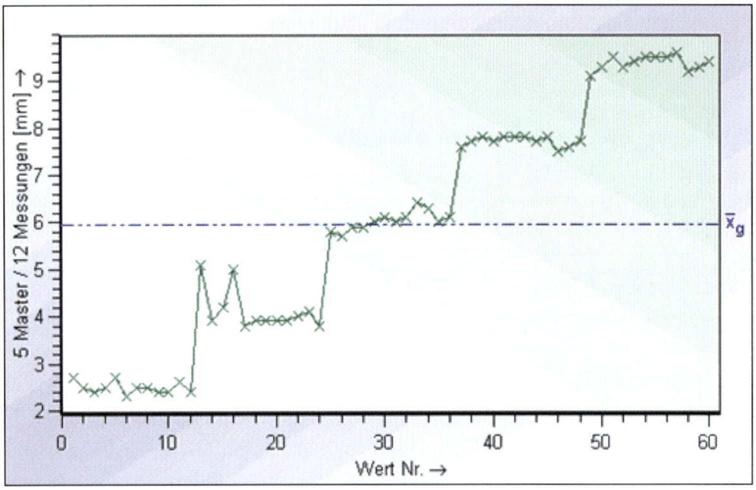

Bild 4.25 Werteverlauf

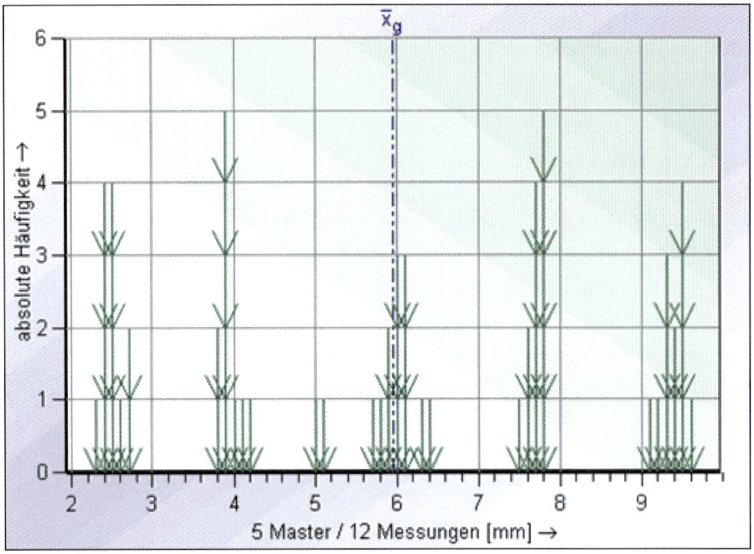

Bild 4.26 Wertestrahl

In Bild 4.27 sind die Einzelwerte und die Mittelwerte über dem jeweiligen Referenzpunkt eingetragen. Weiter ist in die Grafik die Regressionsgerade, die sich aus den Werten ergibt und die „ideale Linie" eingezeichnet. Eine deutliche Abweichung zwischen diesen beiden Linien ist zu erkennen, was auf ein Linearitätsproblem hindeutet.

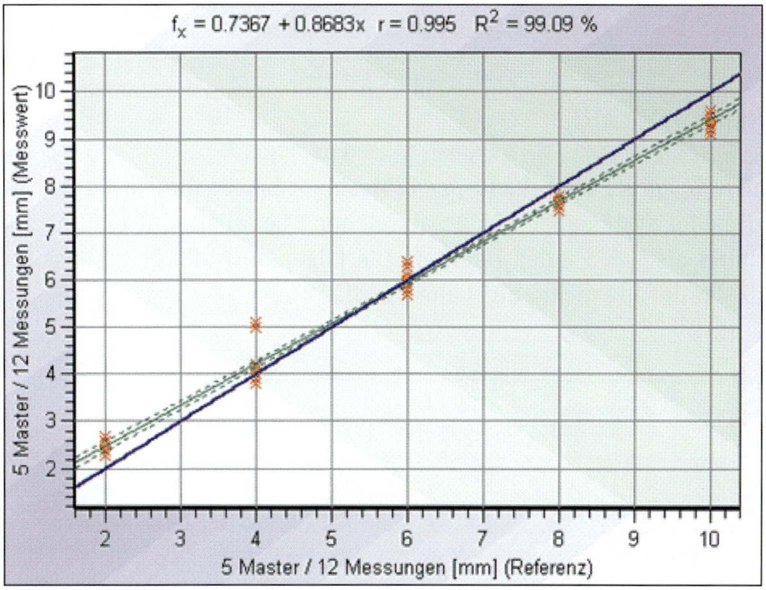

Bild 4.27 Messwerte über der Referenz

Wird anstatt der Urwerte die systematische Messabweichung über den Referenzwerten eingetragen, ergibt sich die in Bild 4.28 dargestellte Form.

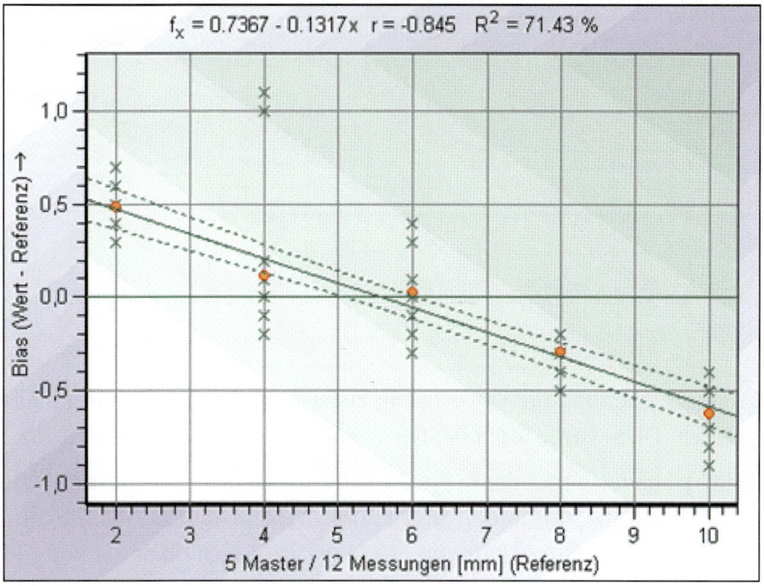

Bild 4.28 Systematische Messabweichung (Bias) über der Referenz

Die numerische Auswertung der Messwerte liefert die in Bild 4.29 dargestellten Ergebnisse.

Test	kritische Werte		
Test des Achsenabschnitts bei lin. Regression	H_0 H_1	Der Achsabschnitt der Regressionsgeraden ist 0 Der Achsabschnitt der Regressionsgeraden ist ungleich 0	10,1575***
Test der Steigung bei lin. Regression	H_0 H_1	Die Steigung der Regressionsgeraden ist 0 Die Steigung der Regressionsgeraden ist ungleich 0	12,0426***

Bild 4.29 Ergebnis t-Test

Ist die Toleranz vorgegeben, kann der Einfachheit halber die Forderung angewandt werden, dass die Systematische Messabweichung bei allen fünf Referenzteilen kleiner sein muss als +/− 5% der Toleranz. Die folgende Grafik zeigt, dass bei diesem Beispiel die Forderung nicht eingehalten wird.

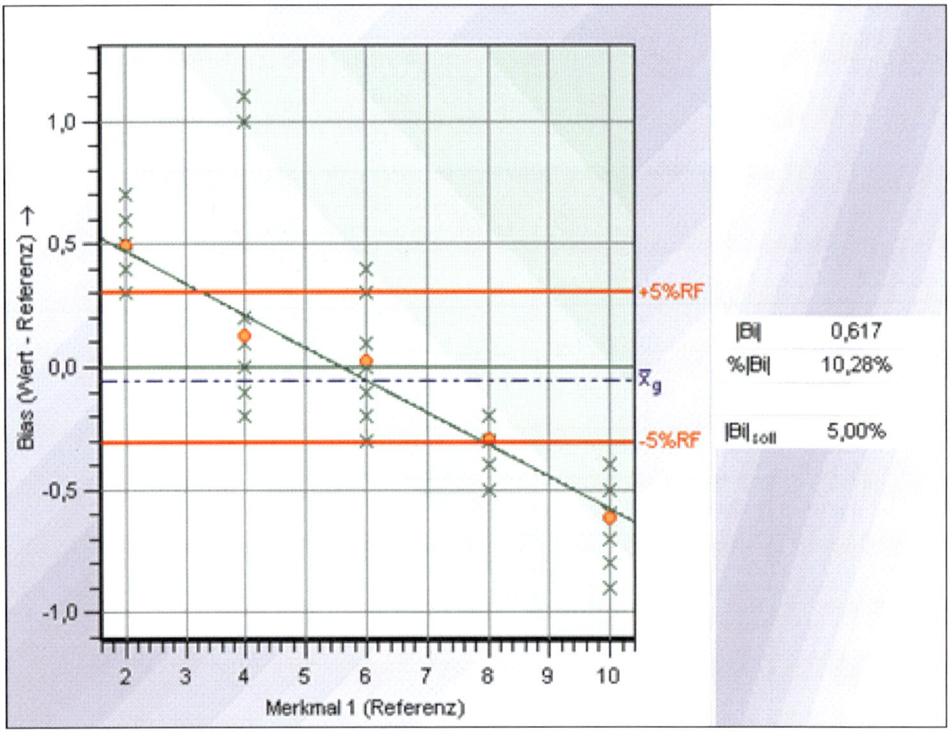

Bild 4.30 Grenzwerte bei Linearität

An den Randbereichen ist die Abweichung zu groß und damit ist ein Linearitätsproblem vorhanden. Dies wurde auch bei der numerischen Analyse bereits erkannt.

Die hier beschriebene Vorgehensweise ist sehr aufwendig, da die verwendeten Normale bzw. Referenzteile vorhanden und kalibriert sein müssen. Weiter unterliegen sie der regelmäßigen Qualifizierung im Sinne der Prüfmittelüberwachung [31].

Untersuchung an der Spezifikationsgrenze

Oftmals können aus wirtschaftlichen Gründen nicht mehrere Normale/Referenzteile zur Verfügung gestellt werden. Daher beschränkt man sich auf die Untersuchung an den Spezifikationsgrenzen. Damit sind jeweils ein Normal/Referenzteil in der Nähe der unteren bzw. der oberen Spezifikationsgrenze zur Verfügung zu stellen (s. Bild 4.31). Anschließend wird mit jedem Normal eine Fähigkeitsuntersuchung gemäß Verfahren 1 durchgeführt. Die Qualitätsfähigkeitskenngröße C_{gk} muss größer als 1,33 sein.

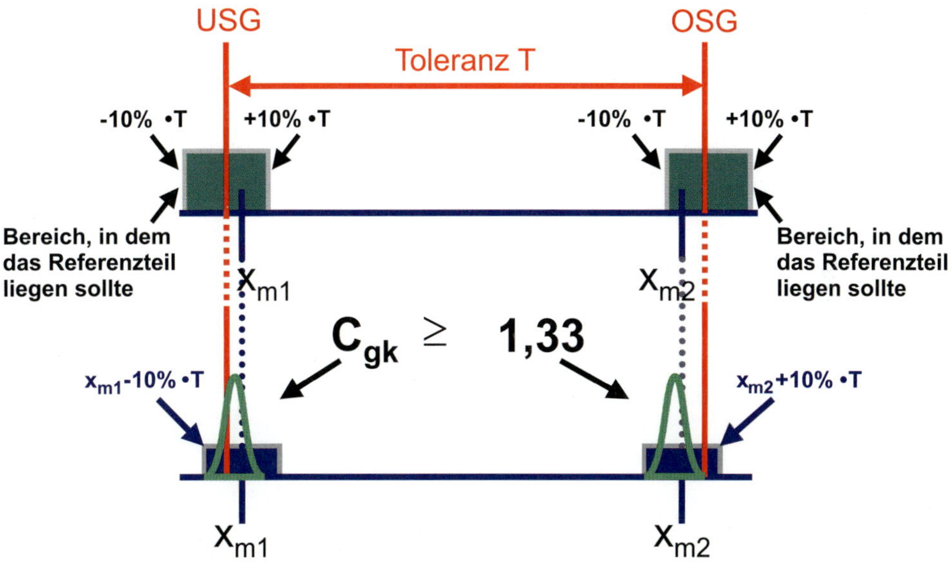

Bild 4.31 Verfahren 1 in der Nähe der Spezifikationsgrenzen

> **HINWEIS:** Diese Vorgehensweise ist keine Linearitätsuntersuchung, sondern lässt nur eine Aussage über die Eignung an den jeweils betrachteten Stellen zu. Über andere Bereiche kann keine Aussage getroffen werden.

4.3 Beurteilung Prüfprozess

4.3.1 Spannweitenmethode (Short Method)

Möchte man ohne großen Aufwand eine schnelle Abschätzung der Gesamtstreuung des Messprozesses, kann ein schnelles Verfahren, die so genannte Spannweitenmethode verwendet werden. Diese Methode liefert nur einen Gesamteindruck über das Messsystem. Sie erlaubt keine Differenzierung der ermittelten Streuung in Wiederholpräzision und Vergleichspräzision. Sie kann auch eingesetzt werden, um schnell nachzuweisen, ob sich die *Messsystemstreuung (%GRR)* signifikant verändert hat.

Wegen des geringen Stichprobenumfanges bei der Untersuchung ist die Mächtigkeit dieses Tests nicht sehr hoch.

Für die Durchführung der Spannweitenmethode sind zwei Prüfer (A und B) und fünf Teile erforderlich. Beide Prüfer messen jedes Teil einmal. Anschließend wird die Spannweite für jedes Teil zwischen den Messungen des Prüfers A und denen des Prüfers B ermittelt. Daraus lässt sich der Mittelwert ($\bar{R}$) berechnen.

Die Streuung des Messsystems „GRR“ erhält man durch Multiplikation der mittleren Spannweite $\bar{R}$ mit $\frac{1}{d_2^*}$: d_2^* s. Tabelle 16.1

$$GRR = \frac{\bar{R}}{d_2^*} \quad \text{mit} \quad \bar{R} = \frac{\sum_{i=1}^{n} R_{gi}}{n} \quad \text{und } i = 1, 2, \ldots, n$$

In dem Beispiel aus Bild 5-32 (aus MSA [1]) mit r = 2 (Anzahl der Prüfer) und n = 5 (Anzahl der Teile) ergibt sich d_2^* = 1,19 aus der Tabelle 16.1.

n	$x_{A;1}$	$x_{B;1}$	R_{gn}
1	0,85	0,80	0,05
2	0,75	0,70	0,05
3	1,00	0,95	0,05
4	0,45	0,55	0,10
5	0,50	0,60	0,10

→ $\bar{R}$

Bild 4.32 Fallbeispiel mit zwei Prüfern und fünf Teilen

Interessant ist die Frage: „Welcher prozentuale Anteil der Prozessstreuung (oder der Toleranz) wird durch die Streuung des Messsystems verbraucht“. Dazu wird die Messsystemstreuung GRR in das Verhältnis zur Prozessstreuung bzw. zur Toleranz gesetzt und als Prozentwert angegeben:

$$\%GRR = \frac{GRR}{1/6 \ \text{Prozessstreuung}} \cdot 100\% \quad \text{bzw.} \quad \frac{GRR}{1/6\,\text{Toleranz}} \cdot 100\%$$

Die Prozess-Standardabweichung wurde aus vorhergehenden Studien ermittelt und ist 0,0777. Damit ergeben sich die in Bild 4.33 dargestellten Ergebnisse.

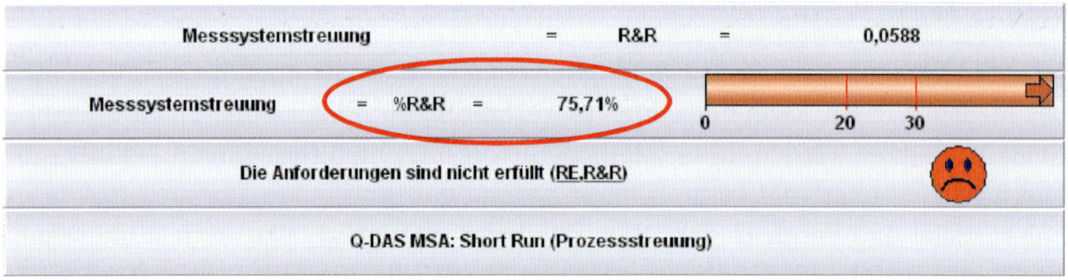

Bild 4.33 Fallbeispiel Spannweitenmethode mit Prozessstreuung als Bezugsgröße

Damit ist eine Messsystemstreuung %GRR von 75,7 % ermittelt. Daraus folgt, dass das Messsystem verbessert werden muss.

Wird anstatt der Prozessstreuung als Bezugsgröße die Toleranz (T = 4,2 → 1/6 T = 0,7) verwendet, erhält man das in Bild 4.34 dargestellte Resultat. Auch unter dieser Betrachtungsweise wäre das Messsystem nicht geeignet und ist zu verbessern.

Bild 4.34 Fallbeispiel Spannweitenmethode mit Toleranz als Bezugsgröße

4.3.2 Verfahren 2: %GRR mit Bedienereinfluss

Das Verfahren 2 wird auch als %GRR-Methode oder als GRR-Study (Gage Repeatability & Reproducibility, s. MSA [1]) bezeichnet. Es ist von den bisher beschriebenen Verfahren das Umfassendste, da dabei die meisten Einflussfaktoren zum Tragen kommen und deren Auswirkungen berücksichtigt werden. Wie die Abkürzung GRR schon ausdrückt, wird die Wiederhol- und Vergleichspräzision des Messprozesses bestimmt und zu dem Kennwert %GRR verrechnet. Anhand dessen wird entschieden, ob der Messprozess für die vorgesehenen Messaufgaben geeignet, bedingt geeignet oder nicht geeignet ist.

Durchführung der Verfahren

In Bild 4.35 ist in Form eines Flussdiagramms der Ablauf des Verfahrens 2 übersichtsartig dargestellt.

Zunächst ist die Anzahl der Prüfobjekte und die Anzahl der Prüfer festzulegen. Die ausgewählten Prüfobjekte müssen die Streubreite des zu überwachenden Prozesses überdecken. Ist diese nicht bekannt, ist statt der Prozessstreubreite die Merkmalstoleranz zu verwenden. Prüfobjekte außerhalb der Spezifikationsgrenzen sind zulässig. Weiter ist die Anzahl der Wiederholmessungen eines Prüfers an jedem Prüfobjekt zu bestimmen. Dabei sind mindestens 2 Wiederholungsmessungen durchzuführen. Es gilt die Regel [36]: Anzahl der Prüfobjekte (n) mal Anzahl der Prüfer (k) mal Anzahl der Wiederholungsmessungen (r) sollte größer als 30 sein ($n \cdot k \cdot r > 30$).

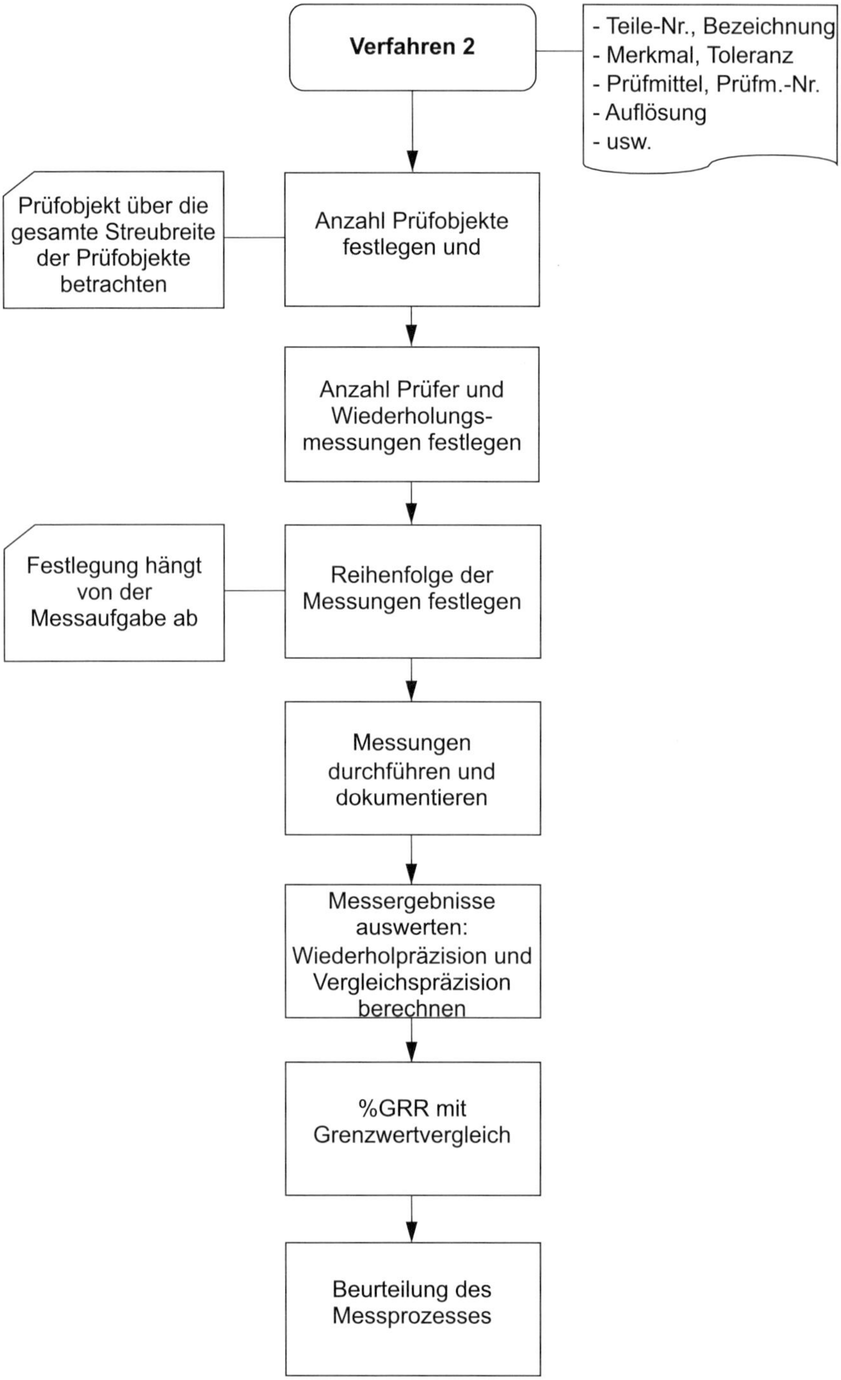

Bild 4.35 Ablauf Verfahren 2

Die Schritte im Einzelnen:

- Werden die Prüfernamen nicht explizit festgehalten, werden sie mit A, B, C bezeichnet oder nummeriert. Ebenso werden die ausgewählten Prüfobjekte nummeriert.
- Das zu verwendende Messmittel ist vor dem Gebrauch zu kalibrieren. Anschließend misst der erste Prüfer die ausgewählten Prüfobjekte. Die Reihenfolge sollte zufällig oder entsprechend der Nummerierung aufsteigend sein. Die gemessenen Ergebnisse sind in das vorbereitete Formblatt einzutragen.
- Anschließend messen die weiteren Prüfer die gleichen Prüfobjekte. Die Prüfer sollten die Ergebnisse ihrer Vorgänger nicht einsehen können. Die Messergebnisse sind entsprechend festzuhalten.
- Dieser Messzyklus wird entsprechend der festgelegten Anzahl der Wiederholungsmessungen wiederholt. Die Ergebnisse sind in die entsprechende Position des Formblatts einzutragen.
- Aus technischen oder wirtschaftlichen Gründen kann die Art der Vorgehensweise variieren. So kann beispielsweise jeder Prüfer die Wiederholungsmessungen auch sofort ausführen. Wichtig ist dabei nur, dass das Prüfobjekt jeweils aus der Messvorrichtung genommen wird. Ein Grund hierfür könnte beispielsweise sein, dass die Prüfer in verschiedenen Schichten arbeiten.
- Nach diesem Durchlauf ist das Formblatt (s. Bild 4.37) vollständig ausgefüllt.

Grafische Darstellung der Ergebnisse

Neben der numerischen Analyse der Messergebnisse sollte immer auch eine grafische Betrachtung stehen. Die grafische Beurteilung ist auf jeden Fall heranzuziehen, wenn geforderte Grenzwerte nicht eingehalten werden können. Verbesserungsmöglichkeiten, Schwachstellen oder Ausreißer in den Messwertreihen sind dabei besser erkennbar.

Die Haupteinflussgrößen beim Verfahren 2 sind neben den Umgebungsbedingungen der Teile- und der Prüfereinfluss. Um die Auswirkungen der einzelnen Einflüsse bei Bedarf besser erkennen zu können, stehen mehrere Grafiken zur Verfügung. Im Folgenden wird ein und dieselbe Messwertreihe (s. Bild 4.36) unter verschiedenen Blickrichtungen dargestellt. Die Messwertreihe ist der MSA [1] entnommen. Dabei prüfen die Prüfer zehn Teile. Jeder Prüfer misst jedes Teil drei Mal.

n	$x_{A;1}$	$x_{A;2}$	$x_{A;3}$	R_{gj}	$x_{B;1}$	$x_{B;2}$	$x_{B;3}$	R_{gj}	$x_{C;1}$	$x_{C;2}$	$x_{C;3}$	R_{gj}
1	0,29	0,41	0,64	0,35	0,08	0,25	0,07	0,18	0,04	-0,11	-0,15	0,19
2	-0,56	-0,68	-0,58	0,12	-0,47	-1,22	-0,68	0,75	-1,38	-1,13	-0,96	0,42
3	1,34	1,17	1,27	0,17	1,19	0,94	1,34	0,40	0,88	1,09	0,67	0,42
4	0,47	0,50	0,64	0,17	0,01	1,03	0,20	1,02	0,14	0,20	0,11	0,09
5	-0,80	-0,92	-0,84	0,12	-0,56	-1,20	-1,28	0,72	-1,46	-1,07	-1,45	0,39
6	0,02	-0,11	-0,21	0,23	-0,20	0,22	0,06	0,42	-0,29	-0,67	-0,49	0,38
7	0,59	0,75	0,66	0,16	0,47	0,55	0,83	0,36	0,02	0,01	0,21	0,20
8	-0,31	-0,20	-0,17	0,14	-0,63	0,08	-0,34	0,71	-0,46	-0,56	-0,49	0,10
9	2,26	1,99	2,01	0,27	1,80	2,12	2,19	0,39	1,77	1,45	1,87	0,42
10	-1,36	-1,25	-1,31	0,11	-1,68	-1,62	-1,50	0,18	-1,49	-1,77	-2,16	0,67

Bild 4.36 Messwertreihe für Verfahren 2

Die einfachste Form der grafischen Visualisierung ist die Darstellung der Werte nach Prüfern getrennt. Bild 4.37 zeigt diesen Verlauf. So sind unter 1A die ersten 3 Messungen des Prüfers A an Prüfobjekt 1 dargestellt usw. Bereits an dieser Darstellung kann man signifikante Unterschiede zwischen den Prüfern feststellen.

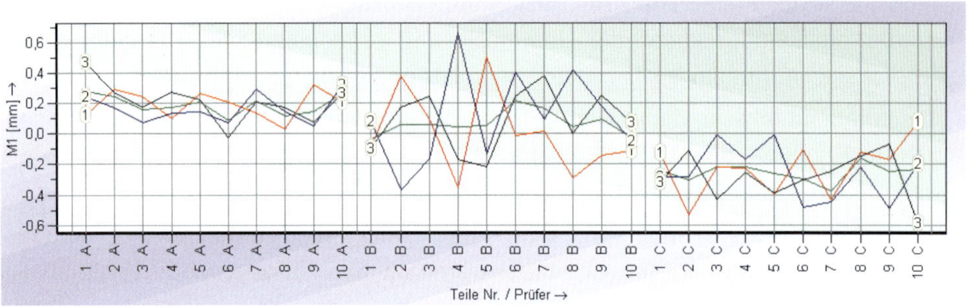

Bild 4.37 Werteverlauf prüferbezogen

In erster Linie möchte man die Prüfer untereinander vergleichen. Dazu kann der oben gezeigte Werteverlauf in Form von Mittelwerten nicht nur nebeneinander (Bild 4.37), sondern auch überlagert dargestellte Werte. In Bild 4.39 sind für die Prüfer A, B, C farblich getrennt die Mittelwerte der Messergebnisse eingetragen. Durch die Mittelwertbildung werden Daten verdichtet.

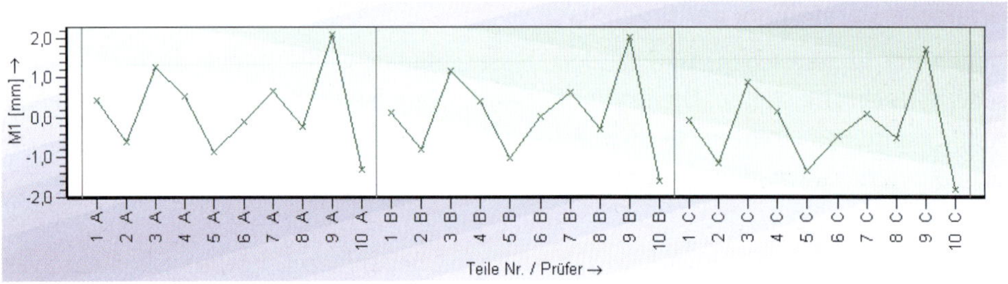

Bild 4.38 Mittelwert Prüfer nebeneinander

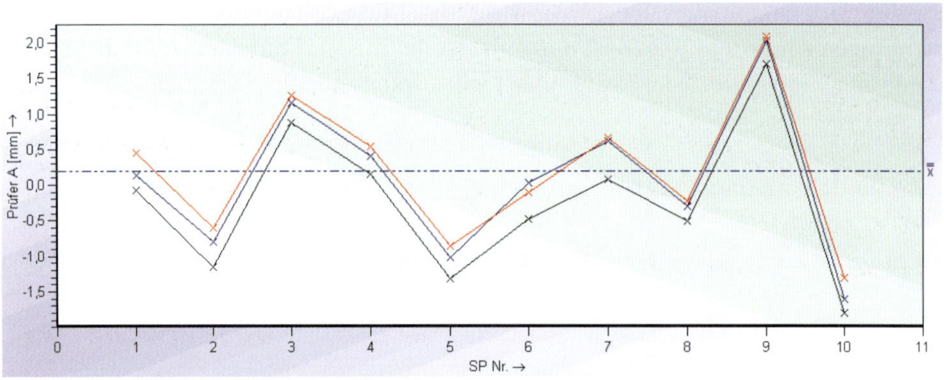

Bild 4.39 Mittelwert Prüfer überlagert

Die Grafiken in Bild 4.40 zeigen weitere Varianten zum Vergleich der Prüfer untereinander. Darin sind die erfassten Werte im Werteverlauf, Wertestrahl, Histogramm und Wahrscheinlichkeitsnetz dargestellt.

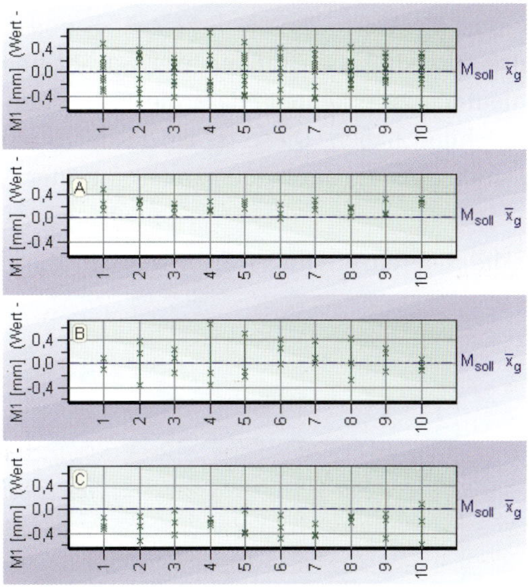

a) Werteverlauf

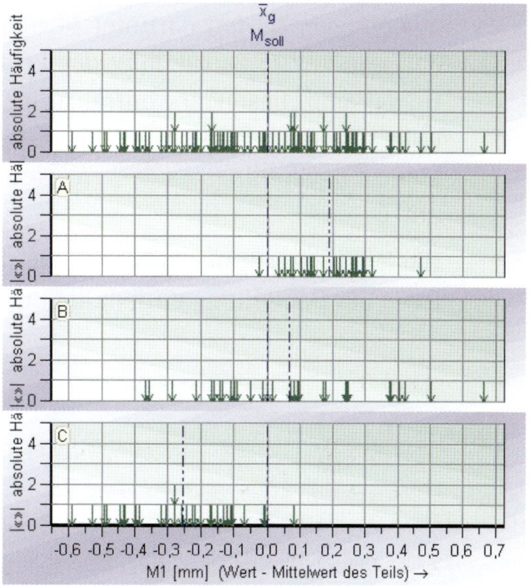

b) Wertestrahl

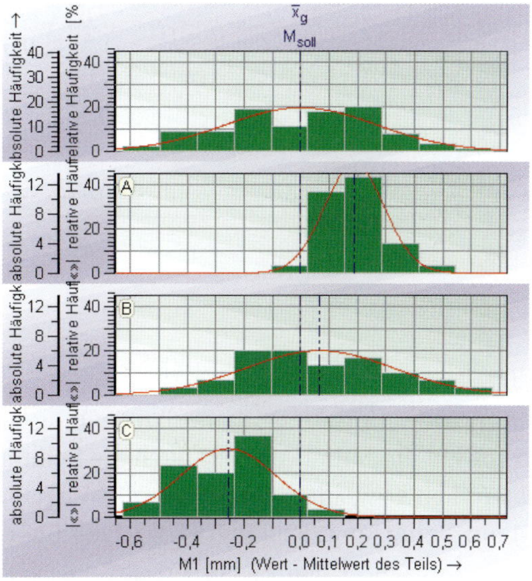

c) Histogramm

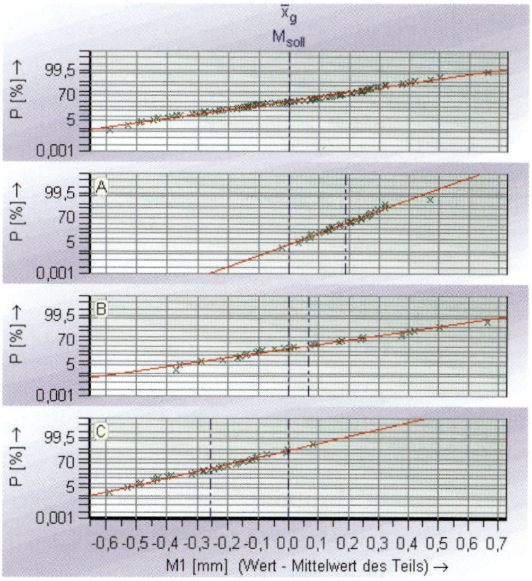

d) Wahrscheinlichkeitsnetz

Bild 4.40 Vergleich der Prüfer

Da mit diesen Grafiken in erster Linie die Streuung der Bediener beurteilt werden soll, sind die Werte um die Teilestreuung kompensiert, d. h. es wird für jedes Teil der Mittelwert bestimmt. Dieser wird auf Null gesetzt und die Einzelwerte um diesen Mittelwert korrigiert. In jeder Darstellung ist im oberen Bild die Summe aller Werte eingetragen, in den darunter liegenden sind die Werte für die Prüfer A, B und C dargestellt. Zur Beurteilung der Prüferstreuung sind die Grafiken Wertestrahl und Histogramm besonders hilfreich. Es ist deutlich zu erkennen, dass die Prüfer eine unterschiedliche systematische Messabweichung haben. Diese ist bei Prüfer B am kleinsten, allerdings ist dessen Streuung größer als die der beiden anderen Prüfer A und C.

Die Werte der Prüfer können auch über die Referenzen aufgetragen werden. Diese Form der Darstellung enthält die Bild 4.41.

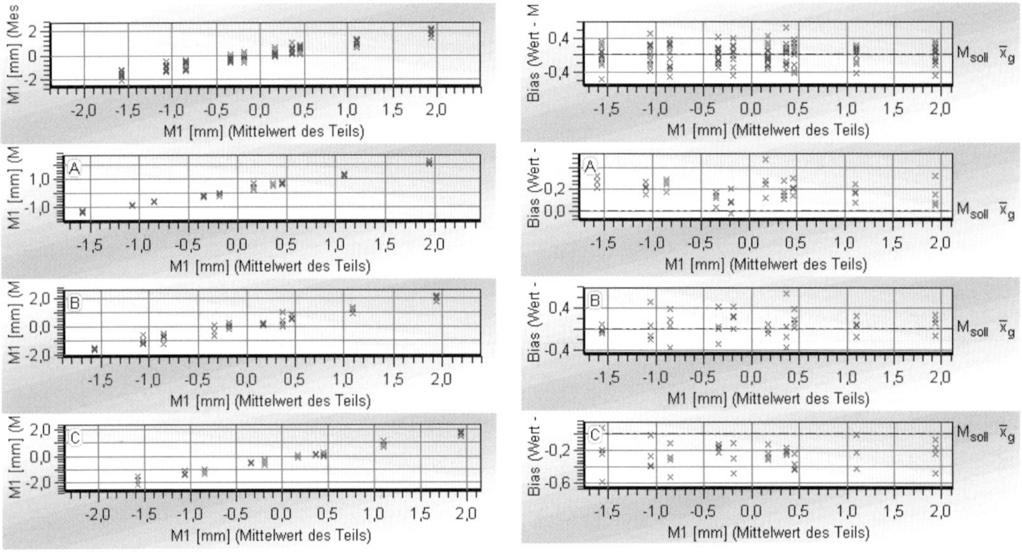

a) Teilestreuung nicht kompensiert b) Teilestreuung kompensiert

Bild 4.41 Referenz zu Prüfer

Eine andere Form, die Ergebnisse der Prüfer zu bewerten, ist deren Beurteilung in einer Qualitätsregelkarte. Darum können sowohl die Mittelwerte als auch die Spannweiten (Differenz zwischen den Messwertreihen bzw. die Standardabweichung) in eine Qualitätsregelkarte eingetragen und auf Verletzung der Eingriffsgrenzen überprüft werden. Die Berechnung der Eingriffsgrenzen erfolgt basierend auf der $\overline{x}/R$ Shewhartkarte (s. [9]). Bei Stabilitätsverletzung sind die Ursachen zu suchen und Abstellmaßnahmen (Einweisung der Prüfer, Vorrichtung verändern etc.) einzuleiten. In der Regel ist es ausreichend, nur eine Streuungskarte (R- oder s-Karte, s. Bild 4.42) zu führen. Die Regelkarte hat teilweise den Nachteil, dass sie zu sensibel reagiert. Um dies zu vermeiden, ist in der Streuungskarte eine minimale obere Eingriffsgrenze festzulegen, die verwendet wird, wenn die berechnete Eingriffsgrenze kleiner als die festgelegte minimale Grenze wird. Eine typische minimale Grenze ist die Auflösung des Messgerätes. In Bild 4.42 ist eine $\overline{x}$-/R-Karte mit dem Ergebnis der drei Prüfer (überlagert und nebeneinander) gezeigt.

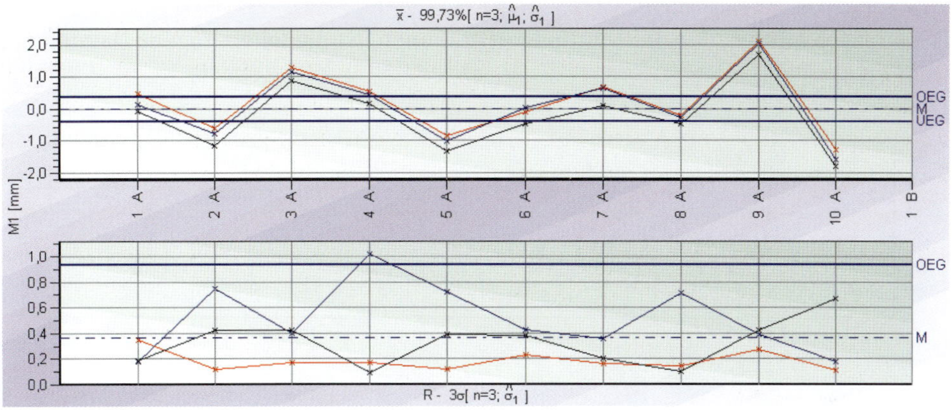

a) überlagert

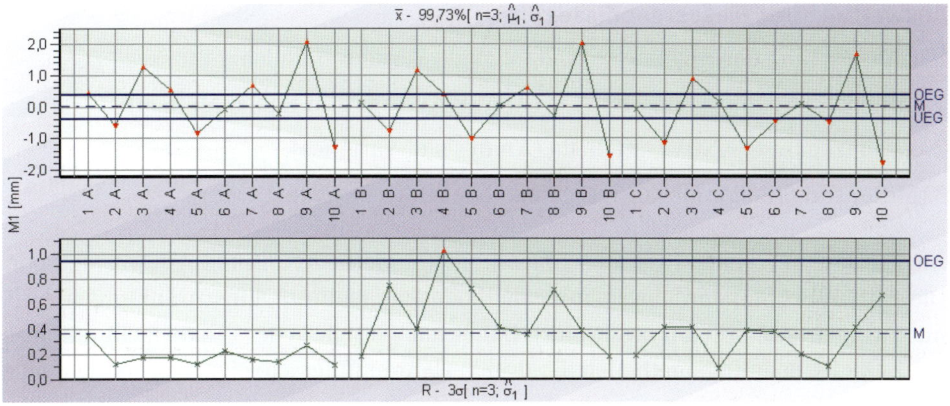

b) nebeneinander

Bild 4.42 $\overline{x}$-R Karte

Liegen signifikante Unterschiede zwischen den Prüfern vor, sind Abstellmaßnahmen einzuleiten. Dies können Hinweise bezüglich der Handhabung oder eine Verbesserung der Messvorrichtung sein (s. Abschnitt 1).

Ungleichheiten am Teil (innere Teilestreuung)

Zur Bestimmung der Streuung des Systems werden, wie oben erläutert, Originalteile verwendet. Diese können aufgrund des Herstellungsprozesses Verformungen haben. Dadurch ergeben sich bei Messungen eines Merkmals am gleichen Teil an unterschiedlichen Positionen eine zusätzliche Streuungskomponente, die nicht dem Messgerät anzulasten ist und daher kompensiert werden sollte. Auch hierfür ist eine Vorgehensweise und Berechnungsmethode vorgeschlagen. Diese Methode ist zwar genauer, aber sowohl vom Messaufwand als auch der Auswertung erheblich aufwendiger. Daher ist über deren Einsatz im Einzelfall zu entscheiden. Um diesen Einfluss zu vermeiden, kann die Messposition am Werkstück gekennzeichnet werden. Bei Wiederholungsmessungen ist dann die gleiche Position zu verwenden.

Die einfachste Form, den Teileeinfluss zu erkennen, ist die teilebezogene Darstellung (Bild 4.43).

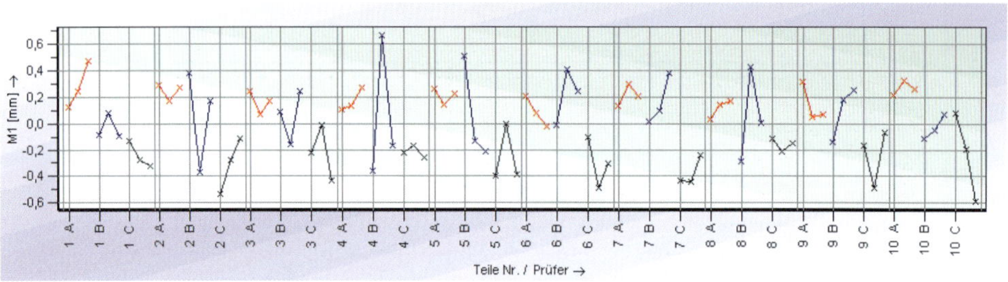

Bild 4.43 Differenzendiagramm teilebezogen

Auswertung des Messergebnisses

Zur Auswertung der Ergebnisse sind folgende Verfahren üblich:

1. Mittelwert-Spannweiten-Methode (ARM = **A**verage and **R**ange **M**ethod)
2. Varianzanalyse/ANOVA-Methode (**An**alysis **o**f **Va**riance).
3. Mittelwert-Standardabweichungsmethode (Differenzenmethode)

Am meisten verbreitet sind allerdings die ARM-Methode und die ANOVA-Methode. Die Mittelwert-Standardabweichungsmethode hat mehrere Einschränkungen (z.B. nur zwei Messwertreihen pro Prüfer). Daher hat sie sich in der Praxis nicht durchgesetzt. Die Berechnungsmethoden der drei Verfahren unterscheiden sich voneinander. Konsequenterweise können nicht dieselben Ergebnisse erwartet werden. Daher ist bei der Berechnung von %GRR immer auch die Berechnungsmethode anzugeben. Zusätzlich gibt es selbst innerhalb der Berechnungsmethoden je nach Richtlinie noch Unterschiede. Um Ergebnisse innerhalb eines Unternehmens nachvollziehbar und vergleichbar zu machen, müssen unbedingt die Formeln definiert und in einer Verfahrensanweisung bzw. Richtlinie dokumentiert werden.

Bild 4.44 zeigt schematisiert, wie die beiden statistischen Kennwerte $\overline{\overline{R}}$ und $\overline{x}_{Diff}$ bestimmt werden.

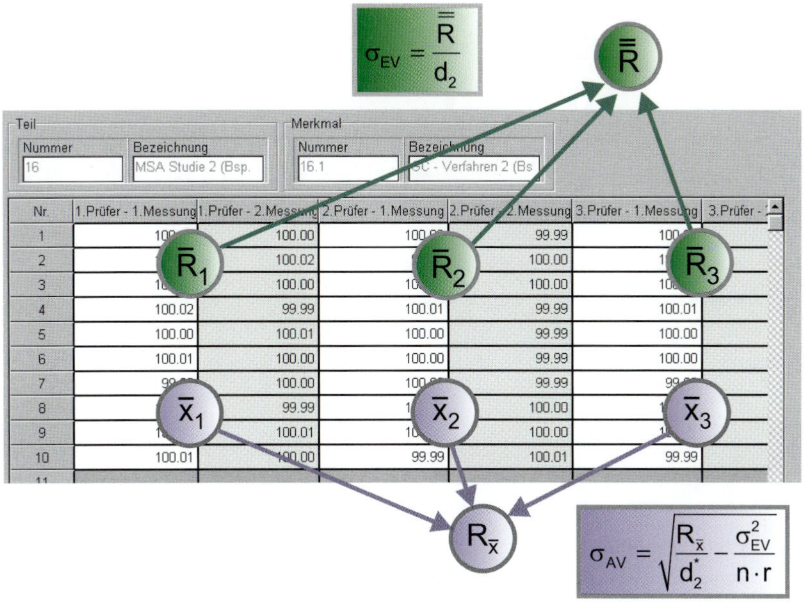

Bild 4.44 Bestimmung von $\bar{\bar{R}}$ und $R_{\bar{x}}$

4.3.2.1 Numerische Auswertung der Versuchsdaten

Die Aufgabe der numerischen Auswertung ist die Zerlegung der im Versuch beobachteten Gesamtstreuung in einzelne Streukomponenten. Das ist notwendig, da nicht alle Streukomponenten dem Messsystem angelastet werden können. Die dem Messsystem zuordenbaren Streukomponenten werden mit einer Referenzgröße verglichen. Aus dem Vergleich lassen sich Schlüsse über die Eignung des Messsystems ziehen, in dem Sinne, ob die Streuung des Messsystems ausreichend klein oder zu groß ist.

Für die numerische Streuungszerlegung sind zwei Auswerteverfahren üblich:

- Mittelwert-Spannweiten-Methode (ARM = Average Range-Method)
- Varianzanalyse oder ANOVA (ANOVA = Analysis of Variance)

Beide Verfahren ermöglichen die Schätzung der Streukomponenten:

1. Wiederholpräzision $\hat{\sigma}_{EV}$ (Geräteeinfluss)
2. Vergleichspräzision $\hat{\sigma}_{AV}$ (Bedienereinfluss)
3. Teilestreuung $\hat{\sigma}_{PV}$ (Teileeinfluss)

Mit der Varianzanalyse kann zusätzlich eine Wechselwirkungskomponente - Bediener mit Teil - berechnet werden.

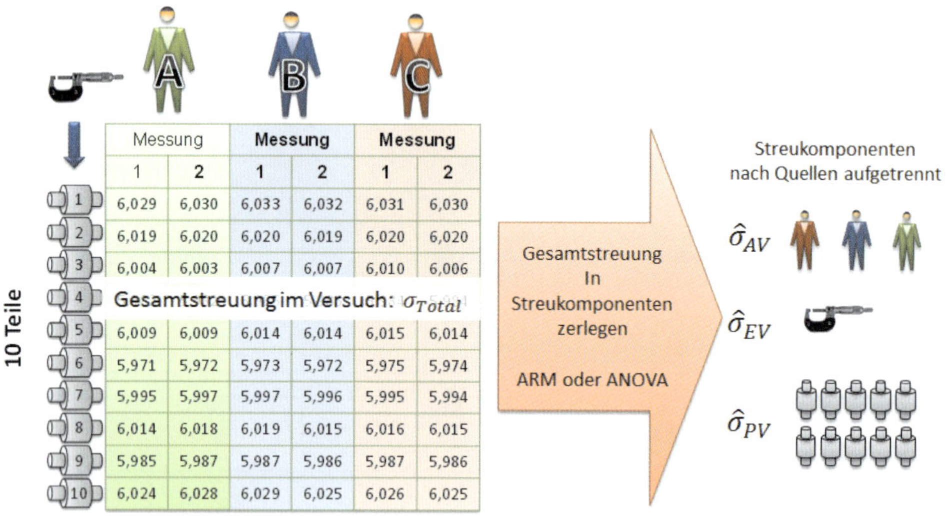

	Messung		Messung		Messung	
	1	2	1	2	1	2
1	6,029	6,030	6,033	6,032	6,031	6,030
2	6,019	6,020	6,020	6,019	6,020	6,020
3	6,004	6,003	6,007	6,007	6,010	6,006
4	Gesamtstreuung im Versuch: σ_{Total}					
5	6,009	6,009	6,014	6,014	6,015	6,014
6	5,971	5,972	5,973	5,972	5,975	5,974
7	5,995	5,997	5,997	5,996	5,995	5,994
8	6,014	6,018	6,019	6,015	6,016	6,015
9	5,985	5,987	5,987	5,986	5,987	5,986
10	6,024	6,028	6,029	6,025	6,026	6,025

Bild 4.45 Gesamtstreuung

Jedes Verfahren hat Vor- und Nachteile. So ist das Rechenschema der Mittelwert-Spannweiten-Methode relativ einfach nachvollziehbar und damit leicht von Hand zu berechnen. Allerdings lassen sich damit nicht alle Streukomponenten ermitteln (keine Wechselwirkung). Das Verfahren der Varianzanalyse gilt als mathematisch exakter. Allerdings ist der Aufwand für den Rechengang so gewaltig, dass dieser praktisch nur noch mit einem Computer zu bewältigen ist. Etwas schmerzlich ist die Tatsache, dass die Ergebnisse für die berechneten Streukomponenten bei beiden Auswerteverfahren unterschiedlich ausfallen. Anders ausgedrückt: Wertet man dieselben Messwerte zunächst mit dem Auswerteverfahren ARM und anschließend mit dem Verfahren ANOVA aus, so erhält man unterschiedliche Ergebnisse für die Eignungskennwerte. Aus diesem Grund sollte das verwendete Auswerteverfahren stets mit angegeben werden.

Die Spannweiten-Mittelwert-Methode ARM (ARM = Average Range Method)

In Bild 4.44 ist anhand eines Zahlenbeispiels dargestellt, wie die Standardabweichungen der Streukomponenten Wiederholpräzision $\hat{\sigma}_{EV}$ (EV = Equipment Variation) und Vergleichspräzision $\hat{\sigma}_{AV}$ (AV = Appraiser Variation) ermittelt werden.

Messgeräteeinfluss – Ermittlung der Wiederholpräzision $\hat{\sigma}_{EV}$

Betrachtet werden wieder die Messergebnisse in Bild 4.44. Die erste Spalte mit der Überschrift „Nr.“ enthält die Nummer des geprüften Teiles. In diesem Beispiel sind 10 Teile verwendet worden. Anhand der weiteren Spaltenüberschriften wie „Prüfer 1 – 1. Messung“, „Prüfer 1 – 2. Messung“ usw. erkennt man, dass jeder Prüfer jedes Teil zweimal wiederholt gemessen hat. Mit den zwei Wiederholmessungen von Prüfer 1 am Teil 1 bildet man die Spannweite R (R = Range), indem man von dem größeren Messwert den kleineren Messwert abzieht. Diesen Vorgang wiederholt man für die Teile 2 bis 10.

Anschließend addiert man die 10 Spannweiten von Prüfer 1 und teilt die Summe durch 10. Das Ergebnis ist der Mittelwert der Spannweiten $\overline{R}_1$ von Prüfer 1. Der gesamte Vorgang – (1) Berechnen der Spannweite je Teil und (2) Ermitteln des Spannweitenmittelwertes – wird auch für die Prüfer 2 und 3 durchgeführt, so dass am Ende für jeden Prüfer genau ein Spannweitenmittelwert existiert (In Bild 4.44 $\overline{R}_1$, $\overline{R}_2$ und $\overline{R}_3$).

Addiert man diese drei Spannweitenmittelwerte und teilt die Summe durch 3, so erhält man den Mittelwert der Spannweitenmittelwerte $\overline{\overline{R}}$.

Der letzte Schritt besteht darin, anhand des Mittelwertes der Spannweitenmittewerte einen Schätzwert für die Standardabweichung der Wiederholpräzision zu berechnen. Für diesen Zweck haben Mathematiker sogenannte d_2-Faktoren ermittelt. Dividiert man den Mittelwert der Spannweitenmittelwerte $\overline{\overline{R}}$ durch d_2, so erhält man den Schätzwert für Standardabweichung der Wiederholpräzision $\hat{\sigma}_{EV}$.

$$\overline{\overline{R}} = \frac{\sum_{i=1}^{k} \overline{R}_i}{k} \qquad k = \text{Anzahl der Prüfer}$$

$$\hat{\sigma}_{EV} = EV = \frac{\overline{\overline{R}}}{d_2}$$

Leider ist der Wert von d_2 nicht konstant, sondern abhängig von der Anzahl der Wiederholungen r. Praktisch relevante Werte für d_2 können der Tabelle 6.1 im Anhang 6 entnommen werden. Für das Beispiel mit r = 2 Wiederholungen findet man in der Tabelle 6.1 den Wert d_2 = 1,12838. Die betreffende Tabellenzelle befindet sich im Kreuzungspunkt der letzten Zeile d_2 mit der zweiten Spalte und enthält zwei Werte. Der obere Wert ist zu nehmen.

In der MSA wurde für $\hat{\sigma}_{EV}$ die Bezeichnung Equipment Variation EV gewählt. Das ist unglücklich, da nicht mehr erkennbar ist, dass es sich bei diesem Wert um eine Standardabweichung der Wiederholpräzision handelt.

Bedienereinfluss – Ermittlung der Vergleichspräzision $\hat{\sigma}_{AV}$

Wie anhand des Bildes 4.44 erkennbar ist, hat jeder Prüfer 20 Messungen durchgeführt. Addiert man die 20 Messungen von Prüfer 1 und teilt die Summe durch 20, erhält man den Gesamtmittelwert für den Prüfer 1 $\overline{x}_1$. Dieser Vorgang wird für die Prüfer 2 und 3 wiederholt, so dass am Ende von jedem Prüfer ein Gesamtmittelwert vorliegt (Siehe in Bild 4.44 $\overline{x}_1$, $\overline{x}_2$ und $\overline{x}_3$).

Von diesen drei Gesamtmittelwerten bestimmt man den größten und kleinsten Wert ($\overline{x}_{max}$, $\overline{x}_{min}$) und nutzt diese zur Berechnung der Spannweite der Prüfermittelwerte $R_{\overline{x}}$.

$$R_{\overline{x}} = \overline{x}_{max} - \overline{x}_{min}$$

Zwei weitere Arbeitsschritte sind notwendig, um aus dieser Spannweite einen Schätzwert für die Standardabweichung der Vergleichspräzision zu erhalten. Zunächst wird die Spannweite der Prüfermittelwerte $R_{\overline{x}}$ durch den Faktor d_2^* geteilt. Aus der Tabelle

6.1 im Anhang 6 entnimmt man für k = 3 Prüfer den Wert $d_2^* = 1{,}91155$. Die betreffende Tabellenzelle befindet sich im Kreuzungspunkt der ersten Zeile mit der dritten Spalte und enthält zwei Werte. Der untere ist der gesuchte d_2^*-Wert.

Der letzte Arbeitsschritt zur Bestimmung des Schätzwertes für die Standardabweichung der Vergleichspräzision $\hat{\sigma}_{AV}$ ist das Herausrechnen der Wiederholpräzision:

$$\hat{\sigma}_{AV} = AV = \sqrt{\left(\frac{R_{\bar{x}}}{d_2^*}\right) - \frac{\sigma_{EV}^2}{n \cdot r}}$$

n = Anzahl der Prüfobjekte und r = Anzahl der Wiederholmessungen

HINWEIS: Sollte sich unter der Wurzel ein negativer Wert ergeben, so wird AV = 0 gesetzt.

Die in der MSA gewählte Bezeichnung Appraiser Variation AV lässt nicht erkennen, dass es sich um einen Schätzwert für die einfache Standardabweichung der Vergleichspräzision handelt.

Teileeinfluss – Ermittlung der Teilestreuung σ_{PV}

Zu jedem Teil existieren nach dem Beispiel in Bild 4.44 sechs Messwerte, nämlich zwei Wiederholmessungen von jedem Prüfer. Addiert man die sechs Werte von Teil 1 und teilt die Summe durch Sechs, so erhält man den Mittelwert von Teil 1. Diesen Vorgang muss man für alle 10 Teile durchführen.

Aus diesen 10 Teilemittelwerten wird der kleinste und größte Wert herausgesucht und damit die Spannweite der Teilemittelwerte R_p ermittelt.

Um einen Schätzwert für die Standardabweichung der Teile zu erhalten, teilt man die Spannweite der Teilemittelwerte R_p durch den d_2^*-Wert.

$$\hat{\sigma}_{PV} = PV = \frac{R_p}{d_2^*}$$

Für das Beispiel aus Bild 4.44 erhält man aus der Tabelle 6.1 im Anhang 6 mit n = 10 Teilen $d_2^* = 3{,}17905$. In der Zelle im Kreuzungspunkt der ersten Zeile mit der 10-ten Spalte befinden sich zwei Werte. Der untere ist der gesuchte d_2^*-Wert.

Ermittlung der Messsystemstreuung GRR

Von den drei zuvor ermittelten Streukomponenten werden zwei dem Messsystem zugeordnet:

Wiederholpräzision $\hat{\sigma}_{EV}$ (Geräteeinfluss)

Vergleichspräzision $\hat{\sigma}_{AV}$ (Bedienereinfluss)

Also werden diese beiden Streuungskomponenten zu einer Standardabweichung der Messsystemstreuung GRR (GRR = Gage Repeatability and Reproducibility) zusammengefasst:

$$\hat{\sigma}_{GRR} = \sqrt{\sigma_{EV}^2 + \sigma_{AV}^2}$$

„Übersetzt" in die Schreibweise nach MSA: $GRR = \sqrt{EV^2 + AV^2}$

ANOVA Methode

Die „ANOVA"-Methode (Varianzanalyse) ist von der Messwerterfassung mit der ARM vergleichbar. Die Auswertung ist wesentlich komplexer und kann nicht mehr manuell erfolgen. Das „ANOVA"-Verfahren ist bei vorhandenem Rechnerprogramm (z.B. qs-STAT® der Q-DAS® GmbH & Co. KG, Weinheim) der ARM vorzuziehen. Es ist aus mathematischer Sicht das genauere Verfahren und in der Lage, die Streuungskomponenten in folgenden Gruppen separat auszuweisen:

- Wiederholpräzision (Messgeräteeinfluss)
- Vergleichspräzision (Bedienereinfluss)
- Wechselwirkung (Bediener × Teil)
- Teilestreuung

Die separate Ausweisung der einzelnen Streuungskomponenten lässt bessere Rückschlüsse auf Fehlerursachen zu. Dadurch können Verbesserungsmaßnahmen leichter abgeleitet werden. Die Interpretation der Ergebnisse ist mit der ARM-Methode vergleichbar.

Die „mathematischen" Zusammenhänge sind im Anhang 16.2 beschrieben.

Mittelwert-Standardabweichungsmethode

Die Vorgehensweise zur Ermittlung der Messdaten ist mit der Mittelwert-Spannweitenmethode identisch.

Die Kennwerte berechnen sich aus:

$\Delta = x_{1i} - x_{2i}$ mit i = 1,...,10

Δ = Differenz aus 1. und 2. Messwertreihe eines Prüfers

Aus den Differenzen kann für jeden Bediener (A, B und C) die Standardabweichung s bestimmt werden:

$$\bar{s} = \bar{s}_\Delta / \sqrt{2} \qquad \text{mit } \bar{s}_\Delta = \frac{1}{3}\left(s_{\Delta A} + s_{\Delta B} + s_{\Delta C}\right)$$

$$s_v = \sqrt{\frac{1}{2}\left[\left(\bar{x}_A - \bar{\bar{x}}\right)^2 + \left(\bar{x}_B - \bar{\bar{x}}\right)^2 + \left(\bar{x}_C - \bar{\bar{x}}\right)^2\right]}$$

mit $\bar{x}_A$, $\bar{x}_B$, $\bar{x}_C$ Mittelwert aus den Ergebnissen des jeweiligen Prüfers

$GRR = \sqrt{\bar{s}^2 + s_v^2}$ mit $\bar{\bar{x}}$ = Mittelwert aus $\bar{x}_A$, $\bar{x}_B$, $\bar{x}_C$

HINWEIS: Die Methodik ist nur bei zwei Messungen pro Prüfer anwendbar!

Datenkategorie (ndc)

Erstmals tauchte mit der 3. Ausgabe der MSA [1] in einer Richtlinie zur Beurteilung von Prüfprozessen der sog. ndc-Faktor auf. Die Forderung nach Verfahren 2 oder 3 in diesem Leitfaden lautet:

„Die Anzahl der unterscheidbaren Kategorien (ndc - number of distinct categories), die durch das Messsystem unterschieden werden können, sind zu berechnen. Dies ist die Anzahl der nicht überlappenden Konfidenzintervalle bei 97% welche die erwartete Produktstreuung umfasst:

ndc = 1.41(PV/GRR) mit PV = Teilestreuung (part variation) und

GRR = Wiederhol- und Vergleichspräzision des Messprozesses (Gage Repeatability und Reproducibility)

Der sich aus dieser Berechnung für ndc ergebene Wert wird auf die nächste ganze Zahl abgerundet und sollte größer oder gleich Fünf sein.“

In den verschiedenen Firmenrichtlinien ist eine ähnliche Forderung schon lange enthalten. Die Forderung lautet, die Auflösung des Messgerätes kleiner sein muss als 5% der Toleranz. Nur so liefert der Messprozesse aussagefähige Messwert. In der MSA steht im Gegensatz zu den bekannten Firmenrichtlinien die Toleranz nicht im Mittelpunkt, sondern die Teilestreuung. Daher musste eine andere Forderung zur Beurteilung gefunden werden.

Das folgende Beispiel erläutert das Thema „Datenkategorie-ndc“.

Bei Verfahren 3 werden beispielsweise an 25 Teilen jeweils zwei Wiederholmessungen durchgeführt. Trägt man die Messergebnisse gegeneinander auf, so ergibt sich z. B. die in Bild 4.46 gezeigte Darstellungsweise.

Plausibilitätserklärung: Der (elliptische) Streubereich ist gestrichelt umrahmt. Die Länge dieses Bereichs ist ein ungefähres Maß für die Teilestreuung PV, die Breite hingegen ein ungefähres Maß für GRR. Der senkrechte Abstand eines Punktes zur Diagonalen ist ein Maß für den Wiederholfehler. Die Spannweiten der Wiederholmessungen sind um den Faktor 1,41 ($\sqrt{2}$) größer als dieser senkrechte Abstand.

ndc = 1,41 PV/GRR gibt die Anzahl der Quadrate mit Kantenlänge GRR/1,41 an, die notwendig sind, die Streubreite PV zu überdecken. Eine Anzahl (ndc ≙ 5) entspricht also 5 oder mehr solchen Quadraten. Die „Messunsicherheit“ ist dann genügend klein im Verhältnis zur Streuung des Fertigungsprozesses.

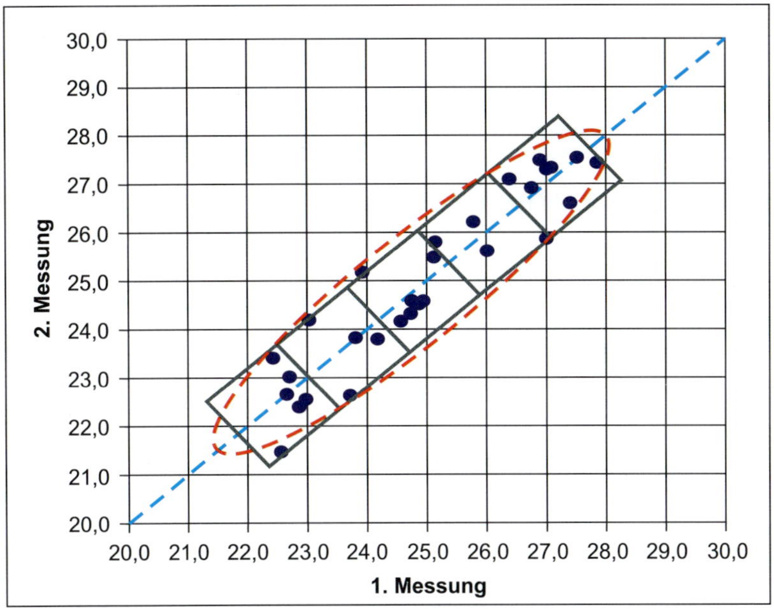

Bild 4.46 Erläuterung ndc

Die Messsystemstreuung in Bezug zu einer Referenzgröße betrachten – %GRR

Die Messsystemstreuung $\hat{\sigma}_{GRR}$ ist nur ein Zwischenergebnis, das aus den erfassten Messwerten ermittelt wurde. Um die Eignung für den konkreten Einsatzfall beurteilen zu können, ist die Messsystemstreuung im Verhältnis zu einer Referenzgröße RF (RF = Reference Figure) zu betrachten.

In der MSA sind zwei Referenzgrößen gleichberechtigt nebeneinander wählbar (MSA 4th Edition, Chapter III, Section B, Seite 123, erster Absatz):

Referenzgröße RF = Gesamtstreuung TV (TV = Total Variation)

$$\%GRR = \frac{\hat{\sigma}_{GRR}}{\hat{\sigma}_{TV}} \cdot 100\%$$

Referenzgröße RF = Toleranz T des Merkmals, dass mit dem Messsystem gemessen wird

$$\%GRR = \frac{\hat{\sigma}_{GRR}}{\left(\frac{OSG-USG}{6}\right)} \cdot 100\% = \frac{\hat{\sigma}_{GRR}}{\left(\frac{T}{6}\right)} \cdot 100\% = \frac{6 \cdot \hat{\sigma}_{GRR}}{T} \cdot 100\%$$

HINWEIS: Die Autoren empfehlen, die Toleranz als Standard-Referenzgröße zu wählen. In der Praxis hat sich gezeigt, dass oft keine Teile zur Verfügung stehen, die repräsentativ für die Prozessstreuung sind. Ebenso oft ist es schwer, einen plausiblen Wert für die Prozessstreuung zu finden.

Dem Argument, dass bei der Referenzgröße RF = Toleranz eine kleine Prozessstreuung nicht ausreichend sicher erkannt werden würde, ist durch die Forderung „Maximalwert 5 % für die relative Auflösung des Messsystems" Rechnung getragen:

Relative Auflösung des Messsystems $\%RE = \frac{RE}{\text{Toleranz}} \cdot 100\% \leq 5\%$.

Die Gesamtstreuung TV als Referenzgröße

Für das Verständnis dieser Referenzgröße ist es hilfreich, sich die Bilder 1.3 und 1.4 aus dem Abschnitt 1.1.1 noch einmal anzuschauen. Dort ist bildhaft die folgende Beziehung dargestellt

$$\sigma_{TV} = \sqrt{\sigma^2_{\text{"Wahre" Teilestreuung}} + \sigma^2_{\text{Messsystem}}}$$

Die Gesamtstreuung $\hat{\sigma}_{TV}$ erhält man, indem man zunächst die Varianz der Teile und die Varianz des Messsystems addiert. Aus der Summe der beiden Varianzen wird schließlich die Wurzel gezogen. Es setzt sich die Gesamtstreuung also aus den beiden Komponenten „wahre" Teilestreuung und Streuung des Messsystems zusammen.

Gemäß der Schreibweise in der MSA und der Schreibweise in diesem Buch gilt:

Total Variation TV = Einfache Standardabweichung der Gesamtstreuung $\hat{\sigma}_{TV}$

Nun gibt es zur Ermittlung der Gesamtstreuung $\hat{\sigma}_{TV}$ vier verschiedene Methoden:

1. Ermittlung der Gesamtstreuung aus den Versuchsdaten (bevorzugte Methode)
2. Berechnung der Gesamtstreuung aus einem Vorgabewert für die Prozessstreuung
3. Berechnung der Gesamtstreuung auf der Grundlage eines Vorgabewertes für C_p bzw. C_{pk}.
4. Berechnung der Gesamtstreuung aus der Toleranz (und der Annahme $P_p = 1$)

Ermittlung der Gesamtstreuung aus den Versuchsdaten

Bei dieser bevorzugt anzuwendenden Methode wird die Prozessstreuung aus den Messwerten des Versuches berechnet. Die im Versuch verwendeten Teile sollten die übliche Teilestreuung des Prozesses widerspiegeln, zum Beispiel dadurch, dass man die Teile aus verschiedenen Chargen entnimmt.

Die einfache Standardabweichung der Gesamtstreuung $\hat{\sigma}_{TV}$ wird aus den Komponenten Messsystemvarianz $\hat{\sigma}^2_{GRR}$ und Teilevarianz $\hat{\sigma}^2_{PV}$ aus den Versuchsdaten berechnet; zum Beispiel mit der ARM-Methode (siehe Abschnitt 4.3.2.1).

$$\hat{\sigma}_{TV} = \sqrt{\hat{\sigma}^2_{GRR} + \hat{\sigma}^2_{PV}}$$

Berechnung der Gesamtstreuung aus einem Vorgabewert für die Prozessstreuung

Ersatzweise kann auch ein Wert für die Prozessstreuung vorgegeben werden, wenn – noch – keine Teile verfügbar sind, mit denen man das Ausmaß der Prozessstreuung abschätzen könnte. In diesem Fall kann anhand ähnlicher Produkte bzw. Prozesse die Prozessstreuung ($= 6 \cdot \hat{\sigma}_{TV}$) plausibel abgeschätzt werden.

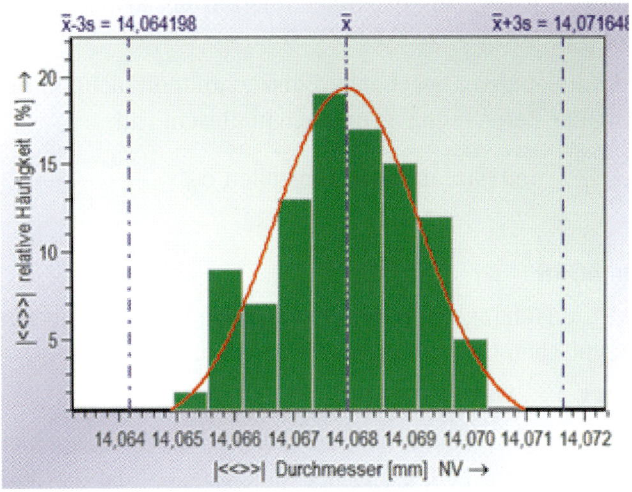

Bild 4.47 Abschätzung der Prozessstreuung

Beispiel für die Abschätzung der Prozessstreuung mit einer Breite von sechs Standardabweichungen (im Bild die Distanz von $\overline{x} - 3s$ bis $\overline{x} + 3s$) aus einem Histogramm eines normalverteilt streuenden Merkmals.

Aus dem nun bekannten Wert für die Prozessstreuung wird die einfache Standardabweichung der Gesamtstreuung $\hat{\sigma}_{TV}$ berechnet:

$$\hat{\sigma}_{TV} = \frac{\text{Vorgabewert Prozessstreuung}}{6}$$

Dieser Formel liegen die beiden Annahmen zugrunde, dass das (1) Merkmal normalverteilt streut und dass die (2) Prozessstreuung als 6-fache Standardabweichung der Gesamtstreuung vorgegeben wurde.

Berechnung der Gesamtstreuung auf der Grundlage eines Vorgabewertes für die Prozessfähigkeit

Diese Möglichkeit ist in der MSA für den Fall vorgesehen, dass weder Teile noch Prozesse existieren, anhand derer die Prozessstreuung plausibel abgeschätzt werden könnte. In diesem Fall kann der Ziel- oder Sollwert für die Prozessfähigkeit gewählt werden.

Durch Umstellen der Formel $P_p = \frac{OSG - USG}{\text{Prozessstreuung}} = \frac{OSG - USG}{6 \cdot \hat{\sigma}_{TV}}$ erhält man die Beziehung für die einfache Standardabweichung der Gesamtstreuung $\hat{\sigma}_{TV}$:

$$\hat{\sigma}_{TV} = \frac{OSG - USG}{6 \cdot P_p}$$

Berechnung der Gesamtstreuung aus der Toleranz (und der Annahme $P_p = 1$)

Gemäß den Erläuterungen in der MSA ist diese Variante zu verwenden, wenn das Prozesspotenzial $P_p < 1$ bzw. bei einseitiger Toleranz der kritische Prozessfähigkeitsindex $P_{pk} < 1$ ist.

Willkürlich und mit der zuvor gegebenen Einsatzsituation nicht im Einklang stehend ist die Festlegung der Berechnungsgrundlage in diesem Fall:

$$P_p = 1 = \frac{OSG - USG}{6 \cdot \hat{\sigma}_{TV}} \text{ und daraus durch Umstellen } \hat{\sigma}_{TV} = \frac{OSG - USG}{6}.$$

Grenzwerte für %GRR

Das Ergebnis wird unabhängig von der Bezugsgröße mit vorgegebenen Grenzwerten verglichen. Die typischen Grenzwerte für %GRR sind:

0 ≤ %GRR ≤ 10%	**Messgerät geeignet**
10 < %GRR ≤ 30%	Messgerät bedingt geeignet. Ob es akzeptabel ist, hängt von der Bedeutung der Messaufgabe und den Kosten des Messsystems ab.
30% < %GRR	Messgerät nicht geeignet. Fehler sind zu analysieren.

Bei diesen Grenzwerten handelt es sich um eine weiche Grenze (≤ 10%) und eine harte Grenze (> 30%). Praktische Erfahrungen haben gezeigt, dass nur wenige Messprozesse die Forderung %GRR ≤ 10% erfüllen. Konsequenterweise fallen die meisten Messverfahren in die zweite Klasse. Als Argumente wurden in der Regel wirtschaftliche Gründe aufgeführt und keine weiteren Maßnahmen ergriffen. Hier stellt sich die Frage, wieso man eine solche Grenze haben muss, die sowieso kaum oder wenig Beachtung findet?

Daher hat man bei dem Q-DAS® Leitfaden die Grenze anders gewählt. Es gibt nur noch eine Grenze. Allerdings wird unterschieden, ob es sich um ein neues Messverfahren oder um ein vorhandenes Messverfahren handelt. Bei neuen Messverfahren liegt die Grenze für %GRR bei 20% und bei vorhandenen Messverfahren bei 30%. Diese Festlegung ist sinnvoll, da an neue Messverfahren höhere Anforderungen gestellt werden müssen als an laufende. Auf Grund mit der Zeit dazu kommender Einflussfaktoren wird sich der %GRR-Wert in der Regel eher verschlechtern. Daher sind an ein neues Messgerät höhere Forderungen zu stellen.

Von den Großkonzernen wurden die Grenzwerte der MSA [1] zu ihren Gunsten abgewandelt. Ansonsten wären viele der vorhandenen Messprozesse als nicht mehr geeignet einzustufen.

Sowohl in der GMPT Richtlinie SP-Q-MSS [32] als auch in der Ford Richtlinie EU1880 [30] wurden die folgenden Grenzwerte gewählt:

%GRR ≤ 20%	**Messsystem geeignet**
20% < %GRR ≤ 30%	Messsystem bedingt geeignet
%GRR > 30%	nicht geeignet

Fallbeispiel 1 für Verfahren 2: Auswertung nach MSA [1]

Bezugsgröße: Prozessstreuung

Das folgende Beispiel wurde den Ford Testbeispielen [31] entnommen. Die 60 Messwerte in der nachfolgenden Tabelle wurden von 3 Werkern an 10 Teile je zweimal gemessen. Die Prozessstreuung beträgt $\hat{\sigma}_{Prozess} = 0{,}06$ mm.

n	$x_{A;1}$	$x_{A;2}$	R_{gj}	$x_{B;1}$	$x_{B;2}$	R_{gj}	$x_{C;1}$	$x_{C;2}$	R_{gj}
1	100,01	100,00	0,01	100,00	99,99	0,01	100,01	99,98	0,03
2	100,01	100,02	0,01	99,99	100,00	0,01	100,00	100,00	0,00
3	100,01	100,00	0,01	100,01	100,00	0,01	100,01	99,99	0,02
4	100,02	99,99	0,03	100,01	99,99	0,02	100,01	100,00	0,01
5	100,00	100,01	0,01	100,00	99,99	0,01	100,00	100,01	0,01
6	100,01	100,00	0,01	100,00	99,99	0,01	100,00	99,99	0,01
7	99,99	100,00	0,01	100,00	99,99	0,01	99,99	100,00	0,01
8	100,01	99,99	0,02	100,01	100,00	0,01	100,00	99,99	0,01
9	100,01	100,01	0,00	100,00	100,00	0,00	100,00	99,99	0,01
10	100,01	100,00	0,01	99,99	100,01	0,02	99,99	100,00	0,01

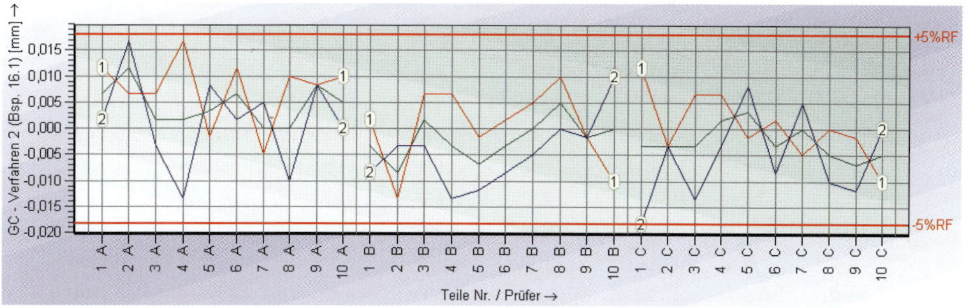

Wiederholpräzision	=	$EV = K_1 \cdot \bar{\bar{R}}$	=	0,010049
Wiederholpräzision	=	$\%EV = \frac{EV \cdot 100\%}{1 \cdot \sigma_p}$	=	16,75%
Vergleichspräzision	=	$AV = \sqrt{(K_2 \cdot \bar{x}_{diff})^2 - (EV^2/(n \cdot r))}$	=	0,0040095
Vergleichspräzision	=	$\%AV = \frac{AV \cdot 100\%}{1 \cdot \sigma_p}$	=	6,68%
Prüfsystemstreuung	=	$GRR = \sqrt{EV^2 + AV^2}$	=	0,010820
Prüfsystemstreuung	=	$\%GRR = \frac{GRR \cdot 100\%}{1 \cdot \sigma_p}$	=	18,03%
Zahl d. unterscheidb. Messwertklassen (ndc)	=	ndc	=	0

Die Anforderungen sind nicht erfüllt (%GRR,ndc)

MSA 3. Edition Prozessstreuung: Verfahren 2

$1 \cdot \sigma_{p\,min}$ (%GRR)		0,10820	$1 \cdot \sigma_p'_{min}$ (%GRR)		0,036065			
Faktor K_1	=	0,8738	Faktor K_2	=	0,7071	Faktor K_3	=	0,3146

Fallbeispiel 2 für Verfahren 2: Auswertung nach MSA [1]

Bezugsgröße: Teilestreuung

Das folgende Beispiel wurde dem MSA Reference Manual [1] entnommen. Die 90 Messwerte in der nachfolgenden Tabelle wurden von 3 Werkern an 10 Teilen je dreimal vermessen. Bezugsgröße ist die Teilestreuung.

n	$x_{A;1}$	$x_{A;2}$	$x_{A;3}$	$x_{B;1}$	$x_{B;2}$	$x_{B;3}$	$x_{C;1}$	$x_{C;2}$	$x_{C;3}$
1	0,29	0,41	0,64	0,08	0,25	0,07	0,04	-0,11	-0,15
2	-0,56	-0,68	-0,58	-0,47	-1,22	-0,68	-1,38	-1,13	-0,96
3	1,34	1,17	1,27	1,19	0,94	1,34	0,88	1,09	0,67
4	0,47	0,50	0,64	0,01	1,03	0,20	0,14	0,20	0,11
5	-0,80	-0,92	-0,84	-0,56	-1,20	-1,28	-1,46	-1,07	-1,45
6	0,02	-0,11	-0,21	-0,20	0,22	0,06	-0,29	-0,67	-0,49
7	0,59	0,75	0,66	0,47	0,55	0,83	0,02	0,01	0,21
8	-0,31	-0,20	-0,17	-0,63	0,08	-0,34	-0,46	-0,56	-0,49
9	2,26	1,99	2,01	1,80	2,12	2,19	1,77	1,45	1,87
10	-1,36	-1,25	-1,31	-1,68	-1,62	-1,50	-1,49	-1,77	-2,16

Die Messwerte sind in Bild 4.49 grafisch dargestellt.

n	$\bar{x}_{gj}$	R_{gj}	$\bar{x}_{gj}$	R_{gj}	$\bar{x}_{gj}$	R_{gj}	$\bar{x}_{gn}$	s_{gn}
1	0,447	0,35	0,133	0,18	-0,073	0,19	0,1689	0,1356
2	-0,607	0,12	-0,790	0,75	-1,157	0,42	-0,8511	0,2429
3	1,260	0,17	1,157	0,40	0,880	0,42	1,0989	0,1864
4	0,537	0,17	0,413	1,02	0,150	0,09	0,3667	0,2411
5	-0,853	0,12	-1,013	0,72	-1,327	0,39	-1,0644	0,2316
6	-0,100	0,23	0,027	0,42	-0,483	0,38	-0,1856	0,1940
7	0,667	0,16	0,617	0,36	0,080	0,20	0,4544	0,1356
8	-0,227	0,14	-0,297	0,71	-0,503	0,10	-0,3422	0,1789
9	2,087	0,27	2,037	0,39	1,697	0,42	1,9400	0,2034
10	-1,307	0,11	-1,600	0,18	-1,807	0,67	-1,5711	0,1808

Wiederholpräzision	=	$EV = K_1 \cdot \bar{\bar{R}}$	=	0,20186	
Wiederholpräzision	=	$\%EV = \frac{EV \cdot 100\%}{TV}$	=	17,61%	0 10 30
Vergleichspräzision	=	$AV = \sqrt{(K_2 \cdot \bar{x}_{diff})^2 - (EV^2/(n \cdot r))}$	=	0,22968	
Vergleichspräzision	=	$\%AV = \frac{AV \cdot 100\%}{TV}$	=	20,04%	0 10 30
Prüfsystemstreuung	=	$GRR = \sqrt{EV^2 + AV^2}$	=	0,30578	
Prüfsystemstreuung	=	$\%GRR = \frac{GRR \cdot 100\%}{TV}$	=	26,68%	0 10 30
Teilestreuung	=	$PV = K_3 \cdot R_p$	=	1,10445	
Zahl d. unterscheidb. Messwertklassen (ndc)	=	$ndc = \sqrt{2} \cdot \frac{PV}{R\&R}$	=	5	0 5
Prüfsystem bedingt fähig (%GRR,ndc)					
QS-9000 MSA (3 Edition) ARM - Total Variation: Verfahren 2					

$TV_{min\ (\%GRR)}$		3,05782	$TV'_{min\ (\%GRR)}$		---		
Faktor K_1	=	0,5908	Faktor K_2	=	0,5231	Faktor K_3 =	0,3146

Fallbeispiel 3 für Verfahren 2: Auswertung nach MSA [1]

Bezugsgröße: Toleranz

Das folgende Beispiel wurde dem Bosch Heft 10 [38] entnommen. Die 60 Messwerte in der nachfolgenden Tabelle wurden von 3 Werkern an 10 Teile je zweimal gemessen. Die Spezifikationsgrenzen sind: USG = 5,97 und OSG = 6,03.

n	$x_{A;1}$	$x_{A;2}$	R_{gj}	$x_{B;1}$	$x_{B;2}$	R_{gj}	$x_{C;1}$	$x_{C;2}$	R_{gj}
1	6,029	6,030	0,001	6,033	6,032	0,001	6,031	6,030	0,001
2	6,019	6,020	0,001	6,020	6,019	0,001	6,020	6,020	0,000
3	6,004	6,003	0,001	6,007	6,007	0,000	6,010	6,006	0,004
4	5,982	5,982	0,000	5,985	5,986	0,001	5,984	5,984	0,000
5	6,009	6,009	0,000	6,014	6,014	0,000	6,015	6,014	0,001
6	5,971	5,972	0,001	5,973	5,972	0,001	5,975	5,974	0,001
7	5,995	5,997	0,002	5,997	5,996	0,001	5,995	5,994	0,001
8	6,014	6,018	0,004	6,019	6,015	0,004	6,016	6,015	0,001
9	5,985	5,987	0,002	5,987	5,986	0,001	5,987	5,986	0,001
10	6,024	6,028	0,004	6,029	6,025	0,004	6,026	6,025	0,001

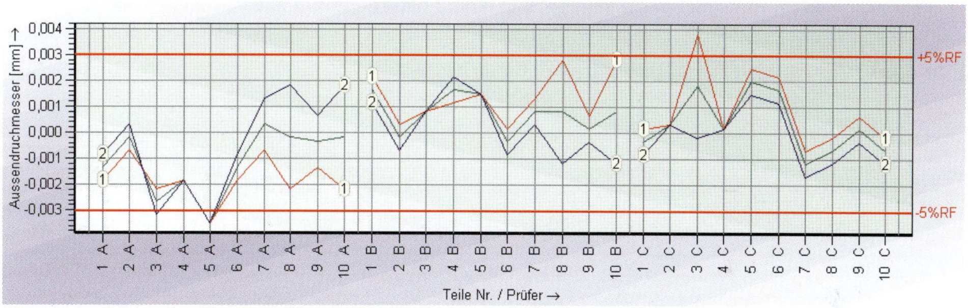

Wiederholpräzision	=	$EV = K_1 \cdot \bar{\bar{R}}$	=	0,0012112	
Wiederholpräzision	=	$\%EV = 6 \cdot \frac{EV \cdot 100\%}{T}$	=	12,11%	0 10 30
Vergleichspräzision	=	$AV = \sqrt{(K_2 \cdot \bar{x}_{diff})^2 - (EV^2/(n \cdot r))}$	=	0,00095635	
Vergleichspräzision	=	$\%AV = 6 \cdot \frac{AV \cdot 100\%}{T}$	=	9,56%	0 10 30
Prüfsystemstreuung	=	$GRR = \sqrt{EV^2 + AV^2}$	=	0,0015432	
Prüfsystemstreuung	=	$\%GRR = 6 \cdot \frac{GRR \cdot 100\%}{T}$	=	15,43%	0 10 30
Teilestreuung	=	$PV = K_3 \cdot R_p$	=	0,018244	
Zahl d. unterscheidb. Messwertklassen (ndc)	=	$ndc = \sqrt{2} \cdot \frac{PV}{R\&R}$	=	16	0 5
Prüfsystem bedingt fähig (%GRR,ndc)					
QS-9000 MSA (3 Edition) ARM - Toleranz: Verfahren 2					

$T_{min\,(\%GRR)}$	0,092593	$T'_{min\,(\%GRR)}$		0,030864			
Faktor K_1	= 0,8862	Faktor K_2	=	0,5231	Faktor K_3	=	0,3146

Die Messwerte können neben der ARM-Methode auch nach der ANOVA oder der Differenzenmethode ausgewertet werden. Die Ergebnisse der Daten aus Fallbeispiel 3 sind in Bild 4.48 nach der Differenzen- und in Bild 4.49 nach der ANOVA-Methode dargestellt. Wie der Vergleich der Beispiele zeigt, unterscheiden sich die Ergebnisse. Daher muss immer die Berechnungsmethode mit angegeben werden.

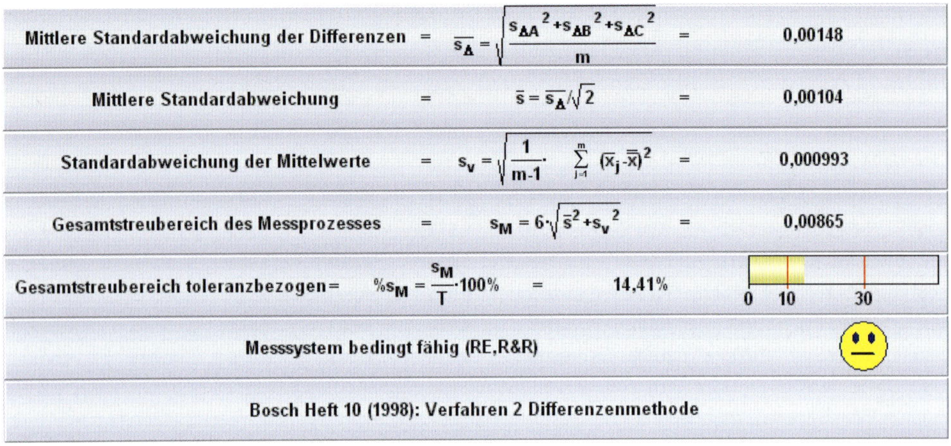

Bild 4.48 Auswertung nach Differenzenmethode

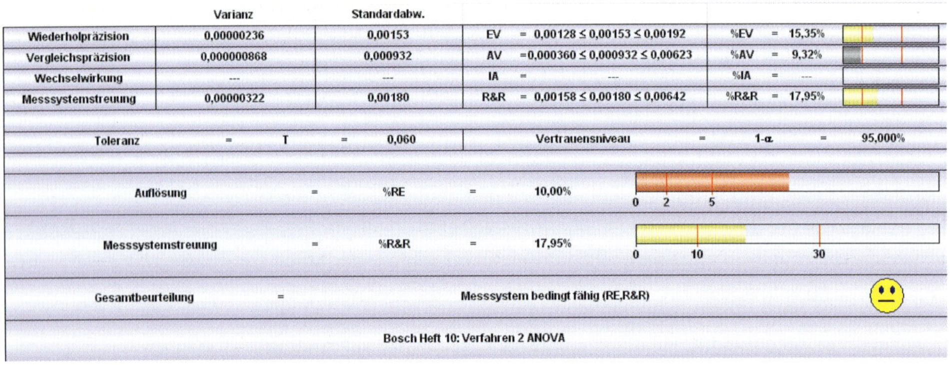

Bild 4.49 Auswertung nach ANOVA

Vergleich der Bezugsgröße

In der detailliert beschriebenen ARM (Mittelwert- und Spannweiten)-Methode wird als Bezugsgröße zur Beurteilung der Eignung in erster Linie die sogenannte Gesamtstreuung (TV = total variation) herangezogen, die sich aus Wiederholpräzision und Vergleichspräzision (GRR) und Teilestreuung (PV = part variation) zusammensetzt. Die Teilestreuung selbst ist damit durch die Auswahl der Teile bestimmt. Es wird gefordert, dass die Teile die gesamte Spannweite der möglichen Produktstreuung widerspiegeln, wie sie in der Fertigung auftreten kann. Ist dies nicht möglich, oder werden die Teile falsch ausgewählt, repräsentieren diese die tatsächliche Prozessstreuung nicht. Dadurch wird das Ergebnis verfälscht. Andernfalls spiegelt das

Ergebnis nicht mehr die Güte des Messsystems wider, da die Auswahl der Teile das Ergebnis in starkem Maße beeinflusst.

Um diese Problematik zu umgehen, ist es sinnvoller, als Bezugsgröße die Merkmalstoleranz aus der Werkstückszeichnung oder, falls bekannt, die Prozessstreuung zu verwenden.

Die Brisanz liegt also in der Wahl der Bezugsgröße. Zur Verdeutlichung des Sachverhalts sind in Tabelle 4.2 die Ergebnisse aus zwei unterschiedlichen Datensätzen in Abhängigkeit der drei beschriebenen Bezugsgrößen dargestellt.

Tab. 4.2 Kennwerte in Abhängigkeit der Bezugsgröße

Kennwerte	%GRR Gesamtstreuung	%GRR Prozessstreuung	%GRR Toleranz	Fallbeispiel
Wiederholpräzision Vergleichspräzision Messsystem GRR	93,67 25,75 97,14	17,24 4,74 17,88	13,32 3,66 13,81	Test_16 aus [34] Toleranz = 0,4 Prozessstreuung = 0,06 Teilestreuung = 0,023
Ergebnis	nicht geeignet	geeignet	geeignet	
Wiederholbarkeit Nachvollziehbarkeit Messsystem GRR	18,7 16,8 25,2	35,0 31,4 47,0	43,8 39,2 58,8	MSA Beispiel aus [29] 2. Ausgabe Toleranz = 0,4 Prozessstreuung = 0,5 Teilestreuung = 0,9
Ergebnis	bedingt geeignet	nicht geeignet	nicht geeignet	

Das Ergebnis zeigt die Auswirkungen der unterschiedlichen Bezugsgrößen deutlich. Ein und dasselbe Messsystem ist je nach Bezugsgröße geeignet bzw. nicht geeignet. Wie kommt die Diskrepanz bei dem vorliegenden Fallbeispiel zustande? Die Daten in Test_16 streuen im Verhältnis zur Toleranz ($PV/T = 0{,}023 : 0{,}4 = 0{,}0575$) wenig, bei den Daten aus dem MSA Leitfaden ist die Streuung ($PV/T = 0{,}9 : 0{,}4 = 2{,}25$) groß.

Die Autoren empfehlen daher als Bezugsgröße die Merkmalstoleranz zu verwenden. Ein Vorteil ist hierbei die Vergleichbarkeit von Fähigkeitsstudien (an gleichen Teilen) über einen längeren Zeitraum.

Ziel eines Unternehmens muss es daher sein, aus der Verfahrensvielfalt das für das Unternehmen geeignete Verfahren auszuwählen und unternehmensweit festzuschreiben. Nur so werden Ergebnisse miteinander vergleichbar. Die Festlegung sollte auch aufgrund rationeller und wirtschaftlicher Gesichtspunkte vorgenommen werden. Der Aufwand dieser Studien ist wegen der Vielfalt der Messsysteme in einem Unternehmen nicht unerheblich.

4.3.3 Verfahren 3: %GRR ohne Bedienereinfluss

Ein Sonderfall des 2. Verfahrens liegt dann vor, wenn der Bediener die Messeinrichtung nicht beeinflussen kann (z. B. durch automatisches Handling). In diesem Fall erfolgt eine Untersuchung an der automatischen Messeinrichtung mit einer höheren Anzahl Teile (i. a. 25) bei zweimaliger Versuchsdurchführung. Eine Wiederholung durch mehrere Bediener entfällt damit. Diese Vorgehensweise kann auch verwendet werden, wenn der Bedienereinfluss vernachlässigbar klein ist. Dies kann festgestellt werden, indem zunächst das Verfahren 2 durchgeführt wird. Ist nach der Auswertung EV >> AV (Wiederholpräzision >> Vergleichspräzision), ist die Beurteilung durch einen Bediener ausreichend. Diese Erkenntnis kann auf ähnliche oder vergleichbare Messprozesse übertragen werden. Dadurch verringert sich der Prüfaufwand.

Bei der Festlegung der Anzahl Prüfobjekte (n) und der Anzahl Wiederholungen (r) gilt die Regel: „Das Produkt n·r sollte größer als 20 sein!" Stehen aus welchen Gründen auch immer weniger Prüfobjekte zur Verfügung, muss die Anzahl der Wiederholungen erhöht werden. Die Streuung der Prüfobjekte sollte die Prozessstreubreite bzw. die Toleranz vollständig überdecken.

Ansonsten gelten die gleichen Regeln wie bei Verfahren 2. Für diese Auswertung können ebenfalls die drei in Abschnitt 4.3.1 beschriebenen Berechnungsmethoden von Verfahren 2 verwendet werden:

- ARM Average Range Method
- ANOVA
- Differenzenmethode

Dabei ist immer AV (Vergleichspräzision) gleich Null. Der GRR entspricht daher dem EV-Wert Wiederholpräzision. Bezüglich der Bezugsgröße zur Berechnung von %GRR gelten die gleichen Regeln wie bei Verfahren 2.

Im folgenden Fallbeispiel ist ein Datensatz (Tabelle 4.3) nach den unterschiedlichen Berechnungsmethoden ausgewertet.

Fallbeispiele

Es wurden 25 Prüfobjekte je zweimal gemessen. Es ergaben sich die in Tabelle 4.3 dargestellten Messwerte. In der Tabelle sind zusätzlich die Differenz zwischen zwei Messungen pro Prüfobjekt und die Spannweite eingetragen.

Die Einzelwerte sind in der Grafik (Bild 4.50) eingetragen. An einem Prüfobjekt ist eine größere Differenz zu erkennen.

Tab. 4.3 Messwerte für Verfahren 3

$\bar{R}$

n	$x_{A;1}$	$x_{A;2}$	R_{gj}	Δ_n
1	56,8338	56,8321	0,0017	0,0017
2	56,8310	56,8320	0,0010	-0,0010
3	56,8359	56,8368	0,0009	-0,0009
4	56,8291	56,8257	0,0034	0,0034
5	56,8294	56,8290	0,0004	0,0004
6	56,8206	56,8202	0,0004	0,0004
7	56,8410	56,8401	0,0009	0,0009
8	56,8305	56,8295	0,0010	0,0010
9	56,8269	56,8274	0,0005	-0,0005
10	56,8386	56,8386	0,0000	0,0000
11	56,8321	56,8323	0,0002	-0,0002
12	56,8331	56,8334	0,0003	-0,0003
13	56,8382	56,8400	0,0018	-0,0018
14	56,8273	56,8282	0,0009	-0,0009
15	56,8235	56,8247	0,0012	-0,0012
16	56,8177	56,8186	0,0009	-0,0009
17	56,8332	56,8339	0,0007	-0,0007
18	56,8305	56,8321	0,0016	-0,0016
19	56,8228	56,8233	0,0005	-0,0005
20	56,8310	56,8300	0,0010	0,0010
21	56,8318	56,8312	0,0006	0,0006
22	56,8344	56,8358	0,0014	-0,0014
23	56,8327	56,8329	0,0002	-0,0002
24	56,8213	56,8221	0,0008	-0,0008
25	56,8205	56,8215	0,0010	-0,0010

s_Δ

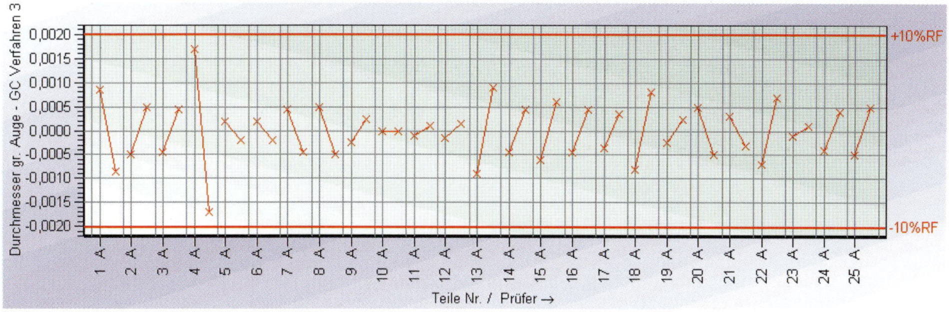

Bild 4.50 Differenzen pro Prüfobjekt

Der Datensatz wurde nach den drei verschiedenen Berechnungsmethoden ausgewertet. Die Ergebnisse sind in Bild 4.51 bis Bild 4.53 dargestellt.

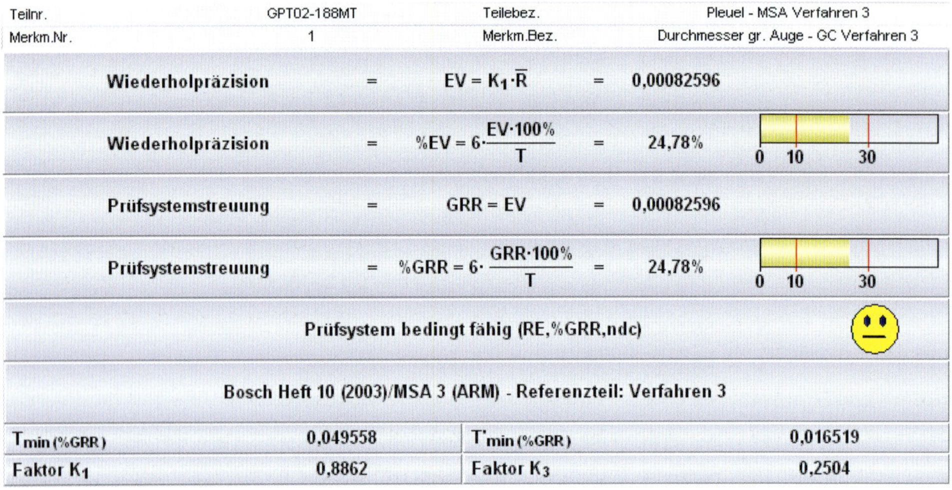

Bild 4.51 ARM-Methode

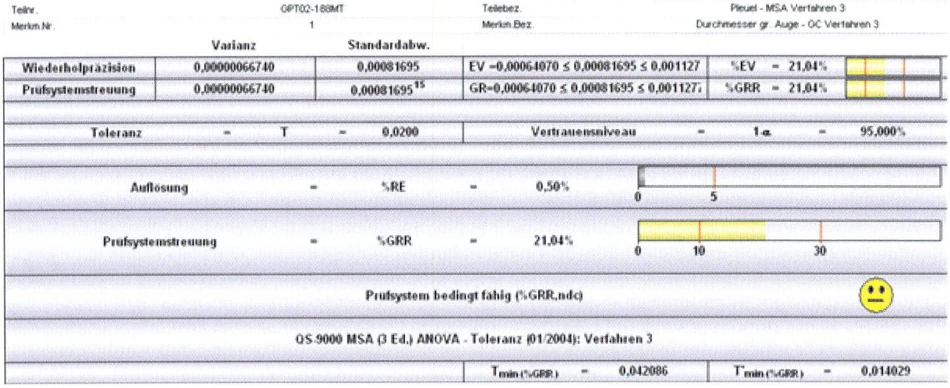

Bild 4.52 ANOVA Methode

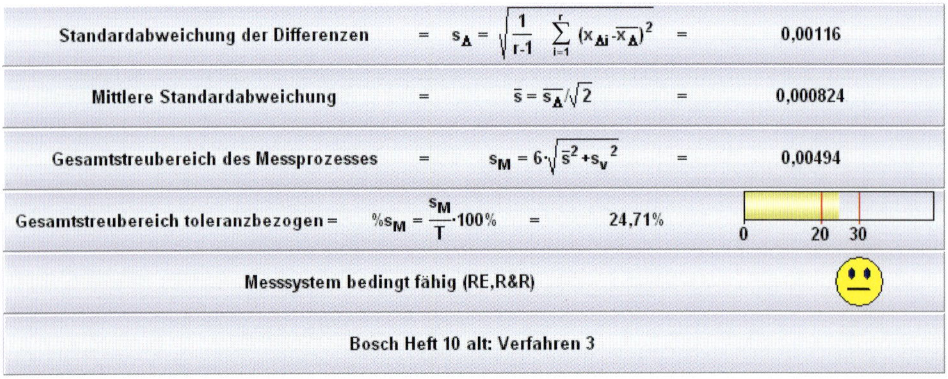

Bild 4.53 Mittelwert-Standardabweichungsmethode

■ 4.4 Überprüfung der Messbeständigkeit

Ein verwendeter Messprozess kann sich mit der Zeit verändern und muss daher überwacht werden. Dazu wird der Messprozess von Zeit zu Zeit mit einem Normal/ Referenzteil überprüft, die Ergebnisse ausgewertet und festgehalten. Bei Abweichungen von den Sollvorgaben sind Verbesserungsmaßnahmen einzuleiten.

Festlegung des Überwachungsintervalls

Die Stabilitätsprüfung sollte nach Möglichkeit über mindestens einen Tag hinweg erfolgen. In diesem Zeitraum sollten 25 Stichproben (in gleichen Zeitabständen) eingeplant werden. Für die Untersuchung kann das im Verfahren 1 verwendete Normal eingesetzt werden (C_{gk}-Ermittlung).

Zunächst ist ein Toleranzband von ± 5 % der Toleranz zum Istwert des Normals in die Mittelwertkarte einzuzeichnen. Daraus können folgende Fälle unterschieden werden.

Fall 1: Liegen die gemessenen Werte innerhalb des festgelegten Toleranzbandes (z. B. 5 %), dann ist eine Überwachungsmessung 1mal pro Schicht am Arbeitsbeginn ausreichend.

Fall 2: Treten Über- und Unterschreitungen aufgrund eines Trends auf, dann ist das Kalibrierintervall so zu verkürzen, dass die ± 5 % Grenzwerte nicht überschritten werden.

Fall 3: Treten trotz Optimierung des Überwachungsintervalls noch ständige Über- und Unterschreitungen auf, dann ist die Messeinrichtung zu verbessern.

Fall 4: Für kleinste Toleranzen kann es auch erforderlich werden, grundsätzlich vor jeder Messung zu kalibrieren. Für diesen Fall entfällt die Stabilitätsprüfung.

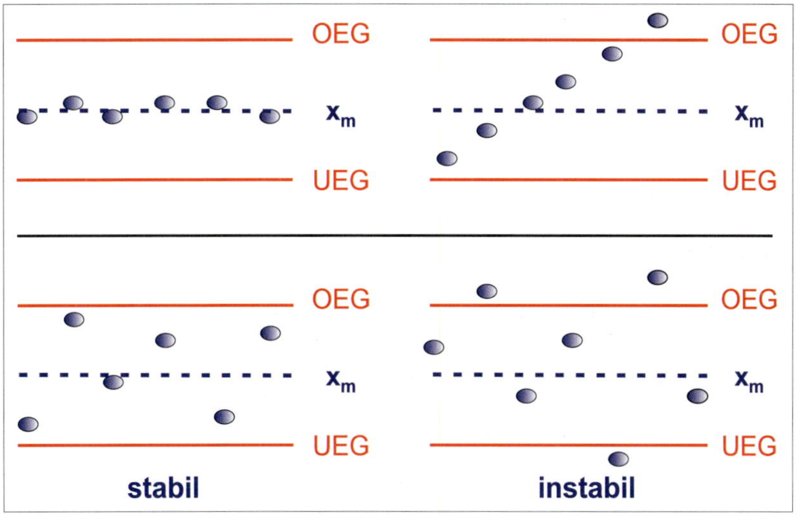

Bild 4.54 Beurteilung der Stabilität

Aus dem Verlauf der Messwerte, die in zeitlicher Reihenfolge ermittelt werden, ergeben sich Aussagen über das notwendige Kalibrier- und Justageintervall.

HINWEIS: Stellt man bereits nach den ersten Stichproben fest, dass die gemessenen Werte chaotisch hin und her springen oder ein deutlicher Trend erkennbar ist, dann sollte die Untersuchung abgebrochen und die Ursachen beseitigt werden. Die Untersuchung ist eventuell in einem kürzeren Zeitraum zu wiederholen.

Durchführung der kontinuierlichen Stabilitätsüberwachung

- Der Istwert des Normals sollte in der Mitte der Toleranz des zu messenden Merkmals liegen.
- Vor der Untersuchung ist die Messeinrichtung mit dem Normal zu kalibrieren.
- Während der Untersuchung sind Justierungen nicht erlaubt.
- In festgelegten Zeitabständen werden die gemessenen Anzeigewerte (in der Regel Einzelwerte) in das Messblatt eingetragen.
- Es empfiehlt sich, eine Auswertung mit gleitenden Mittelwerten und Standardabweichungen aus den jeweils 3 letzten Stichproben durchzuführen.
- Man legt durch die in zeitlicher Reihenfolge aufgetragenen $\overline{x}$-Werte der Einzelstichproben eine ausgleichende Kurve.

HINWEIS: In vielen Fällen ist die Ausgleichskurve eine Gerade. Bei nichtlinearen Zusammenhängen lässt sich die Kurve stückchenweise durch Geraden annähern.

Die Messbeständigkeit/Stabilität kann auch mit einer Qualitätsregelkarte überwacht werden. Dazu werden die Eingriffsgrenzen gemäß „Shewhart“ berechnet [37].

Als Mittelwert kann entweder:

- der Mittelwert eines Vorlaufs
- der Referenzwert des Normals oder
- der Mittelwert aus Verfahren 1

übernommen werden.

Für den Schätzwert $\hat{\sigma}$ für die Streuung kann

- die Standardabweichung eines Vorlaufs
- s_g aus Verfahren 1 oder
- 2,5 % der Toleranz

verwendet werden.

Worin ist der Vorschlag 2,5 % der Toleranz begründet?

Gemäß Verfahren 1 (s. Abschnitt 4.2.5) ist ein Prüfmittel fähig, wenn $C_g \geq 1{,}33$ ($\triangleq \frac{4}{3}$) ist. Die Gleichung für C_g kann nach s_g als Schätzwert umgestellt werden.

$$C_g = \frac{0{,}2 \cdot T}{6 \cdot s_g} \overset{!}{\geq} \frac{4}{3}$$

$$s_g \leq \frac{0{,}2 \cdot T \cdot 3}{6 \cdot 4}$$

$$s_g \leq 0{,}025 \cdot T \triangleq 2{,}5\% \text{ von } T$$

So lange diese Forderung bezüglich s_g eingehalten wird, bleibt das Prüfmittel im Sinne von Verfahren 1 fähig.

Die Tabelle 4.4 enthält Messwerte einer Stabilitätsuntersuchung. Der Datensatz ist dem Bosch Heft 10 [39] entnommen. Die Toleranz ist 0,06 mm. Dieser wird in Bild 4.55 in Form einer Qualitätsregelkarte dargestellt. Die Berechnung der Eingriffsgrenzen erfolgt über:

$\bar{x}$-Karte $\mathrm{OEG} = x_m + 3 \cdot \frac{\hat{\sigma}}{\sqrt{n}}$ $\quad \mathrm{UEG} = x_m - 3 \cdot \frac{\hat{\sigma}}{\sqrt{n}}$ $\quad$ für P = 99,73 %

x_m = Referenzteil des Normals 6,002 und n = 3

$$\hat{\sigma} = 2{,}5\% \text{ der Toleranz} \Rightarrow \hat{\sigma} = 0{,}0015$$

$$\mathrm{OEG}_{\bar{x}} = 6{,}002 + 3 \cdot \frac{0{,}0015}{\sqrt{3}} = 6{,}0046$$

$$\mathrm{UEG}_{\bar{x}} = 6{,}002 - 3 \cdot \frac{0{,}0015}{\sqrt{3}} = 5{,}9994$$

s-Karte $\mathrm{OEG}_s = B'_{Eob} \cdot \hat{\sigma} = 2{,}3 \cdot 0{,}0015 = 0{,}00386$

$$\mathrm{UEG}_s = B'_{Eun} \cdot \hat{\sigma} = 0{,}07 \cdot 0{,}0015 = 0{,}000055$$

B'_{Eob} und B'_{Eun} s. [39]

Tab. 4.4 Fallbeispiel Stabilität

x_i	x_i	x_i	x_i	x_i
6,002	6,004	6,003	6,003	6,002
6,001	6,004	6,002	6,003	6,001
6,001	6,003	6,002	6,003	6,002
x_i	x_i	x_i	x_i	x_i
6,000	6,001	6,001	6,000	5,999
6,001	6,001	6,002	6,000	5,999
5,999	6,001	6,002	6,001	6,000
x_i	x_i	x_i	x_i	x_i
6,002	6,003	6,002	6,002	6,004
6,001	6,001	6,001	6,000	6,003
6,002	6,001	6,002	6,001	6,003
x_i	x_i	x_i	x_i	x_i
6,003	6,002	6,002	6,001	6,003
6,002	6,002	6,002	6,002	6,003
6,001	6,000	6,002	6,001	6,002
x_i	x_i	x_i	x_i	x_i
6,004	6,002	6,004	6,005	6,002
6,003	6,000	6,003	6,004	6,001
6,004	6,001	6,002	6,004	6,001

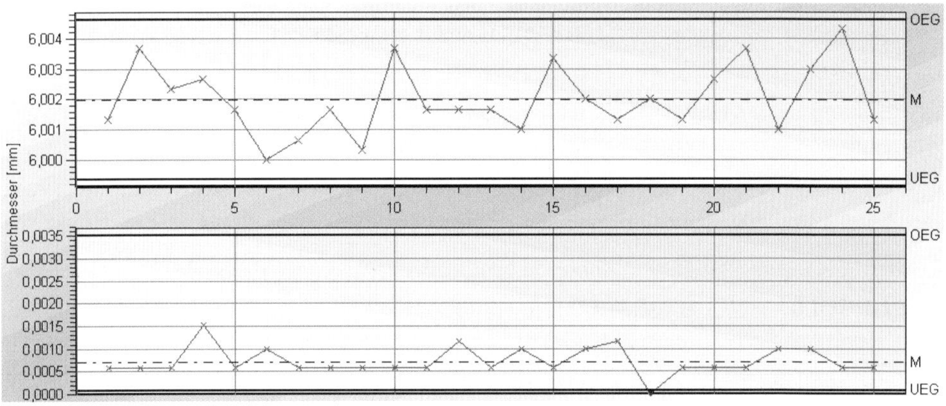

Bild 4.55 Qualitätsregelkarte zur Beurteilung der Stabilität

■ 4.5 Weitere Verfahren

4.5.1 Verfahren 4

Untersuchungs-Methode 4 kann ergänzend zu Verfahren 1 beim Lieferanten angewendet werden:

- für dynamische Messsysteme/Messmittel mit statischem Einstellmeister
- für Messmittel ohne Einstellmeister
- wenn Meister und Produktionsteile eine unterschiedliche Form aufweisen.

All diese Untersuchungsmethoden stellen eine „Momentaufnahme" der Messmittelfähigkeitsuntersuchung dar. Eine Untersuchungs-Methode zur fortlaufenden Beurteilung der Messmittelfähigkeit wird in Abschnitt 4.4 beschrieben.

Nicht alle Messmittel lassen sich mit den beschriebenen Methoden behandeln. So gibt es keine sinnvollen Verfahren für attributive Messsysteme wie z. B. Lehrdorne, Schablonen, Rechen- oder Funktionslehren. Die Beurteilung von Messsystemen, bei denen die Werte zu einem Merkmal an einem Teil zwar gemessen, jedoch nicht wirklich wiederholt werden können, wie z. B. Härteprüfgeräte, Oberflächenprüfgeräte, Profilmessgeräte usw. ist damit nicht möglich.

Bei Härteprüfgeräten kann die Vorgehensweise nur für vergleichende Studien als Grundlage für die Abnahme von neuen Härteprüfgeräten benutzt werden. Aber auch zur Darstellung und zum Vergleich existierender Geräte, um die fortlaufende Stabilität und Fähigkeit bewerten zu können.

Diese genannten Messsysteme und Messmittel müssen nach gültigen Normen und Richtlinien wie ISO, DIN, British Standard, ASME, VDI, Hersteller Richtlinien usw. geprüft werden. Ob trotzdem eine Messsystem- und Messmittelfähigkeitsuntersuchung durchgeführt werden soll, muss von Fall zu Fall entschieden werden.

Erfahrungsgemäß stößt die technische Durchführbarkeit einer Messsystem- und Messmittelfähigkeitsuntersuchung bei engen Toleranzen (z. B. kleiner 15 µm) oder vergleichbarer Größe an anderen Merkmalen an ihre Grenzen, was dazu führen kann, dass das Ergebnis einer Untersuchungsmethode nicht akzeptabel ist. In diesem Fall kann Verfahren 1 ohne statistische Auswertung, wie nachfolgend beschrieben, durchgeführt werden:

- Führe 50 Messungen mit dem Einstellmeister durch. Alle Werte müssen wiederholbar sein und innerhalb von 10 % der Toleranz liegen. Dieser Bereich bezieht sich auf ± 5 % der tatsächlichen Abmessung des Normals. Damit kann quasi entsprechend der Berechnung von C_{gk} eine obere bzw. untere Fähigkeitsgrenze berechnet werden. Bei einer Toleranzbreite von ± 0,0075 mm und einem Einstellnormal von x_m = 56,830 mm ergibt sich:

  ob. Fähigkeitsgrenze $x_m + 0{,}5 \cdot 0{,}1 \cdot \text{Toleranz} = 56{,}830 + 0{,}5 \cdot 0{,}1 \cdot 0{,}015 \approx 56{,}831\ \mu m$

  unt. Fähigkeitsgrenze $x_m - 0{,}5 \cdot 0{,}1 \cdot \text{Toleranz} = 56{,}830 - 0{,}5 \cdot 0{,}1 \cdot 0{,}015 \approx 56{,}829\ \mu m$

- Führe zusätzlich 25 Messungen mit einem Produktionsteil durch. Die Spannweite dieser Messwerte muss weniger als 15 % der Toleranz betragen. Diese Untersuchung entspricht quasi der Beurteilung gemäß C_g. Für eine vorgegebene Toleranz von 0,015 µm bedeutet dies, dass die Spannweite R der Messwertreihe ≤ $0{,}015 \cdot 0{,}015 = 0{,}00225\,\mu m$ ist.

Weitere Ausnahmen sind:

- dynamische Messsysteme mit statischer Kalibrierung
- Messsysteme ohne Einstellmeister
- Messsysteme, deren Einstellmeister eine von den Produktionsteilen unterschiedliche Form haben.

Um diese Messverfahren beurteilen zu können, wird Verfahren 2 in modifizierter Form verwendet. Dabei werden fünf Produktionsteile je fünfmal gemessen. Vor jeder Messung muss das Teil aus der Messvorrichtung genommen und wieder eingelegt werden. Die Messergebnisse sind in folgender Tabelle einzutragen:

Messung Nr.	Teil 1	Teil 2	Teil 3	Teil 4	Teil 5
1					
2					
3					
4					
5					
$\bar{x}_i$					
R_i					

Ist nur ein Produktionsteil vorhanden, wird die gleiche Anzahl von Messungen an diesem Teil durchgeführt. Dabei wird das Teil eingespannt und fünfmal gemessen. Anschließend wird es aus der Vorrichtung genommen und diese mit dem gleichen Teil erneut beladen. Das Teil wird nochmals fünfmal gemessen. Dieser Vorgang wird insgesamt fünfmal durchgeführt. Zur Aufzeichnung der Werte kann die oben abgebildete Tabelle dienen.

Aus diesen Ergebnissen errechnet sich:

Wiederholpräzision	$EV = \bar{R} \cdot K_1$	mit $K_1 = 2{,}58$ für $n = 5$
Vergleichspräzision	$AV = \bar{x}_{Diff} \cdot K_2$	mit $K_2 = 2{,}42$ für $n = 5$
Gesamtstreuung der Messsysteme	$R\&R = \sqrt{EV^2 + AV^2}$	

Die Faktoren K_1 und K_2 sind der Tabelle 16.1 zu entnehmen. Für n = 5 ergibt sich:

K_1 = 2,21 für Vertrauensniveau 99 %

K_1 = 2,58 für Vertrauensniveau 99,73 %

K_2 = 2,08 für Vertrauensniveau 99 %

K_2 = 2,42 für Vertrauensniveau 99,73 %

Das Ergebnis ist ins Verhältnis zu einer vorgegebenen Bezugsgröße zu setzen und mit den üblichen Annahmekriterien zu vergleichen!

Fallbeispiel: Messsystem ohne Einstellmeister

Mit Hilfe einer elektronischen Messvorrichtung wird ein Durchmesser an einem Pleuel gemessen. Die Spezifikation des Merkmals ist 56,830 ± 0,01 mm. Der Pleuel wurde in die Messvorrichtung gelegt und ohne Entnahme 5 mal gemessen. Anschließend wurde die Messvorrichtung entladen und mit demselben Pleuel noch viermal beladen. Die gleiche Messung wurde wiederholt. Es ergaben sich folgende Messwerte:

	Wiederholungen mit Be- und Entladen				
Messung Nr.	1	2	3	4	5
1	56,8340	56,8330	56,8340	56,8343	56,8341
2	56,8337	56,8333	56,8339	56,8346	56,8339
3	56,8336	56,8335	56,8337	56,8352	56,8344
4	56,8343	56,8335	56,8342	56,8346	56,8341
5	56,8338	56,8328	56,8337	56,8348	56,8343
$\bar{x}_i$	56,83388	56,83322	56,83390	56,83470	56,83416
R_i	0,00070	0,00070	0,00050	0,00090	0,00050

Die Auswertung dieser Werte ergibt basierend auf der Toleranz als Referenzgröße:

Mittlere Spannweite $\bar{R}$ = 0,00066 mm

Differenz der Mittelwerte $\bar{x}_{Diff}$ = 0,0015 mm

EV = 0,001703 %EV = 8,52 %

AV = 0,03582 %AV = 17,91 %

GRR = 0,03966 %GRR = 19,83 %

4.5.2 Verfahren 5

Wenn alle Verbesserungsversuche nicht erfolgreich sind, besteht die Möglichkeit, das Messsystem ohne statistische Auswertung anzunehmen.

Führe 50 Messungen mit dem Einstellmeister durch. Alle Werte müssen wiederholbar und genau sein und innerhalb von 10 % der Produktionsteil-Toleranz liegen (+/− 5 % bezogen auf die tatsächliche Abmessung des Meisters).

Die Wiederholbarkeit wird überprüft, indem ein Produktionsteil mindestens 25 mal, höchstens aber 50 mal gemessen wird. Wenn die maximale Spannweite der Messwerte nicht mehr als 15 % der Prozess-/Produktionsteil-Toleranz beträgt, muss das Messsystem angenommen werden.

Die folgenden temporären Maßnahmen zur Aufrechterhaltung der Produktion sollten berücksichtigt werden, bis langfristige Lösungen erzielt wurden:

Eine allgemeine Methode zur täglichen Anwendung ist die mehrfache Überprüfung mit demselben Teil. Der Zufallseinfluss auf die Ergebnisse kann reduziert werden, wenn die Messungen mehrfach mit demselben Produktionsteil durchgeführt werden und anschließend der Mittelwert der Messungen gebildet wird. Diese Messmethode muss in den Kontrollplan und/oder die entsprechende Prüfanweisung aufgenommen werden und kann manuell auf einem für den Werker vorbereiteten Arbeitsblatt oder mittels automatischer Berechnung auf einem rechnergestützten Messsystem ausgewertet werden.

Das Messsystem muss vor jeder Messung des Produktionsteils kalibriert werden. Die Vorgehensweise bei der Messung muss in den Kontrollplan und/oder die entsprechende Prüfanweisung aufgenommen werden.

An Hand des folgenden Fallbeispiels kann die Vorgehensweise und Bewertung des Ergebnisses leicht nachvollzogen werden.

MESS-SYSTEM- UND MESSMITTELFÄHIGKEITSUNTERSUCHUNG ZUR ABNAHME OHNE STATISTISCHE AUSWERTUNG

Teilebezeichnung: Pleuel	**Messmittel-Nr.:** 024-Z-NK-HM-02609
Merkmal: Durchmesser gr. Auge	**Messmitteltyp:** Elektronische Messvorrichtung
Sollwert: 56,830	**Messmittelhersteller:** Messmittelhersteller GmbH
Spez. Toleranzbreite: +/- 0,0075	**Auflösung d. Messmittels:** 0,0001
Op.-Nr.: 150	**Tatsächliche Abmessung $X_{Meister}$:** 56,830
	Einstellmeisterbezeichnung: 024-S-NK-HM-01325

EINSTELLMEISTER-MESSUNG
Alle Werte müssen innerhalb von 10% der spezifizierten Toleranzbreite (d.h. innerhalb +/- 5% relativ zum tatsächlichen Meisterwert) liegen.
(50 Werte)

56,8306	56,8301	56,8305	56,8300	56,8295
56,8305	56,8299	56,8303	56,8300	56,8302
56,8306	56,8304	56,8301	56,8304	56,8299
56,8293	56,8305	56,8301	56,8297	56,8303
56,8303	56,8301	56,8305	56,8304	56,8298
56,8305	56,8298	56,8304	56,8297	56,8299
56,8304	56,8302	56,8300	56,8307	56,8298
56,8301	56,8298	56,8302	56,8293	56,8296
56,8301	56,8301	56,8303	56,8296	56,8307
56,8295	56,8298	56,8307	56,8304	56,8302

Obere Fähigkeitsgrenze (Einstellmeister):	$X_{Meister}$ **+ (0,5 * 0,1 * Spez. Toleranzbreite) =**	56,8310
Untere Fähigkeitsgrenze (Einstellmeister):	$X_{Meister}$ **- (0,5 * 0,1 * Spez. Toleranzbreite) =**	56,8290

TEILEMESSUNG -
Die Spannweite zwischen Maximal- und Minimalwert muss weniger als 15% der Toleranzbreite betragen.
(25 Werte)

56,8340	56,8330	56,8340	56,8343	56,8341
56,8337	56,8333	56,8339	56,8346	56,8339
56,8336	56,8335	56,8337	56,8350	56,8344
56,8343	56,8335	56,8342	56,8346	56,8341
56,8338	56,8328	56,8337	56,8348	56,8343

R =	0,0022
Fähigkeitstoleranz (Teilemessung): 0,15 * Spez. Toleranzbreite =	0,002250

Ergebnis:

X	**In Ordnung**		**Nicht in Ordnung**

Datum: 2. September 1997
Prüfung: Hr. Schmidt / NW/PN-211

HINWEIS: Wenn die Berechnung rechnergestützt erfolgt, hat das Formblatt möglicherweise ein anderes Layout. Die Grundlagen und Berechnungen müssen jedoch identisch sein.

4.6 Vorgehensweise nach CNOMO

In Frankreich ist eine Auswertung nach CNOMO E41.36.110.N [34] „Zulassung der Funktionsfähigkeit von Messmitteln“ weit verbreitet. Diese Vorgehensweise verbindet die oben beschriebenen Verfahren 1 und 2. Bei dieser Messsystemanalyse erfolgt die Überprüfung des Messsystems in drei Phasen:

Vorbereitende Phase

Phase 1: im Messlabor mit Eichnormal (analog zu Verfahren 1)

Phase 2: im Messlabor mit Werkstücken (analog zu Verfahren 2)

Abnahme beim Hersteller/im Werk

Phase 3: im Messlabor/Fertigungsbereich mit mehreren Werkstücken und 5 Wiederholungen pro Werkstück (analog zu Verfahren 2).

Die gewonnenen Ergebnisse werden miteinander verrechnet und zur Beurteilung der Eignung mit Grenzwerten verglichen. Im Gegensatz zu Verfahren 2 erfolgt die Untersuchung nur mit einem Prüfer.

Bestimmung der Kennwerte

In der jeweiligen Phase werden folgende Kennwerte berechnet:

Phase 1: Wiederholpräzision des Messmittels mit Normal

Das Normal wird fünfmal gemessen und aus den Daten die Kennwerte

Mittelwert $\bar{y}_e$

Varianz V_e

Unsicherheit $I_e = 2\sqrt{V_e}$

bestimmt. I_e muss die Forderungen aus Tabelle 5.5 erfüllen.

Phase 2: Wiederholpräzision des Messmittels mit Werkstück

Das Werkstück wird fünfmal gemessen und aus den Daten die Kennwerte

Mittelwert $\bar{y}_r$

Varianz V_r

Unsicherheit $I_r = 2\sqrt{V_r}$

bestimmt. I_r muss die Forderungen aus Tabelle 5.5 erfüllen.

Phase 3:

Mindestens 5 Werkstücke werden mindestens fünfmal gemessen (y_{ij}). Dieselben Werkstücke werden im Feinmesslabor gemessen (x_i). Bei n-maligem Vermessen im Feinmesslabor wird für jedes Werkstück der Mittelwert genommen und gleichzeitig die Messunsicherheit im Feinmesslabor durch $\sqrt{n}$ geteilt.

Für die Differenzen $(y_{ij} - x_i)$ wird der Mittelwert X und die Varianz V_g berechnet,

I_g = Unsicherheit des Prüfmittels

$$= |x| + 2\sqrt{(V_g + V_e)}$$

Die Messunsicherheit im Feinmesslabor, die Auflösung des Mittels, I_g und der berechnete Fähigkeitsindex CMC = $T/(2\ I_g)$ müssen die Forderungen nach Tabelle 4.5 erfüllt werden.

Die Bezugsgröße ist in allen Fällen die Toleranz T, die Forderungen (außer bei besonderen Spezifikationen des Mittels) sind Tabelle 4.5 zu entnehmen. Q steht dabei für den Qualitätsindex.

Tab. 4.5 Grenzwerte für die Eignung von Messmitteln

Kenngröße	Forderung für T>16µm und Q > 5	Forderung für T≤16µm oder Q ≤ 5
Auflösung	$\leq T/20$	$\leq T/10$
$\pm I_e$	$\leq \pm T/20$	$\leq \pm T/10$
$\pm I_r$	$\leq \pm T/8$	$\leq \pm T/4$
$\pm I_{feinmess}$	$\leq \pm T/16$	$\leq \pm T/8$
$\pm I_g$	$\leq \pm T/8$	$\leq \pm T/4$
CMC	≥ 4	≥ 2

Fallbeispiel CNOMO

Das folgende Beispiel ist der hier beschriebenen CNOMO-Norm E41.36.110.N entnommen. Die Spezifikationsgrenzen sind OSG = 10,025 mm und USG = 9,975 mm. Für die Überprüfung mit dem Eichnormal (Phase 1) ergeben sich die Messwerte: 2, 1, 2, 1, 1. Dies ergibt I_e = 1,0954.

Das Messmittel lieferte mit dem Werkstück (Phase 2) die Werte: 50, 49, 48, 50, 49, 48, 50, 47, 49, 50. Daraus errechnet sich: I_r = 2,1082.

Das Formular (Bild 4.56) enthält die Messwerte und die Ergebnisse der Phase 3.

Werkstück 1 bis 5, gemessen auf dem Prüfmittel

Messung	Werkstück1	Werkstück2	Werkstück3	Werkstück4	Werkstück5
Nummer	Werkstück y_{1j}	Werkstück y_{2j}	Werkstück y_{3j}	Werkstück y_{4j}	Werkstück y_{5j}
Werkstück y_{i1}	9.99000	10.00000	10.02000	9.99500	10.00200
Werkstück y_{i2}	9.98900	10.00100	10.02200	9.99700	10.00300
Werkstück y_{i3}	9.99100	10.00200	10.02000	9.99800	10.00400
Werkstück y_{i4}	9.99200	10.00000	10.01800	9.99700	10.00200
Werkstück y_{i5}	9.99000	10.00100	10.02100	9.99700	10.00500

Wert Feinmeßtechnik, $I_f = 0$

IT/16 = 0.003125

x_i	9.98700	10.00200	10.01900	9.99900	10.00200
Differenzen:					
$d_{i1} = y_{i1} - x_i$	0.00300	-0.00200	0.00100	-0.00400	0.00000
$d_{i2} = y_{i2} - x_i$	0.00200	-0.00100	0.00300	-0.00200	0.00100
$d_{i3} = y_{i3} - x_i$	0.00400	0.00000	0.00100	-0.00100	0.00200
$d_{i4} = y_{i4} - x_i$	0.00500	-0.00200	-0.00100	-0.00200	0.00000
$d_{i5} = y_{i5} - x_i$	0.00300	-0.00100	0.00200	-0.00200	0.00300

Mittelwert der mittleren Differenzen:	$J =$	$\frac{1}{25} \Sigma_i \Sigma_j d_{ij}$	=	0.00048
Globale Varianz der Differenzen:	$V_g =$	$\frac{1}{24} \Sigma_i \Sigma_j (d_{ij} - J)^2$	=	0.00000526
Globale Standardabweichungen der Differenzen:	$s_g =$	$\sqrt{V_g}$	=	0.0022935
Wiederholbarkeitsvarianz auf dem Eichnormal:	$V_e =$		=	0.0000003
Standardabweichung der Wiederholbarkeit auf dem Eichnormal:	$s_e =$	$\sqrt{V_e}$	=	0.00054772
Meßunsicherheit:	$I_g =$	$\lvert J \rvert + 2\sqrt{V_g + V_e}$	=	0.0051959
Funktionsfähigkeit des Prüfmittels:		C_{mc}	=	4.81146

4

Meßsystem fähig

Bild 4.56 CNOMO-Formular

Vergleicht man die Ergebnisse mit den Grenzwerten aus Tabelle 4.5, so ist das Messsystem als geeignet anzusehen.

5 Eignungsnachweis von attributiven Prüfprozessen

5.1 Lehren

Bei dem Eignungsnachweis für Prüfprozesse konzentrieren sich die Verfahren hauptsächlich auf variable Merkmale. Ist aus wirtschaftlichen oder technischen Gründen eine Prüfung mit anzeigenden Messgeräten nicht möglich, werden häufig Lehren (Bild 5.1) eingesetzt. Man spricht dann von einem so genannten attributiven Prüfprozess. Auch Lehren haben aufgrund ihrer Fertigungstoleranz eine Prüfunsicherheit und unterliegen der Abnutzung. Weiter kann der Prüfprozess wesentlich durch den Bediener beeinflusst werden.

Daher muss hier die Frage gestellt werden: „Ist der attributive Prüfprozess für die konkrete Messaufgabe geeignet oder nicht?“

Bild 5.1 Lehrdorne und -ringe

Bei einer Prüfung mit Lehren steht als Ergebnis der Prüfung nur die Aussage: „gut oder schlecht“ bzw. „gut, Nacharbeit, oder schlecht“ zur Verfügung. Daher können die für variable Prüfprozesse verwendeten Auswerteverfahren nicht übertragen werden.

Weit verbreitet ist die in Abschnitt 6.4 beschriebene „Short Method“. Diese ist in der MSA [1] 2. Ausgabe aufgeführt und auch im VDA Band 5 [40] enthalten. Über die sinnvolle Anwendung dieser Vorgehensweise gibt es in Fachkreisen unterschiedliche Meinungen. Daher wurde sie in der 3. Ausgabe der MSA [1] durch die in Abschnitt 5.5 beschriebene Methode ersetzt.

5.2 Lehren oder Messen

Im Sinne einer Philosophie der ständigen Verbesserung oder Null-Fehler-Strategie ist das attributive Prüfen mit Grenzlehren nicht geeignet. Das Hauptproblem liegt darin, dass erst nach Überschreiten der Grenzwerte eine Reaktion erfolgen kann, d. h. es ist bereits Nacharbeit oder Ausschuss gefertigt worden. Wo immer möglich muss daher das Ziel sein, das attributive Prüfen durch ein anzeigendes Messgerät zu ersetzen.

Erfahrungsgemäß wird der höhere Anschaffungspreis durch eine deutlich verbesserte Fertigungs-Qualität sowie durch den geringeren Überwachungsaufwand in kurzer Zeit amortisiert. Außerdem lautet ein Erfahrungswert: bei Toleranzbereichen kleiner IT 9 ist das attributive Prüfen zu unsicher und grundsätzlich das Messen einzusetzen.

Das Messen bringt gegenüber dem Lehren folgende Vorteile:

- Die Qualität des Erzeugnisses kann durch Messen besser überwacht und gesteuert werden. Durch Messen sieht man, an welcher Stelle der Toleranz die Teile liegen und kann z. B. mittels Prozessregelung den Idealwert (z. B. Toleranzmittel) anstreben, d. h. bessere Qualität erzeugen. Außerdem sind mit SPC Veränderungen des Prozesses rechtzeitig erkennbar, sodass im Gegensatz zum Lehren, bereits weit vor Überschreiten von Toleranzgrenzen, also vorbeugend und fehlervermeidend reagiert werden kann.
- Die Messsicherheit wird durch gleichmäßige Messkraft der Geräte erhöht, das persönliche Maßgefühl ausgeschaltet und damit Toleranzüberschreitungen infolge unsachgemäßer Lehrenbehandlung vermieden.
- Die zulässigen Toleranzen lassen sich besser ausnutzen, weil Toleranzeinengungen durch Lehrenherstelltoleranzen fortfallen.
- Toleranzüberschreitungen durch Abnutzungstoleranzen der festen Lehren entfallen.
- Lehrenbestand und Gemeinkosten werden verringert, weil anzeigende Messzeuge einen großen Nennmaß- und Toleranzbereiches abdecken. Außerdem sind häufige

Überprüfungen aufgrund des Verschleißes wie beim Gebrauch von Lehren nicht erforderlich

- Abnutzungserscheinungen spielen keine große Rolle, weil anzeigende Geräte jederzeit nachgestellt werden können.
- Meinungsverschiedenheiten, hervorgerufen durch Benutzung neuer und abgenutzter Grenzlehren, entfallen.
- Die Vorteile des Messens wirken sich besonders bei kleineren Toleranzen aus. Deshalb empfiehlt es sich, Toleranzen von IT 9 und kleiner zu messen und nur gröbere Toleranzen mit festen Lehren zu prüfen.

Diesen Aussagen stehen die Vorteile der Lehren gegenüber.

Vorteile des Lehrens:

- Schnelle, einfache Handhabung
- Formprüfung möglich
- Genormte Prüfmittel, niedriger Anschaffungspreis

Trotz der wenigen Vorteile der Lehren ist die alternative Prüfung weiter verbreitet. Daher werden in den nächsten Abschnitten Vorschläge für die Eignungsnachweise erörtert.

5.3 Voraussetzungen für eine erfolgreiche attributive Prüfung

Ein wesentlicher Nachteil bei attributiven Prüfungen ist die Tatsache, dass das Prüfergebnis im hohen Maße von der individuellen Handhabung des jeweiligen Prüfers abhängig ist. Darum sind beim Gebrauch der Lehren folgende Hinweise zu beachten:

- Alle Lehren sind ohne wesentliche Kräfte zu handhaben.
- Die Gutlehre muss sich ohne Zwang in das Werkstück einführen lassen.
- Die Ausschussseite darf nur anschnäbeln.
- Bei Rachenlehren tritt aufgrund deren U-Form und durch die Keilwirkung der zu prüfenden Welle eine Aufbiegung auf. Daher wird bis 100 mm Nennmaß das Eigengewicht der Rachenlehre als Messkraft empfohlen.

Bei Berücksichtigung folgender Punkte ist ein nachweislich verbessertes und stabileres Ergebnis zu erwarten:

- umfassende Schulung und Einweisung
- ausreichende Übung mit Lernkontrolle

- regelmäßige Wiederholung
- Motivation des Prüfers durch den Vorgesetzten zur:
  - Sorgfalt im Umgang mit den Prüfobjekten und Prüfmitteln sowie
  - Sauberkeit und Ordnung am Arbeitsplatz
- Schaffung eines geeigneten Umfeldes:
  - Ergonomisch gestalteter Arbeitsplatz (Ablagen für Prüfmittel, An- und Ablieferungsbereiche im Griff- und Sichtbereich des Mitarbeiters, …)
  - ausreichende Beleuchtung
  - niedriger Lärmpegel
  - Vermeiden von Zugluft und zu großen Temperaturschwankungen
  - Vermeiden von starken Dauerbelastungen wie ständigem Heben und Wegtragen von schweren Prüfobjekten

Gerade zuletzt genannte Punkte sind sogar gesetzlich definiert und sind somit eine Grundvoraussetzung, die vom Arbeitgeber bereitzustellen ist.

Die zuvor aufgeführten Punkte sind zum Teil indirekt in Normen beschrieben (Motivation) bzw. werden mittlerweile direkt gefordert (Schulung, Lernkontrolle) und müssen somit auch nachgewiesen werden. D. h. es muss festgelegt sein, welche Qualifikation für den jeweiligen Arbeitsschritt erforderlich ist und es muss der Nachweis geführt werden, dass die Ausführenden eine umfassende Schulung erhalten haben (Thema: Arbeitsplatzführerschein). Festzuhalten ist dabei auch der Erfolg der Schulung.

5.4 Untersuchung von attributiven Prüfprozessen „Short Method“

Bei der „Short Method“ gemäß MSA [1] 2. Ausgabe werden 20 Prüfobjekte ausgewählt. Diese müssen über den gesamten Einsatzbereich der Lehre streuen, um zwischen „i. O.“ und „n. i. O.“ unterscheiden zu können. Anschließend prüfen zwei Bediener die 20 Teile je zwei Mal. Die Bediener sollten unabhängig voneinander prüfen, um sich nicht gegenseitig zu beeinflussen. Dies gilt auch für die Wiederholungsmessungen eines Bedieners.

Bild 5.2 zeigt das Ergebnis einer solchen Untersuchung. Mit − sind die Prüfungen n. i. O. und mit + sind die Prüfungen „i. O.“ dargestellt. Die Bedingungen für einen geeigneten Prüfprozess lauten: „Alle Ergebnisse müssen übereinstimmen“. Dies ist in den beschriebenen Fällen nicht gegeben. Der rote Smiley in der rechten Spalte zeigt, dass für die Prüfobjekte die Ergebnisse der Bediener unterschiedlich sind.

n	$x_{A;1}$	x_{A2}	$x_{B;1}$	x_{B2}	
1	+	+	+	+	☺
2	+	+	+	+	☺
3	−	+	+	+	☹
4	−	−	−	−	☺
5	+	+	+	+	☺
6	+	+	+	+	☺
7	−	−	−	−	☺
8	−	−	+	+	☹
9	+	+	+	+	☺
10	+	+	+	+	☺
11	+	+	+	+	☺
12	+	+	+	+	☺
13	+	−	+	+	☹
14	+	+	+	+	☺
15	+	+	+	+	☺
16	+	+	+	+	☺
17	+	+	+	+	☺
18	+	+	+	+	☺
19	+	+	+	+	☺
20	+	+	+	+	☺

Bild 5.2 Ergebnis der attributiven Prüfung

Dieses Verfahren kann noch verfeinert werden, indem die Prüfobjekte gezielter ausgewählt und einzeln vermessen werden. Da bei der attributiven Prüfung die Grenzwerte von Produktionsteilen (z.B. bei Grenzlehren, die Toleranzgrenzen) abgeprüft werden, müssen auch diese Kriterien überprüft werden. D.h. es sind Prüflinge an diesen (Toleranz-) Grenzen erforderlich. Mit Prüflingen, die nicht diese Bedingung erfüllen (also z.B. nur aus der Toleranzmitte stammen und weit außerhalb der Toleranz liegen), wird man zwar sehr gut wiederholbare Resultate erzielen, aber sie erfüllen eben nicht die Anforderungen für eine Aussage über die Eignung an diesen interessierenden (Toleranz-) Grenzen und sind deshalb wertlos.

Die gezielte Auswahl der 20 Prüfteile knapp um die (Toleranz-) Grenzen herum kann z.B. mittels einem Messgerät erfolgen. Liegt nur eine Grenze vor, so sind 10 Teile knapp unter und 10 Teile knapp über der Grenze erforderlich. Bei 2 Grenzen sind dagegen 5 Teile knapp unter, und 5 Teile knapp über der unteren Grenze, bzw. jeweils 5 Teile knapp unter, und 5 Teile knapp über der oberen Grenze erforderlich. Ein Vorschlag für ein Leerformular ist in Bild 5.3 dargestellt.

	Eignungsnachweis für attributive Prüfmittel (Lehren)	Seite:

Teile Bezeichnung:____________________ Teile Nr.:____________________

Änderungsdatum:_______________

Merkmal Bezeichnung:_______________ Nennwert / Abmaße:_______________

Merkmal Nr.:____________________ OGW / UGW:____________________

Bereich:_________________________ Werkstatt:____________________

Arbeitsgang Bez.:____________________ Maschine Bez.:____________________

Arbeitsgang Nr.:____________________ Maschine Nr.:____________________

Prüfmittel Bez.:____________________ Prüfer **A** (Name/Nr.):_______________

Prüfmittel Nr.:____________________ Prüfer **B** (Name/Nr.):_______________

Prüfbedingungen:____

Bemerkungen:____

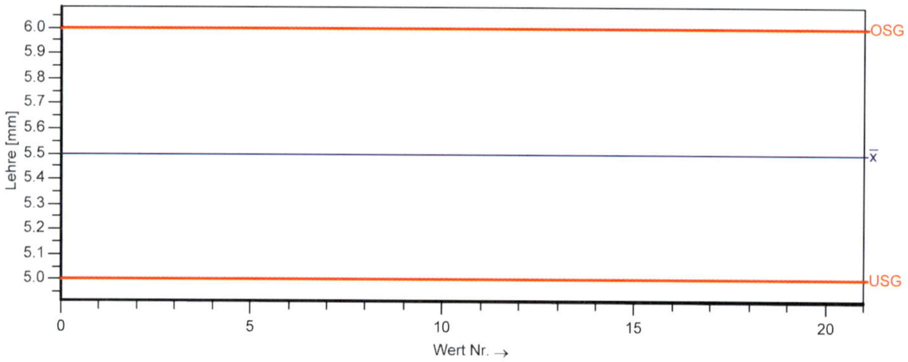

Teile Nr.		1	2	3	4	5	6	7	8	9	10	11	12	13	14	15	16	17	18	19	20
A	**1.**																				
	2.																				
B	**1.**																				
	2.																				

Prüfergebnis: <: kleiner Toleranz, =: in Toleranz, >: größer Toleranz

Anzahl der Übereinstimmungen:_______________von_______________möglichen.

Prüfmittel beeignet: ☐ ja ☐ nein → Maßnahmen:_______________

Datum:__________ Abteilung:__________ Name:__________ Unterschrift:__________

Bild 5.3 Leerformular für die Short Method

Falls machbar und sinnvoll, können die vermessenen Prüfteile als Grenzmuster angelegt werden. Man erspart sich dann den wiederholten Aufwand um derartige Musterteile auszuwählen. Anlässe hierfür können z. B. die Nachschulung der Prüfer oder die Einweisung von neuen Prüfern und die Wiederholung des Eignungstests sein.

Die Durchführung des Tests sieht vor, dass die nummerierten Musterteile von beiden Prüfern zweimal geprüft werden. Die Reihenfolge sollte so gewählt werden, dass die Prüfer nicht aufgrund der vorherigen Ergebnisse beeinflusst werden.

Der Test ist positiv abgeschlossen, wenn für jedes Musterteil alle Ergebnisse beider Prüfer übereinstimmen. Liegt eine oder mehrere Abweichungen vor, so ist der Test negativ und das Prüfmittel ist für die vorgesehene Anwendung nicht geeignet und zu sperren. Bild 5.3 enthält ein leeres Formblatt für die „Short Method“ mit Referenzwerten. Dabei sind Werte oberhalb der oberen Spezifikationsgrenzen OSG mit „>“, Werte innerhalb der Toleranz mit „=“ und Werte unterhalb der unteren Spezifikationsgrenzen USG mit „<“ zu kennzeichnen.

HINWEIS: Bei dieser Vorgehensweise ist die Bestimmung der Referenzwerte der Prüfobjekte mit einem nicht unerheblichen Aufwand verbunden.

Einzuleitende Maßnahmen könnten wie folgt aussehen:

- intensivere Einweisung, Schulung mit umfangreicheren Übungen der Prüfer
- konstruktive Verbesserungen des Prüfmittels oder
- alternatives Prüfmittel einsetzen
- anstatt einer attributiver Prüfung, besser ein Messgerät einsetzen.

In jedem Fall ist ein erneuter Eignungsnachweis erforderlich.

5.5 Untersuchung von attributiven Prüfprozessen „Erweiterte Methode“

5.5.1 Einleitung

Dieser Abschnitt bezieht sich auf das Dokument Measurement System Analysis – MSA, 4. Ausgabe [1]. Die MSA ist Bestandteil der QS-9000 Referenzhandbücher und dient als Richtlinie zur Anwendung. Die in der 2. Ausgabe der MSA „Erweiterte Methoden“ enthaltene Vorgehensweise „Short-Method“ (s. Abschnitt 5.4) ist entfallen.

Ziel dieses Abschnittes ist, die Methoden zur Untersuchung attributiver Prüfsysteme nachvollziehbar darzustellen. In der MSA (4. Ausgabe) sind zwei Methoden zur Untersuchung von attributiven Prüfsystemen enthalten:

- Testen von Hypothesen mit Kreuztabellen
- Beurteilung der Effektivität
- Signalerkennung

Man verfolgt das Ziel festzustellen, wie genau ein oder mehrere Prüfer fehlerhafte und gute Teile einstufen können. Insbesondere sind die Übergangsbereiche (Grauzonen) interessant, in denen die Prüfer zu widersprüchlichen Entscheidungen kommen, also gute Teile als fehlerhaft einstufen und fehlerhafte Teile als gut einstufen.

Das Szenario

Gegeben sei ein Prozess mit einer Prozessfähigkeit von P_p, P_{pk} = 0,5. Die Teile dieses Prozesses müssen aussortiert werden. Zur Aussortierung wird eine Lehre verwendet. Um Fehlentscheidungen an den Spezifikationsgrenzen soweit wie möglich zu vermeiden, muss die Eignung der Lehre nachgewiesen werden. Bild 5.4 zeigt die drei Bereiche I, II und III. Eindeutigkeit herrscht in den Bereichen I und III. Der so genannte „Graubereich" II ist im vorliegenden Fall zu finden. Wie bei variablen Merkmalen ist die Frage zu beantworten: „Ist der Unsicherheitsbereich, bei dem Fehlentscheidungen möglich sind, akzeptabel oder nicht". Dazu ist auch für ein attributives Messsystem ein %GRR-Wert zu berechnen und mit den Forderungen zu vergleichen.

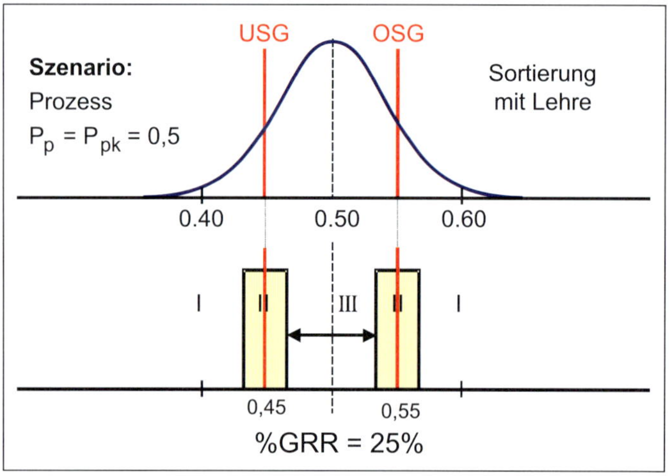

Bild 5.4 Darstellung der Zonen I, II und III

In der **Zone I** lautet das Prüfergebnis der Prüfer übereinstimmend „schlecht". Bei den beiden **Zonen II** treten widersprüchliche Prüfentscheidungen auf – die Teile werden mal als „gut" und mal als „schlecht" eingestuft. Schließlich sind in der mittleren **Zone III** die Prüfentscheidungen übereinstimmend gut. Kritisch sind also Merkmalswerte in der Nähe der Spezifikationsgrenzen, da die Teile dann nicht eindeutig als „gut" oder „schlecht" eingestuft werden können.

Durchführung der Prüfung

Dazu werden dem Prozess 50 Teile entnommen. Die Teile müssen den Prozess repräsentieren. Dazu gehören nicht nur Teile innerhalb, sondern auch außerhalb der Spezifikationsgrenzen. Die Teile sind mit einem geeigneten Messgerät mit bekannter Messunsicherheit zu vermessen. Der Istwert des jeweiligen Teils ist festzuhalten. Anschließend überprüfen drei Prüfer die jeweiligen Teile mit der ausgewählten Lehre und halten die Ergebnisse in kodierter Form fest. Folgende Kodierung wird verwendet:

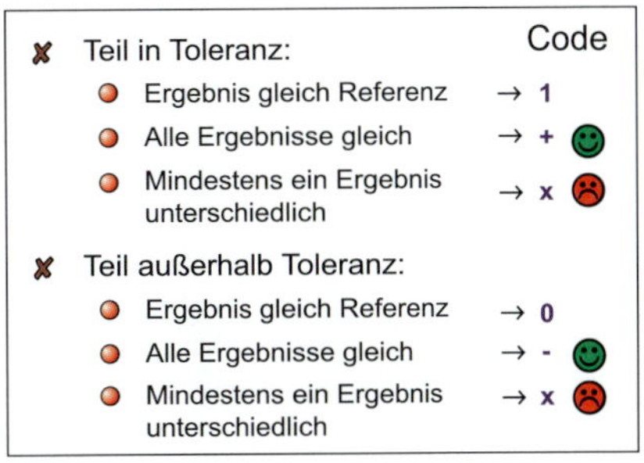

Bild 5.5 Kodierung

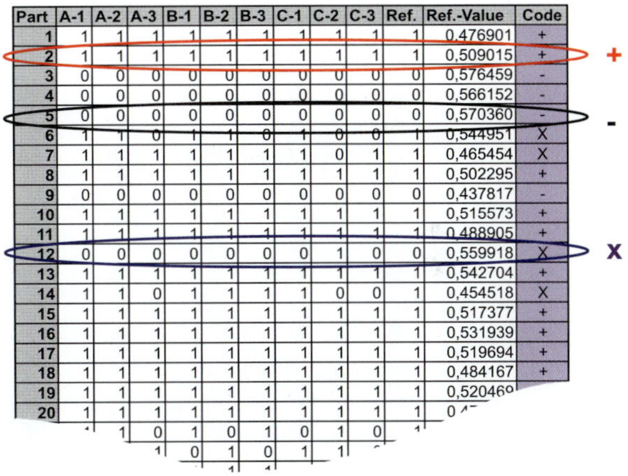

Part	A-1	A-2	A-3	B-1	B-2	B-3	C-1	C-2	C-3	Ref.	Ref.-Value	Code
1	1	1	1	1	1	1	1	1	1	1	0,476901	+
2	1	1	1	1	1	1	1	1	1	1	0,509015	+
3	0	0	0	0	0	0	0	0	0	0	0,576459	-
4	0	0	0	0	0	0	0	0	0	0	0,566152	-
5	0	0	0	0	0	0	0	0	0	0	0,570360	-
6	1	1	0	1	1	0	1	0	0	1	0,544951	X
7	1	1	1	1	1	1	1	0	1	1	0,465454	X
8	1	1	1	1	1	1	1	1	1	1	0,502295	+
9	0	0	0	0	0	0	0	0	0	0	0,437817	-
10	1	1	1	1	1	1	1	1	1	1	0,515573	+
11	1	1	1	1	1	1	1	1	1	1	0,488905	+
12	0	0	0	0	0	0	0	1	0	0	0,559918	X
13	1	1	1	1	1	1	1	1	1	1	0,542704	+
14	1	1	0	1	1	1	1	0	0	1	0,454518	X
15	1	1	1	1	1	1	1	1	1	1	0,517377	+
16	1	1	1	1	1	1	1	1	1	1	0,531939	+
17	1	1	1	1	1	1	1	1	1	1	0,519694	+
18	1	1	1	1	1	1	1	1	1	1	0,484167	+
19	1	1	1	1	1	1	1	1	1	1	0,52046	
20	1	1	1	1	1	1	1	1	1	1	0,4	

Bild 5.6 Attributive Ergebnisse

Nach Durchführung der Prüfung ergibt sich das in Bild 5.6 auszugsweise dargestellte Ergebnis.

In Tab. 5.1 und Tab. 5.2 sind die Prüfergebnisse und die Referenzwerte dargestellt. Die Tab. 5.1 enthält die Werte unsortiert. In Tab. 5.2 sind die gleichen Ergebnisse nach Größe der Referenzwerte sortiert. Die drei Prüfer wurden mit A, B und C kodiert. Daher bedeutet die Überschrift x_{A1}, dass dies die Ergebnisse des Prüfers A von dem ersten Prüfdurchgang sind. Mit x_{A2} sind die Ergebnisse des Prüfers A von dem zweiten Prüfdurchgang überschrieben usw.

Tab. 5.1 Prüfergebnisse unsortiert

n	Ref.	$x_{A;1}$	$x_{A;2}$	$x_{A;3}$	$x_{B;1}$	$x_{B;2}$	$x_{B;3}$	$x_{C;1}$	$x_{C;2}$	$x_{C;3}$	
1	0,476901	+	+	+	+	+	+	+	+	+	☺
2	0,509015	+	+	+	+	+	+	+	+	+	☺
3	0,576495	−	−	−	−	−	−	−	−	−	☺
4	0,566152	−	−	−	−	−	−	−	−	−	☺
5	0,570360	−	−	−	−	−	−	−	−	−	☺
6	0,544951	−	+	−	+	+	+	+	−	+	☹
7	0,465454	+	+	+	+	+	+	+	−	+	☹
8	0,502295	+	+	+	+	+	+	+	+	+	☺
9	0,437817	−	−	−	−	−	−	−	−	−	☺
10	0,515573	+	+	+	+	+	+	+	+	+	☺
11	0,488905	+	+	+	+	+	+	+	+	+	☺
12	0,559918	−	−	−	−	−	−	−	+	−	☹
13	0,542704	+	+	+	+	+	+	+	+	+	☺
14	0,454518	+	+	−	+	+	+	+	−	−	☹
15	0,517377	+	+	+	+	+	+	+	+	+	☺
16	0,531939	+	+	+	+	+	+	+	+	+	☺
17	0,519694	+	+	+	+	+	+	+	+	+	☺
18	0,484167	+	+	+	+	+	+	+	+	+	☺
19	0,520496	+	+	+	+	+	+	+	+	+	☺
20	0,477236	+	+	+	+	+	+	+	+	+	☺
21	0,452310	+	+	−	+	−	+	−	+	−	☹
22	0,545604	−	−	+	−	+	−	+	+	−	☹
23	0,529065	+	+	+	+	+	+	+	+	+	☺
24	0,514192	+	+	+	+	+	+	+	+	+	☺
25	0,599581	−	−	−	−	−	−	−	−	−	☺
26	0,547204	−	+	−	−	−	−	−	−	+	☹
27	0,502436	+	+	+	+	+	+	+	+	+	☺
28	0,521642	+	+	+	+	+	+	+	+	+	☺
29	0,523754	+	+	+	+	+	+	+	+	+	☺
30	0,561457	−	−	−	−	−	+	−	−	−	☹
31	0,503091	+	+	+	+	+	+	+	+	+	☺
32	0,505850	+	+	+	+	+	+	+	+	+	☺
33	0,487613	+	+	+	+	+	+	+	+	+	☺
34	0,449696	−	−	+	−	−	+	−	+	+	☹
35	0,498698	+	+	+	+	+	+	+	+	+	☺
36	0,543077	+	+	−	+	+	+	+	−	+	☹
37	0,409238	−	−	−	−	−	−	−	−	−	☺
38	0,488184	+	+	+	+	+	+	+	+	+	☺
39	0,427687	−	−	−	−	−	−	−	−	−	☺
40	0,501132	+	+	+	+	+	+	+	+	+	☺
41	0,513779	+	+	+	+	+	+	+	+	+	☺
42	0,566575	−	−	−	−	−	−	−	−	−	☺
43	0,462410	+	+	+	+	+	+	+	+	−	☹
44	0,470832	+	+	+	+	+	+	+	+	+	☺
45	0,412453	−	−	−	−	−	−	−	−	−	☺
46	0,493441	+	+	+	+	+	+	+	+	+	☺
47	0,486379	+	+	+	+	+	+	+	+	+	☺
48	0,587893	−	−	−	−	−	−	−	−	−	☺
49	0,483803	+	+	+	+	+	+	+	+	+	☺
50	0,446697	−	−	−	−	−	−	−	−	−	☺

Tab. 5.2 Prüfergebnisse nach Referenzwerten absteigend sortiert

n	Ref.	$x_{A;1}$	$x_{A;2}$	$x_{A;3}$	$x_{B;1}$	$x_{B;2}$	$x_{B;3}$	$x_{C;1}$	$x_{C;2}$	$x_{C;3}$	
25	0,599581	−	−	−	−	−	−	−	−	−	☺
48	0,587893	−	−	−	−	−	−	−	−	−	☺
3	0,576495	−	−	−	−	−	−	−	−	−	☺
5	0,570360	−	−	−	−	−	−	−	−	−	☺
42	0,566575	−	−	−	−	−	−	−	−	−	☺
4	0,566152	−	−	−	−	−	−	−	−	−	☺
30	0,561457	−	−	−	−	−	+	−	−	−	☹
12	0,559918	−	−	−	−	−	−	−	+	−	☹
26	0,547204	−	+	−	−	−	−	−	−	+	☹
22	0,545604	−	−	+	−	+	−	+	+	−	☹
6	0,544951	−	+	−	+	+	+	+	−	+	☹
36	0,543077	+	+	−	+	+	+	+	−	+	☹
13	0,542704	+	+	+	+	+	+	+	+	+	☺
16	0,531939	+	+	+	+	+	+	+	+	+	☺
23	0,529065	+	+	+	+	+	+	+	+	+	☺
29	0,523754	+	+	+	+	+	+	+	+	+	☺
28	0,521642	+	+	+	+	+	+	+	+	+	☺
19	0,520496	+	+	+	+	+	+	+	+	+	☺
17	0,519694	+	+	+	+	+	+	+	+	+	☺
15	0,517377	+	+	+	+	+	+	+	+	+	☺
10	0,515573	+	+	+	+	+	+	+	+	+	☺
24	0,514192	+	+	+	+	+	+	+	+	+	☺
41	0,513779	+	+	+	+	+	+	+	+	+	☺
2	0,509015	+	+	+	+	+	+	+	+	+	☺
32	0,505850	+	+	+	+	+	+	+	+	+	☺
31	0,503091	+	+	+	+	+	+	+	+	+	☺
27	0,502436	+	+	+	+	+	+	+	+	+	☺
8	0,502295	+	+	+	+	+	+	+	+	+	☺
40	0,501132	+	+	+	+	+	+	+	+	+	☺
35	0,498698	+	+	+	+	+	+	+	+	+	☺
46	0,493441	+	+	+	+	+	+	+	+	+	☺
11	0,488905	+	+	+	+	+	+	+	+	+	☺
38	0,488184	+	+	+	+	+	+	+	+	+	☺
33	0,487613	+	+	+	+	+	+	+	+	+	☺
47	0,486379	+	+	+	+	+	+	+	+	+	☺
18	0,484167	+	+	+	+	+	+	+	+	+	☺
49	0,483803	+	+	+	+	+	+	+	+	+	☺
20	0,477236	+	+	+	+	+	+	+	+	+	☺
1	0,476901	+	+	+	+	+	+	+	+	+	☺
44	0,470832	+	+	+	+	+	+	+	+	+	☺
7	0,465454	+	+	+	+	+	+	+	−	+	☹
43	0,462410	+	+	+	+	+	+	+	+	−	☹
14	0,454518	+	+	−	+	+	+	+	−	−	☹
21	0,452310	+	+	−	+	−	+	−	+	−	☹
34	0,449696	−	−	+	−	−	+	−	+	+	☹
50	0,446697	−	−	−	−	−	−	−	−	−	☺
9	0,437817	−	−	−	−	−	−	−	−	−	☺
39	0,427687	−	−	−	−	−	−	−	−	−	☺
45	0,412453	−	−	−	−	−	−	−	−	−	☺
37	0,409238	−	−	−	−	−	−	−	−	−	☺

In der Spalte „Code“ sind weitere Symbole aufgeführt:

x Symbol für ein Teil, das innerhalb der **Grauzone II** liegt. Die Prüferentscheidungen waren widersprüchlich.

\+ Symbol für ein Teil, das innerhalb der **Zone III** liegt. Anhand der Referenzwerte erfolgte die Referenz-Einstufung der Teile als „gut“ und alle Prüfer haben diese übereinstimmend als **„gut“** eingestuft.

\- Symbol für ein Teil, das innerhalb der **Zone I** liegt. Anhand der Referenzwerte erfolgte die Referenz-Einstufung der Teile als „schlecht“ *und* alle Prüfer haben diese übereinstimmend als **„schlecht“** eingestuft.

In den folgenden Abschnitten werden drei Bewertungsmethoden beschrieben:

- Test von Hypothesen (Abschnitt 5.5.2)
- Beurteilung der Effektivität (Abschnitt 5.5.4)
- Methode der Signalerkennung

In der MSA [1] wird darauf hingewiesen, dass für die Methoden „Test von Hypothesen“ und „Beurteilung der Effektivität“ die Entscheidungskriterien und Grenzwerte nicht durch theoretische Herleitungen begründet sind:

HINWEIS: Der Originaltext in der MSA [1] zu dem Thema lautet:

„Es gibt kein theorie-basiertes Entscheidungskriterium bezüglich annehmbarer Risiken. Die oben genannten Richtlinien sind Erfahrungswerte und wurden basierend auf einzelnen Überzeugungen, was noch als annehmbar betrachtet werden kann, entwickelt. Die endgültigen Entscheidungskriterien sollten auf dem Einfluss (d. h. Risiken) auf den weiteren Prozess und auf den Endkunden basieren. Dies wird eine Fall zu Fall Entscheidung und keine auf statistischen Grundsätzen basierende Entscheidung sein.

5.5.2 Testen von Hypothesen

Bei attributiven Prüfungen stehen oft keine Messwerte zur Verfügung. Die Frage ist: Wie kann man beurteilen, ob eine Prüfmethode dafür geeignet ist, zwischen guten und schlechten Teilen zu unterscheiden?

Ein Ansatz für eine solche Beurteilung besteht darin, mehrere Prüfer dieselben Teile prüfen zu lassen. Wenn alle Prüfer sehr oft zu gleichen Ergebnissen kommen, spricht das dafür, dass die Prüfmethode geeignet sein könnte, zwischen guten und schlechten Teilen zu unterscheiden – eine Garantie dafür gibt es jedoch nicht!

Aufbauend auf diesem Grundgedanken ist das Ziel, den Grad der Übereinstimmung von Prüfer-Entscheidungen anhand einer Maßzahl zu beurteilen. Die so genannte Kreuztabelle ist ein Hilfsmittel zur Bestimmung der gesuchten Maßzahl. Zunächst ist der Aufbau und der Zweck einer Kreuztabelle beschrieben und anschließend die Ableitung der Maßzahl aus der Kreuztabelle.

5.5.2.1 Aufbau einer Kreuztabelle für zwei Prüfer

Betrachtet man die Prüfergebnisse der Prüfer A und B in Tab. 5.2, so kann man zählen, wie oft haben

- beide Prüfer „gut“ entschieden?
- Prüfer A „gut“ und Prüfer B „schlecht“ entschieden?
- Prüfer A „schlecht“ und Prüfer B „gut“ entschieden?
- beide Prüfer „schlecht“ entschieden?

Es ergeben sich insgesamt 150 zu vergleichende Entscheidungen, d.h. 50 Entscheidungen des ersten Prüfdurchgangs (Spalte x_{A1} mit Spalte x_{B1}) sowie jeweils 50 Entscheidungen des zweiten (Spalte x_{A2} mit Spalte x_{B2}) und dritten Prüfdurchgangs (Spalte x_{A3} mit Spalte x_{B3}).

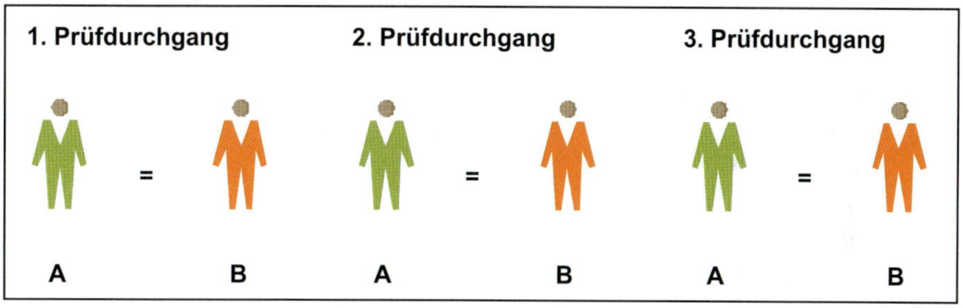

Bild 5.7 Vergleich von Prüfer A mit Prüfer B

Die Häufigkeitszählungen sind übersichtlich in der Kreuztabelle dargestellt:

Tab. 5.3 Beobachtete Häufigkeiten

		Entscheidungen Prüfer A		Gesamt Zeile
		schlecht	gut	
Entscheidungen Prüfer B	schlecht	44	6	50
	gut	3	97	100
Gesamt Spalte		47	103	150

Beobachtete Anteile

Um den beobachteten Anteil für jede der vier Entscheidungskombinationen zu berechnen, bestimmt man die relativen Häufigkeiten der Zellen. Die relative Häufigkeit für jede Tabellenzelle bestimmt man, indem man den Zellwert durch die Gesamtanzahl der Fälle dividiert. Diese relativen Häufigkeiten heißen „beobachtete Anteile".

Tab. 5.4 Beobachtete Anteile

		Entscheidungen Prüfer A	
		schlecht	gut
Entscheidungen Prüfer B	schlecht	44/150 = **0,2933**	6/150 = **0,04**
	gut	3/150 = **0,02**	97/150 = **0,6467**

Übereinstimmung durch Zufall – erwarteter Anteil

Man muss sich bewusst sein, dass ein gewisser Grad an Übereinstimmung allein durch den Zufall zustande kommt. Es gilt also zu klären, wie groß der Anteil an Übereinstimmungen von beiden Prüfern wäre, wenn diese nur ein Zufallsprodukt wären. Man bezeichnet die allein durch Zufall entstehenden Übereinstimmungen als „erwarteten Anteil".

1. Zunächst sind die Zeilensummen durch die Anzahl der Fälle (Prüfentscheidungen) zu dividieren.
2. Anschließend sind die Spaltensummen durch die Anzahl aller Fälle zu dividieren.
3. Im dritten Schritt sind die erwarteten Anteile zu bestimmen. Das Rechenschema ist in der nachstehend abgebildeten Tabelle erkennbar:

Tab. 5.5 Erwartete Anteile

		Entscheidungen Prüfer A		Gesamt Zeile
		schlecht	gut	
Entscheidungen Prüfer B	schlecht	$p_{1.1} = p_{1.} \cdot p_{.1} \approx$ **0,104**	$p_{1.2} = p_{1.} \cdot p_{.2} \approx$ **0,229**	$p_{1.}$=50/150≈0,33
	gut	$p_{2.1} = p_{2.} \cdot p_{.1} \approx$ **0,209**	$p_{2.2} = p_{2.} \cdot p_{.2} \approx$ **0,458**	$p_{2.}$=100/150≈0,67
Gesamt Spalte		$p_{.1}$ = 47/150 ≈ 0,31	$p_{.2}$ = 103/150 ≈ 0,69	150/150=1

Erwartete Häufigkeit

Aus den erwarteten Anteilen können die erwarteten Häufigkeiten berechnet werden: Man multipliziert die erwarteten Anteile mit der Gesamtanzahl N der Fälle.

Tab. 5.6 Erwartete Häufigkeiten

		Entscheidungen Prüfer A		Gesamt Zeile
		schlecht	gut	
Entscheidungen Prüfer B	schlecht	$p_{1.1} \cdot N = 0{,}104 \cdot 150 \approx$ **15,7**	$p_{1.2} \cdot N = 0{,}229 \cdot 150 \approx$ **34,3**	$p_{1.} \cdot N = 50$
	gut	$p_{2.1} \cdot N = 0{,}209 \cdot 150 \approx$ **31,3**	$p_{2.2} \cdot N = 0{,}458 \cdot 150 \approx$ **68,7**	$p_{2.} \cdot N = 100$
Gesamt Spalte		$p_{.1} \cdot N = 47$	$p_{.2} \cdot N = 103$	150

Grad der Übereinstimmung von Prüferentscheidungen

Um den Grad der Übereinstimmung der Entscheidungen von beiden Prüfern zu beurteilen, bedient man sich folgender Überlegung:

1. Man bildet zunächst die Summe der beobachteten Anteile von den Fällen, bei denen beide Prüfer zu gleichen Entscheidungen gekommen sind.

   Die übereinstimmenden Fälle sind:

   - Prüfer A entscheidet „gut" und Prüfer B entscheidet „gut".
   - Prüfer A entscheidet „schlecht" und Prüfer B entscheidet „schlecht".

   Die Summe der beobachteten Anteile dieser beiden Fällen bezeichnen wir als $\mathbf{P_0}$.
2. Wenn alle Beobachtungen in den beiden Feldern links oben (Beide Prüfer entscheiden „schlecht") und rechts unten (Beide Prüfer entscheiden „gut") liegen, dann ist der Grad der Übereinstimmung von beiden Prüfer-Entscheidungen maximal. D. h., die Summe der beobachteten Anteile P_0 ist in diesem Fall $P_0 = 1$ bzw. 100 %.
3. Diese Überlegung macht man sich bei der Bildung des Indexwertes κ (Kappa) zunutze:

   $$\kappa = \frac{P_0 - P_e}{1 - P_e} \qquad \text{Index Kappa nach Cohen}$$

   Zunächst kann man P_e ignorieren – es ist weiter unten beschrieben.
4. Unabhängig davon, welchen Wert P_e hat, ist der berechnete Wert vom Index Kappa genau dann gleich eins, wenn der Wert Po = 1 ist – also dann, wenn die Übereinstimmung zwischen beiden Prüfer-Entscheidungen vollkommen ist. Damit ist der Index Kappa eine Maßzahl für den Grad der Übereinstimmung der Entscheidungen von beiden Prüfern.

Bezogen auf das Zahlenbeispiel berechnet man die Summe der beobachteten Anteile Po aus den Werten der Tabelle der beobachteten Anteile:

Tab. 5.7 Beobachtete Anteile

		Entscheidungen Prüfer A	
		schlecht	gut
Entscheidungen Prüfer B	schlecht	44/150 = **0,2933**	6/150 = **0,04**
	gut	3/150 = **0,02**	97/150 = **0,6467**

P_0 = beob. Anteil Übereinstimmung „gut“ + beob. Anteil Übereinstimmung „schlecht“

$\mathbf{P_0}$ = 0,2933 + 0,6467 = **0,94**

Summe der erwarteten Anteile P_e

Auf die gleiche Weise wie die Summe der beobachteten Anteile P_0 gebildet wurde, wird die Summe der erwarteten Anteile P_e berechnet. Mit dem einzigen Unterschied, dass die Berechnung auf der Grundlage der Tabelle der erwarteten Anteile beruht:

Tab. 5.8 Erwartete Anteile

		Entscheidungen Prüfer A		Gesamt Zeile
		schlecht	gut	
Entscheidungen Prüfer B	schlecht	$p_{1.1} = p_{1.} \cdot p_{.1} \approx$ **0,104**	$p_{1.2} = p_{1.} \cdot p_{.2} \approx$ **0,229**	$p_{1.}$=50/150≈0,33
	gut	$p_{2.1} = p_{2.} \cdot p_{.1} \approx$ **0,209**	$p_{2.2} = p_{2.} \cdot p_{.2} \approx$ **0,458**	$p_{2.}$=100/150≈0,67
Gesamt Spalte		$p_{.1}$ = 47/150 ≈ 0,31	$p_{.2}$ = 103/150 ≈ 0,69	150/150=1

P_e = erw. Anteil Übereinstimmung „schlecht“ + erw. Anteil Übereinstimmung „gut“

$\mathbf{P_e}$ = 0,104 + 0,458 = **0,562**

Index Kappa berechnen

Mit den beiden Kennwerten beobachtete Anteilssumme P_0 und erwartete Anteilssumme P_e bestimmt man den Index Kappa:

$$\kappa = \frac{P_0 - P_e}{1 - P_e} = \frac{0,94 - 0,562}{1 - 0,562} \approx 0,86$$

Interpretation der Zahlenwerte von Kappa

Der Index Kappa kann Werte von −1 (Ausschließlich gegensätzliche Entscheidungen – wenn A „gut“ entscheidet, entscheidet B „schlecht“ und umgekehrt) bis +1 annehmen (Absolute Übereinstimmung). Der Wert 0 besagt, dass die beobachteten Übereinstimmungen rein zufällig zustande kamen.

Allgemein gilt:

- Ist die Summe der beobachteten Übereinstimmungen größer oder gleich der Summe der zufällig erwarteten Übereinstimmungen, so liegt der Wert für Kappa im Bereich $\kappa \geq 0$.
- Ist die Summe der beobachteten Übereinstimmungen kleiner oder gleich der Summe der zufällig erwarteten Übereinstimmungen, so liegt der Wert für Kappa im Bereich $\kappa \leq 0$.

Grenzwert für Kappa

Nun stellt sich die Frage, bei welchem Grenzwert für Kappa die Übereinstimmung der Prüferentscheidungen als „zu gering“ einzustufen ist. In dem Referenz-Handbuch MSA wird $\kappa \geq 0{,}75$ als Wertebereich für eine gute Übereinstimmung angegeben. Dieser Wertebereich ist heuristisch festgelegt.

HINWEIS: Wenn der Wert des Index Kappa hoch ist, dann besteht die Möglichkeit, dass die Einstufungen der Teile durch die Prüfer den wahren Zustand der Teile wiederspiegeln (gut und schlecht) – allerdings ist diese Schlussfolgerung keineswegs sicher! Andererseits, wenn der Grad der Übereinstimmung gering ist, ist die Art der Prüfung ungeeignet.

Letztendlich enthält der einzelne Zahlenwert von Kappa immer noch keine ausreichende Information. Ist der Zahlenwert von Kappa nur zufällig oder signifikant von Null verschieden? Um diese Frage zu beantworten, benötigt man die Angabe des Vertrauensbereiches von Kappa. Eine Näherungsformel zur Bestimmung des Vertrauensbereiches von Kappa findet man z. B. in [30], Seite 222.

5.5.3 Kappa-Koeffizient nach Fleiss

Warum einen weiteren Kappa-Koeffizienten? Die Bestimmung eines Kappa-Koeffizienten κ_C nach Jacob Cohen ist nur für den Vergleich der Urteile von genau zwei Prüfern möglich. Das in der MSA vorgestellte Beispiel betrachtet die Analyse eines attributiven Prüfprozesses mit 50 Objekten, drei Prüfern mit je drei Prüfdurchgängen.

Tab. 5.9 Das Aufbauschema des Fallbeispiels aus der MSA besteht aus neun Spalten mit Prüferurteilen

Obj	A-1	A-2	A-3	B-1	B-2	B-3	C-1	C-2	C-3
1	Gut	Gut	Gut	Gut	Gut	Gut	Gut	Gut	Gut
⋮	⋮	⋮	⋮	⋮	⋮	⋮	⋮	⋮	⋮
50	Schlecht	Schlecht	Schlecht	Schlecht	Schlecht	Schlecht	Schlecht	Schlecht	Schlecht

Wie zuvor erwähnt, kann der Kappa-Koeffizient nach Cohen immer nur für den Vergleich der Urteile von genau zwei Prüfern berechnet werden. Aus diesem Grund wurde in der MSA der folgende willkürlich-mutige, aber auch pragmatische Ansatz gewählt:

Fünfzig Teile wurden von drei Prüfern jeweils dreimal wiederholt geprüft. Die Prüfergebnisse werden nun so behandelt, als hätte jeder Prüfer 150 voneinander unabhängige Teile geprüft. Durch diese Umdeutung können die Paarvergleiche A mit B, A mit C und B mit C durchgeführt werden. Würde man stattdessen alle Paarkombinationen für die Spalten A1, A2, A3, B1, B2, B3, C1, C2 und C3 betrachten wollen, so hätte man

$$\binom{9}{2} = \frac{9!}{(9-2)!} = \frac{9!}{7!} = 9 \cdot 8 = 72$$

Kappa-Koeffizienten zu berechnen und zu bewerten. Das ist sicher für den praktischen Gebrauch doch etwas zu stattlich! Allerdings ist ein Vergleich der Urteile von allen drei Prüfern mit dem Kappa-Verfahren nach Cohen nicht möglich.

Als Ausweg aus diesem Dilemma bietet sich daher der Kappa-Koeffizient κ_F nach Joseph L. Fleiss an. Dieser stellt eine Verallgemeinerung des Kappa-Koeffizienten κ_C nach Jacob Cohen für den Vergleich der Urteile bei zwei oder mehr Prüfern dar (Quelle: Joseph L. Fleiss, Measuring Nominal Scale Agreement Among Many Raters, Psychological Bulletin 1971, Vol. 76, No. 5, 378-382).

HINWEIS: Für das Demonstrieren des Rechenganges wird im Folgenden ein Mini-Datensatz mit N = 8 Prüfobjekten verwendet. In praktischen Anwendungen sollten im Regelfall N = 100 Prüfobjekte, mindestens aber N = 50 Prüfobjekte verwendet werden.

Das Grundprinzip zur Bestimmung des Kappa-Koeffizienten κ_F nach Joseph L. Fleiss

In diesem fiktiven Einführungsbeispiel hatten drei Prüfer acht Prüfobjekte zu beurteilen. Jedes Prüfobjekt war in eine der zwei Urteilskategorien Gut oder Schlecht einzustufen.

In den folgenden neun Schritten wird die Berechnung des Kappa-Koeffizienten κ_F, die Bestimmung der Standardabweichung des Kappa-Koeffizienten und die Durchführung der Signifikanzprüfung anhand des Fallbeispiels aus Tab. 5.10 demonstriert.

Schritt 1: Bestimme die Anzahl der Gut- und Schlechturteile

Für jedes Prüfobjekt (= jede Zeile) wird die Anzahl Guturteile ni.Gut und die Anzahl Schlechturteile ni.Schlecht gezählt. Für das Beispiel findet man diese Zählungen in den letzten zwei Spalten der Tab. 5.10.

Tab. 5.10 Ergebnis einer Sichtprüfung, bei der acht Prüfobjekte von drei Prüfern in die Urteilskategorien Gut und Schlecht einzustufen waren

Prüf-objekt i	Urteil Prüfer 1	Urteil Prüfer 2	Urteil Prüfer 3	Anzahl Guturteile ni.Gut	Anzahl Schlechturteile ni.Schlecht
1	Gut	Gut	Gut	3	0
2	Gut	Gut	Gut	3	0
3	Gut	Schlecht	Schlecht	1	2
4	Gut	Gut	Gut	3	0
5	Schlecht	Gut	Gut	2	1
6	Schlecht	Schlecht	Schlecht	0	3
7	Schlecht	Schlecht	Schlecht	0	3
8	Gut	Schlecht	Gut	2	1

Schritt 2: Bestimme die maximal mögliche Anzahl übereinstimmender Urteilspaare

Jedes Prüfobjekt wurde von drei Prüfern bewertet. Die Urteile der Prüfer werden stets paarweise miteinander verglichen. Da im Beispiel die Urteile von drei Prüfern paarweise verglichen werden müssen, ergeben sich insgesamt sechs Paarkombinationen:

- Prüfer 1 mit Prüfer 2; (2) Prüfer 1 mit Prüfer 3; (3) Prüfer 2 mit Prüfer 1;
- Prüfer 2 mit Prüfer 3; (5) Prüfer 3 mit Prüfer 1; (6) Prüfer 3 mit Prüfer 2

Ganz allgemein berechnet man anhand der Anzahl Prüfer m die maximal mögliche Anzahl paarweise übereinstimmender Prüferentscheidungen gemäß der folgenden Beziehung:

$$\binom{m}{2} = \frac{m!}{(m-2)!} = \frac{1\times 2\times\cdots\times(m-2)\times(m-1)\times m}{1\times 2\times\cdots\times(m-2)} = (m-1)\times m$$

Mit dieser Formel erhält man für die Beispieldaten selbstverständlich den gleichen Wert wie zuvor durch Auszählen: $(m-1)\times m = 2\times 3 = 6$

Schritt 3: Bestimme die Anzahl der tatsächlich übereinstimmenden Urteilspaare

Das hier beschriebene Vorgehen für das willkürlich ausgewählte Prüfobjekt i = 3 aus dem Fallbeispiel muss für alle Prüfobjekte durchgeführt werden.

Aus der Tab. 5.10 entnimmt man für das Objekt i = 3 die Anzahl Guturteile n3.Gut = 1 und die Anzahl Schlechturteile n3.Schlecht = 2. Wie viele Paare übereinstimmender Urteile sind damit beobachtet worden? Dazu müssen alle Paarkombinationen der Prüferurteile betrachtet werden:

- Prüfer 1 mit Prüfer 2: Gut - Schlecht $\Rightarrow$ keine Übereinstimmung
- Prüfer 1 mit Prüfer 3: Gut - Schlecht $\Rightarrow$ keine Übereinstimmung
- Prüfer 2 mit Prüfer 1: Schlecht - Gut $\Rightarrow$ keine Übereinstimmung

- Prüfer 2 mit Prüfer 3: Schlecht – Schlecht ⇒ Übereinstimmung Kategorie Schlecht
- Prüfer 3 mit Prüfer 1: Schlecht – Gut ⇒ keine Übereinstimmung
- Prüfer 3 mit Prüfer 2: Schlecht – Schlecht ⇒ Übereinstimmung Kategorie Schlecht

Im Ergebnis gab es für das Prüfobjekt i = 3 keine Übereinstimmungen in der Urteilskategorie Gut und zwei Übereinstimmungen in der Urteilskategorie Schlecht.

Allgemein berechnet man die tatsächliche Anzahl übereinstimmender Urteilspaare für ein einzelnes Prüfobjekt i gemäß der folgenden Beziehung:

$$\binom{n_{i.Gut}}{2} = n_{i.Gut} \times (n_{i.Gut} - 1) \quad \text{und} \quad \binom{n_{i.Schlecht}}{2} = n_{i.Schlecht} \times (n_{i.Schlecht} - 1)$$

Speziell für das Prüfobjekt i = 3 aus dem Fallbeispiel erhält man mit dieser Formel das gleiche Ergebnis wie zuvor durch Auszählen der Kombinationen:

$$\binom{n_{3.Gut}}{2} = 1 \times 0 = 0 \quad \text{und} \quad \binom{n_{3.Schlecht}}{2} = 2 \times 1 = 2$$

5.5.4 Beurteilung der Effektivität eines attributiven Prüfsystems

Die bisher durchgeführte Analyse erlaubt nur das Urteil, dass beide Prüfer in ihren Entscheidungen gut übereinstimmen. Aufgrund der Analyse kann man streng genommen nicht schließen, wie genau das Prüfsystem gute von schlechten Teilen unterscheiden kann.

Im Beispiel der MSA ist die Situation dargestellt, dass es alternativ eine Messmethode gibt, mit der die Messwerte der Teile bestimmt werden können. Anhand der Messwerte kann eine **Referenz-Einstufung der Teile** in „gut" (Teil mit Merkmalswert innerhalb der Spezifikation) und „schlecht" (Teil mit Merkmalswert außerhalb der Spezifikation) vorgenommen werden. Die Referenz-Messwerte und Referenz-Einstufungen sind in der Tab. 5.2 dargestellt.

Wenn derartige Referenz-Messwerte verfügbar sind, kann eine Maßzahl für das attributive Prüfsystem bestimmt werden, welche ein Urteil über die Güte des Trennvermögens des attributiven Prüfsystems erlaubt – die Effektivität.

Zur Bestimmung der Effektivität zählt man, wie oft die Prüfer zu übereinstimmenden Entscheidungen gekommen sind (z. T. im Vergleich mit der Referenz-Einstufung der Teile). Die Effektivität ist definiert als das Verhältnis von der Anzahl an korrekten Entscheidungen zur Anzahl aller möglichen Entscheidungen.

$$\text{Effektivität} = \frac{\text{Zahl der korrekten Entscheidungen}}{\text{Gesamtzahl der möglichen Entscheidungen}}$$

In dem Beispiel der MSA ist für vier Fälle die Effektivität bestimmt worden:

1. **Effektivität bei einem Prüfer ohne Referenz-Vergleich:** Die Entscheidungen eines Prüfers stimmen bei allen drei Wiederholprüfungen überein.
2. **Effektivität bei einem Prüfer mit Referenz-Vergleich:** Die Entscheidungen eines Prüfers stimmen in allen Wiederholprüfungen mit der Referenz-Einstufung überein.
3. **Effektivität bei allen Prüfern ohne Referenz-Vergleich:** Alle Entscheidungen der drei Prüfer stimmen untereinander überein.
4. **Effektivität bei allen Prüfer mit Referenz-Vergleich:** Alle Entscheidungen der Prüfer stimmen untereinander und mit der Referenz-Einstufung überein.

HINWEIS: Die Bestimmung der Effektivität für die Fälle 1 und 3 können als alternative Beurteilungsmethode zu der Bestimmung von Cohens Kappa angesehen werden, wenn keine Referenz-Messwerte zur Verfügung stehen.

Wenn Referenz-Messwerte zur Verfügung stehen, sollte die Effektivität nur für die Fälle 2 und 4 durchgeführt werden, da die Untersuchung der Fälle 1 und 2 dann keinen Informationsgewinn ergeben.

5.5.4.1 Effektivität bei einem Prüfer ohne Referenz-Vergleich

Um die Effektivität bei einem Prüfer zu bestimmen, wird gezählt, wie oft ein Prüfer bei allen Wiederholprüfungen zu identischen Entscheidungen gekommen ist.

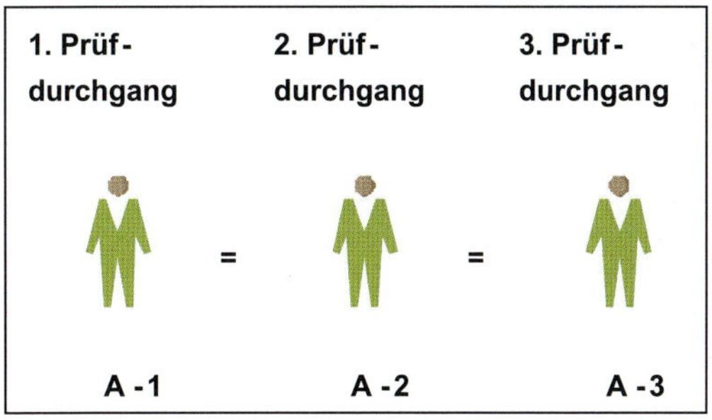

Bild 5.8 Übereinstimmung am Beispiel des Prüfers A bei allen drei Prüfdurchgängen

Mit Bezug auf die Tab. 5.2 zählt man für die Prüfer die folgende Anzahl übereinstimmender Entscheidungen:

Tab. 5.11 Übereinstimmende Entscheidungen der Prüfer bei den Wiederholmessungen

	Prüfer A	Prüfer B	Prüfer C
Anzahl übereinstimmend „gut“	29	32	28
Anzahl übereinstimmend „schlecht“	13	13	12
Gesamt	**42**	**45**	**40**
Anzahl Entscheidungen gesamt	**50**	**50**	**50**
Prozentanteil übereinstimmender Entscheidungen	**84%**	**90%**	**80%**

Berechnen von Vertrauensbereichen

Für den Prozentanteil an übereinstimmenden Entscheidungen lassen sich Vertrauensbereiche bestimmen. Grundlage für die Berechnung der Vertrauensbereichsgrenzen ist die F-Verteilung.

Zweiseitiger Vertrauensbereich zum Vertrauensniveau 1-α:

$$p_{ob} = \frac{(x+1) \cdot F_{f_1;f_2;1-\alpha/2}}{n - x + (x+1) \cdot F_{f_1;f_2;1-\alpha/2}}$$

mit dem F-Wert (F_{ob}) für die Freiheitsgrade $f_1 = 2 \cdot (x+1)$ und $f_2 = 2 \cdot (n-x)$.

$$p_{un} = \frac{x}{x + (n - x + 1) \cdot F_{f_1;f_2;1-\alpha/2}}$$

mit dem F-Wert (F_{un}) für die Freiheitsgrade $f_1 = 2 \cdot (n-x+1)$ und $f_2 = 2 \cdot x$.

Der Stichprobenumfang ist n = 50. Die Anzahl x ist die Anzahl richtiger Entscheidungen, die in der Tabelle übereinstimmender Entscheidungen der Prüfer bei Wiederholmessung in der Zeile Gesamt zu finden sind.

Tab. 5.12 95%-Vertrauensbereiche für die Effektivität Prüfer

Prüfer	p_{un}	p	p_{ob}	F_{un}	F_{ob}	α	n	x	2(n−x+1)	2x	2(x+1)	2(n−x)
A	70,9%	84,0%	92,8%	1,916547	2,408711	5%	50	42	18	84	86	16
B	78,2%	90,0%	96,7%	2,092456	3,157879	5%	50	45	12	90	92	10
C	66,3%	80,0%	90,0%	1,849862	2,187775	5%	50	40	22	80	82	20

Test auf Gleichwertigkeit der Prüfer-Entscheidungen

Es werden jeweils die Vertrauensbereiche von zwei Prüfern miteinander verglichen. Wenn sich die Vertrauensbereiche überschneiden, ist von der Gleichwertigkeit der Entscheidungen auszugehen (keine signifikanten Unterschiede zwischen den Prüfern). Aus der Tabelle ist erkennbar, dass die Prüfer-Entscheidungen als gleichwertig zu betrachten sind, denn die Vertrauensbereiche überlappen einander.

5.5.4.2 Effektivität bei einem Prüfer mit Referenz-Vergleich

Bei der Beurteilung der Effektivität bei einem Prüfer mit Referenz-Vergleich werden die Übereinstimmungen der Entscheidungen mit der Referenz-Einstufung verglichen. D.h., wie oft hat ein Prüfer bei allen drei Wiederholprüfungen das gleiche Ergebnis erhalten und wie oft stimmte dieses Ergebnis mit der Referenz-Einstufung überein. Basis für diese Zählung ist wieder die Tab. 5.2.

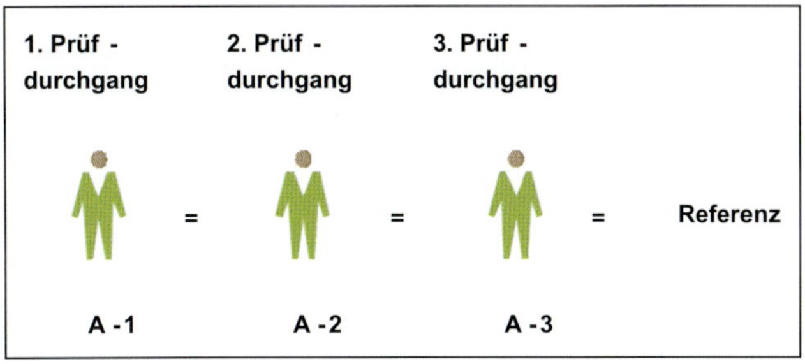

Bild 5.9 Übereinstimmende Entscheidungen am Beispiel des Prüfers A

Für die Berechnung der Grenzen des zweiseitigen Vertrauensbereiches gelten die im Abschnitt 5.5.2.1 angegebenen Formeln.

Tab. 5.13 Tabelle der 95%-Vertrauensbereiche für die Effektivität Referenz zu Prüfer

Prüfer	p_{un}	p	p_{ob}	F_{un}	F_{ob}	α	n	x	2(n−x+1)	2x	2(x+1)	2(n−x)
A	70,9%	84,0%	92,8%	1,916547	2,408711	0,05	50	42	18	84	86	16
B	78,2%	90,0%	96,7%	2,092456	3,157879	0,05	50	45	12	90	92	10
C	66,3%	80,0%	90,0%	1,849862	2,187775	0,05	50	40	22	80	82	20

Berechnen der Vertrauensbereiche und Test auf Gleichwertigkeit der Prüfer-Entscheidungen

Wieder werden die Vertrauensbereiche von jeweils zwei Prüfern miteinander verglichen. Wenn sich die Vertrauensbereiche überschneiden, so gibt es keine signifikanten Unterschiede zwischen den Prüfer-Entscheidungen. Anhand der Tabelle ist erkennbar, dass sich die Vertrauensbereiche der drei Prüfer im Beispiel nicht signifikant unterscheiden.

5.5.4.3 Effektivität bei allen Prüfern ohne Referenz-Vergleich

In dem dritten Fall wird die Übereinstimmung der drei Prüfer untereinander verglichen. Man zählt, wie oft alle drei Prüfer bei allen drei Wiederholprüfungen zu denselben Entscheidungen gekommen sind.

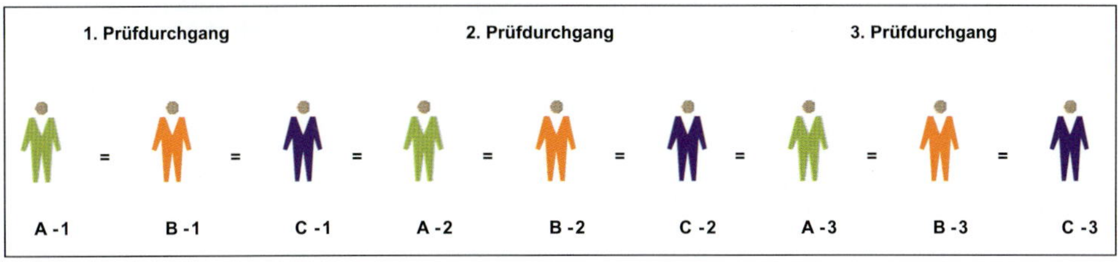

Grundlage für die nachfolgenden Berechnungen sind die Daten aus der Tab. 5.2.

Die Grenzwerte für den zweiseitigen Vertrauensbereich wurden nach den Formeln im Abschnitt 5.5.4.1 bestimmt.

Tab. 5.14 Tabelle der 95%-Vertrauensbereiche für die Effektivität der drei Prüfer

Prüfer	p_{un}	p	p_{ob}	F_{un}	F_{ob}	α	n	x	2(n−x+1)	2x	2(x+1)	2(n−x)
A, B und C	64,0%	78,0%	88,5%	1,825047	2,110788	5%	50	39	24	78	80	22

5.5.4.4 Effektivität bei allen Prüfer mit Referenz-Vergleich

Der vierte und letzte Fall ist die Bestimmung der Effektivität des Gesamtsystems, d.h., es werden die Fälle gezählt, bei denen alle drei Prüfer bei allen Wiederholprüfungen zu denselben Entscheidungen gekommen sind und die Entscheidungen mit der Referenz-Einstufung übereinstimmte. Wieder basieren die Berechnungen auf den Daten aus der Tab. 5.2.

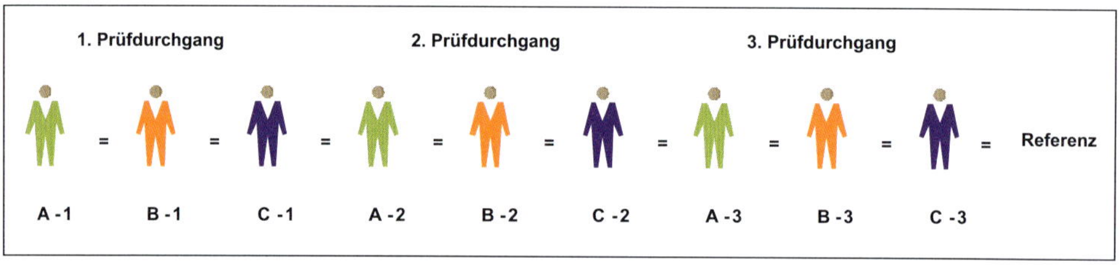

Die Berechnungen für die Grenzwerte des zweiseitigen Vertrauensbereiches sind in der Tabelle zusammengefasst:

Tab. 5.15 Tabelle der 95%-Vertrauensbereiche für die Effektivität des Systems

Prüfer	p_{un}	p	p_{ob}	F_{un}	F_{ob}	α	n	x	2(n−x+1)	2x	2(x+1)	2(n−x)
A, B und C	64,0%	78,0%	88,5%	1,825047	2,110788	5%	50	39	24	78	80	22

Für den Nachweis der Eignung des Prüfsystems sind in der MSA [1] die folgenden Annahmekriterien aufgeführt:

Tab. 5.16 Richtwerte für die Einstufung in geeignete und nicht geeignete Prüfsysteme

Entscheidung Das Prüfsystem ist …	Effektivität	Anteil schlecht als gut	Anteil gut als schlecht
… für den Prüfer geeignet	≥ 90%	≤ 2%	≤ 5%
… für den Prüfer eingeschränkt geeignet – Verbesserungen könnten notwendig sein	≥ 80%	≤ 5%	≤ 10%
… für den Prüfer nicht geeignet – Verbesserungen sind notwendig	< 80%	> 5%	> 10%

Betrachtet man diese Tabelle, so fällt folgendes auf: Ein Prüfmittel, mit dem ein Anteil von 2% fehlerhafter Teile als gut eingestuft wird, gilt als anstandslos annehmbar.

Mit anderen Worten: Es können Lieferungen mit einem Anteil von 20 000 ppm fehlerhaften Teilen zum Kunden gelangen!

5.5.5 Methode der Signalerkennung

Für die Methode der Signalerkennung benötigt man zwingend die Referenz-Messwerte. Ziel der Methode ist, die Breite des Graubereiches II (Bild 5.4), in dem die Prüfer zu keinen eindeutigen Entscheidungen kommen, zu bestimmen. Das folgende Zahlenbeispiel (Bild 5.10) ist wieder der MSA [1] entnommen und identisch mit den Ergebnissen aus Tab. 5.1.

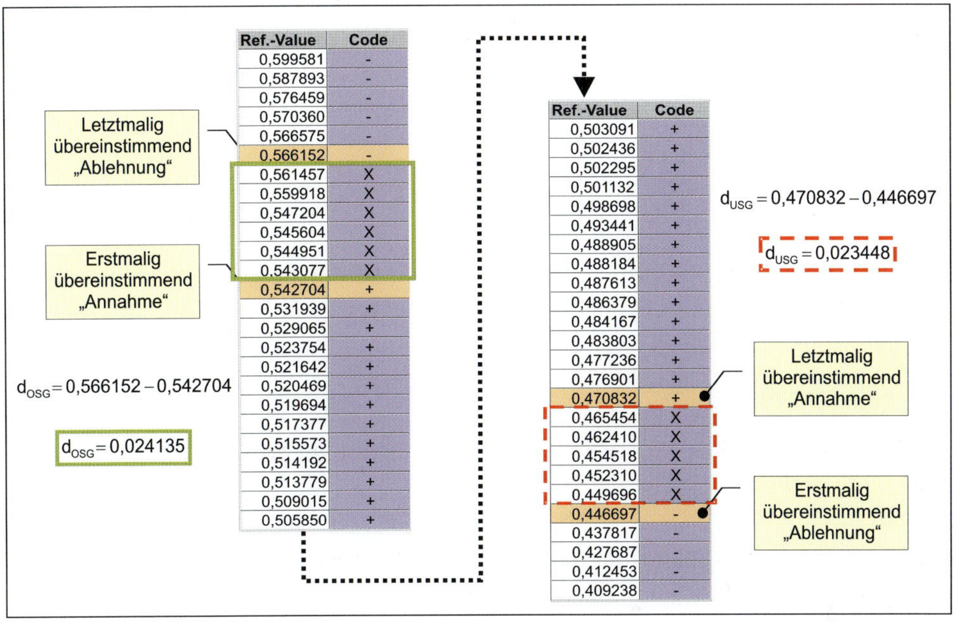

Bild 5.10 Tabelle zur Signal-Erkennung aus der MSA

5.5.5.1 Symbol-Erläuterung

In der Tabelle (Bild 5.10) sind die Referenz-Messwerte mit Kodierungen eingetragen. Ein Plus-Zeichen bedeutet, dass alle drei Prüfer bei allen Prüfdurchgängen das Teil für gut befunden haben und dass dieses Ergebnis mit der Referenz-Einstufung übereinstimmt.

Ein Minus-Zeichen bedeutet, dass alle drei Prüfer bei allen Prüfdurchgängen das Teil für schlecht befunden haben und dass dieses Ergebnis mit der Referenz-Einstufung übereinstimmte.

Das Zeichen X steht für die Fälle, bei denen mindestens einer der Prüfer zu einem Prüf-Ergebnis gekommen ist, das nicht mit dem Referenz-Wert übereinstimmt.

Arbeitsschritte, um die Breite des Graubereiches zu bestimmen:

Schritt 1:

Die Tabelle ist nach der Spalte Messwerte zu sortieren. Im obigen Beispiel wurde absteigend sortiert – also vom größten Wert absteigend bis zum kleinsten Wert.

Schritt 2:

Heraussuchen, wann alle Prüfer letztmalig übereinstimmend schlecht entschieden haben. Dies ist der Übergang von Symbol Minus zu Symbol X. Ausgewählt wird der Messwert für letztmalig Minus (Symbol: −).

0,566152	–
0,561457	X

Schritt 3:

Heraussuchen, wann alle Prüfer erstmalig übereinstimmend gut entschieden haben. Dies ist der Übergang von Symbol X zu Symbol +. Ausgewählt wird der Messwert für erstmalig Plus (Symbol: +).

0,543077	X
0,542704	+

Schritt 4:

Heraussuchen, wann alle Prüfer letztmalig übereinstimmend gut entschieden haben. Dies ist der Übergang von Symbol + zu Symbol X. Ausgewählt wird der Messwert für letztmalig +.

0,470832	+
0,465454	X

Schritt 5:

Heraussuchen, wann alle Prüfer erstmalig übereinstimmend schlecht entschieden haben. Dies ist der Übergang von Symbol X zu Symbol −. Ausgewählt wird der Messwert für erstmalig −.

0,449696	X
0,446697	–

Schritt 6:

Berechnen der Spannweite d_{OSG} Intervall vom letzten Teil, das von allen Prüfern abgelehnt wurde bis zum ersten Teil, dass von allen Prüfern angenommen wurde.

$$d_{OSG} = 0{,}566152 - 0{,}542704 = 0{,}023448$$

Schritt 7:

Berechnen der Spannweite d_{USG} Intervall vom letzten Teil, das von allen Prüfern angenommen wurde bis zum ersten Teil, dass von allen Prüfern abgelehnt wurde.

$$d_{USG} = 0{,}470832 - 0{,}446697 = 0{,}024135$$

Schritt 8:

Berechnen des Mittelwertes beider Spannweiten.

$$d = (d_{OSG} + d_{USG})/2 = (0{,}023448 + 0{,}024135)/2 = 0{,}0237915$$

Schritt 9:

Bestimmen der Breite des Graubereiches.

$$\%GRR = d/Toleranz = 0{,}0237915/0{,}1 = 0{,}237915 \approx 0{,}24$$

Damit beträgt die Breite des Graubereiches II ungefähr 24 %.

In Bild 5.10 sind die einzelnen Schritte und die Ergebnisse zusammenfassend dargestellt. Das gleiche Ergebnis mit den einzelnen Beurteilungen der Prüfer enthält die Tab. 5.2.

Bild 5.11 zeigt den Werteverlauf der Referenzwerte mit dem errechneten Graubereich.

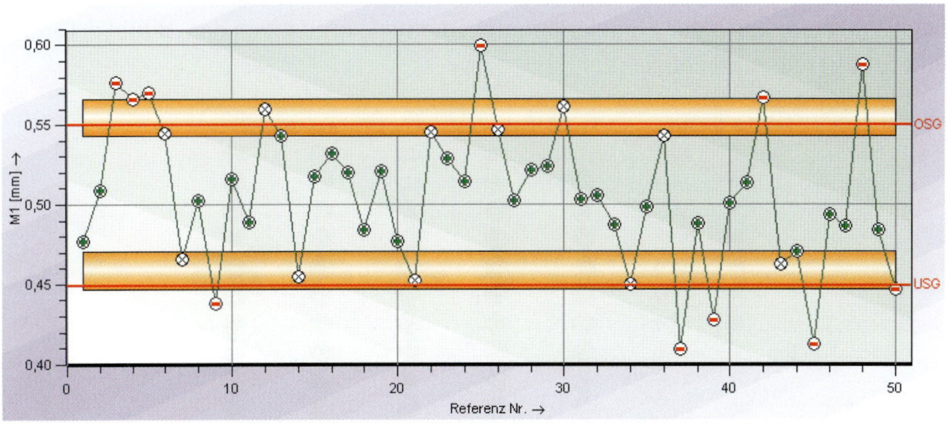

Bild 5.11 Werteverlauf mit überlagertem Graubereich

HINWEIS: Der Aufwand ist nicht unerheblich, da immerhin 450 Prüfungen durchzuführen und zu dokumentieren sind. Bei dem vorliegenden Beispiel aus der MSA [1] können die drei Bereiche I, II und III eindeutig identifiziert werden. Problematisch wird die Situation, wenn beispielsweise innerhalb des Graubereiches II trotzdem alle drei Prüfer zu dem gleichen Ergebnis kommen. In der MSA sind keine Hinweise zu finden, wie mit dieser Situation umzugehen ist.

Fallbeispiel: attributiver Prüfprozess

Insgesamt wurden 20 Prüfobjekte ausgewählt und vermessen. Zwei Prüfer prüfen die Prüfobjekte je zweimal. Die Ergebnisse sind in Bild 5.12 dargestellt.

n	Ref. 1	$x_{A;1}$	$x_{A;2}$	$x_{B;1}$	$x_{B;2}$
1	3,555	–	–	–	–
2	3,633	+	+	+	+
3	3,601	–	+	+	+
4	3,634	+	+	+	+
5	3,638	+	+	+	+
6	3,635	+	+	+	+
7	3,690	–	–	–	–
8	3,639	+	+	+	+
9	3,636	+	+	+	+
10	3,663	+	+	+	+
11	3,634	+	+	+	+
12	3,638	+	+	+	+
13	3,639	+	+	+	+
14	3,642	+	+	+	+
15	3,621	+	+	+	+
16	3,680	+	+	–	+
17	3,639	+	+	+	+
18	3,651	+	+	+	+
19	3,625	+	+	+	+
20	3,673	+	+	+	+

Bild 5.12 Ergebnis des attributiven Prüfprozesses

Bei Auswertung nach der Signalerkennungsmethode ergibt sich das in Bild 5.13 und Bild 5.14 gezeigte Ergebnis.

n	Ref. 1	$x_{A;1}$	$x_{A;2}$	$x_{B;1}$	$x_{B;2}$	
7	3,690	–	–	–	–	☺
16	3,680	+	+	–	+	☹
20	3,673	+	+	+	+	☺
10	3,663	+	+	+	+	☺
18	3,651	+	+	+	+	☺
14	3,642	+	+	+	+	☺
17	3,639	+	+	+	+	☺
8	3,639	+	+	+	+	☺
13	3,639	+	+	+	+	☺
12	3,638	+	+	+	+	☺
5	3,638	+	+	+	+	☺
9	3,636	+	+	+	+	☺
6	3,635	+	+	+	+	☺
11	3,634	+	+	+	+	☺
4	3,634	+	+	+	+	☺
2	3,633	+	+	+	+	☺
19	3,625	+	+	+	+	☺
15	3,621	+	+	+	+	☺
3	3,601	–	+	+	+	☹
1	3,555	–	–	–	–	☺

Bild 5.13 Ergebnis sortiert

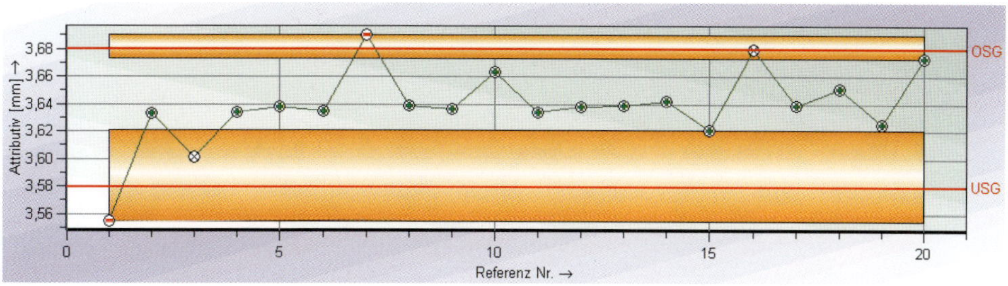

Bild 5.14 Graubereich überlagert

6 Anmerkungen zur MSA 4th Edition

Vergleicht man die 4. Ausgabe der MSA [1] mit der Vorgängerversion, so stellt man an über 60 Stellen Änderungen fest.

Die vorgenommenen Änderungen sind einerseits hilfreiche, textliche Ergänzungen, andererseits sind Änderungen in den Auswerteverfahren vorgenommen, die die Unternehmen zwingen werden, ihre MSA Studien auf die 4. Ausgabe umzustellen, um bei künftigen Audits bestehen zu können. Stellt man die zentrale Frage: „Was bringen die Änderungen?", kann man diese Frage mit einem ganz klaren „NICHTS" beantworten. Bei Fähigkeitsuntersuchungen zur Bewertung von Messsystemen geht es nicht nur darum, den aktuellen Status zu bewerten, sondern primär die Messprozesse zu verbessern und im realen Einsatz stabil zu halten. Die 4. Ausgabe liefert insbesondere zum Thema Verbesserungen keinen Beitrag. Dadurch wird aus Sicht des Autors kein Messprozess besser werden. Vielmehr führt es bei den Unternehmen zu nicht unerheblichen Aufwendungen, um die Vorgehensweisen an die neue Ausgabe anzupassen.

Positiv erwähnen muss man, dass die Erläuterungen zu den Fähigkeitsanalysen in der 3. Ausgabe einen Quantensprung gegenüber der 2. Ausgabe darstellen. Insbesondere die Erläuterungen zu dem Thema „Messunsicherheit insgesamt" sind sehr ausführlich und hilfreich. Im Gegenzug sind sicherlich Passagen enthalten, die viel mathematisches Hintergrundwissen voraussetzen, um die Vorgehensweise verstehen zu können. Dies gilt insbesondere in dem Bereich der attributiven Prüfprozesse.

6.1 Begriffsdefinition

Im VIM (Vocabulary International Metrology) [25] ist der Begriff „Messsystem" definiert. Diese Begriffsdefinition geht nicht mit der in der MSA verwendeten konform. Darin untersucht man sehr wohl auch die Komponente Messsystem, allerdings der berühmte %GRR-Wert basiert auf Einflusskomponenten, die gemäß VIM-Definition nicht zum Messsystem gehören. Dieses sind primär die Wiederholstreuungen des Messsystems am Objekt im realen Einsatz sowie der Bedienereinfluss. Vor daher ist es sicherlich sinnvoller, von einem Messprozess anstatt von einem Messsystem zu sprechen. Allerdings fehlen typische Einflusskomponenten wie Unsicherheit des Normals, Objekteinfluss oder Temperatur, die in der MSA so gut wie gar nicht berücksichtigt werden.

6.1.1 Separate Betrachtung Messsystem

Nur die Komponenten zu berücksichtigen, die auf ein Messsystem im Sinne der VIM Definition wirken, ist aus mehreren Gründen hilfreich. Diese Komponenten sind in erster Linie das verwendete Einstellnormal, die Auflösung, die Gerätestreuung des Messsystems, basierend auf Wiederholungsmessungen an einem Normal, die Systematische Messabweichung und, soweit vorhanden, die Linearität. Dies ist einerseits aus Sicht des Herstellers von Messgeräten hilfreich, da er auf diese Art und Weise konstante und damit vergleichbare Abnahmebedingungen vorfindet. Andererseits hilft es einem Unternehmen, anhand der Bewertungen des Messsystems, deren Einsatzmöglichkeiten in der Praxis besser abschätzen zu können. Dadurch ist eine Clusterbildung möglich, die eine Vorhersage über die Eignung von Messsystemen für bestimmte Messprozesse erlaubt.

6.1.2 Auflösung Messgerät

In den meisten Firmenrichtlinien für Fähigkeitsnachweise von Prüfprozessen ist die Forderung, dass das Messgerät eine Auflösung von weniger als 5 % der Bezugsgröße haben muss, als oberste Forderung zu sehen. Hat ein Messgerät eine nicht ausreichende Auflösung, klassiert das Messgerät die Werte und scheidet damit von vornherein für die Anwendung aus. In der MSA begegnet man dieser Thematik anhand der sogenannten Datenkategorien, zu denen man den ndc-Faktor (Number of Distinct Category) eingeführt hat. In der Tat eignet sich dieser Faktor sehr wohl für die Bewertung, allerdings ist dieser sehr kompliziert zu ermitteln, schwer zu verstehen und kommt zumindest in der MSA erst bei der GRR Studie zum Tragen.

■ 6.2 Systematische Messabweichung und Linearität

Um die Systematische Messabweichung zu bewerten, führt man, in Analogie zum bekannten Verfahren 1, „Wiederholungsmessungen an einem Normal“ mit bekanntem Ist-Wert durch. Basierend auf den gemessenen Werten, wird ein t-Test durchgeführt und entschieden, ob die Systematische Messabweichung akzeptabel ist oder nicht. Dies ist eine sehr praxisfremde Auswertung, setzt Erfahrung im Umgang mit dem t-Test voraus und ist für den Praktiker eher ungeeignet. Hinzu kommt, dass dieser Test äußerst sensitiv ist. Aus Sicht des Autors ist das Verfahren 1 mit den Kennwerten C_g und C_{gk} für Praktiker besser nachvollziehbar. Des Weiteren wird klar getrennt zwischen der Gerätestreuung (C_g-Wert) und der Systematischen Messabweichung (C_{gk}-Wert). In der MSA 4. Ausgabe fordert man, dass die Equipment Variation EV (sprich die Streuung der Messwerte) ausreichend klein sein muss, ansonsten liefert der t-Test fehlerhafte Ergebnisse. Ein Grenzwert, was man unter „möglichst klein" versteht, ist nicht angegeben. Da das Thema Datenkategorien, sprich ausreichende Auflösung, in der MSA erst später behandelt wird, könnte man an dieser Stelle davon ausgehen, dass bei diesen Untersuchungen die Auflösung zunächst nicht berücksichtigt wird. Konsequenterweise könnte das Messgerät klassieren und die Gerätestreuung wäre sehr schnell sehr klein bzw. null. Daher muss vor jeder Untersuchung die Bewertung der Auflösung stehen.

6.3 %GRR-Wert das Maß der Dinge

In allen vier Ausgaben der MSA [1] ist ein und dasselbe Fallbeispiel zur Bestimmung des %GRR-Wertes zu Grunde gelegt. Der verwendete Datensatz ist in allen vier Ausgaben identisch. Die Daten wurden in keiner dieser Ausgaben verändert. Allerdings wurden die Berechnungsformeln für EV (Equipment Variation), AV (Appraiser Variation) sowohl in der ARM (Average Range Methode) als auch in der ANOVA-Methode mehrfach geändert. Bei der Average Range Methode werden sogenannte K1, K2 und K3 Faktoren verwendet, diese basieren auf einer D2* Tabelle, die in der MSA enthalten ist. Während man bei der 1. und 2. Ausgabe bei der Bestimmung der K-Faktoren eine statistische Unsicherheit von 99 % (sprich einem k-Faktor von 5,15) berücksichtigt hat, ist dieser ab der 3. Ausgabe entfallen. Damit haben sich die Ergebnisse für EV, AV und GRR konsequenterweise verändert. Werden diese Faktoren über die ANOVA-Methode berechnet, so wird bei der 3. Ausgabe die oben erwähnte statistische Unsicherheit von 99 % berücksichtigt, d. h., in EV und AV ist der Faktor 5,15 (P = 99 %) enthalten. Damit sind die Ergebnisse von EV und AV aus der Average Range Methode nicht mit denen der ANOVA-Methode vergleichbar. In der 4. Ausgabe hat man jetzt den Faktor 5,15 auf 6, sprich P = 99,73 %, erhöht.

Dies ist aus Sicht des Autors inkonsequent, denn wenn man gleiche Begrifflichkeiten für EV und AV sowohl in der ARM- als auch in der ANOVA-Methode verwendet, sollten die Ergebnisse unabhängig von der Berechnungsmethode weitestgehend vergleichbar bleiben. Dies stellt ab der 3. Ausgabe einen Bruch dar. Zumal es keinen Grund gibt, bei der ANOVA-Methode diesen Faktor nicht ebenfalls wegzulassen. Der Vollständigkeit halber sei allerdings erwähnt, dass bei der ANOVA-Berechnung eine Streuungskomponente ausgewiesen wird. Diese Streuungskomponente ist mit EV/AV der Average Range Methode vergleichbar. Solche Festlegungen sind eher verwirrend, anstatt dass sie dem Praktiker weiterhelfen.

In der 4. Ausgabe wird ausdrücklich darauf hingewiesen, dass die Auswertemethodik nach dem ANOVA-Verfahren zu bevorzugen ist. Dies ist, natürlich aus Sicht des Autors, mehr als zu begrüßen. Als Begründung wird angeführt, dass die Wechselwirkungen bei der ANOVA-Methode berücksichtigt wird. Die Konsequenzen sind allerdings immens. Weltweit betrachtet wird es aber tausende von Excel-Formsheets geben, die den GRR-Wert, basierend auf der Average Range Methode, bestimmt. Diese werden damit von einem Tag auf den anderen hinfällig. Excel-Tabellen könnten auf die Art und Weise nicht mehr so ohne weiteres erzeugt werden. Man müsste sich professioneller Programme bedienen, was Q-DAS sicherlich freut.

6.4 Bezugsgrößen beeinflussen das Ergebnis

Die MSA 4. Ausgabe kennt vier Bezugsgrößen. In den Formeln trägt diese die Abkürzung TV (Total Variation). Dieser TV-Wert kann unterschiedlich bestimmt werden:

- Aus der Streuung der Teile, die der GRR-Studie zu Grunde liegt. Diese Methode ist die in der MSA bevorzugte Vorgehensweise.
- Als Bezugsgröße kann ein Sechstel der Streuung des Prozesses herangezogen werden, von dem die Teile stammen, die mit dem hier betrachteten Messprozess gemessen werden.
- Eine weitere Bezugsgröße ist ein Sechstel der Toleranz.
- Neu hinzugekommen ist als Bezugsgröße die Toleranz durch den P_p bzw. P_{pk}-Wert (Vorläufige Prozessstreuung) des Prozesses, bei dem das Messgerät zum Einsatz kommt.

6.4.1 Teilestreuung

Werden so wie hier mehrere Möglichkeiten angeboten, führt dies in Unternehmen immer wieder zu Diskussionen, welche dieser Bezugsgrößen verwendet werden soll. Denn Ergebnisse werden nur dann vergleichbar sein, wenn bei Studien immer die gleiche Bezugsgröße herangezogen wird. Sicherlich ist die vorgeschlagene oder bevorzugte Teilestreuung als Bezugsgröße sinnvoll. Dies setzt aber voraus, dass die entnommenen Teile gleichmäßig über die Toleranz verteilt sind und auch Teile außerhalb der Toleranzgrenzen zum Tragen kommen. Dies ist in der Praxis oftmals nicht möglich. Zum einen bei neuen Prozessen, bei denen anhand der Erstbemusterung nur ganz wenige Teile vorhanden sind, zum anderen bei laufenden Prozessen mit einer hohen Prozessfähigkeit (C_p >1,33), wird es kaum gelingen, Teile zu entnehmen, die in der Nähe der Spezifikationsgrenzen liegen. Konsequenterweise müsste man solche Teile explizit herstellen, was praxisfremd ist und kostenaufwendig. Aufgrund der Entnahme darf das Ergebnis von einer beeinflussten Streuung der Teile nicht abhängig sein.

6.4.2 Prozess- und Vorläufige Prozessstreuung

Wird als Bezugsgröße die aktuelle Prozessstreuung herangezogen, muss man diese auch kennen. Dies setzt voraus, dass der Prozess mit bereits geeigneten Messsystemen überwacht wird. Andererseits wird es auch hier schwer fallen, bei Neuanläufen die Prozessstreuung überhaupt zu kennen. Sollte sich unter dem Aspekt „Never Ending Improvement" die Prozessstreuung eines laufenden Prozesses verbessern, müsste man konsequenterweise eine neue GRR-Studie machen. Das bedeutet aber, dass die Prozessstreuung immer mitdokumentiert werden muss. Auch das wird als praxisfremd eingestuft werden. Insbesondere um dem Problem bei Neuanläufen zu begegnen, hat man anscheinend die 4. Variante ergänzt, indem man als Bezugsgröße die Vorläufige Prozessfähigkeit P_p bzw. P_{pk} zulässt. Die o. g. Argumente sprechen aber auch gegen diese Bezugsgröße.

6.4.3 Die Toleranz als sinnvolle Bezugsgröße

Was bleibt, ist die Toleranz als Total Variation. Warum ist dies sinnvoll? Die Toleranz ist die Bezugsgröße, die in jeder Kunden-/Lieferantenvereinbarung festgehalten und einzementiert ist. Es steht in jeder Zeichnung und in jeder Prüfanweisung, die einer Prozessüberwachung und damit auch der erforderlichen Fähigkeitsuntersuchung von Messsystemen zugrunde liegt. Die bei einem Auftrag vereinbarten Toleranzen werden selten bis gar nicht geändert. Damit hat man eine stabile und konzernweite Bezugsgröße, die leicht verständlich ist und einheitlich verwendet werden kann. Betrachtet man die heute aktuell gültigen Firmenrichtlinien z. B. General Motors [33], Mercedes-Benz [2], Leitfaden der Automobilindustrie [37] oder Robert Bosch [40], so stellt man fest, dass in diesen Richtlinien die „Toleranz" als Bezugsgröße herangezogen wird.

6.4.4 Wahrscheinlichkeit 99,73 % anstatt 99 %

Die oben angesprochene Erhöhung des Faktors 5,15 auf 6 bei der ANOVA-Methode hat auf das Gesamtergebnis %GRR nur dann keine Auswirkung, wenn als Bezugsgröße die erwähnte Teilestreuung aus dem Versuch verwendet wird. Alle anderen Bezugsgrößen sind unabhängig von dieser Teilestreuung. Konsequenterweise wird ein anderer %GRR-Wert zu erwarten sein. Noch schlimmer, der wird größer sein! Konsequenterweise könnten geeignete Messsysteme, basierend auf der MSA 3. Ausgabe, jetzt mit der Neuberechnung über die Formeln der 4. Ausgabe nicht mehr geeignet sein. Von daher sei den Anwendern der MSA 4. Ausgabe empfohlen, sich eher an den o. g. Richtlinien der Großkonzerne zu orientieren.

6.4.5 Attributive Prüfprozesse

Seit der 3. MSA gibt es ausführliche Erläuterungen zur Beurteilung von Attributiven Prüfprozessen. Diese sind in der neuen Ausgabe quasi unverändert. Nur wurde die Wahrscheinlichkeit von P = 99 % (Faktor 5,15) auf P = 97,3 % (Faktor 6) erhöht. In Analogie zu der Bewertung von variablen Messprozessen ist dies eine nachvollziehbare Festlegung.

Inwieweit die vorgestellten Verfahren allerdings praxisrelevant sind, muss im Einzelfall beurteilt werden. Dem Autor ist kein Fall bekannt, bei dem man in der Praxis gemäß dem Signalerkennungsverfahren 50 Teile auswählt und auf 6 (!) Nachkommastellen genau vermisst. Das ist eher hypothetisch zu sehen.

7 Erweiterte Messunsicherheit als Eignungsnachweis für Messprozesse

7.1 Guide to the expression of Uncertainty in Measurement

Die Grundlage zur Bestimmung der Messunsicherheit ist der 1995 erstmals erschienene „Guide to the Expression of Uncertainty in Measurement", auf Deutsch der „Leitfaden zur Bestimmung der Messunsicherheit", oder kurz „GUM" genannt. Dieses Papier ist auch ISO Guide 98, JCGM 100 und DIN V ENV 13005 [21] bekannt, und gilt als internationale Basis zur Bestimmung der Messunsicherheit. Jegliche Ermittlung und Angabe der Messunsicherheit muss konform zu den Vorgehensweisen und Forderungen des GUM sein, um auf internationaler Ebene anerkannt zu werden. Obwohl diese Schrift schon 1995 erschienen ist, wurde sie im industriellen Umfeld außerhalb der regulierten Bereiche und des Kalibrierwesens nur zaghaft umgesetzt. Trotz der normativen Forderung nach Kenntnis der Messunsicherheit waren auf Kunden-Lieferanten-Ebene Fähigkeitsnachweise nach MSA [1] und firmenspezifischen Richtlinien üblich und wurden lange Zeit noch als ausreichend angesehen. Nur auf gesetzlicher Ebene war die Bestimmung der Messunsicherheit gefordert, das heißt im Wesentlichen im Eichwesen und im Kalibrierdienst. Mittlerweile hat sich die Situation durch die ISO 14253 [15] und die ISO 10012 [14] geändert, ebenso durch die Bewertung der Mess- und Prüfprozesse über den Nachweis der Messunsicherheit im VDA Band 5 [40]. Für die Durchführung von Konformitätsprüfungen wird mittlerweile die Kenntnis und Berücksichtigung der Messunsicherheit des Messprozesses als unabdingbar vorausgesetzt.

7.1.1 Grundlagen

Zum Verständnis des Leitfadens ist es wichtig, die Entstehungsgeschichte und vor allem die Zielsetzung zu kennen. Interessanterweise bietet GUM weder konkrete Handlungsanweisungen zur Durchführung der Messunsicherheitsstudien noch einen Bewertungsmaßstab, um brauchbare Messmittel von nicht geeigneten Messmitteln zu unterscheiden. Es sind einzig und alleine Methoden beschrieben, objektive Bestätigungen der Messunsicherheiten zu erhalten und zu dokumentieren. Dadurch kann das Papier aber neutral und allgemeingültig bleiben.

Schon 1977 ging vom Internationalen Komitee für Maß und Gewicht (CIPM) ein Auftrag für die Entwicklung einer Empfehlung zur Bestimmung der Messunsicherheit an das Internationale Büro für Maß und Gewicht (BIPM). Diese Empfehlung sollte in Zusammenarbeit mit den nationalen metrologischen Instituten entworfen werden. 1980 wurde die Empfehlung INC-1 „Angabe von experimentellen Unsicherheiten" vorgelegt. 1981 wurde sie genehmigt und 1986 bestätigt. Danach ging ein Auftrag des CIPM an die ISO, einen detaillierten Leitfaden auf Basis dieser Empfehlung zu erarbeiten. 1993 wurde dann der Leitfaden zur Angabe der Unsicherheit beim Messen (**G**uide to the Expression of **U**ncertainty in **M**easurement, GUM) erstmals veröffentlicht. Der korrigierte Nachdruck von 1995 wurde im Jahre 1999 als Vornorm DIN V ENV 13005 übernommen. In der Automobilindustrie erschien 2001 aus dem Hause Robert Bosch aus der Reihe Technische Statistik das Heft 8 „Messunsicherheit", das insbesondere durch die Abgrenzung zum Heft 10 „Fähigkeit von Mess- und Prüfprozessen" besondere Bedeutung erlangte. Eine erste verbandsweite Umsetzung der Forderung nach Bestimmung der Messunsicherheit gelang 2003 mit dem VDA Band 5 „Prüfprozesseignung", der auf der Basis der nach GUM bestimmten Messunsicherheit eine Beurteilung von Prüfmittel und Prüfprozess versucht. Dieses Papier ist schon konkreter in den Vorgehensweisen, lässt allerdings noch immer einen sehr großen Spielraum bei der Auswahl der Methoden. Der VDA Band 5 wurde wortgleich als Volkswagen Konzernnorm 101 19 übernommen. 2010 erschien der VDA Band 5 in einer zweiten vollständig überarbeiteten Auflage, die nun eine wesentlich bessere Integration der Messsystemanalysen und eine deutlich geradlinigere Vorgehensweise enthält. Dennoch macht der VDA Band 5 Näherungen, die im Rahmen flächendeckender Eignungsnachweise im industriellen Umfeld die Vorgehensweisen sehr vereinfachen, aber keine universelle Berechnung der Messunsicherheit ermöglichen. Der VDA Band 5 ist somit nur für den dort definierten Anwendungsbereich konform zu dem GUM.

7.1.2 Zielsetzung und Zweck der GUM

Die Zielsetzung des Internationalen Komitees für Maß und Gewicht (CIPM) war die Entwicklung eines Leitfadens

- zur Angabe von Messunsicherheiten,
- der Regel für die Angabe der Messunsicherheiten im Bereich der
  - Normung,
  - Kalibrierung,
  - Akkreditierung
    - von Laboratorien und
    - metrologischer Dienste

Der Zweck des Leitfadens ist,

- vollständig darüber zu informieren, wie man zu Unsicherheitsangaben kommt und
- eine Grundlage für den internationalen Vergleich von Messergebnissen zu liefern.

Schon aus dieser Zielsetzung und der Zweckbestimmung ist zu erkennen, dass eine stärkere Konkretisierung des GUM kontraproduktiv wäre. Damit ist das entstandene Papier aber nicht als Richtlinie oder Leitfaden im operativen Sinne zu verstehen. Man sucht vielmehr die ideale Methode zur Ermittlung und Angabe der Unsicherheit eines Messergebnisses, die

- universell,
- in sich konsistent und
- übertragbar ist.

Dabei bedeutet

- Universell
  Die Methode muss auf alle Arten von Messungen (Messverfahren und Messmethoden) anwendbar sein.
- In sich konsistent
  Die zu ermittelnde Messunsicherheit muss sich vollständig aus den Einzelkomponenten, die zur Unsicherheit beitragen, herleiten lassen. Das Ergebnis darf nicht von der Gruppierung der Einzelkomponenten abhängig sein. Einzelkomponenten dürfen in Unterkomponenten zerlegt und auch zusammengefasst werden.
- Übertragbar
  Eine für ein Messergebnis ermittelte Messunsicherheit muss direkt als Teilkomponente zur Ermittlung der Messunsicherheit einer anderen Messung, nutzbar sein.

Das heißt, im Hintergrund steht der Gedanke eines weitestgehend modularen Konzepts, bei dem jeder beliebige Streueinfluss auf eine Unsicherheitskomponente zurückgeführt wird, die in jeder beliebigen Art und Weise mit weiteren Unsicherheitskomponenten kombiniert werden und deren Ergebnis als Input für weitere Studien herangezogen werden kann. Daraus folgt eine Art Standardisierung oder Normierung der Komponenten und Betrachtungsweisen.

7.1.3 Anwendungsbereich

Den Anwendungsbereich dieser Methoden sieht man in Kapitel 1 nach eigenen Angaben „von der Werkstatt bis zur Grundlagenforschung …“, konkreter bei der

- Qualitätsprüfung und Qualitätssicherung
- Einhaltung und Durchsetzung von Gesetzen und Vorschriften
- Durchführung von Forschungsarbeiten

- Kalibrierung von Normalen und Messgeräten
- Prüfungen im Rahmen eines nationalen Kalibrierdienstes, um Rückverfolgbarkeit auf nationale Normale zu ermöglichen
- Entwicklung, Bewahrung und dem Vergleich internationaler und nationaler physikalischer Bezugsnormale einschließlich der Referenznormale

Aber nicht nur konkrete praktische Messprozesse sind Ziel der Überlegungen, auch für Messergebnisse und Unsicherheiten, die nur theoretisch ermittelt werden und nur auf hypothetischen Daten beruhen können, sollen die Methoden anwendbar sein.

Allerdings weisen die Autoren des Guide explizit darauf hin:

Der Leitfaden will NICHT

- technikbezogene Anweisungen geben
- diskutieren, wie die ermittelten Unsicherheiten für verschiedene Zwecke verwendet werden können
- keine Schlussfolgerungen aufstellen über die Vereinbarkeit mit anderen ähnlichen Ergebnissen
- Toleranzgrenzen für Herstellungsprozesse aufstellen
- entscheiden, ob eine bestimmte Handlungsrichtung sicher eingeschlagen werden kann

Damit ist also klar, dass sich der Guide to the Expression of Uncertainty in Measurement grundlegend von den in der Automobilindustrie üblichen Leitfäden ähnlich der QS 9000 MSA (Reference Manual) oder den firmeninternen Leitfäden unterscheidet. Konsequenterweise zieht man in Abschnitt 1.4 auch die Schlussfolgerung:

„Es kann sich deshalb als notwendig erweisen, auf der Grundlage dieses Leitfadens weitere Normen zu entwickeln, die sich mit den speziellen Problemen des Messens oder den verschiedenen Anwendungen quantitativer Angaben der Unsicherheit befassen.“

Diese Konkretisierungen sind mittlerweile z.B. in den oben erwähnten Verbandsrichtlinien und firmeneigenen Papieren zu finden, aber auch in Normen wie DIN EN ISO 10360 (Annahmeprüfung und Bestätigungsprüfung für Koordinatenmessgeräte), DIN EN ISO 14253-1 Beiblatt 1 (Leitfaden zur Schätzung der Unsicherheit von GPS-Messungen bei der Kalibrierung von Messgeräten und bei der Produktprüfung) [21], DIN ISO/TS 15530-1 (Verfahren zur Ermittlung der Messunsicherheit von Koordinatenmessgeräten (KMG), VDI/VDE/2617 [43] und 2618, DKD 3 [26], etc.

7.1.4 Der Inhalt des Leitfadens

Die Kapitel 1 bis 3 beschreiben den Anwendungsbereich, geben Definitionen und erklären die verwendeten Grundbegriffe. In Kapitel 4 geht es erstmals um die Ermittlung von Unsicherheiten im Sinne von „Standardunsicherheiten“, die in Kapitel 5 mit weiteren Komponenten zur „kombinierten Standardunsicherheit“ zusammengefasst werden. Mit der Angabe des Endergebnisses im Sinne der „Erweiterten Messunsicherheit“ befasst sich Kapitel 6, während Kapitel 7 auf die Protokollierung der Methoden und Ergebnisse eingeht. Interessanterweise bietet Kapitel 8 auf einer ¾ Seite eine vollständige Zusammenfassung der Kapitel 4 bis 7.

In den Anhängen, die gut die Hälfte der Seiten des Leitfadens beanspruchen, findet man nochmals die Empfehlung INC-1 der Arbeitsgruppen und des CIPM von 1980 (A), danach allgemeine metrologische Begriffe (B), Grundbegriffe und Benennungen der Statistik (C) und Abhandlungen über die Bedeutung des „Wahren“ Wertes, der Messabweichung und der Unsicherheit (D). Auch Motiv und Grundlage für die Empfehlung INC-1 (1980) (E) werden nochmals dargelegt. Der Anhang „Praktische Anleitung zur Ermittlung von Unsicherheitskomponenten“ (F) geht auf diverse Besonderheiten ein (z. B. Hysterese, Korrelationen, Asymmetrien, Messtechnik ...), bleibt allerdings auf recht mathematischem und allgemeinem Niveau. Ein weiterer Anhang widmet sich den Freiheitsgraden und dem Grad des Vertrauens (G). Erst die Beispiele (H) zeigen konkrete Anwendungen, wobei diese Anwendungen weniger praktischen Fragestellungen folgen als Möglichkeiten des Leitfadens aufzuzeigen. Die letzten beiden Anhänge sind das Verzeichnis der wichtigsten Formelzeichen (I) und das Literaturverzeichnis (J).

7.1.5 Definitionen und Begriffe

Wahrer Wert

Der „Wahre Wert“ ist vom „Richtigen Wert“ zu unterscheiden. Der wahre Wert stimmt mit der Definition einer betrachteten speziellen Größe überein und ist das Ergebnis der idealen Messung. Dieser Wert ist auf Grund seiner Natur nicht ermittelbar, er ist das „unerreichbare Ideal“. Für den Praktiker mag es schwer einsehbar sein, warum man diese Unterscheidung trifft. Sie ist allerdings letztlich die Begründung dafür, warum Messunsicherheiten angegeben werden müssen: Die Messunsicherheit schlägt die Brücke zwischen dem richtigen Wert und dem wahren Wert.

Richtiger Wert

Der umgangssprachlich fälschlicherweise oft als „wahr“ bezeichnete „richtige Wert“ ist der durch Vereinbarung anerkannte Wert, der einer betrachteten speziellen Größe zugeordnet wird. Dieser Wert ist mit einer Unsicherheit behaftet und der „beste Schätzwert“ für den wahren Wert bei der Durchführung einer Messung. Er ist der

„vereinbarte Wert", auf den man sich im Rahmen einer Messung als bestes und korrektestes Ergebnis geeinigt hat. Er kann z. B. durch ein Bezugsnormal realisiert werden, ist also der auf dem Normal „aufgeprägte" Wert oder der empfohlene Wert einer Naturkonstanten.

Messung

Ziel der Messung ist die Ermittlung des Wertes der Messgröße, *„also der speziellen Größe, die es zu messen gilt"*. Die Messgröße ist zum Beispiel die Höhe eines 8 mm Parallelendmaßes, die Messung ist die konkrete Ermittlung des richtigen Wertes von 8,0053 mm. Zur Beschreibung einer Messung muss spezifiziert sein:

- Messgröße (z. B. Dampfdruck einer Wasserprobe bei 20 °C)
- Messmethode (z. B. Substitutionsmethode, Differenzmethode, ...)
- Messverfahren (z. B. Messanweisung, Prüfanweisung, ...)

Messergebnis

Das Messergebnis ist der Schätzwert des wahren Wertes der Messgröße, also der im Rahmen der Messung ermittelte richtige Wert. Dieses Messergebnis ist nur vollständig, wenn die Messunsicherheit des Schätzwertes angegeben ist.

Messabweichung

Eine Messung ist im Allgemeinen mit einer Unvollkommenheit verbunden, die eine Messabweichung im Messergebnis hervorrufen. Diese Messabweichung ist die Abweichung vom wahren Wert und kann ebenso wenig wie dieser wahre Wert genau bekannt sein. Die Messabweichung besteht aus zwei zentralen Komponenten

- Zufällige Messabweichung
  - Nicht vorhersagbar
  - Lässt sich durch Vergrößern der Anzahl der Beobachtungen verringern
  - Erwartungswert ist Null
- Systematische Messabweichung
  - Bekannte Wirkung einer Einflussgröße kann durch Korrektion ausgeglichen werden
  - Erwartungswert nach Anbringen der Korrektion ist Null

Messunsicherheit

Die Messunsicherheit ist nach GUM [21] ein dem Messergebnis zugeordneter Parameter, der die Streuung der Werte kennzeichnet, die vernünftigerweise der Messgröße zugeordnet werden können. Nach ISO/IEC Guide 98 (VIM) [25] ist die Messunsicherheit ein „Nichtnegativer Parameter, der die Streuung der Werte kennzeichnet, die der Messgröße auf der Grundlage der benutzten Information beigeordnet ist", nach ISO3534-2 ein „Parameter, der mit einem Messergebnis oder einem Ermittlungsergebnis verbunden ist, und der die Streuung der Werte beschreibt, die der speziellen Größe begründet zugeschrieben werden kann (...)". Verworfen wurden Definitionen wie „Maß für die mögliche Messabweichung des Schätzwertes der Messgröße, der als Messergebnis ermittelt wurde" oder „Schätzwert zur Kennzeichnung eines Wertebereiches, innerhalb dessen der wahre Wert der Messgröße liegt", weil in diesen Definitionen Bereiche von per Definition unbekannten Werten mit absoluter Sicherheit eingegrenzt werden, was logischerweise nicht möglich ist.

Standardunsicherheit u

Die Standardunsicherheit ist die als Standardabweichung (Varianz) ausgedrückte Unsicherheit des Ergebnisses einer Messung. Daraus ergibt sich, dass Messunsicherheiten immer als Halbbreiten angegeben werden, der damit zusammenhängende Streubereich also immer die doppelte Breite hat. Im Gegensatz dazu spricht man bei Fähigkeitsanalysen immer von Gesamt-Streubreiten.

Ermittlungsmethode A/B

Die Ermittlung der Messunsicherheit kann durch zwei verschiedene Methoden erfolgen:

- Ermittlungsmethode A
  - Methode zur Berechnung der Messunsicherheit durch statistische Analysen von Reihen von Beobachtungen
  - Basiert auf Wahrscheinlichkeitsdichte, die aus einer beobachteten Häufigkeitsverteilung abgeleitet wurde
- Ermittlungsmethode B
  - Methode zur Berechnung der Messunsicherheit mit anderen Mitteln als der statistischen Analysen von Reihen von Beobachtungen
  - Basiert auf einer angenommenen Wahrscheinlichkeitsverteilung (A-priori-Verteilung)

Eine manchmal zitierte Ermittlungsmethode C im Sinne von „Berechnung" wird im GUM nicht genannt! Diese Methoden A und B haben auf die weitere Vorgehensweise keinen Einfluss sondern sollen lediglich Diskussionen erleichtern.

Kombinierte Standardunsicherheit uc

Die kombinierte Standardunsicherheit ist die Standardunsicherheit eines Messergebnisses, wenn dieses Ergebnis aus den Werten einer Anzahl anderer Größen gewonnen wird. Diese kombinierte Standardunsicherheit ist die Zusammenfassung diverser Unsicherheitskomponenten gewichtet mit so genannten Sensitivitätskoeffizienten, die den jeweiligen Grad der Abhängigkeit der Messunsicherheit von der jeweiligen Einflusskomponenten beschreiben (Steigung).

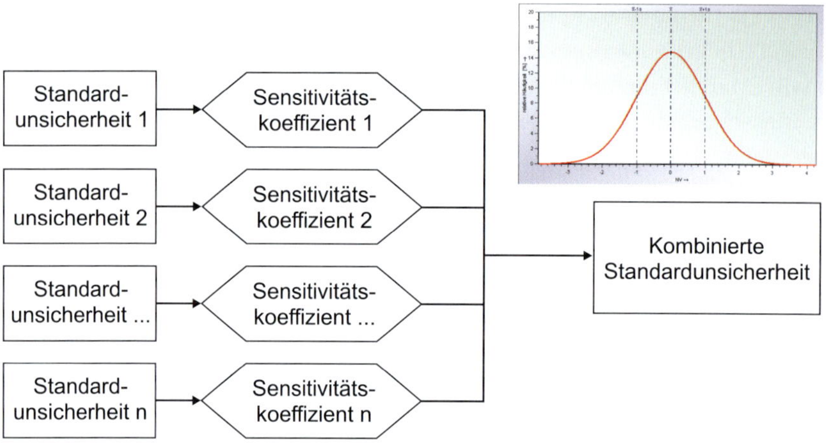

Bild 7.1 Abhängigkeiten der kombinierten Standardunsicherheit u_c

Erweiterte Messunsicherheit U

Die „Erweiterte Messunsicherheit" ist ein Kennwert, der einen Bereich um das Messergebnis kennzeichnet, von dem erwartet werden kann, dass er einen großen Anteil der Verteilung der Werte umfasst. Diese Angabe erfolgt laut Guide „*... um Bedürfnissen von Industrie und Handel zu entsprechen ...*" und ist mit einer „Überdeckungswahrscheinlichkeit" oder „Vertrauensniveau" verbunden. Üblich ist die Angabe des Bereiches, der etwa 95 % (95,45 %) der Verteilung der Werte umfasst, bei Normalverteilungen also der ±2s-Bereich.

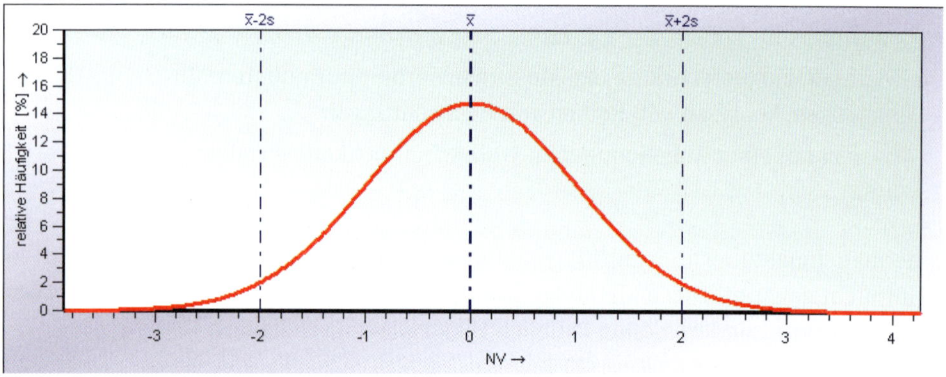

Bild 7.2 Streubereich der erweiterten Messunsicherheit

Erweiterungsfaktor k

Der Erweiterungsfaktor ist ein Zahlenfaktor, mit dem die kombinierte Standardunsicherheit multipliziert wird, um eine erweiterte Messunsicherheit zu erhalten. Typisch ist ein Wert zwischen 2 und 3, im obigen Beispiel der Angabe der erweiterten Messunsicherheit bei Annahme einer Normalverteilung also der Faktor 2. Bei einer endlichen Anzahl von Freiheitsgraden muss der Erweiterungsfaktor aus der Student-t-Verteilung berechnet werden.

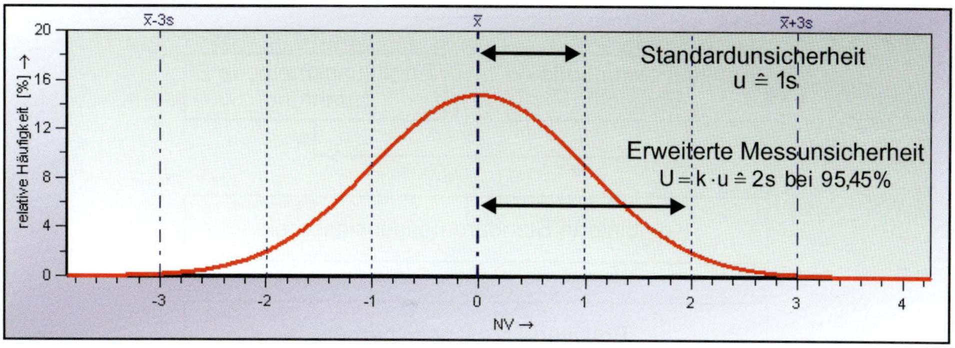

Bild 7.3 Erweiterungsfaktor

■ 7.2 Ermittlung von Messunsicherheiten

In Kapitel 3.4 liefert der Leitfaden noch ein paar „praktische Überlegungen“, die indirekt Bedingungen für die Anwendung sind. Man geht davon aus, dass die Messung bis zu dem Grad mathematisch modelliert werden kann, wie dies auf Grund der geforderten Messgenauigkeit erforderlich ist. Dieses mathematische Modell kann ungenau sein, weshalb alle relevanten Größen maximal variiert werden müssen. Daraus wird oftmals abgeleitet, der GUM befürworte oder fordere gar eine komplette mathematisch-analytische Vorgehensweise.

Ganz klar fordern die Autoren aber hier auch, dass die Ermittlung der Messunsicherheit so weit wie möglich auf beobachtbaren Daten beruhen soll. Zitat:

„Ein gut angelegtes Experiment kann die zuverlässige Berechnung der Unsicherheit sehr erleichtern und ist eine wesentliche Voraussetzung für anspruchsvolles Messen“.

Diese Aufforderung wird nochmals sehr wichtig, wenn nachfolgend die Vorgehensweise des VDA Band 5 besprochen werden.

Weiterhin geht man davon aus, dass in der endgültigen Messung alle Korrektionen angebracht wurden. Als dezenter Hinweis am Ende des Kapitels wird nochmals betont, der Leitfaden könne *„… kritisches Denken, intellektuelle Redlichkeit und berufliches Können nicht ersetzen.“*

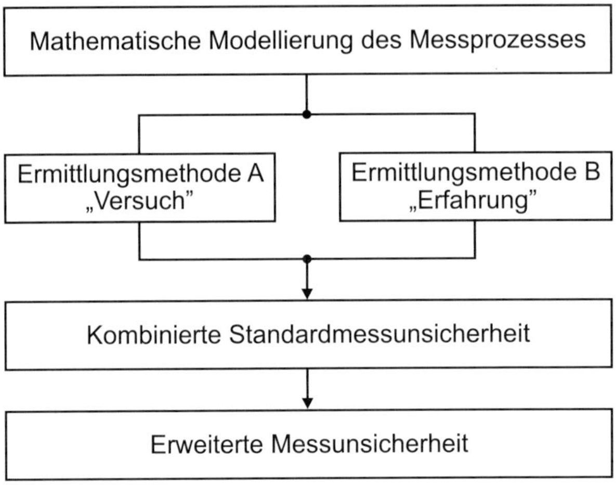

Bild 7.4 Bestimmung der erweiterten Messunsicherheit nach GUM

Voraussetzung zur Ermittlung der Messunsicherheit ist die mathematische Modellierung des Messvorgangs. Daraus ergeben sich die zu ermittelnden Standardmessunsicherheiten, die jeweils nach Methode A oder B bestimmt werden. Aus diesen Standardmessunsicherheiten wird unter Berücksichtigung der funktionalen Abhängigkeiten die kombinierte Messunsicherheit ermittelt. Zur anschaulichen Beschreibung wird diese abschließend auf einen Streubereich erweitert, so dass als Endergebnis die Erweiterte Messunsicherheit für ein Vertrauensniveau von z. B. 95 % angegeben wird.

In der folgenden Beschreibung der Ein- und Ausgangsgrößen geben Großbuchstaben jeweils die theoretischen Größen an („Wahrer Wert"), während Kleinbuchstaben für die jeweiligen Schätzer („Richtiger Wert") stehen.

7.2.1 Ermittlung der Standardunsicherheit

Der recht theoretisch klingende Ansatz lautet, dass jede Messgröße Y aus N Eingangsgrößen X_i durch eine Funktionsbeziehung f berechnet wird. Die Eingangsgrößen X_i können ihrerseits wiederum von anderen Größen abhängig sein.

$$Y = f(X_1, X_2, \ldots, X_N)$$

Die resultierende Funktionsbeziehung kann

- komplex sein
- unter Umständen gar nicht explizit aufgeschrieben werden
- experimentell ermittelt werden
- als Algorithmus vorliegen, der numerisch ausgewertet werden muss

Diese Funktion f muss jede Größe einschließlich Korrektionen und Korrektionsfaktoren enthalten, die eine signifikante Unsicherheitskomponente zum Messergebnis beitragen kann.

Um zu verdeutlichen, dass zwischen den theoretischen Größen und den tatsächlich dafür erhaltenen Messwerten unterschieden wird, schreibt der Guide nochmals explizit, dass der Ausgangsschätzwert y der Messgröße Y mit den Eingangsschätzwerten $x_1, x_2, \ldots, x_N$ für die Werte der N Größen $X_1, X_2, \ldots, X_N$ berechnet wird.

$$y = f(x_1, x_2, \ldots, x_N)$$

Im Falle einer Kalibrierung eines Parallelendmaßes mit Hilfe eines Längenkomparators wird im DKD-3-E1 Ergänzung 1 Beispiel S4 die Länge l_x des zu kalibrierenden Endmaßes bei Bezugstemperatur angegeben mit [27]:

$$l_x = l_s + \delta l_D + \delta l + \delta l_C - L(\bar{\alpha} \cdot \delta t + \delta\alpha \cdot \Delta\bar{t}) - \delta l_V$$

mit l_s	Länge des Referenzendmaßes bei der Bezugstemperatur t_0 = 20 °C gemäß seinem Kalibrierschein
δl_D	Längenänderung des Referenzmaßes seit seiner letzten Kalibrierung infolge von Drift
δl	beobachtete Längendifferenz zwischen dem unbekannten Endmaß und dem Referenzendmaß
δl_C	Korrektion hinsichtlich einer Nichtlinearität und eines Offset des Längenkomparators
L	nominelle Länge der Endmaße
$\bar{\alpha} = (\alpha_x + \alpha_s)/2$	Mittelwert der thermischen Ausdehnungskoeffizienten des zu kalibrierenden und des Referenzendmaßes
$\delta t = (t_x - t_s)$	Temperaturdifferenz zwischen dem zu kalibrierenden und dem Referenzendmaß
$\delta\alpha = (\alpha_x - \alpha_s)$	Differenz der thermischen Ausdehnungskoeffizienten zwischen dem zu kalibrierenden und dem Referenzendmaß
$\Delta\bar{t} = (t_x + t_s)/2 - t_0$	Abweichung der mittleren Temperatur des zu kalibrierenden Endmaßes und des Referenzendmaßes von der Bezugstemperatur
δl_V	Korrektion hinsichtlich nicht-zentrischer Antastung der Messflächen des zu kalibrierenden Endmaßes

Einen Eingangsschätzwert x_i und die ihm zugeordnete Standardunsicherheit $u(x_i)$ erhält man aus einer Verteilung möglicher Werte der Eingangsgröße X_i. So erhält man z. B. die Länge l_S des Referenzendmaßes aus dem im Kalibrierschein angegeben „richtigen Wert“, genauso wie die dieser Länge zugeordnete Standardunsicherheit aus der im Kalibrierschein angegebenen Kalibrierunsicherheit zu entnehmen ist.

Die geschätzte Standardabweichung, die dem Ausgangsschätzwert y zugeordnet ist, heißt kombinierte Standardunsicherheit $u_c(y)$. Hier bedeutet das also, die kombinierte Standardunsicherheit $u_c(l_x)$ ist die Standardabweichung der Länge l_x.

Ermittlung der Standardunsicherheit – Methode A

Diese Methode beschreibt die Ermittlung der Unsicherheit durch ein Experiment. Zur Beschreibung der Verteilung der Messwerte greift man vereinfachend exemplarisch auf die Normalverteilung zurück und ermittelt daraus die Schätzer. Meist ist der beste Schätzwert einer symmetrischen Zufallsgröße der arithmetische Mittelwert

$$\overline{x} = \frac{1}{n} \cdot \sum_{i=1}^{n} x_i$$

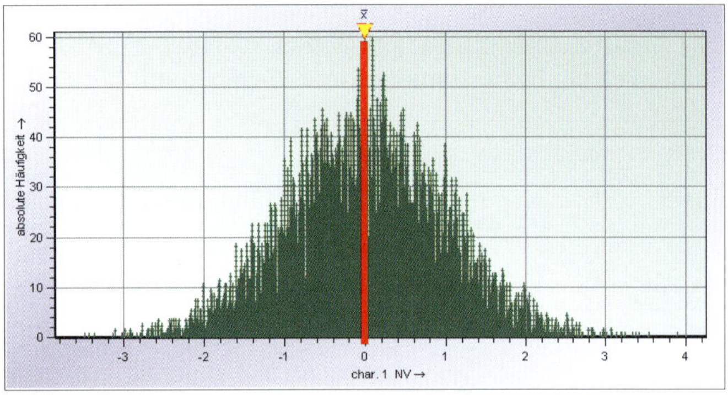

Bild 7.5 Mittelwert als Schätzwert (Erwartungswert)

Bei der Ermittlung des Schätzwertes für die Streuung ist wichtig zu unterscheiden, ob im konkreten Anwendungsfall eine einzelne Beobachtung ausschlaggebend sein wird, oder ob die Unsicherheit des Schätzers, also des oben angegebenen Mittelwertes der einzelnen Beobachtungen angegeben werden muss.

Geht man z. B. davon aus, dass im Messprozess jeweils eine Messung gemacht wird und es soll die Unsicherheit dieser Messung beschrieben werden, so ist der beste Schätzwert die empirische Standardabweichung der Einzelwerte.

$$s_x = \sqrt{\frac{1}{n-1} \cdot \sum_{i=1}^{n} \left(x_i - \overline{x}\right)^2}$$

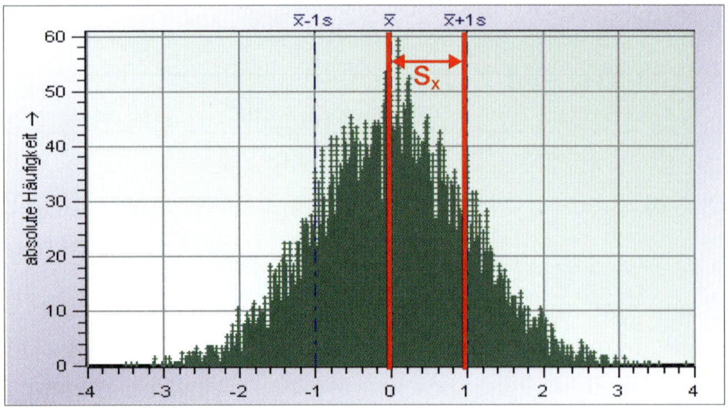

Bild 7.6 Streuung der Einzelwerte

Wurde allerdings mit diesem Versuch eine Einflussgröße abgeschätzt und man möchte den Grad der „Genauigkeit" dieser Schätzung beschreiben, so wählt man die empirische Standardabweichung des Mittelwertes.

$$s_{\overline{x}} = \frac{s_x}{\sqrt{m}}$$

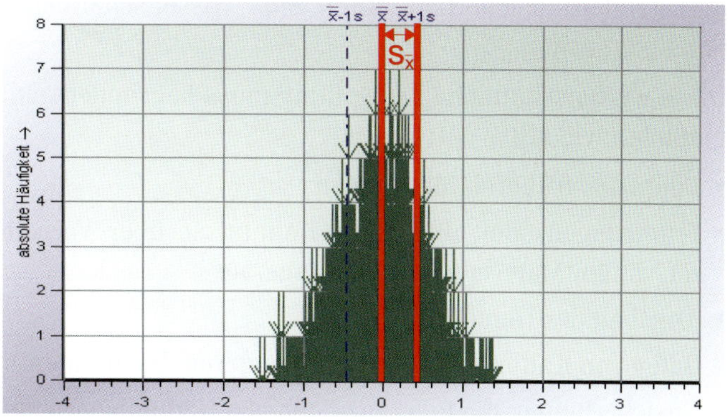

Bild 7.7 Streuung der Mittelwerte

Im Folgenden wird das Verhältnis der Streuungen der Einzel- und Mittelwerte am Beispiel eines Werteverlaufs für Einzel- und Mittelwerte verdeutlicht.

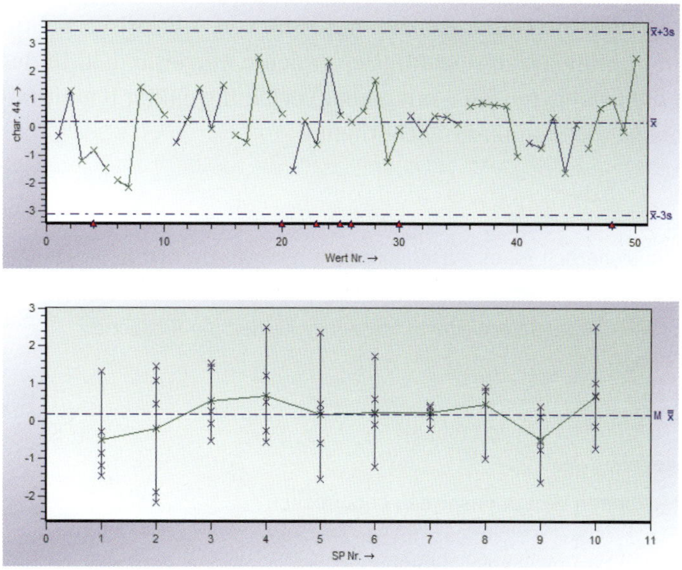

Statistische Werte	
$\overline{x}$	0,1892
s	1,09940
$\overline{s}$	1,06030
$s(\overline{x})$	0,43964

„Theoretische Werte"

n = 10 Stichproben mit

m = 5 Werten

Geschätzte Standardabweichung aus den Einzelwerten

$$u(x) = s_x \approx 1{,}0$$

Geschätzte Standardabweichung für die Mittelwerte der 5er SP

$$u(\overline{x}) = s_{\overline{x}} = \frac{s_x}{\sqrt{m}}$$

$$u(\overline{x}) = \frac{1}{\sqrt{5}} \approx 0{,}447$$

Der konkrete Anwendungsfall entscheidet, welche Unsicherheitsbestimmung zu wählen ist!

Ermittlung der Standardunsicherheit – Methode B

Vielfach nennt man die Methode B einfach nur „Erfahrung", die exakte Definition lautet allerdings „nicht Methode A". Allgemein kann man sagen, Methode B schätzt die Standardunsicherheit durch eine wissenschaftliche Beurteilung, nicht durch einen Versuch.

Diese wissenschaftliche Beurteilung muss begründet sein auf alle verfügbaren Informationen wie z. B.:

- Daten aus früheren Messungen
- Erfahrungen oder allgemeine Kenntnisse über Verhalten und Eigenschaften der relevanten Materialien und Messgeräte
- Angaben des Herstellers
- Daten von Kalibrierscheinen und anderen Zertifikaten
- Unsicherheiten, die Referenzdaten aus Handbüchern zugeordnet sind

Sind die abgeschätzten Unsicherheitsbereiche nicht mit einer Normalverteilung zu beschreiben, so können diese nicht direkt als Standardunsicherheiten angegeben werden. Vielfach sind die Unsicherheitsbereiche Fehlergrenzen, zwischen denen der wahre Wert zu vermuten ist. Ein Beispiel dafür ist der Auflösungsschritt eines Messgerätes. In diesen Fällen werden die Fehlergrenzen mit Hilfe von A-Priori-Verteilungen über deren Varianzen in Standardabweichungsäquivalente umgewandelt. In der Praxis bedeutet das, dass die Fehlergrenzen a mit einem Verteilungsfaktor b multipliziert werden. Das Ergebnis ist die Standardunsicherheit u.

$$u = a \cdot b$$

BEISPIEL: Standardunsicherheit eines zur Kalibrierung herangezogenen Referenznormals:

Die Angabe des Herstellers ist eine erweiterte Messunsicherheit als Vielfaches der Standardabweichung

$$U = k \cdot u$$

- k kann explizit angegeben sein
- k kann einem angegebenen Vertrauensniveau entsprechen

Daraus kann durch einfache Umkehr der Berechnung wieder die Standardunsicherheit errechnet werden.

$$\Rightarrow u = \frac{U}{k}$$

Ist für U ein Wert von U = 53 µm mit k = 2 (bzw. 95,45 %) angegeben, so ist die Standardunsicherheit u = U/k = 53 µm/2 = 26,5 µm.

Verteilungsfaktor b von A-Priori-Verteilungen

Verteilung	Schema	Transformationskoeffizient b	Standardunsicherheit $u(x_B)$
Dreieckverteilung	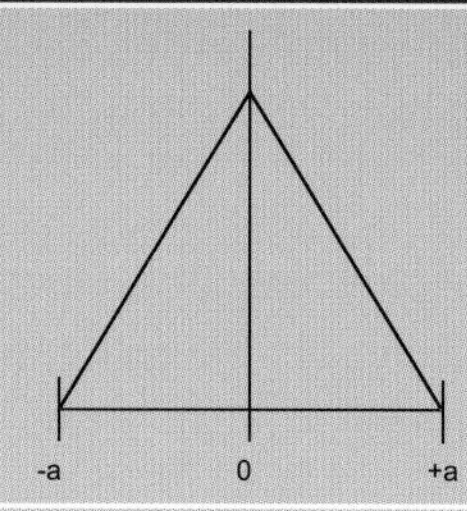	0,408	$u(x_B) = \frac{2a}{\sqrt{24}} = \frac{a}{\sqrt{6}} = 0{,}41 \cdot a$
Normalverteilung	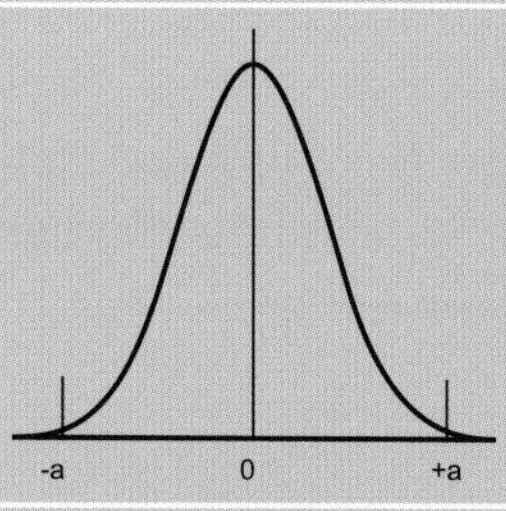	0,5	$u(x_B) = \frac{2a}{\sqrt{16}} = \frac{a}{2} = 0{,}5 \cdot a$
Rechteckverteilung	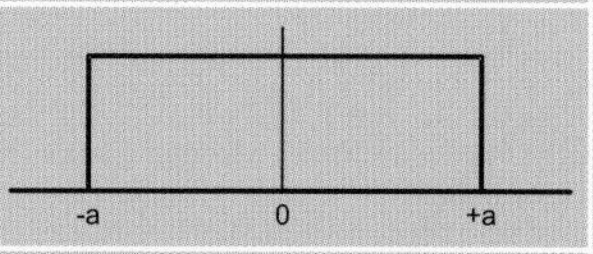	0,577	$u(x_B) = \frac{2a}{\sqrt{12}} = \frac{a}{\sqrt{3}} = 0{,}577 \cdot a$
Trapezverteilung	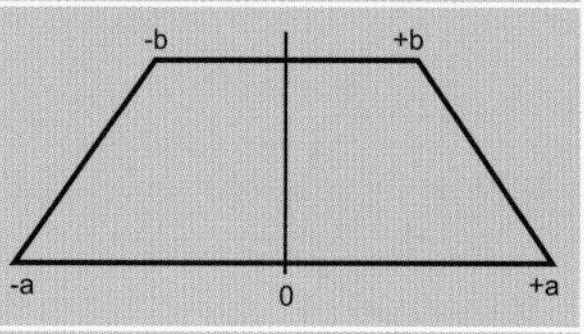	n. a.	$u(x_B) = \frac{1}{\sqrt{6}} \cdot \left(1 + \frac{b^2}{a^2}\right)$
U-Verteilung	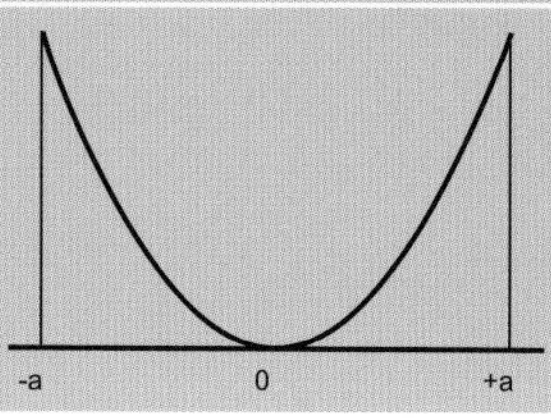	0,707	$u(x_B) = \frac{2a}{\sqrt{8}} = \frac{a}{\sqrt{2}} = 0{,}71 \cdot a$

Bild 7.8 Bestimmung von Standardunsicherheiten Typ B aus Fehlergrenzwerten

BEISPIEL: Entstammt die Unsicherheit einer Fehlergrenze ±a, z. B. einem Auflösungsschritt von 10 µm, so wird in diesem Fall als A-Priori-Verteilung (Wahrscheinlichkeitsdichteverteilung innerhalb des Auflösungsschritts) die Rechteckverteilung mit b = 0,577 gewählt. Ein jedes Ergebnis innerhalb der Fehlergrenzen ist gleichwahrscheinlich. Damit ist die Standardunsicherheit u = a · b. Dabei ist zu berücksichtigen, dass der Auflösungsschritt eine Ganzbreite ±a = 2a ist, die Unsicherheit hingegen als Halbbreite a angegeben wird. Aus einer Auflösung von 10 µm folgt somit ein Grenzwert a = 5 µm und ein Standardmessunsicherheit u von

$$u = 0{,}577 \cdot 5\ \mu m = 2{,}885\ \mu m.$$

■

7.2.2 Ermittlung der kombinierten Standardunsicherheit

Unkorrelierte Eingangsgrößen

Bei der Zusammenfassung der Standardunsicherheiten werden die einzelnen Komponenten mit Sensitivitätsfaktoren/Empfindlichkeitskoeffizienten gewichtet und quadratisch addiert.

Die Sensitivitätsfaktoren c_i beschreiben die Veränderung des Ausgangsschätzwertes bei Variation der Eingangsschätzwerte und können als Steigung der Kennlinie, Verstärkung oder Linearitätsfaktor interpretiert werden.

$$c_i = \partial f / \partial x_i$$

Sie werden berechnet aus der ersten partiellen Ableitung der Funktionsgleichung f nach dem jeweiligen Einflussfaktor x_i, der die Standardunsicherheit $u(x_i)$ verursacht (s. Bild 7.9).

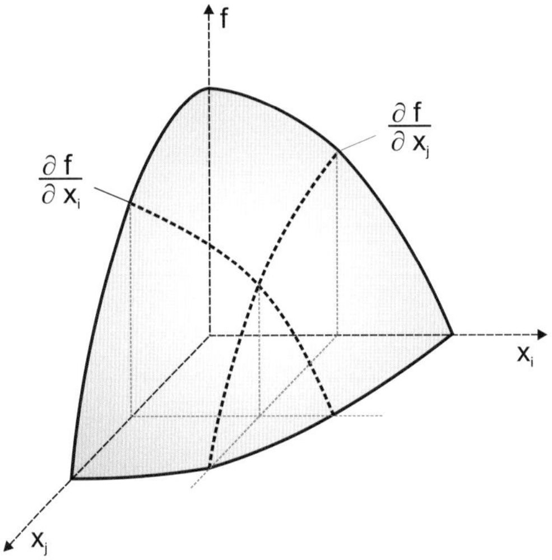

Bild 7.9 Partielle Ableitung des Sensitivitätskoeffizienten

Daraus folgt die kombinierte Messunsicherheit u_c

$$u_c^2(y) = \sum_{i=1}^{N} \left[c_i u(x_i) \right]^2 = \sum_{i=1}^{N} \left[\frac{\partial f}{\partial x_i} u(x_i) \right]^2 = \sum_{i=1}^{N} \left(\frac{\partial f}{\partial x_i} \right)^2 u^2(x_i)$$

Ist f signifikant nicht linear, müssen Glieder höherer Ordnung in der Taylor Reihenentwicklung berücksichtigt werden.

BEISPIEL: Messung eines Gesamtwiderstandes R aus dem Verhältnis von Spannung U zu Strom I unter Berücksichtigung eines Basiswiderstandes R_0.

- Mathematische Modellierung

$$R = \frac{U}{I} + R_0$$

- Unsicherheit des Ergebnisses

$$u_c^2(R) = c_U^2 u^2(U) + c_I^2 u^2(I) + c_R^2 u^2(R_0)$$

$$= \left(\frac{\partial R}{\partial U}\right)^2 u^2(U) + \left(\frac{\partial R}{\partial I}\right)^2 u^2(I) + \left(\frac{\partial R}{\partial R_0}\right)^2 u^2(R_0) +$$

$$= \left(\frac{1}{I}\right)^2 u^2(U) + \left(-\frac{U}{I^2}\right)^2 u^2(I) + (1)^2 u^2(R_0)$$

$$u_c(R) = \sqrt{\frac{1}{I^2}u^2(U) + \frac{U^2}{I^4}u^2(I) + u^2(R_0)} = \frac{1}{I^2}\sqrt{u^2(U) + \frac{U^2}{I^2}u^2(I) + I^2u^2(R_0)}$$

■

Korrelierte Eingangsgrößen

Korrelierte Eingangsgrößen entstehen, wenn zur Ermittlung verschiedener Größen beispielsweise

- das selbe Messgerät,
- das selbe physikalische Normal oder
- der selbe Referenzwert mit einer signifikanten Unsicherheit

herangezogen werden. Typisch ist z. B. auch, dass die ermittelten Größen gemeinsam anhängig sind von

- Umgebungstemperatur,
- Luftdruck und
- Luftfeuchte.

In der Berechnung der kombinierten Standardunsicherheit müssen dann die Kovarianzen (zweiter Summand) berücksichtigt werden

$$u_c^2(y) = \sum_{i=1}^{N}\left(\frac{\partial f}{\partial x_i}\right)^2 u^2(x_i) + 2\sum_{i=1}^{N-1}\sum_{j=i+1}^{N}\frac{\partial f}{\partial x_i}\frac{\partial f}{\partial x_j}u(x_i, x_j)$$

Mit Hilfe von Korrelationskoeffizienten r_{ij} lassen sich die Kovarianzen $u(x_i,x_j)$ ersetzen (normieren) und auf die bekannten Standardunsicherheiten zurückführen.

$$r_{ij} = r(x_i, x_j) = \frac{u(x_i, x_j)}{u(x_i) \cdot u(x_j)}$$

$$u_c^2(y) = \sum_{i=1}^{N} \left(\frac{\partial f}{\partial x_i} \right)^2 u^2(x_i) + 2\sum_{i=1}^{N-1} \sum_{j=i+1}^{N} \frac{\partial f}{\partial x_i} \frac{\partial f}{\partial x_j} u(x_i) \cdot u(x_j) \cdot r(x_i, x_j)$$

„Vermeidungsstrategien“

Die Abhängigkeit von Luftdruck und Luftfeuchte ist in der industriellen Messtechnik meist gering, die Korrelation kann somit vernachlässigt werden. Korrelationen können aber auch vermieden werden, indem gemeinsame Einflüsse als unabhängige Eingangsgrößen eingeführt werden. Eine beliebte Methode ist auch, statt zweier Absolutwerte die Differenzen zu betrachten, deren Schätzwerte gegen Null gehen und die somit nur einen Beitrag zur Unsicherheit leisten.

7.2.3 Ermittlung der erweiterten Unsicherheit

Die Angabe der kombinierten Standardunsicherheit $u_c(y)$ bei einer vorausgesetzten resultierenden Normalverteilung ist im Grunde ausreichend. Die Standardabweichung beschreibt das Streuverhalten einer Normalverteilung vollständig. Dennoch ist die Interpretation dieses Kennwertes im Sinne einer Standardabweichung gewöhnungsbedürftig. Für die Praxis scheint es angebrachter, den Bereich zu nennen, in dem der wahre Wert mit einem gewissen Vertrauensniveau, z. B. mit 95 %iger Wahrscheinlichkeit, liegt. Somit empfiehlt der Guide bei industriellen, kommerziellen und regulatorischen Anwendungen, Gesundheits- und Sicherheitsaspekte einen erweiterten Bereich anzugeben:

$$U = k \cdot u_c(y)$$

Der Faktor k kann einem Grad des Vertrauens entsprechen (90 %, 95 %, 95,45 %, 99 %, ...) und muss ggf. die effektiven Freiheitsgrade bei der Bestimmung der kombinierten Standardunsicherheit berücksichtigen. Ist die Anzahl der Freiheitsgrade sehr groß, kann k aus den Quantilen der Normalverteilung ermittelt werden. Ist die Anzahl der Freiheitsgrade deutlich begrenzt, muss k aus den Quantilen der Student-t-Verteilung unter Berücksichtigung der Freiheitsgrade berechnet werden.

Bestimmung der Freiheitsgrade

Die Freiheitsgrade müssen für jede Unsicherheitskomponente bestimmt werden. Sie ergeben sich bei Modell A direkt aus Messungen oder beschreiben bei Modell B den

Grad der Sicherheit/Zuverlässigkeit einer Aussage/Annahme. Freiheitsgrade werden im Endergebnis immer abgerundet.

Freiheitsgrade bei Ermittlungsmethode A:

Bekanntlich ist die Qualität einer statistisch gewonnen Aussage abhängig von der Stichprobengröße. Je größer die Stichprobe, desto größer das Vertrauen. Diese Information kann mit Hilfe der Freiheitsgrade ausgedrückt werden. Diese Freiheitsgrade werden bei der Berechnung der Erweiterten Messunsicherheit wieder wichtig, weil der Erweiterungsfaktor von den effektiven Freiheitsgraden abhängig sein kann. Die Definition der Freiheitsgrade nach ISO 3534-1:1993, 2.85 lautet:

„Ganz allgemein die Anzahl der Glieder einer Summe abzüglich der Anzahl der Nebenbedingungen, die für die Glieder dieser Summe gelten."

Im Falle der Standardunsicherheit (Standardabweichung)

$$u(x) = s_x = \sqrt{\frac{1}{\nu_i} \cdot \sum_{i=1}^{n} \left(x_i - \bar{x}\right)^2}$$

aus einer Stichprobe vom Umfang n ist die genannte Summe die Summe der Abweichungsquadrate, also n Glieder. Die einzige Nebenbedingung ist der mittlerweile als berechnet/bekannt vorauszusetzende Mittelwert. Damit gilt für den Freiheitsgrad $\nu_i = n - 1$.

Freiheitsgrade bei Ermittlungsmethode B:

Auch bei „theoretisch" ermittelten Komponenten kann es sein, dass die Angaben nicht als absolut zuverlässig angesehen werden. Es kann sinnvoll sein, eine relative Unsicherheit $u_{rel\%}(x_i)$ anzunehmen (z. B. „Annahme der Grenzen a ist zu 25 % zuverlässig"),

$$u_{rel\%}(x_i) = \frac{\Delta u(x_i)}{u(x_i)}$$

wobei diese Beschreibung den „Unsicherheit der Unsicherheit" im GUM recht gewöhnungsbedürftig ist. Die Aussage „zu 25 % zuverlässig" bedeutet, dass es eine 25 %ige Wahrscheinlichkeit gibt, dass die angegebenen Grenzen überschritten werden. Aus dieser Angabe lassen sich die Freiheitsgrade ν_i errechnen.

$$\nu_i = \frac{1}{2} \cdot \left(\frac{\Delta u(x_i)}{u(x_i)}\right)^{-2} = \frac{1}{2 \cdot u_{rel\%}^2(x_i)}$$

Das heißt, je sicherer die Aussage, desto größer die Anzahl der effektiven Freiheitsgrade. Ist die Aussage „absolut sicher", dann ist $\nu_i = \infty$

BEISPIEL: Eine angegebene Fehlergrenze wird als „zu 25 % zuverlässig" angesehen.

$$u_{rel\%}(x_i) = 25\% = 0{,}25$$

Daraus errechnen sich die Freiheitsgrade

$$\nu_i = \frac{1}{2}\cdot\left(0{,}25\right)^{-2} = \frac{1}{2\cdot(0{,}25)^2} = \frac{1}{0{,}125} = 8$$

Bestimmung der effektiven Freiheitsgrade

Aus den Freiheitgraden der Komponenten lassen sich für die kombinierte Standardmessunsicherheit die „effektiven Freiheitsgrade" nach der Welch-Satterthwaite-Formel berechnen

$$\nu_{eff} = \frac{u_c^4(y)}{\sum_{i=1}^{N}\frac{u_i^4(y)}{\nu_i}} = \frac{u_c^4(y)}{\frac{u_1^4(y)}{\nu_1}+\frac{u_2^4(y)}{\nu_2}+\ldots+\frac{u_N^4(y)}{\nu_N}} \le \sum_{i=1}^{N}\nu_i$$

Rundungsregeln

- Freiheitsgrade werden abgerundet
- Unsicherheiten werden aufgerundet

BEISPIEL: Wunsch ist, U für ein Intervall mit einem Grad des Vertrauen s von ca. 99,73 % bei

$\nu_{eff}(I) = 16{,}67 \approx 16$ Freiheitsgraden anzugeben. Zunächst müssen die Quantile der Student-t-Verteilung ermittelt werden: $\nu_{eff}(I) = 16{,}7 \approx 16$

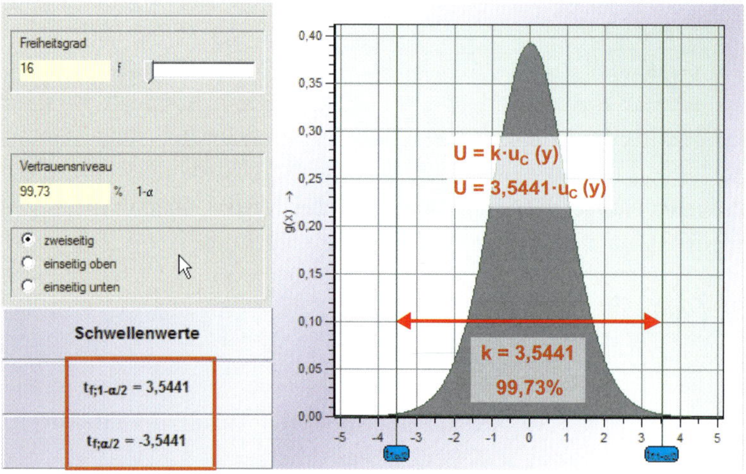

Bild 7.10 t-Quantile für 99,73 % Vertrauensbereich

BEISPIEL: Die Quantile liegen bei $_{t16;0,00135}$ = −3,5441 und $_{t16;0,99865}$ = +3,5441. Der Erweiterungsfaktor k ist somit k = 3,5441.

7.2.4 Protokollierung der Unsicherheit

Bei der Protokollierung der Messunsicherheit müssen alle Schritte der Datenanalyse nachvollziehbar sein. Es wird gefordert, dass

- die Methoden klar beschrieben werden.
- alle Unsicherheitskomponenten aufgelistet werden.
- alle Auswertungen vollständig dokumentiert sind.
- alle Korrektionen und Konstanten angegeben sind.

Es gilt der Grundsatz: *„Habe ich ausreichende Informationen in hinreichend klarer Form angegeben, das mein Ergebnis aktualisiert werden kann, sobald neue Informationen oder Daten verfügbar vorliegen?"*

Dazu gehört,

- die Definition der Messgröße Y vollständig zu beschreiben.
- den Schätzwert y der Messgröße Y und ihre kombinierte Standardunsicherheit $u_c(y)$ mit Einheiten anzugeben.
- ggf. auch die relative Standardunsicherheit anzugeben.
- die geschätzten effektiven Freiheitsgrade anzugeben.
- den Erweiterungsfaktor k für erw. Messunsicherheit U anzugeben.
- alle Eingangsschätzwerte x_i anzugeben mit
  - ihren Standardunsicherheiten $u(x_i)$
  - Freiheitsgrade
  - Beschreibung der Art ihrer Ermittlung
- die Funktionsbeziehung $Y = f(X_1, X_2, X_3, \ldots, X_N)$ und die Empfindlichkeitskoeffizienten $\partial f/\partial x$ anzugeben.

Diese wichtigsten Angaben können in Form eines Messunsicherheitsbudgets gelistet werden:

Größe X_i	Schätzwert x_i	Standardmess-unsicherheit $u(x_i)$	Verteilung	Sensitivitäts-koeffizient c_i	Unsicher-heitsbeitrag $u_i(y)$
l_S	50,000 020 mm	15 nm	Normal	1,0	15,0 nm
δl_D	0 mm	12,2 nm	Dreieck	1,0	12,2 nm
δl	-0,000 094 mm	5,37 nm	Normal	1,0	5,37 nm
δl_C	0 mm	18,5 nm	Rechteck	1,0	18,5 nm

Größe X_i	Schätzwert x_i	Standardmess-unsicherheit $u(x_i)$	Verteilung	Sensitivitäts-koeffizient c_i	Unsicher-heitsbeitrag $u_i(y)$
δt	0 °C	0,0289 °C	Rechteck	-575 nm °C^{-1}	$-16{,}6$ nm
$\delta\alpha \cdot \Delta\bar{t}$	0	$0{,}236 \times 10^{-6}$	-	50 mm	$-11{,}8$ nm
δl_V	0 mm	3,87 nm	Rechteck	$-1{,}0$	$-3{,}87$ nm
l_X	49,999 926 mm				34,3 nm

7.2.5 Angabe des Ergebnisses

Zur Angabe des vollständigen Ergebnisses listet der Guide verschiedene Schreibweisen auf, die anhand eines Massenormals mit Nennwert 100 g, einem richtigen Wert von 100,02147 g und einer kombinierten Messunsicherheit von 0,35 mg verdeutlicht werden:

- Angaben mit erweiterter Messunsicherheit
- $m_s = (100{,}02147 \pm 0{,}000\,79)$ g mit
  - Standardmessunsicherheit $u_c = 0{,}35$ mg
  - Erweiterungsfaktor $k = 2{,}26$
  - Freiheitsgrade $\nu = 9$
- Angaben mit kombinierter Messunsicherheit
  - $m_s = 100{,}02147$g mit $u_c = 0{,}35$ mg
  - $m_s = 100{,}02147(35)$g
  - $m_s = 100{,}02147(0{,}000\,35)$g
- Die Schreibweise $m_s = (100{,}021\,47 \pm 0{,}000\,35)$ g mit der kombinierten Standardunsicherheit u_c sollte vermieden werden.

7.3 Beispiel GUM H.1 Endmaß-Kalibrierung

Laut GUM dienen die Beispiele des GUM-Anhangs H, so auch das hier vorgestellte Beispiel H.1, eher der Illustration und weniger der Abbildung realer Verhältnisse. Die Beispiele und Zahlenwerte wurden ausgewählt, um die Prinzipien des Leitfadens zu verdeutlichen. Unter diesen Gesichtspunkten haben wir dieses Beispiel hier neu strukturiert und zusammengefasst.

7.3.1 Messaufgabe

Ein Endmaß der Nennlänge 50 mm soll durch Vergleich mit bekanntem Normal der selben Nennlänge kalibriert werden. Das direkte Ergebnis ist die Differenz d zwischen den beiden Längen

$$d = l(1+\alpha\Theta) - l_S(1+\alpha_S\Theta_S)$$

mit

l	Messgröße, Länge des zu kalib. Endmaßes bei 20 °C
l_s	Länge des bekannten Normals (Kalibrierschein, 20 °C)
α, α_S	Wärmeausdehnungskoeffizient, Endmaß und Normal
Θ, Θ_S	Abweichungen der Temperatur von 20 °C, Endmaß und Normal

Ungünstig bei diesem mathematischen Modell ist die Korrelation von $\alpha, \alpha_S; \Theta, \Theta_S$. Eine Lösung ist, zwei Hilfsgrößen einzuführen:

- Temperaturdifferenz zwischen Endmaß und Normal $\delta\Theta$
- Differenz der Wärmeausdehnungskoeffizienten $\delta\alpha$

Die Differenzen $\delta\alpha, \delta\Theta$ werden dabei als Null geschätzt, nicht jedoch deren Unsicherheiten.

Dadurch folgt das mathematische Modell mit unkorrelierten Größen

$$l = l_S + d - l_S\left[\delta\alpha \cdot \Theta + \alpha_S\delta\Theta\right]$$

mit

l_s	Länge des bekannten Normals (Kalibrierschein, 20 °C)
α_S	Wärmeausdehnungskoeffizient Normal
$\delta\alpha$	Differenz der Wärmeausdehnungskoeffizienten (= 0)
Θ_S	Abweichungen der Temperatur des Normals von 20 °C
$\delta\Theta$	Temperaturdifferenz zwischen Endmaß und Normal (= 0)

7.3.2 Standardunsicherheiten

Folgende Unsicherheiten sind zu ermitteln (in Klammern die Kapitel aus GUM)

- Unsicherheit $u(l_S)$ der Kalibrierung des Normals (H.1.3.1)
- Unsicherheit u(d) der gemessenen Längendifferenz (H.1.3.2)
- Unsicherheit $u(\alpha_S)$ des Wärmeausdehnungskoeffizienten (H.1.3.3)
- Unsicherheit $u(\Theta)$ der Temperaturabweichung des Endmaßes (H.1.3.4)

- Unsicherheit $u(\delta\alpha)$ der Differenz der Ausdehnungskoeffizienten (H.1.3.5)
- Unsicherheit $u(\delta\Theta)$ der Temperaturdifferenz der Maße (H.1.3.6)

7.3.2.1 Unsicherheit $u(l_S)$ der Kalibrierung des Normals

(H.1.3.1) Dem Kalibrierschein des bekannten Normals können folgende Daten entnommen werden:

- Erweiterte Messunsicherheit U = 0,075 µm
- Erweiterungsfaktor k = 3
- Effektive Freiheitsgrade ν_{eff} = 18 (aus H.1.6)
- Richtiger Wert l_s = 50,000623 mm bei 20 °C (aus H.1.5)

Die Standardmessunsicherheit $u(l_S)$ berechnet sich folgendermaßen

$$u(l_S) = \frac{U}{k} = \frac{0{,}075\,\mu m}{3} = 25\text{ nm}$$

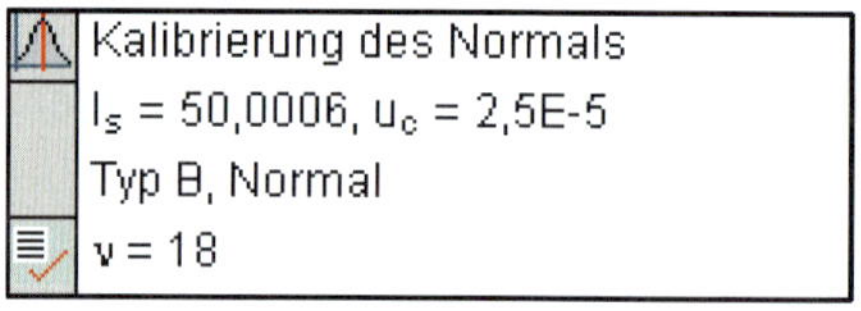

7.3.2.2 Unsicherheit u(d) der gemessenen Längendifferenz

(H.1.3.2) Die gemessene Längendifferenz ergibt sich aus der Summe der empirisch ermittelten mittleren Abweichung d_q, den zufälligen und den systematischen Komparatorabweichungen d_1 und d_2.

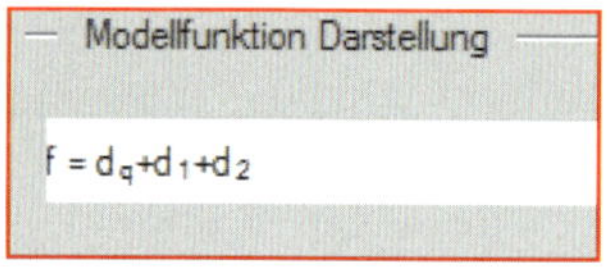

Die Unsicherheit u(d) der gemessenen Längendifferenz setzt sich zusammen aus

- Unsicherheiten aus mehrmaligen Beobachtungen $u(\bar{d})$
- Zufällige Komparatoreinflüsse $u(d_1)$
- Systematische Komparatoreinflüsse $u(d_2)$

Unsicherheiten aus mehrmaligen Beobachtungen

Die zusammengefasste empirische Standardabweichung wurde aus 25 mehrmaligen unabhängigen Beobachtungen der Längendifferenz bestimmt:

$s(d) = 13\text{ nm}$ mit ν = 24 Freiheitsgraden

In dem hier durchgeführten Vergleich wurden 5 Beobachtungen vorgenommen. Der beste Schätzwert ist der arithmetische Mittelwert aus den fünf Messungen

$$\bar{d} = 215\text{ m}$$

Die dem arithmetischen Mittelwert zugeordnete Standardmessunsicherheit berechnet sich zu

$$u(\bar{d}) = s(\bar{d}) = \frac{13\ \text{nm}}{\sqrt{5}} = 5{,}8\ \text{nm}$$

Beobachtung Differenz Endmaße
d_{quer} = 0,000215, u_c = 5,8E-6
Typ A, Normal
ν = 24

Unsicherheiten aus zufälligen Komparatoreinflüssen

Aus dem Kalibrierschein des Komparators folgt:

- Die Unsicherheit aus Grund zufälliger Abweichungen ist ± 0,01 µm mit einem Grad des Vertrauens von 95 %
- Die Angabe erfolgt auf der Grundlage von 6 Messungen, d. h. $\nu = 5$ Freiheitsgrade
- Der Erweiterungsfaktor k ergibt sich aus der Student-t-Verteilung $k = t_{95}(5) = 2{,}57$

$$u(d_1) = \frac{10\ \text{nm}}{2{,}57} = 3{,}9\ \text{nm}$$

Zufällige Komparatoreinflüsse
d_1 = 0, u_c = 3,89017E-6
Typ B, Normal
ν = 5

Unsicherheiten aus systematischen Komparatoreinflüssen

Aus dem Kalibrierschein des Komparators folgt:

- Die Unsicherheit auf Grund systematischer Abweichungen ist mit 0,02 µm auf dem „Drei-Sigma-Niveau" angegeben
- Die Angabe bis zu 25 % zuverlässig. Das bedeutet in der Terminologie der GUM, dass die relative Unsicherheit $u_{rel\%} = \Delta u(x_i)/u(x_i)$ der Angabe 25 % beträgt. Daraus folgt ein Freiheitsgrad von $\nu_{eff} = 8$ (vgl. Kapitel 7.2.3, Ermittlungsmethode B)
- Der Erweiterungsfaktor ist mit $k = 3$ angegeben.

$$u(d_2) = \frac{20\ \text{nm}}{3} = 6{,}7\ \text{nm}$$

Systematische Komparatoreinflüsse
d_2 = 0, u_c = 6,66667E-6
Typ B, Normal
ν = 8

Die Unsicherheit u(d) der gemessenen Längendifferenz setzt sich zusammen aus

- Unsicherheiten aus mehrmaligen Beobachtungen $u(\bar{d}) = 5{,}8\ \text{nm}$
- Zufällige Komparatoreinflüsse $u(d_1) = 3{,}9\ \text{nm}$
- Systematische Komparatoreinflüsse $u(d_2) = 6{,}7\ \text{nm}$

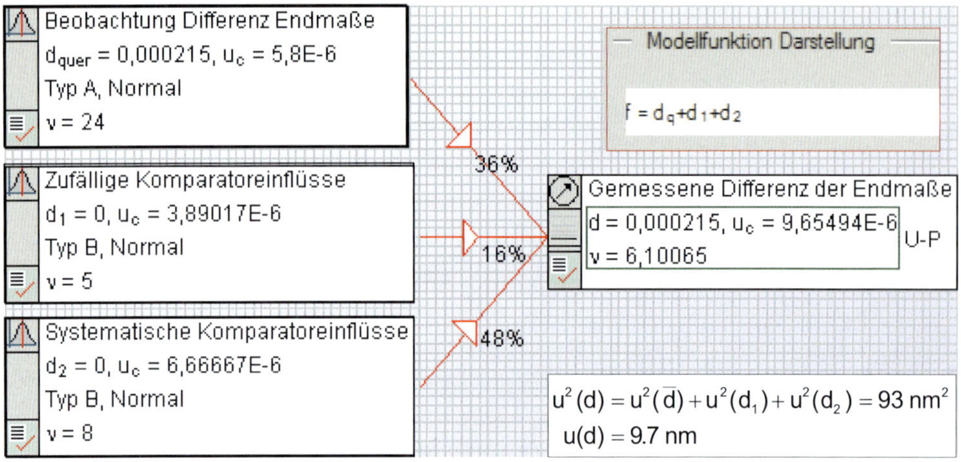

7.3.2.3 Unsicherheit $u(\alpha_S)$ des Wärmeausdehnungskoeffizienten

(H.1.3.3) Angaben aus der Literatur:

- Wärmeausdehnungskoeffizient $\alpha_S = 11{,}5 \cdot 10^{-6}\,°C^{-1}$
- Für die Unsicherheit wird eine Rechteckverteilung mit den Grenzen $\pm\, 2 \cdot 10^{-6}\,°C^{-1}$ angenommen

Daraus folgt für die Unsicherheit $u(\alpha_S) = \dfrac{2 \cdot 10^{-6}\ °C^{-1}}{\sqrt{3}} = 1{,}15 \cdot 10^{-6}\ °C^{-1}$

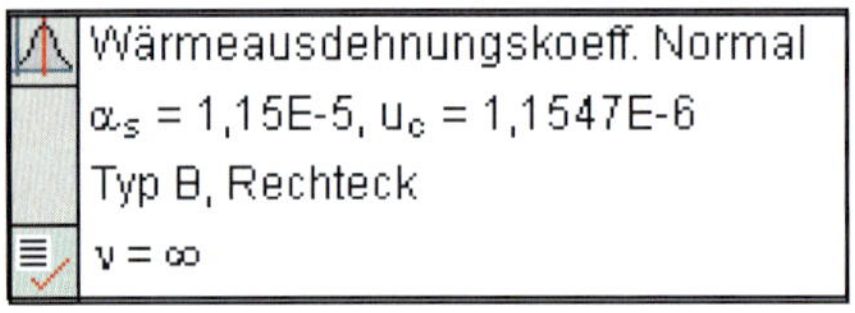

7.3.2.4 Unsicherheit u(Θ) der Temperaturabweichung des Endmaßes

(H.1.3.4) Die Temperatur der Prüfhalterung ist mit (19,5 ± 0,5) °C angegeben. Der Absolutwert der Temperatur wurde im Laufe der Messungen nicht überwacht. Statt dessen wird nachfolgend die mittlere Temperatur geschätzt. Diese Schätzung unterliegt ebenso einer Unsicherheit.

- Die Maximalverschiebung $\Delta = 0{,}5\,°C$ ist die maximale Amplitude einer zyklischen Temperaturschwankung wegen Themostatregelung
- Eine zyklische Schwankung wird mit einer U-Verteilung beschrieben

  $u(\Delta) = (0{,}5\,°C)/\sqrt{2} = 0{,}35\,°C$

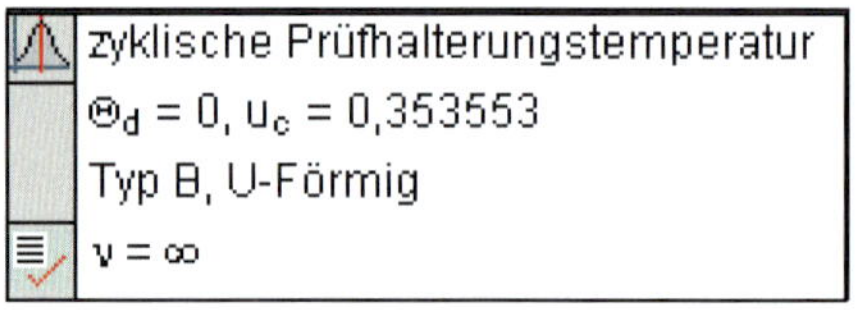

Die mittlere Temperaturabweichung beträgt laut Angabe $\bar{\Theta} = 19{,}9\,°C - 20\,°C = -0{,}1\,°C$

- Wert der Temperaturabweichung kann mit $\bar{\Theta} = -0{,}1\,°C$ gleichgesetzt werden
- Unsicherheit der mittleren Temperaturabweichung (laut Angabe)
  $u(\bar{\Theta}) = 0{,}2\,°C$

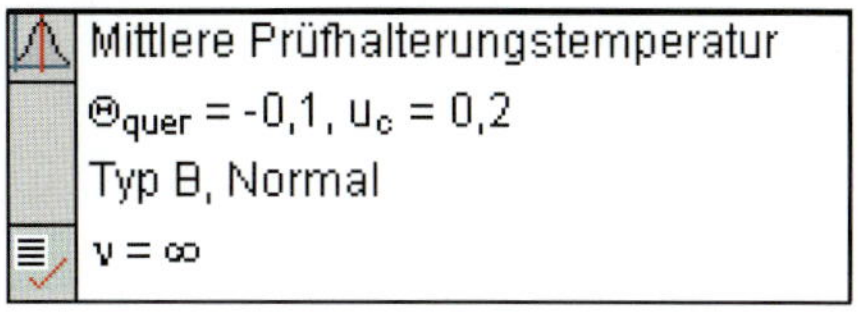

- Die Standardunsicherheit der Temperaturabhängigkeit folgt aus der quadratischen Summe

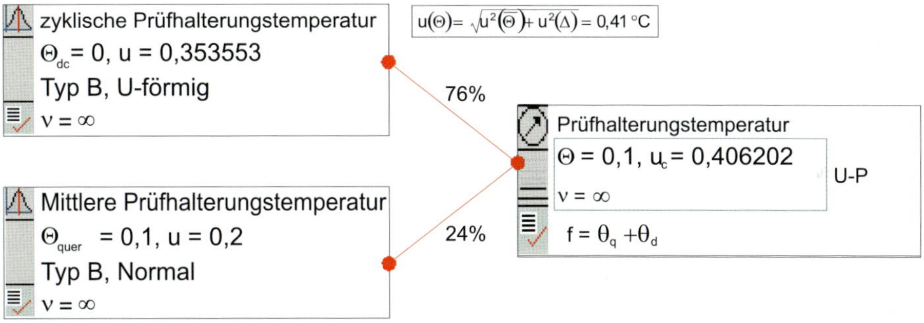

7.3.2.5 Unsicherheit u(δα) der Differenz der Ausdehnungskoeffizienten

(H.1.3.5) Schätzung aus Erfahrung

- Die Differenz der Erwartungswerte kann als $\delta\alpha = 0\,°C^{-1}$ angenommen werden, da die Endmaße aus gleichem Material bestehen. Unterschiede sind rein zufälliger Natur und somit Teil der Unsicherheit.
- Unsicherheitsgrenzen $\pm\, a(\delta\alpha) = 1 \cdot 10^{-6}\,°C^{-1}$
- Die Angabe der Unsicherheit ist zuverlässig mit 10 %, d. h. $\nu = 50$ (s. 7.2.3)
- Es wird eine Rechteckverteilung angenommen

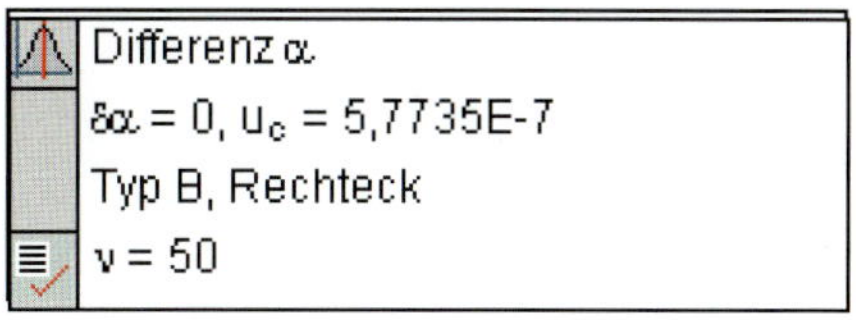

$$u(\delta\alpha) = \frac{1 \cdot 10^{-6}\,°C^{-1}}{\sqrt{3}} = 0{,}58 \cdot 10^{-6}\,°C^{-1}$$

7.3.2.6 Unsicherheit u(δΘ) der Temperaturdifferenz der Maße

(H.1.3.6)

- Erwartet wird gleiche Temperatur, d. h. $\delta\Theta = 0$ für beide Endmaße
- Jedoch könnte die Temperaturdifferenz mit gleicher Wahrscheinlichkeit innerhalb der geschätzten Grenzen $\pm\, a(\delta\Theta)$ von $\pm\, 0{,}05\,°C$ liegen
- Dieses Intervall wird als nur zu 50 % zuverlässig angesehen d. h. der effektive Freiheitsgrad ist $\nu(\delta\Theta) = 2$ (nach 7.2.3 Freiheitsgrade nach Ermittlungsmethode B).

Damit ergibt sich die Standardunsicherheit bezüglich der Maße zu

$$u(\delta\Theta) = \frac{0{,}05\ °C^{-1}}{\sqrt{3}} = 0{,}029\ °C^{-1}$$

Temperaturdifferenz
δΘ = 0, u_c = 0,0288675
Typ B, Rechteck
ν = 2

7.3.2.7 Kombinierte Standardunsicherheit

Mathematische Modellierung

Aus dem mathematischen Modell (vgl. Kapitel 7.3.1)

$$l = l_S + d - l_S\left[\delta\alpha \cdot \Theta + \alpha_S \delta\Theta\right]$$

folgt für die kombinierte Standardunsicherheit $u_c(l)$

$$u_c^2(l) = c_{l_s}^2 u^2(l_s) + c_d^2 u^2(d) + c_{\alpha_s}^2 u^2(\alpha_s) + c_\Theta^2 u^2(\Theta) + c_{\delta\alpha}^2 u^2(\delta\alpha) + c_{\delta\Theta}^2 u^2(\delta\Theta)$$

$$= \left(\frac{\partial l}{\partial l_s}\right)^2 u^2(l_s) + \left(\frac{\partial l}{\partial d}\right)^2 u^2(d) + \left(\frac{\partial l}{\partial \alpha_s}\right)^2 u^2(\alpha_s) + \left(\frac{\partial l}{\partial \Theta}\right)^2 u^2(\Theta) + \left(\frac{\partial l}{\partial(\delta\alpha)}\right)^2 u^2(\delta\alpha) + \left(\frac{\partial l}{\partial(\delta\Theta)}\right)^2 u^2(\delta\Theta)$$

$$= 1^2 \cdot u^2(l_s) + 1^2 \cdot u^2(d) + 0 \cdot u^2(\alpha_s) + 0 \cdot u^2(\Theta) + (-l_S\Theta)^2 \cdot u^2(\delta\alpha) + (-l_S\alpha_S)^2 \cdot u^2(\delta\Theta)$$

$$u_c^2(l) = u^2(l_s) + u^2(d) + (-l_S\Theta)^2 \cdot u^2(\delta\alpha) + (-l_S\alpha_S)^2 \cdot u^2(\delta\Theta)$$

Effektive Freiheitsgrade

Die effektiven Freiheitsgrade ergeben sich nach der Welch-Satterthwaite-Formel zu

$$\nu_{eff}(l) = \frac{u_c^4(y)}{\sum_{i=1}^{N} \frac{u_i^4(y)}{\nu_i}} = 16{,}7 \approx 16$$

Kombinierte Standardunsicherheit

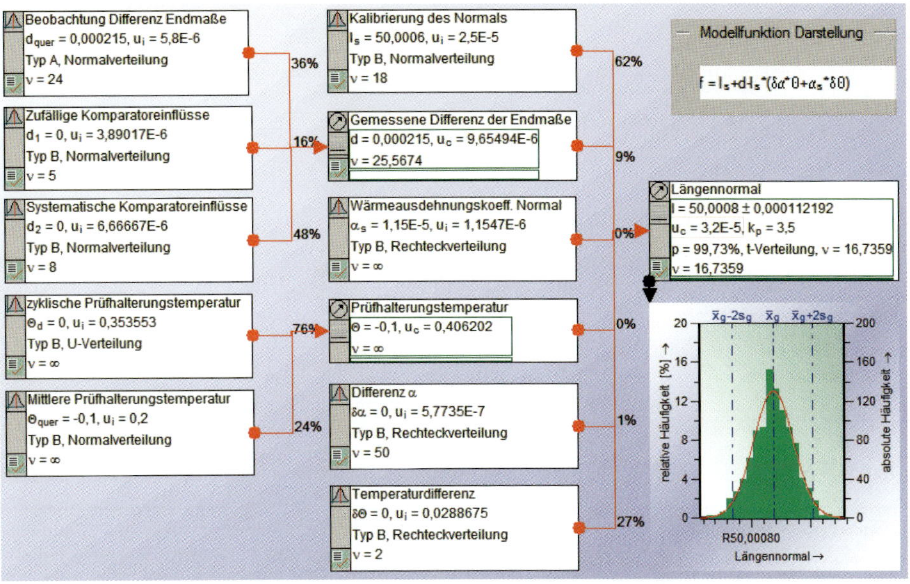

Für die kombinierte Standardunsicherheit erhält man einen Wert von

$$u_c(l) = 31{,}6556\ 10^{-6}\ \text{mm}$$

Erweiterte Standardunsicherheit

Die erweiterte Messunsicherheit U soll für ein Intervall mit einem Grad des Vertrauens von ca. 99,73 % angeben werden. Für $\nu_{eff}(l) = 16{,}7 \approx 16$ müssen die Quantile der Student-t-Verteilung bestimmt werden.

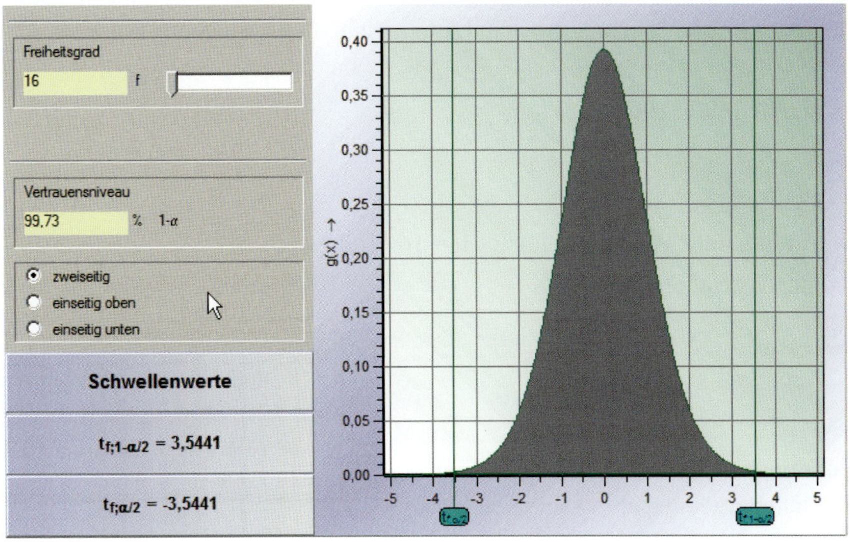

Für den Erweiterungsfaktor folgt somit $k = t_{99,73\,\%} = 3{,}54$

$$
\begin{aligned}
U_{99,73\%} &= k \cdot u_c(l) \\
&= t_{\nu_{eff}} \cdot u_c(l) \\
&= 3{,}5441 \cdot 31{,}6556\ \text{nm} \\
U_{99,73\%} &= 112{,}19\ \text{nm}
\end{aligned}
$$

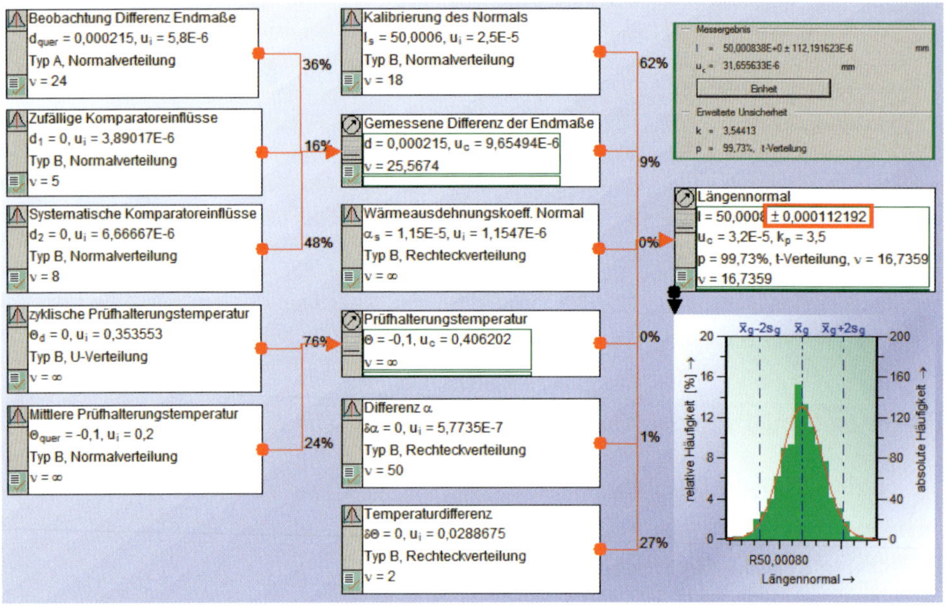

Angabe des vollständigen Ergebnisses

Das vollständige Ergebnis einer Messung ist der beste Schätzwert der Messung verbunden mit der Unsicherheit der Schätzung, ergänzt um Angaben zu den Randbedingungen.

$l = (50.000\,838 \pm 0{,}000\,113)$ mm

mit

- $u_c = 32$ nm
- $k = 3{,}54$ aus der t-Verteilung für $\nu_{eff}(l) = 16$ Freiheitsgrade
- Grad des Vertrauen ist 99,73 %

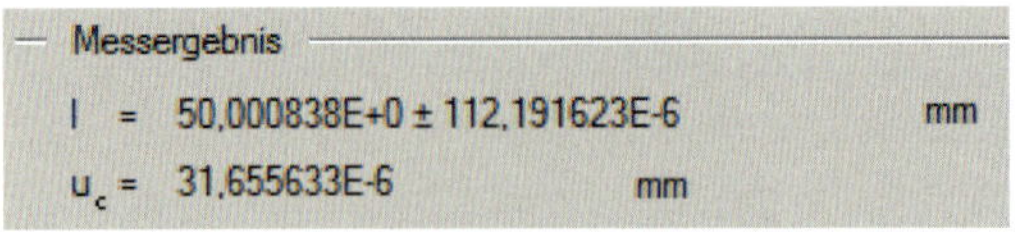

(Berechnung mit qs-STAT® ohne Rundung der Zwischenergebnisse)

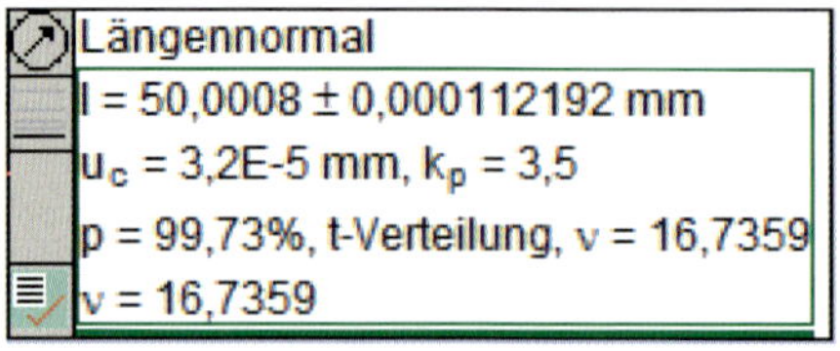

7.4 Kalibrierung eines Gewichtsstückes mit dem Nennwert 10 kg (S2)

HINWEIS: Die Original-Texte in den eingerahmten Textboxen entstammen dem Werk DKD-3-E1 „Angabe der Messunsicherheit bei Kalibrierungen, Ergänzung 1 - Beispiele", Ausgabe 10/1998 [24] (Kalibrierung eines Gewichtsstückes mit dem Nennwert 10 kg, Beispiel S2) und unterliegen dem Urheberrecht des DKD (Copyright © 2002 by DKD, Deutscher Kalibrierdienst bei der Physikalisch-Technischen Bundesanstalt, Postfach 33 45, D-38023 Braunschweig, http://www.dkd.info).

7.4.1 Messaufgabe

S2.1 *Die Kalibrierung eines Gewichtsstückes mit einem Nennwert von 10 kg der OIML-Klasse MI wird durch Vergleich mit einem Referenznormal (OIML-Klasse F2) mit dem gleichen Nennwert unter Verwendung einer Wägeeinrichtung durchgeführt, deren messtechnische Charakteristika zuvor ermittelt worden sind.*

S2.2 *Der konventionelle Wägewert m_x ergibt sich aus:*

$$m_X = m_S + \delta m_D + \delta m + \delta m_C + \delta B \quad \text{(S2.1)}$$

mit:

ms *konventioneller Wägewert des Referenznormals*

δm_D *Drift des konventionellen Wägewertes des Referenznormals seit seiner letzten Kalibrierung*

δm *beobachtete Wägedifferenz zwischen dem zu kalibrierenden Gewichtsstück und dem Referenznormal*

δm_C *Korrektion bezüglich exzentrischer Belastung und magnetischer Effekte*

δB *Korrektion bezüglich des Luftauftriebes*

Die Modellierung enthält 5 Einflussgrößen, die Schritt für Schritt erstellt werden.

7.4.2 Standardunsicherheiten

S2.3 Referenznormal *(m_S): Der Kalibrierschein gibt für das Referenznormal einen Wägewert von 10 000,005 g mit einer beigeordneten erweiterten Messunsicherheit von 45 mg (Erweiterungsfaktor k = 2) an.*

Die Standardmessunsicherheit ergibt sich aus den Angaben einer erweiterten Normalverteilung mit U = 45 mg und dem Erweiterungsfaktor k = 2. Der Schätzwert ist 10 000,005 g.

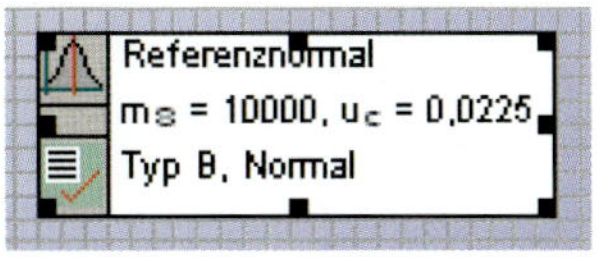

S2.4 Drift des Wertes des Referenznormals (δm_D): *Die Drift des Wägewertes des Referenznormals wird aus früheren Kalibrierungen auf Null mit einer maximalen Abweichung von ± 15 mg geschätzt.*

Diese Standardmessunsicherheit muss aus den Bereichsangaben a = 15 mg unter Annahme einer Rechteck-Verteilung berechnet werden. Der Schätzwert ist 0.

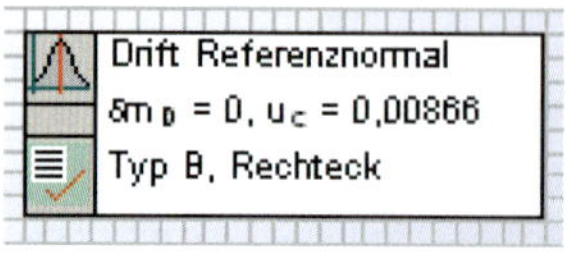

S2.5 Wägeeinrichtung $(\delta m, \delta m_C)$: *Aus einer früheren Ermittlung der Wiederholbarkeit der Differenz der konventionellen Wägewerte zweier Gewichtsstücke des gleichen Nennwertes mit der benutzten Wägeeinrichtung ergibt sich ein zusammengefasster Schätzwert der Standardabweichung von 25 mg. Eine Korrektion bezüglich der Kalibrierung der Wägeeinrichtung wird nicht vorgenommen: Abweichungen bezüglich einer exzentrischen Belastung und magnetischer Effekte wird durch eine Rechteckverteilung mit den Grenzen von ± 10 mg abgeschätzt.*

Hier werden 2 Komponenten beschrieben. Die Wiederholbarkeit wird in S2.8 umgesetzt. Die Einflussgröße für die exzentrische Belastung und magnetische Effekte wird als Bereich angegeben, der mit einer „A Priori"-Rechteckverteilung bewertet wird.

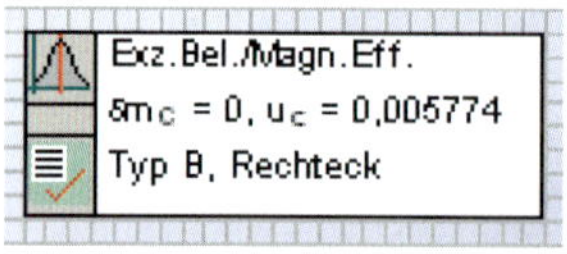

S2.6 Luftauftrieb (δB): *Für den Luftauftrieb wird keine Korrektion angebracht: die Grenzen der hieraus resultierenden Abweichungen werden auf* $\pm 1 \cdot 10^{-6}$ *des Nennwertes geschätzt.*

Der Luftauftrieb wird auf $1 \cdot 10^{-6}$ des Nennwertes geschätzt. Das ergibt bei einem Nennwert vom 10 kg einen Grenzwert von $a = 10 \cdot 10^{-3}$ g = 0,01 g. Dieser Wert wird als rechteckverteilt angesehen.

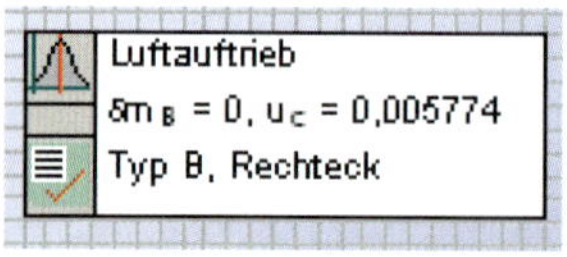

S2.7 Korrelation: *Die Eingangsgrößen werden als unkorreliert angesehen.*

Eine Berücksichtigung von Korrelationen ist somit nicht vorgesehen.

S2.8 Beobachtungen (δm): *Die Wägedifferenz zwischen dem zu kalibrierenden Gewichtsstück und dem Referenznormal wird nach der Substitutionsmethode mit dem Wägezyklus ABBA bestimmt. Es wurden drei Beobachtungen durchgeführt:*

Nr.	Konventioneller Wägewert		Anzeige		Beobachtete Differenz
1	*Referenznormal*		*+0,010 g*		
	zu kalibrierendes Gewichtsstück		*+0,020 g*		
	zu kalibrierendes Gewichtsstück		*+0,025 g*		
	Referenznormal		*+0,015 g*		*+0,01 g*
2	*Referenznormal*		*+0,025 g*		
	zu kalibrierendes Gewichtsstück		*+0,050 g*		
	zu kalibrierendes Gewichtsstück		*+0,055 g*		
	Referenznormal		*+0,020 g*		*+0,03 g*
3	*Referenznormal*		*+0,025 g*		
	zu kalibrierendes Gewichtsstück		*+0,045 g*		
	zu kalibrierendes Gewichtsstück		*+0,040 g*		
	Referenznormal		*+0,020 g*		*+0,02 g*

Arithmetischer Mittelwert: $\overline{\delta m} = 0{,}020\,\text{g}$

Zusammengefasster Schätzwert der Standardabweichung: $s_p(\delta m) = 25\,\text{mg}$

(aus früheren Ermittlungen)

Standardmessunsicherheit: $u(\delta m) = s(\overline{\delta m}) = \dfrac{25\,\text{mg}}{\sqrt{3}} = 14{,}4\,\text{mg}$

Aus den angegebenen Daten ergibt sich ein Schätzwert von 20 mg. Die Standardabweichung der Einzelmessungen von s = 25 mg wird aus S2.5 übernommen und auf eine Standardabweichung/-messunsicherheit der Mittelwerte umgerechnet.

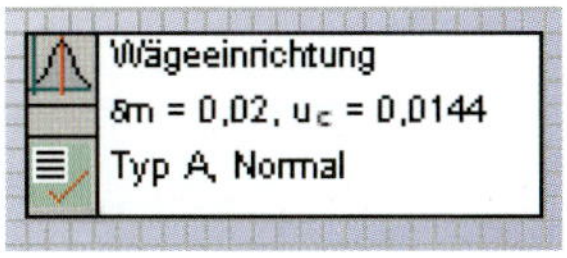

S2.9 Messunsicherheitsbudget *(mx):*

Größe X_i	Schätzwert x_i	Standardmess-unsicherheit $u(x_i)$	Verteilung	Sensitivitäts-koeffizient c_i	Unsicherheits-beitrag $u_i(y)$
m_S	*10 000,005 g*	*22,5 mg*	*Normal*	*1,0*	*22,5 mg*
δm_D	*0,000 g*	*8,66 mg*	*Rechteck*	*1,0*	*8,665 mg*
δm	*0,020 g*	*14,4 mg*	*Normal*	*1,0*	*14,4 mg*
δm_C	*0,000 g*	*5,77 mg*	*Rechteck*	*1,0*	*5,77 mg*
δB	*0,000 g*	*5,77 mg*	*Rechteck*	*1,0*	*5,77 mg*
m_X	*10 000,025 g*				*29,3 mg*

Die Modellfunktion des „Konventionellen Wägewerts“ ist wie eingangs beschrieben die lineare Summe der Einflussgrößen.

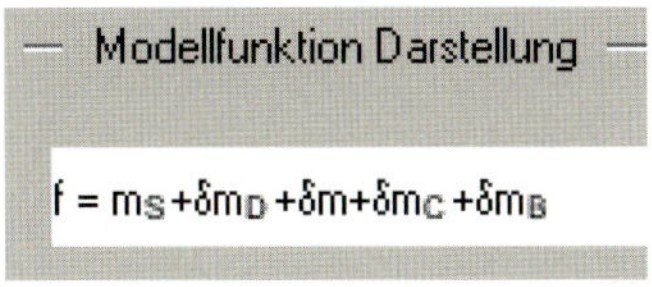

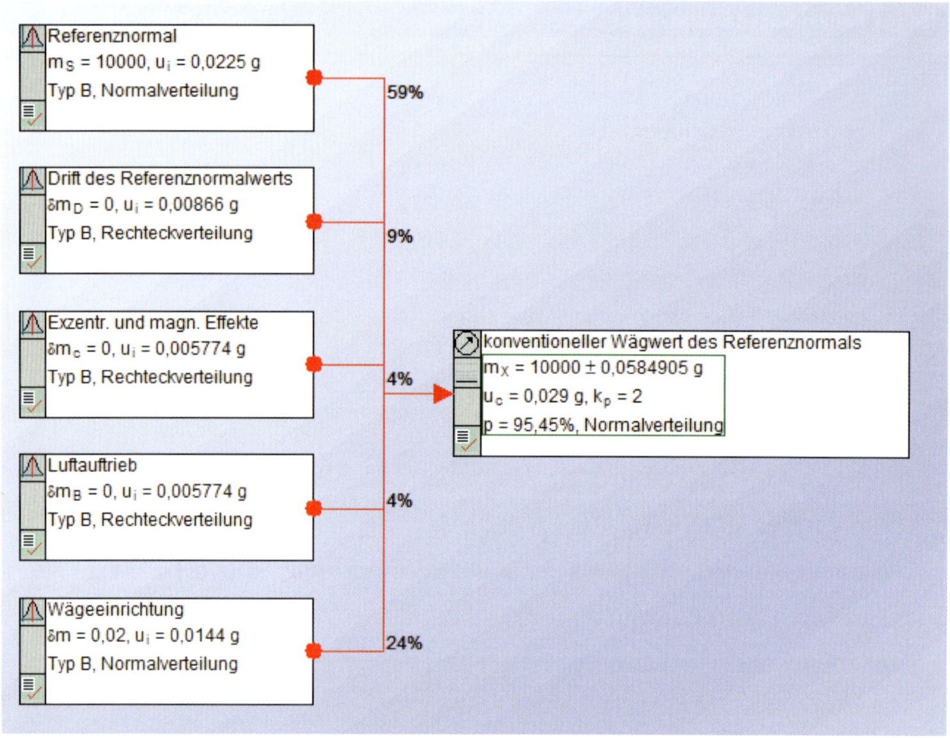

X_i	x_i	Einh.	Typ	E	u	Vert.
Exzentr. und magn. Effekte	δm_c	g	B	0,000	0,00577	Rechteckverteilung
Luftauftrieb	δm_B	g	B	0,000	0,00577	Rechteckverteilung
Drift des Referenznormalwerts	δm_D	g	B	0,000	0,00866	Rechteckverteilung
Wägeeinrichtung	δm	g	B	0,0200	0,0144	Normalverteilung
Referenznormal	m_S	g	B	10000	0,0225	Normalverteilung
konventioneller Wägwert des Referenznormals	m_X	g	---	10000	0,0292	Normalverteilung

7.4.3 Erweiterte Messunsicherheit und vollständiges Messergebnis

S2.10 Erweiterte Messunsicherheit

$$U = k \cdot u(m_x) = 2 \cdot 29{,}3 \text{ mg} \cong 59 \text{ mg}$$

Durch einen Erweiterungsfaktor von k = 2 ergibt sich eine erweiterte Messunsicherheit von U = 59 mg, die nun zusammen mit dem ermittelten Wägewert zum vollständigen Messergebnis führt:

S2.11 Vollständiges Messergebnis

Der ermittelte konventionelle Wägewert des Gewichtsstücks mit dem Nennwert 10 kg beträgt m_x *= 10,000 025 kg ± 59 mg.*

Angegeben ist die erweiterte Messunsicherheit, die sich aus der Standardmessunsicherheit durch Multiplikation mit dem Erweiterungsfaktor k = 2 ergibt. Sie entspricht bei einer Normalverteilung der Abweichungen vom Messwert einer Überdeckungswahrscheinlichkeit von 95 %.

Durch Monte Carlo Simulation ist hervorragend darstellbar, dass die Annahme einer Normalverteilung für die erweiterte Messunsicherheit in diesem Falle korrekt ist.

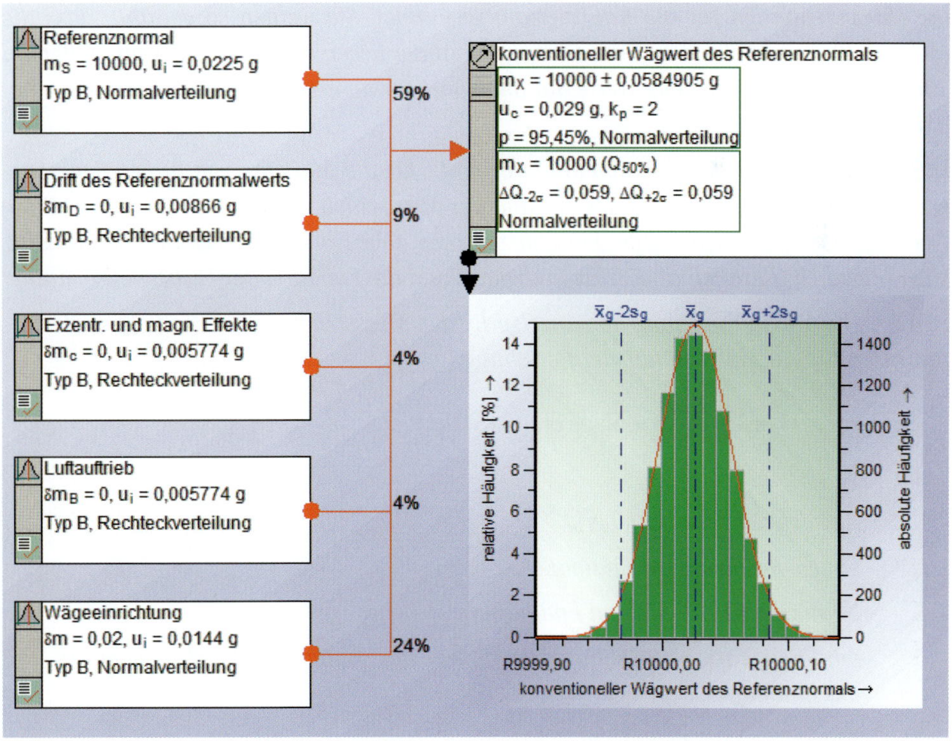

7.5 Kalibrierung eines Messschiebers

HINWEIS: Die Original-Texte in den eingerahmten Textboxen entstammen dem Werk DKD-3-E1 „Angabe der Messunsicherheit bei Kalibrierungen, Ergänzung 1 - Beispiele", Ausgabe 10/1998 [27] (Kalibrierung eines Gewichtsstückes mit dem Nennwert 10 kg, Beispiel S10) und unterliegen dem Urheberrecht des DKD (Copyright © 2002 by DKD, Deutscher Kalibrierdienst bei der Physikalisch-Technischen Bundesanstalt, Postfach 33 45, D-38023 Braunschweig, http://www.dkd.info). Das vollständige Beispiel zur Anwendung mit qs-STAT® finden Sie im Downloadbereich unter www.q-das.de

7.5.1 Messaufgabe

S10.1 *Ein Messschieber aus Stahl wird gegen Endmaße der Klasse I aus Stahl, die als Gebrauchsnormale dienen, kalibriert. Der Messbereich des Messschiebers beträgt 0 bis 150 mm. Die Auflösung beträgt 0,05 mm (der Skalenteilungswert der Hauptskala beträgt 1 mm, der des Nonius 1/20 mm). Mehrere Endmaße mit Nennlängen im Bereich 0,5 mm bis 150 mm werden für die Kalibrierung verwendet. Sie werden so gewählt, dass die Messpunkte in fast gleichen Abständen voneinander liegen (z. B. 0 mm, 50 mm, 100 mm, 150 mm), aber verschiedene Werte auf der Noniusskala ergeben (z. B. 0,0 mm, 0,3 mm, 0,6 mm, 0,9 mm).*

Das Beispiel betrifft den 150-mm-Kalibrierpunkt für die Messung von Außenabmessungen. Vor der Kalibrierung wird der Zustand des Messschiebers mehrfach überprüft. Diese Prüfungen beziehen sich auf die Einschätzung des Abbe-Fehlers, die Qualität der Messflächen (Ebenheit, Parallelität, Rechtwinkligkeit) und die Funktion der Feststelleinrichtung.

S10.2 *Die Messabweichung der Anzeige Ex des Messschiebers bei der Referenztemperatur t0 = 20 °C ergibt sich aus der Beziehung:*

$$E_X = l_{iX} - l_S + L_S \cdot \overline{\alpha} \cdot \Delta t + \delta l_{iX} + \delta l_M \qquad (S10.1)$$

mit

l_{ix} - *Anzeige des Messschiebers,*

l_s - *Länge des benutzten Endmaßes,*

L_S - *Nennlänge des benutzten Endmaßes,*

$\overline{\alpha}$ - *mittlerer Wärmeausdehnungskoeffizient des Materials des Messschiebers und des Endmaßes,*

Δt - *Temperaturunterschied zwischen Messschieber und Endmaß,*

δl_{iX} - *Korrektion für endliche Auflösung der Messschieber,*

δl_M - *Korrektion für mechanische Effekte wie aufgebrachte Messkraft, Abbe-Fehler, Ebenheits- und Parallelitätsabweichung der Messflächen.*

Zur Verdeutlichung kann der Temperatureinfluss als Zwischenergebnis $d_T = L_S \cdot \overline{\alpha} \cdot \Delta t$ berechnet werden.

Damit ist $E_x = l_{ix} - l_S + d_T + \delta l_{ix} + \delta l_m$

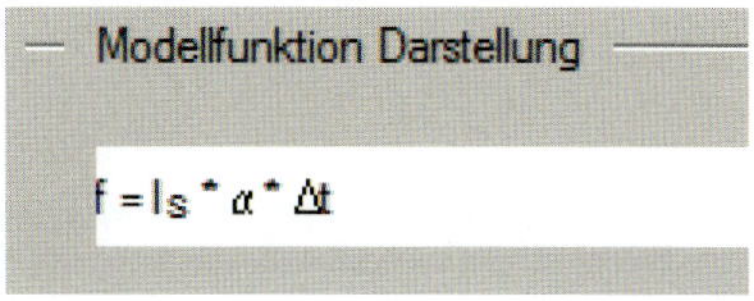

7.5.2 Standardmessunsicherheit (S10.3 – S10.9)

S10.3 Gebrauchsnormale *(l_s, L_s): Die Längen der als Gebrauchsnormale verwendeten Bezugsendmaße werden zusammen mit der beigeordneten erweiterten Messunsicherheit im Kalibrierschein angegeben. Dieser Schein bestätigt, dass die Endmaße den Anforderungen für Endmaße der Klasse I gemäß DIN EN ISO 3650 entsprechen, d. h. dass das Mittenmaß der Endmaße innerhalb von ± 0,8 µm mit der Nennlänge übereinstimmt. Bei den Istlängen der Endmaße werden die Nennlängen ohne Korrektion verwendet, wobei die Toleranzgrenzen als obere und untere Grenze des Variabilitätsbereiches genommen werden.*

Standardmessunsicherheitskomponente		Normal Istmaß
Bezugsendmaß	l_S	Methode B
Schätzwert		l_S = 150,00 mm
Standardmessunsicherheit		$u(l_S)$ = 0,46 µm
Ermittelt mit folgenden Informationen	Fehlergrenze	a = 0,8 µm
	A-Priori-Verteilung Rechteck	b = 0,6
Anmerkung	Die Fehlergrenze wird oftmals auch als „(DIN-)Toleranz des Messschiebers" bezeichnet	

Standardmessunsicherheitskomponente		Normal Nennmaß
Bezugsendmaß	L_S	Methode B
Schätzwert		L_S = 150,00 mm
Standardmessunsicherheit		$u(L_S)$ = 0 µm
Ermittelt mit folgenden Informationen		
Anmerkung	Dieses Maß ist die Nennlänge und wird als ausreichend genau betrachtet, um die durch die Temperatur verursachte Unsicherheit zu bestimmen. Würde man korrekterweise l_S statt L_S zur Berechnung heranziehen, dann wäre die Rechnung komplexer ohne weitere relevante Informationen zu liefern.	

S10.4 Temperatur *(Δt, $\overline{\alpha}$): Nach einer ausreichenden Temperierzeit sind die Temperaturen des Messschiebers und des Endmaßes innerhalb ± 2 °C gleich. Der mittlere Wärmeausdehnungskoeffizient ist $11{,}5 \cdot 10^{-6} \cdot K^{-1}$ (Die Unsicherheit des mittleren Wärmeausdehnungskoeffizienten und der Differenz der Wärmeausdehnungskoeffizienten ist nicht* *berücksichtigt worden; ihr Einfluss wird im vorliegenden Fall als vernachlässigbar angesehen. Siehe DKD-3-E1 (engl. EA-4/02-S1), Beispiel S4).*

Standardmessunsicherheitskomponente		**Temperatur**
Bezugsendmaß	d_L	Methode B
Schätzwert		d_L = 0 mm
Standardmessunsicherheit		$u(d_L)$ = 2 µm
Ermittelt mit folgenden Informationen	Berechnung d_L	$d_L = \Delta t \cdot \overline{\alpha} \cdot L_S$
	Temperaturdifferenz	Δt = 2 °C
	Wärmeausdehnungskoeffizient	$\overline{\alpha} = 11{,}5 \cdot 10^{-6} \cdot K^{-1}$
	Nennmaß Normal (S 10.3)	L_S = 150,00 mm
Anmerkung	Als vernachlässigbar angesehen werden die ▪ Unsicherheit der Wärmeausdehnungskoeffizienten ▪ Differenz der Wärmeausdehnungskoeffizienten	

S10.5 Auflösung des Messschiebers *(δl_{iX}): Die Skalenteilung der Noniusskala beträgt 0,05 mm. Daher wird angenommen, dass den abgelesenen Werten aufgrund der endlichen Auflösung eine Rechteckverteilung mit der Halbweite ±25 µm zuzuordnen ist.*

Der Gesamteinfluss der Temperatur ist im Element „Temperatureinfluss“ dargestellt. Das Histogramm verdeutlicht den Streuanteil der rechteckverteilten Einflussgröße.

Standardmessunsicherheitskomponente		**Auflösung**
Bezugsendmaß	δl_{iX}	Methode B
Schätzwert		δl_{iX} = 0 mm
Standardmessunsicherheit		$u(\delta l_{iX})$ = 15 µm
Ermittelt mit folgenden Informationen	Fehlergrenze	a = 25 µm
	Aus Skalenteilung Nonius	SKT = 50 µm
	A-Priori-Verteilung Rechteck	b = 0,6
Anmerkung	Die Auflösung ist A = 50 µm = ±a, daraus folgt die Halbweite a = A/2 = 25 µm	

S10.6 Mechanische Effekte *(δl_M): Diese Effekte umfassen die aufgebrachte Messkraft, den Abbe-Fehler und das Spiel zwischen der Führungsschiene und dem beweglichen Messschnabel. Zusätzliche Effekte können verursacht werden, wenn die Messflächen nicht ausreichend eben, nicht parallel zueinander und nicht rechtwinklig zur Führung sind. Um den Aufwand zu minimieren, wird nur der Gesamtbereich der möglichen Abweichungen, die innerhalb ±50 µm liegen, berücksichtigt.*

Standardmessunsicherheitskomponente		Mechanische Effekte
Bezugsendmaß	δl_M	Methode B
Schätzwert		δl_M = 0 mm
Standardmessunsicherheit		$u(\delta l_M)$ = 29 µm
Ermittelt mit folgenden Informationen	Fehlergrenze	a = 50 µm
	A-Priori-Verteilung Rechteck	b = 0,6
Anmerkung		

S10.7 Korrelation: *Die Eingangsgrößen werden als unkorreliert angesehen.*

S10.8 Messungen *(l_{iX}): Die Messung wird mehrfach wiederholt, ohne dass bei den Beobachtungen eine Streuung festgestellt wird. Die Unsicherheit aufgrund begrenzter Wiederholpräzision liefert demnach keinen Beitrag. Das Messergebnis für das 150-mm-Endmaß beträgt 150,10 mm.*

Die Wiederholmessungen ergeben durchweg den gleichen Wert. Würden die Messungen streuen, so wäre eine weitere Unsicherheit aus der Wiederholung zu berücksichtigen, die gegebenenfalls gegen die Angaben zu den mechanischen Effekten abzuwägen ist.

Standardmessunsicherheitskomponente		Wiederholmessungen
Bezugsendmaß	l_{iX}	Methode A
Schätzwert		l_{iX} = 150,10 mm
Standardmessunsicherheit		$u(l_{iX})$ = 0 µm
Ermittelt mit folgenden Informationen	Standardabweichung	s = 0 µm
	Statistische Normalverteilung	
Anmerkung		

S10.9 Messunsicherheitsbudget *(E_X):*

Größe X_i	Schätzwert x_i	Standardmess-unsicherheit $u(x_i)$	Verteilung	Sensitivitäts-koeffizient c_i	Unsicherheits-beitrag $u_i(y)$
l_{iX}	150,10 mm	-	-	-	-
l_s	150,00 mm	0,46 µm	Rechteck	−1,0	−0,46 µm
Δt	0	1,15 K	Rechteck	1,7 µm K^{-1}	2,0 µm
δl_{iX}	0	15 µm	Rechteck	1,0	15 µm
δl_M	0	29 µm	Rechteck	1,0	29 µm
E_X	0,10 mm	33 µm			

7.5.3 Erweiterte Messunsicherheit und vollständiges Messergebnis

S10.10 Erweiterte Messunsicherheit: *Die dem Ergebnis beizuordnende Messunsicherheit wird durch die von der Messkraft und der endlichen Auflösung der Noniusskala herrührenden Einflüsse dominiert. Daraus resultiert keine Normalverteilung, sondern eine im Wesentlichen trapezförmige mit einem Verhältnis $\beta = 0{,}33$ der Halbweite des Plateaubereichs zur Halbweite des gesamten Variationsbereichs. Daher ist die in Anhang E von DKD-3 (engl. EA-4/02) beschriebene Methode der effektiven Freiheitsgrade nicht anwendbar. Der aus dieser Trapezverteilung abgeleitete Erweiterungsfaktor $k = 1{,}83$ ergibt sich aus Gl. (S10.10) des Abschnitts S10.13 (Mathematischer Hinweis). Daher ist*

$$U = k \cdot u(E_x) = 1{,}83 \cdot 0{,}033\ \text{mm} \cong 0{,}06\ \text{mm}$$

Die Bestimmung der kombinierten Messunsicherheit u_C sowie der erweiterten Messunsicherheit U ist im Flussbild in Bild 7.11 dargestellt.

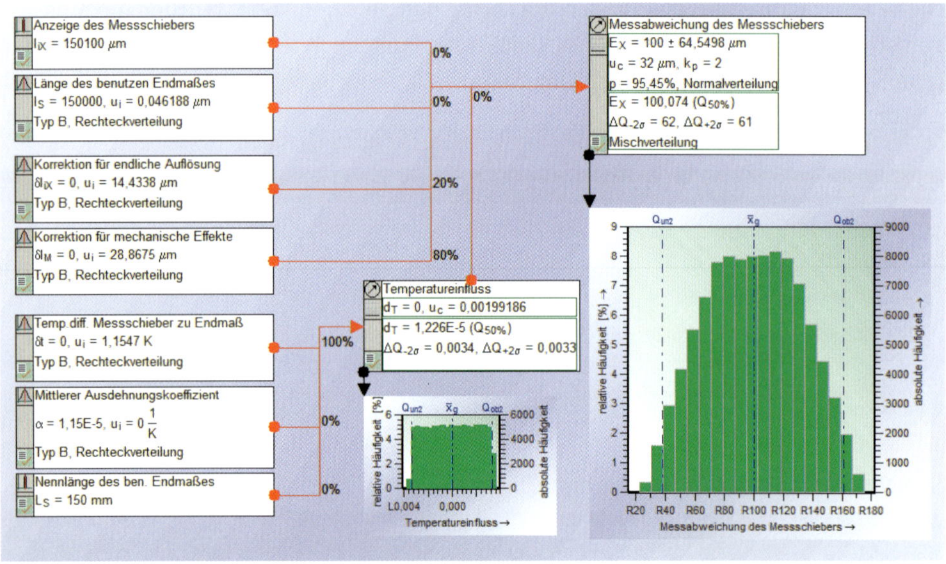

Bild 7.11 Flussbild DKD-3-E2 Beispiel S10

Durch die Monte Carlo Simulation ist deutlich erkennbar, dass, wie im Abschnitt S10.10 erklärt, die resultierende Unsicherheit nicht mit einer Normalverteilung zu beschreiben ist. Die allgemein übliche Berechnung mit einem Erweiterungsfaktor von k = 2 führt zu einem leicht abweichenden Ergebnis. Die Bestimmung der zu 95,45 % äquivalenten Quantilsabstände $\Delta Q_{-2\sigma}$ und $\Delta Q_{+2\sigma}$ über die Monte Carlo Simulation bestätigen die theoretische Herleitung des DKD-3-E2. Sehr gut zu erkennen ist auch der Temperatureinfluss, der allerdings auf das Gesamtbudget keinen relevanten Einfluss nimmt.

HINWEIS: Davon ausgehend, dass diese Kalibrieraufgabe eine tägliche Routinearbeit in Kalibrierlabors ist, lohnt es sich natürlich Gedanken über eine Vereinfachung zu machen. Im vorliegenden Fall bestimmt sich die gesamte Unsicherheit einzig und alleine aus der gegebenen Auflösung und der geschätzten Korrektion für mechanische Effekte, die hier eindeutig überwiegt. Die Messungen selbst wirken nur als Korrektion und haben faktisch keinen Einfluss auf die Unsicherheit. Weitere Einflüsse mit Ausnahme der Temperatur können als unveränderlich angenommen werden.

Der Input für die Berechnung der Messunsicherheit enthält also nur die Messwerte, die Temperaturdifferenz sowie die Daten des benutzten Normals. In diesem Fall wurde der Istwert des Normals auch zur Berechnung der Temperatureffekte genutzt.

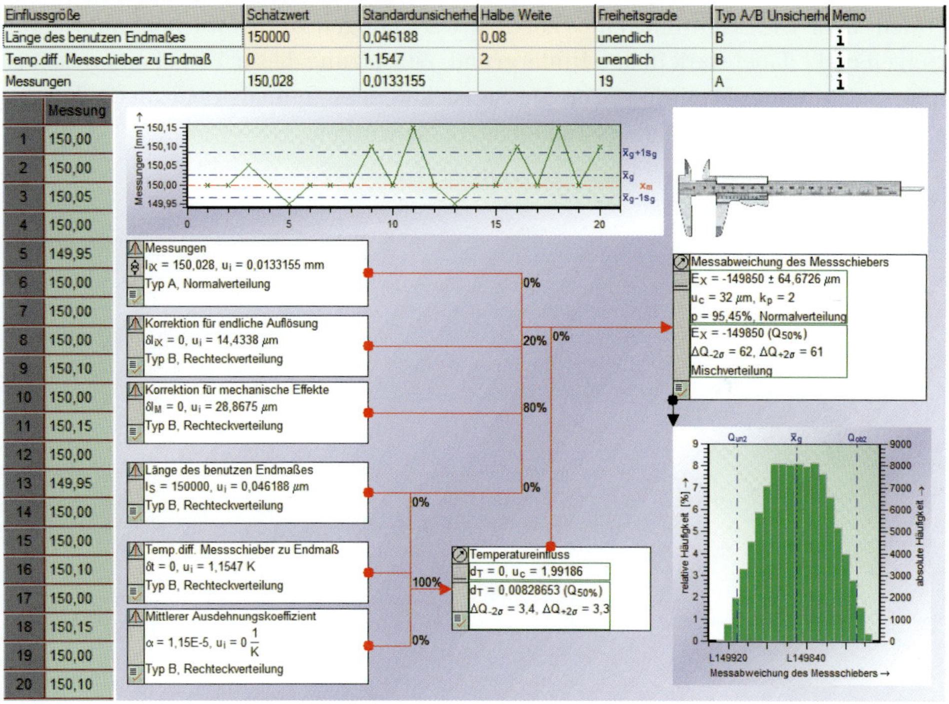

S10.11 Vollständiges Messergebnis: *Am Kalibrierpunkt 150 mm beträgt die Messabweichung der Anzeige des Messschiebers (0,10 ± 0,06) mm.*

Angegeben ist die erweiterte Messunsicherheit, die sich aus der Standardmessunsicherheit durch Multiplikation mit dem Erweiterungsfaktor k = 1,83 ergibt. Sie entspricht bei der angenommenen Trapezverteilung einer Überdeckungswahrscheinlichkeit von 95 %.

7.6 Interpretation des GUM für Prüfprozesse in der Serienfertigung

Die in Kapitel 7.2 beschriebene analytische Ermittlung der Messunsicherheit ist für komplexere Messsysteme oder Prüfprozesse in der Serienfertigung nicht durchführbar. Die Anzahl der Einflussgrößen ist zu hoch, die Zusammenhänge sind zu komplex, Korrelationen sind schwer abzuschätzen und schon alleine die Ableitung eines mathematischen Modells erfordert einen ökonomisch nicht zu vertretenden Aufwand. Einflüsse der Bediener (Motivation), des Umfelds (Verschmutzung) und des Objekts (Formfehler) sind in dieser Modellierung kaum vollständig zu erfassen. Aus diesem Grunde verlagert man die rein analytische Modellierung zu einer eher phänomenologische Beschreibung, in der die Frage nach streuungsbeeinflussenden Störfaktoren gestellt wird. Die Ermittlung eines korrigierten richtigen Wertes wie bei Kalibriervorgängen rückt dabei stark in den Hintergrund. Zielsetzung dieser Vorgehensweisen ist in erster Linie die Ermittlung von Messunsicherheiten, oftmals über Methoden, die aus dem Bereich der Fähigkeitsstudien adaptiert wurden.

8 Erweiterte Messunsicherheit nach ISO 22514-7 bzw. VDA 5

8.1 Ablaufschema

Die Bestimmung der Erweiterten Messunsicherheit im Sinne der GUM [21] ist für Messprozesse, die direkt in der Fertigung bzw. Produktion eingesetzt werden, zu komplex und insbesondere vom Praktiker nicht nachvollziehbar. Dies war Anlass für den VDA, in seinem VDA Band 5 [40] das Prozedere zur Bestimmung der Erweiterten Messunsicherheit zu vereinfachen, zu schematisieren und damit praktikabler zu machen. Diese Vorgehensweise ist auch identisch mit der Norm ISO 22514-7 [22]. Prinzipiell liegt dieser Vorgehensweise die in Bild 8.1 dargestellte Struktur zu Grunde.

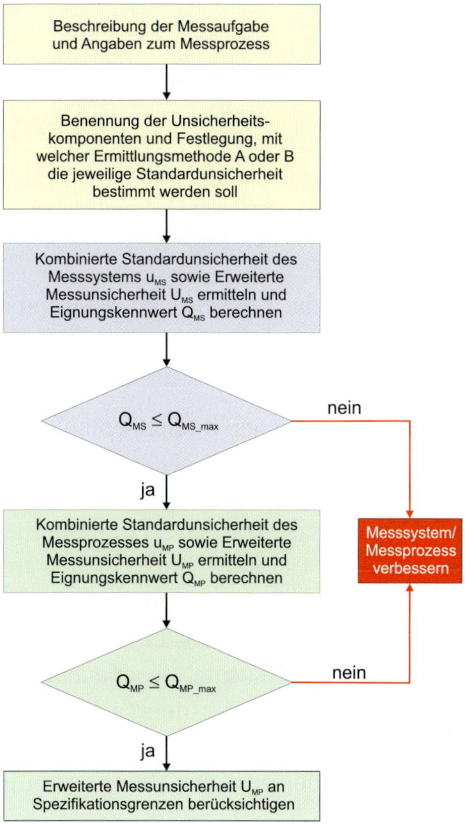

Bild 8.1 Ablauf bei der Bestimmung der erweiterten Messunsicherheit

Dabei wird zwischen den Einflussparametern, die per Definition dem Messsystem und den restlichen Einflussparametern, die den gesamten Messprozess beschreiben, unterschieden (s. Bild 8.2). Diese Aufteilung ist sinnvoll, da somit das Messsystem allein und unabhängig von dem eigentlichen Anwendungsfall beurteilt werden kann. Für die Hersteller von Messgeräten und insbesondere bei Standardmessmitteln ist diese separate Betrachtung sehr hilfreich, da jederzeit für ein Messsystem ein Eignungskoeffizient bestimmt werden kann, der mit einem vorgegebenen Grenzwert zu vergleichen ist, um die Eignung zu bestätigen bzw. abzulehnen.

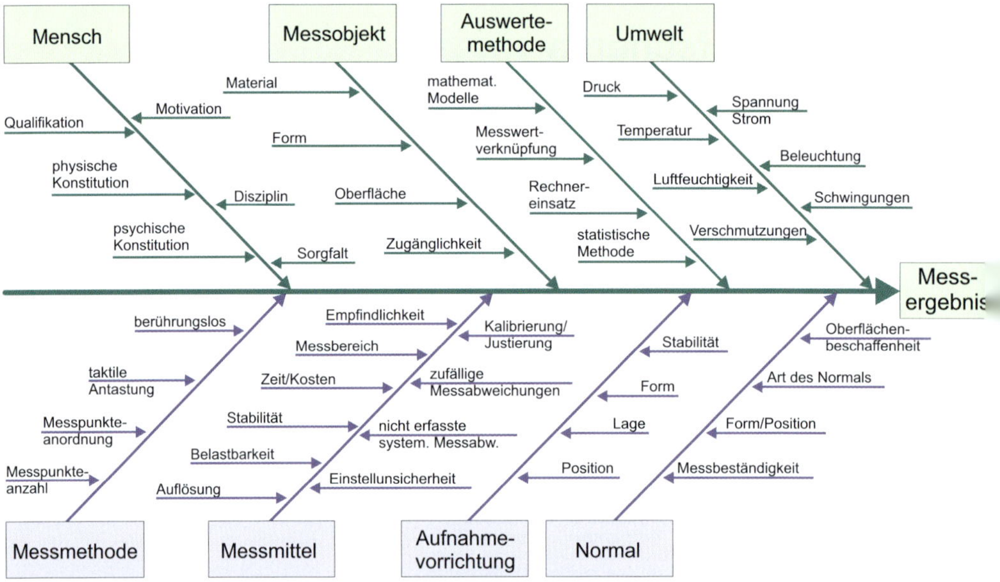

Bild 8.2 Wichtige Einflüsse auf die Unsicherheit von Messergebnissen
Quelle: VDA 5 Prüfprozesseignung

Wie oben erwähnt, wird zwischen der Unsicherheit aufgrund der Einflussparameter des:

- **Messsystems U_{MS}** und
- Der Unsicherheit aufgrund der restlichen Komponenten des **Messprozesses U_{MP}**

unterschieden. Diese Aufteilung wird in der GUM so nicht vorgenommen, ist aber sehr sinnvoll. Denn erfüllt bereits das Messsystem die Anforderungen nicht, können weitere Untersuchungen entfallen. Um diese Entscheidung treffen zu können, wird zunächst die kombinierte Standardunsicherheit des Messsystems u_{MS} und der Eignungskennwert Q_{MS} berechnet. Ist der Eignungskennwert kleiner gleich dem vorgegebenen Grenzwert Q_{MS_max}, ist das untersuchte Messsystem für den Anwendungsfall verwendbar und der Messprozess wird weiter untersucht. Falls diese Forderung nicht erfüllt wird, ist die weitere Betrachtung des Messprozesses hinfällig, da sich durch die zusätzlichen Einflussfaktoren der gesamte Messprozess in der Regel nur noch verschlechtert.

Wird das Messsystem als geeignet beurteilt, erfolgt die Beurteilung der weiteren Einflusskomponenten und damit des gesamten **Messprozesses** anhand der Erweiterten Messunsicherheit U_{MP}. Anschließend wird der Eignungskennwert für den Messprozess Q_{MP} berechnet und mit einem vorgegebenen Grenzwert Q_{MP_max} verglichen, um über die Eignung des Messprozesses zu entscheiden.

HINWEIS: Bei einer Fähigkeitsuntersuchung gemäß Verfahren 1 (s. Kapitel 4.2.4), bei der der C_g- bzw. C_{gk}-Wert bestimmt wird, betrachtet man auch nur das Messsystem. Daher kann die Bestimmung der Erweiterten Messunsicherheit bzw. der Eignungskennwert des Messsystems mit der Betrachtung im Sinne des Verfahrens 1 verglichen werden. Ein direkter Vergleich zwischen C_g bzw. C_{gk} und U_{MS} bzw. Q_{MS} ist allerdings nicht möglich. Sehr wohl können aber die Daten zur Bestimmung von C_g bzw. C_{gk} unverändert zur Berechnung von U_{MS} verwendet werden. ■

8.1.1 Schematisierte Vorgehensweise

Zunächst ist der Anwendungsfall des Messprozesses allgemein zu beschreiben. Dabei sind Hinweise auf irgendwelche Spezifikationen und zu beachtende Besonderheiten, die bei dem Messprozess zum Tragen kommen, hilfreich. Genannt werden müssen alle Einflusskomponenten, die sowohl beim Messsystem als auch beim Messprozess wirken können. Ist man sich unschlüssig, ob ein Parameter eine Auswirkung auf die Messunsicherheit hat oder nicht, sollte man diesen auf jeden Fall anhand eines Versuchs explizit beurteilen. Nur so kann man sicher sein, keine wesentlichen Einflüsse zu übersehen. Weiter kann in dieser Phase bereits festgelegt werden, ob die jeweilige Einflusskomponente gemäß Methode A oder Methode B beurteilt wird. Prinzipiell ist empfohlen, die Beurteilung soweit wie möglich anhand eines Versuches (Methode A) durchzuführen. Theoretische Abschätzungen, wie sie bei Methode B verwendet werden, können sehr leicht zu Fehleinschätzungen führen.

Anschließend sind die wichtigsten Angaben zum Messsystem, (Messgerät, ggf. Hilfsvorrichtungen, Messmethode, Normal und Umgebungsbedingungen) zu dokumentieren. Danach werden die Standardunsicherheitskomponenten des Messsystems (Abschnitt 8.1.3) berechnet und damit diese prinzipielle Eignung (Abschnitt 8.1.2) für das Messsystem nachgewiesen.

Ist das Messsystem geeignet, werden die restlichen Komponenten des gesamten Messprozesses in gleicher Weise betrachtet und die Erweiterte Messunsicherheit U_{MP} bzw. der Eignungskennwert Q_{MP} (Abschnitt 8.1.2) bestimmt.

Daraus lässt sich folgende schematische Vorgehensweise ableiten:

1. **Beschreibung der Messaufgabe**

   Spezifikation der Messaufgabe

2. **Angaben zum Messsystem**

   Es sind Messgerätetyp, Hersteller, Messbereich, Skalenteilung, Wiederholbarkeit, Linearität usw. und Angaben zum Normal bzw. Referenzteil festzuhalten.

3. **Nachweis der Eignung des Messsystems**

   Die erwarteten Unsicherheitskomponenten des Messsystems sind zu benennen und das Unsicherheitsbudget für das „Messsystem" u_{MS} ist entweder gemäß Methode A oder Methode B zu bestimmen.

   Anschließend wird der Eignungskennwert für das Messsystem Q_{MS} berechnet, um festzustellen, ob das Messsystem für die Messaufgabe prinzipiell geeignet ist.

4. **Nachweis der Eignung des Messprozesses**

   Die erwarteten Unsicherheitskomponenten des Messprozesses sind zu benennen, das Unsicherheitsbudget des Messsystems u_{MP} zu bestimmen und die Erweiterte Messunsicherheit des Messprozesses U_{MP} zu berechnen.

   Anschließend wird der Eignungskennwert für den Messprozess Q_{MP} berechnet, um festzustellen, ob der Messprozess für die Messaufgabe prinzipiell geeignet ist.

5. **Auswirkung auf die Grenzen**

Die unter 4. berechnete Erweiterte Messunsicherheit U_{MP} muss bei der Beurteilung an den vereinbarten Spezifikationsgrenzen berücksichtigt werden.

Die schwierigste Aufgabe bei der oben beschriebenen Vorgehensweise für die Eignungsnachweise von Messsystem und Messprozess sind die Schritte 3 und 4. Dabei gilt es für jeden Einflussparameter die richtige Auswirkung auf die Messunsicherheit abzuschätzen. Unabhängig, ob dies aufgrund der Vorgehensweise gemäß der Methode A oder Methode B erfolgt. Oftmals gibt es sogar für ein und denselben Sachverhalt unterschiedliche Berechnungsmöglichkeiten. Daher ist anhand einer Risikobewertung die Grenze der jeweiligen Betrachtungsweise zu bewerten und zu dokumentieren.

HINWEIS: Da es sowohl bei der Methode A als auch bei der Methode B mehrere Berechnungsformeln zur Bestimmung von $u(x_i)$ gibt, ist bei jeder Auswertung diese mit anzugeben, bzw. in einer Richtlinie/Verfahrensanweisung eine genaue Vorgehensweise festzulegen. Um die Vergleichbarkeit für spätere oder andere Untersuchungen in einem Unternehmen zu gewährleisten, ist die jeweilige Berechnung einer Standardunsicherheit möglichst genau zu spezifizieren. ■

8.1.2 Eignung des Messprozesses mit minimaler Toleranz

An dieser Stelle wird bereits angenommen, dass die Erweiterte Messunsicherheit des Messsystems U_{MS} bzw. der Messprozess U_{MP} bekannt sind, obwohl deren Berechnung erst in den folgenden Abschnitten beschrieben wird.

Ein Messsystem bzw. Messprozess ist im Sinne des VDA Band 5 [40] geeignet, wenn gilt:

Messsystem: $Q_{MS} \leq Q_{MS\_max}$ mit $Q_{MS} = \frac{2 \cdot U_{MS}}{TOL} \cdot 100\%$

Als Grenzwert für Q_{MS_max} wird 15 % empfohlen.

Messprozess: $Q_{MP} \leq Q_{MP\_max}$ mit $Q_{MP} = \frac{2 \cdot U_{MP}}{TOL} \cdot 100\%$

Als Grenzwert für Q_{MP_max} wird 30 % empfohlen.

Wie bereits oben erwähnt, ist es sinnvoll, vor der Untersuchung des gesamten Messprozesses zunächst die prinzipielle Eignung des Messsystems festzustellen. Dies ist weniger zeitaufwendig. Kennt man die Erweiterte Messunsicherheit des Messsystems und damit den Eignungskennwert kann dieses Ergebnis in Bezug auf die Toleranz verallgemeinert werden.

In die Formel zur Bestimmung von Q_{MS} kann zunächst jede beliebige Toleranz (TOL) eingesetzt werden, zumal man bei der reinen Untersuchung des Messsystems die konkrete Toleranz, wie sie später beim Messprozess zum Tragen kommt, unter Umständen noch nicht kennt. Setzt man den empfohlenen Grenzwert für das Messsystem $Q_{MS\_max} = 15\%$ in die Formel ein, so kann eine minimale Toleranz berechnet werden, bei der das Messsystem gerade noch geeignet ist.

Die minimale Toleranz für das Messsystem ergibt sich aus:

$$TOL_{min\_MS} = \frac{2 \cdot U_{MS}}{Q_{MS\_max}} \cdot 100\%$$

Das so untersuchte Messsystem kann, falls es sich für die Messaufgabe eignet, für mehrere Messprozesse eingesetzt werden. Bei einem konkreten Messprozess ist die Toleranz (TOL) bekannt. Ist diese größer als die bekannte minimale Toleranz des Messsystems, so kann das Messsystem für diesen Messprozess verwendet werden.

Mit dieser Vorgehensweise kann man unterschiedliche Messsysteme, und dies gilt insbesondere für Standardmessmittel, einzeln betrachten und die minimale Toleranz TOL_{min_MS} bestimmen. Damit ist eine Klassifizierung der Messsysteme möglich. So können Messsysteme für bestimmte Messaufgaben bezüglich der minimalen Toleranz bestimmten Klassen zugeordnet werden. Ist eine konkrete Messaufgabe zu erfüllen, ist die jeweilige Toleranz bekannt. Aufgrund der Klassifizierung kann nun leicht entschieden werden, welches Messsystem für einen konkreten Messprozess prinzipiell verwendet werden kann.

Die minimale Toleranz für den Messprozess ergibt sich aus:

$$TOL_{min\_MP} = \frac{2 \cdot U_{MP}}{Q_{MP\_max}} \cdot 100\% \quad \text{für den Messprozess}$$

Als Grenzwert für Q_{MS_max} wird im VDA Band 5 15 % und für Q_{MP_max} 30 % vorgeschlagen. Es handelt sich dabei um eine Empfehlung, die sicherlich nicht für alle Messprozesse verwendet werden kann. Daher ist im Einzelfall immer abzuwägen, ob die Grenzwerte sinnvoll sind oder nicht. Dies gilt insbesondere bei komplexeren Messprozessen oder sogenannten Sonderfällen, bei denen die Grenzwerte individuell festgelegt werden müssen.

HINWEIS 1: Bei der Festlegung der Grenzwerte hat man sich bezüglich der Q_{MP_max} = 30 % und an dem maximalen Grenzwert für %GRR, wie er in der MSA [1] vorgegeben ist, orientiert. Wohl wissend, dass dies eine schärfere Forderung ist, da bei der Bestimmung von %GRR bei weitem nicht alle Einflusskomponenten berücksichtigt sind. ■

HINWEIS 2: Als Grenzwert für das Messsystem Q_{MS_max} wird der halbe Wert vom Grenzwert des Messprozesses empfohlen. Dabei wird angenommen, dass 50 % der Einflüsse vom Messsystem kommen und 50 % von den restlichen Einflusskomponenten, die beim Messprozess wirken. Ob dies im Einzelfall zutreffend ist oder nicht, kann nicht zwangsläufig verallgemeinert werden. Daher könnte folgender Widerspruch eintreten:

Bei der Untersuchung des Messsystems ergibt sich ein Q_{MS}-Wert, der größer ist als Q_{MS_max}. Sind bei einem konkreten Messprozess die Einflüsse der restlichen Komponenten auf die Messunsicherheit gering, so kann auch das nicht geeignete Messsystem in diesem Fall sehr wohl zu einem geeigneten Messprozess führen. In der Regel wird dies aber die Ausnahme sein, da die restlichen Komponenten des Messprozesses wie Bediener-, Objekt- oder Temperatureinfluss einen erheblichen Beitrag zur Messunsicherheit leisten. ■

HINWEIS: Auch wenn Grenzwerte nicht immer zutreffend und pauschal verwendet werden können, empfiehlt sich immer, unabhängig von der Anwendung, zunächst diese heranzuziehen. Erst wenn nach Verbesserungsmaßnahmen an Messsystem und Messprozess diese Grenzwerte nicht eingehalten werden können, sollte über Sonderregelungen nachgedacht und in bestimmten Fällen Ausnahmen zugelassen werden. ■

8.1.3 Bestimmung der Standardunsicherheiten

Die schwierigste Aufgabe bei der Berechnung der Erweiterten Messunsicherheit sowohl für Messsysteme als auch Messprozesse ist die Bestimmung der Standardunsicherheit für die jeweilige Einflusskomponente. Dazu sieht die GUM [23] prinzipiell zwei unterschiedliche Vorgehensweisen vor:

Methode A:

Es wird ein Versuch durchgeführt, bei dem die Auswirkung einer Einflusskomponente ermittelt wird. Basierend auf den Versuchsergebnissen wird für die jeweilige Einflusskomponente die dazugehörige Standardunsicherheit berechnet.

Methode B:

Für eine Einflusskomponente wird die jeweilige Standardunsicherheit theoretisch geschätzt. Dies können Erfahrungswerte von anderen oder ähnlichen Messprozessen sein:

- Erfahrungen oder allgemeine Kenntnisse über Verhalten und Eigenschaften der relevanten Materialien und Messgeräte (bauähnliche bzw. baugleiche Geräte)
- Überprüfbare Angaben des Herstellers
- Daten von Kalibrierscheinen und Zertifikaten

> **HINWEIS:** Prinzipiell ist von der Vorgehensweise nach Methode B abzuraten, da insbesondere bei komplexeren Messaufgaben eine theoretische Abschätzung oft zu falschen Ergebnissen führt, da meistens unvermutete Einflüsse nicht ausreichend berücksichtigt werden, die bei Versuchen (Methode A) erkannt werden.

Bild 8.2 zeigt wesentliche Einflusskomponenten, die bei einem Messsystem bzw. dem gesamten Messprozess zum Tragen kommen. In Tabelle 8.1 sind die wesentlichen Einflusskomponenten mit der jeweiligen Standardunsicherheit und deren Bezeichnung mit Abkürzung dargestellt.

Tab. 8.1 Typische Einflussfaktoren mit zugeordneter Standardunsicherheit

		Typische Einflussfaktoren	Standardunsicherheit		
Messprozess uMP	Messsystem uMS	Normal/Referenzteil	U_{CAL}	CAL	= Reference
		Auflösung	U_{RE}	RE	= Resolution
		systematische Messabweichung	u_{BI}	Bi	= Bias
		Wiederholbarkeit Normal	u_{EVR}	EVR	= Equipment Variation Reference
		Linearität	u_{LIN}	LIN	= Linearity
		weitere Einflüsse Messsystem	u_{MS_REST}		= other influences measurement process
		Wiederholbarkeit Prüfobjekt	u_{EVO}	EVO	= Equipment Variation Object
		Objekteinfluss	u_{OBJ}	OBJ	= Object
		Bedienereinfluss	u_{AV}	AV	= Appraiser Variation
		Messbeständigkeit	U_{STAB}	STAB	= Stability
		Temperatur	U_T	T	= Temperature
		weitere Einflüsse Messprozess	u_{REST}		= other influences measurement process

Die Berechnung der jeweiligen Standardunsicherheit kann mit folgenden allgemeingültigen Berechnungsformeln abgedeckt werden:

1. **Erweiterte Messunsicherheit bekannt**

   Ist die Erweiterte Messunsicherheit U für eine Komponente bekannt, kann die dazugehörige Standardunsicherheit u über die Formel

   $$u = \frac{U}{k} \quad \text{mit } k = 2 \text{ bei einem Vertrauensniveau von } P = 95\,\%$$

   bestimmt werden.

   Es wird prinzipiell davon ausgegangen, dass die Fehlergrenzwerte der Überdeckungswahrscheinlichkeit von 95 % entsprechen. Weicht bekanntermaßen die Überdeckungswahrscheinlichkeit der angegebenen Fehlergrenzen von P = 95 % ab, so ist dies entsprechend umzurechnen.

BEISPIEL:

Erweiterte Messunsicherheit U_{CAL} aus Kalibrierschein

Die Kalibrierunsicherheit wird im Prüfzertifikat für ein Referenzteil mit U_{CAL} = 1,6 µm bei (P = 95 %) angegeben.

$$\text{Damit ist } u_{CAL} = \frac{U_{CAL}}{k} = \frac{1{,}6\,\mu\text{m}}{2} = 0{,}8\,\mu\text{m}$$

■

2. **Ermittlung der Standardunsicherheit aus Fehlergrenzwerten**

   Bei dieser Berechnungsmethode ergibt sich die Standardunsicherheit u aus:

   $u = a \cdot b$ mit

   a – Grenzwert (z. B. Fehlergrenze oder Auflösung des Messmittels)

   b – Transformationskoeffizient (s. Bild 8.3)

Verteilung	Schema	Transformationskoeffizient b	Standardunsicherheit $u(x_B)$ nach VDA Band 5
Normalverteilung	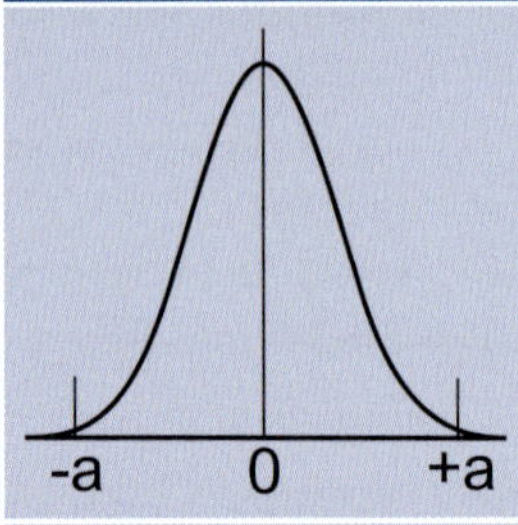	0,5	$u(x_B) = 0{,}5 \cdot a$
Rechteckverteilung	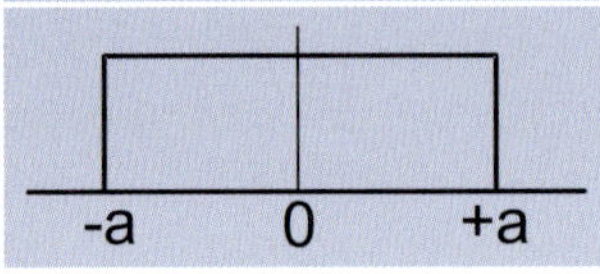	$\frac{1}{\sqrt{3}}$	$u(x_B) = \frac{1}{\sqrt{3}} \cdot a$

Bild 8.3 Bestimmung von Standardunsicherheiten Typ B aus Fehlergrenzwerten

Voraussetzung für die Ermittlung von Standardunsicherheiten aus Grenzwerten ist die Kenntnis des Verteilungstyps. Typische Verteilungsformen für vorgegebene Grenzwerte sind in Bild 8.3 dargestellt. Kennt man die Verteilungsform nicht, sollte als Transformationskoeffizient die Rechteckverteilung (also $b = \frac{1}{\sqrt{3}}$) verwendet werden.

BEISPIELE:

- **Standardunsicherheit der Auflösung u_{RE}**

  Die Skalenteilung (Auflösung) eines Messgerätes beträgt 1 µm. Damit ist $a = \frac{1}{2}$ Auflösung. Zur Abschätzung der Standardunsicherheit wird die Rechteckverteilung $b = \frac{1}{\sqrt{3}}$ verwendet.

  Damit ist $u_{RE} = \frac{1}{2} \cdot \text{Auflösung} \cdot \frac{1}{\sqrt{3}} = \frac{1}{2} \cdot 1\,\mu\text{m} \cdot \frac{1}{\sqrt{3}} = 0{,}29\,\mu\text{m}$

- **Standardunsicherheit durch systematische Messabweichung u_{BI}**

  Aus Wiederholungsmessungen an einem Referenzteil ergibt sich eine systematische Messabweichung Bi (Bias) von $Bi = \left|\bar{x}_g - x_m\right| = 1{,}5\,\mu\text{m}$. Zur Abschätzung der Standardunsicherheit wird die Rechteckverteilung verwendet.

  Damit kann die Standardunsicherheit u_{Bi} eingeschätzt werden

  mit $u_{BI} = 1{,}5\,\mu\text{m} \cdot \frac{1}{\sqrt{3}} \approx 0{,}87\,\mu\text{m}$

- **Standardunsicherheit der Gerätestreuung u_{EVR}**

  Aus einer Messwertreihe von z.B. 25 Wiederholungsmessungen an einem Referenzteil wird der Größt- (x_{max}) und Kleinstwert (x_{min}) bestimmt und daraus die Spannweite $R = x_{max} - x_{min}$ berechnet. Die auszuwertenden Messwerte können als normalverteilt angesehen werden.

  Ist die Spannweite R = 5,5 µm, kann die Standardunsicherheit für die Gerätestreuung u_g abgeschätzt werden

  mit $u_{EVR} = 0{,}5 \cdot \frac{R}{2} = \frac{0{,}5 \cdot 5{,}5}{2} \approx 1{,}4\,\mu\text{m}$

- **Standardunsicherheit bei Standardmessmitteln u_{MPE}**

  Ist bei einem Standardmessmittel die Fehlergrenze (f_{ges}) von der Kalibrierung des Messgeräts bekannt, kann die Standardunsicherheit über die Fehlergrenze abgeschätzt werden. Die Fehlergrenze eines Feinzeigers (Gesamtabweichungsspanne) wird mit f_{ges} = MPE = 1,2 µm angegeben. Dabei steht MPE für Maximum Permissible Error.

  Der Berechnung der Standardunsicherheit u_{MS} wird die Rechteckverteilung zugrunde gelegt. Damit ist

  $u_{MS} = 1{,}2\,\mu\text{m} \cdot \frac{1}{\sqrt{3}} \approx 0{,}7\,\mu\text{m}$ ■

HINWEIS:

Liegen keine konkreten Hinweise über die Verteilung vor, ist die Rechteckverteilung als sicherste Variante zu verwenden. Die u-Verteilung ist nur für Messräume relevant. Daher wird diese Verteilung für Messprozesse in der Fertigung nicht berücksichtigt.

3. **Ermittlung der Standardunsicherheit über die Standardabweichung**

   Werden beispielsweise zur Bestimmung der Gerätestreuung Wiederholungmessungen an einem Referenzteil mit bekanntem Nennmaß durchgeführt, erhält man eine Messwertreihe. Diese sollten mindestens 20 Werte umfassen.

   Daraus können Mittelwert $\overline{x}$ und Standardabweichung berechnet werden.

   $$\overline{x} = \frac{1}{n}\sum_{i=1}^{n} x_i \quad \text{mit n = Stichprobenumfang und i = Messwert}$$

   und

   $$s = \sqrt{\frac{\sum_{i=1}^{n}(x_i - \overline{x})^2}{n-1}}$$

   Die so errechnete Standardabweichung s ergibt die Standardunsicherheit u für die untersuchte Einflusskomponente. Ein Fallbeispiel ist in Kapitel 8.2.5 enthalten.

4. **Ermittlung der Standardunsicherheit über die ANOVA-Methode**

   Insbesondere, wenn Versuche durchgeführt werden, bei denen zwei oder mehrere Einflussfaktoren gleichzeitig betrachtet werden, wird zur Berechnung der jeweiligen Standardunsicherheit die sogenannte ANOVA (Analysis of Variance) verwendet (s. Anhang 16.2). Ein typischer Anwendungsfall ist die Bestimmung der Standardunsicherheit aufgrund von Untersuchungen der Gesamtstreuung am Prüfobjekt u_{EVO} und der Bedienerstreuung u_{AV}. Dazu sind Fallbeispiele in den Kapiteln 8.2.6 und 8.2.7 enthalten.

8.2 Fallbeispiele Standardunsicherheit

Im Folgenden sind für die wesentlichen Einflusskomponenten (s. Bild 8.2) mehrere Fallbeispiele zur Bestimmung der jeweiligen Standardunsicherheit beschrieben.

8.2.1 Standardunsicherheit u_{CAL}

Die Unsicherheit des Normals bzw. eines Referenzteils wirkt sich erheblich auf den Messprozess aus. Die für die Einstellung bzw. kontinuierliche Überwachung eines Messgerätes erforderlichen Normale bzw. Referenzteile müssen kalibriert sein. Damit kann dem Kalibrierschein die Messunsicherheit U_{CAL} entnommen werden. Die Messunsicherheit wird in der Regel mit einer Überdeckungswahrscheinlichkeit von P = 95 % angegeben.

Damit ist k = 2 (s. Tabelle 16.5) und $u_{CAL} = \frac{U_{CAL}}{2}$.

BEISPIEL: Für ein verwendetes Normal ist im Kalibrierschein die erweiterte Messunsicherheit U_{CAL} mit U_{CAL} = 1 µm angegeben. Mit k = 2 ergibt sich die Standardunsicherheit u_{CAL}:

$$u_{CAL} = \frac{1\,\mu m}{2} = 0{,}5\,\mu m$$

8.2.2 Standardunsicherheit der Auflösung u_{RE}

Eine Sonderstellung bei der Bestimmung der Erweiterten Messunsicherheit nimmt das Thema Auflösung ein. Einerseits kann, wie für jede andere Einflusskomponente, die Standardunsicherheit u_{RE} berechnet werden. Ob diese bei der kombinierten Standardunsicherheit berücksichtigt wird oder nicht, ist in Kapitel 8.3 erläutert. Andererseits hat sich als sinnvoll erwiesen, vor einer Bestimmung der erweiterten Standardunsicherheit die Forderung $\%RE \leq 5\%TOL$ zu bewerten. Das heißt, die Auflösung der verwendetes Messgeräte muss kleiner als 5 % der beim Messprozess zum Tragen kommenden Spezifikation sein. Diese Überprüfung ist äußerst einfach. Ist diese Forderung nicht eingehalten, mit anderen Worten die Auflösung ist nicht ausreichend klein, dann „klassiert“ das Messgerät die Werte. Dadurch wird die Streuung zu klein abgeschätzt. So kann es vorkommen, dass bei Wiederholungsmessungen und bei ungeeigneter Auflösung immer der gleiche Messwert angezeigt wird, was eine Streuung von Null zur Folge hat. Diese Situation kann durch Einhaltung der oben genannten Forderung oft vermieden werden.

BEISPIEL: Ein Messprozess hat die Toleranz T = 50 µm zu prüfen. Die Auflösung des verwendeten Messgeräts ist 1 µm.

$$\text{Auflösung (\%)} = \%RE = \frac{1\,\mu m}{50\,\mu m} \cdot 100\% = 2\%$$

$$\textbf{Auflösung (\%) = \%RE} = 2\% \overset{!}{\leq} 5\%$$

Damit ist die oben genannte Forderung erfüllt.

Dadurch ergibt sich die Standardunsicherheit für die Auflösung aus:

$$u_{RE} = \frac{1\,\mu m}{2 \cdot \sqrt{3}} = 0{,}3\,\mu m$$

Beispiel: Bei einem Messprozess mit der Toleranz T = 10 µm und der Auflösung 1 µm ist:

$$\textbf{Auflösung (\%) = \%RE} = \frac{1\,\mu m}{10\,\mu m} \cdot 100\% = 10\% \overset{!}{\geq} 5\%$$

Damit ist die oben genannte Forderung nicht erfüllt.

Dadurch ergibt sich die Standardunsicherheit für die Auflösung aus:

$$u_{RE} = \frac{1\,\mu m}{2 \cdot \sqrt{3}} = 0{,}3\,\mu m$$

8.2.3 Standardunsicherheit u_{BI}

Hat ein Messsystem eine systematische Messabweichung, so führt dies zu einem Versatz der gemessenen Werte. Dieser kann durch Wiederholungsmessungen an einem Normal bzw. einem kalibrierten Referenzteil x_m ermittelt werden. Die Messwertreihe sollte mindestens 20 Werte enthalten. Daraus wird der Mittelwert $\overline{x}_g$ bestimmt. Die systematische Messabweichung Bi (Bias) ergibt sich aus:

$$Bi = \left|\overline{x}_g - x_m\right| \qquad x_m = \text{Referenzteil}$$

Die Standardunsicherheit u_{BI} errechnet sich:

$$u_{BI} = Bi \cdot \frac{1}{\sqrt{3}}$$

BEISPIEL:

Aus Wiederholungsmessungen an einem Normal ergeben sich die in Tabelle 8.2 enthaltenen Messwerte. Diese sind in Bild 8.4 als Werteverlauf dargestellt.

Tab. 8.2 Messwerte aus Wiederholungsmessungen an einem Normal

x_i	x_i	x_i	x_i	x_i
6,001	6,001	6,001	6,002	6,002
6,002	6,001	6,000	6,002	6,000
6,001	6,000	6,001	6,002	5,999
6,001	5,999	6,002	6,002	6,002
6,002	6,001	6,002	6,000	6,002

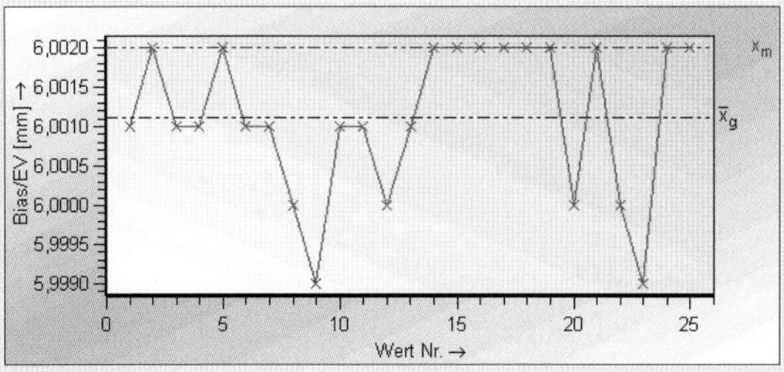

Bild 8.4 Werteverlauf

In Bild 8.5 sind die Ergebnisse der Auswertung der Datensätze zusammengefasst.

Zeichnungswerte			Gemessene Werte			Statistische Werte		
x_m	=	6,00200				$\bar{x}_g$	=	6,00112
USG	=	---	$x_{min\,g}$	=	5,999	s_g	=	0,00097125
OSG	=	---	$x_{max\,g}$	=	6,002	$\lvert Bi\rvert = \lvert\bar{x}_g - x_m\rvert$	=	0,000880
T	=	---	R_g	=	0,003			
			n_{ges}	=	25	n_{eff}	=	25
Systematische Messabweichung (Bias)	=		$u_{Bi} = Bi/\sqrt{3}$			=		0,000508

Bild 8.5 Standardunsicherheit u_{BI}

8.2.4 Standardunsicherheit u_{MS} bei Standardmessmittel

Handelt es sich um ein Standardmessmittel und wurde dieses kalibriert, kann aus dem Kalibrierschein die Fehlergrenze f_{ges} (= MPE maximum possible error) entnommen werden. Unter MPE versteht man den Grenzwert der Messabweichung (Fehlergrenze) Extremwert einer Messabweichung in Bezug auf einen bekannten Referenzwert; durch Spezifikationen oder Vorschriften zugelassen für eine Messung, ein Messgerät oder ein Messsystem. Ist der MPE akzeptiert, sind keine zusätzlichen Untersuchungen mehr erforderlich. Die Standardunsicherheit u_{MS} ergibt sich aus

$$u_{MS} = \frac{MPE}{\sqrt{3}}$$

BEISPIEL: Für einen Feinzeiger wird im Kalibrierschein ein f_{ges} = MPE von 0,8 µm angegeben. Damit ist

$$u_{MS} = \frac{0{,}8\ \mu m}{\sqrt{3}} \approx 0{,}5\ \mu m$$

Sind mehrere MPEs vorhanden, gilt:

$$u_{MS} = \sqrt{\frac{MPE_1^2}{3} + \frac{MPE_2^2}{3} \ldots}$$

BEISPIEL: Messsystem setzt sich zusammen aus:

- Normal (kalibriertes Teil/Stift)
- Anzeigegerät
- Halterung

$$u_{MS} = \sqrt{\frac{MPE_{Stift}^2}{3} + \frac{MPE_{Messuhr}^2}{3} + \frac{MPE_{Halterung}^2}{3}}$$

8.2.5 Standardunsicherheit durch Gerätestreuung am Referenzteil u_{EVR}

Auch ein Messgerät selbst unterliegt mehreren Einflussfaktoren. Dadurch ergibt sich bei Wiederholungsmessungen mit einem Messgerät eine Streuung. Bei der Bestimmung dieser Gerätestreuung ist zu unterscheiden, ob die Wiederholungsmessungen von einem Prüfer unter idealisierten Bedingungen im Messraum und an einem Normal bzw. kalibrierten Referenzen erfolgen oder ob die Messungen von mehreren Bedienern am Einsatzort und mit mehreren Messobjekten (Teilen) durchgeführt werden (s. Abschnitte 8.2.6 und 8.2.7). Die Auswirkungen können im ersten Fall über die Standardunsicherheit u_{EVR} bzw. im zweiten Fall über u_{EVO} (EV = Equipment Variation) abgeschätzt werden.

Zur Bestimmung von u_{EVR} werden von einem Prüfer an einem Normal oder kalibrierten Referenzteil Wiederholungsmessungen (mindestens 20) durchgeführt. Aus der Messwertreihe kann die Standardabweichung s_g berechnet werden. Damit ergibt sich unter Annahme der Normalverteilung

$$u_{EVR} = s_g$$

BEISPIEL: Es können die Messdaten zur Berechnung der systematischen Messabweichung (s. Tabelle 8.2) zugrunde gelegt werden. Die Standardabweichung s_g ist 0,00097 mm (s. Bild 8.4). Damit ist $u_{EVR} = s_g = 0{,}00097\ \text{mm} \approx 1\ \mu\text{m}$. ■

8.2.6 Standardunsicherheit durch Gerätestreuung am Objekt u_{EVO}

Bei Durchführung der Untersuchung in der Fertigung wirken weitere Einflüsse, wodurch die Gerätestreuung größer sein wird. Um diese zu ermitteln, können in Analogie zu der Messmittelfähigkeitsuntersuchung (s. Kapitel 4.3) nach Verfahren 2 oder 3 von z.B. drei Bedienern (k) an 10 Teilen (n) je zwei Messungen (r) durchgeführt werden. Die Standardunsicherheit u_{EVO} wird über die ANOVA-Methode (s. Anhang 17.2) bestimmt.

BEISPIEL: Die in Tabelle 8.3 enthaltenen Daten sind einem Fallbeispiel aus dem VDA Band 5 ([40], Tabelle A.9.5) entnommen und in Bild 8.6 grafisch dargestellt. ■

Tab. 8.3 Messwerte zur Beurteilung des Prüfereinflusses

n	$x_{A;1}$	$x_{A;2}$	$x_{B;1}$	$x_{B;2}$	$x_{C;1}$	$x_{C;2}$
1	30,0054	30,0055	30,0057	30,0058	30,0058	30,0057
2	30,0056	30,0058	30,0059	30,0054	30,0057	30,0058
3	30,0053	30,0054	30,0055	30,0055	30,0056	30,0059
4	30,0041	30,0042	30,0043	30,0044	30,0045	30,0042
5	30,0051	30,0053	30,0055	30,0049	30,0052	30,0049
6	30,0050	30,0052	30,0054	30,0055	30,0055	30,0053
7	30,0049	30,0050	30,0049	30,0052	30,0051	30,0051
8	30,0053	30,0056	30,0057	30,0059	30,0058	30,0057
9	30,0054	30,0055	30,0056	30,0057	30,0054	30,0056
10	30,0057	30,0058	30,0059	30,0061	30,0057	30,0061

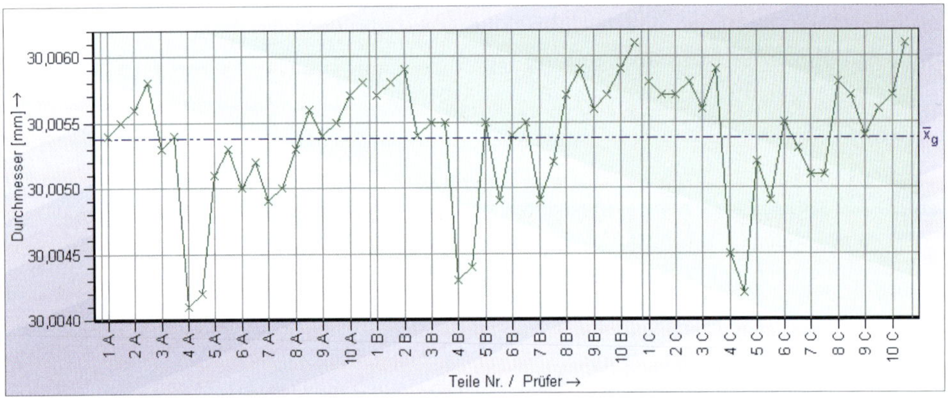

Bild 8.6 Werteverlauf nach Prüfer getrennt

Zur Bestimmung der Standardmessunsicherheitskomponente u_{EVO} ist aus den Messwerten die Streuungskomponente des Geräts zu ermitteln. Dazu wird die ANOVA-Methode (s. Anhang 17.2) herangezogen:

ANOVA-Methode u_{EVO} = Standardabweichung Messgerät

Für die Messdaten aus Tabelle 8.3 ergeben sich die in Bild 8.7 dargestellten Ergebnisse:

	Varianz	Standardabw.	
Wiederholpräzision	0,0000000245	0,000156	u_{EVO}
Vergleichspräzision	0,00000000960	0,0000980	u_{AV}
Vertrauensniveau	= 1-α	= 95,000%	

Bild 8.7 ANOVA-Methode

8.2.7 Standardunsicherheit durch den Bedienereinfluss u_{AV}

Aufgrund der unterschiedlichen Bedienung von Messgeräten durch die Prüfer ist die daraus resultierende Messabweichung teilweise erheblich. Zur Abschätzung des Bedienereinflusses können, wie in 8.2.6 beschrieben, von mehreren Bedienern (z.B. drei) an mehreren Objekten (z.B. 10) jeweils mehrere Wiederholungsmessungen durchgeführt werden. Die Standardunsicherheit u_{AV} wird über die ANOVA-Methode (s. Anhang 17.2) berechnet.

BEISPIEL: Die Standardunsicherheit infolge der Bedienerstreuung U_{AV} für die Messwertreihen in Tabelle 8.3 ergibt nach der ANOVA-Methode $u_{AV} \approx 0{,}1\ \mu m$ (s. Bild 8.7). ■

8.2.8 Standardunsicherheit durch das Messobjekt u_{OBJ}

Die Streuung der Messobjekte ist eine weitere Einflusskomponente, die sich teilweise erheblich auf die Messunsicherheit der Messprozesse auswirkt. Aufgrund von Form- und Gestaltabweichungen entsteht bei Wiederholungsmessungen an ein und demselben Messobjekt eine Messabweichung, die als Standardunsicherheit u_{OBJ} zu berücksichtigen ist. Je nach Werkstoff/Eigenschaften der Messobjekte können sich sogar diese mit der Zeit verändern (Elastizität, Viskosität, usw.). Auch diese Veränderungen sind zu beachten.

Zur Bestimmung der Standardunsicherheit durch das Messobjekt u_{OBJ} gibt es mehrere Möglichkeiten, die am Beispiel der Rundheit einer Welle (s. Bild 8.8) erläutert werden:

1. die zulässige Toleranz laut Zeichnung.
2. Die einfachste Abschätzung der Standardunsicherheit kann über die Methode der Fehlergrenzen (s. Kapitel 8.2.4) erfolgen. Dazu wird in die Formel $u_{OBJ} = a \cdot b$ für den Grenzwert a die Toleranz eingesetzt. Als Transformationskoeffizient b (s. Bild 8.3) kommt die Rechteckverteilung zum Tragen.
3. Bestimmung der Formabweichung mit Hilfe eines entsprechenden Messverfahrens (s. z.B. Bild 8.9).
4. Um den Einfluss der Messobjekte zu bestimmen, führt ein Prüfer an einem Messobjekt mehrere Wiederholungsmessungen (mindestens 20) durch. Die aus der Messwertreihe ermittelte Standardabweichung entspricht der gesuchten Standardunsicherheit u_{OBJ}.

BEISPIEL: Ist in der Zeichnung die Formabweichung (s. Bild 8.8) angegeben und wird dies während der Fertigung überwacht, so dass keine Teile eine größere Formabweichung als die in der Zeichnung spezifizierten haben, kann u_{OBJ} aus der Zeichnungstoleranz TOL = 3 µm berechnet werden:

$$u_{OBJ} = \frac{TOL}{\sqrt{3}} = \frac{3}{\sqrt{3}} = \frac{1}{\sqrt{3}} \approx 1{,}7\,\mu m$$

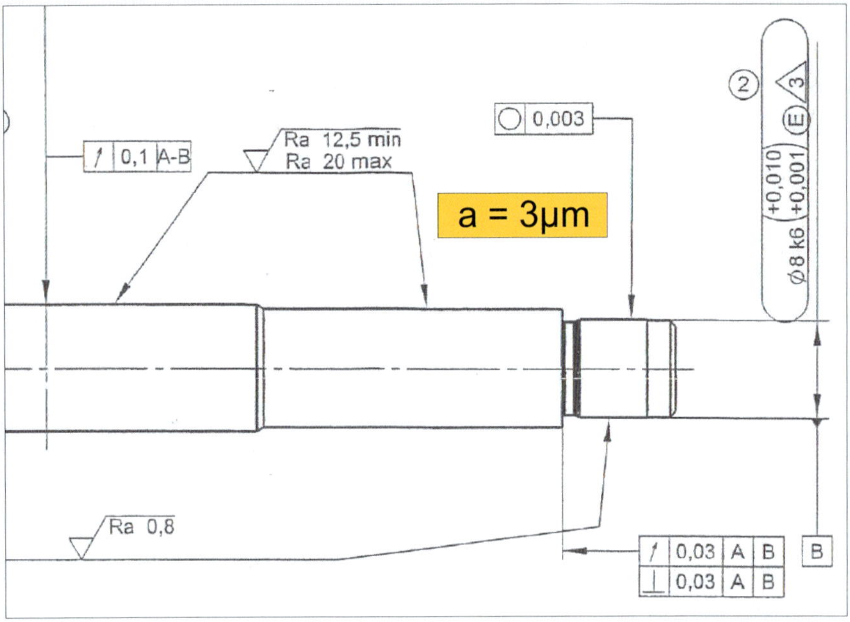

Bild 8.8 Standardunsicherheit Objekteinfluss aus Toleranz

HINWEIS: Diese Berechnungsmethode dürfte die größte Standardunsicherheit vor dem Objekteinfluss geben. Konkrete Messungen am Objekt (s. Beispiel 2 und 3) führen zu einer kleineren Standardunsicherheit.

BEISPIELE:

1. Wird die Formabweichung mit einem geeigneten Messgerät gemessen, kann in diesem Beispiel (s. Bild 8.9) der Abstand a = 1 µm und die Standardabweichung s_g = 0,2 µm dem Protokoll entnommen werden. Damit ergibt sich die Standardunsicherheit für die Objektstreuung aus

$$u_{OBJ} = \frac{a}{\sqrt{3}} = \frac{1\,\mu m}{\sqrt{3}} = 0{,}577 \approx 0{,}6\,\mu m \text{ bzw.}$$

$$u_{OBJ} = 2 \cdot s_g = 2 \cdot 0{,}2 \approx 0{,}4\,\mu m$$

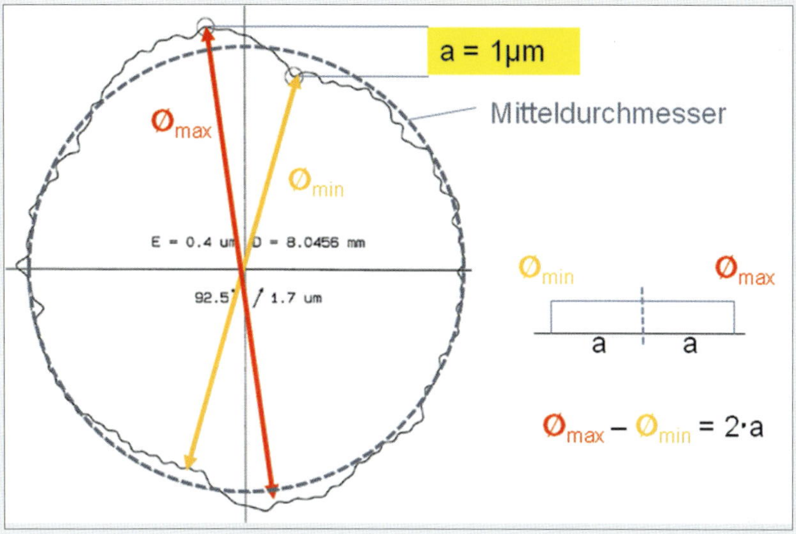

Bild 8.9 Standardunsicherheit Objekteinfluss aus gemessener Formabweichung

2. An einem auf 20 °C temperierten Flansch werden in einem klimatisierten Raum von einem Prüfer zwanzig Wiederholungsmessungen durchgeführt. Die in Tabelle 8.4 enthaltenen Werte ergeben den in Bild 8.10 gezeigten Werteverlauf.

Tab. 8.4 Wiederholungsmessungen

x_i	x_i	x_i	x_i	x_i
5,5	7,0	7,5	6,5	7,0
7,5	6,0	7,0	5,5	6,5
6,5	6,0	6,5	6,5	5,0
8,0	7,0	7,5	8,0	7,0
8,0	8,0	5,5	7,5	6,5

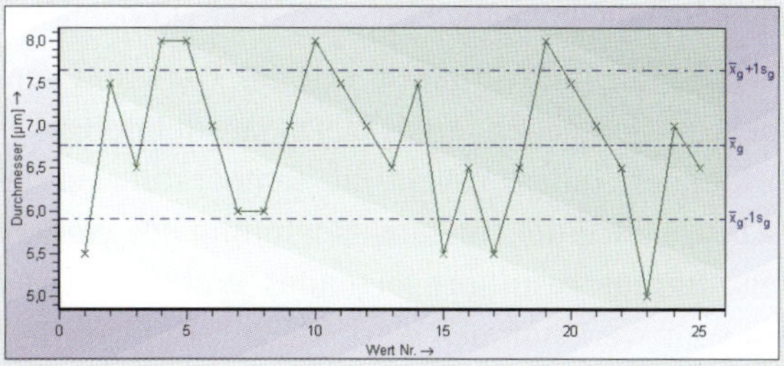

Bild 8.10 Werteverlauf

3. Die statistischen Kennwerte R_g und s_g aus dieser Messwertreihe sind in Bild 8.11 dargestellt.

Gemessene Werte			Statistische Werte		
			$\bar{x}_g$	=	6,780
$x_{min\,g}$	=	5,0	s_g	=	0,86699
$x_{max\,g}$	=	8,0	R_g	=	3,0
n_{ges}	=	25	n_{eff}	=	25

Bild 8.11 Ergebnis

Als Schätzwert für u_{OBJ} können unterschiedliche Berechnungsformeln dienen:

nach Ermittlungsmethode B (Normalverteilung)	$u_{OBJ} = a \cdot b = \frac{R_g}{2} \cdot 0,5 = \frac{8,0 - 5,0}{2} \cdot 0,5 \approx 0,75$	
Spannweitenmethode	$u_{OBJ} = a \cdot b = \frac{R_g}{d_2^*} = \frac{3,0}{3,9599} \approx 0,76$	d_2^* durch MC-Simulation ermittelt
Dabei ist	$R_g = 2 \cdot a$	
Standardabweichungsmethode	$u_{OBJ} = s_g = 0,87$	

■

8.2.9 Standardunsicherheit durch Temperatureinfluss u_T

Längenmaße sind je nach Material stark temperaturabhängig. Der Istwert eines Längenmesswertes bei Normtemperatur unterscheidet sich von dem Istwert bei davon abweichenden Temperaturen. Ursache ist das Wärmeausdehnungsverhalten vom Werkstoff. Erschwerend kommt hinzu, dass die Wärmeausdehnung von der Art des Werkstoffes abhängig ist. Für die unterschiedlichen Werkstoffe sind daher Wärmeausdehnungskoeffizienten in Tabellen aufgeführt, z. B. im VDA Band 5 ([40], Tabelle A.3.2).

In der Praxis liegt häufig folgende Situation vor: der Werkstoff von der Maßverkörperung des Messmittels hat einen anderen Wärmeausdehnungskoeffizienten als der Werkstoff des zu prüfenden Teiles. Weicht die Temperatur von der Normtemperatur 20 °C ab, so unterscheidet sich die Längenausdehnung des Werkstückes von derjenigen des Messmittels. Daraus resultiert folgendes Problem: angenommen, der Ausdehnungskoeffizient vom Werkstoff des Werkstücks ist größer als der Ausdehnungskoeffizient vom Werkstoff des Messmittels, dann ist der ermittelte Messwert für die Länge des Werkstückes zu groß. Würde man die Messung bei Normtemperatur durchführen, so würde man feststellen, dass der Istwert des Werkstücks dann kleiner ist. Die Ursache ist eine systematische Abweichung durch unterschiedliche Längenausdehnung. Aus diesem Grund muss der Temperatureinfluss auf den Messprozess betrachtet werden. Es gibt besondere Situationen, bei denen der Temperatureinfluss vernachlässigt werden kann:

Fall 1: Der Messprozess erfolgt bei Normtemperatur und die Werkstücke sind auf Normtemperatur temperiert. Eine Längenausdehnung durch Temperatur erfolgt nicht.

Fall 2: Sowohl das Werkstück als auch die Maßverkörperung des Messmittels bestehen aus dem gleichen Werkstoff und haben die gleiche Temperatur. Eine systematische Abweichung durch unterschiedliche Längenausdehnung tritt nicht auf.

Fall 3: Die unterschiedliche Längenausdehnung von Werkstück und Messmittel wird für jeden Messwert rechnerisch korrigiert (Temperaturkompensation).

Fall 1 ist wegen der hohen Einrichtungs- und Betriebskosten oft nicht realisiert. Der zweite Fall kann als Ausnahmesituation angesehen werden. Der dritte Fall ist in der Praxis kaum umzusetzen. Ein Ausweg besteht darin, den Temperatureinfluss als eine Unsicherheitskomponente im Messprozess zu berücksichtigen.

Standardunsicherheit durch Temperatureinflüsse u_T nach VDA 5

Für die im Betrieb maximal vorkommende Temperaturabweichung (bis maximal 20 °C) wird der Grenzwert **a** für die *maximal zu erwartende systematischen Abweichungen durch unterschiedliche Längenausdehnung* bestimmt ([40]; Formel A.3.9):

$$a = |\Delta L| + 2 \cdot u_{Rest}$$

Die Standardunsicherheit durch Temperatureinflüsse wird durch Multiplikation des Grenzwertes a mit dem Verteilungsfaktor b für die Rechteckverteilung gebildet ([40]; Formel A.3.10):

$$u_T = a \cdot b = a \cdot \frac{1}{\sqrt{3}}$$

ΔL	Systematische Abweichung durch unterschiedliche Längenausdehnung von Werkstück und Messmittel
u_{Rest}	Unsicherheiten der Ausdehnungskoeffizienten und Temperaturen

Die *systematische Abweichung durch unterschiedliche Längenausdehnung* ΔL wird näherungsweise nach folgender Formel ermittelt ([40]; Formel A.3.8):

$$\Delta L \approx L_{Anz;N} \cdot (\alpha_W \cdot T_W - \alpha_N \cdot T_N)$$

$L_{Anz;N}$	Anzeigewert des Messgerätes bei Normtemperatur 20 °C
α_W	Wärmeausdehnungskoeffizient vom Werkstoff des Werkstückes
α_N	Wärmeausdehnungskoeffizient vom Werkstoff des Messmittels
T_W	Temperaturdifferenz des Werkstückes zur Normtemperatur
T_N	Temperaturdifferenz des Messmittels zur Normtemperatur

Die Restunsicherheit u_{Rest} wird nach folgender Näherungsformel abgeschätzt ([40]; Formel A.3.5):

$$u_{Rest} = L_{Anz;N} \cdot \sqrt{T_N^2 \cdot u_{\alpha_N}^2 + T_W^2 \cdot u_{\alpha_W}^2 + \alpha_N^2 \cdot u_{T_N}^2 + \alpha_W^2 \cdot u_{T_W}^2}$$

u_{α_W}	Unsicherheit des Wärmeausdehnungskoeffizienten vom Werkstoff des Werkstückes (Richtwert$_{VDA}$: 0,1 · α_W)
u_{α_N}	Unsicherheit des Wärmeausdehnungskoeffizienten vom Werkstoff des Messmittels (Richtwert$_{VDA}$: 0,1 · α_N)
u_{T_N}	Unsicherheit der Temperatur des Messmittels (Richtwert$_{VDA}$: 1 K)
u_{T_W}	Unsicherheit der Temperatur des Werkstückes (Richtwert$_{VDA}$: 1 K)

In der Regel sind in den Tabellen der Wärmeausdehnungskoeffizienten keine Unsicherheiten angegeben. Auch die Unsicherheit der Temperatur von Werkstück und Messmittel ist in der Betriebspraxis kaum abschätzbar. Für diesen Fall sind im VDA Band 5 die oben in Klammern angegebenen Werte aufgeführt. Ein Zahlenbeispiel zu diesem Verfahren finden Sie im Abschnitt 8.6.1.2.

Standardunsicherheit durch Temperatureinfluss u_T nach ISO 14253-2 [15]

Dieses Verfahren ist ebenfalls im VDA 5 Band enthalten.

ΔT	Temperaturdifferenz
α	Ausdehnungskoeffizient
T	Mittlere Temperatur während der Messung
u_α	Standardunsicherheit des Ausdehnungskoeffizienten des Materials des Messsystems
l	Gemessenes Maß

Die Unsicherheit des Wärmeausdehnungskoeffizienten für den Werkstoff des Messmittels wird vernachlässigt. Diese Annahme ist berechtigt, wenn die Messmaschine eine Temperaturkompensation automatisch durchführt, was jedoch im Einzelfall zu klären ist.

Dabei wird die Standardunsicherheit infolge von Temperatureinflüssen u_T aus der Standardunsicherheit durch die Veränderung des Objektes u_{TD} und der Standardunsicherheit u durch die Veränderung des Messsystems u_{TA} berechnet:

$$u_T = \sqrt{u_{TD}^2 + u_{TA}^2}$$

Dabei ist

$$u_{TD} = \Delta T \cdot \alpha \cdot L \cdot \frac{1}{\sqrt{3}} \quad \text{und} \quad u_{TA} = |T - 20°C| \cdot u_\alpha \cdot l$$

Standardunsicherheit durch Temperatureinfluss u_{TD} aus den Differenzen der unterschiedlichen Wärmeausdehnung zwischen Referenz und Werkstück Δl

Da der Temperatureinfluss oft sehr schwierig zu bewerten ist, kann man vor der eigentlichen Messung des Messobjektes das Messsystem mit einem Referenzteil (Einstellmaster) einstellen. Dabei kann die Temperatur des Referenzteils von der Temperatur von 20 °C, mit der es kalibriert wurde, abweichen. Diese Abweichung ist bei der Bestimmung von u_T zu berücksichtigen. Um diese Abweichung ist das Messsystem quasi falsch eingestellt. Bei der anschließenden Messung des Messobjekts, das eine andere Temperatur haben kann als das Referenzteil, ist auch diese Abweichung infolge der Temperatur zu berücksichtigen. Aus der Differenz (s. Bild 8.12) kann die Abhängigkeit der Temperatur von der Standardunsicherheit angegeben werden.

$$u_{TD} = \Delta l \cdot \frac{1}{\sqrt{3}}$$

HINWEIS: Solange das so eingestellte Messsystem die Temperatur nicht wesentlich verändert, kann diese eingesetzt werden. Ändert sich diese Temperatur, muss es neu eingestellt werden.

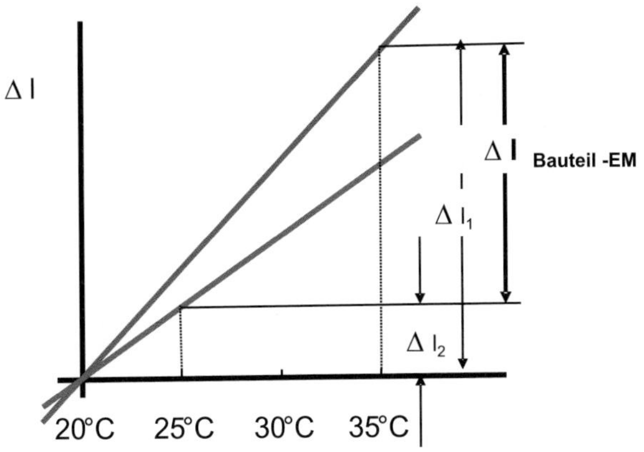

1. Bauteildehnung

$\Delta l_1 = l_0 \cdot \alpha_{Bauteil} \cdot \Delta T_{Bauteil}$

$\Delta l_1 = 0{,}028 m \cdot 12{,}5 \cdot 10^{-6} K^{-1} \cdot 15 K$

$\Delta l_1 = 5{,}25 m \cdot 10^{-6} = 5{,}25\ \mu m$

2. Einstellmeisterdehnung

$\Delta l_2 = l_0 \cdot \alpha_{EM} \cdot \Delta T_{EM}$

$\Delta l_2 = 0{,}028 m \cdot 10{,}5 \cdot 10^{-6} K^{-1} \cdot 5 K$

$\Delta l_2 = 1{,}47 m \cdot 10^{-6} = 1{,}47\ \mu m$

3. Differenz Bauteil-/EM-Dehnung

$\Delta l_{1,2} = \Delta l_1 - \Delta l_2$

$\Delta l_{1,2} = 5{,}25\ \mu m - 1{,}47\ \mu m$

$\boldsymbol{\Delta l_{1,2} = 3{,}78\ \mu m}$

Bild 8.12 Bestimmung der unterschiedlichen Wärmeausdehnung zwischen Referenz und Werkstück

8.2.10 Standardunsicherheit durch Linearitätsabweichungen u_{LIN}

Bei Messgeräten, die keine lineare Messverkörperung enthalten, ist der Einfluss aufgrund von Linearitätsabweichungen zu beachten. Die Beurteilung dieses Einflusses ist identisch mit der Betrachtung der systematischen Messabweichung. Allerdings werden die Untersuchungen an mehreren Stellen des Messbereiches (mehrere Normale oder kalibrierte Referenzteile) durchgeführt. Dabei sollte das eine Normal in der Nähe der unteren Spezifikationsgrenze, das zweite in der Mitte der Toleranz und das dritte in der Nähe der oberen Toleranz liegen. Es können auch mehr als drei Normale verwendet werden. Allerdings erhöht sich dadurch der Aufwand. An jedem Normal werden Wiederholungsmessungen vorgenommen und die systematische Messabweichung Bi_i (Bi_1, Bi_2 und Bi_3) kann berechnet werden.

Dabei ist $Bi = \left|\overline{x}_{gi} - x_{mi}\right|$ mit i = 1,2,3. Das größte Bi (Bi_{max} = max $\{Bi_i\}$) wird zur Berechnung der Standardunsicherheit u_{Bi} herangezogen. Nach Ermittlungsmethode B ist:

$$u_{Bi} = Bi_{max} \cdot \frac{1}{\sqrt{3}}$$

BEISPIEL: An drei Referenzteilen mit

x_{m1} = 30,0025 µm x_{m2} = 30,005 µm x_{m3} = 30,0076 µm

werden von einem Prüfer je zehn Wiederholungsmessungen durchgeführt. Die Ergebnisse enthält die Tabelle 8.5. Diese sind in Form eines Werteverlaufs (Bild 8.13) und eines Wertestrahls (Bild 8.14) gezeigt. Das Zahlenbeispiel ist dem VDA Band 5 ([40], Tabelle A.9.3) entnommen.

Tab. 8.5 Messwerte Linearität

n	$\overline{x}_{g\,Ref.}$	$x_{A;1}$	$x_{A;2}$	$x_{A;3}$	$x_{A;4}$	$x_{A;5}$	$x_{A;6}$	$x_{A;7}$	$x_{A;8}$	$x_{A;9}$	$x_{A;10}$	$\overline{x}_{g\,j}$
1	30,002500	30,0025	30,0024	30,0024	30,0023	30,0025	30,0024	30,0023	30,0023	30,0024	30,0024	30,00239
2	30,005000	30,0050	30,0051	30,0051	30,0050	30,0052	30,0051	30,0050	30,0051	30,0051	30,0052	30,00509
3	30,007600	30,0075	30,0075	30,0077	30,0075	30,0076	30,0076	30,0076	30,0075	30,0076	30,0076	30,00757

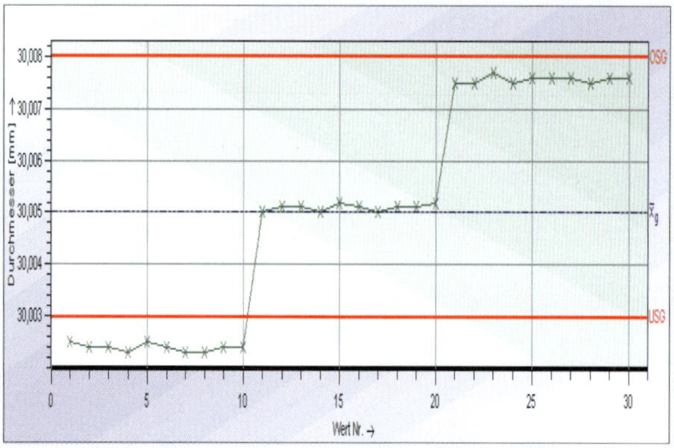

Bild 8.13 Werteverlauf

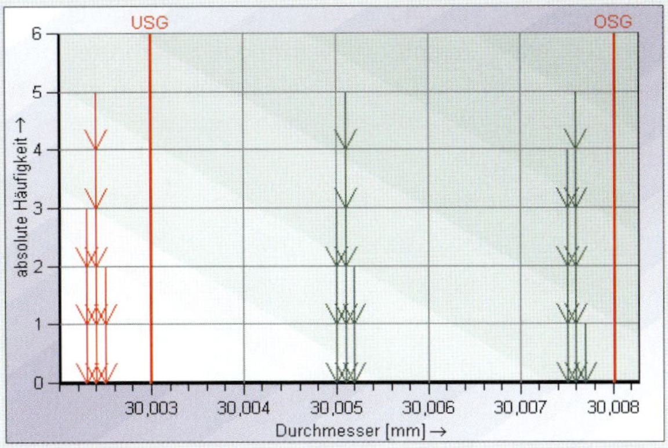

Bild 8.14 Wertestrahl

Die Mittelwerte aus den drei Messungen an den Referenzteilen sind in der Tabelle 8.5 angegeben. Daraus ergibt sich:

$Bi_1 = 0{,}0011\ \mu m \qquad Bi_2 = 0{,}00009\ \mu m \qquad Bi_3 = 0{,}0003\ \mu m$

Damit ist Bi_1 die größte systematische Messabweichung. Aus dieser wird u_{LIN} nach Ermittlungsmethode B berechnet.

$$u_{LIN} = \frac{Bi_{max}}{\sqrt{3}} = \frac{0{,}0011}{\sqrt{3}} = 0{,}000635 \approx 0{,}6\ \mu m$$

Standardunsicherheit durch Stabilität u_{STAB}

Eine Analyse des Messprozesses zum Zeitpunkt „x" lässt keine Rückschlüsse über sein Verhalten in der Zukunft zu. Daher muss die Messbeständigkeit eines Messprozesses kontinuierlich überprüft werden. In welchen Zeitabständen solche Betrachtungen stattfinden müssen, hängt von der Stabilität des Messprozesses ab und ist, wie in Abschnitt 2.5.4 beschrieben, zunächst zu untersuchen. Anschließend wird gemäß dem vorgegebenen Intervall ein Normal bzw. kalibriertes Referenzteil mit dem Messgerät ein- oder mehrmals gemessen. Dabei haben sich drei Wiederholungsmessungen als sinnvoll herausgestellt. Aus den Einzelwerten oder den Stichproben können statistische Kennwerte wie R_g und s_g berechnet werden. Diese dienen zur Abschätzung der Standardunsicherheit u_{STAB}.

Nach der Ermittlungsmethode B ergibt sich (Normalverteilung angenommen):

$$u_{STAB} = \frac{R_g}{2} \cdot 0{,}50$$

Wird die Gesamtstandardabweichung als Schätzer herangezogen, ist

$$u_{STAB} = s_g$$

BEISPIEL: Die Tabelle 8.6 enthält Messdaten, die über einen längeren Zeitraum erfasst wurden. Bei jedem Zeitintervall wurde das Referenzteil dreimal gemessen und die Ergebnisse in Form einer Qualitätsregelkarte grafisch dargestellt (Bild 8.15).

Tab. 8.6 Messwerte für Messbeständigkeit

i	x_i	i	x_i	i	x_i	i	x_i	i	x_i	i	x_i	i	x_i	i	x_i	i	x_i
1	6,002	4	6,004	7	6,003	10	6,003	13	6,002	16	6,000	19	6,001	22	6,001	25	6,000
2	6,001	5	6,004	8	6,002	11	6,001	14	6,001	17	6,001	20	6,001	23	6,002	26	6,000
3	6,001	6	6,003	9	6,002	12	6,004	15	6,002	18	5,999	21	6,000	24	6,002	27	6,001
i	x_i	i	x_i	i	x_i	i	x_i	i	x_i	i	x_i	i	x_i	i	x_i	i	x_i
28	6,004	31	6,002	34	6,003	37	6,002	40	6,002	43	6,004	46	6,003	49	6,002	52	6,002
29	6,004	32	6,001	35	6,001	38	6,001	41	6,000	44	6,003	47	6,002	50	6,002	53	6,002
30	6,003	33	6,002	36	6,001	39	6,002	42	6,001	45	6,003	48	6,001	51	6,000	54	6,002
i	x_i	i	x_i	i	x_i	i	x_i	i	x_i	i	x_i	i	x_i	i	x_i	i	x_i
55	6,001	58	6,003	61	6,004	64	6,002	67	6,004	70	6,005	73	6,002	76		79	
56	6,002	59	6,003	62	6,003	65	6,000	68	6,003	71	6,004	74	6,001	77		80	
57	6,001	60	6,002	63	6,004	66	6,001	69	6,002	72	6,004	75	6,001	78		81	

Aus der Messwertreihe ergibt sich $R_g = 6\ \mu m$ und $s_g = 1{,}284\ \mu m$

Damit ist nach der Ermittlungsmethode B (Basis: Normalverteilung)

$$u_{STAB} = \frac{6\ \mu m}{2} \cdot 0{,}5 = 1{,}5\ \mu m$$

Spannweitenmethode

$$u_{STAB} = \frac{R}{d_2^*} = \frac{6\ \mu m}{1{,}69257} = 3{,}545\ \mu m \approx 3{,}6\ \mu m$$

HINWEIS: d_2^* aus Tabelle 17.1, n = 3 und r = 25

und nach der Ermittlungsmethode A $u_{STAB} = s_g = 2{,}56\ \mu m \approx 2{,}6\ \mu m$

Der geschätzte Wert für die Unsicherheit nach der Spannweitenmethode ist erheblich größer als der Schätzwert für die Unsicherheit nach der Ermittlungsmethode A. Der Grund ist darin zu suchen, dass bei vielen Werten (hier 75 Werte) die Wahrscheinlichkeit für das Auftreten von extremen Kleinstwerten und Größtwerten steigt, aus denen letztendlich die Spannweite ermittelt wird.

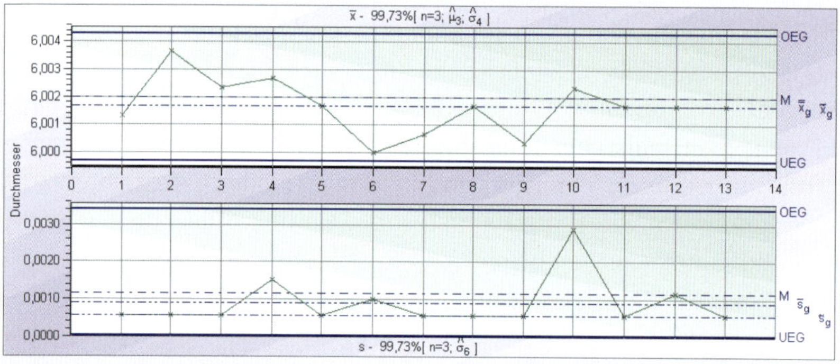

Bild 8.15 Qualitätsregelkarte

HINWEIS: Bei dieser Betrachtungsweise sind über die Zeit die meisten auf den Messprozess wirkenden Einflussfaktoren beinhaltet. Deren Auswirkungen sind in der erfassten Messwertreihe enthalten. Daher kann diese Untersuchung unter Umständen zur Beurteilung des gesamten Messprozesses herangezogen werden. Es ist nur noch zusätzlich die Unsicherheit des Normals bzw. kalibrierten Referenzteils zu berücksichtigen. Die kombinierte Standardunsicherheit des Messprozesses ist:

$$u_{MP} = \sqrt{u_{CAL}^2 + u_{STAB}^2} \quad \text{mit} \quad u_{CAL} = \frac{U_{CAL}}{2}$$

U_{CAL} = Erweiterte Messunsicherheit des Referenzteils aus dem Kalibrierschein.

8.3 Mehrfachberücksichtigung von Unsicherheitskomponenten

Unabhängig ob die Gerätestreuung an einem Referenzteil oder am Prüfobjekt untersucht wird, ist der Streuungseinfluss aufgrund der Auflösung in der Gerätestreuung enthalten und darf nicht mehrfach verwendet werden. Daher wird als Standardunsicherheit u_{EV} beim Messsystem $\max\{u_{RE}, u_{EVR}\}$ und beim Messprozess $\max\{u_{RE}, u_{EVR}, u_{EVO}\}$ verwendet.

8.4 Bestimmung der Erweiterten Messunsicherheit

Aus der einzelnen Standardunsicherheit kann sowohl die Erweiterte Messunsicherheit des Messsystems als auch die des gesamten Messprozesses bestimmt werden. Dazu wird zunächst die Erweiterte Standardunsicherheit des Messsystems

$$u_{MS} = \sqrt{u_{CAL}^2 + u_{Bi}^2 + \max\{u_{RE}, u_{EVR}\}^2 + u_{LIN}^2 + u_{MS\_REST}^2}$$

und anschließend die kalibrierte Standardunsicherheit des Messprozesses

$$u_{MP} = \sqrt{u_{CAL}^2 + u_{Bi}^2 + u_{LIN}^2 + u_{EV}^2 + u_{OBJ}^2 + u_T^2 + u_{STAB}^2}$$

$$\text{mit} \quad u_{EV} = \max\{u_{RE}, u_{EVR}, u_{EVO}\}$$

bestimmt.

Daraus ergibt sich durch Multiplikation mit Erweiterungsfaktor k die

Erweiterte Messunsicherheit für das Messsystem

$$U_{MS} = k \cdot u_{MS}$$

und die Erweiterte Messunsicherheit für den Messprozess

$$U_{MP} = k \cdot u_{MP}$$

Wobei der Faktor k in der Regel 2 ist. Dies entspricht der in der Messtechnik üblichen Überdeckungswahrscheinlichkeit von $P \approx 95{,}45\,\%$.

8.5 Berücksichtigung der erweiterten Messunsicherheit an den Spezifikationsgrenzen

Gemäß DIN EN ISO 14253 [15] ist die erweiterte Messunsicherheit an den Spezifikationsgrenzen zu berücksichtigen. Dies kann linear (Bild 8.16) oder quadratisch (Bild 8.17) erfolgen.

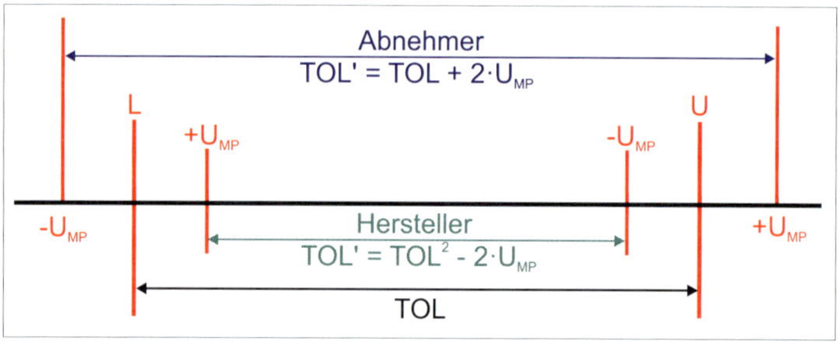

Bild 8.16 Lineare Berücksichtigung an den Spezifikationsgrenzen

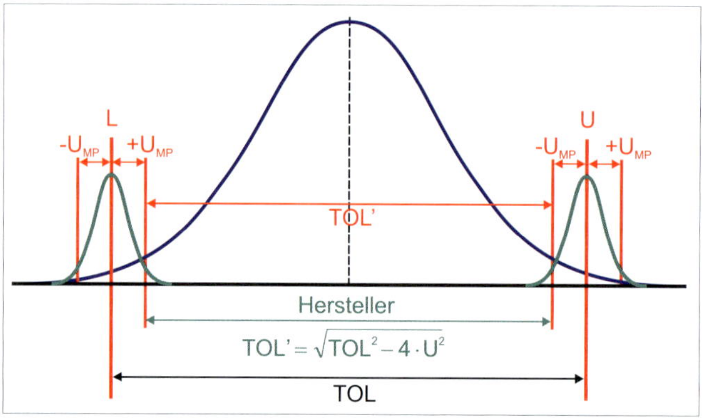

Bild 8.17 Quadratische Berücksichtigung an den Spezifikationsgrenzen

Die lineare Berücksichtigung ist auf jeden Fall die schärfere Forderung, da der Toleranzbereich mehr eingeengt wird als bei der quadratischen Berücksichtigung. Dies führt insbesondere bei kleinen Toleranzen zu erheblichen Problemen.

Die ermittelte Erweiterte Messunsicherheit kann direkt in die Darstellung des Werteverlaufs (Bild 8.18) eingetragen werden. Damit kann bereits bei der Datenerfassung am Messplatz erkannt werden, ob dieses Teil zum Kunden geliefert werden kann oder nicht. Weiter wird deutlich signalisiert, inwieweit die Unsicherheit des Messprozesses auf die zur Verfügung stehende Fertigungsbreite hat.

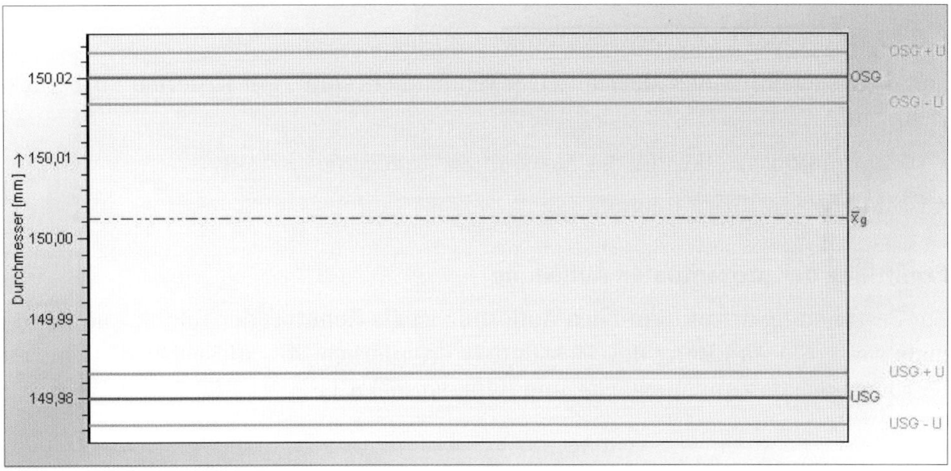

Bild 8.18 Erweiterte Messunsicherheit an den Spezifikationsgrenzen im Werteverlauf

■ 8.6 Fallbeispiele

8.6.1 Längenmessung mit einem Standardmessmittel

Zur Beurteilung der Länge von Kupplungskörpern wurde ein digitaler Messschieber nach DIN 862 vorgeschlagen. Die Kupplungskörper werden im 3-Schicht-Betrieb in einer unklimatisierten Fertigungshalle gefertigt. Der Nachweis der Eignung erfolgte gemäß VDA 5 [40].

Beschreibung des zu prüfenden Merkmals

Aus der Fertigungszeichnung des Kupplungskörpers wurden die Daten für das Merkmal *Länge* abgelesen:

Nennmaß	N = 34,60 mm
Oberes Grenzmaß U	U = 0,20 mm
Unteres Grenzmaß L	L = −0,20 mm
Maßtoleranz	TOL = 0,40 mm

Beschreibung des digitalen Messschiebers nach DIN 862

Ein digitaler Messschieber gilt als ein universell einsetzbares Messmittel. Aus den Angaben des Herstellers wurden die folgenden Daten entnommen:

Messbereich	0 mm bis 150 mm
Grenzwert der Messabweichung nach DIN 862	a = 20 µm
Auflösung	RE = 0,01 mm

Der Grenzwert wurde durch die Kalibrierung bestätigt.

8.6.1.1 Beurteilung des Messsystems

Für die Beurteilung der Messmittelverwendbarkeit sind zwei Kriterien zu berücksichtigen:

- Die prozentuale Auflösung des Messmittels *Auflösung(%)* = %RE
- Die kleinste prüfbare Toleranz T_{min_MS}

Ermittlung der prozentualen Auflösung

Zur Bestimmung der prozentualen Auflösung ist die Kenntnis der Toleranz des Merkmals sowie die Auflösung des Messmittels erforderlich. Aus diesen beiden Größen bestimmt sich das Annahmekriterium ([40], Formel 6.1):

$$\text{Auflösung}(\%) = \%\text{RE} = \frac{\text{Auflösung}}{\text{Toleranz}} \cdot 100\% \leq 5\%$$

Aus den o. g. Angaben wurde die prozentuale Auflösung bestimmt:

$$\%\text{RE} = \frac{0{,}01\ \text{mm}}{0{,}40\ \text{mm}} \cdot 100\% = 2{,}5\%$$

Dieser Wert ist kleiner als die geforderten 5 %. Daher wird die Untersuchung fortgesetzt.

Erweiterte Messunsicherheit des Messsystems

Die kombinierte Standardunsicherheit u_{MS} von universell einsetzbaren Messmitteln kann vereinfacht aus den Fehlergrenzwerten bestimmt werden. Der Fehlergrenzwert eines Messschiebers beträgt a = 20 µm für Längenmaße bis 50 mm. Da für die Fehlergrenze in DIN 862 kein Verteilungsmodell vorgegeben ist, wurde die sichere Variante der Rechteckverteilung gewählt. Der Verteilungsfaktor für die Rechteckverteilung ist auf eine Nachkommastelle gerundet b = 0,6. Damit ergibt sich:

$$u_{MS} = a \cdot b = 20\ \mu\text{m} \cdot 0{,}6 = 12\ \mu\text{m}$$

Die Erweiterte Messunsicherheit erhält man durch die Multiplikation von u_{MS} mit dem Faktor k (= 2 für P = 95 %):

$$U_{MS} = k \cdot u_{MS} = 2 \cdot 12\,\mu m = 24\,\mu m$$

Daraus ergibt sich der Eignungskennwert

$$Q_{MS} = \frac{2 \cdot U_{MS}}{TOL} \cdot 100\% = \frac{2 \cdot 24\,\mu m}{400\,\mu m} \cdot 100\%$$
$$= 12\% \leq 15\%$$

Damit ist die Eignung des Messsystems für diesen Messprozess nachgewiesen.

Ermittlung der kleinsten prüfbaren Toleranz T_{min_MS}

Für die Bestimmung ist der Eignungsgrenzwert Q_{MS} und die Standardunsicherheit u_{MS} des Messmittels erforderlich. Das Kriterium für die Verwendbarkeit von einem Messmittel lautet nach der Empfehlung des VDA 5 Bandes:

$$Q_{MS\_max} = 15\%$$

Aus dem Eignungsgrenzwert Q_{MS_max} = 15 % und der Standardunsicherheit des Messmittels u_{MS} lässt sich die kleinste prüfbare Toleranz T_{min_MS} über die folgende Beziehung ermitteln ([40], Formel 6.2):

$$T_{min\_MS} = \frac{2 \cdot U_{MS}}{Q_{max\_MS}} \cdot 100\%$$

$$T_{min\_MS} = \frac{2 \cdot 24\,\mu m}{15\%} \cdot 100\% = 320\,\mu m$$

Abschließende Beurteilung der Verwendbarkeit des Messsystems

Die Bestimmung der prozentualen Auflösung ergab den Wert Auflösung(%) = 2,5 %. Da dieser Wert kleiner ist als der Grenzwert $\text{Auflösung}(\%)_{max}$ = 5 %, gilt die Auflösung als ausreichend.

Der Eignungskennwert QMS = 12 % ist kleiner als der geforderte Grenzwert von 15 %.

Für die kleinste prüfbare Toleranz wurde der Wert T_{min_MS} = 320 µm bestimmt. Dieser Wert ist kleiner als die Toleranz des zu prüfenden Merkmals T = 400 µm. Somit ist die Eignung des Messsystems gegeben.

8.6.1.2 Beurteilung und Nachweis der Messprozesseignung

Bisher wurde allein das Messsystem betrachtet. Der Messprozess unterliegt jedoch weiteren Einflussgrößen. Für den Messprozess werden die folgenden drei Unsicherheitskomponenten betrachtet:

- Standardunsicherheit durch den Bedienereinfluss u_{AV}

- Standardunsicherheit durch den Objekteinfluss u_{OBJ}
- Standardunsicherheit durch den Temperatureinfluss u_T

Bedienereinfluss u_{AV}

Der Einfluss durch die Bediener wurde experimentell ermittelt. Für die Bediener-Studie wurde eine Endmaßkombination mit einem Gesamtmaß = 35,000 mm gebildet. Diese Endmaßkombination wurde zehn Mal von jedem der Prüfer gemessen. Die Messergebnisse sind in der folgenden Tabelle dargestellt. Die erste Spalte enthält die Messwerte von Prüfer A, die zweite Spalte die Messwerte von Prüfer B und die dritte Spalte die Messwerte von Prüfer C.

Prüfer A		Prüfer B		Prüfer C	
i	xi	i	xi	i	xi
1	35.01	11	34.99	21	35.00
2	35.00	12	35.00	22	35.01
3	35.01	13	35.00	23	35.02
4	35.00	14	34.99	24	35.00
5	35.01	15	35.00	25	35.00
6	35.01	16	35.00	26	35.01
7	35.01	17	35.00	27	35.00
8	35.01	18	35.00	28	35.00
9	35.00	19	34.99	29	35.00
10	35.00	20	34.99	30	35.00

Bild 8.19 Messergebnisse der Bedienerstudie

Um die Streuung durch den Bedienereinfluss zu bestimmen, wurde das Verfahren der einfachen Varianzanalyse für Faktoren mit zufälligen Stufen (Modell II) angewandt (Bild 8.20):

Die Bedienerstreuung wurde aus der *zusätzlichen Streuung zwischen den Stichproben* bestimmt:

$$s_A = \sqrt{s_A^2} = \sqrt{0{,}000024593\ \text{mm}^2} \approx 0{,}0005\ \text{mm} \mathrel{\hat{=}} 0{,}5\ \mu\text{m}$$

Die Standardunsicherheit durch Bedienereinfluss ergab somit $u_{Bediener} = s_A = 0{,}5\ \mu m$.

Teilnr.		Teilebez.	Endmaßkombination
Merkm.Nr.		Merkm.Bez.	Länge
ANOVA			
Streuung innerhalb der Stichproben		$= s_I^2$	0.000034074
Zusätzliche Streuung zwischen den Stichproben		$= s_A^2$	0.000024593
Anteil der zusätzlichen Streuung zwischen den Stichproben		$= s_A^2/s_{ges}^2$	0.42
H_0	Varianz zwischen den Stichproben ist Null		
H_1	Varianz zwischen den Stichproben ist NICHT null.		
Testniveau	kritische Werte unten	kritische Werte oben	Prüfgröße
$\alpha = 5$ %	---	3.35	8.21739**
$\alpha = 1$ %	---	5.49	
$\alpha = 0.1$ %	---	9.02	
Testergebnis	Nullhypothese wird zum Niveau $\alpha \leq 1\%$ verworfen		

Bild 8.20 Ergebnis der Varianzanalyse

Objekteinfluss u_{OBJ}

Der Einfluss der Teile wurde untersucht, indem die Länge an einem Teil an unterschiedlichen Stellen gemessen wurde (Drehung der Teile nach jeder Messung um ca. 15° um die Rotationsachse). Die Messungen wurden von einem Prüfer durchgeführt, um die Überlagerung des Bedienereinflusses zu vermeiden.

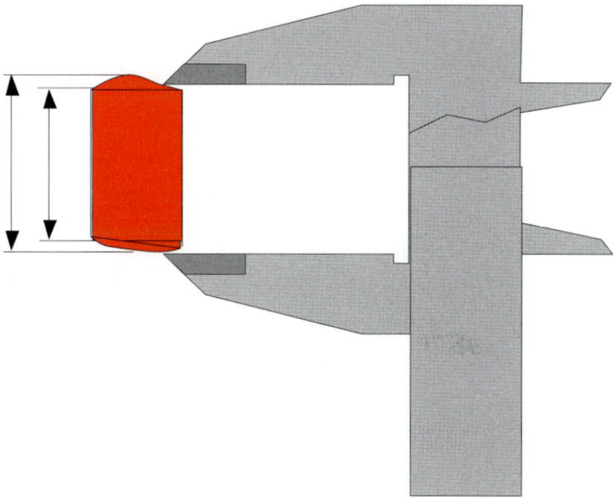

Bild 8.21 Schemazeichnung Objekteinfluss

Die 25 Messergebnisse sind in der folgenden Tabelle aufgeführt.

Tab. 8.7 Messergebnisse Objekteinfluss

i	x_i	i	x_i	i	x_i
1	34.63	6	34.63	11	34.65
2	34.63	7	34.63	12	34.63
3	34.64	8	34.64	13	34.63
4	34.63	9	34.63	14	34.63
5	34.63	10	34.63	15	34.63
i	x_i	i	x_i	i	x_i
16	34.65	21	34.63	26	
17	34.63	22	34.63	27	
18	34.63	23	34.63	28	
19	34.64	24	34.63	29	
20	34.63	25	34.63	30	

Aus den 25 Einzelwerten wurde die Standardabweichung bestimmt:

Zeichnungswerte		Stichprobenkennwerte		Stichprobenkennwerte	
T_m	34.60	x_{min}	34.63	n_{ges}	25
USG	34.40	$Q_{25\%}$	34.6287	n_{eff}	25
OSG	34.80	$\bar{x}$	34.630		
T	0.40	$Q_{75\%}$	34.6369	s^2	0.000037667
		x_{max}	34.65	R	0.02
Vertrauensniveau	=	$1-\alpha$	=	95.000%	
Standardabw.	=	s	=	0.0047922 ≤ **0.0061373** ≤ 0.0085379	
Mittelwert	=	$\bar{x}$	=	34.6303 ≤ **34.6328** ≤ 34.6353	

Bild 8.22 Kennwerte der Stichprobe aus der Objektstudie

Die Standardunsicherheit des Objektes wurde nach folgender Beziehung bestimmt ([40], Seite 79):

$$u_{OBJ} = s_{OBJ} = 0{,}0061373\ \text{mm} = 0{,}0061373\ \text{mm} \mathrel{\hat{=}} 6{,}1373\ \mu\text{m}$$

Temperatureinfluss u_T

HINWEIS: Die diesem Abschnitt zugrunde liegenden Formeln sind im Abschnitt 8.2.9 aufgeführt und erläutert. Daher ist hier nur das Zahlenbeispiel mit den zugehörigen Annahmen beschrieben.

Da die Fertigungshalle nicht klimatisiert ist, musste die Standardunsicherheit durch Temperatureinfluss abgeschätzt werden. Aus Erfahrung war bekannt, dass die Temperatur in der Fertigungshalle im Sommer bis zu 35 °C betragen kann. Dies entspricht einer maximalen Differenz zur Normtemperatur von 15 K (35 °C - 20 °C ≙ 15 K).

Da keine anderen Daten vorlagen, wurde für die Unsicherheit der Ausdehnungskoeffizienten 10 % der Koeffizienten und für die Unsicherheiten der Temperaturen 1 K angesetzt. Sowohl das Messmittel als auch die Werkstücke bestehen aus dem Werkstoff Stahl. Der Wärmeausdehnungskoeffizient für den Werkstoff Stahl wurde aus der Tabelle A.3.1 des VDA 5 [40] entnommen:

$\alpha_{Stahl} = 11{,}5 \cdot 10^{-6}\ K^{-1}$

Es wurden für die Unsicherheiten der Wärmeausdehnungskoeffizienten die Werte

$u_{\alpha N} = u_{\alpha W} = 0{,}1 \cdot 11{,}5 \cdot 10^{-6}\ K^{-1} = 11{,}5 \cdot 10^{-7}\ K^{-1}$

bestimmt und für die Unsicherheiten der Temperaturen die Werte

$u_{TN} = u_{TW} = 1$ K angenommen.

Aus Gründen der Übersichtlichkeit wurde die Bestimmung von u_{Temp} in einer Tabelle zusammengefasst.

Tab. 8.8 Tabelle zur Bestimmung der Standardunsicherheit Temperatur

Standardunsicherheit Temp.	u_{Temp}	$a \cdot b$	
		0.001231413	mm
Verteilungsfaktor	b	0.6	
Fehlergrenzwert	a	$\lvert\Delta L\rvert + 2 \cdot u_{Rest}$	
		0.002052355	mm
Fehler durch unterschiedliche Längenausdehnung von Werkstück und Messmittel	ΔL	$L_{Anz;N} \cdot (\alpha_W \cdot T_W - \alpha_N \cdot T_N)$	
		0	mm
Wärmeausdehnungskoeffizient Werkstück	α_W	0.0000115	1/K
Temperaturdifferenz Werkstück zu Normtemperatur	T_W	15	K
Wärmeausdehnungskoeffizient Messmittel	α_N	0.0000115	1/K
Temperaturdifferenz Messmittel zu Normtemperatur	T_N	15	K
Anzeigewert des Normals bei 20 °C	$L_{Anz;N}$	35	mm
Unsicherheit der Ausdehnungskoeffizienten und Temperaturen	u_{Rest}	$L_{Anz;N} \cdot \sqrt{T_N^2 \cdot u_{\alpha N}^2 + T_W^2 \cdot u_{\alpha W}^2 + \alpha_N^2 + u_{TN}^2 + \alpha_W^2 \cdot u_{TW}^2}$	
		0.001026178	mm
Unsicherheit Ausdehnungskoeffizient Werkstück	$u_{\alpha W}$	0.00000115	K
Unsicherheit Ausdehnungskoeffizient Messmittel	$u_{\alpha N}$	0.00000115	K
Unsicherheit Temperatur Werkstück	u_{TW}	1	K
Unsicherheit Temperatur Messmittel	u_{TN}	1	K

Die resultierende Standardunsicherheit der Temperatur ergab gerundet $u_{Temp} = 1{,}2\ \mu m$.

Kombinierte Standardunsicherheit des Messprozesses

Die kombinierte Standardunsicherheit wurde durch quadratische Addition der Standardunsicherheitskomponenten gebildet:

$$u_{MP} = \sqrt{u_{MS}^2 + u_{AV}^2 + u_{OBJ}^2 + u_T^2} = \sqrt{12^2 + 0{,}5^2 + 6{,}1^2 + 1{,}2^2}\,\mu m = 13{,}52\,\mu m$$

Erweiterte Messunsicherheit U

Aus der kombinierten Standardunsicherheit wurde die erweiterte Messunsicherheit U_{MP} durch Multiplikation mit dem Erweiterungsfaktor k = 2 gewonnen:

$U_{MP} = 27{,}04\ \mu m$

Der Eignungskennwert für den Messprozess ergibt sich aus

$$Q_{MP} = \frac{2 \cdot U_{MP}}{TOL} \cdot 100\% = \frac{2 \cdot 27{,}04\ \mu m}{400\ \mu m} \cdot 100\% = 13{,}5$$

Die minimale Toleranz bei der dieser Messprozess noch verwendet werden kann, errechnet sich aus:

$$T_{min\_MP} = \frac{2 \cdot U_{MP}}{Q_{max\_MP}} \cdot 100\% = \frac{2 \cdot 27{,}04\ \mu m}{30\%} \cdot 100\% \approx 180\ \mu m$$

Abschließende Beurteilung der Verwendbarkeit des Messprozesses

Der errechnete Eignungskennwert $Q_{MP} = 13{,}5\,\%$ ist kleiner als der geforderte Grenzwert von 30 %. Damit kann der Messprozess für die beschriebene Messaufgabe als geeignet angesehen werden.

Da die errechnete minimale Toleranz für den Messprozess $T_{min\_MP} \approx 180\ \mu m$ deutlich unter der Toleranz von 400 µm liegt, kann dieser Messprozess für eine ähnliche Messaufgabe bis zu einer minimalen Toleranz von 180 µm eingesetzt werden, ohne dass der Messprozess neu untersucht werden muss!

8.6.2 Längenmessung mit speziellem Messmittel

Für die fertigungsbegleitende Prüfung von Ventilen wurde ein Messsystem mit spezieller Messvorrichtung ausgewählt. Im Unterschied zu einem Standard-Messmittel können in diesem Fall nicht einfach die Fehlergrenzen des Messmittels zur Bestimmung der Eignung des Messsystems verwendet werden, sondern ist mittels Versuch zu ermitteln.

Die Ermittlung der Erweiterten Messunsicherheit soll anhand des folgenden Zahlenbeispiels erläutert werden.

1. **Beschreibung der Messaufgabe**

   Mit der in Bild 8.23 dargestellten Messvorrichtung soll die Ventilhöhe bestimmt werden. Die Toleranz beträgt laut Zeichnung 20 µm.

Bild 8.23 Messvorrichtung zur Bestimmung der Ventilhöhe

2. **Angaben zum Messmittel und Normal**

   Langwegtaster der Firma Heidenhain

   Messbereich: 50 mm

   Auflösung: 0,1 µm

   Gesamtmessabweichung: 0,14 µm

   Kalibrierunsicherheit Parallelendmaß: U_{CAL} = 0,5 µm bei k = 2 ⇒ u_{CAL} = 0,25 µm

   Die Herstellerangaben sind in Bild 8.24 dargestellt.

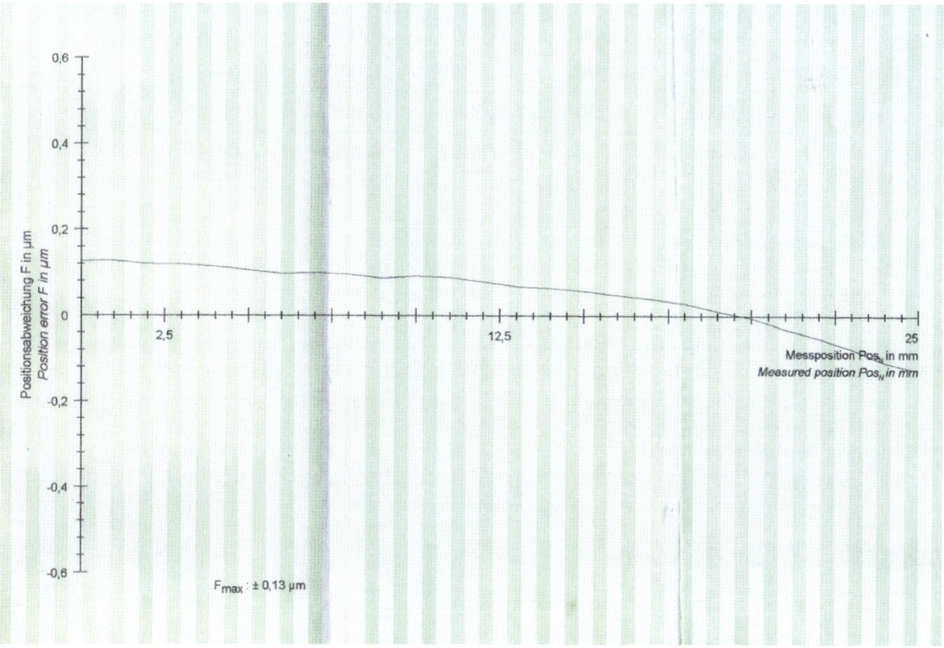

Bild 8.24 Herstellerangaben

3. **Bestimmung und Bewertung der prozentualen Auflösung**

   Die prozentuale Auflösung für die Messvorrichtung beträgt:

$$\text{Auflösung}(\%) = \frac{\text{Auflösung}}{\text{TOL}} \cdot 100\% = \frac{0{,}1\ \mu\text{m}}{20\ \mu\text{m}} \cdot 100\% = 0{,}5\% < 5\%$$

   Das Kriterium für die prozentuale Auflösung ist damit erfüllt.

4. **Bestimmung der Standardunsicherheit des Messmittels u_{MS}**

   Die Unsicherheitskomponenten sind:

   Auflösung u_{RE} (Resolution)

   Kalibrierunsicherheit u_{CAL} (Reference)

   Einstellvorgang u_{Bi} (Bias, systematische Messabweichung)

   Wiederholpräzision u_{EVR} (Equipment Variation) an einem Referenzteil

   Linearitätsabweichung u_{LIN} (Linearity)

Die 25 Wiederholungsmessungen an dem Parallelendmaß (Referenzteil, Tabelle 8.9) haben die systematische Messabweichung Bi = 0,596 µm und Streuung s_g = 0,17195 µm (Bild 8.25) ergeben. Der Werteverlauf der Messungen ist in Bild 8.26 dargestellt.

Tab. 8.9 Ergebnis Wiederholungsmessungen

x_i	x_i	x_i	x_i	x_i
8,0003	8,0006	8,0005	8,0013	8,0007
8,0005	8,0005	8,0005	8,0007	8,0006
8,0005	8,0006	8,0006	8,0005	8,0005
8,0005	8,0006	8,0006	8,0005	8,0007
8,0006	8,0006	8,0007	8,0006	8,0006

Zeichnungswerte			Gemessene Werte			Statistische Werte		
x_m	=	8,000000				$\bar{x}_g$	=	8,000596
USG	=	7,9750	$x_{min\,g}$	=	8,0003	s_g	=	0,00017195
OSG	=	8,0250	$x_{max\,g}$	=	8,0013	$\lvert Bi\rvert = \lvert\bar{x}_g - x_m\rvert$	=	0,000596
T	=	0,0500	R_g	=	0,0010			
			n_{ges}	=	25	n_{eff}	=	25
Systematische Messabweichung (Bias) =			$u_{Bi} = \frac{1}{2} Bi/\sqrt{3}$			=		0,000344

Bild 8.25 Statistische Kennwerte

Damit ergibt sich das in Tabelle 8.8 dargestellte Unsicherheitsbudget für das Messsystem u.

Tab. 8.10 Unsicherheitsbudget „Messsystem"

Komponente	Methode	Verteilung	n	a	b	Formel	u_i	u_i^2
u_{RE}	B	Rechteck	–	0,05	0,58	0.05 * 0,58	0,029	0,000841
u_{CAL}		Normal	–	0,5		0,5/2	0,25	0,0625
u_{Bi}	A/B	Rechteck	25			Bi * 0,58	0,3494	0,1195084
u_{EVR}	A	Normal	25			s_g	0,172	0,029584
u_{LIN}	B	Rechteck	-	0,14	0,58	0,14 * 0,58	0,0812	0,0065934

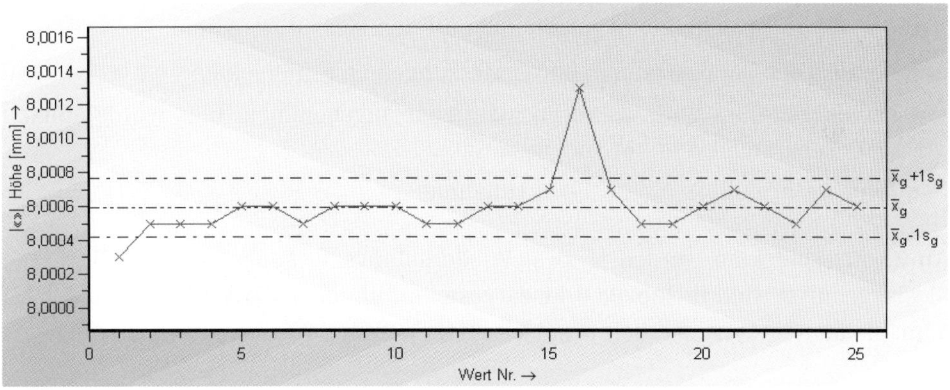

Bild 8.26 Werteverlauf

5. **Erweiterte Messunsicherheit des Messsystems**

Die kombinierte Standardunsicherheit u(y) wird aus allen nach Methode A und B ermittelten Unsicherheitskomponenten durch deren quadratische Addition ermittelt:

$$u_{MS} = \sqrt{u_{CAL}^2 + u_{Bi}^2 + u_{EV}^2 + u_{LIN}^2} \qquad \text{mit } u_{EV} = \max\{u_{RE}, u_{EVR}\}$$

$$u_{MS} = \sqrt{0{,}063 + 0{,}12 + 0{,}03 + 0{,}007}$$

$$u_{MS} \approx 0{,}4$$

Die Erweiterte Messunsicherheit für das Messsystem ergibt sich aus

$$U_{MS} = 2 \cdot u_{MS} = 2 \cdot 0{,}4\ \mu m = 0{,}8\ \mu m$$

6. **Eingungskennwert**

Der Eignungskennwert ist

$$Q_{MS} = \frac{2 \cdot U_{MS}}{TOL} \cdot 100\% = \frac{2 \cdot 0{,}8\ \mu m}{20\ \mu m} \cdot 100\% = 8\%$$

Und damit kleiner als die geforderten 15% für das Messsystem, das damit als geeignet bewertet werden kann.

7. **Einhaltung der kleinsten prüfbaren Toleranz**

   Der Eignungsgrenzwert Q_{MS_max} ist in dem Beispiel 15%.

$$T_{min\_MS} = \frac{2 \cdot U_{MS}}{Q_{MS\_max}} \cdot 100\% = \frac{2 \cdot 0{,}8\ \mu m}{15\%} \cdot 100\% \approx 10\ \mu m \leq 20\ \mu m$$

   Damit ist das Messsystem als verwendbar eingestuft und der gesamte Messprozess kann weiter analysiert werden.

8. **Eignungsnachweis für den Messprozess**

   Die weiteren Unsicherheitskomponenten für den Messprozess sind:

   - Einfluss der Gerätestreuung durch Messungen an Prüfobjekten
   - Bedienereinfluss wird als vernachlässigbar angenommen. Dies wurde anhand einer separaten Unterstützung bestätigt.
   - Temperatureinfluss u_{Temp} = 0,08 (Annahme)

An 25 Messobjekten werden je zwei Wiederholungsmessungen durchgeführt. Die Messergebnisse sind in Tabelle 8.11 dargestellt. Mit der ANOVA-Analyse (Bild 8.27) kann die Standardunsicherheit u_{EV} abgeschätzt werden.

Tab. 8.11 Wiederholungsmessung an 25 Messobjekten

xA1	21,310	21,313	21,323	21,319	21,323	21,328	21,307	21,317	21,293	21,330	21,308	21,320	21,325
xA2	21,311	21,313	21,323	21,319	21,324	21,329	21,307	21,318	21,293	21,331	21,308	21,319	21,325
xA1	21,307	21,294	21,311	21,306	21,327	21,319	21,306	21,324	21,306	21,313	21,309	21,307	
xA2	21,307	21,294	21,311	21,306	21,328	21,320	21,306	21,324	21,307	21,313	21,310	21,306	

ANOVA Auswertung

	σ²	σ	VB un 95%;	5.15 σ	VB ob 95%;	%RF
EV	0.0000002200	0.0004690	0.001895	0.002416	0.003336	4.83
AV	---	---	---	---	---	---
IA	---	---	---	---	---	---
R&R	0.0000002200	0.0004690	0.001895	0.002416	0.003336	4.83
PV	0.0001005	0.01002	0.03446	0.05163	0.07760	103.27

Bild 8.27 Schätzer für Streuung aus ANOVA

Aus dieser Untersuchung und Angaben kann das Unsicherheitsbudget des „Messprozesses“ u_{MP} wie in Tabelle 8.12 dargestellt, zusammengefasst werden.

Tab. 8.12 Unsicherheitsbudget „Messprozess“

Komponente	Methode	Verteilung	n	a µm	b	Formel	ui µm	ui²
u_{EV}	A	Normal	25	–	–	Bild 8.27	0,469	0,21996
u_{Temp}	B	Rechteck	–	–	–		0,08	0,0064

Kombinierte Standardunsicherheit des Messprozesses

Die kombinierte Standardunsicherheit u_{MP} wird aus allen ermittelten Unsicherheitskomponenten durch deren quadratische Addition bestimmt:

$$u_{MP} = \sqrt{u_{CAL}^2 + u_{Bi}^2 + u_{EV}^2 + u_{Lin}^2 + u_T^2} \quad \text{mit} \quad u_{EV} = \max\{u_{RE}, u_{EVR}, u_{EVO}\}$$

$$u_{MP} = \sqrt{0{,}0625 + 0{,}12 + 0{,}22 + 0{,}007 + 0{,}064}\ \mu\text{m}$$

$$= 0{,}688\ \mu\text{m} \approx 0{,}7\ \mu\text{m}$$

$$\text{mit } u_{EV} = \max\{0{,}029; 0{,}172; 0{,}469\}$$

$$= 0{,}469$$

$$u_{EV}^2 = 0{,}2199 \approx 0{,}22$$

Erweiterte Messunsicherheit

$$U_{MP} = u_{MP} \cdot k$$

Bei k = 2 (Tabelle 16.1) ergibt sich $U_{MP} = 0{,}7\ \mu\text{m} \cdot 2 = 1{,}4\ \mu\text{m}$ ($\approx 1{,}5\ \mu\text{m}$)

Eignungskennwert

Der Eignungskennwert ist

$$Q_{MP} = \frac{2 \cdot U_{MP}}{TOL} \cdot 100\% = \frac{2 \cdot 1{,}4\ \mu\text{m}}{20\ \mu\text{m}} \cdot 100\% = 14\% \leq 30\%$$

Damit ist der Messprozess als geeignet anzusehen.

Minimale Toleranz

Die minimale Toleranz für die dieser Messprozess noch geeignet ist, ergibt sich aus:

$$T_{min\_MP} = \frac{2 \cdot U_{MP}}{Q_{MP\_max}} = \frac{2 \cdot 1{,}4\ \mu\text{m}}{30\%} \cdot 100\% = 9{,}3\ \mu\text{m} \approx 10\ \mu\text{m}$$

Damit könnte die Toleranz halbiert werden.

9. **Auswirkungen auf die Grenzen der Übereinstimmung**

   Wenn keine Kenntnis über die Verteilung des Fertigungsprozesses vorliegt, hat der Hersteller des Bauteiles die Fertigungstoleranz von 200 µm linear auf 17 µm zu verringern, um sicherzustellen, dass keine Bauteile mit Toleranzüberschreitungen ausgeliefert werden.

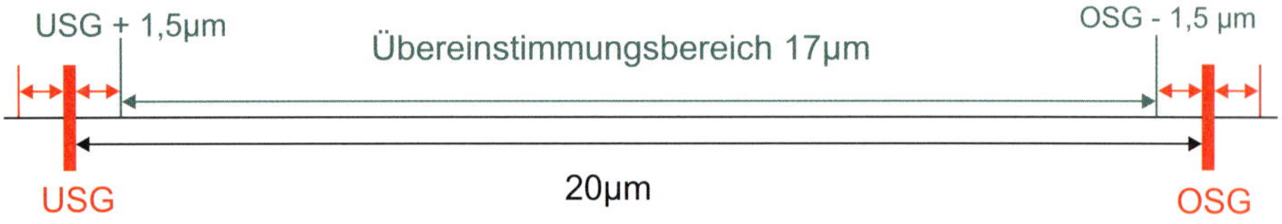

Bild 8.28 Erweiterte Messunsicherheit an den Spezifikationsgrenzen

8.7 Fallbeispiel aus VDA 5

8.7.1 Messprozesseignung mit drei Bezugsnormalen

Für ein Bolzenbohrungsmessgerät soll für einen Innendurchmesser eine Prüfprozessfähigkeit nachgewiesen und dokumentiert werden. Auftretende Unsicherheiten durch Objekt und Temperatureinfluss wurden im Vorfeld als vernachlässigbar bewertet und gehen nicht in die Bewertung ein.

Angaben Messsystem und Messprozess	
Nennmaß	30,000 mm
Obere Toleranzgrenze U	30,008 mm
Untere Toleranzgrenze L	30,003 mm
Prüfmittelauflösung RE (1 Digit = 0,0001mm)	0,1 µm
Kalibrierunsicherheit U_{CAL}	0,026 µm
Erweiterungsfaktor k_{CAL}	2
Linearität	0
Referenzwert Normal obere Toleranzgrenze x_{mu}	30,0076 mm
Referenzwert Normal Toleranzmitte x_{mm}	30,0050 mm
Referenzwert Normal untere Toleranzgrenze x_{ml}	30,0025 mm
Eignungsgrenzwert Messsystem Q_{MS_max}	15 %
Eignungsgrenzwert Messprozess Q_{MP_max}	30 %

Zur Ermittlung der Standardunsicherheiten durch die Wiederholbarkeit am Normal und des Bias, wurden in einen Messversuch an 3 Normalen je 10 Wiederholungsmessungen durchgeführt.

	Normal 1	Normal 2	Normal 3
Referenzwert	30,0076	30,0050	30,0025
Messung 1	30,0075	30,0050	30,0025
Messung 2	30,0075	30,0051	30,0024
Messung 3	30,0077	30,0051	30,0024
Messung 4	30,0075	30,0050	30,0023
Messung 5	30,0076	30,0052	30,0025
Messung 6	30,0076	30,0051	30,0024
Messung 7	30,0076	30,0050	30,0023
Messung 8	30,0075	30,0051	30,0023
Messung 9	30,0076	30,0051	30,0024
Messung 10	30,0076	30,0052	30,0024

Bild 8.29 Wiederholungsmessungen an drei Normalen

Aus den Angaben zum Messsystem und den Messwerten des Messversuchs ergeben sich das folgende Unsicherheitsbudget und die Ergebnisübersicht.

Einflussgrößen	Symbol	Typ	u	Rang
Auflösung der Anzeige	u_{RE}	B	0,0000289	3*
Kalibrierunsicherheit	u_{CAL}	B	0,0000130	4
Wiederholbarkeit am Normal	u_{EVR}	A	0,0000738	1
Linearität	u_{LIN}	B		
Bias	u_{BI}	A	0,0000635	2
Messsystem	u_{MS}		0,0000982	

Bild 8.30 Kombinierte Standardunsicherheit Messsystem

Toleranz	TOL	=	0,0050	
Auflösung	%RE	=	2,00%	0 5
Kombinierte Standardunsicherheit	u_{MS}	=	0,0000982	
Erweiterte Messunsicherheit	U_{MS}	=	0,000196	
Eignungsgrenzwert	Q_{MS_max}	=	15,00%	
Eignungskennwert	Q_{MS}	=	7,86%	0 15
minimale Toleranz	$TOL_{MIN\text{-}UMS}$	=	0,00262	

Bild 8.31 Kennwerte Messsystem

Mit einer prozentualen Auflösung %RE von 2,00 % und einem Eignungskennwert Q_{MS} von 7,86 % kann das Messsystem des Bolzenbohrungsmessgeräts als geeignet angesehen werden.

Nach dem Messsystem wird der Messprozess betrachtet. Dazu werden der Bedienereinfluss, die Wiederholbarkeit an Prüfobjekten und deren Wechselwirkungen in einem Versuch unter Prozessbedingungen ermittelt. In diesen Messversuch werden hierzu 10 Prüfobjekte von 3 Prüfern je 2-mal gemessen.

	Prüfer A		Prüfer B		Prüfer C	
	Messung 1	Messung 2	Messung 1	Messung 2	Messung 1	Messung 2
1	30,0054	30,0055	30,0057	30,0058	30,0058	30,0057
2	30,0056	30,0058	30,0059	30,0054	30,0057	30,0058
3	30,0053	30,0054	30,0055	30,0055	30,0056	30,0059
4	30,0041	30,0042	30,0043	30,0044	30,0045	30,0042
5	30,0051	30,0053	30,0055	30,0049	30,0052	30,0049
6	30,0050	30,0052	30,0054	30,0055	30,0055	30,0053
7	30,0049	30,0050	30,0049	30,0052	30,0051	30,0051
8	30,0056	30,0056	30,0057	30,0059	30,0058	30,0057
9	30,0054	30,0055	30,0056	30,0057	30,0054	30,0056
10	30,0057	30,0058	30,0059	30,0061	30,0057	30,0061

Bild 8.32 Wiederholungsmessungen von drei Prüfern bzw. 10 Prüfobjekten

Aus den erfassten Messwerten lassen sich mit Hilfe der ANOVA-Analyse die einzelnen Standardunsicherheiten bestimmen und zuordnen. Damit ergeben sich für den Messprozess das folgende Unsicherheitsbudget und die Ergebnisübersicht.

Einflussgrößen	Symbol	Typ	u	Rang
Auflösung der Anzeige	u_{RE}	B	0,0000289	5*
Kalibrierunsicherheit	u_{CAL}	B	0,0000130	6
Wiederholbarkeit am Normal	u_{EVR}	A	0,0000738	3*
Linearität	u_{LIN}	B		
Bias	u_{BI}	A	0,0000635	4
Messsystem	u_{MS}		0,0000982	
Vergleichbarkeit Prüfer	u_{AV}	A	0,0000892	2
Wiederholbarkeit am Prüfobjekt	u_{EVO}	A	0,000151	1
Wechselwirkungen	u_{IAI}	A	[pooling]	
Messprozess	u_{MP}		0,000187	

Bild 8.33 Kombinierte Standardunsicherheit Messprozess

Kombinierte Standardunsicherheit	u_{MP}	=	0,000187	
Erweiterte Messunsicherheit	U_{MP}	=	0,000374	
Eignungsgrenzwert	Q_{MP_max}	=	30,00%	
Eignungskennwert	Q_{MP}	=	14,98%	0 30
minimale Toleranz	$TOL_{MIN-UMP}$	=	0,00250	

Bild 8.34 Kennwerte Messprozess

Mit einem Eignungskennwert Q_{MP} von 14,98 % bei einem Eignungsgrenzwert Q_{MP_max} von 30 % kann der Messprozess des Bolzenbohrungsmessgeräts als geeignet angesehen werden.

8.8 Eignungsnachweis für einen attributiven Prüfprozess mit dem Bowker-Test

Dieser Test wurde von dem Verband der Automobilindustrie e. V. (VDA) im Jahre 2010 mit der zweiten Auflage der Richtlinie Band 5, „Prüfprozesseignung" eingeführt. Das Vorgehen zur Durchführung des Symmetrietests nach Bowker wird anhand des folgenden Fallbeispiels einer Sichtprüfung demonstriert. In diesem Fallbeispiel hatten zwei Prüfer 50 Objekte je dreimal geprüft. Die Objekte waren in eine der zwei Urteilskategorien Gut (+) oder Schlecht (-) einzustufen. In Bild 8.35 ist das Ergebnis der Prüfung zu erkennen. In der ersten Spalte ist die Nummer des geprüften Objektes dargestellt. Die Spalten XA1 bis XA3 enthalten die Ergebnisse der drei Prüfgänge des Prüfers A, während die Spalten XB1 bis XB3 die drei Prüfgänge des Prüfers B enthalten. Die roten Smileys am Ende jeder Zeile zeigen die Nichtübereinstimmung und die grünen Smileys die Übereinstimmung der Urteile zu einem Objekt an.

Teilnr.				Teilebez.		???	
Merkm.Nr.		1		Merkm.Bez.	Oberflächenbeschaffenheit		
n	$x_{A;1}$	$x_{A;2}$	$x_{A;3}$	$x_{B;1}$	$x_{B;2}$	$x_{B;3}$	
1	-	-	-	+	+	+	☹
2	-	-	-	-	-	-	☺
3	+	+	-	+	-	-	☹
4	-	-	-	-	+	-	☹
5	+	+	+	-	+	+	☹
6	-	-	-	-	-	-	☺
7	+	+	+	+	+	+	☺
8	-	-	+	-	-	-	☹
9	+	-	-	-	-	-	☹
10	+	+	+	+	-	+	☹
11	-	-	-	-	+	-	☹
12	+	+	+	-	-	-	☹
13	-	+	-	+	-	+	☹
14	-	+	-	+	+	+	☹
15	-	-	-	+	+	+	☹
16	+	+	+	+	+	+	☺
17	+	+	+	-	-	-	☹
18	-	-	-	+	+	+	☹
19	+	+	+	+	-	+	☹
20	-	-	-	-	+	-	☹
21	+	+	+	-	-	-	☹
22	+	+	+	+	+	+	☺
23	-	+	+	-	-	+	☹
24	-	+	-	-	-	-	☹
25	+	+	+	+	+	+	☺

Teilnr.				Teilebez.		???	
Merkm.Nr.		1		Merkm.Bez.	Oberflächenbeschaffenheit		
n	$x_{A;1}$	$x_{A;2}$	$x_{A;3}$	$x_{B;1}$	$x_{B;2}$	$x_{B;3}$	
26	-	-	+	-	-	-	☹
27	+	+	+	+	+	+	☺
28	+	+	+	-	-	-	☹
29	+	+	+	+	+	+	☺
30	+	-	+	+	+	+	☹
31	+	+	+	-	-	-	☹
32	+	+	+	+	+	+	☺
33	-	-	-	+	-	+	☹
34	-	+	-	-	-	-	☹
35	+	+	+	+	+	+	☺
36	+	-	+	+	+	+	☹
37	-	-	-	-	-	-	☺
38	-	-	-	-	-	-	☺
39	-	+	+	+	-	+	☹
40	+	+	+	+	+	+	☺
41	-	-	-	-	-	-	☺
42	+	-	+	-	+	-	☹
43	-	-	-	-	-	-	☺
44	+	+	+	+	+	+	☺
45	+	+	+	+	-	+	☹
46	+	+	+	+	+	+	☺
47	+	-	+	-	-	+	☹
48	+	+	+	+	+	+	☺
49	+	+	+	+	+	+	☺
50	-	-	-	-	-	-	☺

Bild 8.35 Ergebnis einer Sichtprüfung, bei dem zwei Prüfer 50 Objekten je dreimal zu beurteilen hatten

Zu Beginn wurden die Häufigkeiten der übereinstimmenden Urteile in den drei Wiederholprüfungen für jeden Prüfer einzeln gezählt. Diese Zählungen erfolgten für die Fälle übereinstimmend Schlecht (S), gemischte Urteile (X) und übereinstimmend Gut (G). Anschließend wurden diese Zählungen jedes einzelnen Prüfers mit denjenigen des anderen Prüfers verglichen. Dadurch ergeben sich die neun Urteilskombinationen nach Bild 8.36. Für jede Kombination ist die Häufigkeit des Vorkommens in Bild 8.36 als Besetzungszahl (Summe) eingetragen.

Entscheidungs-kombinationen		Prüfer B		
		Schlecht (S)	Gemischt (X)	Gut (G)
Prüfer A	Schlecht (S)	**7**	4	3
	Gemischt (X)	5	**6**	3
	Gut (G)	5	4	**13**

Bild 8.36 Tabelle der Besetzungszahlen als Ergebnis des Vergleiches der Urteile beider Prüfer zu jedem der 50 Objekte.

Festlegen der zu betrachtenden Hauptdiagonalen der Besetzungszahl-Matrix

Zunächst ist von der Matrix die Diagonale mit der größeren Summenhäufigkeit zu ermitteln. In Bild 8.36 ist diese durch die Hintergrundfarbe Grün und zusätzlich fetter Formatierung hervorgehoben.

Anwendungsvoraussetzung prüfen

Der Bowker-Symmetrietest ist an die Voraussetzung gebunden, dass höchstens zwei der symmetrisch um die Hauptdiagonale gelegenen Besetzungszahlen einen Wert enthalten dürfen, der kleiner ist als drei (Lothar Sachs: Angewandte Statistik, 7. Auflage, Springer Verlag 1992, Seite 607). Im Fallbeispiel ist keine Besetzungszahl kleiner als drei.

Nun werden die symmetrisch um die Hauptdiagonale gelegenen Besetzungszahlen für das Berechnen der Prüfgröße χ^2_{Bowker} verwendet. Führt man für die Zeilen (Prüfer A) der Matrix den Zähler i = 1, 2 und 3 sowie für die Spalten (Prüfer B) den Zähler j = 1, 2 und 3 ein, so lässt sich die folgende Formel verwenden:

$$\chi^2_{\text{Bowker}} = \sum_{j=1}^{r-1} \sum_{i>j} \frac{\left(B_{ij} - B_{ji}\right)^2}{B_{ij} + B_{ji}}$$

mit r = Anzahl der Zeilen = Anzahl der Spalten = 3.

Schrittschema für das Finden der symmetrisch um die Hauptdiagonale liegenden Besetzungszahlen

1. Schritt: Spalten-Index j setzen
   Der Spalten-Index für die äußere Summe startet mit dem Wert j = 1.
2. Schritt: Zeilen-Index i setzen
   Der Zeilen-Index für die innere Summe startet mit dem Wert i = j + 1 = 2.
3. Schritt: Besetzungszahlen B_{21} und B_{12} bestimmen
   Im Kreuzungspunkt der Zeile i = 2 mit der Spalte j = 1 entnimmt man die Besetzungszahl B_{21} = 5. Dazu spiegelbildlich in dem Kreuzungspunkt der Zeile i = 1 mit der Spalte j = 2 findet man die Besetzungszahl B_{12} = 4. In der Tabelle sind die betreffenden Zellen mit der blauen Hintergrundfarbe versehen.

4. Schritt: χ^2-Wert berechnen
Mit den beiden Besetzungszahlen $B_{21} = 5$ und $B_{12} = 4$ berechnet man den χ^2-Wert:

$$\chi^2_{21,12} = \frac{(5-4)^2}{(5+4)} = \frac{1}{9}.$$

5. Schritt: Zeilenindex bestimmen
Den Zeilen-Index für die innere Summe um eins erhöhen: i = 2 + 1 = 3.
6. Schritt: Besetzungszahlen B_{31} und B_{13} ermitteln.
Im Kreuzungspunkt der Zeile i = 3 mit der Spalte j = 1 findet man die Besetzungszahl $B_{31} = 5$. Dazu spiegelbildlich im Kreuzungspunkt der Zeile i = 1 mit der Spalte j = 3 ist die Besetzungszahl $B_{13} = 3$. In der Tabelle sind die betreffenden Zellen mit der violetten Hintergrundfarbe hervorgehoben.
7. Schritt: χ^2-Wert berechnen
Mit den Besetzungszahlen $B_{31} = 5$ und $B_{13} = 3$ den χ^2-Wert berechnen:

$$\chi^2_{31,13} = \frac{(5-3)^2}{(5+3)} = \frac{4}{8} = \frac{1}{2}.$$

8. Schritt: Summe der χ^2-Werte
Die Summe der χ^2-Werte bilden: $\chi^2_{21,12} + \chi^2_{31,13} = \frac{1}{9} + \frac{1}{2} = \frac{2+9}{18} = \frac{11}{18}$.
9. Schritt: Die Zeilen- und Spaltenindizes aktualisieren.
Der Spalten-Index für die äußere Summe wird um eins erhöht: j = 1 + 1 = 2. Der Zeilen-Index für die innere Summe wird auf den Startwert i = j + 1 = 2 + 1 = 3 gesetzt.
10. Schritt: Besetzungszahlen B_{32} und B_{23} ermitteln.
In dem Kreuzungspunkt der Zeile i = 3 mit der Spalte j = 2 findet man die Besetzungszahl $B_{32} = 4$. Dazu spiegelbildlich in der Zellenposition Zeile i = 2 und Spalte j = 3 findet man die Besetzungszahl $B_{23} = 3$. Die betreffenden Zellen sind mit der orangen Hintergrundfarbe hervorgehoben.
11. Schritt: χ^2-Wert bestimmen
Mit den Besetzungszahlen $B_{32} = 4$ und $B_{23} = 3$ den χ^2-Wert bestimmen:

$$\chi^2_{32,23} = \frac{(4-3)^2}{(4+3)} = \frac{1}{7}.$$

12. Schritt: Die Prüfgröße χ^2 berechnen
Aus allen χ^2-Werten wird die Summe gebildet und damit die Prüfgröße berechnet:

$$\chi^2_{\text{Bowker}} = \chi^2_{21,12} + \chi^2_{31,13} + \chi^2_{32,23} = \frac{11}{18} + \frac{1}{7} = \frac{77+18}{126} = \frac{95}{126} \approx 0{,}75397.$$

13. Schritt: Die Anzahl der Freiheitsgrade für den Signifikanztest bestimmen
Die Anzahl der Freiheitsgrade ergibt sich aus der Anzahl der Kategorien. Es liegen r = 3 Kategorien vor, nämlich (1) übereinstimmend Schlecht, (2) gemischte Entscheidungen und (3) übereinstimmend Gut. Somit erhält man für das Beispiel die Anzahl der Freiheitsgrade (df Degrees of Freedom)

$$df = \frac{r(r-1)}{2} = \frac{3(3-1)}{2} = 3$$

14. Schritt: Das Testergebnis bestimmen und interpretieren
Zunächst werden die Null- und Alternativhypothese für den Symmetrie-Test nach Bowker betrachtet.

Aussage der Nullhypothese H_0:
Die zur Hauptdiagonalen symmetrisch gelegenen Felder weisen gleiche Besetzungshäufigkeiten auf.

Aussage der Alternativhypothese H_1:
Die zur Hauptdiagonalen symmetrisch gelegenen Felder weisen ungleiche Besetzungshäufigkeiten auf.

Mit der Verteilungsfunktion der χ^2-Verteilung für df = 3 Freiheitsgraden und der Prüfgröße χ^2_{Bowker} ermittelt man den P-Wert für den Signifikanztest:

$P = 1 - G\left(\chi^2_{Bowker}\right) \approx 1 - 0{,}13956 = 0{,}8604$ oder P = 86 %.

Da der P-Wert größer ist als das gewählte Signifikanzniveau α = 5 %, wird die Nullhypothese nicht verworfen. In diesem Sinne ist keine statistisch signifikante Abweichung von der symmetrischen Besetzung erkannt worden.

In statistischem Sinne haben die Prüfer vergleichbare Ergebnisse ermittelt.

Die Auswertung ist schneller mit einem professionellen Statistikprogramm zu bewältigen. Bild 8.37 zeigt exemplarisch das Auswertungsergebnis für das Fallbeispiel aus dem Programm solara. Hier wurde der Testentscheid anhand des Vergleiches der Prüfgröße χ^2_{Bowker} mit den kritischen Werten der χ^2-Verteilung für die Signifikanzniveaus α = 5 %, α = 1 % und α = 0,1 % herbeigeführt. Da die Prüfgröße $\chi^2_{Bowker} = 0{,}75397$ kleiner ist als der kritische Wert $\chi^2_{1-\alpha=95\%;df=3} = 7{,}81$, wird die Aussage der Nullhypothese nicht widerlegt.

Bowker Test auf Symmetrie			
Prüfer A vs. Prüfer B			
H_0	Beide Prüfer ermitteln vergleichbare Ergebnisse		
H_1	Beide Prüfer ermitteln unterschiedliche Ergebnisse		
Testniveau	kritische Werte		Prüfgröße
	unten	oben	
α = 5 %	---	7,81	0,75397
α = 1 %	---	11,34	
α = 0,1 %	---	16,27	
Testergebnis	Nullhypothese wird nicht widerlegt		

Bild 8.37 Ergebnis des Symmetrietests nach Bowker für das Fallbeispiel, ermittelt mit dem Programm solara

Diskussion zur Anwendbarkeit des Symmetrietests nach Bowker in der Praxis

In der Praxis ist das Bestehen des Symmetrie-Tests nach Bowker – H_0 wird nicht verworfen – auf keinen Fall ausreichend. So ist anhand des Fallbeispiels zu erkennen, dass von 50 Objekten 30 Objekte widersprüchlich beurteilt worden sind. Das heißt, obwohl für 60 % der Teile widersprüchliche Ergebnisse vorliegen, hat der Test auf vergleichbare Ergebnisse keinen Alarm angezeigt.

Daher sollte in Ergänzung zum Bowker-Test entweder das Verfahren Kappa-Koeffizient nach Joseph L. Fleiss oder das Verfahren Effektivität der Prüfer gemäß MSA durchgeführt werden.

So erhält man mit dem Verfahren Kappa-Koeffizient nach Joseph L. Fleiss für die Daten des Fallbeispiels das Ergebnis, dass zu wenige Urteile übereinstimmen (siehe Bild 8.38). Die Anforderung für den Kappa-Koeffizienten lautet gemäß der Richtlinie MSA: $\kappa_F \geq 0{,}75$. Man erkennt, dass dieser Mindestwert weder bei der Wiederholbarkeit innerhalb der Prüfer noch bei der Vergleichbarkeit der Prüfer miteinander erreicht worden ist.

Prüfer	k	k	SEk	Z	P
Prüfer A	0,617	0 0,75	0,0816	7,555	0,0000000000
Prüfer B	0,626	0 0,75	0,0816	7,668	0,0000000000
Alle Prüfer	0,432	0 0,75	0,0365	11,82	0,000

Bild 8.38 Ergebnis der Kappa-Koeffizienten nach Joseph L. Fleiss für das Fallbeispiel, errechnet mit dem Programm solara.MP

Ein ähnliches Ergebnis erhält man mit dem Verfahren der Effektivität. Gemäß der Richtlinie MSA [1] sollte der Anteil der übereinstimmenden Prüfentscheidungen den Mindestwert 80 % erreichen bzw. überschreiten (Anteil übereinstimmender Entscheidungen ≥ 80 %). In Bild 8.39 ist der Anteilswert in der Spalte %n= für jeden Prüfer einzeln und für die Übereinstimmung beider Prüfer dargestellt.

Prüfer	Inspiziert	n=	%n=	95% KI
Prüfer A	50	36	72,00	(57,51; 83,77)
Prüfer B	50	36	72,00	(57,51; 83,77)
Alle Prüfer	50	20	40,00	(26,41; 54,82)

Bild 8.39 Auswertungsergebnisses zur Effektivität der Prüfer für das Fallbeispiel, entnommen aus dem Programm solara.MP

Dieser Schwellwert ist in dem Vertrauensbereich für die Entscheidungen innerhalb der Prüfer (Zeilen Prüfer A und Prüfer B) gerade noch enthalten, jedoch nicht mehr bei dem Vergleich beider Prüfer (Zeile Alle Prüfer).

Fazit: Das Bestehen des Symmetrietests nach Bowker ist für sich allein kein ausreichend sicheres Abnahmekriterium für einen attributiven Prüfprozess. Dazu ist es notwendig, weitere Auswerteverfahren wie die Effektivität oder das Fleiss-Kappa-Verfahren zu nutzen.

9 Vergleich Firmenrichtlinien, MSA mit VDA 5 bzw. ISO 22514-7

Begriffe

Auch bzgl. der Begriffe und Definitionen hat die MSA mangels internationaler Normierung Standards gesetzt. So war das erste internationale Wörterbuch der Metrologie (VIM) bereits 1989 erschienen, aber erst in der Ausgabe von 1994 wurden die Begriffe wie Messsystem, Messprozess und Messunsicherheit definiert. Auch der Leitfaden zur Angabe der Unsicherheit beim Messen (GUM) ist erst 1995 veröffentlicht worden. Die MSA hat sich zwar im Laufe der vier Ausgaben den Begriffen der internationalen Normierung angenähert, aber grundlegende Begriffe beibehalten, was aufgrund des hohen Verbreitungsgrades mehr als verständlich ist.

Typisches Beispiel ist der Begriff „Messsystem“ selbst. Wie Bild 9.1 zeigt, steht der Begriff Messsystem im Sinne der MSA nicht im Kontext mit der Begriffsdefinition des VIM. Das Messsystem im Sinne der MSA entspricht dem Messprozess im Sinne der internationalen Normierung. Das VIM kennt zwar auch den Begriff Messsystem. Dies ist aber ein Unterelement des Messprozesses, das die typischen Einflusskomponenten zusammenfasst, die primär von Herstellern des Messgerätes beeinflusst werden können. Genau diese separate Betrachtung erreicht man bei Firmenrichtlinien durch die Bestimmung der C_g- und C_{gk}- Werte. Denn unterschreiten diese Kennwerte bereits den geforderten Grenzwert von 1,33 ist mit hoher Wahrscheinlichkeit davon auszugehen, dass das Messgerät unter Einbezug der Einflusskomponenten, die im realen Einsatz (z. B. in der Fertigung) hinzukommen, nicht geeignet sein wird. Beim VDA 5 Band bzw. der ISO 22514-7 wird für diese Beurteilung der Eignungskennwert Q_{MS} verwendet.

Vorgehensweise

Die wesentlichen Unterschiede zwischen

- Firmenrichtlinien
- MSA Measurement Systems Analysis
- VDA Band 5 Prüfprozesseignung bzw. ISO 22514-7

liegen im folgenden Themenbereich:

Im Prinzip ist die Vorgehensweise zur Beurteilung des verwendeten Messsystems bzw. Messprozesses bei MSA, den Firmenrichtlinien und VDA 5 sehr ähnlich: „Es werden Annahmen getroffen und Anforderungen an die Durchführung der Versuche gestellt. Anschließend werden unter realen Gegebenheiten Untersuchungen durchgeführt, die Messwerte grafisch und numerisch analysiert, Kennwerte bestimmt und diese mit vorgegebenen Grenzwerten verglichen.“ Anhand dieser Bewertung wird über die Fähigkeit bzw. Eignung entschieden. Der große Unterschied zwischen MSA und VDA 5 liegt in der Berechnung der Kennwerte und der Anzahl der betrachteten Einflussgrößen, die beim Messen wirken (können).

Bewertung nach MSA

Bei der MSA wird die Fähigkeit durch Vergleich des ermittelten %GRR-Wertes (Gage Repeatability Reproducibility, Bild 9.2) mit den vorgegebenen Grenzwerten bewertet. Vor dessen Berechnung wird nur noch untersucht, ob die systematische Messabweichung (bzw. die Linearität soweit vorhanden) ausreichend klein ist. Weiter wird die Anzahl Datenkategorien anhand der ndc-Werte (Number of Distinct Categories) bewertet. Dieser Wert muss größer als 5 sein. Diese Betrachtung ist bei den Firmenrichtlinien und der VDA 5 mit der Forderung, dass die Auflösung kleiner 5 % der Toleranz sein muss, von der Zielsetzung vergleichbar (siehe Auflösung).

Falls der %GRR-Wert die vorgegebenen Grenzen überschreitet, kann aufgrund des Wertes selbst nicht beurteilt werden, wieso es zu dieser Überschreitung kommt. Dazu müssen Zwischenergebnisse herangezogen und ggf. weitere Untersuchungen vorgenommen werden. Dies ist sicherlich ein großer Nachteil bei der Vorgehensweise gemäß MSA.

Bewertung gemäß VDA 5

Beim VDA 5 wird jede Komponente des Messprozesses, die Einfluss auf die Messunsicherheit hat, einzeln bewertet. Dazu wird für jede Einflusskomponente die sogenannte Standardunsicherheit u_i berechnet (Bild 9.1) und daraus für Messsystem und -prozess die erweiterte Messunsicherheit sowie ein Eignungskennwert bestimmt. Dabei kann, in Analogie zu den in den Firmenrichtlinien verwendeten Kennwerten C_g und C_{gk}, das Messsystem separat bewertet werden.

In Bild 9.1 werden die in VDA 5 betrachteten Einflusskomponenten aufgelistet und angegeben, wie die jeweilige Standardunsicherheit bezeichnet und berechnet wird. Zum Vergleich sind die Bewertungselemente der MSA und der Firmenrichtlinien gegenübergestellt.

MSA 4 versus VDA 5: Einflussparameter

Einflussparameter		MSA 4			VDA 5 oder ISO/CD 22514-7	
Auflösung / Datenkategorie	Messsystem	ndc ≥ 5	Messprozess	Messsystem	%RE ≥ 5% und $u_{RES} = \frac{RE}{2\sqrt{3}}$	Anzeige Messgerät
Unsicherheit Referenzteil		———*)			$u_{CAL} = \frac{U_{CAL}}{2}$	Kalibrierschein
Wiederholbarkeit am Referenzteil		klein sein			$u_{EVR} = s$	Verfahren 1 (V1)
System. Messabweichung		t-Test			$u_{BI} = \frac{\lvert \bar{x} - x_m \rvert}{\sqrt{3}}$	Verfahren 1 (V1)
Linearität		t-Test			$u_{LIN} = \max\{u_{BI_i}\}$	V1 an 3 Normalen
Wiederholbarkeit am Prüfobjekt		EV (ANOVA)			u_{EVO} = EV (ANOVA)	Verfahren 2 bzw. 3
Reproduzierbarkeit am Prüfobjekt		AV (ANOVA)			u_{AV} = AV (ANOVA)	Verfahren 2 bzw. 3
Verschiedene Messgeräte bzw. Messpositionen		———*)			u_{GV} = GV (ANOVA)	Verfahren 2
Unsicherheit Prüfobjekt		Wiederholungsmessungen an gleicher Position			$u_{OBJ} = \frac{TOL}{\sqrt{3}}$ oder $\frac{a}{\sqrt{3}}$	• Zeichnungen • Erfahrungswerte • Abschätzungen • Versuche • ähnliche Messprozesse • Langzeitbeobachtungen • usw.
Temperatur		———*)			u_T	
Stabilität		———*)			u_{STAB}	
Andere		———*)			u_{REST}	

*) Keine konkreten Angaben bzw. wird bei %GRR nicht berücksichtigt.

Q-DAS® | Experts in Statistics 4

« Dateiname/Autor/Datum » © Copyright Q-DAS® GmbH & Co. KG

Bild 9.1 Einflusskomponenten

Die Einflusskomponenten im Einzelnen:

- **Auflösung**

  Sowohl gemäß Firmenrichtlinie als auch bei der Vorgehensweise nach VDA 5 wird zunächst bewertet, ob die Auflösung kleiner als 5 % der Toleranz des zu prüfenden Merkmales ist. Ist diese Forderung nicht erfüllt, erfolgt keine weitere Untersuchung, da das Messgerät die Realität nicht ausreichend widerspiegeln würde. Trotz Einhaltung der 5 % Forderung kann es aber vorkommen, dass bei Wiederholungsmessungen immer der gleiche Wert angezeigt wird. In diesem Falle wird beim VDA 5 die Standardunsicherheit aufgrund der Auflösung u_{RE} verwendet.

- **Unsicherheit Referenzteile**

  Die MSA sagt zu dieser Problematik sehr wenig. In Firmenrichtlinien findet man Hinweise, dass die Unsicherheit des Referenzteiles (Normal, kalibrierter Einstellmeister etc.) kleiner als 5 % der Toleranz sein muss. Gemäß VDA 5 wird diese Unsicherheit bei der Bestimmung der erweiterten Messunsicherheit explizit berücksichtigt. Dies ist insbesondere bei der Abnahme von Messsystemen sinnvoll, da sehr häufig Einstellmeister mit großer Unsicherheit verwendet werden. Trifft man bei Wiederholungsmessungen nicht immer die gleiche Messposition, dann erhöht sich die Streuung. Diese Erhöhung ist aber nicht dem Messgerät anzulasten. Ohne den Einbezug der Unsicherheit des Normals führt dies bei Abnahmen immer wieder zu erheblichen Diskussionen zwischen Kunde und Hersteller des Messgerätes, die durch die separate Betrachtung der Unsicherheit des Referenzteiles vermieden werden.

- **Wiederholbarkeit und systematische Messabweichung**
  Um diese Unsicherheitseinflüsse zu bewerten, werden an einem kalibrierten Referenzteil mit bekanntem Nennmaß Wiederholungsmessungen durchgeführt und die Messwerte ausgewertet:
  - Die MSA fordert, dass die Streuung (sprich Standardabweichung) klein sein muss. Wie klein? Darüber gibt es keine konkrete Angabe. Bzgl. der systematischen Messabweichung wird ein t-Test durchgeführt. Überschreitet die errechnete Prüfgröße das Vertrauensniveau von 95 % wird die systematische Messabweichung als zu groß bewertet.
  - In Firmenrichtlinien wird aus den Messwerten der C_g und C_{gk} berechnet. Sind beide Werte größer als 1,33 wird das Messsystem bzgl. Streuung und systematischer Messabweichung als geeignet angesehen.
  - Gemäß VDA 5 werden für beide Einflusskomponenten separat die jeweilige Standardunsicherheit u_{EVR} und u_{BI} bestimmt. Zusammen mit den anderen Einflusskomponenten (Auflösung und Unsicherheit Referenzteil) kann die erweiterte Messunsicherheit des Messsystem U_{MS} und der Eignungskennwerte Q_{MS} berechnet und mit dem empfohlenen Grenzwert von 15 % verglichen werden. Ist diese Forderung eingehalten, wird das Messsystem als geeignet bewertet.
- **Wiederhol- und Reproduzierbarkeit am Prüfobjekt**
  Zu deren Bewertung werden beispielsweise an zehn Prüfobjekten, die über die gesamte Toleranz verteilt sein sollten, von drei Prüfern jeweils 2 Wiederholungsmessungen durchgeführt (andere Kombinationen sind ebenfalls möglich) und die Messwerte ausgewertet. Sowohl die MSA als auch die meisten Firmenrichtlinien und der VDA 5 Band verwenden dazu die ANOVA-Methode (Analysis of Variance), um die Streuungskomponenten EV (Equipment Variation) und AV (Appraiser Variation) zu bestimmen. Gemäß MSA und Firmenrichtlinien wird daraus der %GRR-Wert bestimmt. Im VDA 5 Band werden die beiden Komponenten separat als Standardunsicherheiten u_{EV} und u_{AV} ausgewiesen.
- **Formabweichung des Prüfobjekts**
  In Analogie zur Unsicherheit des Referenzteiles (Normals bzw. Einstellmeisters) kann die Formabweichung des Prüfobjekts erheblichen Einfluss auf die Unsicherheit des Messprozesses haben. Daher darf diese bei der Bewertung nicht außer Acht gelassen werden. Während in den ersten beiden MSA-Ausgaben noch empfohlen wird, jedes Prüfobjekt an drei verschiedenen Stellen zu messen, um diese Einflüsse zu ermitteln, wird in den letzten beiden Ausgaben darauf kein Bezug mehr genommen. Der Aufwand ist natürlich immens. Um dieses Thema zu umgehen, wird in der MSA und in Firmenrichtlinien darauf verwiesen, die Wiederholungsmessung immer an der gleichen Messposition durchzuführen. Dies ist in der Praxis oftmals nicht möglich (typisches Beispiel: automatisierte Messprozesse). Gemäß VDA 5 wird zur Bewertung der Formabweichung die Standardunsicherheitskomponente u_{OBJ} bestimmt. Dazu werden mehrerer Berechnungsmethoden vorgeschlagen.

- **Temperatur**
  Weder die MSA noch Firmenrichtlinien betrachten das Thema Temperatur ausreichend. Man setzt quasi konstante Temperaturverhältnisse von Prüfobjekt, Messgerät und Umgebung voraus. Im VDA 5 Band werden die Temperatureinflüsse anhand der Standardunsicherheit u_{TEMP} bewertet. Dazu werden mehrere Berechnungsmöglichkeiten vorgeschlagen.
- **Stabilität**
  Die Bewertung des Messsystems bzw. Messprozesses zu einem bestimmten Zeitpunkt ist die Grundlage für dessen Verwendungsentscheid. Es stellt sich aber die Frage: „Bleibt der einmal als geeignet befundene Zustand über die Einsatzdauer erhalten oder verändert sich das Messsystem bzw. der Messprozess signifikant?“ Um diesen Zustand zu überwachen, sind in regelmäßigen Abständen Wiederholungsmessungen an einem kalibrierten Referenzteil durchzuführen und die Ergebnisse in einer Qualitätsregelkarte zu dokumentieren. Werden die vorher festgelegten Eingriffsgrenzen verletzt, ist die Fähigkeit bzw. Eignung von Messsystemen bzw. -prozessen neu zu bewerten. Diese Vorgehensweise wird in allen Dokumenten in gleicher Form empfohlen.
- **Erweiterte Messunsicherheit und Eignungskennwert**
  Diese Kennwerte werden nur im VDA 5 Band verwendet. Sowohl die erweiterte Messunsicherheit des Messprozesses U_{MP} und der Eignungskennwert Q_{MP} können einfach aus allen vorher bestimmten Standardunsicherheitskomponenten ui berechnet werden (siehe Bild 9.2). Beim Messprozess muss der Eignungskennwert kleiner als 30 % sein. Ist diese Forderung erfüllt, wird der Messprozess als geeignet bezeichnet.

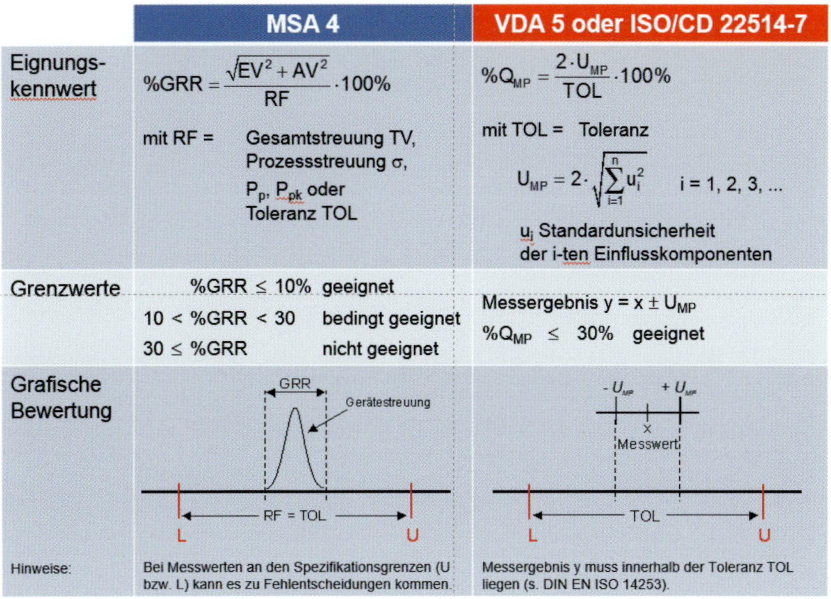

Bild 9.2 Kennwerte

10 Vereinfachte Bestimmung der Messunsicherheit

10.1 AIO-Verfahren („All-in-One"-Verfahren)

Das AIO-Verfahren ist ein Vorschlag der Autoren. Leitgedanken bei der Entwicklung des Verfahrens waren:

1. Die bekannten Verfahren der Messsystemfähigkeitsanalyse und die Gesichtspunkte der Prüfprozesseignung in einem Verfahren zu vereinen
2. Den experimentellen Aufwand auf ein für die Praxis durchführbares Maß zu reduzieren
3. Den Nachteil von unterschiedlichen Berechnungsverfahren – Entstehung unterschiedlicher Ergebnisse – durch ein Standardverfahren zu beseitigen

Das Resultat ist eine kompakte Analyse des Prüfprozesses, dass die Ermittlung der Unsicherheitskomponenten in einem einzigen Experiment ermöglicht. Daher wurde die Bezeichnung „All-in-One" für dieses Verfahren gewählt.

10.1.1 Nachweis der Prüfprozesseignung

Wie bei dem Verfahren nach VDA 5 auch, ist die Eignung des Prüfprozesses bei der „All-in-One"-Methode nachgewiesen, wenn das Verhältnis der erweiterten Messunsicherheit zur Toleranz den Grenzwert G_{pp} nicht überschreitet:

$$g_{pp} = \frac{2 \cdot U}{T} \leq G_{pp}$$

Hinweise zur Festlegung von konkreten Werten für den Grenzwert G_{pp} sind am Ende des folgenden Abschnittes enthalten.

10.1.2 Bestimmung der erweiterten Messunsicherheit

Bei den Prüfmittelfähigkeitsuntersuchungen werden schrittweise die bekannten Verfahren 1, 2 und 3 sowie Linearitäts- und Stabilitätsuntersuchungen durchgeführt.

Diese Vorgehensweise hat den Nachteil, dass zwar Einzelbetrachtungen durchgeführt werden, einen Gesamtüberblick über den Prüfprozess in einem Kennwert gibt es jedoch nicht. So konzentriert sich beispielsweise das Verfahren 1 auf die Gerätestreuung unter idealisierten Bedingungen und berücksichtigt die systematische Messabweichung. Die Kalibrierunsicherheit des Normals wird nicht beachtet. Beim Verfahren 2 sind es in erster Linie der Umgebungseinfluss sowie der Einfluss durch die Bediener und Prüfobjekte. Bezüglich der Linearität ist eine separate Untersuchung und Beurteilung erforderlich. Dasselbe gilt für die Untersuchung des Zeitverhaltens mit der Stabilitätsanalyse. Um diese Einzelbewertungen zusammenzufassen, schlägt Q-DAS eine Vorgehensweise basierend auf den Normen ISO/TS 15530-3 bzw. DIN Entwurf 32881-3 vor. In Anlehnung an diese Normen gibt es bereits die Richtlinie VDI/VDE 2617 Blatt 7.1 [43]. In dieser ist die Vorgehensweise – ähnlich den Verfahren 2 und 3 der Prüfmittelfähigkeit – schrittweise beschrieben. Zusätzlich werden die Unsicherheitskomponenten des Kalibriernormals, die systematische Messabweichung, die Linearität und gegebenenfalls auch Temperatureinflüsse mit berücksichtigt. Die erweiterte Messunsicherheit wird nach der folgenden Formel bestimmt:

$$U = k \cdot \sqrt{u_c^2 + u_p^2 + u_w^2} + |b|$$

k	Erweiterungsfaktor
u_c	Im Kalibrierschein ausgewiesene Standardunsicherheit der Kalibrierung des kalibrierten Werkstücks.
u_p	Standardunsicherheit aus dem Messprozess, d. h. Standardabweichung der Wiederholmessungen.
u_w	Standardunsicherheit aus Werkstoff- und Produktionsstreuung (aufgrund der Streuung von Ausdehnungskoeffizienten, Form- und Gestaltabweichungen)
b	Systematische Messabweichung zwischen den angezeigten Werten y_i und dem Kalibrierwert x_c des kalibrierten Werkstücks.

HINWEIS: In Analogie zur GUM [24] und dem VDA 5 Band [43] kann die erweiterte Messunsicherheit nach $U = k \cdot \sqrt{b^2 + u_c^2 + u_p^2 + u_w^2}$ berechnet werden. ■

10.1.2.1 Bestimmung der einzelnen Standardunsicherheiten

Sollen alle Einflusskomponenten anhand eines einzigen experimentellen Versuches ermittelt und daraus die erweiterte Messunsicherheit bestimmt werden, wäre folgende Konstellation erforderlich:

HINWEIS: *Aus der Fertigung werden mehrere Werkstücke (empfohlen werden 4 Werkstücke) ausgewählt und kalibriert. Damit ist der Referenzwert des jeweiligen Werkstückes und seine Kalibrierunsicherheit bekannt. Diese vier Referenzteile werden beispielsweise von drei Prüfern jeweils 10 mal gemessen. Aus den Daten können die einzelnen Unsicherheitskomponenten bestimmt werden. Bei dieser Betrachtung wird automatisch die systematische Messabweichung bzw. wenn die Teile unterschiedliche Maße haben, die Linearitätsabweichung mit berücksichtigt.* ■

Diese Vorgehensweise ist nahezu identisch mit dem Verfahren 2 aus der Prüfmittelfähigkeit, mit dem Unterschied, dass durch die kalibrierten Werkstücke die systematische Messabweichung mit einfließt. Damit ist der größte Nachteil bei der Prüfmittelfähigkeitsuntersuchung hinfällig. Weiter geht automatisch die Kalibrierunsicherheit des Referenzteiles in das Ergebnis ein, was einen weiteren Schwachpunkt der Prüfmittelfähigkeitsuntersuchung dargestellt hat.

Bestimmung der Kalibrierunsicherheit u_c

Die Unsicherheit des Kalibriernormals kann entweder aus dem vorhandenen Kalibrierschein entnommen und über die Formel

$$u_c = \frac{U_c}{k}$$

berechnet werden. Wird anstelle eines Normals ein Werkstück als Referenzteil verwendet, ist dieses entsprechend zu kalibrieren. Die Bestimmung der Kalibrierunsicherheit kann z. B. mit einem 3D-KMG mit hoher Genauigkeit unter Laborbedingungen erfolgen oder man beauftragt ein externes qualifiziertes Messlabor, dass die Kalibrierung der Referenzteile durchführen kann (mit Messprotokoll und Kalibrierschein). Die Kalibrierung von Referenzteilen kann jedoch mit beachtlichen Schwierigkeiten (Bezugsebenen, Form- und Gestaltabweichungen, Alterung, Verzug durch Aufspannkräfte, usw.) und Kosten verbunden sein.

Bestimmung der Standardunsicherheit vom Messprozess u_p

Die Bestimmung erfolgt durch mehrere Wiederholmessungen des selben Merkmals an einem Teil. In der Regel sollten mindestens 20 Messungen unter unterschiedlichen Bedingungen durchgeführt werden (z. B. Schichtwechsel, Temperaturunterschiede, verschiedene Zeitpunkte, usw.). Basierend auf den Messwerten wird die Wiederholstandardabweichung bestimmt, deren Wert als Standardunsicherheit u_p übernommen wird.

$$u_p = \sqrt{\frac{1}{n-1} \cdot \sum_{i=1}^{n} (y_i - \overline{y})^2}$$

Die systematische Messabweichung b kann aus der Differenz zwischen dem Mittelwert der Messwertreihe $\overline{y}$ und dem bekannten Merkmalswert des kalibrierten Referenzteiles x_c ermittelt werden.

$$b = \overline{y} - x_c$$

Soweit die systematische Messabweichung b rechnerisch oder durch Gerätejustage beseitigt werden kann, braucht der Abweichungsbetrag nicht berücksichtigt zu werden. Falls aus wirtschaftlichen oder praktischen Gegebenheiten eine Kompensation nicht möglich ist, muss der Abweichungsbetrag b als Unsicherheitskomponente berücksichtigt werden.

Bei Messgeräten mit nichtlinearer Maßverkörperung ist die Bestimmung der systematischen Messabweichungen an mehreren Stellen des Messbereiches erforderlich (Linearitätsuntersuchung). Der oben beschriebene Vorgang muss mit mehreren Normalen/Referenzteilen durchgeführt werden, die den Messbereich möglichst gleichmäßig abdecken.

Bestimmung der Standardunsicherheit aus Objekt- und Prozessstreuung u_w

Diese Standardunsicherheit ist die Zusammenfassung der Unsicherheitsbeiträge durch Form- und Gestaltabweichungen, Bediener- und Umgebungseinflüsse. Da diese Einflüsse sich von Prüfprozess zu Prüfprozess erheblich unterscheiden können, kann keine vollständige Liste der zu betrachtenden Einflusskomponenten vorgegeben werden. Es liegt im Ermessen des Anwenders, welche Unsicherheitskomponenten im konkreten Einzelfall zu berücksichtigen sind.

Standardunsicherheit durch Temperatureinfluss u_{Temp}

Erwähnenswert ist die im Vergleich zum VDA-Verfahren vereinfachte Annahme und Berücksichtigung von Temperaturabweichungen gemäß VDI/VDE 2617 Blatt 7.1. Für die Bestimmung der Standardunsicherheit durch Temperatureinfluss werden beim VDA-Verfahren insgesamt vier Unsicherheitskomponenten berücksichtigt: Unsicherheit der Ausdehnungskoeffizienten vom Normal und vom Werkstück sowie zusätzlich die Unsicherheiten der Temperatur von Werkstück und Normal. In der VDI/VDE-Richtlinie wird jedoch nur die Unsicherheit des Wärmeausdehnungskoeffizienten für das Werkstück bestimmt:

$$u_{Temp} = |T - 20°C| \cdot u_\alpha \cdot l$$

T	Mittlere Temperatur während der Messung
u_α	Standardunsicherheit des Ausdehnungskoeffizienten der Werkstücke
l	Gemessenes Maß

Die Unsicherheit des Wärmeausdehnungskoeffizienten für den Werkstoff des Prüfmittels wird vernachlässigt. Diese Annahme ist berechtigt, wenn die Messmaschine eine Temperaturkompensation automatisch durchführt, was jedoch im Einzelfall zu klären ist.

Phasenmodell zur Prüfprozesseignung

In Analogie zur Abnahme von Fertigungseinrichtungen bzw. der vorläufigen und fortdauernden Prozessbeurteilung sollte auch bei der Prüfprozesseignung eine ähnliche Vorgehensweise zum Tragen kommen. Daher schlagen die Autoren folgende Phasen für die Untersuchung vor:

Erste Phase: Vorläufige Prüfprozesseignung beim Hersteller

Zweite Phase: Vorläufige Prüfprozesseignung im Werk

Dritte Phase: Fortdauernde Prüfprozesseignung

Bei den Phasen 1 und 2 sollte die weiter oben beschriebene „All-in-One“-Methode angewandt werden.

Fortlaufende Überwachung der Prüfprozesseignung

Wesentlich einfacher ist das Verfahren für die fortlaufende Überwachung der Prüfprozesseignung, das als eine Variante der Stabilitätsüberwachung betrachtet werden kann. Hierzu wird ein kalibriertes Referenzteil in regelmäßigen zeitlichen Abständen überprüft. Die Messwerte werden chronologisch erfasst. Aus den Messreihen kann die Standardabweichung (= Standardunsicherheit des Prüfmittels u_{PM}) bestimmt werden. Diese zusammen mit der systematischen Messabweichung b, der Kalibrierunsicherheit u_c des Referenzteiles und der Standardunsicherheit der Temperatur u_{Temp} ermöglicht die Bestimmung der erweiterten Messunsicherheit U für die fortdauernde Überwachung der Prüfprozesseignung.

Grenzwert G_{pp} für den Nachweis der Prüfprozesseignung

Entsprechend den einzelnen Phasen zur Prüfprozesseignung sind unterschiedliche Grenzwerte G_{pp} festzulegen. Für den Nachweis einer vorläufigen Prüfprozesseignung sollten höhere Grenzwerte festgelegt werden als für den Nachweis einer fortdauernden Prüfprozesseignung. Üblicherweise liegen die Grenzwerte für die vorläufige Prüfprozesseignung zwischen 0,1 und 0,3. Um die Grenzwerte für die fortlaufende Prüfprozesseignung zu erhalten, könnte man z. B. zu jedem Grenzwert aus der vorläufigen Prüfprozesseignung den Wert 0,1 addieren.

10.2 Fallbeispiele zum Verfahren „All-in-One“

Die Vorteile des Verfahrens werden an Beispielen besonders deutlich. Im ersten Fallbeispiel ist die Untersuchung eines Prüfprozesses beschrieben, bei dem ein Messsystem mit linearer Maßverkörperung eingesetzt wird. Das zweite Fallbeispiel behandelt exemplarisch das Vorgehen bei Prüfmitteln mit nichtlinearer Maßverkörperung. Ein weiterer Vorteil der „All-in-One“-Untersuchung ist, dass alle denkbaren Konstellationen einfach realisierbar sind. Das heißt, die Anzahl der Referenzteile sowie die Anzahl der Prüfer und die Anzahl der Wiederholungsmessungen können frei gewählt werden. Eine Mindestanzahl von Messwerten sollte aus Gründen der statischen Aussagesicherheit allerdings vorliegen.

10.2.1 Messprozess mit linearer Maßverkörperung

Das Fallbeispiel „Längenmessung mit einem Standardprüfmittel“ wird hier nach der „All-in-One“-Methode erneut aufgegriffen.

Beschreibung des zu prüfenden Merkmals

Aus der Fertigungszeichnung des Kupplungsanschlusses sind folgende Daten entnommen worden:

Nennmaß = 34,60 mm

Toleranz = 0,40 mm

Beschreibung des Prüfmittels

Digitaler Messschieber mit folgenden Eigenschaften:

Messbereich = 0 mm bis 150 mm

Auflösung RE = 0,01 mm

Beschreibung des Referenznormals

Der Referenzwert wurde durch eine Endmaßkombination realisiert (30 mm + 3 mm + 1,6 mm). Die geometrische Addition der zulässigen Endmaßfehler f_b von den einzelnen Endmaßen ergab den Wert 0,5 µm (aufgerundet), was als vernachlässigbar klein angesehen wurde.

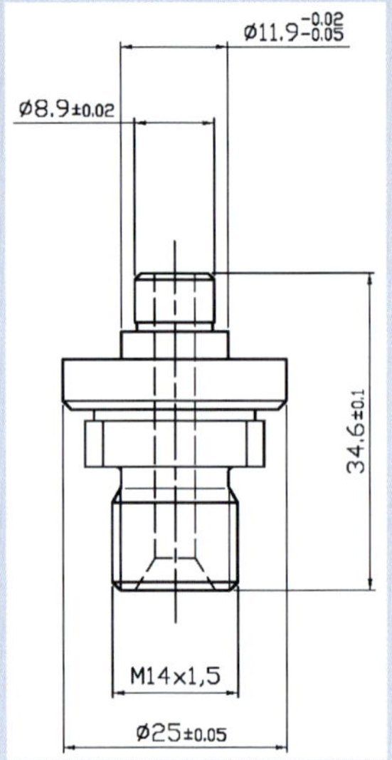

Zu betrachtende Unsicherheitskomponenten

- Standardunsicherheit durch Bedienereinfluss
- Standardunsicherheit durch Objekteinfluss
- Standardunsicherheit durch das Prüfmittel (hier experimentell ermittelt)
- Standardunsicherheit der Auflösung (wegen experimenteller Ermittlung von u_{PM})
- Standardunsicherheit durch Temperatureinfluss

Durchführung der Untersuchung

Der Vorteil der „All-in-One“-Methode kommt an dieser Stelle voll zum Tragen: Während bei dem Verfahren nach VDA 5 jede Unsicherheitskomponente in einem eigenen Versuch ermittelt werden musste, erfolgt nun die Bestimmung in einem einzigen Versuch.

Drei Bediener und 10 Teile wurden für das Experiment ausgewählt. Zusätzlich wurde ein „Referenzteil“ – die Endmaßkombination – zur Bestimmung der Systematischen Messabweichung in die Untersuchung einbezogen. Jeder der Bediener hat jedes der Teile 3 mal gemessen.

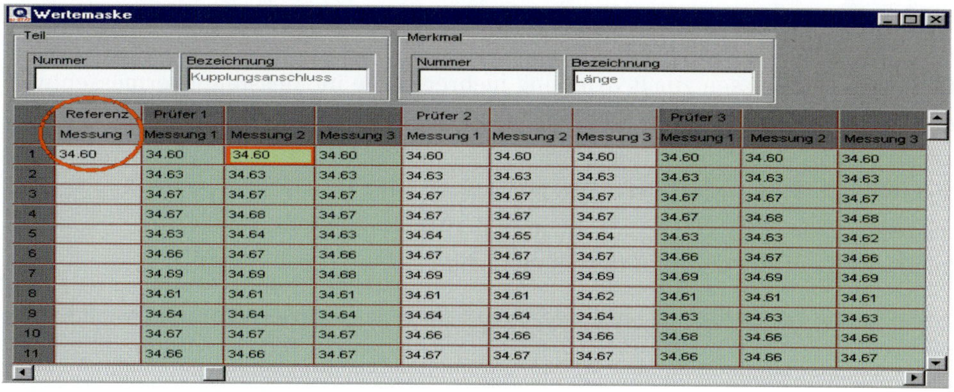

Wertemaske

Teil — Nummer: (leer) — Bezeichnung: Kupplungsanschluss

Merkmal — Nummer: (leer) — Bezeichnung: Länge

	Referenz	Prüfer 1			Prüfer 2			Prüfer 3		
	Messung 1	Messung 1	Messung 2	Messung 3	Messung 1	Messung 2	Messung 3	Messung 1	Messung 2	Messung 3
1	34.60	34.60	34.60	34.60	34.60	34.60	34.60	34.60	34.60	34.60
2		34.63	34.63	34.63	34.63	34.63	34.63	34.63	34.63	34.63
3		34.67	34.67	34.67	34.67	34.67	34.67	34.67	34.67	34.67
4		34.67	34.68	34.67	34.67	34.67	34.67	34.67	34.68	34.68
5		34.63	34.64	34.63	34.64	34.65	34.64	34.63	34.63	34.62
6		34.66	34.67	34.66	34.67	34.67	34.67	34.66	34.67	34.66
7		34.69	34.69	34.68	34.69	34.69	34.69	34.69	34.69	34.69
8		34.61	34.61	34.61	34.61	34.61	34.62	34.61	34.61	34.61
9		34.64	34.64	34.64	34.64	34.64	34.64	34.63	34.63	34.63
10		34.67	34.67	34.67	34.66	34.66	34.66	34.68	34.66	34.66
11		34.66	34.66	34.67	34.67	34.67	34.67	34.66	34.66	34.67

Bild 10.1 Messwerte für „All-in-One“-Untersuchung

Die Auswertung ergibt die in Bild 10.2 dargestellten Ergebnisse:

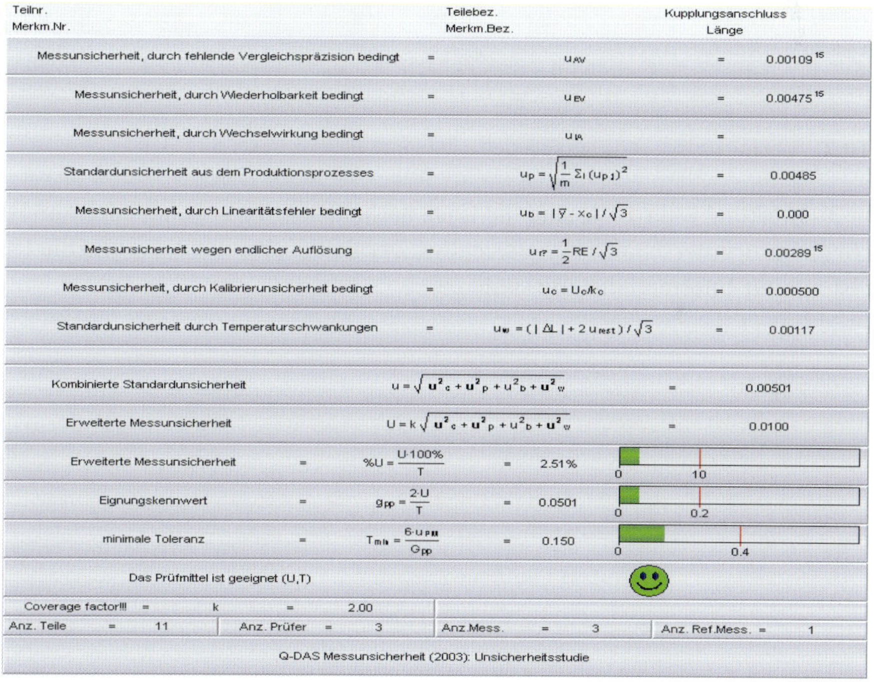

Teilnr. / Merkm.Nr. — Teilebez.: Kupplungsanschluss — Merkm.Bez.: Länge

Messunsicherheit, durch fehlende Vergleichspräzision bedingt	=	u_{AV}	=	0.00109 [15]	
Messunsicherheit, durch Wiederholbarkeit bedingt	=	u_{EV}	=	0.00475 [15]	
Messunsicherheit, durch Wechselwirkung bedingt	=	u_{IA}	=		
Standardunsicherheit aus dem Produktionsprozesses	=	$u_p = \sqrt{\frac{1}{m} \Sigma_i (u_{p\,i})^2}$	=	0.00485	
Messunsicherheit, durch Linearitätsfehler bedingt	=	$u_b = \lvert \bar{y} - x_c \rvert / \sqrt{3}$	=	0.000	
Messunsicherheit wegen endlicher Auflösung	=	$u_{re} = \frac{1}{2} RE / \sqrt{3}$	=	0.00289 [15]	
Messunsicherheit, durch Kalibrierunsicherheit bedingt	=	$u_c = U_c / k_c$	=	0.000500	
Standardunsicherheit durch Temperaturschwankungen	=	$u_w = (\lvert \Delta L \rvert + 2\, u_{rest}) / \sqrt{3}$	=	0.00117	
Kombinierte Standardunsicherheit		$u = \sqrt{u_c^2 + u_p^2 + u_b^2 + u_w^2}$	=	0.00501	
Erweiterte Messunsicherheit		$U = k \sqrt{u_c^2 + u_p^2 + u_b^2 + u_w^2}$	=	0.0100	
Erweiterte Messunsicherheit	=	$\%U = \frac{U \cdot 100\%}{T}$	=	2.51%	0 … 10
Eignungskennwert	=	$g_{pp} = \frac{2 \cdot U}{T}$	=	0.0501	0 … 0.2
minimale Toleranz	=	$T_{min} = \frac{6 \cdot u_{PM}}{G_{pp}}$	=	0.150	0 … 0.4
Das Prüfmittel ist geeignet (U,T)					

Coverage factor!!!	=	k	=	2.00							
Anz. Teile	=	11	Anz. Prüfer	=	3	Anz.Mess.	=	3	Anz. Ref.Mess.	=	1

Q-DAS Messunsicherheit (2003): Unsicherheitsstudie

Bild 10.2 Ergebnis der Prüfprozesseignung nach „All-in-One“-Methode

Zu beachten ist, dass gegenüber dem Fallbeispiel nach VDA 5 die Standardunsicherheit des Prüfmittels nicht aus dem Fehlergrenzwert a (Methode B), sondern experimentell ermittelt wurde (Methode A). Die Auswirkungen sind gravierend: die tatsächliche Standardunsicherheit durch den Messschieber ist $u_{PM} \approx u_{EV}$ = 4,75 μm (enthalten in u_p). Die Standardunsicherheit u_{PM} aus dem Fehlergrenzwert a betrug 12 μm.

10.2.2 Messprozess ohne lineare Maßverkörperung

In diesem Fall müssen zur Beurteilung mehrere Teile im Messraum vermessen werden. Die Istwerte sowie die Kalibrierunsicherheit bei dieser Messung sind entsprechend zu berücksichtigen. In diesem Fallbeispiel werden 4 Referenzteile von 4 Prüfern jeweils 5 mal gemessen. Die Messwerte sind in der Bild 10.3 auszugsweise dargestellt. Daraus ergeben sich die in Bild 10.4 gezeigten Ergebnisse. Der Eignungskennwert g_{pp} erfüllt die Anforderungen nicht.

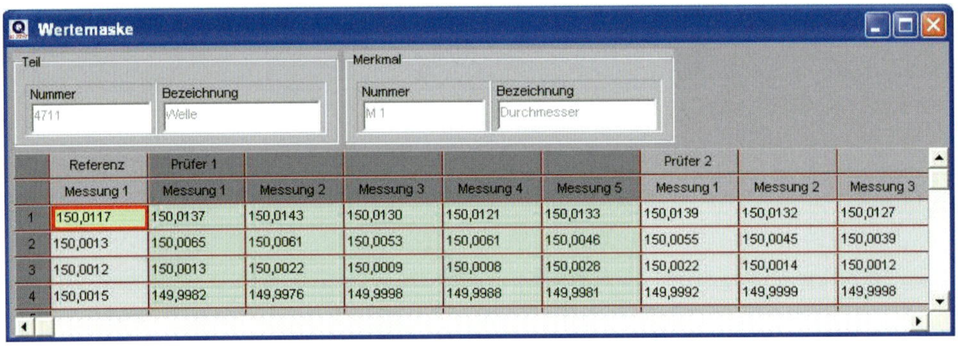

	Referenz	Prüfer 1					Prüfer 2		
	Messung 1	Messung 1	Messung 2	Messung 3	Messung 4	Messung 5	Messung 1	Messung 2	Messung 3
1	150,0117	150,0137	150,0143	150,0130	150,0121	150,0133	150,0139	150,0132	150,0127
2	150,0013	150,0065	150,0061	150,0053	150,0061	150,0046	150,0055	150,0045	150,0039
3	150,0012	150,0013	150,0022	150,0009	150,0008	150,0028	150,0022	150,0014	150,0012
4	150,0015	149,9982	149,9976	149,9998	149,9988	149,9981	149,9992	149,9999	149,9998

Bild 10.3 Mehrere Prüfobjekte als kalibrierte Referenzteile

In der Auswertung (Bild 10.4) sind die Unsicherheiten aufgrund endlicher Auflösung und Temperaturunterschiede berücksichtigt. Der Bedienereinfluss u_{AV} und die Linearität ist nur zur Information dargestellt.

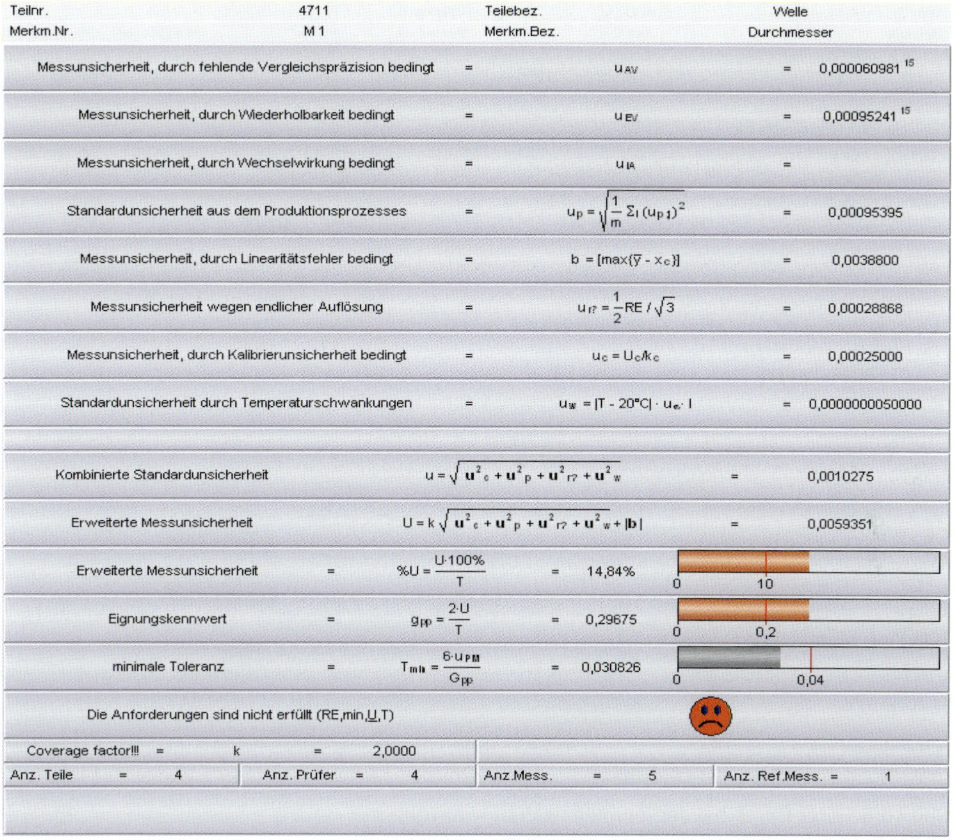

Teilnr.	4711	Teilebez.	Welle
Merkm.Nr.	M 1	Merkm.Bez.	Durchmesser

Messunsicherheit, durch fehlende Vergleichspräzision bedingt	=	u_{AV}	=	0,000060981 [15]
Messunsicherheit, durch Wiederholbarkeit bedingt	=	u_{EV}	=	0,00095241 [15]
Messunsicherheit, durch Wechselwirkung bedingt	=	u_{IA}	=	
Standardunsicherheit aus dem Produktionsprozesses	=	$u_p = \sqrt{\frac{1}{m}\Sigma_i (u_{p\,i})^2}$	=	0,00095395
Messunsicherheit, durch Linearitätsfehler bedingt	=	$b = [\max\{\bar{y} - x_c\}]$	=	0,0038800
Messunsicherheit wegen endlicher Auflösung	=	$u_{r?} = \frac{1}{2} RE / \sqrt{3}$	=	0,00028868
Messunsicherheit, durch Kalibrierunsicherheit bedingt	=	$u_c = U_c / k_c$	=	0,00025000
Standardunsicherheit durch Temperaturschwankungen	=	$u_w = \lvert T - 20°C\rvert \cdot u_{\alpha'}$	=	0,0000000050000
Kombinierte Standardunsicherheit		$u = \sqrt{u_c^2 + u_p^2 + u_{r?}^2 + u_w^2}$	=	0,0010275
Erweiterte Messunsicherheit		$U = k\sqrt{u_c^2 + u_p^2 + u_{r?}^2 + u_w^2} + \lvert b\rvert$	=	0,0059351
Erweiterte Messunsicherheit	=	$\%U = \frac{U \cdot 100\%}{T}$	=	14,84%
Eignungskennwert	=	$g_{pp} = \frac{2 \cdot U}{T}$	=	0,29675
minimale Toleranz	=	$T_{min} = \frac{6 \cdot u_{PM}}{G_{pp}}$	=	0,030826
Die Anforderungen sind nicht erfüllt (RE,min,U,T)				

Coverage factor!!!	=	k	=	2,0000							
Anz. Teile	=	4	Anz. Prüfer	=	4	Anz.Mess.	=	5	Anz. Ref.Mess.	=	1

Bild 10.4 Ergebnisse bei der Beurteilung des Prüfprozesses

Der größte Anteil der Messunsicherheit entsteht durch den Linearitätsfehler. Ein Ausweg wäre, den Linearitätsfehler rechnerisch zu kompensieren. Dadurch könnte dieser Prüfprozess soweit verbessert werden, dass die Prüfprozesseignung gegeben wäre.

HINWEIS: Würde die systematische Abweichung bei der Berechnung der erweiterten Messunsicherheit nicht linear addiert, sondern quadratisch, wäre der Prüfprozess geeignet (Bild 10.5). Kritiker werden sofort sagen: „Hier wird ein Sachverhalt schöngerechnet!“ Daher ist es wichtig, die Berechnungsmethoden einheitlich in Form einer Richtlinie oder von Verfahrensanweisungen festzulegen. Davon darf nicht mehr abgewichen werden.

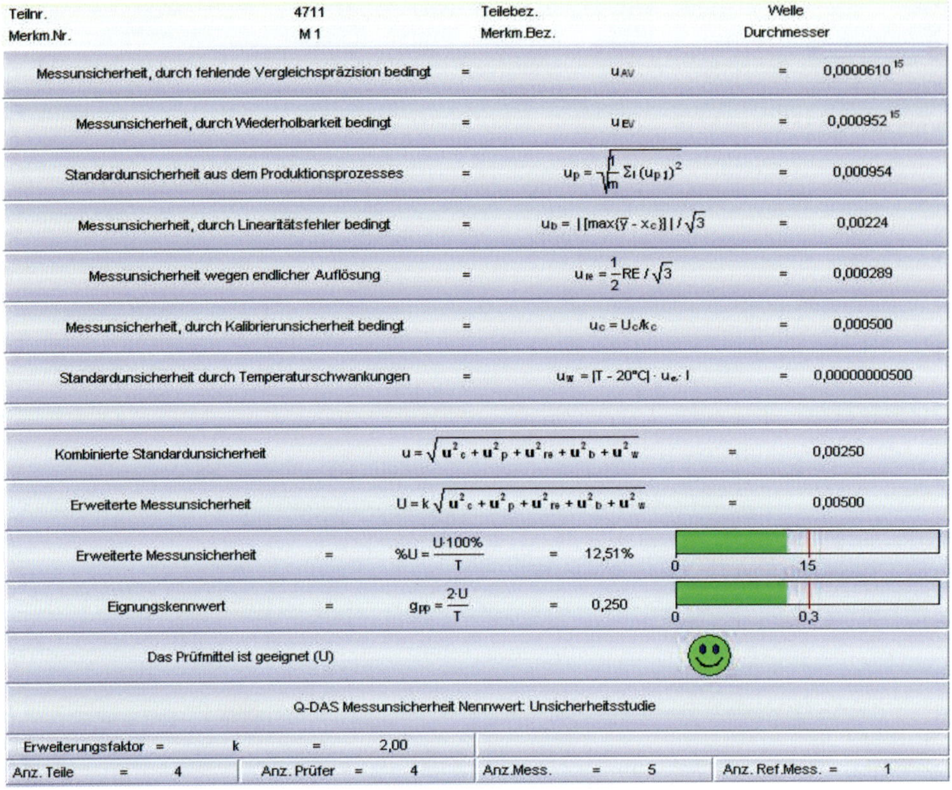

Teilnr.	4711	Teilebez.	Welle
Merkm.Nr.	M 1	Merkm.Bez.	Durchmesser

Messunsicherheit, durch fehlende Vergleichspräzision bedingt	=	u_{AV}	=	0,0000610 [15]
Messunsicherheit, durch Wiederholbarkeit bedingt	=	u_{EV}	=	0,000952 [15]
Standardunsicherheit aus dem Produktionsprozesses	=	$u_P = \sqrt{\frac{1}{m} \Sigma_i (u_{P\,i})^2}$	=	0,000954
Messunsicherheit, durch Linearitätsfehler bedingt	=	$u_b = \lvert [\max\{\bar{y} - x_c\}] \rvert / \sqrt{3}$	=	0,00224
Messunsicherheit wegen endlicher Auflösung	=	$u_{re} = \frac{1}{2} RE / \sqrt{3}$	=	0,000289
Messunsicherheit, durch Kalibrierunsicherheit bedingt	=	$u_c = U_c / k_c$	=	0,000500
Standardunsicherheit durch Temperaturschwankungen	=	$u_w = \lvert T - 20°C \rvert \cdot u_{\alpha} \cdot l$	=	0,00000000500
Kombinierte Standardunsicherheit		$u = \sqrt{u^2_c + u^2_p + u^2_{re} + u^2_b + u^2_w}$	=	0,00250
Erweiterte Messunsicherheit		$U = k \sqrt{u^2_c + u^2_p + u^2_{re} + u^2_b + u^2_w}$	=	0,00500
Erweiterte Messunsicherheit	=	$\%U = \frac{U \cdot 100\%}{T}$	=	12,51% (0 … 15)
Eignungskennwert	=	$g_{pp} = \frac{2 \cdot U}{T}$	=	0,250 (0 … 0,3)
Das Prüfmittel ist geeignet (U)				
Q-DAS Messunsicherheit Nennwert: Unsicherheitsstudie				

Erweiterungsfaktor = k = 2,00			
Anz. Teile = 4	Anz. Prüfer = 4	Anz.Mess. = 5	Anz. Ref.Mess. = 1

Bild 10.5 Ergebnisse bei der Beurteilung des Prüfprozesses (systematische Abweichung quadratisch addiert)

11 Sonderfälle bei der Prüfprozesseignung

11.1 Was ist ein Sonderfall?

Im Prinzip können die in den vorangegangenen Abschnitten beschriebenen Verfahren und Vorgehensweisen auf alle Prüfmittel übertragen werden. Allerdings gibt es aufgrund technischer und wirtschaftlicher Kriterien Anwendungsfälle, für die dies nicht gilt bzw. nicht gelten kann. So kann beispielsweise bei einer zerstörenden Prüfung das Prüfobjekt nicht zweimal verwendet werden. Damit sind keine Wiederholungsmessungen möglich. Dies gilt auch, wenn sich das Normal mit der Zeit verändert. Bei einer Oberflächenmessung können zwar Wiederholungsmessungen durchgeführt werden, allerdings ist es mit einem taktilen Tastkopf nicht sinnvoll, an der gleichen Stelle zwei- oder mehrmals zu messen, da an der Oberfläche durch die vorangegangenen Messungen „Spuren" hinterlässt und damit das Folgeergebnis beeinflusst. Diese Liste kann beliebig fortgesetzt werden. Das heißt, bei einigen Prüfprozessen können die Verfahren nur in modifizierter Form unter bestimmten Annahmen, Voraussetzungen oder unter Einschränkungen angewandt werden. Oft müssen auch die Grenzwerte für die Eignung der Prüfprozesse angepasst werden.

11.2 Typische Sonderfälle

Typische Prüfprozesse, die in diese Kategorien fallen, sind:

- Härteprüfung
- Oberflächenmessung
- optische Kompensatoren
- Drei-Koordinaten-Messgeräte als universelle Messgeräte
- Lecktester
- chemische Analysen
- Wuchtmaschinen
- dynamische Messung
- Formtest

- Kältetest
- Hitzetest
- Drehmoment, Winkel
- Klassier-, Zupaarungsvorgänge
- Partikelzählung, Kontaminationszahl
- Vollständigkeitskontrolle mit BV-Systemen
- Zerstörende Prüfungen
- Farbmesssysteme
- Durchflussmesssysteme
- Kraftmesssysteme, Federprüfgeräte (Hystereseprobleme)
- Drehmomenteinstell- und Messsysteme
- Schichtdicke, Wirbelstromprüfgeräte
- Formprüfgeräte bei kleinen Geometrien
- Lasermesssysteme (naturkonstante stabilisierte Wellenlänge)
- Überwachung, Kontrolle Wandlerkarten (z. B.: A/D, …)

Die oben aufgeführten Messsysteme und Messmittel müssen auf jeden Fall nach gültigen Normen und Richtlinien wie ISO, DIN, Britisch Standard, ASME, VDI, Herstellerrichtlinien usw. geprüft werden.

HINWEISE:

1. An dieser Stelle sei ausdrücklich betont: „Der Begriff „Sonderfall" bedeutet nicht automatisch, dass die Standardverfahren nicht angewandt werden können".
2. In [38] sind für viele der o. g. Prüfprozesse Hilfestellungen für den Eignungsnachweis gegeben.
3. Die im VDA 5 [44] beschriebene Vorgehensweise bezieht sich ausschließlich auf Längenmaße.
4. Einige Firmenrichtlinien enthalten Hinweise und Annahmekriterien für diese Art von Messgeräten bzw. die Behandlung der daraus resultierenden Merkmalswerte (s. MRO von GM, in [13], bzw. EMS von GMPT, im Anhang.

■

12 Umgang mit nicht geeigneten Messprozessen

Unabhängig davon, ob es sich bei der Untersuchung eines Prüfprozesses um eine Prüfmittelfähigkeitsuntersuchung (MSA [1]) oder eine Beurteilung nach VDA 5 [40] (Messunsicherheit) handelt, kann das Ergebnis „Prüfprozess nicht geeignet“ sein. In diesem Fall muss der Prüfprozess verbessert werden. Dabei gilt es, die Auswirkungen der einzelnen Einflussgrößen näher zu betrachten.

12.1 Vorgehensweise zur Verbesserung von Prüfprozessen

Die Beurteilung eines Prüfprozesses erfolgt, wie in den vorangegangenen Abschnitten beschrieben, anhand unterschiedlicher Kennwerte wie %R&R oder 2U/T. Diese Kennwerte beurteilen letztendlich den gesamten Messprozess und lassen in dieser Form keinen Rückschluss auf einzelne Auswirkungen von Einflusskomponenten (s. Bild 1.4) zu. Betrachtet man allerdings Zwischenergebnisse, wie: RE, Bi, C_g, C_{gk}, u_{pm}, u_{pp}, AV, EV usw., so liefern diese wichtige Information zur Verbesserung von Messprozessen. Mit Hilfe der Zwischenergebnisse können Haupteinflusskomponenten wie:

- Unsicherheit Normal → U_{ref}
- Auflösung der Messgeräte → RE
- Systematische Messabweichung → Bi
- Wiederholpräzision → EV, s_g
- Vergleichspräzision → AV
- Linearität → Li
- Stabilität → S
- usw.

identifiziert werden. Mit diesem Wissen kann gezielter nach Ursachen gesucht werden. Ist beispielsweise die Vergleichspräzision im Verhältnis zu den anderen Kenngrößen sehr groß, deutet dies zunächst auf große Unterschiede zwischen den Bedienern hin. Damit sind beispielsweise folgende Abstellmaßnahmen zu treffen:

- bessere Einweisung der Bediener
- durch Hilfsvorrichtungen den Messprozess unabhängig vom Bediener gestalten (Bild 3.4)
- Abschirmung von Umgebungseinflüssen
- usw.

Auf diese Art und Weise lassen sich viele Messprozesse oftmals ohne großen Aufwand verbessern (s. Abschnitt 1.4).

In Bild 12.1 ist in Form eines Flussdiagramms eine Vorgehensweise vorgeschlagen, um die Schwachstellen gezielter finden zu können.

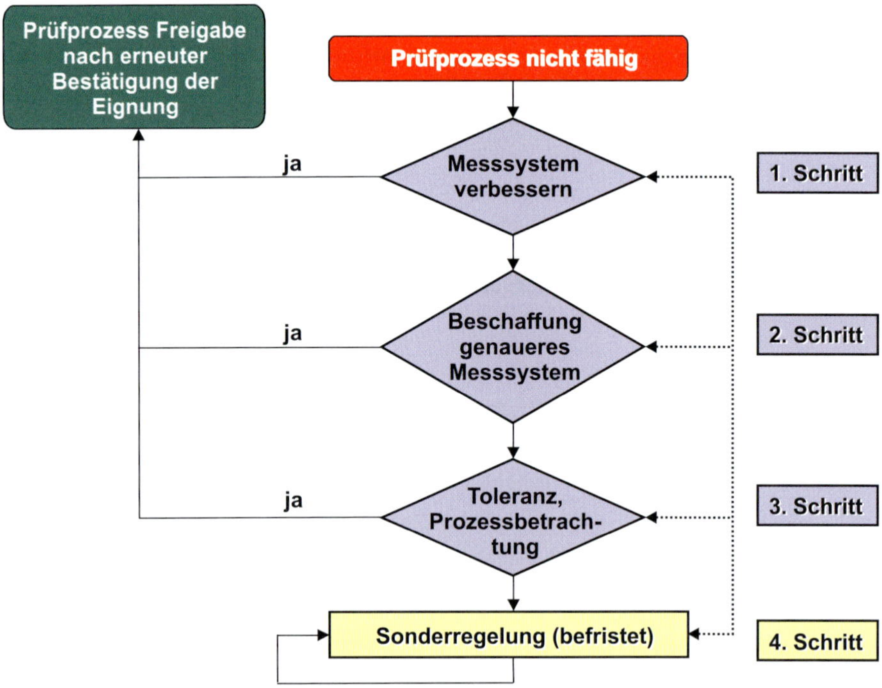

Bild 12.1 Vorgehensweise nicht geeignete Messprozesse

1. Schritt: Messsystem überprüfen, verbessern

- **Messabweichung, Einstellnormale**
  - Mess-, Spann-, Niederhaltekräfte
  - Messorte, Definition Messstellen
  - Aufnahmen, Fluchtung Prüfling, Messtaster
  - Antastelemente; Güte Einstellnormal(e)
  - Führungen, Reibung, Verschleiß
  - Positionierung, Verkippung Prüfling
  - Messablauf; Warmlaufphase, …

- **Messverfahren, -strategie**
  - Bezugselement, Basis für Aufnahme
  - Messgeschwindigkeit, Einschwingzeiten
  - Mehrpunktmessungen bzw. Scannen
  - anstatt Einzelmesswert, …
  - Mittelwert aus Wiederholungsmessungen
  - Messtechnik-, Statistik-Software
  - Kalibrierkette, Einstellverfahren, …
  - (z. B. vor jeder Messung neu einstellen)
- **Umgebungsbedingungen**
  - Erschütterungen, Schwingungen
  - Staub, Ölnebel, Zugluft, Feuchtigkeit
  - Temperaturschwankungen
  - Elektrische Störungen, Spannungsspitzen
  - Energieschwankungen (Luft, Strom, …)
- **Prüfling**
  - Sauberkeit, Waschrückstände
  - Oberflächenbeschaffenheit, Grate
  - Formfehler, Bezugsbasis
  - Materialeigenschaften
  - Temperaturkoeffizient, …
- **Bediener**
  - Eingewiesen, geschult
  - Sorgfalt, Handhabung
  - Sauberkeit, (Hautreste, Handfett, …)
  - Wärmeübertragung, …

2. Schritt: Genaueres Messsystem beschaffen

- Auflösung < 5 %
- Lineare Systeme einsetzen
- Absolut messende Systeme bevorzugen (digital inkremental anstatt analog induktiv)
- Robuste Messeinrichtung (Lagerungen, Führungen, Messhebel, Übertragungselemente, …)
- Bedienerunabhängige Messeinrichtung
- Neue (berührungslose) Messverfahren, …

3. Schritt: Merkmals-, Toleranz-, Prozessbetrachtung

- Merkmal auf Funktionsabhängigkeit überprüfen (ggf. neues Merkmal definieren z.B. Dichtheit anstelle Rundheit)
- 100 % verlesen mit reduzierten Toleranzen
- Messsystemstreuung von Toleranz abziehen
- Auswirkungen auf Prozessregelung und Prozessfähigkeit berücksichtigen
- Toleranz in Abstimmung mit Fertigungsplanung, Produktion, Qualitätssicherung, Entwicklung und Kunde anpassen: statistische Tolerierung; Toleranz und Prozessstreuung gegenüberstellen; Toleranzehrlichkeit!

4. Schritt: Sonderregelung

- Zusätzliche Absicherung (z.B. Stabilitätsüberwachung, zusätzlicher Regelkreis, genaueres Messmittel im Feinmessraum, Funktionsabsicherung, -überprüfung)
- Zeitlich befristete Sonderregelung in Abstimmung mit Messtechnikexperten, Fertigungsplanung, Produktion, Qualitätssicherung, Entwicklung und Kunde treffen
- Regelung z.B. jährlich neu bewerten gemäß Schritt 1 bis 4 und ggf. Regelung überarbeiten bzw. für weitere Zeitspanne bestätigen

HINWEIS: Gerade bei der Beschaffung eines Messgeräts ist immer der gesamte Messprozess zu beachten und zu beurteilen. Daher ist bereits bei der Bestellung die spezifische Aufgabenstellung in Form eines Lastenheftes zu spezifizieren und die Abnahme des Messprozesses gemäß einer vorgegebenen Richtlinie vorzuschreiben (s. Abschnitt 14 Beschaffung von Prüfmitteln).

13 Typische Fragen zur Prüfprozesseignung

13.1 Fragestellung

Die Eignungsnachweise sind in der Regel sehr zeitaufwendig und insbesondere bei einer großen Anzahl von Messsystemen nur bedingt vollständig durchführbar. Daher stellen sich in der Praxis folgende Fragen:

- Wann sind die Eignungsnachweise durchzuführen?
- Wie erfolgt eine Beurteilung von neuen Messsystemen?
- Wie erfolgt die Beurteilung von ähnlichen Messsystemen?
- Können Messgerätegruppen zusammengefasst werden?
- Wie häufig sind Eignungsnachweise durchzuführen?
- Sind für Standardmesssysteme Eignungsnachweise durchzuführen?
- Ist ein Eignungsnachweis bei zerstörender Prüfung möglich?
- Welche Annahmekriterien sind maßgebend?
- Welche Annahmekriterien können nicht eingehalten werden?
- Ist die Richtlinie des jeweiligen Abnehmers vollständig eingehalten?
- Wie ist bei „nicht fähigen“ Messsystemen zu reagieren?

13.2 Antworten

Eine pauschale Antwort auf die oben gestellten Fragen ist nicht möglich. Im jeweiligen Fall sind immer die praktischen und technischen und wirtschaftlichen Rahmenbedingungen zu beachten. Abhängig hiervon lassen sich folgende Aussagen treffen:

- Eignungsnachweise sind prinzipiell bei allen kritischen und dokumentationspflichtigen Merkmal durchzuführen. Dies gilt insbesondere für enge Spezifikationsgrenzen. Werden Messverfahren verändert oder neue Messsysteme entwickelt, so ist deren Eignung ebenfalls nachzuweisen. Für Toleranzen kleiner 15 µm sind besondere Vorgehensweisen zu vereinbaren. Oftmals fehlen bei neuen Messsystemen geeignete Messverfahren oder Referenzgrößen für deren korrekte Beurteilung. Hier muss der Hersteller geeignete Überprüfungsmöglichkeiten erarbeiten und zur Verfügung stellen. Dazu sind qualifizierte Fachleute mit einzubeziehen und ggf. die PTB (Physikalische Technische Bundesanstalt) einzuschalten.

- Wenn unterschiedliche Messsysteme oder deren Komponenten für gleiche Messaufgaben verwendet werden, sollte exemplarisch die Vergleichbarkeit der einzelnen Messsysteme nachgewiesen werden. Hierfür kann das Verfahren 2 verwendet werden. Anstatt unterschiedlicher Bediener werden dann unterschiedliche Messsysteme von einem Bediener überprüft. Ist die Gesamtstreuung der Messsysteme ausreichend klein, kann davon ausgegangen werden, dass bei der jeweiligen Messaufgabe ein Messsystem aus der entsprechenden Gruppe ausgewählt werden kann. Eine solche Untersuchung ist exemplarisch durchzuführen und entsprechend zu dokumentieren. Durch die regelmäßige Qualifizierung wird sichergestellt, dass sich die einzelnen Messgeräte nicht signifikant verändern.
- Wie häufig Eignungsnachweise durchzuführen sind, hängt von dem Ergebnis der Untersuchung und von der Stabilität des Messsystems ab. Der Stabilitätsnachweis kann dann mit Hilfe des Verfahrens 1 ermittelt werden. Hinweise für die Häufigkeit der Stabilitätsprüfung finden Sie in Abschnitt 4.4. In der Regel werden häufige Überprüfungen auch erforderlich sein, wenn das Ergebnis des Eignungsnachweises nahe an dem Grenzwert liegen oder darüber hinausgehen.
- Ein Eignungsnachweis für Standardmessmittel kann dann entfallen, wenn die zu erwartende Messunsicherheit ausreichend klein ist im Verhältnis zur Merkmalstoleranz. In der Regel befinden sich in einem Unternehmen sehr viele Messgeräte dieser Art. Allein aus wirtschaftlichen Gründen können nicht alle Geräte für den jeweiligen Einsatzfall untersucht werden. Ob weitere Standardmessmittel für die Messaufgaben geeignet sind, kann durch Einzelüberprüfungen oder Vergleichsmessungen (s. o. Messgerätegruppe) bestätigt werden.
- Bei einer zerstörenden Prüfung ist ein Eignungsnachweis in der Regel nicht möglich. Liegen keine Referenzmaterialien (Normale) vor, kann Verfahren 1 nicht angewandt werden. Verfahren 2 ist nur dann anwendbar, wenn von einem homogenen Material ausgegangen werden kann, so dass Wiederholungsmessungen an Originalteilen möglich sind. So könnten beispielsweise von einem Stück Draht, das als homogen angesehen wird, zwei Stücke getrennt und diese für die Untersuchungen herangezogen werden. Ob solche Annahmen zutreffend sind, ist im Einzelfall zu entscheiden. Das gleiche gilt auch für Härteprüfgeräte.
- Die Forderung der QS-9000 [1] für „geeignete Messsysteme“ %GRR ≤ 10 % ist für viele vorhandene Messsysteme nicht einhaltbar. Daher empfiehlt sich, diese Forderung nur auf neue Messverfahren anzuwenden, da ein Austausch vorhandener Messsysteme aus Kostengründen scheitert.

  Wird die Forderung %GRR ≤ 30 % nicht eingehalten, sind die Qualifikationsintervalle zu verkürzen, die Häufigkeit der Stabilitätsprüfungen zu erhöhen und ggf. vor jeder Messung neu zu kalibrieren.

- Die Annahmekriterien sind, wie mehrfach erwähnt, in Firmenrichtlinien festgelegt. In der Regel findet man dort aber auch den Hinweis, dass andere Methoden und Grenzwerte akzeptiert werden, sofern der Kunde damit einverstanden ist. Von daher sollte insbesondere bei kritischen Messverfahren die Festlegung in Abstimmung mit dem Kunden individuell erfolgen. Diese Möglichkeit übersehen Auditoren häufig bei der Zertifizierung von QM-Systemen!
- Gerade der o. g. Hinweis erlaubt einem Unternehmen, seine eigene Verfahrensanweisung für die Vorgehensweise bei der Beurteilung von Messsystemen zu erstellen und umzusetzen, wenn man sich dabei an üblichen Standards orientiert. Einem Lieferanten, der mehrere Abnehmer bedient, wird allein aus wirtschaftlichen Gründen eine Verfahrensvielfalt nicht zuzumuten sein.
- Bei „nicht fähigen“ Messsystemen gemäß der beschriebenen Verfahren und Annahmekriterien ist zunächst festzustellen, ob ein genaueres Messsystem eingesetzt werden kann. Sind keine Alternativen vorhanden, muss untersucht werden, ob o. g. Ursachen bei dem „nicht fähigen“ Messsystem verbessert werden können. Wenn alle Verbesserungsversuche nicht erfolgreich sind, besteht die Möglichkeit, das Messsystem ohne statistische Auswertung anzunehmen. In diesem Fall wird die Wiederholbarkeit geprüft, indem ein Produktionsteil mindestens 25 mal, höchstens aber 50 mal gemessen wird. Wenn die maximale Spannweite der Messwerte nicht mehr als 15 % der Toleranz beträgt, ist das Messsystem zu akzeptieren. Auf jeden Fall ist es durch regelmäßige Stabilitätsuntersuchungen zu überwachen.
- Sind keine geeigneten Messsysteme vorhanden, können folgende temporäre Maßnahmen zur Aufrechterhaltung der Produktion ergriffen werden, bis eine langfristige Lösung gefunden wird:

  Eine allgemeine Methode zur täglichen Anwendung ist die mehrfache Überprüfung mit demselben Teil. Der Zufallseinfluss auf die Ergebnisse kann reduziert werden, wenn die Messungen mehrfach mit demselben Produktionsteil durchgeführt werden und anschließend der Mittelwert der Messungen gebildet wird. Das Messsystem muss vor jeder Messung des Produktionsteils kalibriert werden.

  Zusätzliche, genauere Messmittel können ergänzend zu dem Messsystem verwendet werden. So könnten z. B. Formtoleranzen wie Rundheit, Geradheit, Parallelität usw. zusätzlich mit Messmitteln, die in klimatisierten Räumen aufgestellt sind, überprüft werden.

Die ergriffenen Maßnahmen sind immer in der entsprechenden Prüfanweisung aufzunehmen und in regelmäßigen Abständen neu zu bewerten. Neue Erkenntnisse und Fortschritte in der Messtechnik lösen oftmals vorhandene Probleme.

14 Eignungsnachweis bei der Sichtprüfung

14.1 Anforderungen an die Sichtprüfung

Grundsätzlich gelten die gleichen Voraussetzungen am Arbeitsplatz wie bei attributiven Prüfprozessen. Allerdings ist der subjektive Einfluss bei dieser Art der Prüfung sehr hoch. Daher sind Rahmenbedingungen zu schaffen, um die Auswirkungen so weit wie möglich in Grenzen zu halten. Dabei ist größter Wert auf die kontinuierliche Qualifikation der Prüfer zu legen.

Besonderer Wert ist hier auf die richtige Beleuchtung (Beleuchtungsrichtung, Lichtstärke und Ausleuchtung des Prüfobjektes) zu legen (s. hierzu auch DIN 5035 M1 und 2).

Um Verwechslungen von guten und fehlerhaften Teilen zu vermeiden, ist ein klarer logistischer Materialfluss mit eindeutig gekennzeichneten Ablagen der einzelnen Fehlerklassen zu gewährleisten. Für die Prüfpersonen sind zu Schulungs- und Übungszwecken eindeutig definierte Musterteile, Grenzmuster oder falls nicht möglich Fotos der einzelnen Fehler mit klaren Hinweisen am Arbeitsplatz bereitzustellen.

Bild 14.1 Ausleuchtung des Prüfplatzes

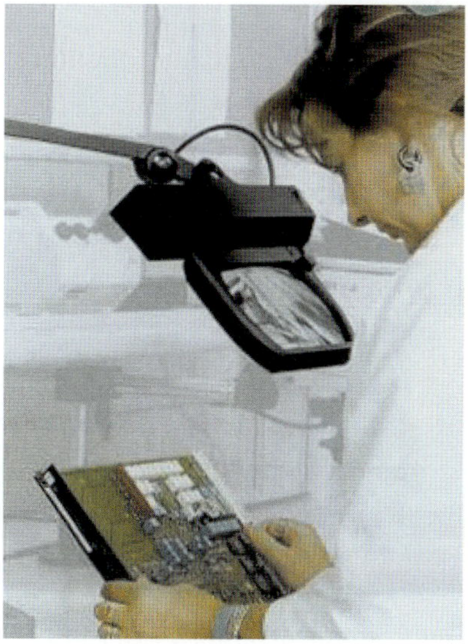

Bild 14.2 Leuchtlupe

Weiterhin ist zu bedenken, dass jeder Sichtprüfer nicht ständig gleich bleibend gut prüfen kann. Das Auge ermüdet und die Konzentration kann zwischenzeitlich nachlassen. Aufgrund dessen ist mit nicht entdeckten Fehlern zu rechnen, d. h. ein „natürlicher menschlicher“ Schlupf ist, wie auch zahlreiche wissenschaftliche Untersuchungen belegen, immer vorhanden. Um diesen möglichst niedrig zu halten, sind so genannte Sichtprüf- und Erholungspausen sowie Wiederholungstrainings für die Sichtprüfer einzuplanen. Ebenso eine regelmäßige augenärztliche Überprüfung des Sehvermögens vorzusehen.

14.2 Eignungstest für Sichtprüfer

Voraussetzung für den Test eines Sichtprüfers ist eine intensive Einweisung und Schulung mit Übung durch einen erfahrenen Sichtprüfer. Die folgende Auflistung enthält einen Vorschlag, wie ein solcher Test aussehen kann:

- In einer repräsentativen Anzahl von Gutteilen sind die zuvor festgelegten fehlerbehafteten Teile unterzumischen und von der Testperson zu prüfen.
- Die Anzahl der fehlerhaften Teile ist zu verändern (auch Null ist möglich) und mit Gutteilen aufzufüllen. Die Prüfung ist erneut durchzuführen.
- Stehen keine geeigneten fehlerhaften Teile zur Verfügung, so sind über einen signifikanten Zeitraum die Prüfergebnisse in unmittelbarer Reihenfolge von einem erfahrenen Prüfer zu kontrollieren.
- Der Prüfer gilt als geeignet (Arbeitsplatz-Führerschein wird erteilt), wenn er alle fehlerhaften und alle guten Teile eindeutig erkennt und getrennt nach Fehlern ablegen kann.
- Bei nicht bestandenen Eignungstest können folgende Maßnahmen ergriffen werden:
  - Intensivere Einweisung, Schulung mit Übung durch erfahrenen Sichtprüfer.
  - Verbesserungen der Prüfbedingungen (Lichtverhältnisse, Kontrastverbesserung durch Beleuchtungsmethode, Monotonie durch kurze Pausen oder andere Tätigkeit unterbrechen, ...)
  - Einsatz von Prüfhilfsmittel (Leuchtlupe, Stereomikroskop, ...)
  - Bei kritischen Sichtprüfarbeitsgängen (Dichtungsringe, ...) kann das Problem des „menschlichen Schlupfes“ dadurch vermindert werden, dass zur Erhöhung der Sicherheit ein weiterer Sichtprüfer die Teile nochmals prüft, oder falls möglich, ist die Sichtprüfung zu objektivieren, z. B. durch Bildverarbeitungs-, oder Laser-Systeme...

Der Eignungstest der Prüfer muss in regelmäßigen Abständen wiederholt werden.

Dokumentation der Prüfergebnisse

Zur Dokumentation von Sichtprüfungsergebnissen sind attributive Qualitätsregelkarten oder Fehlersammelkarten vorzusehen.

Bei relativ großem Fehleranteil genügt ein geringer Prüfumfang um Fehler zu entdecken. Dagegen muss bei geringem Fehleranteil der Prüfumfang sehr hoch gewählt werden, um noch zu einer statistisch sicheren Aussagen zu gelangen. In vielen Fällen ergibt sich dann eine 100%-Sichtprüfung.

Bild 14.4 zeigt das Ergebnis einer Sichtprüfung. In Bild 14.3 ist exemplarisch ein Leerformular zur Dokumentation der Ergebnisse dargestellt.

Q-DAS®	**Eignungsnachweis für Sichtprüfung**	Seite:

Teile Bezeichnung:__________ Teile Nr.:__________

Änderungsdatum:__________

Bereich:__________ Werkstatt:__________

Arbeitsgang Bez.:__________ Arbeitsgang Nr.:__________

Prüfmittel Bez.:__________ Trainer (Name/Nr.):__________

Prüfmittel Nr.:__________ Prüfer (Name/Nr.):__________

Prüfbedingungen:__________

Bemerkungen:__________

Merkmal Nr./Code	**Sichtprüf-Merkmale Bezeichnung**	**Anzahl Vorhanden**	**Anzahl Gefunden**	**Ergebnis**

Anzahl Prüflinge gesamt	**Anzahl i.O.-Prüflinge vorhanden**	**Anzahl i.O.-Prüflinge gefunden**	**Ergebnis**
St. / 100 %	**St. / %**	**St. / %**	

Prüfdauer:__________ von:________ bis: ________ am: ________

Sichtprüfung geeignet: ☐ ja ☐ nein → Maßnahmen: __________

Datum:______ Abteilung:______ Name:________ Unterschrift:________

Bild 14.3 Leerformular für eine Sichtprüfung

Q-DAS®	**Eignungsnachweis für Sichtprüfung**	Seite:

Teile Bezeichnung: Ventilgehäuse — Teile Nr.: 2 356 813 200

Änderungsdatum: 22.04.98

Bereich: Produktion Ventile — Werkstatt: Teilefertigung 4

Arbeitsgang Bez.: Sichtprüfung — Arbeitsgang Nr.: 2735

Prüfmittel Bez.: Leuchtlupe — Trainer (Name/Nr.): Fr. Schmidt

Prüfmittel Nr.: OLL125W14 — Prüfer (Name/Nr.): Fr. Müller

Prüfbedingungen: Prüflinge vor der Sichtprüfung gereinigt und getrocknet

Bemerkungen: Fr. Müller wurde 1 Woche (09.05.-14.05.00) von Fr. Schmidt trainiert

Nach 2 h Sichtprüfung je 10 min Erholungszeit

Merkmal Nr./Code	Sichtprüf-Merkmale Bezeichnung	Anzahl Vorhanden	Anzahl Gefunden	Ergebnis
01/S3GR	Grate an Bohrungs-Oberkante	10	10	i.O.
02/S3GR	Grate an Bohrungs-Verschneidung	17	17	i.O.
06/S3KO	Korrosion in Bohrung	3	3	i.O.
09/S3RI	Riefen in Bohrung	12	12	i.O.
11/S3AG	Allgemeine Beschädigung	1	1	i.O.

Anzahl Prüflinge gesamt	Anzahl i.O.-Prüflinge vorhanden	Anzahl i.O.-Prüflinge gefunden	Ergebnis
2500 St. / 100 %	2480 St. / 99,2 %	2480 St. / 99,2 %	i.O.

Prüfdauer: 1 Tag von: 7:00 bis: 14:00 am: 17.05.2000

Sichtprüfung geeignet: [X] ja [ ] nein → Maßnahmen:

Datum: 17.05.2000 Abteilung: PROD 4 Name: Meyer Unterschrift: *Meyer*

Bild 14.4 Fallbeispiel Sichtprüfung

Weitere Möglichkeiten der Auswertung ergeben sich aus:

- Kappa-Verfahren nach Abschnitt 5.5.3
- Effektivität nach Abschnitt 5.5.4

15 Beschaffung von Prüfmitteln

Bereits bei der Beschaffung eines Prüfmittels ist größter Wert darauf zu legen, dass es für den späteren Einsatz bei einer konkreten Messaufgabe geeignet ist. Daher sind die Anforderungen genau zu spezifizieren und die Abnahmemodalitäten festzulegen. Eine exakte Abstimmung zwischen Kunde und Lieferant bereits in der Angebots- und Bestellphase vermeidet spätere Irritationen.

Im Folgenden sind einige Punkte aufgeführt, die bei der Prüfmittelbeschaffung berücksichtigt werden sollten:

- Umfassende Beschreibung der Messaufgabe samt Umfeld und Einsatzbedingungen (s. Bild 15.1).
- Bedarfsermittlung und Abgleich mit Bestand vorhandener Prüfmittel.
- Lastenhefterstellung mit allen erforderlichen Eigenschaften und Leistungsdaten als wichtigste Grundlage für den zu vergebenden Auftrag (siehe Bild 15.2).

HINWEIS: Nach Möglichkeit sollte nicht nur ein Messgerät bestellt werden, sondern eine Gesamtlösung der Messaufgabe(n), unter Berücksichtigung der Teilevielfalt und Einsatzbedingungen. Damit werden Unklarheiten und Schnittstellenprobleme weitestgehend vermieden und Verantwortlichkeiten eindeutig festgelegt.

- Machbarkeitsstudie ggf. mit Messsystemanalysen durchführen. Wichtig ist dabei, dass alle Varianten, auch Chargenunterschiede miteinbezogen werden.
- Angebotseinholung u. -bewertung mit Auswahl des Lieferanten bzw. Prüfmittels.
- Vorabnahme planen, Teilespektrum mit Chargentypen vorbereiten und rechtzeitig bereitstellen.
- Eingangsprüfung bzw. Endabnahme ggf. Erstkalibrierung durchführen; auf lückenlose Dokumentation mit Bedienerhandbuch usw. achten. Überwachung (Prüfmittelkartei aktualisieren, Überprüfmethode(n) und Qualifikationsintervalle in der Prüfmittelüberwachung festlegen.
- Bediener einweisen, schulen mit Erfolgskontrolle und geplanter Wiederholungsschulung.
- Service hinsichtlich der Wiederverfügbarkeit der Anlage nach Ausfall planen (Online Service, 24 h-Service o. ä. mit entsprechenden Reaktionszeiten).

- Bei bisher noch nicht eingesetzten unbekannten Prüfgeräten, insbesondere bei Neuentwicklungen, und völlig neuen Prüfverfahren (z.B. Scanningverfahren anstatt Punktantastung oder optischer anstatt taktiler Antastung, etc. ...) ist eine Grundsatzuntersuchung über einen signifikanten Zeitraum unbedingt durchzuführen.

15.1 Beispiel für Messaufgabenbeschreibung

1. **Erzeugnis:**	**Teil:**	**Zeich.-Nr.:**	**Änd.-Std.:**
Werk:	**Abteilung:**	**Name:**	**Telefon:**
Projekt-Nr.:	**Auftr.-Nr.:**	**Kosten:**	**Termin:**

2. ***Messaufgabe (Kurz-Bezeichnung):***

3. ***Funktion, die mit Messaufgabe abgesichert werden soll:***

4. ***Zielsetzung des Projektes (Qualität, Ratio, Verbesserung, ...)***

5. ***Beschreibung der Messaufgabe:***

6. Ist–Zustand:

8. Soll–Zustand:

8. Skizze, Zeichnung: ☐ Zeichnung als Anhang beigefügt ☐ Prüfmerkmale gekennzeichnet

*Bei mehreren Zeichnungen **Typ-Spektrum** zusammenstellen.*
*Übersicht über **Nennmaß- und Toleranz-Bereiche** erstellen.*
*Zusammenhang **Prüfmerkmale/Prozessparameter** darstellen.*

***Zusätzliche Informationen** ergänzen:*

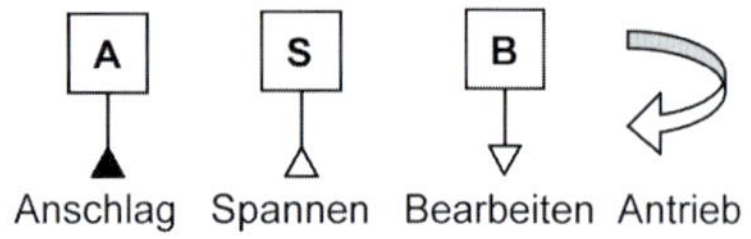

9. Prüfart:

Zulässige Prüfzeit:
Standzeit Werkzeug:
Anzahl Maschinen:
Maschinen-Takt:
Darstellung (Zahl, Grafik,...):

Prüfumfang/-häufigkeit:

Prüfumgebung:
Abrichtzyklus:
Maschinenbedienung:
Arbeitsgang-Bezeichnung:
Auswertung:

***10. Sonstige Angaben** (z.B. Bearbeitungsprobleme; nio-Prozesszustände, die abgesichert werden sollen):*

Bild 15.1 Formblatt: Beschreibung der Prüfaufgabe

15.2 Beispiel für Lastenheft

1. **Erzeugnis/Teil:** (Typspektrum/Maßfamilien)
2. **Zeichnungen/Änderungsstand:**
3. **Prüfmerkmale, Toleranzen:**
4. **Prüfzeiten, Taktzeiten:**
5. **Prüfbedingungen:** (Prüfpunkte, Prüf-, Spannkräfte; Zustand der Prüfteile, ...)
6. **Aufnahme-Basis:** (Basis für Anschlag und Spannen des Prüflings)
7. **Umgebungsbedingungen:** (Temperatur, Schwingungen, ...)
8. **Messablauf, Bedienbarkeit, Bedienerführung, Klartextmeldungen** :
9. **Abnahmekriterien:**
   a) $\mathbf{C_{gm}/C_{gmk}}$ $\geq$ **1,33** Einstellnormal(e) 25 × gemessen
   b) **%R&R** $\leq$ **20 %** 25 Serienteile 2 × gemessen
   c) Nachweis der **Langzeitstabilität** der C_g/C_{gk}- sowie **%R&R**-Analyse über 5 Arbeitstage
   Linearität muss vom Hersteller angegeben werden.
10. **Kalibrierung, Einstellnormale, Rückführbarkeit,** zu verwendete **Normen/Richtlinien:**
11. **Nachvollziehbarkeit** (Berechnungsalgorithmen, Ergebnisse, Parameter ...) müssen vom Hersteller in klar verständlicher Form dokumentiert werden.
12. **Typwechsel, Umrüstbedingungen:** ohne bzw. Einfachst-, und Schnell-Umrüsten kleiner ... min. muss vom Hersteller sichergestellt sein.
13. **Schnittstellen** (Datenbeschreibung, Protokoll, Netzwerkanschluss):
14. **Auswertungen, Statistik, Beschreibung Auswertealgorithmen:**
15. **Schulung, Einweisung:**
16. **Dokumentationen:** (Hard-, Software, Bedienungsanleitung, Kurzanleitung ...)
17. **Konformitätserklärung, CE-Zeichen:** Muss vom Hersteller geliefert werden.
18. **Inbetriebnahme:**
19. **Allgemeines** (Magnetisierung, Sauberkeit, Beschädigungsgefahren, ...):
20. **Ersatzteilliste, Bezeichnung, Lieferbedingungen:**
21. **Service-, Reparaturfreundlichkeit:** Muss vom Hersteller sichergestellt werden.
22. **Garantie, Gewährleistung:**
23. **Sonstiges:**

Erstellt von:

Abtl.: .... Name: .... Tel./Fax: .... Datum/Unterschrift: ....

Auftraggeber:

Abtl.: .... Name: .... Tel./Fax: .... Datum/Unterschrift: ....

Messgerätehersteller/Vertriebsbeauftragter:
Einhaltung der Lastenheftvorgaben vom Messgerätehersteller zugesichert:
Datum/Unterschrift: ....

Bild 15.2 Formblatt: Lastenheft

16 Eignungsnachweis für Prüfsoftware

16.1 Allgemeine Betrachtung

Ohne den Einsatz von Rechnersoftware ist eine Überwachung, Messung und Auswertung von Qualitätsdaten nicht mehr denkbar. In der Vergangenheit war die „Rechnergläubigkeit" sehr hoch. Den von Rechnerprogrammen gelieferten Ergebnissen wurde und wird heute teilweise noch blindlings vertraut. Gerade wegen der Vielfältigkeit und der Komplexität von Rechnerprogrammen ist Software sehr fehlerbehaftet. Selbst bei umfangreichen Tests werden nicht alle „Fehler" gefunden (s. Abschnitt 16.1). Umso wichtiger ist die Überprüfung der Software, ob sie den Anforderungen für den konkreten Einsatz genügt.

Das folgende Beispiel zeigt eine von vielen möglichen Fehlerquellen auf:

„Erfahrungen haben gezeigt, dass die Ausführung ein und desselben Rechnerprogramms auf unterschiedlichen Betriebssystemen (Windows 98 / ME / NT 4.0 / XP) bei der Auswertung eines Datensatzes zu unterschiedlichen Ergebnissen führen kann. Dies kann nur durch die Verwendung von speziellen Routinen im Quellcode des Programms verhindert werden. Fehlen diese, führt die unterschiedliche Rechengenauigkeit zu den beschriebenen Problemen."

Daher benötigen Anwender heute mehr denn je qualitativ hochwertige Software und die Sicherheit, dass das Produkt für den jeweiligen Anwendungsbereich geeignet ist. Normen zum Qualitätsmanagement fordern konkret einen Bestätigungsnachweis über die Eignung der eingesetzten Software für die beabsichtigte Anwendung sowohl vor dem Erstgebrauch als auch für den fortgesetzten Einsatz (z. B. DIN EN ISO 9001, ISO/TS 16949 und ISO/DIS 10012).

Auszug aus ISO/TS 16949 [22], Abschnitt 7.6 „Lenkung von Überwachungs- und Messmitteln":

Bei Verwendung von Rechnersoftware zur Überwachung und Messung festgelegter Anforderungen muss die Eignung dieser Software für die beabsichtigte Anwendung bestätigt werden. Dies muss vor dem Erstgebrauch vorgenommen werden und wenn notwendig auch später bestätigt werden.

ANMERKUNG: Für Anleitung siehe ISO 10012-1 und ISO 10012-2.

Auszug aus DIN EN ISO 10012 [18], Abschnitt 6.2.2 „Software":

Die in den Messprozessen und bei der Berechnung der Ergebnisse eingesetzte Software muss dokumentiert, gekennzeichnet und überwacht werden, um ihre Eignung für den fortgesetzten Einsatz sicherzustellen. Die Software und sämtliche neueren Versionen müssen vor dem Einsatz geprüft und/oder validiert werden, für den Einsatz freigegeben und archiviert werden.

Anleitung

Die Software kann in verschiedenen Formen vorliegen, wie z. B. als eingebettete, programmierbare oder standardisierte Programmpakete. Die Software sollte in dem für die Sicherstellung ordnungsgemäßer Messergebnisse erforderlichen Umfang überwacht und für den Einsatz geprüft werden.

Die Prüfung kann Überprüfungen auf Viren, Überprüfungen anwenderprogrammierter Algorithmen, Konfigurationsmanagement für komplexe oder kritische Anwendungen oder eine Kombination derselben umfassen, je nachdem, was erforderlich ist, um das geforderte Messergebnis zu erhalten.

Ein zertifiziertes QM-System des Software-Lieferanten allein kann jedoch nur bedingt die Eignung der Software bestätigen, da mit einer Zertifizierung immer nur die Qualität der Entwicklungsprozesse hinsichtlich bestimmter Anforderungen nachgewiesen werden. Wie kann man also Vertrauen in die Daten und Auswerteergebnisse schaffen und der Frage nach der Eignung begegnen?

Die Eignung der Rechnersoftware kann, wie in ISO 10012 [18] formuliert (s. o.), nur durch entsprechende Prüfung und/oder Validierung nachgewiesen werden.

Laut DIN EN ISO 9000 ist „Prüfung":

„Konformitätsbewertung durch Beobachten und Beurteilen, begleitet - soweit zutreffend - durch Messen, Testen oder Vergleichen"

und „Validierung":

„Bestätigung durch Bereitstellung eines objektiven Nachweises, dass die Anforderungen für einen spezifischen beabsichtigten Gebrauch oder eine spezifische beabsichtigte Anwendung erfüllt worden sind".

Im Folgenden wird beschrieben, wie die Q-DAS® GmbH & Co. KG, Eisleber Str. 2, 69469 Weinheim, die Eignung ihrer Software solara.MP für den vorgesehenen Einsatzbereich nachweist. Diese Vorgehensweise ist als ein Beispiel zu sehen und kann zur Anregung für andere Anwendungen dienen.

Die Q-DAS® Software wird für unterschiedliche Aufgabenstellungen im Bereich der statistischen Auswertung von Qualitätsdaten eingesetzt. Hierzu sind mittlerweile eine Reihe von Richtlinien bzw. Leitfäden von unterschiedlichen Firmen, wie z. B. Ford, General Motors, DaimlerChrysler und Robert Bosch, sowie Dokumente mit normativen Charakter, wie z. B. VDA Band 5 [44] und QS-9000/MSA [5], entstanden. Diese Dokumente beschreiben beispielsweise die Vorgehensweise bei der Beurteilung von Messsystemen, bei der Maschinenabnahmen oder bei Prozessfähigkeitsuntersuchungen. Anhand von Fallbeispielen werden die beschriebenen Verfahren detailliert erläutert und die Ergebnisse der Auswertung und deren Beurteilung dokumentiert.

In dem Produkt solara.MP sind diese Verfahren in Form von Auswertekonfigurationen abgebildet, die vom Anwender über eine Auswahlliste gewählt werden können. Die Daten werden dann automatisch nach den jeweiligen Vorgaben ausgewertet und bezüglich der Anforderungen bewertet, ohne dass vom Anwender weitere Einstellungen am Programm vorzunehmen sind. Durch Vergleich der Auswertungsergebnisse der Testdaten mit den in den Richtlinien bzw. Leitfäden dokumentierten Ergebnissen lässt sich die korrekte Berechnung für das jeweilige Beispiel nachweisen. Da mit den Testbeispielen (Auszug s. Abschnitt 16.3) ein breites Spektrum der möglichen Auswertemethoden abgedeckt wird, ist eine größtmögliche Sicherheit auch im konkreten Anwendungsfall gewährleistet. Damit ist die Erfüllung der Anforderungen für den beabsichtigten Gebrauch bestätigt. Die Software kann dann als validiert bezeichnet werden. Dieser Eignungsnachweis kann jederzeit wiederholt werden, so dass auch für den fortgesetzten Einsatz eine regelmäßige Überprüfung bzw. Validierung, z. B. bei Software-Updates, durchgeführt werden kann.

Von entscheidender Bedeutung ist in diesem Zusammenhang der Schutz der hinterlegten Auswertekonfigurationen vor Änderungen und Manipulationen. Die Konfigurationen werden in enger Abstimmung mit den Erstellern der Firmenrichtlinien bzw. -leitfäden erstellt und durch diese auch freigegeben. Alle mit solara.MP ausgelieferten Konfigurationen sind fest vorgegeben und können nicht geändert werden. Zusätzlich kann über verschiedene Optionen jeglicher manuelle Eingriff in die Auswertung, wie z. B. die testweise Auswertung auf Grundlage eines anderen Verteilungsmodells oder das manuelle Entfernen von Ausreißern, unterbunden werden. Damit kann der Anwender auf richtlinienkonforme Ergebnisse vertrauen und er hat die Gewissheit, dass das Produkt für diesen spezifischen Einsatz geeignet ist.

Ein anderer, nicht zu vernachlässigender Aspekt ist die Lenkung der Aufzeichnungen der Auswertungsergebnisse. Neben der eindeutigen Kennzeichnung und einer geeigneten Aufbewahrung steht hier auch der Schutz im Vordergrund. Im Rahmen der statistischen Auswertung von Qualitätsdaten gilt es, die Ergebnisse z. B. einer Messmittelfähigkeitsuntersuchung oder Maschinenabnahme und den zugrunde liegenden Datensatz zu sichern und vor nachträglichen Änderungen zu schützen. solara.MP bietet die Möglichkeit, Ergebnisberichte zu signieren und gemeinsam mit dem dazugehörigen Datensatz in der Datenbank als PDF-Dokument vorzuhalten. Auf den Bericht kann jederzeit lesend zugegriffen werden und bei Bedarf können die Daten erneut eingelesen und ausgewertet werden. Für den Anwender bedeutet dies ein hohes Maß an Datensicherheit, Transparenz und Nachvollziehbarkeit.

HINWEIS: Viele Unternehmen setzen zur Beurteilung der Prüfprozesseignung Berechnungen ein, die sie mit Microsoft™ Excel durchführen. Die von vielen QM-Beratern unterstützte Vorgehensweise genügt bei weitem nicht den Anforderungen bezüglich der Validierung. Um diese sicherstellen zu können, ist der Aufwand so immens hoch, dass sich der Erwerb einer „validierten" Standardsoftware sehr schnell rechnet. Nicht berücksichtigt ist dabei die Abbildung der vielen unterschiedlichen Firmenrichtlinien.

16.2 Das Märchen von der „Excel Tabelle"

„Ein internationales Unternehmen hat sich vor langer, langer Zeit entschieden, künftig Prüfmittelfähigkeitsuntersuchungen durchzuführen. Eine Standardsoftware zur Auswertung der verfassten Werte sollte aus Kostengründen nicht beschafft werden. „Das können wir selbst" sagte der Qualitätsbeauftragte und ruckzuck wurde eine Excel Tabelle erstellt, in die die Werte eingegeben werden konnten. Als Auswertemethode hat man sich für die Differenzenmethode (s. Abschnitt 4.3.3, Verfahren 3) entschieden. Die entsprechenden Berechnungsformeln wurden abgebildet. Innerhalb kurzer Zeit war das Auswerteformular mit den Berechnungen fertig gestellt. Es konnten erste Werte eingegeben werden und die Ergebnisse standen zur Verfügung. Ein Auszug aus diesem Formular ist in Bild 16.1 dargestellt.

Damit man sicher ist, keinen Fehler gemacht zu haben, wurden exemplarisch Daten eingegeben und die Ergebnisse mit denen eines Referenzbeispieles verglichen. Danach wurde die Excel Tabelle ohne weitere Hinweise bzw. Einweisung zur allgemeinen Verwendung in den Werken freigegeben.

Im Laufe der Zeit wurden munter viele Prüfmittelfähigkeitsstudien durchgeführt, die „schönen" Ergebnisse dokumentiert, dem Management berichtet und den Auditoren vorgelegt. Alle waren zufrieden und glücklich, bis eines Tages der Fehler mit den fatalen Folgen ans Licht kam.

Zunächst konnte sich keiner erklären, dass trotz der guten Messprozesse fehlerhafte Teile an den Kunden gingen. Was war geschehen? In Bild 16.1 *sind Messwerte für 25 Teile vorgesehen. Allerdings wird der Anwender nicht gehindert, auch weniger Teile zu prüfen und diese in die Tabelle einzutragen. Wie* Bild 16.1 *zeigt, wurden die letzten fünf Werte nicht eingetragen, allerdings die Differenz „Null" berechnet. Konsequenterweise ist die errechnete Standardabweichung falsch. Da es bequemer ist, weniger als 25 Teile zu messen und die Prüfmittel umso besser waren, je weniger Teile gemessen wurden, wurde diese Vorgehensweise über einen längeren Zeitraum gerne verwendet.*

Zeile	Teilenummer	Messwerte Messreihe1	Messwerte Messreihe 2	Differenz =W1-W2
15	1	8,795	8,804	-0,009
16	2	8,829	8,831	-0,002
17	3	8,769	8,771	-0,002
18	4	8,831	8,832	-0,001
19	5	8,749	8,750	-0,001
20	6	8,763	8,759	0,004
21	7	8,794	8,789	0,005
22	8	8,762	8,779	-0,017
23	9	8,796	8,790	0,006
24	10	8,803	8,801	0,002
25	11	8,800	8,800	0
26	12	8,892	8,917	-0,025
27	13	8,744	8,736	0,008
28	14	8,732	8,736	-0,004
29	15	8,770	8,782	-0,012
30	16	8,806	8,809	-0,003
31	17	8,744	8,744	0
32	18	8,780	8,776	0,004
33	19	8,790	8,785	0,005
34	20	8,773	8,786	-0,013
40	21			0
41	22			0
42	23			0
43	24			0
44	25			0
46		Standardabweichung der Differenzen s Δ	=	0,0070451

Bild 16.1 Fallbeispiel Excel Tabelle für Verfahren 3

Es kam noch viel schlimmer, der geübte Excel-Anwender wird es sofort erkannt haben: „Die Zeilen 35 bis 39 sind in Bild 16.1 *ausgeblendet, aber in der Berechnung enthalten!" Die Spannung stieg ins Unermessliche: „Was wird zum Vorschein kommen?"* Bild 16.2 *bringt die Wahrheit ans Licht! Es sind Messwerte von einem ganz anderen Messprozess, die munter bei den vielen Untersuchungen immer mit in die Berechnung eingeflossen sind.*

Glücklicherweise hat man in dem Unternehmen diesen fatalen Fehler erkannt, sonst würde man sich wahrscheinlich heute noch über die sehr guten „Prüfmittel" freuen und über die schlechten Prozesse wundern. Doch wie viele solcher oder ähnlicher Excel Tabellen werden tagein, tagaus noch verwendet und die „schönen" Ergebnisse als bare Münze genommen?

Ob das Märchen wahr ist oder nicht, spielt keine Rolle. Allerdings kann die beschriebene Situation auf jeden Fall eintreten. Fehlinterpretationen und Fehlentscheidungen sind die Konsequenz verbunden mit nicht unerheblichen Fehlleistungskosten. Die Kosten für den Erwerb einer Standardsoftware amortisiert sich unter diesen Gesichtspunkten sofort.

	A	B	C	D	E	F	G	H	I	J	K	L	M
17			3		8,769			8,771			-0,002		
18			4		8,831			8,832			-0,001		
19			5		8,749			8,750			-0,001		
20			6		8,763			8,759			0,004		
21			7		8,794			8,789			0,005		
22			8		8,762			8,779			-0,017		
23			9		8,796			8,790			0,006		
24			10		8,803			8,801			0,002		
25			11		8,800			8,800			0		
26			12		8,892			8,917			-0,025		
27			13		8,744			8,736			0,008		
28			14		8,732			8,736			-0,004		
29			15		8,770			8,782			-0,012		
30			16		8,806			8,809			-0,003		
31			17		8,744			8,744			0		
32			18		8,780			8,776			0,004		
33			19		8,790			8,785			0,005		
34			20		8,773			8,786			-0,013		
35			21		3,664			3,664			0		
36			22		3,743			3,741			0,002		
37			23		3,756			3,756			0		
38			24		3,701			3,701			0		
39			25		3,771			3,771			0		
40			21								0		
41			22								0		
42			23								0		
43			24								0		
44			25								0		
45													
46				Standardabweichung der Differenzen s Δ						=	0,0070451		
47													

Bild 16.2 Versteckte Zeilen aus Bild 16.1 eingeblendet

HINWEIS:

1. Ein anderer Fehler, der bei selbst erstellten Tabellen sehr häufig vorkommt, sind die fehlerhaft verwendeten K-Faktoren. Diese ändern sich in Abhängigkeit der Konstellation „Anzahl Teile, Anzahl Prüfer und Anzahl Wiederholungen". Da die Excel Tabelle quasi jede Konstellation zulässt, müssen die K-Faktoren angepasst werden, was in der Regel nicht gemacht wird. Auch in diesem Zusammenhang sind fehlerhafte Ergebnisse die Konsequenz.
2. Die in Abschnitt 5 beschriebene Vorgehensweise bei der Prüfmittelfähigkeit lässt eine Vielzahl von unterschiedlichen Betrachtungs- und Berechnungsmethoden zu. Hier kommen sehr schnell 30 bis 40 verschiedene Variationen zum Tragen. Davon führen ca. 80 % zu einem unterschiedlichen Ergebnis. Alle Varianten müssten einzeln validiert werden. Ein nahezu hoffnungsloses Unterfangen, dies mit Excel Tabellen abzuwickeln. ■

16.3 Testbeispiele zur Prüfmittelfähigkeit

Zur Validierung von Software für Prüfmittelfähigkeitsuntersuchungen können Referenzbeispiele herangezogen werden. Damit können Hersteller und Anwender ihr System selbst prüfen. Dies gibt dem Anwender solcher Systeme ein hohes Maß an Sicherheit, dass die Datensätze korrekt berechnet werden. Um ein möglichst breites Spektrum abzudecken, wurden für verschiedene Konstellationen entsprechende Datensätze individuell vorbereitet. Die Ergebnisse der Auswertung dieser Datensätze sind auf den folgenden Seiten dokumentiert und kommentiert. Die Ergebnisse wurden mehrfach mit unterschiedlichen Rechnerprogrammen überprüft und stellen quasi eine Referenz dar. Die in Tabelle 16.1 verwendeten Datensätze sind in dem jeweiligen Originaldokument veröffentlicht.

HINWEIS:

1. Die hier vorgestellten Beispiele sind als ein Spektrum anzusehen. Für eine vollständige Validierung sind weitere Fallbeispiele heranzuziehen.
2. Bei den Zwischen- und Endergebnissen kann es wegen Rechengenauigkeit zu geringfügigen Abweichungen kommen. So können beispielsweise die K-Faktoren gemäß der MSA [5] 2. Ausgabe mit zwei Nachkommastellen bzw. gemäß der MSA 3. Ausgabe mit fünf Nachkommastellen angegeben sein. Die Abweichungen kommen auch zustande, wenn Zwischenergebnisse, z. B. Mittelwert oder Standardabweichung, gerundet in die weitere Berechnung eingehen. Gerade diese Situation ist im Vergleich der Ergebnisse nur schwer nachvollziehbar, da die Rundungsgrenzen in der Regel nicht bekannt sind.

Tab. 16.1 Referenzbeispiele

lfd. Nr. des Beispiels	Dateiname	Zweck des Tests und Herkunft der Daten
1	PMF_Ford_TEST_14	Verfahren 1, toleranzbezogen, Ford Testbeispiel [32]
2	PMF_Ford_TEST_15	Verfahren 1, prozessbezogen, Ford Testbeispiel [32]
3	PMF_Ford_TEST_16	Verfahren 2 (ARM), Ford Testbeispiel [32]
4	PMF_MSA_ARM	%R&R nach ARM, MSA [5]
5	PMF_MSA_ANOVA	%R&R nach ANOVA, MSA [5]
6	PMF_MSA_Attributiv	Attributiv, Signalerkennung, MSA [5]
7	PMF_Bosch_V1	Verfahren 1, toleranzbezogen, Bosch Heft 10 [40]
8	PMF_Bosch_V2_ARM	Verfahren 2, Bosch Heft 10 [40]
9	PMF_Bosch_V3_ARM	Verfahren 3, Bosch Heft 10 [40]
10	PMF_Bosch_LIN	Linearität, Bosch Heft 10 [40]
11	PMF_Bosch_Stab	Stabilität, Bosch Heft 10 [40]
12	PMF_Bosch_Attributiv	Attributiv, Signalerkennung Bosch Heft 10 [40]

Q-DAS	Messsystemanalyse	Seite 1 / 1

Akt. Dat. 21.02.2003	Bearb.Name.	Abt./Kst./Prod.	Prüfort

Prüfmittel	Normal	Merkmal
Prfm.Bez.	Normal Bez.	Merkm.Bez. GC Verfahren 1 (Bsp. 14.1)
Prfm.Nr.	Normal Nr.	Merkm.Nr. 14.1
Prfm.Aufl. 0.001	Normal-Istw. 20.302	Nennm. OSG 20.450 ≙
Prüfgrnd.	Einh. mm	Einh. mm USG 20.150 ≙
Bemerkung		

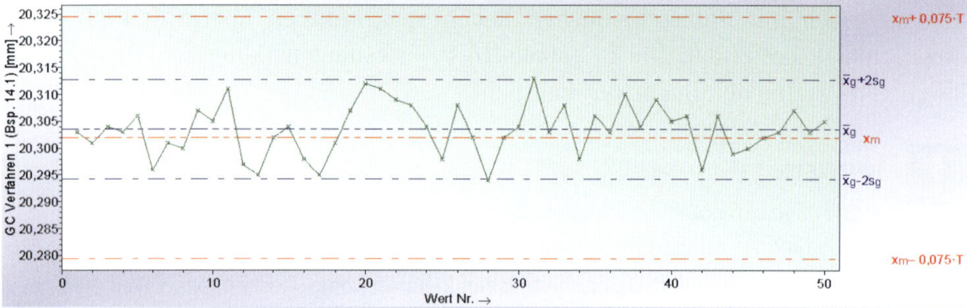

i	x_i	i	x_i	i	x_i	i	x_i	i	x_i
1	20,303	11	20,311	21	20,311	31	20,313	41	20,306
2	20,301	12	20,297	22	20,309	32	20,303	42	20,296
3	20,304	13	20,295	23	20,308	33	20,308	43	20,306
4	20,303	14	20,302	24	20,304	34	20,298	44	20,299
5	20,306	15	20,304	25	20,298	35	20,306	45	20,300
6	20,296	16	20,298	26	20,308	36	20,303	46	20,302
7	20,301	17	20,295	27	20,302	37	20,310	47	20,303
8	20,300	18	20,301	28	20,294	38	20,304	48	20,307
9	20,307	19	20,307	29	20,302	39	20,309	49	20,303
10	20,305	20	20,312	30	20,304	40	20,305	50	20,305

Zeichnungswerte		Gemessene Werte		Statistische Werte	
x_m	= 20,30200			$\bar{x}_g$	= 20,30348
USG	= 20,150	x_{ming}	= 20,294	s_g	= 0,0046565
OSG	= 20,450	x_{maxg}	= 20,313	$\lvert Bi \rvert = \lvert \bar{x}_g - x_m \rvert$	= 0,00148
T	= 0,300	R_g	= 0,019		
		n_{ges}	= 50	n_{eff}	= 50

		Minimale Bezugsgrösse für fähiges Messsystem
$C_g = \frac{0{,}15 \cdot T}{6 \cdot s_g}$	= 1,61 (Skala 0, 1)	T_{min} = 0,18634
$C_{gk} = \frac{0{,}075 \cdot T - \lvert \bar{x}_g - x_m \rvert}{3 \cdot s_g}$	= 1,50 (Skala 0, 1)	T_{min} = 0,20599
%RE	= 0,33% (Skala 0, 2, 5)	T_{min} = 0,050000

Messsystem fähig (RE,C_g,C_{gk})

Ford EU 1880 1997: Verfahren 1

Bild 16.3 Verfahren 1, toleranzbezogen, Ford Testbeispiel [32]

Q-DAS	Messsystemanalyse	Seite 1 / 1

Akt. Dat. 21.02.2003	Bearb.Name.	Abt./Kst./Prod.	Prüfort

Prüfmittel		Normal		Merkmal	
Prfm.Bez.	Höhenmeßgerät	Normal Bez.		Merkm.Bez.	GC - Verfahren 1 (Bsp. 15.1)
Prfm.Nr.		Normal Nr.		Merkm.Nr.	15.1
Prfm.Aufl.	0.01	Normal-Istw.	17.05	Nennm.	OSG 17.25 ≙
Prüfgrnd.		Einh.	mm	Einh. mm	USG 16.75 ≙

Bemerkung

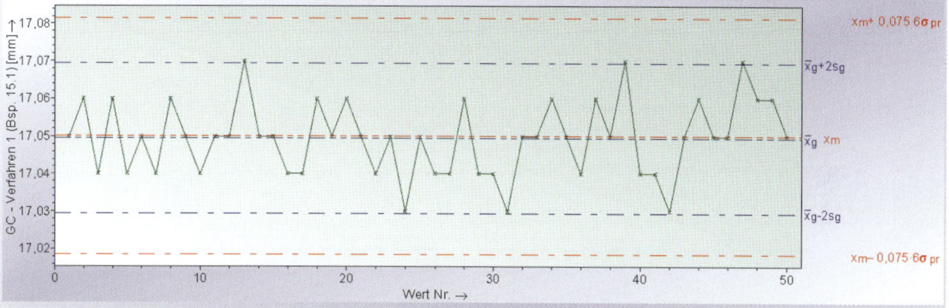

i	xi	i	xi	i	xi	i	xi	i	xi
1	17,05	11	17,05	21	17,05	31	17,03	41	17,04
2	17,06	12	17,05	22	17,04	32	17,05	42	17,03
3	17,04	13	17,07	23	17,05	33	17,05	43	17,05
4	17,06	14	17,05	24	17,03	34	17,06	44	17,06
5	17,04	15	17,05	25	17,05	35	17,05	45	17,05
6	17,05	16	17,04	26	17,04	36	17,04	46	17,05
7	17,04	17	17,04	27	17,04	37	17,06	47	17,07
8	17,06	18	17,06	28	17,06	38	17,05	48	17,06
9	17,05	19	17,05	29	17,04	39	17,07	49	17,06
10	17,04	20	17,06	30	17,04	40	17,04	50	17,05

Zeichnungswerte			Gemessene Werte			Statistische Werte		
xm	=	17,0500				$\bar{x}_g$	=	17,0494
USG	=	16,75	x_{ming}	=	17,03	s_g	=	0,0099816
OSG	=	17,25	x_{maxg}	=	17,07	$\lvert Bi \rvert = \lvert \bar{x}_g - x_m \rvert$	=	0,000600
T	=	0,50	R_g	=	0,04			
			n_{ges}	=	50	n_{eff}	=	50

			Skala	Minimale Bezugsgrösse für fähiges Messsystem		
$C_g = \frac{0{,}15 \cdot 6 \cdot \sigma_p}{6 \cdot s_g}$	=	1,05	0 1	$6 \cdot \sigma_{pmin}$	=	0,40000
$C_{gk} = \frac{0{,}075 \cdot 6 \cdot \sigma_p - \lvert \bar{x}_g - x_m \rvert}{3 \cdot s_g}$	=	1,03	0 1	$6 \cdot \sigma_{pmin}$	=	0,40726
%RE	=	2,38%	0 2 5	$6 \cdot \sigma_{pmin}$	=	—

Messsystem bedingt fähig (RE, C_g, C_{gk})

Prozessbezogen: Ford EU 1880

Bild 16.4 Verfahren 1, prozessbezogen, Ford Testbeispiel [32]

Q-DAS	Messsystemanalyse	Seite 1 / 1

Akt. Dat. 21.02.2003	Bearb.Name.	Abt./Kst./Prod.	Prüfort Feinzeiger

Prüfmittel	Teil	Merkmal
Prfm.Bez. Prfm.Nr. Prfm.Aufl. 0.001 Prüfgrnd.	Teilebez. MSA Studie 2 (Bsp. 16) Teilnr. 16	Merkm.Bez. GC - Verfahren 2 (Bsp. 16.1) Merkm.Nr. 16.1 Nennm. 100.00 OSG 100.20 ≙ 0.20 Einh. mm USG 99.80 ≙ -0.20

Bemerkung

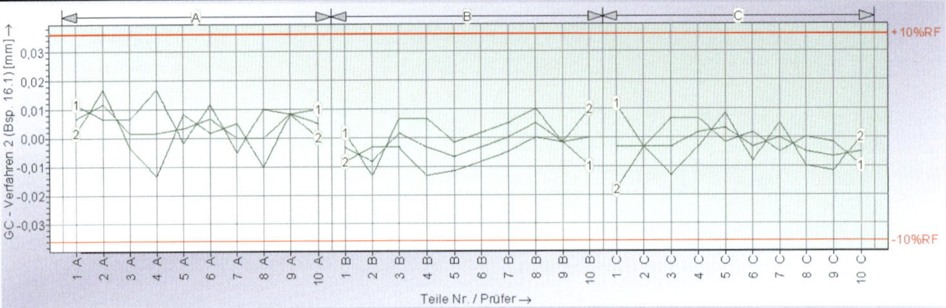

n	xA;1	xA;2	$\bar{x}_{gj}$	R_{gj}	xB;1	xB;2	$\bar{x}_{gj}$	R_{gj}	xC;1	xC;2	$\bar{x}_{gj}$	R_{gj}	$\bar{x}_{gn}$	s_{gn}
1	100,01	100,00	100,005	0,01	100,00	99,99	99,995	0,01	100,01	99,98	99,995	0,03	99,9983	0,0136
2	100,01	100,02	100,015	0,01	99,99	100,00	99,995	0,01	100,00	100,00	100,000	0,00	100,0033	0,0054
3	100,01	100,00	100,005	0,01	100,01	100,00	100,005	0,01	100,01	99,99	100,000	0,02	100,0033	0,0108
4	100,02	99,99	100,005	0,03	100,01	99,99	100,000	0,02	100,01	100,00	100,005	0,01	100,0033	0,0163
5	100,00	100,01	100,005	0,01	100,00	99,99	99,995	0,01	100,00	100,01	100,005	0,01	100,0017	0,0081
6	100,01	100,00	100,005	0,01	100,00	99,99	99,995	0,01	100,00	99,99	99,995	0,01	99,9983	0,0081
7	99,99	100,00	99,995	0,01	100,00	99,99	99,995	0,01	99,99	100,00	99,995	0,01	99,9950	0,0081
8	100,01	99,99	100,000	0,02	100,01	100,00	100,005	0,01	100,00	99,99	99,995	0,01	100,0000	0,0108
9	100,01	100,01	100,010	0,00	100,00	100,00	100,000	0,00	100,00	99,99	99,995	0,01	100,0017	0,0027
10	100,01	100,00	100,005	0,01	99,99	100,01	100,000	0,02	99,99	100,00	99,995	0,01	100,0000	0,0108

Wiederholpräzision	=	$EV = K_1 \cdot \bar{\bar{R}}$	=	0,0621	=	
Wiederholpräzision	=	$\%EV = \frac{EV \cdot 100\%}{6 \cdot \sigma_p}$	=	17,24%		0 20 30
Vergleichspräzision	=	$AV = K_2 \cdot \bar{x}_{diff}$	=	0,0220	=	
Vergleichspräzision	=	$\%AV = \frac{AV \cdot 100\%}{6 \cdot \sigma_p}$	=	6,11%		0 20 30
Messsystemstreuung	=	$R\&R = \sqrt{EV^2 + AV^2}$	=	0,0658	=	
Messsystemstreuung	=	$\%R\&R = \frac{R\&R \cdot 100\%}{6 \cdot \sigma_p}$	=	18,29%		0 20 30

Messsystem fähig (RE,R&R)

Prozessbezogen: Ford EU 1880

Faktor K_1	=	5,32	Faktor K_2	=	3,14

Bild 16.5 Verfahren 2 (ARM), Ford Testbeispiel [32]

Q-DAS	Messsystemanalyse	Seite 1 / 1

Akt. Dat. 07.03.2003	Bearb.Name.	Abt./Kst./Prod.	Prüfort

Prüfmittel	Teil	Merkmal
Prfm.Bez.	Teilebez. V2 MSA S.101	Merkm.Bez. M1
Prfm.Nr.	Teilnr. 1	Merkm.Nr. 1
Prfm.Aufl. 0,01		Nennm. 0,00 OSG ≙
Prüfgmd.		Einh. mm USG ≙

Bemerkung

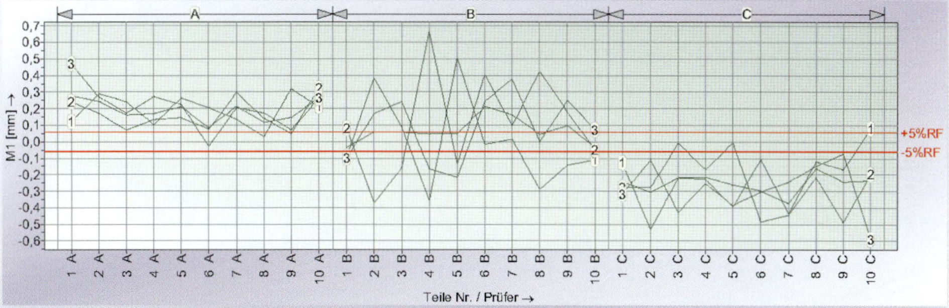

n	XA;1	XA;2	XA;3	$\bar{x}_{gj}$	R_{gj}	XB;1	XB;2	XB;3	$\bar{x}_{gj}$	R_{gj}	XC;1	XC;2	XC;3	$\bar{x}_{gj}$	R_{gj}	$\bar{x}_{gn}$	s_{gn}
1	0,29	0,41	0,64	0,447	0,35	0,08	0,25	0,07	0,133	0,18	0,04	-0,11	-0,15	-0,073	0,19	0,1689	0,1357
2	-0,56	-0,68	-0,58	-0,607	0,12	-0,47	-1,22	-0,68	-0,790	0,75	-1,38	-1,13	-0,96	-1,157	0,42	-0,8511	0,2431
3	1,34	1,17	1,27	1,260	0,17	1,19	0,94	1,34	1,157	0,40	0,88	1,09	0,67	0,880	0,42	1,0989	0,1866
4	0,47	0,50	0,64	0,537	0,17	0,01	1,03	0,20	0,413	1,02	0,14	0,20	0,11	0,150	0,09	0,3667	0,2412
5	-0,80	-0,92	-0,84	-0,853	0,12	-0,56	-1,20	-1,28	-1,013	0,72	-1,46	-1,07	-1,45	-1,327	0,39	-1,0644	0,2318
6	0,02	-0,11	-0,21	-0,100	0,23	-0,20	0,22	0,06	0,027	0,42	-0,29	-0,67	-0,49	-0,483	0,38	-0,1856	0,1941
7	0,59	0,75	0,66	0,667	0,16	0,47	0,55	0,83	0,617	0,36	0,02	0,01	0,21	0,080	0,20	0,4544	0,1357
8	-0,31	-0,20	-0,17	-0,227	0,14	-0,63	0,08	-0,34	-0,297	0,71	-0,46	-0,56	-0,49	-0,503	0,10	-0,3422	0,1791
9	2,26	1,99	2,01	2,087	0,27	1,80	2,12	2,19	2,037	0,39	1,77	1,45	1,87	1,697	0,42	1,9400	0,2036
10	-1,36	-1,25	-1,31	-1,307	0,11	-1,68	-1,62	-1,50	-1,600	0,18	-1,49	-1,77	-2,16	-1,807	0,67	-1,5711	0,1809

Wiederholpräzision	=	$EV = K_1 \cdot \bar{\bar{R}}$	=	0,20186
Wiederholpräzision	=	$\%EV = \frac{EV \cdot 100\%}{TV}$	=	17,61% (0 10 30)
Vergleichspräzision	=	$AV = \sqrt{(K_2 \cdot \bar{x}_{diff})^2 - (EV/nr)^2}$	=	0,22968
Vergleichspräzision	=	$\%AV = \frac{AV \cdot 100\%}{TV}$	=	20,04% (0 10 30)
Messsystemstreuung	=	$GRR_{III} = \sqrt{EV^2 + AV^2}$	=	0,30578
Messsystemstreuung	=	$\%GRR_{III} = \frac{GRR_{III} \cdot 100\%}{TV}$	=	26,68% (0 10 30)
Teilestreuung	=	$PV = K_3 \cdot R_p$	=	1,10445
Gesamtstreuung	=	$RF = TV$	=	1,14600
ndc	=	$ndc = \sqrt{2}\,\frac{PV}{R\&R}$	=	5

Messsystem bedingt fähig (RE,R&R)

Q-DAS MSA: Prozessstreuung

Faktor K_1	=	0,5908	Faktor K_2	=	0,5231

Bild 16.6 %R&R nach ARM, MSA [5]

Q-DAS	**Messsystemanalyse**	Seite 1 / 1

Akt. Dat. 21.02.2003	Bearb.Name.	Abt./Kst./Prod.	Prüfort

Prüfmittel	Teil	Merkmal
Prfm.Bez. Prfm.Nr. Prfm.Aufl. 0.01 Prüfgrnd.	Teilebez. V2 MSA S.101 Teilnr. 1	Merkm.Bez. M1 Merkm.Nr. 1 Nennm. 0.00 OSG ≙ Einh. mm USG ≙

Bemerkung

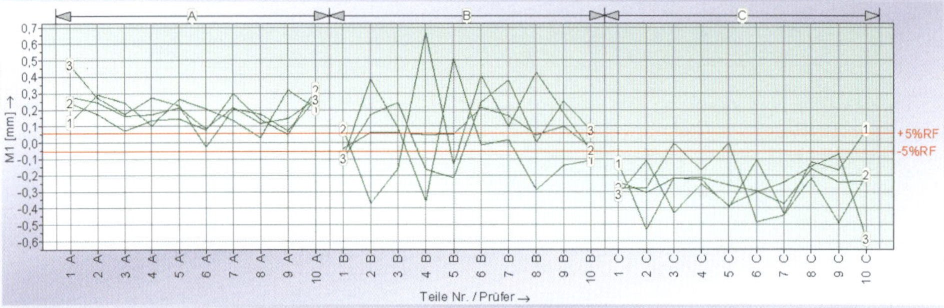

n	xA;1	xA;2	xA;3	$\bar{x}_{gj}$	s_{gj}	xB;1	xB;2	xB;3	$\bar{x}_{gj}$	s_{gj}	xC;1	xC;2	xC;3	$\bar{x}_{gj}$	s_{gj}
1	0,29	0,41	0,64	0,447	0,178	0,08	0,25	0,07	0,133	0,101	0,04	-0,11	-0,15	-0,073	0,100
2	-0,56	-0,68	-0,58	-0,607	0,064	-0,47	-1,22	-0,68	-0,790	0,387	-1,38	-1,13	-0,96	-1,157	0,211
3	1,34	1,17	1,27	1,260	0,085	1,19	0,94	1,34	1,157	0,202	0,88	1,09	0,67	0,880	0,210
4	0,47	0,50	0,64	0,537	0,091	0,01	1,03	0,20	0,413	0,542	0,14	0,20	0,11	0,150	0,046
5	-0,80	-0,92	-0,84	-0,853	0,061	-0,56	-1,20	-1,28	-1,013	0,395	-1,46	-1,07	-1,45	-1,327	0,222
6	0,02	-0,11	-0,21	-0,100	0,115	-0,20	0,22	0,06	0,027	0,212	-0,29	-0,67	-0,49	-0,483	0,190
7	0,59	0,75	0,66	0,667	0,080	0,47	0,55	0,83	0,617	0,189	0,02	0,01	0,21	0,080	0,113
8	-0,31	-0,20	-0,17	-0,227	0,074	-0,63	0,08	-0,34	-0,297	0,357	-0,46	-0,56	-0,49	-0,503	0,051
9	2,26	1,99	2,01	2,087	0,150	1,80	2,12	2,19	2,037	0,208	1,77	1,45	1,87	1,697	0,219
10	-1,36	-1,25	-1,31	-1,307	0,055	-1,68	-1,62	-1,50	-1,600	0,092	-1,49	-1,77	-2,16	-1,807	0,337

	Varianz	Standardabw.		
Wiederholpräzision	0,0400	0,200	EV = 0,173 ≤ **0,200** ≤ 0,237	%EV = 18,42%
Vergleichspräzision	0,0515	0,227	AV = 0,111 ≤ **0,227** ≤ 1,443	%AV = 20,90%
Wechselwirkung	---	---	IA = ---	%IA = ---
Messsystemstreuung	0,0914	0,302	R&R = 0,230 ≤ **0,302** ≤ 1,457	%R&R = 27,86%

Toleranz = T = --- | Vertrauensniveau = 1-α = 95,000%

Auflösung = %RE = 0,92% (0 5)

Messsystemstreuung = %R&R = 27,86% (0 10 30)

Gesamtbeurteilung = Messsystem bedingt fähig (RE,R&R)

Q-DAS MSA: Teilestreuung

Bild 16.7 %R&R nach ANOVA, MSA [5]

n	$Ref._1$	$x_{A;1}$	$x_{A;2}$	$x_{A;3}$	$x_{B;1}$	$x_{B;2}$	$x_{B;3}$	$x_{C;1}$	$x_{C;2}$	$x_{C;3}$	
25	0,599581	−	−	−	−	−	−	−	−	−	☺
48	0,587893	−	−	−	−	−	−	−	−	−	☺
3	0,576495	−	−	−	−	−	−	−	−	−	☺
5	0,570360	−	−	−	−	−	−	−	−	−	☺
42	0,566575	−	−	−	−	−	−	−	−	−	☺
4	0,566152	−	−	−	−	−	−	−	−	−	☺
30	0,561457	−	−	−	−	−	+	−	−	−	☹
12	0,559918	−	−	−	−	−	−	−	+	−	☹
26	0,547204	−	+	−	−	−	−	−	−	+	☹
22	0,545604	−	−	+	−	+	−	+	+	−	☹
6	0,544951	−	+	−	+	+	+	+	−	+	☹
36	0,543077	+	+	−	+	+	+	+	−	+	☹
13	0,542704	+	+	+	+	+	+	+	+	+	☺
16	0,531939	+	+	+	+	+	+	+	+	+	☺
23	0,529065	+	+	+	+	+	+	+	+	+	☺
29	0,523754	+	+	+	+	+	+	+	+	+	☺
28	0,521642	+	+	+	+	+	+	+	+	+	☺
19	0,520496	+	+	+	+	+	+	+	+	+	☺
17	0,519694	+	+	+	+	+	+	+	+	+	☺
15	0,517377	+	+	+	+	+	+	+	+	+	☺
10	0,515573	+	+	+	+	+	+	+	+	+	☺
24	0,514192	+	+	+	+	+	+	+	+	+	☺
41	0,513779	+	+	+	+	+	+	+	+	+	☺
2	0,509015	+	+	+	+	+	+	+	+	+	☺
32	0,505850	+	+	+	+	+	+	+	+	+	☺
31	0,503091	+	+	+	+	+	+	+	+	+	☺
27	0,502436	+	+	+	+	+	+	+	+	+	☺
8	0,502295	+	+	+	+	+	+	+	+	+	☺
40	0,501132	+	+	+	+	+	+	+	+	+	☺
35	0,498698	+	+	+	+	+	+	+	+	+	☺
46	0,493441	+	+	+	+	+	+	+	+	+	☺
11	0,488905	+	+	+	+	+	+	+	+	+	☺
38	0,488184	+	+	+	+	+	+	+	+	+	☺
33	0,487613	+	+	+	+	+	+	+	+	+	☺
47	0,486379	+	+	+	+	+	+	+	+	+	☺
18	0,484167	+	+	+	+	+	+	+	+	+	☺
49	0,483803	+	+	+	+	+	+	+	+	+	☺
20	0,477236	+	+	+	+	+	+	+	+	+	☺
1	0,476901	+	+	+	+	+	+	+	+	+	☺
44	0,470832	+	+	+	+	+	+	+	+	+	☺
7	0,465454	+	+	+	+	+	+	+	−	+	☹
43	0,462410	+	+	+	+	+	+	+	+	−	☹
14	0,454518	+	+	−	+	+	+	+	−	−	☹
21	0,452310	+	+	−	+	−	+	−	+	−	☹
34	0,449696	−	−	+	−	−	+	−	+	+	☹
50	0,446697	−	−	−	−	−	−	−	−	−	☺
9	0,437817	−	−	−	−	−	−	−	−	−	☺
39	0,427687	−	−	−	−	−	−	−	−	−	☺
45	0,412453	−	−	−	−	−	−	−	−	−	☺
37	0,409238	−	−	−	−	−	−	−	−	−	☺

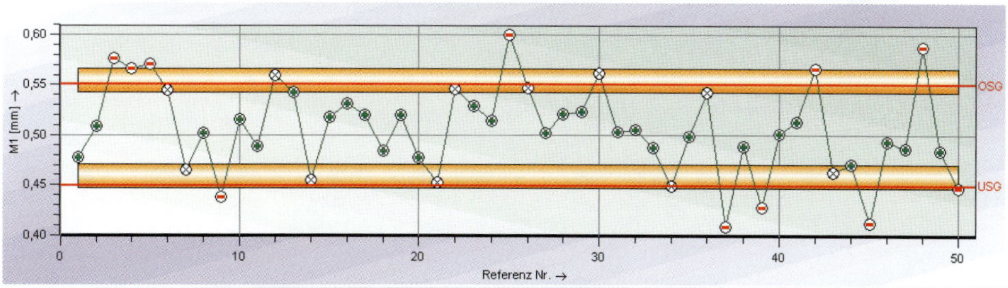

USG	=	0,450000	OSG	=	0,550000	T	=	0,100000
Messsystemstreuung				=	R&R	=	0,0238	
Messsystemstreuung	=	%R&R		=	23,79%		☹	
Q-DAS MSA: Attributiv								

Bild 16.8 Attributiv, Signalerkennung, MSA [5]

Q-DAS	Messsystemanalyse	Seite 1 / 1

Akt. Dat. 21.02.2003	Bearb.Name.	Abt./Kst./Prod.	Prüfort

Prüfmittel		Normal		Merkmal					
Prfm.Bez.	Längenmessgerät	Normal Bez.	Einstellzylinder	Merkm.Bez.	Aussendruchmesser				
Prfm.Nr.	JML9Q002	Normal Nr.	N-Nr	Merkm.Nr.	MM-NR				
Prfm.Aufl.	0.001	Normal-Istw.	6.002	Nennm.	6.000	OSG	6.030	$\hat{=}$	0.030
Prüfgrnd.		Einh.	mm	Einh.	mm	USG	5.970	$\hat{=}$	-0.030

Bemerkung Manuelle Handhabung; Messstelle mitte Zylinder; Raumtemperatur 20,2°C

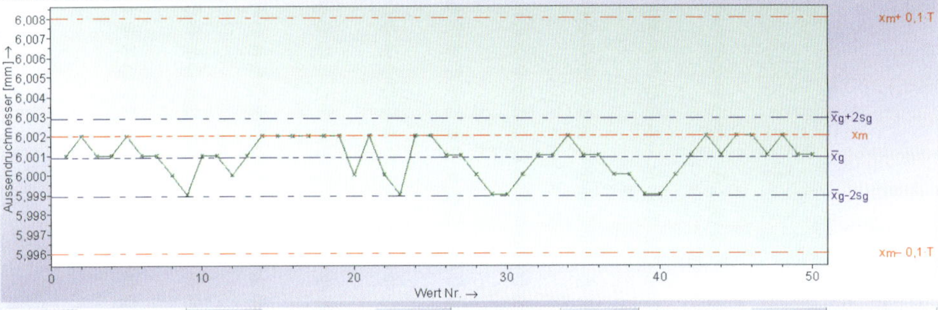

i	xi	i	xi	i	xi	i	xi	i	xi
1	6,001	11	6,001	21	6,002	31	6,000	41	6,000
2	6,002	12	6,000	22	6,000	32	6,001	42	6,001
3	6,001	13	6,001	23	5,999	33	6,001	43	6,002
4	6,001	14	6,002	24	6,002	34	6,002	44	6,001
5	6,002	15	6,002	25	6,002	35	6,001	45	6,002
6	6,001	16	6,002	26	6,001	36	6,001	46	6,002
7	6,001	17	6,002	27	6,001	37	6,000	47	6,001
8	6,000	18	6,002	28	6,000	38	6,000	48	6,002
9	5,999	19	6,002	29	5,999	39	5,999	49	6,001
10	6,001	20	6,000	30	5,999	40	5,999	50	6,001

Zeichnungswerte			Gemessene Werte			Statistische Werte		
xm	=	6,00200				$\bar{x}_g$	=	6,00090
USG	=	5,970	xming	=	5,999	sg	=	0,00099488
OSG	=	6,030	xmaxg	=	6,002	$\lvert Bi\rvert = \lvert\bar{x}_g - x_m\rvert$	=	0,00110
T	=	0,060	Rg	=	0,003			
			nges	=	50	neff	=	50

			Minimale Bezugsgrösse für fähiges Messsystem		
$C_g = \frac{0{,}2 \cdot T}{6 \cdot s_g}$	=	2,01	Tmin	=	0,029851
$C_{gk} = \frac{0{,}1 \cdot T - \lvert\bar{x}_g - x_m\rvert}{3 \cdot s_g}$	=	1,64	Tmin	=	0,040847
%RE	=	1,67%	Tmin	=	0,050000

Messsystem fähig (RE,Cg,Cgk)

Bosch Heft 10: Toleranz

Bild 16.9 Verfahren 1, toleranzbezogen, Bosch Heft 10 [40]

Q-DAS	Messsystemanalyse	Seite 1 / 1

Akt. Dat. 21.02.2003	Bearb.Name.	Abt./Kst./Prod.	Prüfort W025

Prüfmittel	Teil	Merkmal
Prfm.Bez. Längenmessgerät Prfm.Nr. JML9Q002 Prfm.Aufl. 0.001 Prüfgmd.	Teilebez. Welle Teilnr.	Merkm.Bez. Aussendruchmesser Merkm.Nr. 1460320000 Nennm. 6.000 OSG 6.030 ≙ 0.030 Einh. mm USG 5.970 ≙ -0.030

Bemerkung

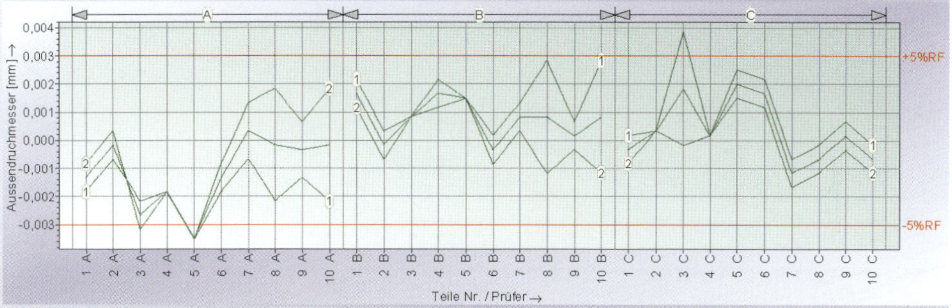

n	xA;1	xA;2	$\bar{x}_{gj}$	R_{gj}	xB;1	xB;2	$\bar{x}_{gj}$	R_{gj}	xC;1	xC;2	$\bar{x}_{gj}$	R_{gj}	$\bar{x}_{gn}$	s_{gn}
1	6,029	6,030	6,0295	0,001	6,033	6,032	6,0325	0,001	6,031	6,030	6,0305	0,001	6,03083	0,00081
2	6,019	6,020	6,0195	0,001	6,020	6,019	6,0195	0,001	6,020	6,020	6,0200	0,000	6,01967	0,00054
3	6,004	6,003	6,0035	0,001	6,007	6,007	6,0070	0,000	6,010	6,006	6,0080	0,004	6,00617	0,00136
4	5,982	5,982	5,9820	0,000	5,985	5,986	5,9855	0,001	5,984	5,984	5,9840	0,000	5,98383	0,00027
5	6,009	6,009	6,0090	0,000	6,014	6,014	6,0140	0,000	6,015	6,014	6,0145	0,001	6,01250	0,00027
6	5,971	5,972	5,9715	0,001	5,973	5,972	5,9725	0,001	5,975	5,974	5,9745	0,001	5,97283	0,00081
7	5,995	5,997	5,9960	0,002	5,997	5,996	5,9965	0,001	5,995	5,994	5,9945	0,001	5,99567	0,00108
8	6,014	6,018	6,0160	0,004	6,019	6,015	6,0170	0,004	6,016	6,015	6,0155	0,001	6,01617	0,00244
9	5,985	5,987	5,9860	0,002	5,987	5,986	5,9865	0,001	5,987	5,986	5,9865	0,001	5,98633	0,00108
10	6,024	6,028	6,0260	0,004	6,029	6,025	6,0270	0,004	6,026	6,025	6,0255	0,001	6,02617	0,00244

Wiederholpräzision	=	$EV = K_1 \cdot \bar{\bar{R}}$	=	0,00121	=	
Wiederholpräzision	=	$\%EV = 6 \cdot \frac{EV \cdot 100\%}{T}$	=	12,12%		0 10 30
Vergleichspräzision	=	$AV = \sqrt{(K_2 \cdot \bar{x}_{diff})^2 - (EV/nr)^2}$	=	0,000957	=	
Vergleichspräzision	=	$\%AV = 6 \cdot \frac{AV \cdot 100\%}{T}$	=	9,57%		0 10 30
Messsystemstreuung	=	$R\&R = \sqrt{EV^2 + AV^2}$	=	0,00154	=	
Messsystemstreuung	=	$\%R\&R = 6 \cdot \frac{R\&R \cdot 100\%}{T}$	=	15,44%		0 10 30

Messsystem bedingt fähig (RE,R&R)

Bosch Heft 10: Verfahren 2 ARM

Faktor K1	=	0,89	Faktor K2	=	0,52

Bild 16.10 Verfahren 2, Bosch Heft 10 [40]

Q-DAS	Messsystemanalyse	Seite 1 / 1

Akt. Dat. 21.02.2003	Bearb.Name.	Abt./Kst./Prod.	Prüfort

Prüfmittel	Teil	Merkmal
Prfm.Bez. Längenmessgerät Prfm.Nr. JML9Q002 Prfm.Aufl. 0.001 Prüfgrnd.	Teilebez. Welle Teilnr.	Merkm.Bez. Aussendurchmesser Merkm.Nr. Nennm. 6.000 OSG 6.030 ≙ 0.030 Einh. mm USG 5.970 ≙ -0.030

Bemerkung

n	$x_{A;1}$	$x_{A;2}$	$\bar{x}_{gj}$	R_{gj}
1	6,029	6,030	6,0295	0,001
2	6,019	6,020	6,0195	0,001
3	6,004	6,003	6,0035	0,001
4	5,982	5,982	5,9820	0,000
5	6,009	6,009	6,0090	0,000
6	5,971	5,972	5,9715	0,001
7	5,995	5,997	5,9960	0,002
8	6,014	6,018	6,0160	0,004
9	5,985	5,987	5,9860	0,002
10	6,024	6,028	6,0260	0,004
11	6,033	6,032	6,0325	0,001
12	6,020	6,019	6,0195	0,001
13	6,007	6,007	6,0070	0,000
14	5,985	5,986	5,9855	0,001
15	6,014	6,014	6,0140	0,000
16	5,973	5,972	5,9725	0,001
17	5,997	5,996	5,9965	0,001
18	6,019	6,015	6,0170	0,004
19	5,987	5,986	5,9865	0,001
20	6,029	6,025	6,0270	0,004
21	6,017	6,019	6,0180	0,002
22	6,003	6,001	6,0020	0,002
23	6,009	6,012	6,0105	0,003
24	5,987	5,987	5,9870	0,000
25	6,006	6,003	6,0045	0,003

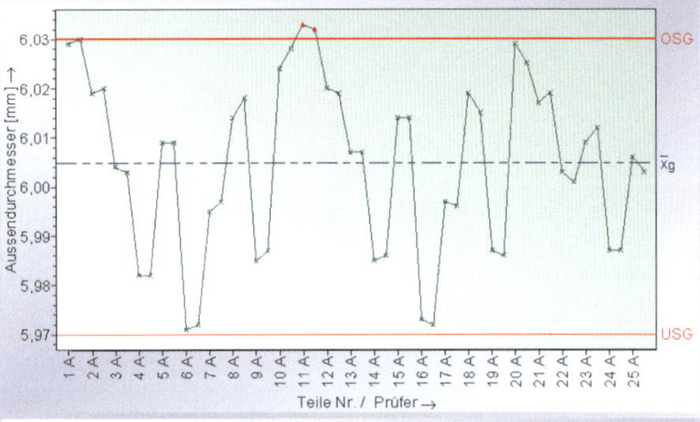

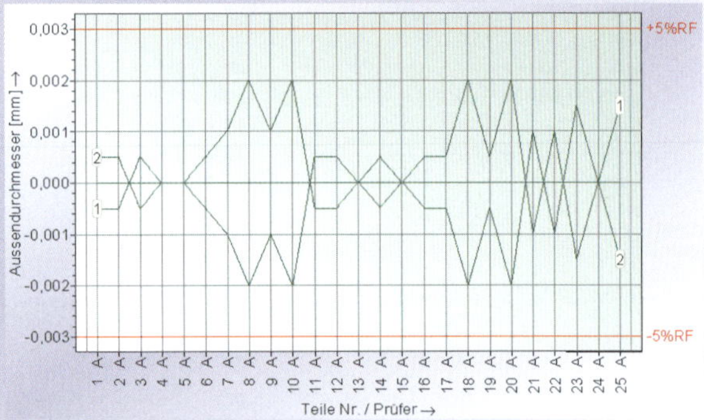

Wiederholpräzision	=	EV = 6,00 σ	=	0,00142	=
Wiederholpräzision	=	$\%EV = 6 \cdot \frac{EV \cdot 100\%}{T}$	=	14,18%	0 10 30
Messsystemstreuung	=	R&R = EV	=	0,00142	=
Messsystemstreuung	=	$\%R\&R = 6 \cdot \frac{R\&R \cdot 100\%}{T}$	=	14,18%	0 10 30

Messsystem bedingt fähig (RE,R&R)

Bosch Heft 10: Verfahren 3 ARM

Bild 16.11 Verfahren 3, Bosch Heft 10 [40]

Q-DAS

Messsystemanalyse
Linearität

Blatt : 1 / 1

Messmittel :		Merkmal :		Normal :	
Werksbereich	:	Merkm.Bez.	: RV	Bezeichnung	:
Abteilung	:	Merkm.Nr.	: 1	Normal Nr.	:
Werkstatt/Bereich	:	Nennmaß	:	Normal-Istwert	:
Bezeichnung	:	Unteres Abmaß	:	Auflösung	:
Messmittelnr.	:	Oberes Abmaß	:	Kalibrierunsicherheit	:
Prüfplatz	:	Toleranz	: ---		
Prfm.Herst.	:	Einheit	: mm		

n	$\bar{x}_{g\,Ref.}$	$x_{A;1}$	$x_{A;2}$	$x_{A;3}$	$x_{A;4}$	$x_{A;5}$	$x_{A;6}$	$x_{A;7}$	$x_{A;8}$	$x_{A;9}$	$x_{A;10}$	$\bar{x}_{g\,j}$
1	2,00100	1,977	1,922	1,908	2,049	1,910	1,942	1,939	1,954	1,986	1,908	1,9495
2	4,00300	4,017	4,072	4,056	4,027	3,962	4,013	4,102	3,995	4,005	3,921	4,0170
3	5,99900	6,008	5,952	5,953	5,952	6,019	5,990	5,939	5,933	6,037	6,014	5,9797
4	8,00100	8,074	8,057	8,015	7,997	7,974	8,016	8,053	8,053	7,980	8,067	8,0286
5	10,00200	10,068	10,062	10,032	10,078	10,037	9,921	10,036	10,015	10,029	10,039	10,0317

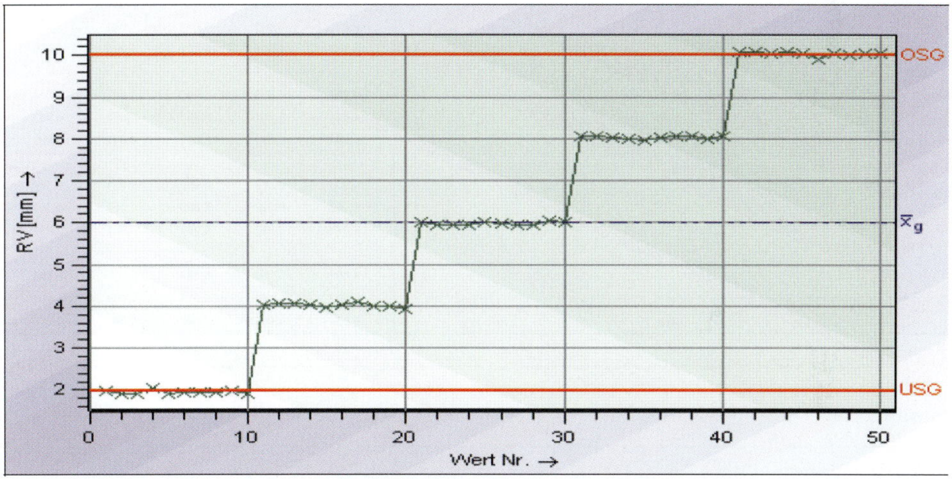

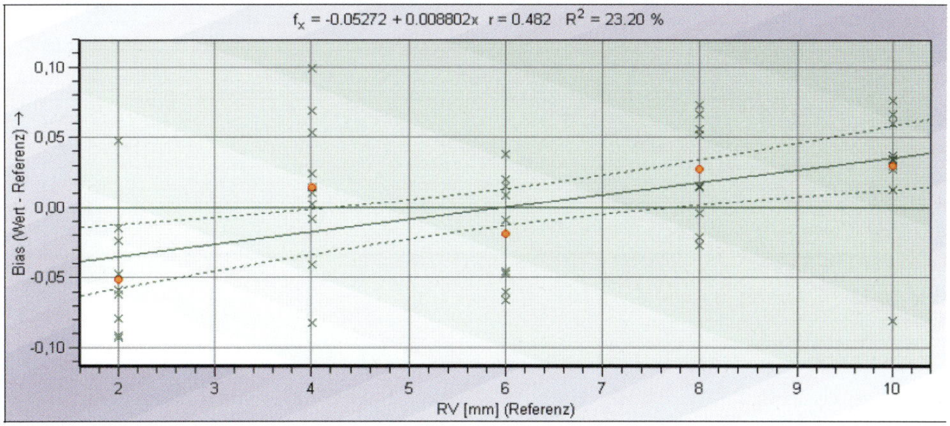

Bild 16.12 Linearität, Bosch Heft 10 [40]

Q-DAS	Messsystemanalyse Stabilität	Blatt : 1 / 1

Messmittel :	Merkmal :	Normal :
Werksbereich :	Merkm.Bez. : Durchmesser	Bezeichnung :
Abteilung :	Merkm.Nr. :	Normal Nr. :
Werkstatt/Bereich :	Nennmaß :6.000	Normal-Istwert :
Bezeichnung :	Unteres Abmaß : -0.030	Auflösung :
Messmittelnr. :	Oberes Abmaß : 0.030	Kalibrierunsicherhe:
Prüfplatz :	Toleranz : 0,060	
Prfm.Herst. :	Einheit : mm	

Bemerkung

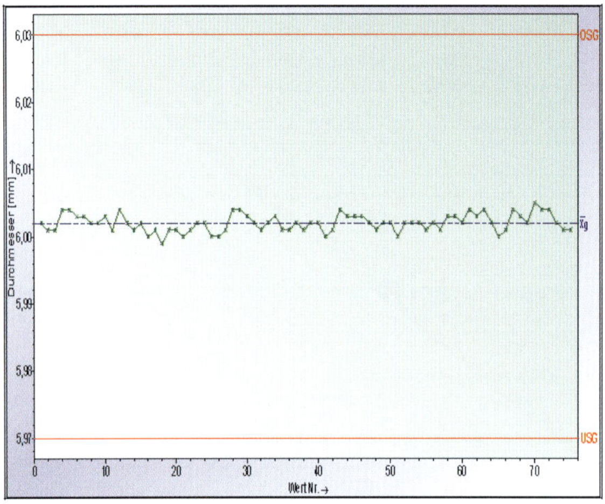

x_i	x_i	x_i	x_i	x_i
6,002	6,004	6,003	6,003	6,002
6,001	6,004	6,002	6,003	6,001
6,001	6,003	6,002	6,003	6,002
x_i	x_i	x_i	x_i	x_i
6,000	6,001	6,001	6,000	5,999
6,001	6,001	6,002	6,000	5,999
5,999	6,001	6,002	6,001	6,000
x_i	x_i	x_i	x_i	x_i
6,002	6,003	6,002	6,002	6,004
6,001	6,001	6,001	6,000	6,003
6,002	6,001	6,002	6,001	6,003
x_i	x_i	x_i	x_i	x_i
6,003	6,002	6,002	6,001	6,003
6,002	6,002	6,002	6,002	6,003
6,001	6,000	6,002	6,001	6,002
x_i	x_i	x_i	x_i	x_i
6,004	6,002	6,004	6,005	6,002
6,003	6,000	6,003	6,004	6,001
6,004	6,001	6,002	6,004	6,001

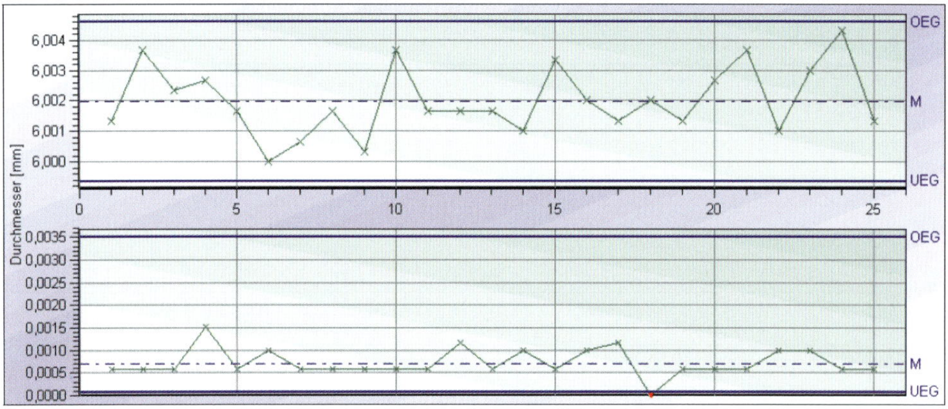

Bild 16.13 Stabilität, Bosch Heft 10 [40]

n	Ref. 1	$x_{A;1}$	$x_{A;2}$	$x_{B;1}$	$x_{B;2}$	
28	3,6640	−	−	−	−	☺
7	3,6520	−	−	−	−	☺
30	3,6520	−	−	−	−	☺
2	3,6490	−	−	−	−	☺
6	3,6450	−	−	−	−	☺
22	3,6420	−	−	−	−	☺
32	3,6410	−	−	+	−	☹
9	3,6340	−	−	−	+	☹
27	3,6320	−	−	+	+	☹
36	3,6320	−	−	+	+	☹
1	3,6320	−	−	+	+	☹
47	3,6320	−	−	+	+	☹
46	3,6260	+	+	+	+	☺
10	3,6250	+	+	+	+	☺
26	3,6220	+	+	+	+	☺
23	3,6210	+	+	+	+	☺
5	3,6210	+	+	+	+	☺
15	3,6170	+	+	+	+	☺
33	3,6140	+	+	+	+	☺
42	3,6140	+	+	+	+	☺
43	3,6130	+	+	+	+	☺
50	3,6090	+	+	+	+	☺
38	3,6030	+	+	+	+	☺
34	3,6000	+	+	+	+	☺
8	3,5990	+	+	+	+	☺
40	3,5970	+	+	+	+	☺
13	3,5950	+	+	+	+	☺
21	3,5950	+	+	+	+	☺
25	3,5930	+	+	+	+	☺
44	3,5920	+	+	+	+	☺
35	3,5910	+	+	+	+	☺
41	3,5870	+	+	+	+	☺
3	3,5870	+	+	+	+	☺
31	3,5860	+	+	+	+	☺
16	3,5850	+	+	+	+	☺
18	3,5820	+	+	+	+	☺
39	3,5780	+	+	+	+	☺
20	3,5740	+	+	+	+	☺
48	3,5730	+	+	+	+	☺
11	3,5720	+	+	+	+	☺
37	3,5700	+	+	+	+	☺
24	3,5650	+	+	−	−	☹
14	3,5610	+	+	−	+	☹
45	3,5600	+	+	−	−	☹
49	3,5590	+	+	−	−	☹
4	3,5520	+	−	−	−	☹
12	3,5520	+	−	−	−	☹
29	3,5460	−	−	−	−	☺
19	3,5440	−	−	−	−	☺
17	3,5310	−	−	−	−	☺

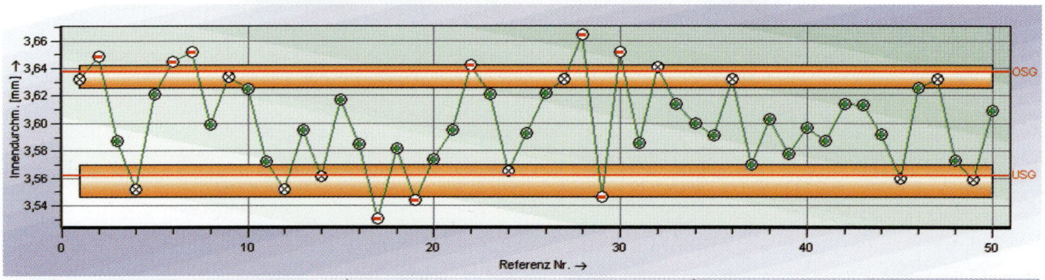

USG = 3,5625	OSG = 3,6375	T = 0,0750
Messsystemstreuung = R&R = 0,0200		
Messsystemstreuung = %R&R = 26,67%		
Q-DAS MSA: Attributiv		

Bild 16.14 Attributiv, Signalerkennung Bosch Heft 10 [40]

17 Anhang

17.1 Tabellen

17.1.1 d_2*-Tabelle zur Bestimmung der K-Faktoren u. Freiheitsgrade für t-Werte

Anmerkungen zu den Tabelleneinträgen:

- In der ersten Zeile einer jeden Zelle sind die Freiheitsgrade (f) eingetragen. Mit f kann in Verbindung mit der gewünschten statistischen Wahrscheinlichkeit P auf der t-Tabelle [34] der t-Wert ermittelt werden.
- In der zweiten Zeile einer jeden Zelle ist der Wert d_2^* eingetragen.

HINWEIS: Die in dieser Tabelle benutzte Notation folgt den Ausführungen von Acheson Duncan „Quality Control and Industrial Statistics“ [29].

Ablesen der d_2^*-Funktion

K_1-Faktor:

K_1 ist abhängig von der Anzahl Wiederholungen (r) und der Anzahl Teile (n) mal der Anzahl der Prüfer (k).

K_2-Faktor:

K_2 ist abhängig von der Anzahl der Prüfer (k). Da nur eine Spannweite berechnet wird, gilt nur Zeile 1.

K_3-Faktor:

K_3 ist abhängig von der Anzahl (n) der Prüfobjekte. Da nur eine Spannweite berechnet wird, gilt nur Zeile 1.

Tab. 17.1 d_2*-Tabelle mit Freiheitsgraden

Anzahl Stichproben: k · n Anzahl Prüfer (k) · Anzahl Teile (n)	Stichprobenumfang: Anzahl Wiederholungen (r) für K_1 oder Anzahl Prüfer (k) für K_2								
	2	3	4	5	6	87	8	9	10
1	1.0	2.0	2.9	3.8	4.7	5.5	6.3	7.0	7.7
	1.41421	1.91155	2.23887	2.48124	2.67253	2.82981	2.96288	3.07794	3.17905
2	1.9	3.8	5.7	7.5	9.2	10.8	12.3	13.8	15.1
	1.27931	1.80538	2.15069	2.40484	2.60438	2.76779	2.90562	3.02446	3.12869
3	2.8	5.7	8.4	11.1	13.6	16.0	18.3	20.5	22.6
	1.23105	1.76858	2.12049	2.37883	2.58127	2.74681	2.88628	3.00643	3.11173
4	3.7	7.5	11.2	14.7	18.1	21.3	24.4	27.3	30.1
	1.20621	1.74989	2.10522	2.36571	2.56964	2.73626	2.87656	2.99737	3.10321
5	4.6	9.3	13.9	18.4	22.6	26.6	30.4	34.0	37.5
	1.19105	1.73857	2.09601	2.35781	2.56263	2.72991	2.87071	2.99192	3.09808
6	5.5	11.1	16.7	22.0	27.0	31.8	36.4	40.8	45.0
	1.18083	1.73099	2.08985	2.35253	2.55795	2.72567	2.86680	2.98829	3.09467
7	6.4	12.9	19.4	25.6	31.5	37.1	42.5	47.6	52.4
	1.17348	1.72555	2.08543	2.34875	2.55460	2.72263	2.86401	2.98568	3.09222
8	7.2	14.8	22.1	29.2	36.0	42.4	48.5	54.3	59.9
	1.16794	1.72147	2.08212	2.34591	2.55208	2.72036	2.86192	2.98373	3.09039
9	8.1	16.6	24.9	32.9	40.4	47.7	54.5	61.1	67.3
	1.16361	1.71828	2.07953	2.34370	2.55013	2.71858	2.86028	2.98221	3.08896
10	9.0	18.4	27.6	36.5	44.9	52.9	60.6	67.8	74.8
	1.16014	1.71573	2.07746	2.34192	2.54856	2.71717	2.85898	2.98100	3.08781
11	9.9	20.2	30.4	40.1	49.4	58.2	66.6	74.6	82.2
	1.15729	1.71363	2.07577	2.34048	2.54728	2.71600	2.85791	2.98000	3.08688
12	10.7	22.0	33.1	43.7	53.8	63.5	72.6	81.3	89.7
	1.15490	1.71189	2.07436	2.33927	2.54621	2.71504	2.85702	2.97917	3.08610
13	11.6	23.8	35.8	47.3	58.3	68.7	78.6	88.1	97.1
	1.15289	1.71041	2.07316	2.33824	2.54530	2.71422	2.85627	2.97847	3.08544
14	12.5	25.7	38.6	51.0	62.8	74.0	84.7	94.9	104.6
	1.15115	1.70914	2.07213	2.33737	2.54452	2.71351	2.85562	2.97787	3.08487
15	13.4	27.5	41.3	54.6	67.2	79.3	90.7	101.6	112.1
	1.14965	1.70804	2.07125	2.33661	2.54385	2.71290	2.85506	2.97735	3.08438
16	14.3	29.3	44.1	58.2	71.7	84.5	96.7	108.4	119.5
	1.14833	1.70708	2.07047	2.33594	2.54326	2.71237	2.85457	2.97689	3.08395
17	15.1	31.1	46.8	61.8	76.2	89.8	102.8	115.1	127.0
	1.14717	1.70623	2.06978	2.33535	2.54274	2.71190	2.85413	2.97649	3.08358
18	16.0	32.9	49.5	65.5	80.6	95.1	108.8	121.9	134.4
	1.14613	1.70547	2.06917	2.33483	2.54228	2.71148	2.85375	2.97613	3.08324
19	16.9	34.7	52.3	69.1	85.1	100.3	114.8	128.7	141.9
	1.14520	1.70480	2.06862	2.33436	2.54187	2.71111	2.85341	2.97581	3.08294
20	17.8	36.5	55.0	72.7	89.6	105.6	120.9	135.4	149.3
	1.14437	1.70419	2.06813	2.33394	2.54149	2.71077	2.85310	2.97552	3.08267
d_2	1.12838	1.69257	2.05875	2.32593	2.53441	2.70436	2.8472	2.97003	3.07751
cd	0.876	1.815	2.7378	3.623	4.4658	5.2673	6.0305	6.7582	7.4539

Anzahl Stichproben: k · n / Anzahl Prüfer (k) · Anzahl Teile (n)	Stichprobenumfang: Anzahl Wiederholungen (r) für K_1 oder Anzahl Prüfer (k) für K_2									
	11	12	13	14	15	16	17	18	19	20
1	8.3 3.26909	9.0 3.35016	9.6 3.42378	10.2 3.49116	10.8 3.55333	11.3 3.61071	11.9 3.66422	12.4 3.71424	12.9 3.76118	13.4 3.80537
2	16.5 3.22134	17.8 3.30463	19.0 3.38017	20.2 3.44922	21.3 3.51287	22.4 3.57156	23.5 3.62625	24.5 3.67734	25.5 3.72524	26.5 3.77032
3	24.6 3.20526	26.5 3.28931	28.4 3.36550	30.1 3.43512	31.9 3.49927	33.5 3.55842	35.1 3.61351	36.7 3.66495	38.2 3.71319	39.7 3.75857
4	32.7 3.19720	35.3 3.28163	37.7 3.35815	40.1 3.42805	42.4 3.49246	44.6 3.55183	46.7 3.60712	48.8 3.65875	50.8 3.70715	52.8 3.75268
5	40.8 3.19235	44.0 3.27701	47.1 3.35372	50.1 3.42381	52.9 3.48836	55.7 3.54787	58.4 3.60328	61.0 3.65502	63.5 3.70352	65.9 3.74914
6	49.0 3.18911	52.8 3.27392	56.5 3.35077	60.1 3.42097	63.5 3.48563	66.8 3.54522	70.0 3.60072	73.1 3.65253	76.1 3.70109	79.1 3.74678
7	57.1 3.18679	61.6 3.27172	65.9 3.34866	70.0 3.41894	74.0 3.48368	77.9 3.54333	81.6 3.59888	85.3 3.65075	88.8 3.69936	92.2 3.74509
8	65.2 3.18506	70.3 3.27006	75.2 3.34708	80.0 3.41742	84.6 3.48221	89.0 3.54192	93.3 3.59751	97.4 3.64941	101.4 3.69806	105.3 3.74382
9	73.3 3.18370	79.1 3.26878	84.6 3.34585	90.0 3.41624	95.1 3.48107	100.1 3.54081	104.9 3.59644	109.5 3.648.38	114.1 3.69705	118.5 3.74284
10	81.5 3.18262	87.9 3.26775	94.0 3.34486	99.9 3.41529	105.6 3.48016	111.2 3.53993	116.5 3.59559	121.7 3.64755	126.7 3.69625	131.6 3.74205
11	89.6 3.18174	96.6 3.26690	103.4 3.34406	109.9 3.41452	116.2 3.47941	122.3 3.53921	128.1 3.59489	133.8 3.64687	139.4 3.69558	144.7 3.74141
12	97.7 3.18100	105.4 3.26620	112.7 3.34339	119.9 3.41387	126.7 3.47879	133.3 3.53861	139.8 3.59430	146.0 3.64630	152.0 3.69503	157.9 3.74087
13	105.8 3.18037	114.1 3.26561	122.1 3.34282	129.8 3.41333	137.3 3.47826	144.4 3.53810	151.4 3.59381	158.1 3.64582	164.7 3.69457	171.0 3.74041
14	113.9 3.17984	122.9 3.26510	131.5 3.34233	139.8 3.41286	147.8 3.47781	155.5 3.53766	163.0 3.59339	170.3 3.64541	177.3 3.69417	184.2 3.74002
15	122.1 3.17938	131.7 3.26465	140.9 3.34191	149.8 3.41245	158.3 3.47742	166.6 3.53728	174.6 3.59302	182.4 3.64505	190.0 3.69382	197.3 3.73969
16	130.2 3.17897	140.4 3.26427	150.2 3.34154	159.7 3.41210	168.9 3.47707	177.7 3.53695	186.3 3.59270	194.6 3.64474	202.6 3.69351	210.4 3.73939
17	138.3 3.17861	149.2 3.26393	159.6 3.34121	169.7 3.41178	179.4 3.47677	188.8 3.53666	197.9 3.59242	206.7 3.64447	215.2 3.69325	223.6 3.73913
18	146.4 3.17829	157.9 3.26362	169.0 3.34092	179.7 3.41150	190.0 3.47650	199.9 3.53640	209.5 3.59216	218.8 3.64422	227.9 3.69301	236.7 3.73890
19	154.5 3.17801	166.7 3.26335	178.4 3.34066	189.6 3.41125	200.5 3.47626	211.0 3.53617	221.1 3.59194	231.0 3.64400	240.5 3.69280	249.8 3.73869
20	162.7 3.17775	175.5 3.26311	187.8 3.34042	199.6 3.41103	211.0 3.47605	222.1 3.53596	232.8 3.59174	243.1 3.64380	253.2 3.69260	263.0 3.73850
d_2	3.17287	3.25846	3.33598	3.40676	3.47193	3.53198	3.58788	3.64006	3.68896	3.735
cd	8.1207	8.7602	9.3751	9.9679	10.5396	11.0913	11.6259	12.144	12.6468	13.1362

Beispiele zur Bestimmung der K-Faktoren:

Leitfaden [37]	Neu: ab MSA [7] 3. Ausgabe
1. 2 Wiederholungen (r=2), 3 Prüfer (k=3), 10 Teile (n=10) falls $k \cdot n = 3 \cdot 10 = 30$ dann gilt die Zeile >15 $d_2^* = 1.128$ $K_1 = \frac{5.152}{1.128} = 4.567$	4. 2 Wiederholungen (r=2), 3 Prüfer (k=3), 10 Teile (n=10) falls $k \cdot n = 3 \cdot 10 = 30$ dann gilt die Zeile >20 $d_2^* = 1.12838$ $K_1 = \frac{1}{1.128} = 0,8862$
2. 10 Wiederholungen (r=10), 1 Prüfer (k=1), 5 Teile (n=5) $k \cdot n = 1 \cdot 5 = 5$ $d_2^* = 3.10$ $K_1 = \frac{5.152}{3.1} = 1.662$	5. 10 Wiederholungen (r=10), 1 Prüfer (k=1), 5 Teile (n=5) $k \cdot n = 1 \cdot 5 = 5$ $d_2^* = 3.09808$ $K_1 = \frac{1}{3.09808} = 0,3228$
3. 3 Prüfer k=3 $K_2 = \frac{5.152}{1.91} = 2.697$ $d_2^* = 1.91$	6. 3 Prüfer k=3 $K_2 = \frac{1}{1.91155} = 0,5231$ $d_2^* = 1.91155$

17.1.2 Eignungsgrenzen gemäß VDA 5

Tab. 17.2 Grenzwerte G_e abgeleitet aus Anwendungen der Messtechnik

Anwendung	G_{pp}
„goldene Regel der Messtechnik"	0,1
Längen und Winkel (VDA 5)	0,2 – 0,4
Elektrische Messgrößen für niederfrequente Anwendungen entspr. MIL-STD 45662 A	0,25
Elektrische Messgrößen für hochfrequente Anwendungen	0,25 – 1,0
Elektrische Messgrößen für Anwendungen entspr. VDI/VDE/DGQ/DKD 2622 Bl. 1	0,33

17.1.3 k-Faktoren

Tab. 17.3 k-Werte für 95,5 % in Abhängigkeit des Freiheitsgrades

Freiheitsgrad f	1	2	3	4	5	6	7	8	9	10	11	12	13	14	$\to \infty$
Werte k (p=95,5 %)	13,97	4,53	3,31	2,87	2,65	2,52	2,43	2,37	2,32	2,28	2,25	2,23	2,21	2,20	2,0

Der Freiheitsgrad kann der Tabelle 17.1 entnommen werden.

17.2 Auswirkung des Messprozesses auf die Prozessfähigkeit

In diesem Anhang ist die Herleitung einer Formel dargestellt, welche die Auswirkung der Unsicherheit eines Messprozesses auf die Prozessfähigkeit beschreibt. Folgende vereinfachende Annahme gilt: Werte der Messgröße und des Messprozesses sind Realisierungen unabhängig normalverteilter Zufallsvariablen. Unter dieser Voraussetzung kann die einfache Varianzaddition verwendet werden:

Die anhand der Anzeigewerte eines Messprozesses beobachtete Gesamt-Varianz σ^2_{Obs} ist die Summe der beiden Varianzkomponenten „wahre“ Varianz der Messgröße σ^2_{Real} und Varianz des Messprozesses σ^2_{MP}. In der Kurzfassung:

Formel 1 $\sigma^2_{Obs} = \sigma^2_{\mathrm{Real}} + \sigma^2_{MP}$

Aus der Prozesspotenzial-Formel eines normalverteilten Merkmals erhält man die folgenden „Sigma-Formeln“:

Formel 2 $C_{P;Obs} = \dfrac{Tol}{6 \times \sigma_{Obs}} \quad \rightarrow \sigma_{Obs} = \dfrac{Tol}{6 \times C_{P;Obs}}$

Formel 3 $C_{P;\mathrm{Real}} = \dfrac{Tol}{6 \times \sigma_{\mathrm{Real}}} \quad \rightarrow \sigma_{\mathrm{Real}} = \dfrac{Tol}{6 \times C_{P;\mathrm{Real}}}$

Für den Messprozess erhält man durch Umstellen:

Formel 4 $Q_{MP} = \dfrac{2 \times U_{MP}}{Tol} = \dfrac{2 \times 2 \times u_{MP}}{Tol} \quad \rightarrow \sigma_{MP} = u_{MP} = \dfrac{Q_{MP} \times Tol}{4}$

Einsetzen der Sigma-Formeln zwei bis vier in die Formel eins ergibt Formel fünf.

Formel 5 $\left(\dfrac{Tol}{6 \times C_{P;Obs}}\right)^2 = \left(\dfrac{Tol}{6 \times C_{P;\mathrm{Real}}}\right)^2 + \left(\dfrac{Q_{MP} \times Tol}{4} \times \dfrac{6}{6}\right)^2$

Kürzen von Tol/6 und Umstellen nach $C_{\mathrm{p,Obs}}$ ergibt die gesuchte Funktion $C_{\mathrm{p,Obs}} = f(C_{\mathrm{p;Real}}, Q_{\mathrm{MS}})$.

Formel 6 $C_{P;Obs} = \left(\dfrac{1}{C^2_{P;\mathrm{Real}}} + \dfrac{9}{4} \times Q^2_{MP}\right)^{-0.5}$

In Bild A-1 ist die Funktion für typische Fähigkeitswerte dargestellt.

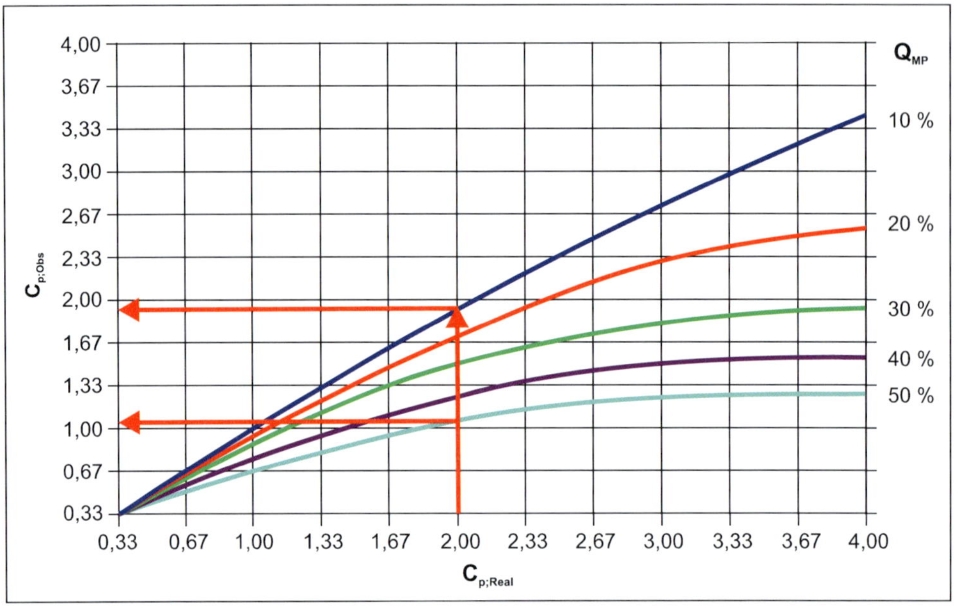

Bild A.1 Darstellung der funktionalen Beziehung des aus den Anzeigewerten eines Messgerätes berechnete n Prozesspotenziales $C_{p;Obs}$ in Abhängigkeit von dem „wahren" Prozesspotenzial der Messgröße $C_{p;Real}$ und des Messprozess-Eignungskennwertes Q_{MP}

Deutung der Grafik: Ist das Prozesspotenzial für die „wahren" Werte der Messgröße $C_{p;Real}$ = 2,0 und wird für die Messung ein Messprozess mit Q_{MP} = 50% verwendet, so erhält man aus den Anzeigewerten das Prozesspotenzial $C_{p;Obs}$ = 1.1. Würde stattdessen ein Messprozess mit dem Eignungskennwert Q_{MP} = 10 % verwendet werden, so erhielte man $C_{p;Obs}$ = 1,9 aus den Anzeigewerten.

Erkenntnis: Je größer die Unsicherheit eines Messprozesses ist, desto kleiner ist der aus den Anzeigewerten berechnete Fähigkeitsindex.

17.3 Modelle der Varianzanalyse

17.3.1 Messsystemanalyse – Verfahren 2

P Prüfer messen mit einem Messmittel **T** Teile jeweils mit **W** Wiederholungen.

Es wird davon ausgegangen, dass sich jeder Messwert additiv zusammensetzt aus dem Gesamtmittelwert der Messwerte, dem Einfluss von Prüfer, dem Einfluss des Teils, dem Einfluss des Zusammentreffens von Prüfer und Teil (Wechselwirkungseinfluss) sowie der Restabweichung (Einfluss des Messmittels), also

Messwert von Prüfer an Teil in Wiederholung =

Gesamtmittelwert + Einfluss vom Prüfer
+ Einfluss vom Teil
+ Einfluss von (Prüfer misst Teil)
+ Restabweichung.

Um die Einflüsse getrennt beurteilen zu können, zerlegt man zunächst die Summe der quadratischen Abweichungen über alle Messwerte in Teilsummen und berechnet daraus dann die Varianzen.

Zur Berechnung:

Der Mittelwert von „Prüfer **p** misst Teil **t**“ über die Wiederholungen : **Xpt·**

Der Mittelwert über die Messwerte von Prüfer **p** : **Xp··**

Der Mittelwert über die Messwerte von Teil **t** : **X·t·**

Der Gesamtmittelwert : **X···**

Summe der quadratischen Abweichungen zwischen den **p** Prüfern:

$$\Sigma P := tw\,[(X1\cdot\cdot - X\cdot\cdot\cdot)^2 + (X2\cdot\cdot - X\cdot\cdot\cdot)^2 + (X3\cdot\cdot - X\cdot\cdot\cdot)^2 \ldots (Xp\cdot\cdot - X\cdot\cdot\cdot)^2]$$

mit Freiheitsgrad

$$f\,IV := p - 1;$$

Summe der quadratischen Abweichungen zwischen den **t** Teilen:

$$\Sigma T := pw\,[(X\cdot 1\cdot - X\cdot\cdot\cdot)^2 + (X\cdot 2\cdot - X\cdot\cdot\cdot)^2 + (X\cdot 3\cdot - X\cdot\cdot\cdot)^2 \ldots (X\cdot t\cdot - X\cdot\cdot\cdot)^2]$$

mit Freiheitsgrad

$$f\,III := t - 1;$$

Summe der quadratischen Abweichungen durch die Wechselwirkung (**p** misst **t**):

$$\Sigma PT := w \sum_{i=1..p} \sum_{j=1..t} (X\,i\,j\cdot - X\,i\cdot\cdot - X\cdot j\cdot - X\cdot\cdot\cdot)^2$$

mit Freiheitsgrad

$$f\,II := (p - 1)(t - 1);$$

Summe der quadratischen Abweichungen innerhalb der Wiederholungen von Prüfer **p** misst Teil **t**:

$$\Sigma E := \sum_{i=1..p} \sum_{j=1..t} \sum_{k=1..w} (X\,i\,j\,k - X\,i\,j\cdot)^2$$

mit Freiheitsgrad

f I := pt (w − 1);

Die Summe der quadratischen Abweichungen über alle Messwerte ist dann

ΣP + ΣT + ΣPT + ΣE.

Für die Messmittelanalyse werden folgende Varianzen berechnet:

Hierbei wird unterschieden, ob der Einfluss der Wechselwirkung signifikant ist oder nicht. **(F-Test, Prüfwert s^2PT/s^2E, krit. Wert FfII, fI,1 − α).**

Die Varianzen berechnen sich entsprechend aus Quotient aus der Summe der quadratischen Abweichungen durch den entsprechenden Freiheitsgrad:

Varianz Prüfereinfluss	**s^2P**	**:= ΣP/f IV**
Varianz Teileeinfluss	**s^2T**	**:= ΣT/f III**

Bei signifikanter Wechselwirkung

Varianz Wechselwirkung	**s^2PT**	**:= ΣPT/f II**
Varianz Messmitteleinfluss	**s^2E**	**:= ΣE/f I.**

Bei nicht signifikanter Wechselwirkung

Varianz ADDWechselw/Messm. **s^2add := (ΣE+ΣPT)/(f I + f II).**

1. Wechselwirkungseinfluss signifikant:

Die Vertrauensbereiche zum Niveau 1-α berechnen sich hier aus

$$\frac{f_I}{\chi^2_{fI,1-\alpha/2}} s_E^2 \le \sigma_E^2 \le \frac{f_I}{\chi^2_{fI,\alpha/2}} s_E^2$$

$$\frac{s_E^2}{w}\left(\frac{s_{PT}^2/s_E^2}{F_{fII,fI,1-\alpha/2}} - 1\right) \le \sigma_{PT}^2 \le \frac{s_E^2}{w}\left(\frac{s_{PT}^2/s_E^2}{F_{fII,fI,\alpha/2}} - 1\right)$$

$$\frac{s_{PT}^2}{tw}\left(\frac{s_P^2/s_{PT}^2}{F_{fIII,fII,1-\alpha/2}} - 1\right) \le \sigma_P^2 \le \frac{s_{PT}^2}{tw}\left(\frac{s_P^2/s_{PT}^2}{F_{fIII,fII,\alpha/2}} - 1\right)$$

$$\frac{s_{PT}^2}{pw}\left(\frac{s_T^2/s_{PT}^2}{F_{fIV,fII,1-\alpha/2}} - 1\right) \le \sigma_T^2 \le \frac{s_{PT}^2}{pw}\left(\frac{s_T^2/s_{PT}^2}{F_{fIV,fII,\alpha/2}} - 1\right)$$

$$\frac{1}{tw}\left(\frac{f_{III}}{\chi^2_{fIII,1-\alpha/2}} s_P^2 + t(w-1)s_E^2 + (t-1)s_{PT}^2\right) \le \sigma_P^2 + \sigma_T^2 + \sigma_{PT}^2 \le \frac{1}{tw}\left(\frac{f_{III}}{\chi^2_{fIII,\alpha/2}} s_P^2 + t(w-1)s_E^2 + (t-1)s_{PT}^2\right)$$

Mit Hilfe der Kenngrößen

Messmittel:	VE	:=	$\mathbf{s^2E}$
Wechselwirkung (Prüfer misst Teil):	VW	:=	$\mathbf{(s^2PT - s^2E)/w}$
Prüfer:	VP	:=	$\mathbf{(s^2P - s^2PT)/tw}$
Teil:	VT	:=	$\mathbf{(s^2T - s^2PT)/pw}$

kann auf den Einfluss der einzelnen Komponenten geschlossen werden (das Produkt 5.15 · s entspricht einem Anteil von **99,73 %** der Werte bei normalverteilter Grundgesamtheit):

EV (**E**quipment **V**ariation)	– „Streuung des Messmittels“:	$\mathbf{6}\sqrt{VE}$
AV (**A**ppraiser **V**ariation)	– „Streuung des Prüfers“:	$\mathbf{6}\sqrt{VP}$
IA (**I**nter**a**ction)	– „Streuung der Wechselwirkung“	$\mathbf{6}\sqrt{VW}$
PV (**P**art **V**ariation)	– „Streuung des Teils“:	$\mathbf{6}\sqrt{VT}$
R&R (**R**epeatability & **R**eproducibility) –		$\sqrt{EV^2+AV^2+IA^2}$

2. Wechselwirkungseinfluss nicht signifikant:

Die Vertrauensbereiche zum Niveau 1-α berechnen sich hier aus

$$\frac{f_I + f_{II}}{\chi^2_{fI+fII,1-\alpha/2}} s^2_{add} \le \sigma^2_{add} \le \frac{f_I + f_{II}}{\chi^2_{fI+fII,\alpha/2}} s^2_{add}$$

$$\frac{s^2_{add}}{tw}\left(\frac{s^2_P / s^2_{add}}{F_{fIII,fI+fII,1-\alpha/2}} - 1\right) \le \sigma^2_P \le \frac{s^2_{add}}{tw}\left(\frac{s^2_P / s^2_{add}}{F_{fIII,fI+fII,\alpha/2}} - 1\right)$$

$$\frac{s^2_{add}}{pw}\left(\frac{s^2_T / s^2_{add}}{F_{fIV,fI+fII,1-\alpha/2}} - 1\right) \le \sigma^2_T \le \frac{s^2_{add}}{pw}\left(\frac{s^2_T / s^2_{add}}{F_{fIV,fIfII,\alpha/2}} - 1\right)$$

$$\frac{1}{tw}\left(\frac{f_{III}}{\chi^2_{fIII,1-\alpha/2}} s^2_P + (tw-1)s^2_{add}\right) \le \sigma^2_P + \sigma^2_T \le \frac{1}{tw}\left(\frac{f_{III}}{\chi^2_{fIII,1-\alpha/2}} s^2_P + (tw-1)s^2_{add}\right)$$

Mit Hilfe der Kenngrößen

Messmittel:	VE	:=	$\mathbf{s^2add}$
Prüfer:	VP	:=	$\mathbf{(s^2P - s^2add)/tw}$
Teil:	VT	:=	$\mathbf{(s^2T - s^2add)/pw}$

kann auf den Einfluss der einzelnen Komponenten geschlossen werden (das Produkt 5.15 · s entspricht einem Anteil von **99,73 %** der Werte bei normalverteilter Grundgesamtheit):

EV (**E**quipment **V**ariation)	– „Streuung des Messmittels“:	$\mathbf{6}\sqrt{VE}$
AV (**A**ppraiser **V**ariation)	– „Streuung des Prüfers“:	$\mathbf{6}\sqrt{VP}$

IA (**Inter**a**ction**) – „Streuung der Wechselwirkung“ $6\sqrt{VW}$

PV (**P**art **V**ariation) – „Streuung des Teils“: $6\sqrt{VT}$

R&R (**R**epeatability & **R**eproducibility) – $\sqrt{EV^2+AV^2+IA^2}$

Fallbeispiel:

	Prüfer 1		Prüfer 2	
	Wdh. 1	Wdh. 2	Wdh. 1	Wdh. 2
Teil 1	2	1	1	1
Teil 2	1	1	1	2
Teil 3	2	1	1	1
Teil 4	3	2	1	2
Teil 5	1	3	1	1

Um die einzelnen Mittelwerte, Summen der quadratischen Abweichungen und Varianzen zu berechnen, verwendet man bei Handrechnung die ANOVA-Zerlegungstafel (vgl. [29]):

	Prüfer 1		Prüfer 2		Σ	Σ	$(\Sigma)^2$	$\Sigma()^2$
	W1+W2	$W1^2+W2^2$	W1+W2	$W1^2+W2^2$				
T1	3		2		a1=5		c1=25	e1=13
T1		5		2		b1=7		
T2	2		3		a2=5		c2=25	e2=13
T2		2		5		b2=7		
T3	3		2		a3=5		c3=25	e3=13
T3		5		2		b3=7		
T4	5		3		a4=8		c4=64	e4=34
T4		13		5		b4=18		
T5	4		2		a5=6		c5=36	e5=20
T5		10		2		b5=12		
Σ	A1=17		A2=12		A=29		C=175	
Σ		B1=35		B2=16		B=51		
$(\Sigma)^2$	D1=289		D2=144		D=433			
$\Sigma()^2$	E1=63		E2=30					E=93

Daraus ergeben sich folgende Kenngrößen:

Xpt· = Summe W1+W2 von Prüfer p, Teil t dividiert durch Anzahl Wdh.:

X11· = 3/2 = 1.5 X12· = 2/2 = 1 X13· = 3/2 = 1.5

X14· = 5/2 = 2.5 X15· = 4/2 = 2

X21· = 2/2 = 1 X22· = 3/2 = 1.5 X33· = 2/2 = 1

X24· = 3/2 = 1.5 X25· = 2/2 = 1

$X_{p\cdot\cdot}$ = A_p dividiert durch Teile *Wdh.:

$X_{1\cdot\cdot} = 17/10 = 1.7$ $X_{2\cdot\cdot} = 12/10 = 1.2$

$X_{\cdot t\cdot}$ = a_t dividiert durch Prüfer *Wdh.:

$X_{\cdot 1\cdot} = 5/4 = 1.25$ $X_{\cdot 2\cdot} = 5/4 = 1.25$ $X_{\cdot 3\cdot} = 5/4 = 1.25$

$X_{\cdot 4\cdot} = 8/4 = 2$ $X_{\cdot 5\cdot} = 6/4 = 1.5$

$X_{\cdot\cdot\cdot}$ = A dividiert durch Prüfer*Teile *Wdh. = 29/20 =1.45.

$$\begin{aligned}\Sigma P &= D/(tw) - A^2/(ptw)\\ &= 433/10 - 841/20\\ &= 1.25\\ s^2P &= 1.25/1 = 1.25\end{aligned}$$

$$\begin{aligned}\Sigma T &= C/(pw) - A^2/(ptw)\\ &= 175/4 - 841/20\\ &= 1.7\\ s^2T &= 1.7/4 = 0.425\end{aligned}$$

$$\begin{aligned}\Sigma PT &= E/w - C/(pw) - D/(tw) + A^2/(ptw)\\ &= 93/2 - 175/4 - 433/10 + 841/20\\ &= 1.5\\ s^2PT &= 1.5/4 = 0.375\end{aligned}$$

$$\begin{aligned}\Sigma E &= B - E/w\\ &= 51 - 93/2\\ &= 4.5\\ s^2E &= 4.5/10 = 0.45\end{aligned}$$

Prüfwert F-Test: $\mathbf{s^2}PT/\mathbf{s^2}E$ = 0.375/0.45 = 0.8334 < 3.48 = **F**10,4,1-95 %

damit ist die Wechselwirkung nicht signifikant, d. h.

$$\begin{aligned}s^2add &= (\Sigma E+\Sigma PT)/ptw\text{-}p\text{-}t+1\\ &= 6/14 = 0.4285\end{aligned}$$

Messmittel:	VE	= 0.429
Prüfer:	VP	= 0.0821
Teil:	VT	= 0 (da < 0)
EV – „Streuung des Messmittels“:	$6\sqrt{VE}$	= **3,93**
AV – „Streuung des Prüfers“:	$6\sqrt{VP}$	= **1,72**
PV – „Streuung des Teils“:	$6\sqrt{VT}$	= 0
R&R –	$\sqrt{EV^2+AV^2}$	= **4,289**

Das Ergebnis R&R ist ins Verhältnis zu einer vorgegebenen Referenzgröße (RF) zu setzen:

$$\%R\,\&\,R = \frac{R\,\&\,R}{RF} \cdot 100\%$$

Dieses Ergebnis ist mit den festgelegten Annahmekriterien zu vergleichen.

17.3.2 Messsystemanalyse – Verfahren 3

Zur Beurteilung eines automatischen Messsystems bietet sich das Modell der balancierten einfachen Varianzanalyse mit Zufallskomponenten an. Mit dieser Methodik kann ein Teil im Gegensatz zu der in Abschnitt 8.5.9 beschriebenen Standardabweichungsmethode auch mehr als zweimal geprüft werden. Es wird davon ausgegangen, dass sich jeder Messwert aus „Gesamtmittelwert + Einfluss des Teils + Einfluss des Messmittels“ zusammensetzt. Um nur den Einfluss des Messmittels beurteilen zu können, ist durch geeignete Maßnahmen der Teileeinfluss[1] gering zu halten. Dies kann beispielsweise durch die Markierung der Messstellen geschehen.

Die Summe der quadratischen Abweichung der Wiederholungen (= Messungen pro Teil):

$$\sum E = \sum_{i=1}^{n} \sum_{j=1}^{k} \left(X_{ij} - X_{i\bullet}\right)^2$$

mit $X_{i\bullet}$ = Mittelwert der Messungen pro Teil

$i = 1, 2, \ldots, n$ = Anzahl Teile

$j = 1, 2, \ldots, k$ = Anzahl Messungen pro Teil

Daraus errechnet sich:

Streuung des Messmittels

$$s_E^2 = \frac{1}{f} \sum E$$

mit Freiheitsgrad $f = n \cdot (k-1)$.

$EV = 5{,}15 \cdot s_E$ für Vertrauensniveau 99 %

$EV = 6 \cdot s_E$ für Vertrauensniveau 99,73 %

Für die Berechnung der Gesamtstreuung des Messsystems %R&R wird EV ins Verhältnis zu einer vorgegebenen Referenzgröße (RF) gesetzt:

$$\%R\,\&\,R = \%EV = \frac{EV}{RF} \cdot 100\%$$

Dieser Kennwert ist mit den festgelegten Annahmekriterien zu vergleichen. Typische Referenzgrößen sind die Toleranz, die sechsfache Prozessstreuung oder die Teilestreuung (= die Streuung zwischen den verschiedenen Teilen, PV = Part Variation).

[1] Streuung bei Mehrfachmessung an einem Teil infolge von Ungleichheiten eines Teiles

Diese kann aus der quadratischen Abweichung zwischen den Teilen bestimmt werden:

$$\sum T = k\sum_{i=1}^{n}\left(x_{i\bullet} - x_{\bullet\bullet}\right)^2 \quad \text{mit} \quad i = 1, 2, \ldots, n = \text{Anzahl Teile}$$

k = Anzahl Messungen pro Teil

$x_{\bullet\bullet}$ = Gesamtmittelwert

$$s_T^2 = \frac{\sum T}{f_T} \quad \text{und} \quad VT = \frac{\left(s_T^2 - s_E^2\right)}{k} \quad \text{mit Freiheitsgrad } f_T = n-1$$

$$PV = 5{,}15 \cdot VT \quad \text{für Vertrauensniveau 99 \%}$$

$$PV = 6 \cdot VT \quad \text{für Vertrauensniveau 99,73 \%}$$

Falls keine signifikante Teilestreuung vorhanden ist, kann VT < 0 sein. In diesem Fall darf die Teilestreuung nicht als Referenzgröße herangezogen werden.

Fallbeispiel:

Zehn Teile werden zweimal gemessen. Die Merkmalstoleranz ist 0,06 mm.

i	x_{1i}	x_{2i}	$x_{i\bullet}$	$(x_{1i}-x_{i.})^2$	$(x_{2i}-x_{i.})^2$	E	T
1	6,029	6,030	6,0295	0,00000025	0,00000025	0,0000005	0,00065536
2	6,019	6,020	6,0195	0,00000025	0,00000025	0,0000005	0,00024336
3	6,004	6,003	6,0035	0,00000025	0,00000025	0,0000005	0,00000016
4	5,982	5,982	5,9820	0,00000000	0,00000000	0,0000000	0,00047961
5	6,009	6,009	6,0090	0,00000000	0,00000000	0,0000000	0,00002601
6	5,971	5,972	5,9715	0,00000025	0,00000025	0,0000005	0,00104976
7	5,995	5,997	5,9960	0,00000100	0,00000100	0,0000020	0,00006241
8	6,014	6,018	6,0160	0,00000400	0,00000400	0,0000080	0,00014641
9	5,985	5,987	5,9860	0,00000100	0,00000100	0,0000020	0,00032041
10	6,024	6,028	6,0260	0,00000400	0,00000400	0,0000080	0,00048841
	$x_{..}$ = 6,0039					**ΣE** = 0,0000220	**ΣT** = 0,00347190

für die **Streuung des Messsystems**

$$s_E^2 = \frac{0{,}000022}{10(2-1)} = 0{,}0000022$$

$$EV = 6 \cdot \sqrt{0{,}0000022} = 0{,}0089 \quad \text{für Vertrauensniveau 99,73 \%}$$

$$\%R\&R = \%EV = \frac{0{,}0089}{0{,}06} \cdot 100\% = 14{,}8\% \quad \text{mit Toleranz als Referenzgröße}$$

für die **Streuung zwischen den Teilen**

$$s_T^2 = \frac{0{,}0034719}{9} = 0{,}000386$$

$$VT = \frac{\left(0{,}000386 - 0{,}000022\right)}{2} = 0{,}0001819$$

$$PV = 6 \cdot \sqrt{0{,}0001819} = 0{,}0809 \quad \text{für Vertrauensniveau 99,73 \%4}$$

17.4 Verzeichnis der verwendeten Abkürzungen

1-α	Vertrauensniveau
α	Wahrscheinlichkeit für den Fehler 1. Art = Irrtumswahrscheinlichkeit
a	Fehlergrenze
ANOVA	(Varianzanalyse) **An**alysis **o**f **Va**riance
ARM	Mittelwert-Spannweiten-Methode (**A**verage **R**ange **M**ethod)
AV	Vergleichpräzision (Reproducibility/**A**ppraiser **V**ariation)
%AV	Vergleichpräzision (Reproducibility/**A**ppraiser **V**ariation) in % bezogen auf die Bezugsgröße (RF)
b	Verteilungsfaktor $u = a \cdot b$
Bi	Systematische Messabweichung
%Bi	Systematische Messabweichung (**Bi**as) in % bezogen auf die Bezugsgröße (RF)

HINWEIS: Die systematische Messabweichung wird häufig als Genauigkeit bezeichnet. In der ISO 10012 ist aber der Begriff „Genauigkeit" als qualitativer Begriff definiert. Daher wird in dieser Richtlinie die Differenz zwischen dem beobachteten Mittelwert $\overline{x}_g$ und dem „richtigen Wert" x_m mit systematischer Messabweichung bezeichnet.

C_g	Potential Messsystem (**g**age potential index)
C_{gk}	Fähigkeitsindex Messsystem (**g**age **c**apability index) Verfahren 1
d_2^*	Konstante zur Bestimmung des Schätzwertes für die Streuung (Grundgesamtheit) aus der Spannweite (Stichprobe)
EV	Wiederholpräzision (Repeatability – **E**quipment **V**ariation) Messsystem
%EV	Wiederholpräzision (Repeatability – **E**quipment **V**ariation) Messsystem in % bezogen auf die Bezugsgröße (RF)
f	Freiheitsgrad
g_{pp}	Eignungsindex nach VDA Band 5
G_{pp}	Grenzwert nach VDA Band 5
H_0	Nullhypothese
H_1	Alternativhypothese
k	Anzahl der Prüfer (operators)
K	K-Faktor zur Bestimmung der erweiterten Messunsicherheit
K_1, K_2, K_3	Faktoren, die von der Anzahl der Prüfer, Wiederholungen und Teile abhängt

Li	Linearität (**Li**nearity)
Li_{un}, Li_{ob}	Linearität für min. bzw. max. Meister
%Li	Linearität (**Li**nearity) in % bezogen auf die Bezugsgröße (RF)
μ	Mittelwert der Grundgesamtheit
$\hat{\mu}$	Schätzwert für den Mittelwert der Grundgesamtheit
N	Losumfang
n	Anzahl der Teile (**n**umber of parts) Stichprobenumfang
OEG	**O**bere **E**ingriffs**g**renze
OSG	**O**bere **S**pezifikations**g**renze
P	Allgemeine Bezeichnung der Wahrscheinlichkeit
PV	Teilestreuung (**P**art **V**ariation)
%PV	Teilestreuung (**P**art **V**ariation) in % bezogen auf die Bezugsgröße (RF)
Q	Quantil
$\hat{Q}_{0,135}$	$(\hat{=}\, u_p)$ unterer Prozentpunkt (0,135%)
$\hat{Q}_{0,99865}$	$(\hat{=}\, o_p)$ unterer Prozentpunkt (99,865%)
QRK	Qualitätsregelkarte
r	Anzahl der Messwertreihen pro Prüfer
R	Spannweite, Range
$\overline{R}$	mittlere Spannweite
$\overline{\overline{R}}$	Mittelwert der mittleren Spannweiten
R&R	Wiederhol- und Vergleichpräzision, **R**epeatability & **R**eproducibility (seit der 3. Auflage MSA [1] auch als GRR bezeichnet)
%R&R	Wiederhol- und Vergleichpräzision (**R**epeatability & **R**eproducibility) in % bezogen auf die Bezugsgröße (RF) (seit der 3. Auflage MSA [1] auch als GRR bezeichnet)
RE	Auflösung (**Re**solution) des Messsystems
%RE	Auflösung (**Re**solution) des Messsystems in %
RF	Bezugsgröße (**R**eference **F**igure), z.B. Prozesstoleranz, Prozessstreuung, Toleranz, Klassentoleranz
s	Standardabweichung der Stichprobe
s^2	Varianz der Stichprobe
s_g	Standardabweichung einer, mit einem Messsystem am Normal erfassten, Messreihe
$\overline{s}$	Mittelwert der Standardabweichungen aus Stichproben
σ	Standardabweichung der Grundgesamtheit

σ^2	Varianz der Grundgesamtheit
$\hat{\sigma}$	Schätzwert für die Standardabweichung der Grundgesamtheit
t	Kritischer Wert der t-Verteilung
T	Gesamttoleranz
T_{min}	kleinste messbare Toleranz nach VDA Band 5
u	Standardisierte Größe für $(x-\mu)/\sigma$ der Normalverteilung
u	Standardmessunsicherheit
u_{AV}	AV = Appraiser Variation
u_{Bi}	Bi = Bias
u_c	kombinierte Standardunsicherheit
u_{EV}	EV = Equipment Variation
u_g	g = Gauge
u_{Lin}	Lin = Linearity
u_{pa}	pa = Part
u_{pm}	kombinierte Standardunsicherheit des Prüfmittels
u_{pp}	kombinierte Standardunsicherheit des Prüfprozesses
u_{ref}	ref = Reference
$u_{rel\%}$	relative Unsicherheit in %
u_{res}	res = Resolution
u_{stab}	stab = Stability
u_{temp}	temp = Temperature
U	**U**nsicherheit (erweiterte Messunsicherheit)
%U	**U**nsicherheit in % bezogen auf die Bezugsgröße (RF)
UEG	**U**ntere **E**ingriffs**g**renze
USG	**U**ntere **S**pezifikations **G**renze
ν	Freiheitsgrad
ν_{eff}	effektiver Freiheitsgrad
x_i	Einzelwerte einer Messwertreihe
x_m	Referenzwert (**m**aster) (von Normal) entspricht „richtiger“ bzw. „wahrer“ Wert
$(x_m)_i$	Referenzwert des Normals i
x_{mu}, x_{mo}	Referenzwert des min. bzw. max. Normals
x_{max}	Größter Wert
x_{min}	Kleinster Wert

x-Karte	Einzelwertkarte
$\overline{x}$	Mittelwert der Stichprobe
$\overline{x}_{Diff}$	max. Differenz zwischen den Mittelwerten mehrerer Messwertreihen (von $\overline{x}$)
$\overline{x}_g$	Mittelwert einer, mit einem Messsystem am Normal erfassten, Messwertreihe
$\overline{x}_{gu}$	unterer Mittelwert einer, mit einem Messsystem am Normal erfassten, Messwertreihe
$\overline{x}_{go}$	oberer Mittelwert einer, mit einem Messsystem am Normal erfassten, Messwertreihe
$\overline{\overline{x}}$	Mittelwert der Stichprobenmittelwerte
$\tilde{x}$	Median, Zentralwert

17.5 Formeln

$$AV = K_2 \cdot \overline{x}_{Diff}$$ $$\%AV = \frac{AV}{T} \cdot 100\%$$

$$Bi = \left|\overline{x}_g - x_m\right|$$ $$\%Bi = \frac{Bi}{T} \cdot 100\%$$

$$C_g = \frac{0{,}2 \cdot T}{6 \cdot s_g}$$ $$C_{gk} = \frac{0{,}1 \cdot T - |Bi|}{3 \cdot s_g}$$

$$EV = K_1 \cdot \overline{\overline{R}}$$ $$\%EV = \frac{EV}{RF} \cdot 100\%$$

$$ndc = 1{,}41 \cdot \frac{PV}{R\,\&\,R}$$

$$PV = K_3 \cdot R_p$$ $$\%PV = \frac{PV}{RF} \cdot 100\%$$

$$R\,\&\,R = \sqrt{EV^2 + AV^2}$$ $$\%R\,\&\,R = \frac{R\,\&\,R}{RF} \cdot 100\%$$

$$R = x_{max} - x_{min}$$ $R_j =$ Spannweite der Wiederholungsmessungen

$$\overline{R}_i = \frac{\sum_{j=1}^{n} R_j}{n}$$ $$\overline{\overline{R}} = \frac{\sum_{i=1}^{n} \overline{R}_i}{k}$$

$$s_g = \sqrt{\frac{1}{n-1}\sum_{i=1}^{n}\left(x_i - \overline{x}_g\right)^2}$$ R_p = Spannweite aus $\overline{x}_i$ (Mittelwert pro Teil)

$$\overline{x}_g = \frac{1}{n}\sum_{i=1}^{n} x_i$$ $\overline{x}_{Diff}$ = Spannweite aus $\overline{x}_i$ (Mittelwert pro Prüfer)

$$s_{\overline{x}} = \frac{s_x}{\sqrt{m}}$$

$$u(\overline{x}) = s_{\overline{x}} = \frac{s_x}{\sqrt{m}} = \sqrt{\frac{1}{m(n-1)} \cdot \sum_{i=1}^{n}\left(x_i - \overline{x}\right)^2}$$

$$u(x) = s_x = \sqrt{\frac{1}{n-1} \cdot \sum_{i=1}^{n}\left(x_i - \overline{x}\right)^2}$$

$$u = a \cdot b$$

$$u_c^2(y) = \sum_{i=1}^{N} \left(\frac{\partial f}{\partial x_i} \right)^2 u^2(x_i) + 2\sum_{i=1}^{N-1} \sum_{j=i+1}^{N} \frac{\partial f}{\partial x_i} \frac{\partial f}{\partial x_j} u(x_i) \cdot u(x_j) \cdot r(x_i, x_j)$$

$$u_c^2(y) = \sum_{i=1}^{N} c_i^2 u^2(x_i) + 2\sum_{i=1}^{N-1} \sum_{j=i+1}^{N} c_i \cdot c_j \cdot u(x_i) \cdot u(x_j) \cdot r(x_i, x_j)$$

$$c_i = \partial f / \partial x_i$$

$$r_{ij} = r(x_i, x_j) = \frac{u(x_i, x_j)}{u(x_i) \cdot u(x_j)}$$

$$U = k \cdot u_c(y) = k \cdot u_{PP}$$

$$u_{rel\%}(x_i) = \frac{\Delta u(x_i)}{u(x_i)}$$

$$\nu_i = \frac{1}{2} \cdot \left(\frac{\Delta u(x_i)}{u(x_i)} \right)^{-2} = \frac{1}{2 \cdot u_{rel\%}^2(x_i)}$$

$$\nu_{eff} = \frac{u_c^4(y)}{\sum_{i=1}^{N} \frac{u_i^4(y)}{\nu_i}} = \frac{u_c^4(y)}{\frac{u_1^4(y)}{\nu_1} + \frac{u_2^4(y)}{\nu_2} + \ldots + \frac{u_N^4(y)}{\nu_N}} \leq \sum_{i=1}^{N} \nu_i$$

$$u_c^2 = u_1^2 + u_2^2 + u_3^2 + u_4^2 + \ldots \quad (\text{VDA5})$$

$$u_{PM} = \sqrt{u_{kal}^2 + u_{Aufl}^2 + u_{sys}^2 + u_w^2 + u_{Lin}^2 + u_x^2}$$

$$T_{min} = \frac{6 \cdot u_{PM}}{G_{PP}}$$

$$u_{PP} = \sqrt{u_{PM}^2 + u_{Ger}^2 + u_{Bed}^2 + u_{Temp}^2 + u_y^2}$$

$$g_{PP} = \frac{2 \cdot U}{T} \leq G_{pp}$$

$$T' = T - 2U$$

17.6 Literaturverzeichnis

1. A. I. A. G. – Chrysler Corp., Ford Motor Co., General Motors Corp.
Measurement Systems Analysis, Reference Manual, 4. Auflage.
Michigan, USA, 2010.
2. DaimlerChrysler AG
Leitfaden LF 1236 „Stichproben- und Prozessanalyse“, Version 2006.
Stuttgart, 2006.
3. DGQ – Deutsche Gesellschaft für Qualität
DGQ Band 11-04: Managementsysteme – Begriffe, Ihr Weg zu klarer Kommunikation, 9. Auflage.
Beuth Verlag, Berlin, 2009.
4. DGQ – Deutsche Gesellschaft für Qualität
DGQ Band 13-61, Anlage 4: Prüfmittelmanagement – Planen, Überwachen und Verbessern von Prüfprozessen. Leitfaden, 2. Auflage.
Beuth Verlag, Berlin, 2003.
5. Dietrich, E.
Messsystem und Messprozess sind zweierlei.
in QZ 56 (2011) 4, S. 16 – 20.
Carl Hanser Verlag, München.
6. Dietrich, E.
MSA und VDA Band 5 – Wo liegen die Unterschiede?
in QZ 56 (2011) 6, S. 30 – 34.
Carl Hanser Verlag, München.
7. Dietrich, E.
Es geht auch einfach – Messunsicherheit in Analogie zur Prüfmittelfähigkeit bestimmen.
in QZ 46 (2001) 3, S. 264 – 265.
Carl Hanser Verlag, München.
8. Dietrich, E./Schulze, A.
„All in One“ Bestimmung der erweiterten Messunsicherheit,
in PIQ 2/2003, S. 9 – 11.
Q-DAS® GmbH, Weinheim.
9. Dietrich, E./Schulze, A.
Statistische Verfahren zur Maschinen- und Prozessqualifikation,
6., vollständig überarbeitete Auflage.
Carl Hanser Verlag, München, 2009.
10. Dietrich, E./Schulze, A.
Pocket Guide 1: Eignungsnachweis von Messsystemen.
3., aktualisierte Auflage.
Carl Hanser Verlag, München, 2009.

11. DIN – Deutsches Institut für Normung
DIN 32881-3: Geometrische Produktspezifikation (GPS) – Verfahren zur Bestimmung der Messunsicherheit von Koordinatenmessgeräten (KMG) – Teil 3: Unsicherheitsermittlung mit kalibrierten Werkstücken (ISO/DTS 15530-3:2000).
Beuth Verlag, Berlin, 2000.

12. DIN – Deutsches Institut für Normung
DIN EN ISO 9000:2005
Qualitätsmanagementsysteme – Grundlagen und Begriffe.
Beuth Verlag, Berlin, 2005.

13. DIN – Deutsches Institut für Normung
DIN EN ISO 9001:2008: Qualitätsmanagementsysteme – Anforderungen.
Beuth Verlag, Berlin, 2008.

14. DIN – Deutsches Institut für Normung
DIN EN ISO 10012:2003: Messmanagementsysteme – Anforderungen an Messprozesse und Messmittel.
Beuth Verlag, Berlin, 2004.

15. DIN – Deutsches Institut für Normung
DIN EN ISO 14253-1: Geometrische Produktspezifikation (GPS). Prüfung von Werkstücken und Messgeräten durch Messen. Teil 1: Entscheidungsregeln für die Feststellung von Übereinstimmung oder Nichtübereinstimmung mit Spezifikationen.
Beuth Verlag, Berlin, 1999.

16. DIN – Deutsches Institut für Normung
ISO 3534-1: Teil 1: Statistik – Begriffe und Formelzeichen – Wahrscheinlichkeit und allgemeine statistische Begriffe.
Beuth Verlag, Berlin, 2006.

17. DIN – Deutsches Institut für Normung
ISO 3534-2: Teil 2: Angewandte Statistik.
Beuth Verlag, Berlin, 2006.

18. DIN – Deutsches Institut für Normung
ISO 3534-3: Teil 3: Versuchsplanung.
Beuth Verlag, Berlin, 1999.

19. DIN – Deutsches Institut für Normung
ISO 14253-2:2011: Geometrische Produktspezifikationen (GPS) – Prüfung von Werkstücken und Messgeräten durch Messen – Teil 2: Anleitung zur Schätzung der Unsicherheit bei GPS-Messungen, bei der Kalibrierung von Messgeräten und bei der Produktprüfung.
Beuth Verlag, Berlin, 2011.

20. DIN – Deutsches Institut für Normung
ISO/TS 16949, Qualitätsmanagementsysteme – Besondere Anforderungen bei Anwendung von ISO 9001:2008 für die Serien- und Ersatzteil-Produktion in der Automobilindustrie.
Beuth Verlag, Berlin, 2009.

21. DIN – Deutsches Institut für Normung
DIN V ENV 13005:1999: Leitfaden zur Angabe der Unsicherheit beim Messen.
Beuth Verlag, Berlin, 1999.
identisch mit:

ISO/IEC Guide 98-3:2008: Guide to the expression of uncertainty in measurement (GUM).
Beuth Verlag, Berlin, 2008.

22. DIN – Deutsches Institut für Normung
ISO 22514-7: Statistische Verfahren im Prozessmanagement – Fähigkeit und Leistung.
Teil 7: Fähigkeit von Messprozessen.
Beuth Verlag, Berlin, 2012.

23. DIN – Deutsches Institut für Normung
DIN Taschenbuch 11/3: Längenprüftechnik – Messgeräte, Messverfahren.
Beuth Verlag, Berlin, 2008.

24. DIN – Deutsches Institut für Normung
Grundlegende und allgemeine Begriffe und zugeordnete Benennungen (VIM) – Deutsch-Englische Fassung ISO/IEC-Leitfaden 99:2007.
Beuth Verlag, Berlin, 2010.

25. DKD – Deutscher Kalibrierdienst
DKD-3: Angabe der Messunsicherheit bei Kalibrierungen.
DKD/PTB Braunschweig, 1998.

26. DAkkS – Deutsche Akkreditierungsstelle GmbH
DAkkS-DKD-3-E1: Angabe der Messunsicherheit bei Kalibrierungen, Beispiele-1.
DAkkS Braunschweig, 2010.

27. DAkkS – Deutsche Akkreditierungsstelle GmbH
DAkkS - DKD-3-E2: Angabe der Messunsicherheit bei Kalibrierungen, zusätzliche Beispiele-2.
DAkkS Braunschweig, 2010.

28. Duncan, A. J.
Quality Control and Industrial Statistics, 5th ed.
Richard D. Irwin, Inc., Homewood, Illinois, 1986.

29. Fleiss, Joseph L.
Statistical Methods for Rates and Proportions. Second Edition.
John Wiley & Sons, 1981.

30. Ford Motor Co.: EU 1880B
Richtlinie: Fähigkeit von Mess-Systemen und Messmitteln.
Übersetzung der EU 1880A.
Köln, Oktober 1997.

31. Ford Motor Co./Q-DAS GmbH: EU 883 B
Ford Testbeispiele, Beurteilung von SPC Software.
Köln, 1991.

32. General Motors Co. – GM Powertrain
SP-Q-MSS – Measurement Systems Specification.
Version: G2.0
Detroit, 2010.

33. Graf, U./Henning, H.-J./Stange, K./Wilrich, P.-T.
Formeln und Tabellen der mathematischen Statistik, 3. völlig neu bearbeitete Auflage, 2. korr. Nachdruck.
Springer-Verlag, Berlin, Heidelberg, New York, 1998.

34. PSA Peugeot, Citroën, Renault
CNOMO Norm E41.36.110.N
Produktionsmittel, Zulassung der Funktionsfähigkeit von Meßmitteln, Spezifische Prüfmittel.
Oktober 1991.

35. PSA Peugeot, Citroën, Renault
CNOMO Norm E41.36.110.N, Anhang 1:
CMC nicht toleranzgerecht – Analyse der Ursachen für die Unsicherheit.
Oktober 1991.

36. Q-DAS® GmbH
Leitfaden d. Automobilindustrie zum „Fähigkeitsnachweis von Messsystemen".
Birkenau, 1999.

37. Q-DAS® GmbH
Sonderfälle bei der Beurteilung von Messverfahren.
Q-DAS® GmbH, Weinheim, 2001.

38. Robert Bosch GmbH
Schriftenreihe „Qualitätssicherung in der Bosch-Gruppe Nr. 8"
Messunsicherheit.
Stuttgart, 2001.

39. Robert Bosch GmbH
Schriftenreihe „Qualitätsmanagement in der Bosch-Gruppe"
10. Fähigkeit von Mess- und Prüfprozessen. Ausgabe 5.
Stuttgart, 2010.

40. VDA – Verband der Automobilindustrie
VDA Band 5: Prüfprozesseignung.
2. vollständige überarbeitete Auflage 2010.
VDA, Frankfurt, 2011.

41. VDI – Verein Deutscher Ingenieure
VDI 2449: Prüfkriterien von Messverfahren. Allgemeine Methode zur Ermittlung der Unsicherheit kalibrierfähiger Messverfahren.
Beuth Verlag, Berlin, 2001.

42. VDI/VDE Richtlinie
VDI/VDE 2617, Blatt 8: Genauigkeit von Koordinationsmessgeräten – Kenngrößen und deren Prüfung – Prüfprozesseignung von Messungen mit Koordinatenmessgeräten.
Beuth Verlag, Berlin, 2004.

43. Volkswagen AG – Audi AG
VW 101 18-2 – Prüfmittelfähigkeit.
Oktober 1998.

44. Wheeler, D.J./Lyday, R.W.
Evaluating the Measurement Process.
2nd Edition.
SPC Press Inc., 1989.

17.7 Abbildungsverzeichnis

17.8 Tabellenverzeichnis

Leitfaden zum „Fähigkeitsnachweis von Messsystemen“

Allgemeine Vorbemerkungen

Der Titel des Leitfadens lautet: „Fähigkeitsnachweis von Messsystemen“. Die Begriffe „Fähigkeit“ und „Messsystem“ sind nicht genormt. Da beide Begriffe umgangssprachlich einen hohen Bekanntheitsgrad haben, haben die Ersteller des Leitfadens bewusst die Begriffe beibehalten.

Die Begriffe „Fähigkeit“ bzw. „fähig“ sind gleichbedeutend mit „Eignung“ bzw. „geeignet“ (s. DIN 55350 bzw. DGQ 13-61). Daher sind beide Begriffe als gleichwertig anzusehen.

Der Definition des Begriffes „Messsystem“ ist ein eigener Abschnitt gewidmet.

Vorwort

Die Beurteilung von Maschinen, Fertigungseinrichtungen und einer laufenden Fertigung basiert auf der statistischen Auswertung von Merkmalswerten. Die Merkmalswerte stammen von Messsystemen, mit deren Hilfe vordefinierte Merkmale gemessen werden. Um Fehlinterpretationen zu vermeiden, müssen die erfassten Messwerte den tatsächlichen Sachverhalt ausreichend sicher widerspiegeln.

Diese Forderungen sind in verschiedenen Normen und Verbandsrichtlinien festgehalten. Insbesondere beim Aufbau und bei der Zertifizierung eines Qualitätsmanagementsystems nach DIN EN ISO 9000ff, QS-9000, VDA 6.1, ANFIA AVSQ94 usw. wird ein Unternehmen mit dieser Fragestellung konfrontiert. Einerseits gibt es diese Forderung schon sehr lange, andererseits aber keine konkreten Hinweise, wie diese Forderungen umgesetzt werden sollen. Daher haben sich insbesondere die Großkonzerne der Automobilindustrie und deren Zulieferer in den vergangenen Jahren eigene Richtlinien zur Beurteilung von Messsystemen geschaffen. Die Konsequenz war, dass die entstandenen Richtlinien vom Prinzip her alle ähnlich waren, sich allerdings teilweise in der Vorgehensweise, der Berechnungsmethodik und den geforderten Grenzwerten unterschieden haben. Dies stellt für die Hersteller von Messsystemen und für die Kunden-/Lieferantenbeziehung ein nicht unerhebliches Problem dar. Die Zulieferer sehen sich unterschiedlichen Forderungen ausgesetzt, die je nach Auftraggeber eingehalten werden müssen. Der Abnehmer hat das Problem, dass er seine Annahmebedingungen jedes Mal ändern muss.

Um hier mehr Transparenz zu schaffen, ist auf Anregung der Automobilindustrie dieser Arbeitskreis zusammengetreten mit der Zielsetzung: „Einen für die Automobil- und Zulieferindustrie einheitlichen Leitfaden zum Eignungsnachweis von Messsystemen zu erarbeiten.“ Die Richtlinie soll geltende Normen sowie Verbandsrichtlinien berücksichtigen. Im Rahmen dieses Arbeitskreises ist es gelungen, in den wesentlichen Sachfragen Konsens in den Berechnungsmethoden zu finden und eine Empfehlung für Grenzwerte zu geben. Hierauf basierend können die Firmen bezüglich allgemeiner Annahmemodalitäten und praxisbezogener Abwicklungen individuelle Ergänzungen bzw. Festlegungen vornehmen.

1 Einleitung

Die Forderungen bezüglich des Eignungsnachweises anhand von Fähigkeitsuntersuchungen und der Messunsicherheit von Messsystemen sind exemplarisch an folgenden Stellen aufgeführt:

1.1 DIN EN ISO 9001

Auszug aus Abschnitt 4.11.1 ISO 9001:

... Prüfmittel müssen in einer Weise benutzt werden, die sicherstellt, dass die Messunsicherheit bekannt und mit der betreffenden Forderung vereinbar ist. ...

1.2 DIN EN ISO 10012 Forderungen an die Qualitätssicherung von Messmitteln

Folgende Forderungen sind an das **Messmittel** gestellt (siehe Abschnitt 4.2 ISO 10012):

Die Messmittel müssen die für den beabsichtigten Einsatz und Zweck geforderten metrologischen Merkmale aufweisen (zum Beispiel Genauigkeit, Messbeständigkeit, Messbereich und Auflösung).

Die Einrichtungen und die Dokumentation sind so zu unterhalten, dass Korrektionen, Einsatzbedingungen (einschließlich Umgebungsbedingungen) usw. die zur Erreichung der geforderten Leistung notwendig sind, Rechnung getragen wird.

Die geforderte Leistung ist zu dokumentieren.

An die **Messunsicherheit** sind folgende Forderungen gestellt (siehe Abschnitt 4.6 ISO 10012):

Bei der Durchführung von Messungen und der Angabe und Anwendung der Ergebnisse hat der Lieferant alle wichtigen bekannten Unsicherheiten des Messvorgangs einschließlich derer, die auf das Messmittel (einschließlich der Messnormale) und auf Personal, Verfahren und Umgebung zurückzuführen sind, zu berücksichtigen.

Beim Schätzen der Unsicherheiten muss der Lieferant alle relevanten Daten berücksichtigen einschließlich derjenigen, die aus statistischen Prozesslenkungssystemen erhältlich sind, die vom oder für den Lieferanten betrieben werden.

1.3 Forderung aus QS-9000

„Prüfmittelüberwachung“ Element 4.11 „Untersuchung von Messsystemen“:

Es sind angemessene statistische Untersuchungen zur Beurteilung von Messsystemen und Prüfeinrichtungen durchzuführen. Die dabei angewandten analytischen Methoden und Annahmekriterien sollten mit denen in dem Referenz-Manual „Measurement Systems Analysis“ übereinstimmen. Andere analytische Methoden und Annahmekriterien können ebenfalls angewandt werden, sofern der Kunde damit einverstanden ist.

1.4 Forderung aus VDA 6.1

Auszug aus Abschnitt 16 „Prüfmittelüberwachung“

Voraussetzung zum Einsatz von Prüfmitteln (Prüfeinrichtungen einschließlich Prüfsoftware und Lehren) ist die Sicherstellung, dass das Prüfmittel für den vorgesehenen Zweck geeignet ist, z. B. durch Prüfmittelfähigkeitsnachweis bzw. Vergleichsmessung.

Prüfmittel sind so auszuwählen, dass die zu prüfenden Merkmale mit einer vertretbaren Unsicherheit, die bekannt sein muss, gemessen werden können.

Abhängig von Prozess-/Produktspezifikation und der Prüfanweisung ergibt sich die höchstzulässige Messunsicherheit.

Die „Fähigkeit von Prüfmitteln“ wird von der Messunsicherheit des Prüfmittels im Verhältnis zur Toleranz des Prüfmerkmals bestimmt.

Die Fähigkeitsuntersuchung von Prüfmitteln ist über statistische Auswertung von Messreihen nachzuweisen. Dies kann rechnerisch oder grafisch erfolgen (Korrelationsdiagramm). Hierbei sind spezielle Kundenforderungen soweit möglich zu berücksichtigen, andere Verfahren sind ggf. zu vereinbaren.

Die Prüfmittelfähigkeit wird über die Wiederholbarkeit oder Vergleichbarkeit mit Hilfe der Spannweiten-Methode oder der Mittelwert- und Spannweiten-Methode unter Beachtung des Zufallsstreubereiches (95 %, 99 %, 99,73 %) ermittelt.

Das Ergebnis der Untersuchung wird nicht nur durch das Prüfmittel selbst, sondern durch Einflüsse bestimmt, wie z. B.

- *Beschaffenheit der geprüften Produkte*
- *Bedienungsperson*
- *Messaufnahmen*
- *Spannmittel*
- *Umgebungsbedingungen.*

Die Notwendigkeit eines Fähigkeitsnachweises für Prüfmittel ist u. a. abhängig von:

- *der Messunsicherheit des Prüfmittels*
- *der Komplexität des Prüfmittels*
- *dem Einsatz ineinandergreifender Prüfmittel/Prüfmethoden.*

Das gilt vorwiegend für komplexe Prüfmittel wie z. B.:

- *Messmaschinen*
- *Mehrstellen-Messvorrichtungen*
- *Messmittel zur statistischen Messwertaufnahme*
- *Prüfmittel für elektrische Größen.*

1.5 GUM und DIN EN ISO 14253-1

Hierbei handelt es sich um den „Leitfaden zur Angabe der Unsicherheit beim Messen“ (GUM) und „Entscheidungsregeln für die Feststellung von Übereinstimmung oder Nicht-Übereinstimmung mit Spezifikationen“.

1.6 ANFIA AVSQ94 Forderungen

Anhang A: „Metodi per lo studio delle apparecchiature di misura“

Jedes Messmittel und Testinstrument muss fähig sein. Die Fähigkeitsuntersuchung wird in zwei Schritten durchgeführt: Genauigkeit und Wiederholbarkeit (Accuracy and Repeatability, A&R), Wiederholbarkeit und Nachvollziehbarkeit (Repeatability and Reproducibility, R&R). Die Höchstwerte von A&R and R&R sind von der Produktspezifikation abhängig.

2 Begriffe

Die im Folgenden verwendeten Begriffe sind in DIN EN ISO 10012 beschrieben:

- Messmittel
- Messung
- Messgröße
- Einflussgröße
- Messgenauigkeit
- Messunsicherheit
- Korrektion
- Justierung
- Messbereich
- Referenzbedingungen
- Auflösung (einer Anzeigeeinrichtung)
- Messgerätedrift
- Grenzwerte für Messabweichungen
- Referenzmaterial
- Internationales Normal
- Nationales Normal
- Rückführbarkeit/Rückverfolgbarkeit
- Kalibrierung
- Qualitätsaudit

In dem vorliegenden Leitfaden sind weitere Begriffe verwendet, die zur besseren Übersicht im Folgenden kurz erläutert werden. Diese sind den Literaturstellen, [4] bzw. [25] entnommen und zum Teil umgangssprachlich ergänzt.

2.1 Messabweichung

2.1.1 Systematische Messabweichung

Mittelwert, der sich aus einer unbegrenzten Anzahl von Messungen derselben Messgröße ergeben würde, die unter Wiederholbedingungen ausgeführt wurden, minus einem wahren Wert der Messgröße.

Das zu messende Teil ist ein Normal (Referenzwert), dessen Wert mit Präzisionsmesssystemen, z. B. Koordinatenmessgeräten ermittelt wird und das auf ein nationales oder internationales Normal zurückführbar sein muss. Ein Referenzwert kann bestimmt werden, indem mehrere Messungen mit einem entsprechend genaueren Messgerät durchgeführt werden (z. B. im Messraum oder Kalibrierlabor).

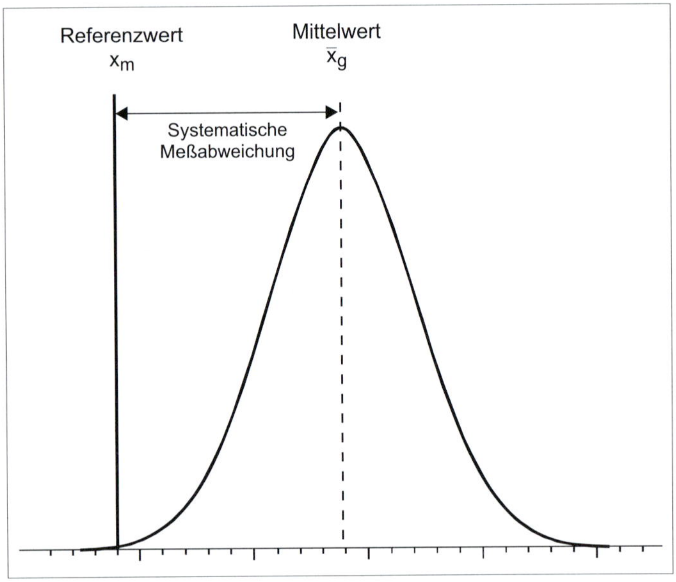

Systematische Messabweichung

2.1.2 Zufällige Messabweichung

Messergebnis minus des Mittelwerts, der sich aus einer unbegrenzten Anzahl von Messungen derselben Messgröße ergeben würde, die unter Wiederholbedingungen ausgeführt wurden.

2.2 Messgerät

Gerät, das allein oder in Verbindung mit zusätzlichen Einrichtungen für Messungen gebraucht werden soll.

2.3 Messmittel

Alle Messgeräte, Normale, Referenzmaterialien, Hilfsmittel und Anweisungen, die für die Durchführung einer Messung notwendig sind. Dieser Begriff umfasst Messmittel, die für Prüfzwecke und solche, die für die Kalibrierung verwendet werden.

2.4 Messeinrichtung

Vollständiger, zur Durchführung vorgegebener Messungen zusammengestellter Satz von Messgeräten und anderen Einrichtungen.

2.5 Linearität

Linearität ist bisher kein in der Norm definierter Begriff. Umgangssprachlich versteht man darunter die systematische Messabweichung über einen spezifizierten Bereich, in der Regel der Toleranzbereich. Die systematische Messabweichung wird aus mehreren gleichmäßig über den spezifizierten Bereich verteilten Messstellen ermittelt.

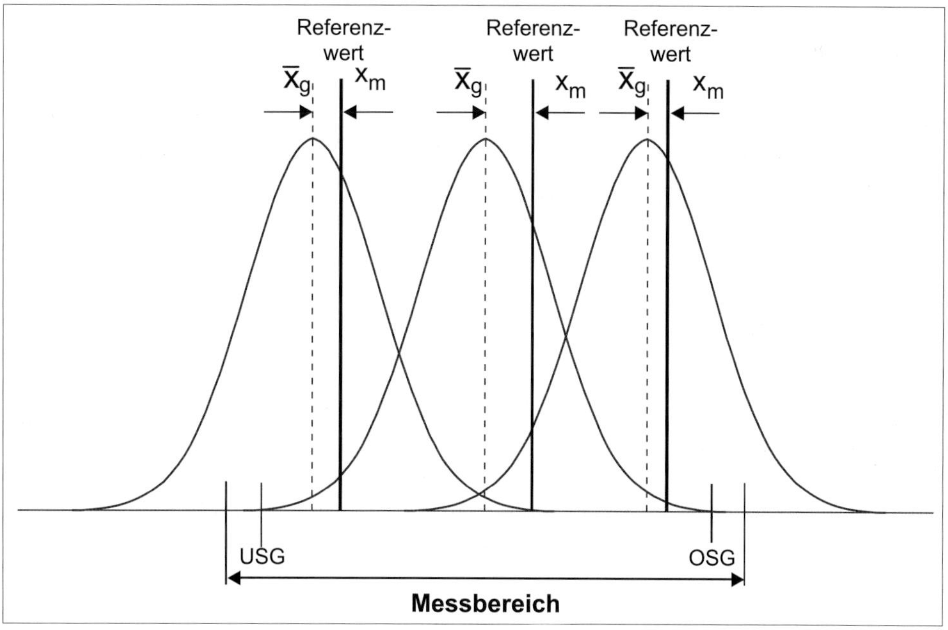

Linearität

2.6 Normal/Einstellmeister/Referenzteil

Massverkörperung, Messgerät, Referenzmaterial oder Messeinrichtung zum Zweck, eine Einheit oder mehrere Größenwerte festzulegen, zu verkörpern, zu bewahren oder zu reproduzieren.

Ein Normal wird zur Einstellung des Messmittels auf einen Bezugswert bzw. zur Durchführung von Wiederholungsmessungen verwendet. Der Bezugswert des Normals muss zertifiziert und auf das entsprechende nationale bzw. internationale Normal rückführbar sein.

Häufig steht kein Normal zur Verfügung. In diesem Fall wird ein Referenzteil/Einstellmeister verwendet. Für das Referenzteil gelten die gleichen Bedingungen wie für ein Normal. Ein Einstellmeister ist ein Gebrauchsnormal, das (nahezu) die Maße und Formen des Messobjektes verkörpert.

HINWEIS: Die Kalibrierunsicherheit des Normals ist durch ein Zertifikat (Kalibrierschein) nachzuweisen. Diese muss im Verhältnis zur Toleranz ausreichend klein sein (z. B. kleiner gleich 5 % der Toleranz). ▪

2.7 Messkette

Folge von Elementen eines Messgerätes oder einer Messeinrichtung, die den Weg des Messsignals von der Eingabe zur Ausgabe bildet.

2.8 Messprozess/-system

Die Gesamtheit aller Einflusskomponenten zur Ermittlung eines Messwerts für ein Merkmal: Verfahren, Vorgehensweise, Messgerät, Hilfsmittel, Normal, Software, Personal etc., das dazu benutzt wird, um dem zu messenden Merkmal einen Wert zuzuweisen. Mit anderen Worten: der Gesamtprozess zur Erfassung von Messwerten. Der Gesamt-/Messprozess wird als Messsystem bezeichnet:

Ein Prozess wird durch Eingaben und durch den Prozess bewirkte Ausgaben gekennzeichnet. Für einen Messprozess ist die Eingabe das Prüfobjekt und die Ausgabe der Messwert oder das Messergebnis. Da jedoch weitere Einflussgrößen wirksam sein können, wie z. B. das Messverfahren, die Antaststrategie, der Bediener, das Normal sowie die Umgebung, wird der gesamte Vorgang „Messsystem" definiert.

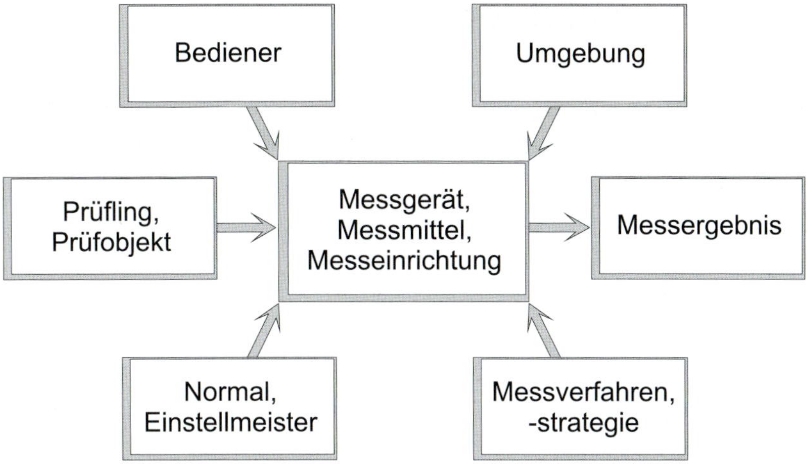

2.9 Wiederholpräzision

Wiederholpräzision (eines Messgerätes) ist die Fähigkeit eines Messgerätes, bei wiederholtem Anlegen derselben Messgröße unter denselben Messbedingungen nahe beieinander liegende Anzeigen zu liefern.

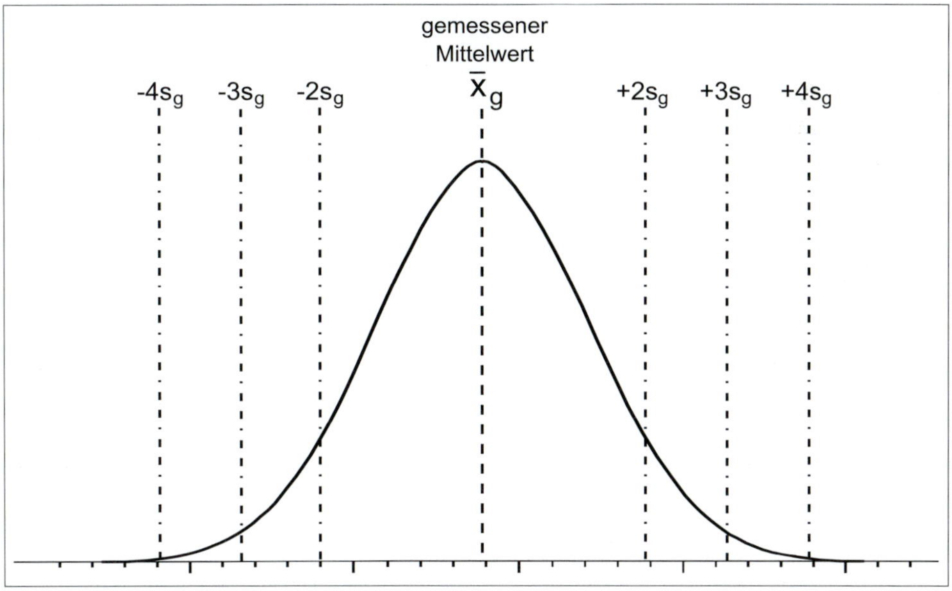

Wiederholpräzision

2.10 Vergleichspräzision

Vergleichspräzision (von Messergebnissen) ist ein Ausmaß der gegenseitigen Annäherung zwischen Messergebnissen derselben Messgröße, gewonnen unter veränderten Messbedingungen.

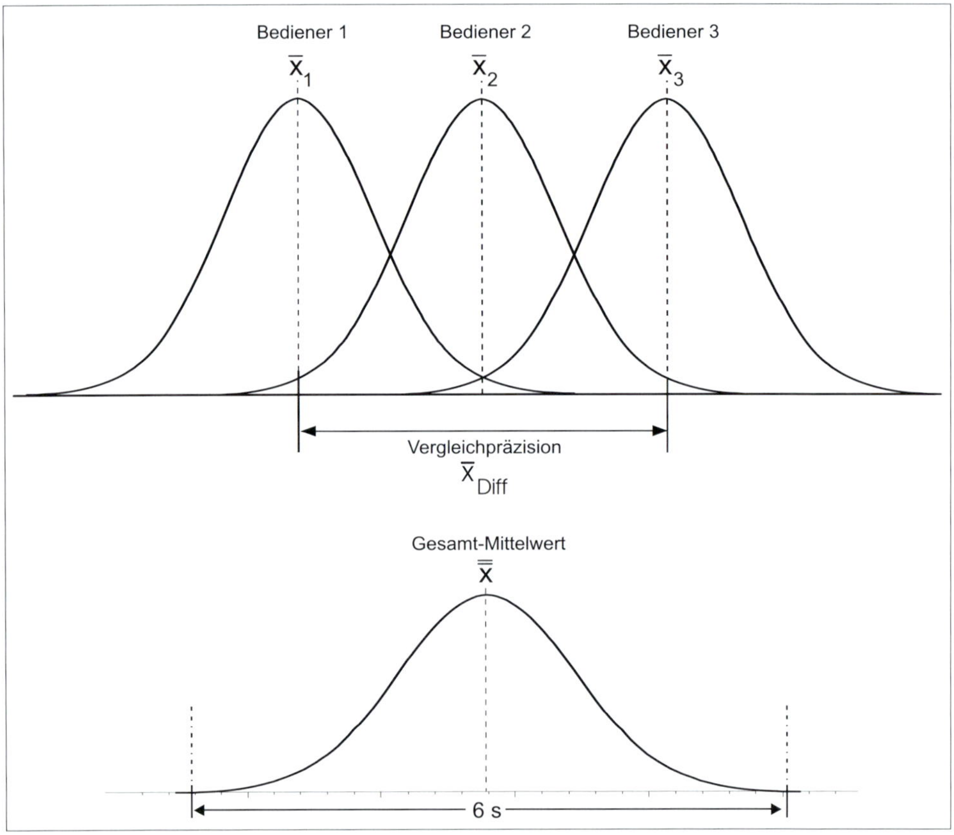

Vergleichspräzision

2.11 Messbeständigkeit/Stabilität

Fähigkeit eines Messsystems, seine metrologischen Merkmale zeitlich unverändert beizubehalten.

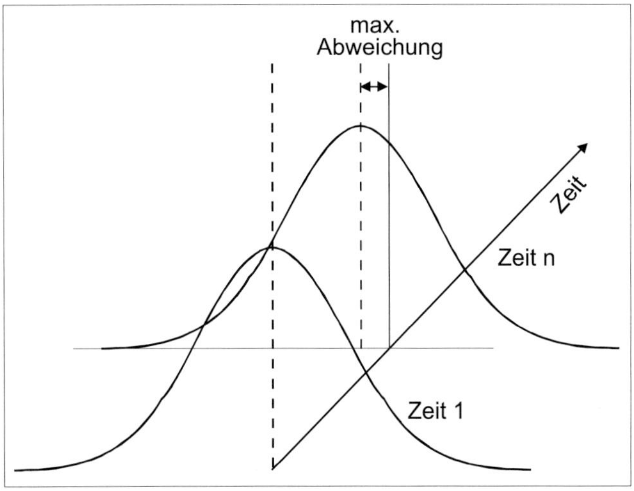

Messbeständigkeit/Stabilität

3 Geltungsbereich

Die im Leitfaden enthaltenen Verfahren eignen sich nur für messende Einrichtungen. Diese werden in Standardmessverfahren bzw. in Sonderfälle eingeteilt. Der vorliegende Leitfaden beschreibt nur die Beurteilungen für die Standardverfahren. In einem separaten Dokument sind für verschiedene Sonderfälle Beispiele enthalten.

Dieser Leitfaden ist gültig beim Neukauf und Einsatz sowie der Bewertung vorhandener Messsysteme. Eventuell bestehende Gesetze und Verordnungen in den jeweiligen Ländern haben uneingeschränkt Vorrang.

Der Leitfaden erstreckt sich auf die Annahmeprüfung und laufende Überwachung aller Messsysteme in den Werken, sowie die Annahmeprüfung bei den Herstellern der Messsysteme. Eine Annahmeprüfung muß vor Inbetriebnahme der Messsysteme durchgeführt werden, nach Neuaufstellungen, Generalüberholungen, wesentlichen konstruktiven Änderungen und Umstellungen. Diese Annahmeprüfungen sollten vor der Beurteilung von Maschinen- und Prozessfähigkeit durchgeführt werden.

4 Verfahren für den Fähigkeitsnachweis

Für den Fähigkeitsnachweis von Messsystemen haben sich verschiedene Methoden als sinnvoll herausgestellt. Je nach Verfahren können die verschiedenen Unsicherheitskomponenten ermittelt werden.

4.1 Auflösung des Messgerätes

Bevor eine der genannten Untersuchungen durchgeführt wird, ist zu überprüfen, ob die Auflösung des Messgerätes gegeben ist.

Das Messgerät muss eine Auflösung von $\%RE \leq 5\,\%$ der Toleranz des Merkmals haben, um Messwerte sicher ermitteln und ablesen zu können.

Fallbeispiel:

Längenmaß 125 ± 0.25 mm

Bei einer Toleranz von 0,5 mm entsprechen 5 % der Toleranz 0,025 mm. D. h., das Messsystem darf eine Auflösung von maximal 0,025 mm über den gesamten Messbereich haben. Gewählt wird z. B. eine Messuhr mit 0,01 mm Skalenteilung.

4.2 Verfahren 1

Das Verfahren 1 wird zur Beurteilung von neuen und vorhandenen Messsystemen vor der Annahmeprüfung beim Lieferanten bzw. am endgültigen Einsatzort beim Kunden durchgeführt. Anhand des Fähigkeitskennwertes kann die Eignung festgestellt werden.

4.3 Verfahren 2

Verfahren 2 findet zur Beurteilung von neuen und vorhandenen Messsystemen vor der Annahmeprüfung beim Kunden am endgültigen Aufstellungsort statt. Dieses Verfahren kann auch beim Lieferanten eingesetzt werden. Dies setzt voraus, dass sowohl Teile als auch Prüfer beim Lieferanten vorhanden sind. Dieses Verfahren wird auch im Rahmen von routinemäßigen Audits oder zu Zwischenprüfungen eingesetzt. Die Beurteilung erfolgt dabei unter möglichst realen Bedingungen, d. h. die Untersuchung wird am Einsatzort, mit original Messobjekten und den Prüfern vor Ort durchgeführt. Die Beurteilung wird anhand des sogenannten %R&R Kennwertes festgestellt.

4.4 Verfahren 3

Bei Verfahren 3 handelt es sich um einen Sonderfall von Verfahren 2. Diese Vorgehensweise wird bei Messsystemen ohne Bedienereinfluss, d. h. automatischen oder mechanisierten Messsystemen (z. B. bei Post-Prozess-, In-Prozess-Messeinrichtungen und vollautomatischen Messeinrichtungen) in Transferstraßen bzw. halbautomatischen Messsystemen (z. B. Drei-Koordinaten-Messgeräten, Nockenformprüfgeräten und Mehrstellenmessgeräten) eingesetzt.

Die Beurteilung dieses Messverfahrens erfolgt ebenfalls anhand des %R&R Kennwertes. Es wird in Analogie zu Verfahren 2 die gleiche Abkürzung verwendet, obwohl eigentlich die Vergleichspräzision (Reproducibility) null ist.

Hinweis zu Verfahren 2 und 3

Die Beurteilung von Messsystemen mit Hilfe von Verfahren 2 und 3 erfolgt über die sogenannte Mittelwert-Spannweiten-Methode (ARM Average-Range-Methode) oder über die ANOVA-Methode (Analysis of Variance). Aufgrund der genaueren statistischen Betrachtung wird die Berechnungsmethode nach ANOVA empfohlen. Allerdings ist dabei der Einsatz eines Rechnerprogramms erforderlich.

Die Vorgehensweise zur Ermittlung der Merkmalswerte und die Interpretation der Ergebnisse ist bei beiden Verfahren gleich. Aufgrund der unterschiedlichen Berechnungsmethoden (ARM bzw. ANOVA) können die Ergebnisse verschieden sein. Dadurch ist eine Vergleichbarkeit nur innerhalb eines Verfahrens möglich.

Bei der Beschreibung der Verfahren wurde der Einfachheit halber die ARM-Methode verwendet. Die ANOVA-Methode ist im Anhang erläutert.

4.5 Linearität

Anhand dieser Studie ist zu untersuchen, ob die systematische Messabweichung über den gesamten Anwendungsbereich als geeignet angesehen werden kann. Die Untersuchung der Linearität kann sowohl beim Lieferant als auch beim Kunden am endgültigen Aufstellungsort stattfinden.

Ist Linearität gefordert, ist diese vor oder in Verbindung mit Verfahren 1 durchzuführen.

4.6 Messbeständigkeit/Stabilität

Bei den Fähigkeitsuntersuchungen (insbesondere den Verfahren 1, 2 und 3) sowie der Beurteilung der Linearität handelt es sich immer nur um eine Momentaufnahme. Anhand von Stabilitätsuntersuchungen ist nachzuweisen, dass die eingesetzten Messeinrichtungen ihre Eignung über die Dauer des Einsatzes halten.

4.7 Vorgehensweise

Der Ablauf der Eignungsuntersuchung kann nach folgendem Flussdiagramm erfolgen:

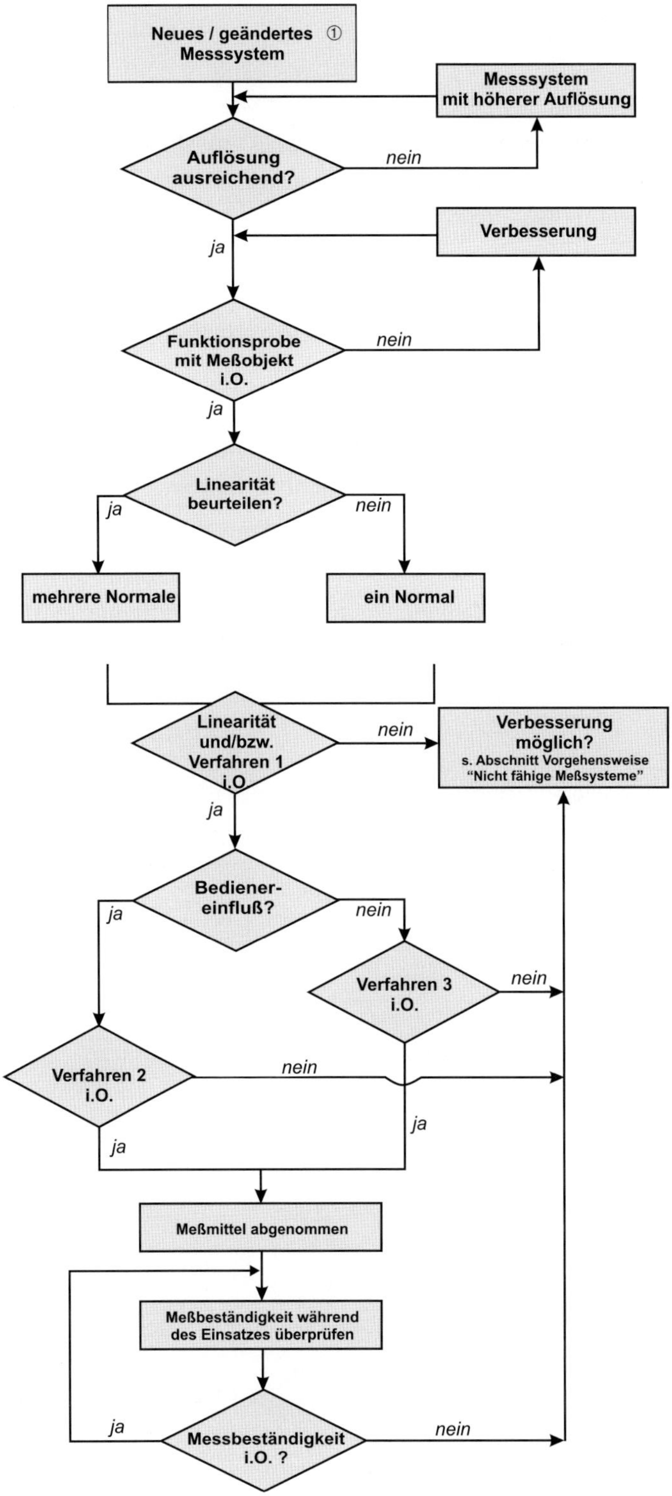

① Messsystem muss eindeutig durch eine Identnummer gekennzeichnet sein.

5 Verfahren 1

Ziel der Untersuchung

Anhand der Fähigkeitskennwerte C_g und C_{gk} wird entschieden, ob eine Messeinrichtung unter Verwendung eines Normals für den vorgesehenen Einsatz unter Betriebsbedingungen geeignet ist.

Voraussetzung

1. Die Messeinrichtung ist entsprechend den Vorschriften des Herstellers einzurichten und gebrauchsfertig zu machen.
2. Es muss ein Normal-/Einstellmeister vorhanden sein, dessen richtiger Wert durch Kalibrierung auf nationale oder internationale Normale rückführbar ist und sich im Laufe des Untersuchungszeitraums nicht verändert.
3. Die Messunsicherheit, mit denen der richtige Wert des Normals bestimmt wird, ist anzugeben.
4. Steht aus messtechnischen Gründen kein Normal zur Verfügung, entfällt die Berechnung von C_{gk}. In diesem Fall kann mit Hilfe eines geeigneten Messobjektes (z.B. stabilisiertes Teil aus der Serie) nur die Wiederholpräzision C_g bestimmt werden.

HINWEIS: Bei der Verwendung eines Messobjektes anstelle eines Normals kann eine größere Streuung auftreten. ■

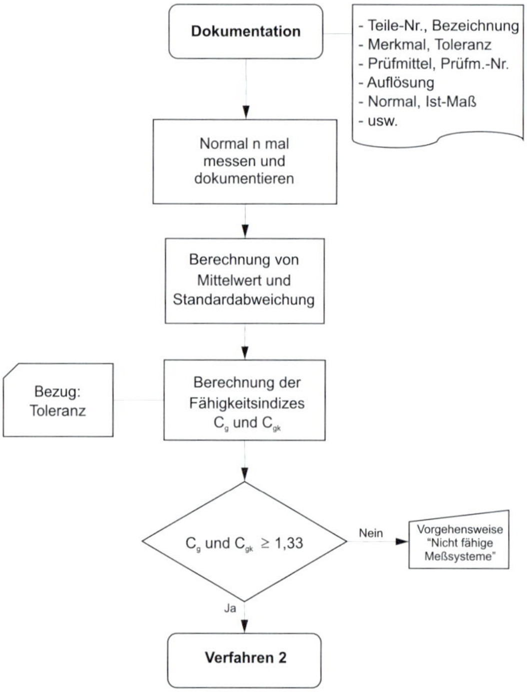

5.1 Messung und Auswertung

1. Schritt
Istwert des Normals und Toleranz des Merkmals T in das Auswerteblatt eintragen.

2. Schritt
Beurteilung der Auflösung (RE) der Messeinrichtung (Messwertaufnehmer mit Anzeige).

RF Bezugsgröße (Reference Figure) hier Toleranz T

$$\%RE = \frac{RE}{RF} \cdot 100\%$$

$\%RE \leq 5\,\%$ geeignete Auflösung

$\%RE > 5\,\%$ Das Messgerät ist aufgrund der unzureichenden Auflösung ungeeignet für diese Messaufgabe.

HINWEIS: Ausnahmeregelungen bei kleinen Toleranzen[1] müssen im Einzelfall getroffen werden (s. Vorgehensweise „Nicht fähige Messsysteme“).

3. Schritt
Festlegung und Auswahl eines Normals, dessen richtiger Wert x_m im Toleranzfeld des Prüfmerkmals liegen sollte. Die Messposition ist am Normal zu kennzeichnen, zwangsweise zu positionieren oder zu beschreiben.

4. Schritt
Einstellung und Abgleich der Messeinrichtung nach der gültigen Vorschrift. Während der Durchführung der Messung sind Veränderungen an der Messeinrichtung nicht zulässig.

5. Schritt
Am Standort sind 50 (min. 20) Wiederholmessungen in kurzen Zeitabständen am Normal nach der gültigen Vorschrift (Wiederholbedingungen) durch denselben Prüfer durchzuführen. Das Normal ist vor jeder Messung erneut bei gleicher Messposition in die Messvorrichtung einzulegen. Die Werte sind in das Auswerteblatt (Verfahren 1) einzutragen.

HINWEIS: Ein Messvorgang kann sehr lange dauern, so dass die Messzeit bei 50 Wiederholungen mehrere Stunden in Anspruch nimmt. Diese Zeiten sind oftmals wirtschaftlich nicht zu vertreten.

[1] „Kleine Toleranzen“ ist ein subjektiver Begriff, der je nach Messaufgabe unterschiedlich zu interpretieren ist. Das kann beispielsweise das Messen einer Welle in einem Toleranzbereich von 10 µ in der Fertigung oder das Erreichen einer physikalischen/technischen Grenze sein.

Weiter zeigen Untersuchungen, dass sich bei stabilen Messsystemen die Standardabweichungen nach 10 Wiederholungsmessungen nicht mehr signifikant ändern. Damit reichen in der Regel 20 Wiederholungsmessungen aus.

Daher ist die Anzahl der Wiederholungsmessungen in Abhängigkeit der Messaufgabe festzulegen und zwischen Kunde und Lieferant abzustimmen.

6. Schritt

Berechnung des angezeigten Mittelwerts $\overline{x}_g$ und der Wiederholstandardabweichung s_g der angezeigten Werte.

7. Schritt

Berechnung der Abweichung Bi des Mittelwerts $\overline{x}_g$ vom richtigen Wert x_m des Normals:

$$Bi = \overline{x}_g - x_m$$

8. Schritt

Bestimmung des Fähigkeitskennwerts C_{gk}, der eine systematische und eine zufällige Komponente berücksichtigt:

$$C_{gk} = \frac{0{,}1 \cdot T - |Bi|}{2 \cdot s_g}$$

9. Schritt

Bestimmung des Fähigkeitskennwerts C_g, der nur eine zufällige Komponente (Wiederholpräzision) berücksichtigt. Bei zweiseitig begrenzten Merkmalen zeigt die Differenz zwischen C_{gk} und C_g die Verbesserungsmöglichkeit z. B. durch genaues Einstellen der Messeinrichtung an, was einer systematischen Messabweichung Bi = 0 entspricht.

$$C_g = \frac{0{,}2 \cdot T}{4 \cdot s_g}$$

HINWEISE

Messbeständigkeit

Bei Verfahren 1 handelt es sich um eine Kurzzeitbeurteilung des Messsystems, die keine Aussage über die Messbeständigkeit beim Einsatz zulässt. Daher wird empfohlen, die Messbeständigkeit separat zu betrachten (siehe Abschnitt 9 Messbeständigkeit/Stabilität).

Warum $4 \cdot s_g$ als Streubereich?

In den bisher vorliegenden Richtlinien zur Berechnung der Fähigkeitsindizes C_g bzw. C_{gk} wurde in der Regel als Streubereich des Messsystems $6 \cdot s_g$ herangezogen. In dem vorliegenden Leitfaden wurde als Streubereich des Messsystems $4 \cdot s_g$ verwendet.

Begründung:

1. Insbesondere wenn die Auflösung des Messsystems nicht wesentlich unter 5 % der Toleranz liegt, klassiert das Messverfahren quasi die Messwerte. In diesem Fall ist als Verteilungsmodell der Messwerte die Normalverteilung nicht zutreffend.
2. Umfangreiche praktische Versuche haben bestätigt, dass bei Messprozessen, sowohl in der industriellen Fertigungsüberwachung als auch bei Kalibrierungen in Laboratorien, die Messwertstreuung bei Wiederholmessungen mit einem Streubereich von $\pm 2s_g$, vollständig abgedeckt ist. Das gilt bei Annahme einer Normalverteilung. Treten Werte außerhalb dieses Bereichs auf, sind diese auf eine defekte Messeinrichtung oder auf unzulässig in die Messung mit einbezogene Trends zurückzuführen.

■

Beurteilung des Ergebnisses:

I. Fall:

$C_{gk} \geq 1{,}33$

Das Messgerät ist fähig.

Der Fall $s_g = 0$ ist zu begründen. Dieser Fall kann z. B. unter folgenden Bedingungen auftreten:

a: Die Auflösung der Messeinrichtung reicht nicht aus, um die Einflüsse zu erkennen.

b: Fehler in der Messeinrichtung (z. B. Messtaster klemmt).

II. Fall:

$C_{gk} < 1{,}33$

Das Messgerät ist nicht fähig.

s. Vorgehensweise „Nicht fähige Messsysteme“

Ausnahmeregelungen bei kleinen Toleranzen[2] müssen im Einzelfall getroffen werden (siehe hierzu auch Vorgehensweise „Nicht fähige Messsysteme“).

Anmerkung:

Durch Umstellen der Formel für C_{gk} mit $C_{gk} \geq 1{,}33$ kann der kleinste Betrag der Toleranz errechnet werden, ab dem die Messeinrichtung nach Verfahren 1 geeignet ist.

$$T_{min} \geq \frac{80}{3} \cdot s_g + 10 \cdot |Bi|$$

---

2 „Kleine Toleranzen“ ist ein subjektiver Begriff, der je nach Messaufgabe unterschiedlich zu interpretieren ist. Das kann beispielsweise das Messen einer Welle in einem Toleranzbereich von 10 µ in der Fertigung oder das Erreichen einer physikalischen/technischen Grenze sein.

6 Verfahren 2

Vorbemerkung

Beim Verfahren 2 wird im Wesentlichen der Bedienereinfluss ermittelt. Ist ein Bedienereinfluss bei einer Messeinrichtung gegeben, so muss dieser Einfluss untersucht werden. Ansonsten kann Verfahren 3 (keine Berücksichtigung des Bedienereinflusses) angewendet werden.

HINWEIS: Ein Bedienereinfluss ist nur dann ganz auszuschließen, wenn die Beschickung der Messeinrichtung mit dem Messobjekt und/oder der Messprozess automatisiert abläuft. ■

Ziel des Verfahrens

Anhand des Kennwertes %R&R wird beurteilt, ob eine Messeinrichtung unter Berücksichtigung aller Einflussgrößen für die vorgesehene Messaufgabe geeignet ist.

Voraussetzung

Das Verfahren 2 darf nur nach erfolgreichem Nachweis der Eignung aus Verfahren 1 durchgeführt werden.

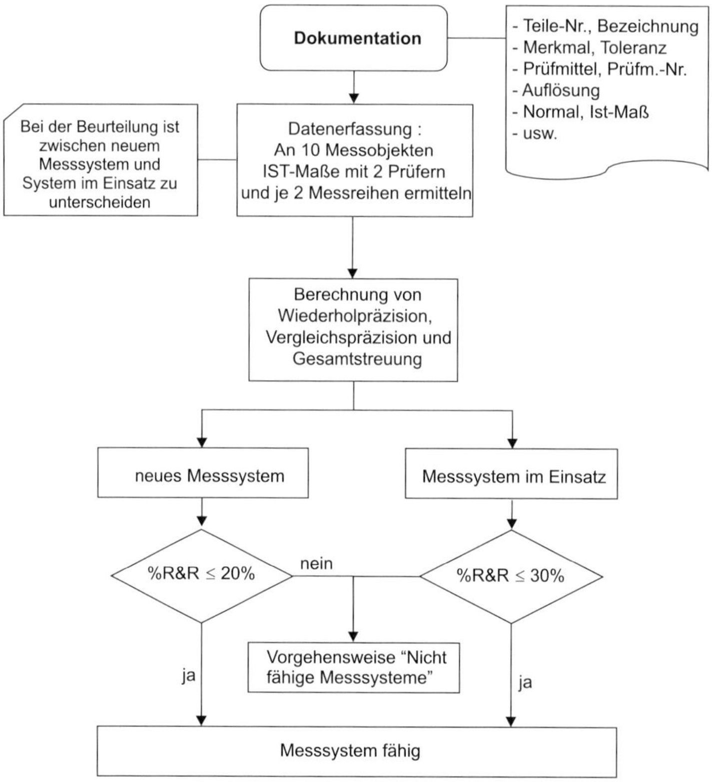

Messung und Auswertung

1. Schritt

Festlegung der Anzahl von Prüfern ($k \geq 2$), die Auswahl von 10 Messobjekten ($n \geq 5$), die möglichst über den Toleranzbereich verteilt sind und die Anzahl der Messungen pro Prüfer ($r \geq 2$). Dabei muss das Produkt $k \cdot r \cdot n$ größer gleich 30 sein: $k \cdot r \cdot n \geq 30$.

Standardfall: 2 Prüfer, 10 Teile mit 2 Messreihen pro Prüfer.

2. Schritt

Die Teile werden nummeriert. Um den Einfluss des Messobjekts, z. B. die Teilegeometrie, auszuschließen, wird die Messposition gekennzeichnet oder dokumentiert. Die Umgebungsbedingungen (z. B. Temperatur, Bediener, Schwingungen usw.) sind zu dokumentieren.

3. Schritt

Der erste Gerätebediener stellt die Messeinrichtung ein und ermittelt die Merkmalswerte der Messobjekte in der durch die Nummerierung vorgegebenen Reihenfolge und nach der gültigen Vorschrift unter Beachtung der Messposition. Die Messwerte werden dokumentiert. In derselben Reihenfolge und nach derselben Verfahrensweise ermittelt der erste Gerätebediener die Merkmalswerte der Messobjekte ein zweites Mal. Die Messergebnisse der zweiten Messung dürfen von den Ergebnissen der ersten Messung nicht beeinflusst werden. Während der Durchführung der Untersuchung sind Veränderungen an der Messeinrichtung nicht zulässig.

HINWEIS: Die hier empfohlene Reihenfolge für den Messablauf kann oftmals aus praktischen Gegebenheiten nicht eingehalten werden.

Daher empfiehlt sich, die Reihenfolge des Messablaufs je nach Messaufgabe in Absprache zwischen Kunde und Lieferant individuell festzulegen und entsprechend zu dokumentieren.

4. Schritt

Schritt 3 ist mit jedem weiteren Prüfer zu wiederholen. Die jeweiligen Messergebnisse sollten während der Durchführung der Messung den anderen Prüfern nicht bekannt sein.

5. Schritt

Ermittlung der Spannweiten aus den Ergebnissen des ersten Prüfers pro Messobjekt.

6. Schritt

Berechnung des Mittelwertes der Einzelwerte des ersten Prüfers $\overline{x}_1$ und der mittleren Spannweite $\overline{R}_1$ aus den Messreihen des ersten Prüfers.

7. Schritt

Schritt 5 und 6 sind für jeden weiteren Prüfer zu wiederholen.

8. Schritt

Berechnung der Wiederholpräzision des Messsystems (EV)

$EV = K_1 \cdot \overline{\overline{R}}$ mit $\overline{\overline{R}}$ Mittelwert der mittleren Spannweiten

HINWEIS: ergänzender Hinweis bezogen auf MSA 3. Ausgabe:

Je nachdem, ob die Berechnung der K-Faktoren nach der MSA 1. bzw. 2. Ausgabe oder nach der 3. Ausgabe berechnet werden, unterscheiden sich die Ergebnisse. ■

Die K_1-Faktoren sind Tabelle 16.1 zu entnehmen.

9. Schritt

Berechnung der Vergleichspräzision des Messsystems (AV)

$$\overline{x}_{Diff} = \overline{x}_{max} - \overline{x}_{min}$$

$$AV = K_2 \cdot \overline{x}_{Diff}$$

HINWEIS: ergänzender Hinweis bezogen auf MSA 3. Ausgabe:

Je nachdem, ob die Berechnung der K-Faktoren nach der MSA 1. bzw. 2. Ausgabe oder nach der 3. Ausgabe berechnet werden, unterscheiden sich die Ergebnisse. ■

Die K_2-Faktoren sind der Tabelle 16.1 zu entnehmen.

10. Schritt

Berechnung der Wiederhol- und Vergleichspräzision R&R

$$R\,\&\,R = \sqrt{EV^2 + AV^2}$$

$$\%R\,\&\,R = \frac{R\,\&\,R}{RF} \cdot 100\%$$

HINWEIS: ergänzender Hinweis bezogen auf MSA 3. Ausgabe:

Bei der 1. und 2. Ausgabe der MSA ist RF=T. Bei der 3. Ausgabe der MSA [1] ist RF = 1/6 ·T ■

Beurteilung des Ergebnisses:

I. Fall: %R&R ≤ 20 % für neue Messsysteme

II. Fall: %R&R ≤ 30 % für Messsysteme im Einsatz

Das Messsystem ist geeignet.

Tritt bei einem oder mehreren Prüfern der Fall $\overline{R} = 0$ auf, so ist dies zu begründen. Dieser Fall kann z. B. nur unter folgenden Bedingungen auftreten:

a: Die Auflösung der Messeinrichtung reicht nicht aus, um die Einflüsse zu erkennen.

b: Fehler in der Messeinrichtung (z. B. Messtaster klemmt).

III. Fall: %R&R > 20 % bzw. 30 %

Das Messsystem ist nicht geeignet.

Der Einfluss der Prüfer und/oder die Messstreuung sind durch geeignete Maßnahmen zu reduzieren, bis die Forderung erfüllt ist. Eventuell ist ein anderes Messverfahren oder eine bessere Schulung der Prüfer notwendig (siehe hierzu auch Vorgehensweise „Nicht fähige Messsysteme").

Ausnahmeregelungen bei kleinen Toleranzen[3] müssen im Einzelfall getroffen werden (siehe hierzu auch Vorgehensweise „Nicht fähige Messsysteme").

Anmerkung:

Durch Umstellung der Ungleichung %R&R ≤ 20 % bzw. 30 % kann der kleinste zulässige Betrag der Toleranzvorgabe errechnet werden, für die die Messeinrichtung nach Verfahren 2 eingesetzt werden kann.

$$T_{min} \geq 5 \cdot R\,\&\,R \quad \text{bei neuen Messsystemen}$$

$$T_{min} \geq \frac{10}{3} \cdot R\,\&\,R \quad \text{bei Messsystemen im Einsatz}$$

7 Verfahren 3

Vorbemerkung

Das Verfahren 3 ist ein Sonderfall des Verfahrens 2 und wird bei Messsystemen angewendet, bei denen kein Bedienereinfluss vorliegt. (z. B. mechanisierte Messeinrichtung, Prüfautomaten, automatisches Handling usw.) bzw. der Bedienereinfluss vernachlässigbar klein ist.

Ziel des Verfahrens

Anhand des Kennwerts %EV wird beurteilt, ob eine Messeinrichtung unter Verwendung von Messobjekten (z. B. Produktionsteilen) unter Betriebsbedingungen und Berücksichtigung des möglichen Einflusses der zu messenden Produktionsteile (Ober-

[3] „Kleine Toleranzen" ist ein subjektiver Begriff, der je nach Messaufgabe unterschiedlich zu interpretieren ist. Das kann beispielsweise das Messen einer Welle in einem Toleranzbereich von 10 µ in der Fertigung oder das Erreichen einer physikalischen/technischen Grenze sein.

flächeneinfluss, Verschmutzung, Temperatureinfluss etc.) für die vorgesehene Messaufgabe geeignet ist.

Voraussetzung

Das Verfahren 3 darf nur nach erfolgreichem Nachweis der Eignung aus Verfahren 1 durchgeführt werden.

Messung und Auswertung

1. Schritt

Auswahl von Messobjekten ($n \geq 5$), die möglichst über die Toleranz verteilt sind und Festlegung der Anzahl Messungen pro Messobjekt ($r \geq 2$). Dabei muss das Produkt $n \cdot r$ größer gleich 20 sein: $n \cdot r \geq 20$.

Standardfall:

25 Teile mit 2 Messungen pro Messobjekt.

2. Schritt

Die Teile werden nummeriert. Um den Einfluss des Messobjekts (z. B. der Teilegeometrie) auszuschließen, wird die Messposition gekennzeichnet oder zu dokumentieren. Die Einflussgrößen (z. B. Temperatur, Schwingung usw.) sind festzuhalten.

3. Schritt

Der Gerätebediener stellt die Messeinrichtung ein und ermittelt die Messwerte der Messobjekte in der durch die Nummerierung vorgegebenen Reihenfolge und nach der gültigen Vorschrift unter Beachtung der Messposition. Die Messwerte werden dokumentiert. In derselben Reihenfolge und nach derselben Verfahrensweise ermittelt der Gerätebediener die Merkmalswerte der Teile ein zweites Mal. Die Messergebnisse der zweiten Messung dürfen von den Ergebnissen der ersten Messung nicht beeinflusst werden. Während der Durchführung der Untersuchung sind Veränderungen an der Messeinrichtung nicht zulässig.

HINWEIS: Die hier empfohlene Reihenfolge für den Messablauf kann oftmals aus praktischen Gegebenheiten nicht eingehalten werden. Um bestimmte Eigenschaften einer Messeinrichtung bzw. den Drift durch Temperatureinfluss erkennen zu können, ist es ebenfalls sinnvoll, eine andere Reihenfolge zu wählen. ■

Daher empfiehlt sich, die Reihenfolge des Messablaufs je nach Messaufgabe in Absprache zwischen Kunde und Lieferant individuell festzulegen und entsprechend zu dokumentieren.

4. Schritt

Ermittlung der Spannweite pro Messobjekt.

5. Schritt
Berechnung der mittleren Spannweite $\overline{R}$ aus den Ergebnissen der Messungen.

6. Schritt
Berechnung der Wiederholpräzision Messsystem (EV)

$$R\,\&\,R = EV = K_1 \cdot \overline{R}$$

mit $\overline{R}$ Mittelwert der Spannweiten

> **HINWEIS:** ergänzender Hinweis bezogen auf MSA 3. Ausgabe:
> Je nachdem, ob die Berechnung der K-Faktoren nach der MSA 1. bzw. 2. Ausgabe oder nach der 3. Ausgabe berechnet werden, unterscheiden sich die Ergebnisse.

Die K_1-Faktoren sind Tabelle 16.1 zu entnehmen.

$$\%R\,\&\,R = \%EV = \frac{EV}{RF} \cdot 100\%$$

> **HINWEIS:** Bei der 1. und 2. Ausgabe der MSA ist RF = T. Bei der 3. Ausgabe der MSA [1] ist RF = 1/6 ·T

Beurteilung der Ergebnisse

I. Fall: %R&R=%EV ≤ 20 % für neue Messsysteme

II. Fall: %R&R=%EV ≤ 30 % für Messsysteme im Einsatz

Das Messgerät ist geeignet.

Der Fall $\overline{R} = 0$ ist zu begründen. Dieser Fall kann z. B. unter folgenden Bedingungen auftreten:

a: Die Auflösung der Messeinrichtung reicht nicht aus, um die Einflüsse zu erkennen.

b: Fehler in der Messeinrichtung (z. B. Messtaster klemmt).

III. Fall: %R&R=%EV > 20 % bzw. 30 %

Das Messgerät ist nicht geeignet.

Die Messstreuung ist zu reduzieren, bis die Forderung erfüllt ist (siehe hierzu auch Vorgehensweise „Nicht fähige Messsysteme“).

Ausnahmeregelungen bei kleinen Toleranzen[4] müssen im Einzelfall getroffen werden (siehe hierzu auch Vorgehensweise „Nicht fähige Messsysteme“).

---

4 „Kleine Toleranzen“ ist ein subjektiver Begriff, der je nach Messaufgabe unterschiedlich zu interpretieren ist. Das kann beispielsweise das Messen einer Welle in einem Toleranzbereich von 10 µ in der Fertigung oder das Erreichen einer physikalischen/technischen Grenze sein.

Anmerkung:

Durch Umstellung der Ungleichung $\%EV \leq 20\,\%$ bzw. $30\,\%$ kann die kleinste zulässige Betrag der Toleranzvorgabe errechnet werden, für die die Messeinrichtung zur Messung nach Verfahren 3 eingesetzt werden kann:

$T \geq 5 \cdot EV$ bei neuem Messsystem

$T \geq \frac{10}{3} \cdot EV$ bei Messsystem im Einsatz

8 Linearität/Untersuchung an den Spezifikationsgrenzen

8.1 Vorbemerkung

Beim Einsatz des Messsystems ist dessen „Linearität“ nachzuweisen. Bei der Untersuchung der Linearität sind folgende Situationen zu unterscheiden:

1. Das Messsystem enthält eine lineare Maßverkörperung. Dies ist in Form eines Zertifikates bzw. Überprüfung nachzuweisen. In diesem Fall ist keine separate Linearitätsstudie erforderlich. Die Beurteilung des Messverfahrens nach Verfahren 1 ist ausreichend.
2. Das Messsystem enthält keine lineare Maßverkörperung. In diesem Fall sollte die Linearität des Messsystems näher untersucht werden.

8.2 Begriffserklärung „Linearität“

In [4] findet man folgende Definition für „Linearität“.

„Konstant bleibender Zusammenhang zwischen der Ausgangsgröße und der Eingangs-(Mess-) größe eines Messmittels bei deren Änderung.“

Eine ähnliche Festlegung ist in [1] zu finden. Beide Begriffsdefinitionen sind für eine umfassende Linearitätsuntersuchung nicht ausreichend.

Daher wird zunächst der Begriff „Linearität“ beschrieben, wie er im vorliegenden Leitfaden zu verstehen ist.

Mit einer Linearitätsuntersuchung soll die „Systematische Messabweichung“ eines Messsystems über einen spezifizierten Bereich ermittelt werden. Anhand der Ergebnisse ist zu beurteilen, ob sich die systematische Messabweichung in einem Bereich bewegt, in dem das Messsystem als geeignet angesehen werden kann.

Die folgenden Bilder zeigen verschiedene Situationen mit Abweichungen von der Linearität. Es bedeuten:

.... Verbindungslinie der Mittelwerte

—— ideale Position, bei der alle Messwerte dem jeweiligen Referenzwert entsprechen

● Mittelwert der Messwertreihe am Normal i

$(x_m)_i$ Referenzwert des Normals i

x_{ij} Messwert

$\left(\overline{x}_g\right)_i$ Mittelwert der Messwerte zu Normal i

Folgende unterschiedliche Situationen sind zu betrachten:

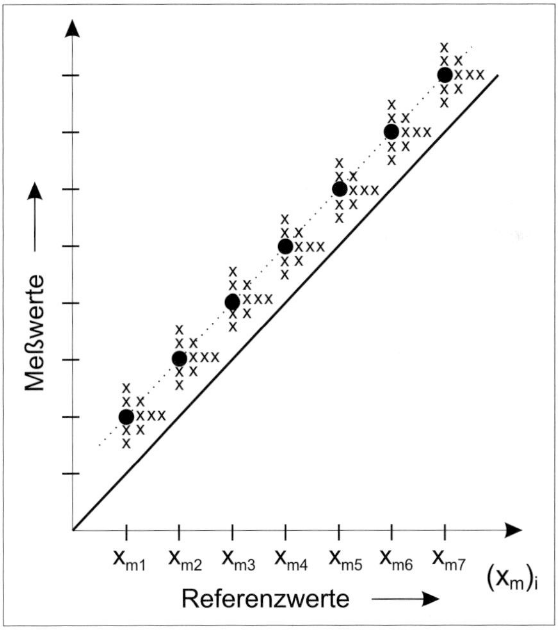

Die systematische Messabweichung ist unabhängig von den Referenzwerten über den spezifizierten Bereich konstant.

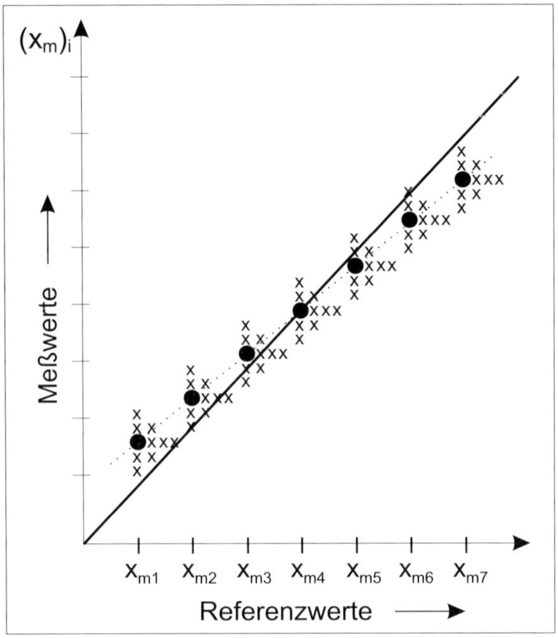

Die systematische Messabweichung ändert sich über den spezifizierten Bereich. Es besteht ein linearer Zusammenhang zwischen den Referenzwerten und der systematischen Messabweichung.

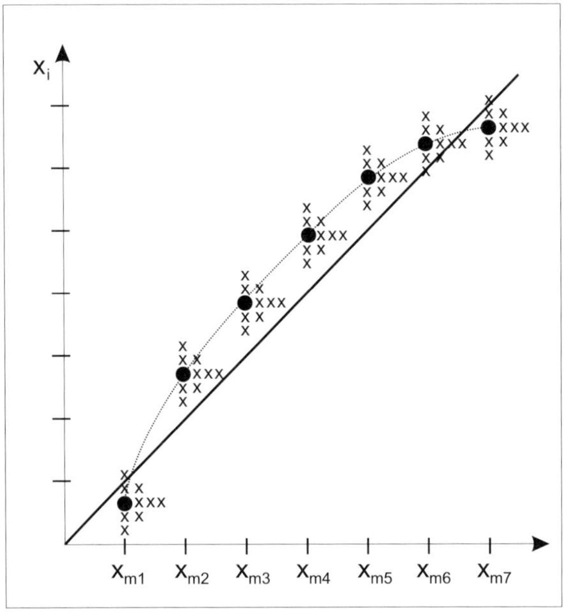

Es besteht kein linearer Zusammenhang zwischen den Referenzwerten und der systematischen Messabweichung.

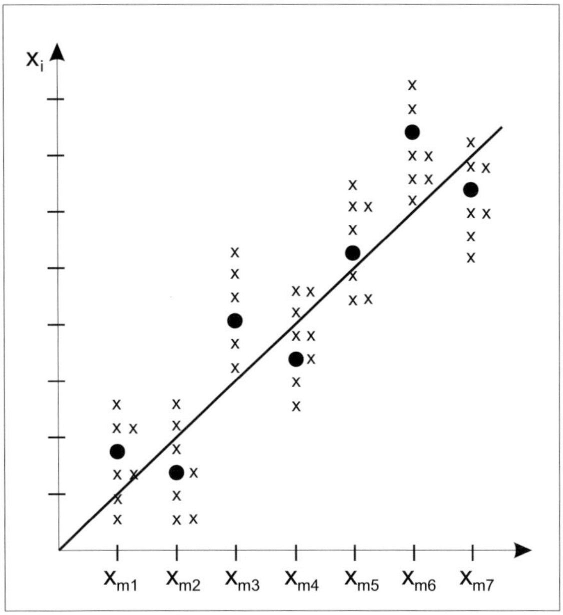

Die Streuung der Messwerte bei den einzelnen Referenzwerten ist signifikant.

Die Streuung der Messwerte an einem Referenzteil muss gemäß Verfahren 1 ausreichend klein sein.

8.3 Bestimmung der systematischen Messabweichung

Um die systematische Messabweichung über einen spezifizierten Bereich beurteilen zu können, sind mehrere (mindestens drei) Normale erforderlich. Die Normale sollten über den Toleranzbereich möglichst gleichmäßig verteilt sein. Dabei sollte jeweils ein Normal oben bzw. unten auch außerhalb der Toleranzgrenze liegen.

Werden nur drei Normale (x_{m1}, x_{m2}, x_{m3}) verwendet, sollten die Referenzwerte innerhalb folgender Bereiche liegen:

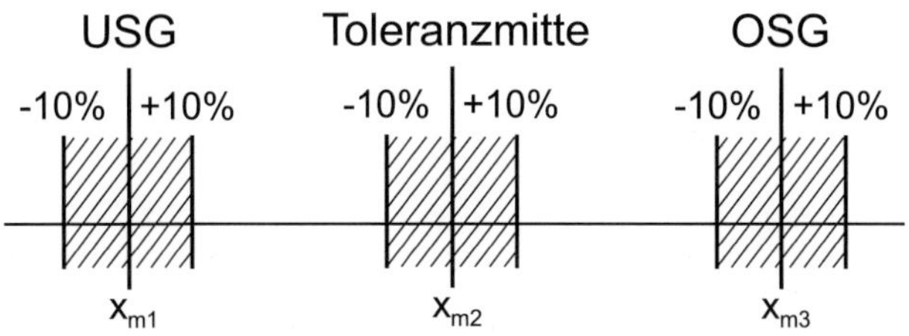

Anschließend werden alle verwendeten Normale unter Wiederholbedingungen n-mal (n = 10, mindestens n = 5) gemessen. Die Messwerte und die Mittelwerte pro Normal können im xy-Plot oder als Differenz zum jeweiligen Referenzteil im Abweichungsdiagramm dargestellt werden.

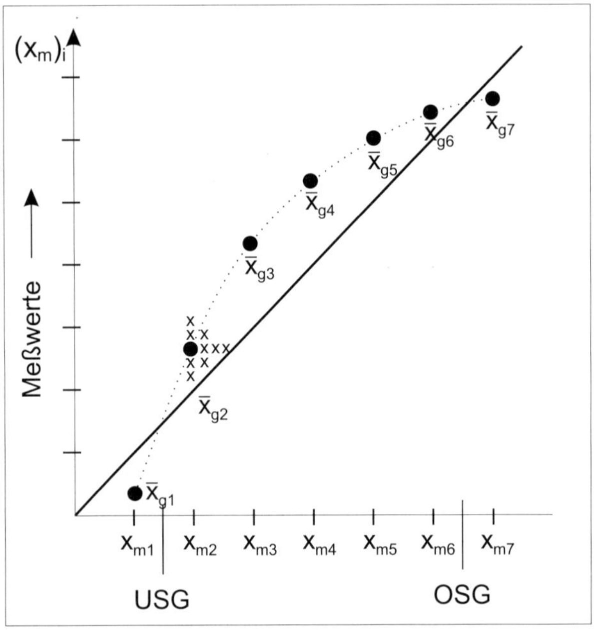

xy-Plot

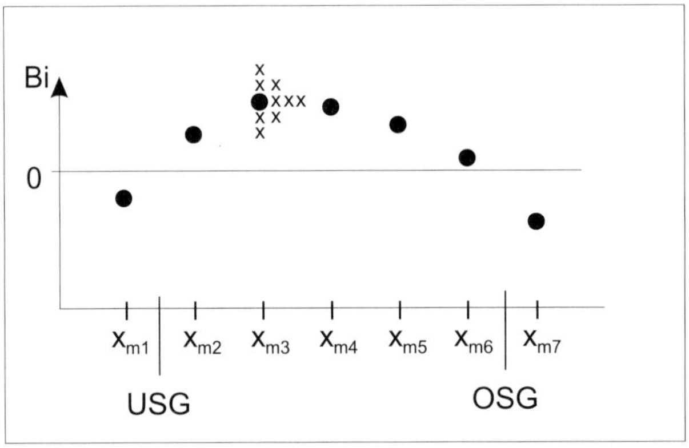

Abweichungsdiagramm

8.4 Beurteilung der Linearität

Die Linearität wird anhand der systematischen Messabweichung Bi beurteilt. Für jedes Normal gilt:

$$Bi_i = (\bar{x}_g)_i - (x_m)_i$$

Die an jedem Normal ermittelte systematische Messabweichung sollte z. B. dem Betrag nach kleiner gleich 5 % der Toleranz sein. In diesem Fall lautet die allgemeine Forderung für Bi:

$$-5\% \cdot T \leq Bi \leq 5\% \cdot T$$

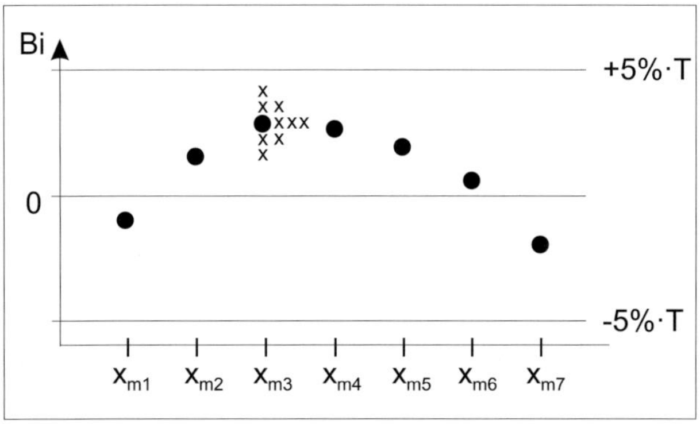

HINWEIS: Die Streuung des Messsystems ist bei dieser Betrachtung nicht berücksichtigt. Soll diese in die Beurteilung mit einbezogen werden, ist für jedes Normal eine Betrachtung nach Verfahren 1 durchzuführen.

8.5 Regressionsanalyse

Für den Fall, dass ein linearer Zusammenhang zwischen dem Referenzwert und den gemessenen Mittelwerten besteht, kann die Geradengleichung mittels einer Regressionsanalyse [1] bestimmt werden. Anhand des Korrelationskoeffizienten (R^2) kann abgeschätzt werden, ob die ermittelte Ausgleichsgerade den Sachverhalt ausreichend genau beschreibt. Die Formeln zur Berechnung der Ausgleichsgeraden und des Korrelationskoeffizienten sind im Anhang zusammengestellt.

8.6 Untersuchung der Linearität

Um die Linearität gemäß der hier getroffenen Definition beurteilen zu können, sind pro Merkmal m Normale ($m \geq 3$) zu verwenden. Die Normale sollten möglichst gleichmäßig über den spezifizierten Auswertungsbereich verteilt sein. An jedem Normal werden Messungen (Standardfall n = 10) durchgeführt. Anschließend sind die Mittelwerte $(\overline{x}_g)_i$ und die systematische Messabweichung Bi_i zu bestimmen. Die Linearität wird anhand der Ergebnisse $(Bi)_i$ durch den Vergleich mit den vorgegebenen Grenzwerten beurteilt.

8.7 Untersuchung an der Spezifikationsgrenze

Oftmals können aus wirtschaftlichen Gründen nicht mehr als zwei Normale zur Verfügung gestellt werden. Daher beschränkt man sich auf die Untersuchung an den Spezifikationsgrenzen. Damit sind jeweils ein Normal in der Nähe der unteren bzw. der oberen Spezifikationsgrenze zur Verfügung zu stellen. Anschließend wird mit jedem Normal eine Fähigkeitsuntersuchung gemäß Verfahren 1 durchgeführt.

HINWEIS: Diese Vorgehensweise ist keine Linearitätsuntersuchung, sondern lässt nur eine Aussage über die Eignung an den jeweils betrachteten Stellen zu. Über andere Bereiche kann keine Aussage getroffen werden.

9 Messbeständigkeit/Stabilität

Bei den vorher genannten Verfahren wird immer nur eine Kurzzeitbetrachtung vorgenommen. Daher ist die kontinuierliche Untersuchung der Messbeständigkeit zu empfehlen.

Für den Stabilitätsnachweis sind zunächst in kurzen Zeitabständen Überprüfungen vorzunehmen. Zur Ermittlung der Urwerte sind stabilisierte Erzeugnisteile und Normale/Einstellmeister zu verwenden. Basierend auf den Ergebnissen ist ein Intervall festzulegen, zu dem regelmäßig neue Überprüfungen stattfinden sollen.

Die Beurteilung der Messbeständigkeit kann auf 2 Arten vorgenommen werden:

- Es sind die Messwerte aufzuzeichnen und die Grenzwerte festzulegen. Diese dürfen z. B. maximal ±10 % der Toleranz bezogen auf den Ist-Wert des Normals/Referenzteils betragen.

- Die gemessenen Werte sind in Form einer Shewhart-Qualitätsregelkarte aufzuzeichnen. Hierbei gelten firmenspezifische Festlegungen.

Beispiel zur Messung und Auswertung

1. Schritt
Dokumentieren der Daten zu Messeinrichtung, Normal, Merkmal, Toleranz etc.

2. Schritt
Eintragen der Grenzen der Messbeständigkeit in die Regelkarte. Der Stichprobenumfang kann zwischen 1, …, 5 liegen (Empfehlung n = 5).

Fallbeispiel:

$OEG = x_m + 2{,}576 \cdot s_g$ mit s_g aus Verfahren 1 für 99 %

$UEG = x_m - 2{,}576 \cdot s_g$

> **HINWEIS:** Falls bei einer Urwertkarte der Abstand der natürlichen Eingriffsgrenzen einer Einzelwertkarte < 10 % der Toleranz ist, können die Eingriffsgrenzen auf 10 % der Toleranz festgelegt werden, um zu verhindern, dass die Auflösung des Messmittels der Grund für eine Verletzung der Eingriffsgrenze ist. ■

alternativ:

$OEG = x_m + 0{,}1 \cdot T$

$UEG = x_m - 0{,}1 \cdot T$

3. Schritt
Einstellen der Messeinrichtung mit Hilfe des Normals nach der gültigen Vorschrift.

4. Schritt
Ausführung von Einzelmessungen am Normal und/oder Referenzteil über eine Schicht bzw. einen repräsentativen Zeitraum nach der gültigen Vorschrift. Während der Messbeständigkeitsprüfung darf nicht nachgestellt werden.

5. Schritt
Die Messergebnisse werden in die Regelkarte eingetragen und beurteilt.

6. Schritt
Das Prüfintervall ist festzulegen:

I. Fall:
Liegen die Messwerte innerhalb der vorgegebenen Eingriffsgrenzen, reicht es aus, die Messeinrichtung in festgelegten Intervallen, zum Beispiel, jeweils am Arbeitsbeginn einzustellen.

II. Fall:

Treten Über- oder Unterschreitungen der vorgegebenen Eingriffsgrenzen auf, ist das Intervall so zu verkürzen, dass die Messwerte innerhalb der Grenzen verbleiben. Ist ein Trend erkennbar, sollten die Gründe untersucht werden.

III. Fall:

Es treten Über- und Unterschreitungen der vorgegebenen Grenzen in kurzen Zeiträumen statt, so dass bei der Messeinrichtung keine stabile Phase erkennbar ist. In diesem Fall sind entsprechende Verbesserungen einzuleiten (siehe hierzu auch Vorgehensweise „Nicht fähige Messsysteme“).

HINWEIS: Sollen Abweichungen aufgrund unzureichender Messbeständigkeit möglichst ausgeschlossen werden, ist die Messeinrichtung vor jeder Messung einzustellen.

Musterdokumentation

GM Powertrain

Bosch

DaimlerChrysler

GM **POWERTRAIN**

Globale Richtlinie für Maschinen und Fertigungseinrichtungen

Richtlinie für Messsystemanalysen (EMS)

Dokument Nr.: SP-Q- EMS

Version 3.4

Datum des Originals: 1999-12-17

Überarbeitung: 2000-06-18

Zur Veröffentlichung freigegeben von:

Global Specifications Management Team

Dokumentation in Dateiformat

Erstellt von Global Powertrain Manufacturing Engineering

Einschließlich NA, ITDC, GM Mexico, GM Brazil und GM Holden

Information zur Dokumentenlenkung

Die gelenkte Version dieses Dokuments ist auf der Website für die GMPT-Richtlinien für Maschinen- und Fertigungseinrichtungen zu finden. Bei einem gedruckten Exemplar handelt es sich um ein nicht gelenktes Exemplar. Der Nutzer muss anhand der Website überprüfen, ob er/sie über die für das jeweilige Projekt gültige Version der Richtlinie verfügt.

Richten Sie Fragen oder Kommentare hinsichtlich dieser Richtlinie bitte stets an den Projektingenieur, der für das betreffende Projekt zuständig ist.

Datum der Über-arbeitung	Version Nr.	Dokumentname Dateiname	Überarbeitung	Betroffene Absätze	Überarbeitung durch
99-12-17	3.0	SP-Q- EMS	Alle	Alle	Engel
2000-02-15	3.1	SP-Q- EMS	Anmerkung zur Titelseite hinzugefügt		Lukas
2000-02-23	3.1	SP-Q- EMS	Querverweise zur Spezifikation überarbeitet	1.1.1; 3.6.1.1 3.10.2.3; 5.3; 3.10.2.3; 3.10.2.3.1; 3.10.3.1.2 3.10.3.2.2	Engel
2000-02-23	3.1	SP-Q- EMS	Piece Variation war zuvor Part Variation	3.6.2.1; 3.10.1.2; 5.1.6	Engel
2000-02-23	3.1	SP-Q- EMS	SV zur Tabelle hinzugefügt	5.2	Engel
2000-02-23	3.1	SP-Q- EMS	Abschnitt 6.4 zur Inhaltsübersicht hinzugefügt	6.4	Engel
2000-04-26	3.2	SP-Q- EMS	Verweis auf Machine Tool Specifications sp-d-general korrigiert. Sollte Global Machinery & Equipment Specification SP-G-General heißen.	1.1.1	Lukas/Neuenfeldt
2000-04-26	3.2	SP-Q- EMS	Verschiedene Tippfehler korrigiert.	Alle	Lukas/Neuenfeldt
2000-05-23	3.3	SP-Q- EMS	Text hinzugefügt.	3.10.8	Engel
2000-06-18	3.4	SP-Q- EMS	Verfahren zur Bewertung der Linearität überarbeitet und verschiedene Tippfehler korrigiert. Hinweis: Musterberichte in Abschnitt 6.4 müssen noch überarbeitet werden: Beim Bericht zu Verfahren 1 muss noch die Linearitätsbewertung gemäß der neuen Fassung von Abschnitt 3.6.1.3 hinzugefügt werden. Bei den Berichten zu Verfahren 2 und 3 müssen noch Änderungen in den Linearitätsgrafiken eingearbeitet werden.	3.2; 3.4; 3.6.1; 3.6.1.2; 3.6.1.3; 3.6.1.4; 3.6.2.2; 3.6.2.3; 3.6.3.2; 6.4	Hogarth

Für neue, nicht genehmigte Richtlinien gilt die Bezeichnung: Entwurf 0.X (z. B. Entwurf 0.1)

Für genehmigte Richtlinien gilt die Bezeichnung: Version X.X (z. B. Version 1.0)

Für geringfügige, nicht genehmigte Aktualisierungen gilt die Bezeichnung: Entwurf X.X (z. B. Entwurf 1.1)

Für umfangreichere, nicht genehmigte Aktualisierungen gilt die Bezeichnung: Entwurf Y.X (z. B. Entwurf 2.0)

Die Versionsnummer ist folgendermaßen aufgebaut: Die Zahl links vom Dezimalpunkt ist die Haupt-Versionsnummer. Die Zahl rechts vom Dezimalpunkt ist die Neben-Versionsnummer.

Information zur Dokumentenlenkung

Die Haupt-Versionsnummer kann sich aus folgenden Gründen ändern:

- Hinzufügung von Informationen zum Dokument.
- Streichung von Informationen aus dem Dokument.
- Änderung der Reihenfolge der Abschnitte des Dokuments.
- Überarbeitungen/Änderungen in Bezug auf den Geltungsbereich oder den Zweck des Dokuments.

Die Neben-Versionsnummer kann sich aus folgenden Gründen ändern:

- Korrektur von Rechtschreibfehlern.
- Korrektur des Seitenlayouts oder der Formatierung.
- Geringfügige Änderungen, die keine Auswirkungen auf den Geltungsbereich oder Zweck des Dokuments haben.

Inhaltsübersicht

Inhaltsübersicht

1. EINLEITUNG

1.1 Geltungsbereich

1.1.1 Zweck der Richtlinie

Mit dieser Richtlinie werden die Basisanforderungen an Messsysteme, die intern und/oder extern hergestellt bzw. bezogen werden, geregelt. Damit sollen gleichzeitig eindeutige Grundlagen für die Ausschreibungen und Abnahmeverfahren für die Vertragspartner geschaffen werden. Deshalb ist der Inhalt dieser Richtlinie den Lieferanten und Herstellern von Messsystemen zugänglich zu machen.

Jede Abweichung von dieser Richtlinie muss von der GMPT-Geschäftsleitung genehmigt werden und vor Bestellung schriftlich mit dem Lieferanten vereinbart werden (siehe Anhang A der GM Powertrain Global Machinery and Equipment General Specification, SP-G-General).

1.1.2 Örtlicher Geltungsbereich

Diese Richtlinie gilt für alle GMPT-Werke beim Neukauf und Einsatz von Messsystemen. Eventuell bestehende Gesetze und Verordnungen der betreffenden Standorte haben uneingeschränkt Vorrang.

1.1.3 Geltung in Programmen

Diese Richtlinie gilt in den nordamerikanischen GMPT-Fertigungswerken für alle neuen und größeren Programme, die ab dem Kalenderjahr 1999 installiert werden. Ältere Programme können an diese Richtlinie angepasst werden, falls es vom jeweiligen Werk für sinnvoll erachtet wird.

1.1.4 Sachlicher Geltungsbereich

Diese Richtlinie erstreckt sich auf die Abnahme und laufende Überwachung aller Messsysteme in den Werken. Abnahmetests müssen vor Inbetriebnahme der Messsysteme durchgeführt werden, nach dem Kauf von neuen Systemen, Generalüberholungen und wesentlichen konstruktiven Änderungen; diese Tests sind eine Grundvoraussetzung für die Beurteilung der Maschinen- und Prozessfähigkeit.

Bei der Erstabnahme festgestellte Mängel sind dem Lieferanten bzw. Hersteller des Messsystems unter Vorlage der Testergebnisse mitzuteilen.

Werden bei der laufenden Überwachung Mängel festgestellt, sind die zuständigen Werksplaner zu informieren.

1.1.5 Anwendbarkeit auf unterschiedliche Prüfmittel

Messmittel sind Prüfmittel, die einen quantitativen Wert für das zu untersuchende Merkmal liefern, z.B. Durchmesser = 125,00 mm („variable Daten"). Dieser Wert kann dann mit den Spezifikationsgrenzen (z.B. ±0,25 mm) verglichen werden, um entscheiden zu können, wie gut oder schlecht die vorliegende Merkmalsausprägung ist [2].

Diese Richtlinie gilt hauptsächlich für Messmittel zur Prüfung von dimensionalen Merkmalen an Teilen, die zum Zeitpunkt der Messung unbeweglich sind. Nach der Messung müssen die hier angeführten Kriterien zur Bewertung dieser Messmittel eingesetzt werden.

Wenn diese Richtlinie zur Bewertung gewisser „spezieller" Messmitteltypen verwendet wird, ist es in Anbetracht der besonderen Einsatzweise dieser Messmittel möglicherweise unrealistisch, die gleichen Abnahmekritierien zu verwenden. Beispiele für derartige Messmittel sind: Härteprüfer, Oberflächenmessgeräte, optische Messgeräte, Kraftmessschlüssel, Koordinatenmessgeräte, Dichtemessgeräte und Waagen. Manche Messmittel verziehen oder verändern das Teil auch, so dass Wiederholmessungen an der gleichen Stelle unmöglich sind.

Es kann jedoch sinnvoll sein, die in dieser Richtlinie beschriebenen Verfahren auch auf solche Messmittel anzuwenden, um mehrere Messmittel der gleichen Art zu vergleichen, die Leistung eines bestimmten Messmitteltyps zu testen oder zeitliche Veränderungen in der Leistung eines bestimmten Messmittels zu untersuchen.

Sobald mehr Erfahrung in der Anwendung dieser Verfahren auf die „speziellen" Messmittel vorliegt, wird die vorliegende Richtlinie ergänzt werden, um zusätzliche Auswerteverfahren und Kriterien für diese Messmittel aufzuführen (siehe Kapitel 3.10, in Bearbeitung). Bis zur entsprechenden Änderung dieser Richtlinie ist GMPT Central Manufacturing Engineering dafür verantwortlich, zu entscheiden, inwieweit diese Auswertemethoden und Vorgaben auf „spezielle" Messmittel anwendbar sind. Diese Auswertemethoden und Kriterien sind in Angebotsanforderungen zu definieren.

Attributive Prüfmittel, wie Gut-schlecht-Lehrdorne, Rachenlehren, Funktionsprüfgeräte und Schablonen, vergleichen Merkmale mit bestimmten Grenzwerten und nehmen die Prüflinge an, wenn die Grenzwerte eingehalten werden; anderenfalls werden die Prüflinge zurückgewiesen. Ein attributives Prüfmittel kann nur feststellen, ob ein Teil gut oder schlecht ist; es kann nicht bestimmen, wie gut oder schlecht das Teil ist [2]. Für die Zwecke der vorliegenden Richtlinie werden Nonius-Profiltiefenlehren als attributive Prüfmittel betrachtet.

Die vorliegende Richtlinie gilt nicht für attributive Prüfmittel.

2. ANWENDBARE DOKUMENTE

2.1 Vorrangregelung

Im Falle eines Widerspruchs zwischen dem Text dieser Richtlinie und den hierin angegebenen Referenzmaterialien hat der vorliegende Text stets Vorrang. Keine Bestimmung in diesem Dokument setzt jedoch gültige Gesetze und Verordnungen außer Kraft, es sei denn, es wurde eine besondere Ausnahmegenehmigung erteilt. Wenn amtliche Bestimmungen im Widerspruch zueinander stehen sollten, hat sich der Fertigungssystem-Entwurf nach den strengsten Anforderungen zu richten.

2.2 Amtliche Dokumente

2.2.1 Kanada

2.2.2 Europäische Union

2.2.3 Mexiko

2.2.4 Vereinigte Staaten

2.2.5 Sonstige

2.3 Industrienormen

Accuracy of Coordinate Measuring Machines; Characteristics and their Checking Generalities:
VDI/VDE #2617
VDI-Verlag GmbH, D-4000 Düsseldorf, 1986

2.4 Dokumente von General Motors

2.5 Sonstige Dokumente

3. ANFORDERUNGEN

3.1 Auflösung des Messsystems

Das Messsystem muss eine Auflösung (kleinster Skalenteilungsschritt bzw. kleinste Anzeigedifferenz der Digitalanzeige) von max. 5% der Bezugsgröße (RF) haben, um Messwerte sicher ermitteln und ablesen zu können.

Wenn die Teil-zu-Teil-Streuung bei dem gemessenen Merkmal kleiner ist als die Auflösung des Messmittels, kann es auf den Regelkarten zur Untersuchung der Teil-zu-Teil-Streuung irreführende Außer-Kontrolle-Signale geben [4].

Beispiel: Längenmaß 125,00 ± 0,25 mm

Bei einer Gesamttoleranz von 0,5 mm entsprechen 5% der Gesamttoleranz 0,025 mm. D.h., das Messsystem muss eine Auflösung von 0,025 mm oder besser über den gesamten Messbereich haben.

3.2 Spezielle Kriterien für Messmittel bei sehr kleinen Toleranzen

Wenn die Annahmekriterien in den folgenden Erörterungen eine Messpräzision verlangen, die unterhalb von 2 µm liegt, dann soll auch eine Präzision von 2 µm als akzeptabel gelten. Beispielsweise würde das Präzisionskriterium ≤ 5% RF bei einer Toleranz von ±10 µm rein rechnerisch eine Präzision von 1 µm oder besser verlangen. Die 2-µm-Regel würde diese Anforderung in diesem Fall außer Kraft setzen.

3.3 Berücksichtigung der Temperatur

Temperaturänderungen haben oft einen bedeutenden Einfluss auf die Ergebnisse eines Messsystems. Die meisten Messsysteme werden durch Temperaturschwankungen irgendwie beeinflusst. Dies liegt an der Wärmeausdehnung von Elementen des Messprozesses – dem Messmittel und seinen Komponenten, den Einstellmeistern und den zu messenden Teilen – oder auch an Veränderungen im Ansprechverhalten von Messsystemen, die elektronische Regler, Prozessoren oder Anzeigen beinhalten [4].

Einstellmeister müssen bei 20° C zertifiziert worden sein [5]. Falls das Messsystem keinen Temperaturausgleich vornehmen kann, ist die wichtigste temperaturbezogene Voraussetzung für die Durchführung einer Messsystemanalyse, dass die gemessenen Teile und die messtechnischen Elemente des Messsystems während der ganzen Untersuchung konstant auf der gleichen Temperatur gehalten werden, auch wenn es nicht 20° C sind. Nach Möglichkeit sollte die Untersuchung in einer Umgebung vorgenommen werden, die der Produktionsumgebung entspricht, in welcher das Messsystem eingesetzt werden soll.

Wenn das Messsystem einen Temperaturkompensation vornehmen kann, sollten die Temperaturschwankungen während der Untersuchung denen der Produktionsumgebung entsprechen.

3.3.1 Automatische Temperaturkompensationssysteme

Wenn automatische Temperaturkompensationssysteme zum Einsatz kommen, sind diese wie folgt zu testen: Teil auf den unteren angegebenen Temperaturwert abkühlen und Wiederholungsmessungen vornehmen, bis sich die Temperatur des Teils bis auf 2 °C an die Umgebungstemperatur angenähert hat. Dann das Gleiche für den oberen angegebenen Temperaturwert tun und wieder Wiederholungsmessungen vornehmen, bis sich die Temperatur des Teils bis auf 2 °C an die Umgebungstemperatur angenähert hat. Temperatur bei jeder Messung mit aufzeichnen.
Regressionsanalyse für systematische Messabweichung und Temperatur durchführen. Steigung der Regressionsgeraden ermitteln. Das Ergebnis von Steigung mal Temperaturspanne stellt das Ausmaß der erwarteten Messabweichungen dar, die auf Grund von Temperaturschwankungen zu erwarten sind. Dieser Wert muss weniger als 10% von RF betragen.

3.4 Ablauf des Messsystemfähigkeitsnachweises

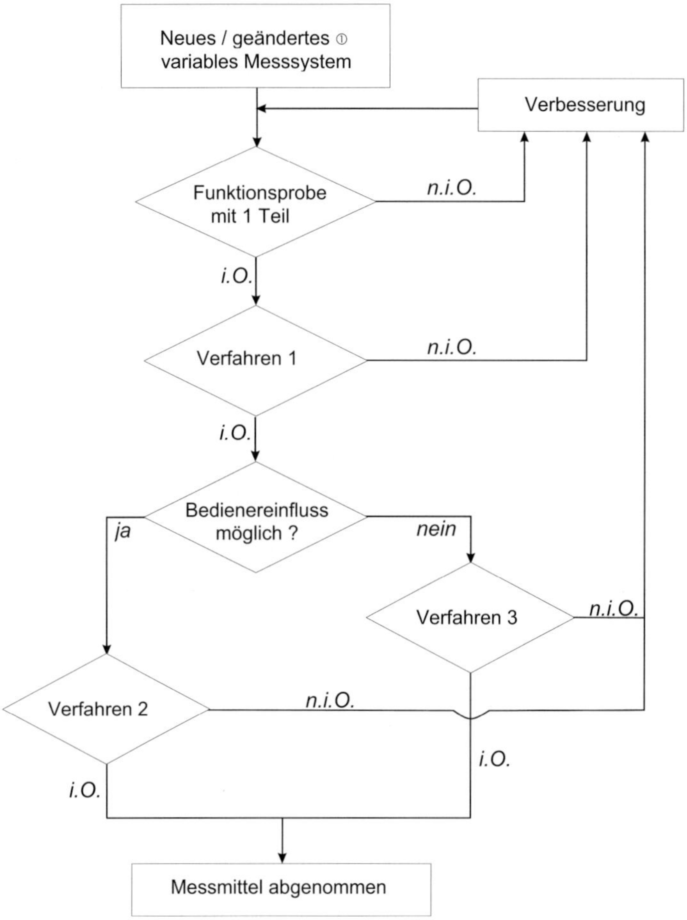

① Messsystem dauerhaft kennzeichnen.

Abb. 3.4: Ablaufplan

3.5 Verantwortlichkeiten

Der Lieferant bzw. Hersteller ist dafür verantwortlich, unter Verwendung geeigneter Werkstücke bzw. Meister einen Funktionstest sowie eine Untersuchung nach Verfahren 1 zur Erstabnahme durchzuführen.

Verfahren 2 und 3 müssen unter Teilnahme von GMPT-Vertretern beim Lieferanten bzw. Hersteller durchgeführt werden, falls nichts anderes von GMPT Manufacturing Engineering genehmigt wurde. In Fällen, in denen die Abnahmekriterien nicht erfüllt sind, trägt der Lieferant bzw. Hersteller die Verantwortung dafür, die Ursachen ausfindig zu machen und sie zu beheben.

Die Genehmigung zum Versand des Messmittels ist davon abhängig, dass GMPT Manufacturing Engineering die relevante Dokumentation, die zu Verfahren 1, 2 bzw. 3 erstellt worden ist, als i.O. bestätigt. Die vollständige Begleichung der Rechnung für das Messsystem wird bis zum erfolgreichen Abschluss der Untersuchung und ihrer Dokumentation zurückgehalten.

3.6 Erläuterung der einzelnen Verfahren

3.6.1 Verfahren 1

Der Untersuchung nach Verfahren 1 sollte ein Funktionstest des Messgeräts vorausgehen. Dieser sollte aus einem tatsächlichen Messdurchgang an einem repräsentativen Musterteil bestehen. Dieser Funktionstest sollte auch eine vorläufige Untersuchung der Messgenauigkeit des Messmittels beinhalten, um grobe Fehler auszuschalten und zu vermeiden, dass unnötiger Aufwand in die Durchführung einer Untersuchung investiert wird, die nach der Behebung dieser Mängel sowieso noch einmal wiederholt werden muss.

Das Verfahren 1 wird zur Ermittlung von Wiederholbarkeit, Genauigkeit, Linearität und Kurzzeit-Stabilität eingesetzt. Dieses Verfahren dient der Ermittlung des dem Messsystem eigenen Streuungsverhaltens. Die verschiedenen Fähigkeitsindizes werden mit Hilfe dieses Verfahrens bestimmt. Diese Untersuchung wird beim Lieferanten bzw. Hersteller während der Erstabnahme, also vor der Auslieferung, durchgeführt, um Mängel am Messsystem zu erkennen und ein späteres Auftreten von kostspieligen Problemen zu vermeiden.

Die Leistung des Messsystems wird bei Verfahren 1 ermittelt, indem <u>ein</u> Prüfer dasselbe Musterteil (Werkstück mit bekanntem Ist-Wert oder ein geeigneter Meister, aber nicht derselbe wie der, der zur Kalibrierung des Systems verwendet wurde) 50-mal misst. Das Messsystem ist vor Beginn der Untersuchung zu kalibrieren und darf während der Untersuchung selbst dann nicht mehr justiert werden. Das Musterteil ist nach jeder Messung herauszunehmen und dann wieder neu einzulegen und darf im Verlauf der Untersuchung keinerlei Veränderungen unterliegen. Um den Einfluss von Streuung innerhalb des Teiles (z.B. Unrundheit) bei statischen Prüfungen auszuschalten, sind die Teile zu markieren, so dass jedesmal an derselben Stelle gemessen wird.

Wenn ein Meister (und kein Musterteil) beim Verfahren 1 verwendet wird, muss GMPT Manufacturing Engineering dessen Einsatz für die Linearitätsbewertung genehmigen (Kapitel 3.6.1.3 enthält Näheres zur Bewertung der Linearität).

Die Untersuchung ist gemäß den Anweisungen in Kapitel 3.8 dieser Richtlinie zu dokumentieren. Wenn die Abnahmekriterien für Verfahren 1 (siehe folgende Abschnitte) nicht erfüllt sind, muss eine schriftliche Genehmigung vom GMPT Manufacturing Engineering Management eingeholt werden, ehe zu Verfahren 2 bzw. 3 oder zum Versand des Messmittels übergegangen werden darf.

3.6.1.1 Wiederholbarkeit des Messsystems

Die Wiederholbarkeit wird anhand des Messmittelfähigkeitsindexes C_g beurteilt.

$$C_g = \frac{0.2 \cdot RF}{6s_g}$$

mit **RF = Toleranz** und

$$s_g = \sqrt{\frac{1}{n-1}\sum_{i=1}^{n}(x_i - \bar{x}_g)^2}$$

$$\bar{x}_g = \frac{1}{n} \cdot \sum_{i=1}^{n} x_i$$

Mit dieser Formel wird ein Bereich von 20% der Bezugsgröße (RF) mit dem Streubereich der Messwerte verglichen. Dabei ist der Streubereich der Messwerte als $6s_g$ definiert. Abbildung 3.6.1.1a illustriert die Zusammenhänge.

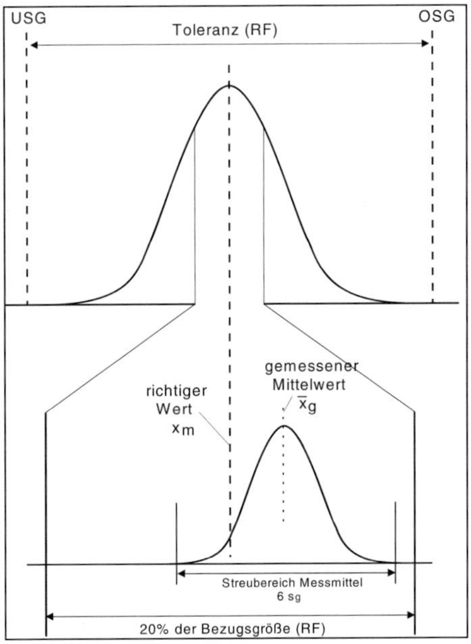

Abb. 3.6.1.1a: Wiederholbarkeit in % von RF

Abb. 3.6.1.1b zeigt den Zusammenhang zwischen der Streuung des Messsystems und dem Fähigkeitsindex C_g. Wenn s_g kleiner wird, steigt C_g proportional an (%EV wird kleiner).

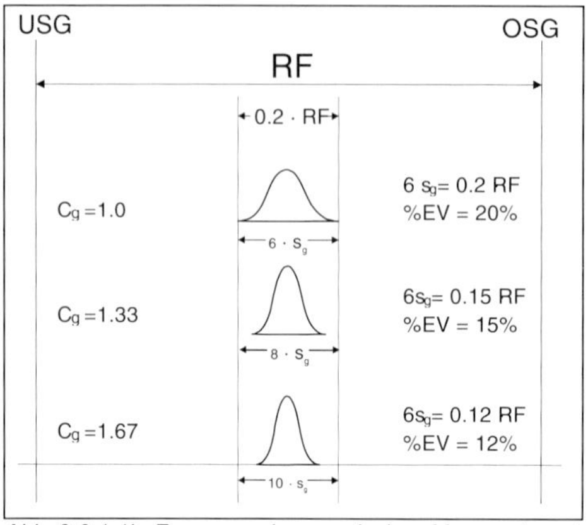

Abb. 3.6.1.1b: Zusammenhang zwischen Messsystemstreuung und C_g.

Dabei wird die Normalverteilung der Messwerte zugrunde gelegt. Merkmale mit einem natürlichen Grenzwert (nullbegrenzte Merkmale wie z.B. Unrundheit) und bivariate Positionsmerkmale (z.B. korrekte Lage) haben in der Regel eine andere Verteilungsform als die Normalverteilung. In diesen Fällen muss die zur Auswertung eingesetzte Software in der Lage sein, ein geeignetes Verteilungsmodell zu ermitteln und die entsprechenden Kenngrößen zu berechnen. Das Modul Messsystemanalyse der Software qs-STAT (siehe Kapitel 3.7) erfüllt diese Anforderung.

Als Alternative zum C_g-Index kann auch der EV-Index verwendet werden:

$$EV = 6 \cdot s_g$$

$$\%EV = \frac{6 \cdot s_g}{RF} \cdot 100\%$$

3.6.1.2 Wiederholbarkeit/Genauigkeit des Messsystems

Die Kombination aus Wiederholbarkeit und Genauigkeit wird anhand des Messmittelfähigkeitsindexes C_{gk} beurteilt.

$$C_{gk} = \frac{0.1 \cdot RF - |\bar{x}_g - x_m|}{3s_g}$$

Es gilt: $|\bar{x}_g - x_m| = AC$

Alternativ zu C_{gk} können die Indizes %AC und %EV + 1,5 AC benutzt werden.

$$\%AC = \frac{AC}{RF} \cdot 100\%$$

$$\%(EV + 1.5AC) = \frac{6 \cdot s_g + 1.5AC}{RF} \cdot 100\%$$

Es folgen Abnahmekriterien für die oben genannten Indizes.

Verwenden Sie entweder diese Kriterien:

$C_g \geq 1{,}33$
%AC ≤ 10% RF oder 1 µm, je nachdem, was größer ist
$C_{gk} \geq 1{,}33$

oder diese Kriterien:

%EV ≤ 15% RF
%AC ≤ 10% RF oder 1 µm, je nachdem, was größer ist
%(EV + 1.5 AC) ≤ 15% RF

Es kann entweder die erste oder die zweite Gruppe von Kriterien verwendet werden. Das Modul Messsystemanalyse der Statistik-Software qs-STAT® berechnet alle oben genannten Indizes.

3.6.1.3 Linearität des Messsystems

Wenn das Musterteil bzw. der Meister, das bzw. der zur Bewertung der Genauigkeit eingesetzt wird, einen bekannten Wert hat, der im mittleren Drittel des Toleranzbereichs liegt, dann ist die Linearität des Messsystems akzeptabel, wenn %AC ≤ 10% RF gilt. Wenn das Musterteil bzw. der Meister nicht im mittleren Drittel des Toleranzbereichs liegt, dann ist das optionale Linearitätsbewertungs-Verfahren anzuwenden, das in Kapitel 3.6.2.2 beschrieben ist.

3.6.1.4 Kurzzeitstabilität des Messsystems

Alle Messwerte aus Verfahren 1 müssen in eine x/MR-Karte (Einzelwert- und gleitende Spannweitenkarte) eingetragen werden. Wenn der Abstand zwischen den natürlichen Eingriffsgrenzen < 10% der Bezugsgröße RF ist, können die Eingriffsgrenzen bis auf 10% von RF erweitert werden, um zu verhindern, dass die Auflösung des Messmittels Fehler bei der Stabilitätsbeurteilung verursacht. Der Stichprobenumfang ist n = 1 für die Einzelwertkarte und n = 2 für die gleitende Spannweitenkarte. Alle Werte müssen innerhalb der Eingriffsgrenzen liegen.

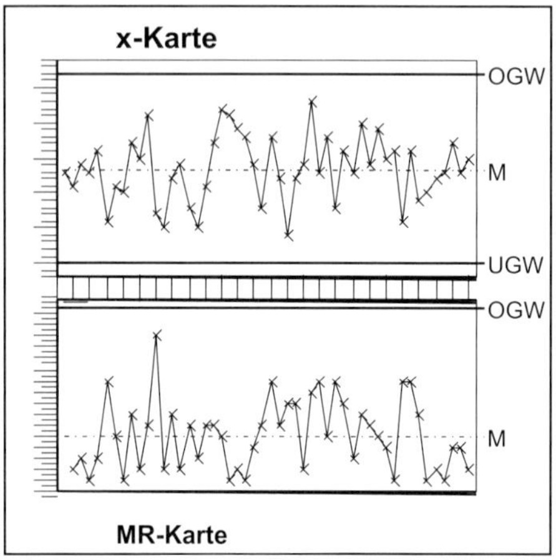

Abb. 3.5.1.5: Beispiel einer x/MR-Karte mit akzeptablen Kurvenverläufen

Formeln zur Berechnung der Eingriffsgrenzen: **x-Karte:** $UCL = \overline{\overline{x}} + E_2 \cdot \overline{R}$

$LCL = \overline{\overline{x}} - E_2 \cdot \overline{R}$

MR-Karte: $UCL = D_4 \cdot \overline{R}$

3.6.2 Verfahren 2

Das Verfahren 2 dient der Ermittlung von %R&R und Linearität. Dieses Verfahren wird eingesetzt, falls ein Bedienereinfluss vorliegen kann. In Verbindung mit Verfahren 1 ist so eine Aussage darüber möglich, ob das Messsystem geeignet, begrenzt einsetzbar oder nicht akzeptabel ist. Die Untersuchung ist gemäß den Anweisungen in Kapitel 3.8 dieser Richtlinie zu dokumentieren.

3.6.2.1 R&R des Messsystems

Beim R&R-Verfahren werden die Kennwerte EV (Repeatability, Wiederholbarkeit) und AV (Reproducibility, Nachvollziehbarkeit) sowie ein kombinierter R&R-Index ermittelt.
Die Anzahl der Messungen pro Prüfer und die Anzahl der Prüfer ist je nach den vorliegenden Gegebenheiten festzulegen.

Als Mindestforderung müssen zwei (besser 3) Prüfer (k) je zwei Messungen (r) durchführen. Die Anzahl der Teile (n) sollte mindestens fünf betragen. Wenn die Anzahl der Prüfer bestimmt worden ist, muss die Anzahl der Teile und die Anzahl der Wiederholungsmessungen so festgelegt werden, dass das Produkt $k \cdot r \cdot n \geq 30$ ist. Der Einsatz von weniger als fünf Teilen muss von GMPT Manufacturing Engineering genehmigt werden. Die Teile müssen für die Untersuchung numeriert werden. Um den Einfluss von Streuung innerhalb des Teiles (z.B. Unrundheit) bei statischen Prüfungen auszuschalten, sind die Teile zu markieren, so dass jedesmal an derselben Stelle gemessen wird. Das Messmittel ist vor Beginn der Untersuchung zu kalibrieren. Die jeweiligen Ergebnisse der anderen Prüfer dürfen den Prüfern während der Messung nicht zugänglich gemacht werden.

Für die Auswertung der Messwertreihe gibt es 2 Möglichkeiten:

- das „Mittelwert- und Spannweiten"-Verfahren (ARM - Average and Range Method) bzw.
- das „Varianzanalyse"-Verfahren (ANOVA - Analysis of Variance).

Obwohl die ARM-Methode rechnerisch einfacher ist, wird das ANOVA-Verfahren vorgezogen. Die ARM-Formel ist in Kapitel 6.1 gezeigt.

Das ANOVA-Verfahren ist aus mathematischer Sicht das genauere Verfahren und in der Lage, die Streuungskomponenten in folgenden Gruppen separat auszuweisen:

- Wiederholbarkeit
- Nachvollziehbarkeit
- Wechselwirkung Teile/Prüfer (IA)
- %R&R
- Teilestreuung (PV)

Nähere Informationen und Formeln zur ANOVA-Methode enthält die Richtlinie "Measurement Systems Analysis" der A.I.A.G. [2].

Beim „ANOVA"-Verfahren ist der Einsatz eines geeigneten Rechnerprogramms (qs-STAT® der Q-DAS® GmbH) erforderlich.
Die separate Ausweisung der einzelnen Streuungskomponenten lässt bessere Rückschlüsse auf Fehlerursachen zu. Dadurch können Verbesserungsmaßnahmen leichter abgeleitet werden. Bezüglich der Formeln wird auf die Richtlinie „Measurement Systems Analysis" der A.I.A.G. [2] verwiesen. Da beim ANOVA-Verfahren andere Berechnungsformeln verwendet werden als beim ARM-Verfahren, sind die Ergebnisse nicht direkt vergleichbar.

Die folgenden Abnahmekriterien gelten beim Einsatz der ANOVA-Methode:

%R&R ≤ 20% RF	Messsystem ist geeignet
20% RF < %R&R ≤ 30% RF	Kann unter Berücksichtigung der Messaufgabe, der Anschaffungskosten, Reparaturkosten usw. akzeptiert werden. Probleme müssen untersucht und korrigiert werden.
%R&R > 30% RF	Messsystem muss verbessert werden. Die Probleme müssen untersucht und korrigiert werden. Auslieferung von Messmitteln dieser Kategorie setzt schriftliche Genehmigung durch das GMPT Manufacturing Engineering Management voraus.

Die folgenden Abnahmekriterien gelten beim Einsatz der ARM-Methode:

%R&R ≤ 10% RF	Messsystem ist geeignet.
%R&R > 10% RF	Erneute Beurteilung, diesmal mit der ANOVA-Methode.

3.6.2.2 Optionales Verfahren zur Bewertung der Linearität

Wenn diese Art von Linearitätsbewertung erforderlich ist (siehe Kapitel 3.6.1), werden ihr dieselben Daten zugrunde gelegt, die bei der R&R-Untersuchung erfasst wurden. Mindestens fünf (Stichprobenumfang n = 5) der bei der R&R-Untersuchung verwendeten Teile sollten bekannte Ist-Werte haben. Die Streubreite der Stichprobenteile sollte in etwa der Toleranzbreite entsprechen. Die Rechengänge zur Bewertung der Linearität sind in Kapitel 6.2 gezeigt.
Die Untersuchung liefert die folgenden Ergebnisse:

a = Steigung
b = Absolutglied
R^2 = Korrelationskoeffizient

Zwei Bedingungen müssen für eine gültige Linearitätsbestimmung erfüllt sein:

- Die Streuung der N Stichproben muss ≥ 50% RF sein.
- Der Korrelationskoeffizient R^2 muss ≥ 0,95 sein.

Falls diese beiden Bedingungen erfüllt sind, kann anhand der Steigung der Regressionsgeraden auf das Linearitätsverhalten geschlossen werden. Die dazu herangezogenen Kenngrößen berechnen sich wie folgt:

$$\mathrm{Li} = a \cdot \mathrm{RF}$$
$$\%\mathrm{Li} = 100 \cdot a\%$$

Es gelten die folgenden Abnahmekriterien:

%Li ≤ 5% RF	Messsystem ist geeignet.
5% RF < %Li ≤ 10% RF	Kann unter Berücksichtigung der Messaufgabe, der Anschaffungskosten, Reparaturkosten usw. akzeptiert werden. Probleme müssen untersucht und korrigiert werden.
%Li > 10% RF	Messsystem muss verbessert werden. Die Probleme müssen untersucht und korrigiert werden. Auslieferung von Messmitteln dieser Kategorie setzt schriftliche Genehmigung durch das GMPT Manufacturing Engineering Management voraus.

Ist die Linearitätsbeurteilung nicht gültig, so muss der größte Genauigkeitswert (AC_i) mit den oben aufgeführten Abnahmekriterien verglichen und bekanntgegeben werden.

3.6.3 Verfahren 3

Das Verfahren 3 dient zur Beurteilung von R (Wiederholbarkeit) und Linearität. Dieses Verfahren wird in Fällen eingesetzt, in denen ein Bedienereinfluss ausgeschlossen ist (z. B. bei automatischen Messvorrichtungen). Das Verfahren 3 ähnelt dem Verfahren 2. In Verbindung mit Verfahren 1 ist so eine Aussage darüber möglich, ob das Messsystem geeignet, begrenzt einsetzbar oder nicht akzeptabel ist. Dieses Verfahren wird ebenfalls erst nach dem Verfahren 1 durchgeführt. Das Messmittel ist vor Beginn der Untersuchung zu kalibrieren. Beim Verfahren 3 werden 25 nummerierte Teile im entsprechenden Bearbeitungszustand in mehreren Messreihen gemessen. Eine Wiederholung durch mehrere Bediener entfällt. Eine Markierung der Messpunkte sowie eine manuelle Korrektur der Lage des Prüflings zur Verbesserung der Wiederholbarkeit ist nicht zulässig (es sei denn, dies wird getan, um den Effekt einer automatischen Vorrichtung zu simulieren, die zum Zeitpunkt der Untersuchung noch nicht verfügbar ist, aber später in der Produktion zur Anwendung kommen wird). Der Einsatz von weniger als 25 Teilen muss von GMPT Manufacturing Engineering genehmigt werden. Die Anzahl der Wiederholungsmessungen ist in diesem Fall zu erhöhen, so dass das Produkt $n \cdot r \geq 50$ ist.

Die Untersuchung ist gemäß den Anweisungen in Kapitel 3.8 dieser Richtlinie zu dokumentieren.

3.6.3.1 Wiederholbarkeit des Messsystems

Wie auch bei dem Verfahren 2 ist vorzugsweise die ANOVA-Methode einzusetzen, welche die Anwendung eines geeigneten Softwareprogramms (qs-STAT) erfordert. Die ARM-Formel ist in Kapitel 6.3 gezeigt.

Da es keinen Bedienereinfluss gibt, gilt: $AV = 0$ und $R\&R = EV = K_1 \cdot \overline{R}$

In % der Bezugsgröße RF: $\%R\&R = \%EV = 100 \cdot \frac{EV}{RF} \%$

Die Abnahmekriterien sind dieselben wie bei Verfahren 2.

3.6.3.2 Optionales Verfahren zur Bewertung der Linearität

Die Linearitätsbeurteilung erfolgt wie bei Verfahren 2.

3.7 Empfohlene Software

Als Hilfsmittel wird das Modul Messsystemanalyse der Software qs-STAT® der Firma Q-DAS® GmbH, Eisleber Str. 2, 69469 Weinheim, und Q-DAS Inc., Rochester Hills, Michigan, 48306 empfohlen. Die GMPT-Division hat Lizenzen für diese Software erworben.

Die Eingabe der Daten kann sowohl manuell (bei konventionellen Messsystemen) als auch per Diskette (Daten stammen z.B. aus Messrechnern) oder direkt über die Schnittstelle des Messsystems in den Computer erfolgen. Um die Vergleichbarkeit der Auswerteergebnisse zu gewährleisten, dürfen die als Standard vorgegebenen Einstellungen des Programms nicht geändert werden.

Für die manuelle Eingabe von Messwerten zur Auswertung mit qs-STAT® spielt die Reihenfolge der Teile eine untergeordnete Rolle. Es ist jedoch darauf zu achten, dass die Wiederholmessung sich nicht unmittelbar an die erste Messung anschließt.

Zur Aufnahme der Messwerte mit Messrechnern und Auswertung mit qs-STAT®-Software müssen die erfassten Messwerte im Q-DAS® ASCII transfer format [3] vorliegen. Alle Lieferanten von computerisierten Mess- und Prüfmitteln müssen sicherstellen, dass ihre Daten im Q-DAS-ASCII-Transfer-Format vorliegen. Jeder Lieferant solcher Geräte muss eine Zertifizierung des Datenformats vorweisen. Es ist die Verantwortung eines jeden Lieferanten, sich bezüglich dieser Zertifizierung direkt an Q-DAS® zu wenden. Dokumentation und Unterstützung ist direkt von Q-DAS® GmbH, Birkenau, Deutschland oder Q-DAS® Inc., Rochester Hills, Michigan, erhältlich.

3.8 Dokumentation

Die Untersuchungsberichte und Formblätter (siehe Kapitel 9, Anhang) sind vorgeschriebene Dokumentationselemente und müssen für jedes Messmittel, das eine individuelle Kennung hat, in dem betreffenden Werk archiviert werden. Dies ist erforderlich, um im Rahmen der ISO 9000ff bzw. QS-9000 die Fähigkeit der Messsysteme zu jedem Zeitpunkt nachweisen zu können.

Für Verfahren 1 muss das Formblatt Verfahren 1 ausgefüllt werden (Anhang 9.1). Für Verfahren 2 muss das Formblatt Verfahren 2 ausgefüllt werden (Anhang 9.2). Für Verfahren 3 muss das Formblatt Verfahren 3 ausgefüllt werden (Anhang 9.3). Wo auf Grund der Bestimmungen dieser Richtlinie eine Genehmigung durch das GMPT Manufacturing Engineering Management erforderlich ist, muss diese Genehmigung auf den entsprechenden Einzelformblättern dokumentiert werden.

3.9 Laufende Überwachung

Die laufende Überwachung muss in genau festgelegten Zeitabständen erfolgen. Die einzelnen Verfahren werden wie bei der Erstabnahme durchgeführt, allerdings diesmal im Fertigungswerk. Es gelten wiederum die gleichen Abnahmekriterien. Die laufende Stabilitätsüberwachung eines Messsystems kann mit Hilfe von Shewhart-Qualitätsregelkarten (z.B. $\bar{x}/s$ oder $\bar{x}/R$ -Karten) erfolgen. In regelmäßigen Zeitabständen werden Messungen an einem Musterteil (Werkstück mit bekanntem Ist-Wert oder Einstellmeister) vorgenommen. Dann sind die Regelkarten auf Stabilität zu untersuchen.

Zur Entscheidung, welche Untersuchungsmethoden eingesetzt werden sollten und in welchen Zeitabständen die Untersuchungen stattfinden sollten, sind geeignete Verfahren vor Ort zu entwickeln.

3.10 Spezielle Messmittel

3.10.1 Oberflächenmessgeräte

3.10.1.1 Kalibrierungsuntersuchung

Die Kalibrierungsuntersuchung wird anstelle der ansonsten geforderten Untersuchung nach Verfahren 1 durchgeführt. Das System muss vor der Untersuchung auf einwandfreie Funktion überprüft und kalibriert werden. Es ist ein Präzisions-Referenznormal mit 3 Oberflächenmustern sowie, falls erforderlich, eine geeignete Kalibriervorrichtung zu verwenden. Zur Prüfung des Systems ist jedes Oberflächenmuster 5-mal zu messen und jeweils der Mittelwert der Messwerte zu berechnen. Dieser Mittelwert darf nicht mehr als 5% von dem bekannten Kalibrierungswert abweichen. Die Kalibrierung gemäß dem ersten Oberflächenmuster dient zur Festlegung des Stellfaktors, das zweite Muster dient zur Beurteilung der Linearität und das dritte zur Validierung des Tasters. Der vollständige Test muss die Genauigkeit und die Linearität des Messinstruments nachweisen.

3.10.1.2 Voruntersuchung

Oberflächenmessgeräte stellen eine besondere Herausforderung an die Messsystemanalyse dar, weil die Streuung innerhalb der Teile im Vergleich zur Spezifikationstoleranz groß sein kann. Daher muss eine Voruntersuchung zur Quantifizierung dieser Streuung durchgeführt werden.

- Ein Teil wählen, das repräsentativ für den Prozess ist, bei dem das Messmittel eingesetzt werden soll.
- 25 Spuren in einer Position messen (dabei weder das Teil noch das Messinstrument bewegen). Basierend auf den Ergebnissen dieser Messungen die Standardabweichung s_i des Instruments berechnen.
- Schritt 2 mit einer geringfügigen Weiterbewegung des Tasters relativ zum Teil wiederholen, jeweils im rechten Winkel zum Muster. 25 Messstrecken abtasten. Basierend auf den Ergebnissen dieser Messungen die Gesamt-Standardabweichung s_t berechnen.
- Die Standardabweichung s_s innerhalb des Teils berechnen.

$$s_s = \sqrt{s_t^2 - s_i^2}$$

- SV berechnen (Oberflächenstreuung).

$$SV = s_s \times 5{,}15$$

Weil die Oberflächenstreuung bei einer R&R-Untersuchung nicht ausgeschlossen werden kann, ist die folgende Formel zu benutzen:

$$RR^2 = EV^2 + AV^2 - SV^2$$

3.10.1.3 Verfahren 2

3.10.1.3.1 R&R des Messsystems

Durchführung der Untersuchung unter Einsatz der ANOVA-R&R-Kriterien in Kapitel 3.6.2.1 und unter Verwendung der oben gezeigten modifizierten R&R-Formel.

3.10.1.3.2 Linearität des Messsystems

Diese Forderung ist nicht gültig für Oberflächenmessgeräte, wegen der Schwierigkeit, Referenzmesswerte des Teils (X_m) zu erhalten, die genauer sind als die des Oberflächenmessgeräts.

3.10.2 Koordinatenmessmaschinen

3.10.2.1 Zielsetzung

Dieses Verfahren beschreibt Methoden zur Beurteilung von Koordinatenmessmaschinen (CMM), die als flexible Messmaschinen in der Produktion eingesetzt werden. Im vorliegende Kapitel werden spezielle Vorgehensweisen beschrieben, die auf diese speziellen Messmaschinen zutreffen.

Kapitel 6 gilt auch für die Bewertung von Koordinatenmessmaschinen, soweit die unten stehenden Erörterungen keine gegenteiligen Regelungen enthalten.

3.10.2.2 Sachlicher Geltungsbereich

Diese Richtlinie gilt für die Abnahme und die fortdauernde Überwachung aller in der Fertigung eingesetzten Koordinaten-Messmaschinen, einschließlich des Haupt-3D-Messgeräts, der Anlage, von der es umgeben ist (inkl. Temperaturkompensationssystem, falls vorhanden), sowie aller Werkstückpositionierungssysteme, die Teile in den räumlichen Messbereich platzieren bzw. wieder aus diesem entfernen. Die folgenden Tests müssen unter aktivem Einsatz aller gekauften untergeordneten Systeme durchgeführt werden.

3.10.2.3 Voruntersuchung

Wegen der speziellen Eigenheiten von 3D-Messmaschinen ersetzen industrieübliche Standardtestverfahren zur Ermittlung der Messunsicherheit die Forderung nach Verfahren 1.

Bei Verfahren 1 wird die Messsystemfähigkeit dadurch bestimmt, dass ein Prüfer dieselben Teile mehrfach misst und die Messwerte mit den Sollwerten (Xm) vergleicht. Im Fall von 3D-Messgeräten ist dieser Test in Übereinstimmung mit einer entsprechenden Industrienorm, VDI/VDE-Richtlinie 2617 [Kapitel 2.3], durchzuführen, wobei die Messwerte innerhalb der festgelegten Leistungsspezifikationen unter Anwendung der Schablonenmethode mit den zertifizierten Ist-Werten speziell angefertigter Musterteile verglichen werden. Mindestens 50 Messungen sind an jedem Musterteil an verschiedenen Stellen im gesamten räumlichen Messbereich vorzunehmen. Statt manueller Vermessung wird der Einsatz eines programmierten Betriebsablaufes empfohlen.

Falls ein Werkstückpositionierungssystem Teil der Bestellung ist, müssen die Untersuchungen so durchgeführt werden, dass sich die Stichproben auf der Werkstückpalette befinden und das Positionierungssystem jedes Mal eingesetzt wird, wenn die Lage des Musterstücks geändert wird, um einen anderen Bereich oder eine andere Orientierung im Messvolumen zu prüfen. Es wird empohlen, dass der Lieferant die Voruntersuchung vor der Bewertung mit dem Positionierungssystem auch einmal ohne das Positionierungssystem durchführt, um die grundlegende Genauigkeit des 3D-Messgeräts zu bestätigen und die Eingrenzung etwaiger Probleme zu vereinfachen.

3.10.2.3.1 Wiederholbarkeit/Genauigkeit des Messsystems

Falls mehr als 5% der Messwerte einer Messreihe außerhalb der vorgegebenen Grenzwerte liegen, erfüllt das 3D-Messgerät nicht die vom Hersteller angegebenen Spezifikationen gemäß VDI/VDE-Richtlinie 2617 (Kapitel 2.3).

3.10.2.4 Verfahren 2

Der Untersuchung nach Verfahren 2 soll ein Funktionstest des Messsystems vorausgehen. Dieser sollte aus einem tatsächlichen Messdurchgang bestehen, unter aktivem Einsatz etwaiger Werkstückpositionierungssysteme und unter Verwendung eines Musterteils, das für die Produktionsteile, für die das System angeschafft wurde, typisch ist.

Eine Untersuchung nach Verfahren 2 wird durchgeführt, um in Fällen, in denen Bedienereinfluss vorliegen kann, %R&R und Linearität zu bestimmen. Während es scheint, dass bei 3D-Messgeräten kein Bedienereinfluss möglich ist, hat die Erfahrung das Gegenteil gezeigt, meistens aufgrund des Einlegens oder Einspannens von Teilen. Zusammen mit einer Untersuchung nach Verfahren 1 ergibt sich die Möglichkeit, zu beurteilen, ob das Messsystem fähig, bedingt fähig oder nicht fähig ist.

Im Fall eines 3D-Messgeräts besteht Verfahren 2 aus einer Serie von vorprogrammierten Messabläufen an einer Gruppe von Teilen, die typisch für diejenigen sind, für die das 3D-Messgerät angeschafft wurde. Im Idealfall ist das untersuchte Messprogramm immer ein reales Programm, das in der Fertigung verwendet wird. Viele Teile erfordern aber eine ganze Reihe von Programmen, um das Werkstück in jedem Fertigungsstadium messen zu können. Für die Zwecke der Fertigung ist bei jedem dieser Einzelprogramme eine Untersuchung nach Verfahren 2 erforderlich, doch bei der Abnahme neuer bzw. erneut zu qualifizierender 3D-Messgeräte sprechen praktische Erwägungen für den Einsatz eines einzelnen ausgewählten Programmes (Demonstrationsprogramm), das repräsentativ für die letztendlich eingesetzte Programmreihe ist. Es muss daher versucht werden, ein Programm zu erstellen, das alle erwarteten Tasterkonfigurationen abdeckt. Hierzu mag es erforderlich sein, ein spezielles Programm zu schreiben, das mehrere repräsentative Merkmale eines Einzelteils misst.

3.10.2.4.1 R&R des Messsystems

Die Anzahl der Prüfer, Messversuche und Teile muss sich nach den Vorgaben in Kapitel 3.6.2.1 richten. Da mehrere Merkmale zu messen sind, ergeben sich unterschiedliche RF-Werte für jedes Merkmal in Abhängigkeit von der Teile- oder Prozessspezifikation. Für jedes Merkmal wird eine Beurteilung vorgenommen. Falls ein Werkstückpositionierungssystem vorhanden ist, muss es jedesmal eingesetzt werden, ehe der nächste Messvorgang stattfindet. Die Formeln und Abnahmekriterien sind in Kapitel 3.6.2.1 beschrieben.

3.10.2.4.2 Linearität des Messsystems

Die Linearität des Messsystems wird im Rahmen der Voruntersuchung bewertet.

3.10.2.4.3 Genauigkeit des Messsystems

Zur Beurteilung der Genauigkeit ist jedes der Musterteile mindestens 3-mal auf einer anderen Maschine (z.B. 3D-Messsystem im Labor) zu messen. Die Mittelwerte dieser Messungen werden als Werte für X_m genommen. Der Lieferant ist dafür verantwortlich, den wahren Wert der Musterteile zu ermitteln, indem er sie mit einem anderen Messsystem vermisst als dem zu prüfenden 3D-Messsystem. Diese Anforderung gilt nur für das „Demonstrationsprogramm", das bei der R&R-Untersuchung der Maschine verwendet wird. Sie erstreckt sich nicht auf jedes der Einzelprogramme, die bei dem Produktionsteil zur Anwendung kommen.

3.10.2.4.4 Abnahmekriterien für die Genauigkeit

Die Genauigkeit wird anhand der folgenden Formel berechnet: $\left|\bar{x}_g - x_m\right| = AC$

Das Abnahmekriterium für die Genauigkeit ist entweder 10% von RF oder 2,5 mal die angegebene Genauigkeit der Maschine bei der in diesem konkreten Fall zu messenden Dimension, je nachdem, welcher dieser beiden Werte **größer** ist.

Der Faktor 2,5 basiert auf der folgenden Grundlage:

- 1 für die beurteilte Maschine
- 1 für die Labormaschine
- 0,5 für die Umwelteinflüsse.

3.10.2.5 Software

Zur Datenerfassung mit 3D-Messsystemen und Auswertung mit Hilfe der qs-STAT®-Software müssen die Messdaten im Q-DAS®-ASCII-Transferformat vorliegen. Näheres über das qs-STAT®-Softwarepaket finden Sie in Kapitel 3.7.

3.10.3 Lecktestmaschinen

Diese Richtlinie gilt für Lecktestmaschinen, die variable Daten liefern. Sie ist nicht gültig für Tauchtestmaschinen, bei denen der einzige Hinweis auf ein Leck die visuelle Beobachtung von Luftblasen ist. Solche Geräte werden als Attribut-Prüfmittel angesehen, auf welche die Forderung von Untersuchungen nach Verfahren 1, 2 und 3 nicht anwendbar ist. In Abhängigkeit von der vorgesehenen Anwendung müssen hier im Werk geeignete Kriterien entwickelt werden, um die Tauglichkeit des Prüfmittels für den vorgesehenen Anwendungszweck nachzuweisen.

3.10.3.1 Verfahren 1

Der Untersuchung nach Verfahren 1 sollte ein Funktionstest des Messgeräts vorausgehen. Dieser sollte aus einem tatsächlichen Messdurchgang an einem repräsentativen Musterteil bestehen. Das Verfahren 1 wird zur Ermittlung von Wiederholbarkeit, Genauigkeit und Kurzzeit-Stabilität eingesetzt. Dieses Verfahren dient der Ermittlung des dem Messsystem eigenen Streuungsverhaltens. Die verschiedenen Fähigkeitsindizes werden mit Hilfe dieses Verfahrens bestimmt. Diese Untersuchung wird beim Lieferanten bzw. Hersteller während der Erstabnahme, also vor der Auslieferung, durchgeführt, um Mängel am Messsystem zu erkennen und ein späteres Auftreten von kostspieligen Problemen zu vermeiden.

3.10.3.1.1 Genauigkeit (Accuracy)

Die Auswahl der Meisterteile für die Lecktestmaschine ist besonders sorgfältig zu treffen. Zwei Arten von Meistern werden benötigt. Zur Nulleinstellung ist ein Werkstück zu verwenden, das aus Guss- bzw. Bearbeitungsprozessen gefertigt wurde. Dieses Teil muss sorgfältig ausgewählt werden, um sicherzustellen, dass es wirklich ein vollkommen leckfreies Teil ist. Falls nötig, kann das Teil imprägniert werden, um sicherzustellen, dass es ein echter Null-Meister ist. Es sollte aber nicht mit einem Material gefüllt werden, das das Volumen der geprüften Kammer beeinflussen würde. Der Stellfaktor der Einheit wird mit einer kalibrierten Öffnung eingestellt, die in den Lecktest-Messkreis eingeführt wird, um das Messgerät zu kalibrieren. Die Verwendung eines zertifizierten Meisterteils mit einem Leckwert von bis zu 2-mal der oberen Leckgrenze (RF) des Produktionsteils sollte in Betracht gezogen werden. Die Erfahrung hat gezeigt, dass die Leistung des Messgeräts verbessert werden kann, wenn ein Meister mit einem höheren Wert bei der Kalibrierung verwendet wird. Zum Beispiel wird ein Kalibrierfehler von 0,6 cm^3/min bei einem Meister mit einem Leckwert von 6,0 cm^3/min bei einem Produktionsteil-RF von 6,0 cm^3/min einen Messfehler von 10% verursachen. Wenn die Kalibrierung dagegen mit einem Meister mit einem Leckwert von 12,0 cm^3/min vorgenommen wurde, wird der gleiche Kalibrierfehler von 0,6 cm^3/min bei derselben Produktionsteilleckrate von 6,0 cm^3/min nur einen Messfehler von 5% erzeugen.
Ein zweiter Meister ist erforderlich, um Genauigkeit und Linearität nachzuweisen. Dieser Meister sollte einen Wert haben, der halb so groß ist wie der des Meisters, der zur Kalibrierung des Systems benutzt wurde. Dieser Meister muss im Anschluss an die Kalibrierung des Systems 5-mal gemessen werden. Der Mittelwert dieser 5 Messungen ist $\bar{x}_g$. Die Genauigkeit wird wie folgt beurteilt:

$$AC = \left|\bar{x}_g - x_m\right|$$

$$\%AC = \frac{AC}{RF} \cdot 100\%$$

Das Abnahmekriterium ist dann:

$$\textbf{\% AC} \leq \textbf{10\% RF}$$

3.10.3.1.2 Kurzzeitstabilität des Messsystems

Die Untersuchung ist gemäß Kapitel 3.6.1.3 durchzuführen.

3.10.3.2 Verfahren 2

3.10.3.2.1 R&R des Messsystems

Bei den meisten modernen Lecktestmaschinen besteht kein Bedienereinfluss. Ein Einflussfaktor bei diesen Systemen ist dafür aber die Einheitlichkeit der Rekalibrierung. Daher wird diese Untersuchung wie in Kapitel 3.6.2.1 beschrieben durchgeführt, nur wird das System nach dem ersten Messdurchgang (inkl. aller Wiederholungen) rekalibriert. Die Teile sind sorgfältig auszuwählen; ihre Werte müssen den Bereich von Null bis zum Doppelten der RF-Grenze abdecken. Es ist wichtig, dass keines der Teile einen Wert von Null hat oder extrem undicht ist. Es gelten die Formeln und Kriterien aus Kapitel 3.6.2.1, mit der Ausnahme, dass k (Bediener) durch einen festen Wert von 2 Kalibrierungen ersetzt wird. Wenn die Prüflinge manuell in die Maschinen eingelegt werden, ist mit 2 Bedienern zu arbeiten, und jeder Bediener muss das System zu Beginn seiner Untersuchung kalibrieren.

Das Produkt $k \cdot r \cdot n$ muss ≥ 30 sein, wenn $k = 2$ gilt, muss also $r \cdot n \geq 15$ sein. *(Es wird empfohlen, 5 Teile und 3 Messversuche zu verwenden.)*

3.10.3.2.2 Linearität des Messsystems

Die Linearität wird anhand der in Kapitel 3.10.3.1.1 beschriebenen Tests nachgewiesen. Die Forderung, diese Untersuchung mit Teilen durchzuführen, die bekannte Ist-Werte haben, gilt nicht für Lecktestmaschinen, und zwar wegen der Schwierigkeit, Referenzmesswerte des Teils (X_m) zu erhalten, die genauer sind als die der Lecktestmaschine.

3.10.4 Durchflussmessmaschinen

Durchflussmessmaschinen sind insofern einzigartig, als der Messwert, der vom Gerät ermittelt wird, in der Regel nicht in der Einheit erfasst wird, die in der Spezifikation genannt ist. Um die Methoden der Messsystemanalyse auf diese Geräte anwenden zu können, sind die folgenden Vorgehensweisen einzuhalten.

3.10.4.1 Durchflussmeister

Ein Meister mit einer bekannten Prozentreduzierung der spezifizierten Durchflussöffnung muss verfügbar gemacht werden. Dieser Meister muss ein echtes Produktionsteil mit seriengefertigten Öffnungen sein. Der Flächeninhalt der Öffnung sollte als Prozentwert im Verhältnis zu einem dem Sollwert entsprechenden guten Teil berechnet werden.

3.10.4.2 Bezugsgröße

Für jeden Messkreis der Durchflussmessmaschine ist eine Bezugsgröße (RF) zu berechnen. Hierzu misst man mehrere typische i.O.-Teile und nimmt den Mittelwert der Ergebnisse als oberen Referenzwert. Dann ist der Durchflussmeister mit den reduzierten Öffnungen mehrere Male zu messen. Der Mittelwert dieser Ergebnisse bildet den unteren Referenzwert. Die Differenz zwischen dem oberen und dem unteren Referenzwert ist dann die Bezugsgröße RF zur Bestimmung der Messmittelfähigkeit. Jetzt können Produktabnahmekriterien bestimmt werden. Der untere Grenzwert sollte irgendwo zwischen dem oberen und dem unteren Referenzwert liegen. Oberhalb des oberen Referenzwertes muss ein oberer Grenzwert festgelegt werden, um falsche i.O.-Ergebnisse bei einem lecken oder nicht mehr angeschlossenen Schlauch zu vermeiden. Alle Fähigkeitsbeurteilungen basieren auf dem Vergleich mit der vorher bestimmten Bezugsgröße.

3.10.4.3 Verfahren 1

Zur Beurteilung von Wiederholbarkeit und Stabilität werden die in den Kapiteln 3.6.1, 3.6.1.1 und 3.6.1.3 beschriebenen Methoden und Abnahmekriterien angewendet. Eine Genauigkeits- oder Linearitätsuntersuchung ist nicht erforderlich.

3.10.4.4 Verfahren 2/Verfahren 3

Die betreffenden Untersuchungen sind gemäß den Verfahren und Abnahmekriterien in Kapitel 3.6.2 und 3.6.3 durchzuführen. Eine Linearitätsanalyse ist nicht erforderlich.

3.10.5 Produktionswaagen

Es gilt das gesamte Kapitel 3.6.

3.10.6 Präzisionsformmessmaschinen

3.10.6.1 Verfahren 1

Da diese Toleranzen typischerweise sehr klein sind, kann der wahre Wert der Musterteile meistens nicht genau bestimmt werden. Daher muss für geeignete Meister gesorgt werden, die alle typischen Eigenschaften besitzen, die vom Gerät gemessen werden. Eine Untersuchung nach Verfahren 1 ist dann, wie in Kapitel 3.6.1 beschrieben, unter Einsatz des entsprechenden Meisters durchzuführen. Es gelten die Abnahmekriterien in Kapitel 3.6.1.

3.10.6.2 Verfahren 2

Im Falle von möglichem Bedienereinfluss sind die Vorgehensweisen und Kriterien aus Kapitel 3.6.2 anzuwenden. Auf Kapitel 3.6.2.2 (Linearität) kann für Formmerkmale verzichtet werden, da ein genauer „wahrer Wert" der Musterteile nicht bestimmt werden kann. Dieser Verzicht erstreckt sich jedoch nicht auf Merkmale wie Hub, Index und Achspositionen.

3.10.6.3 Verfahren 3

Falls kein Bedienereinfluss vorliegt, sind die Vorgehensweisen und Kriterien aus Kapitel 3.6.3 anzuwenden.

3.10.7 Wuchtmaschinen

Messmittelfähigkeitsuntersuchungen für Wuchtmaschinen sind basierend auf den Indizes P_{og} und P_{ogk} durchzuführen. Diese entsprechen den Indizes P_o and P_{ok}, werden jedoch basierend auf 20% RF berechnet. Siehe SP-Q-MRO Kapitel 3.4.6 und 6.2; dort wird eine Erklärung der bivariaten Datenanalyse gegeben.

Ist die Toleranz z. B. ±10 g-cm, dann gilt 100% RF = ein Kreis mit einem Durchmesser von 20, d. h. P_{og} und P_{ogk} würden mit einem Kreis mit einem Durchmesser von 4 verglichen werden. Daten von der Wuchtmaschine müssen in dem von GMPT genehmigten Q-DAS-ASCII-Datenformat geliefert werden, wobei sowohl Winkel- und Massedaten als auch x/y-Daten verfügbar sein müssen.

3.10.7.1 Verfahren 1

Es ist eine Untersuchung nach Verfahren 1 gemäß Kapitel 3.6.1 durchzuführen. Werte Δx, Δy basierend auf dem Unterschied zwischen den beobachteten Messwerten und den tatsächlichen Ist-Werten (x_m) berechnen. P_{og} und P_{ogk} ausgehend von Δx, Δy berechnen. Diese Untersuchung ist mit einem Teil, das einen bekannten Ist-Wert hat, oder mit einem Einstellmeister, dessen Wert von 0 verschieden ist, durchzuführen. Sie ist mit einem Wert durchzuführen, der in der oberen Hälfte des vorgesehenen Betriebsbereichs des Geräts liegt. Wenn das Gerät Teile sowohl vor als auch nach der Auswuchtung prüft, ist die Untersuchung zweimal durchzuführen; einmal mit einem Rohteilwert und einmal mit einem Fertigteilwert. Für die Rohteilbewertung muss dabei unbedingt eine geeignete Toleranzspanne festgelegt werden. Es darf nicht einfach die in der Spezifikation für das fertige Teil vorgegebene Toleranz genommen werden.

Diese Untersuchung weist die Wiederholbarkeit und Genauigkeit nach, mit den Abnahmekriterien P_{og} und P_{ogk} $\geq 1{,}33$.

3.10.7.1.1 Werkzeuggenauigkeit

Bei Innen- und Außendurchmesser-Erfassungen bzw. Prüfungen ist Untersuchung 3.10.7.1 bei den Radialpositionen 0°, 90°, 180° und 270° zu wiederholen, dann sind P_{og} und P_{ogk} zu berechnen und dieselben Kriterien wie in Kapitel 3.10.7.1 anzuwenden. In diesem Fall ist bei jeder Untersuchung mit 25 Messversuchen zu arbeiten. Dann folgt die Berechnung von P_{og} und P_{ogk} und die Anwendung der Kriterien in Kapitel 3.10.7.1.

3.10.7.1.2 Stabilität

Zum Nachweis der Stabilität werden die Grafiken ausgewertet; es dürfen keine Werte außerhalb der $\pm 3\sigma$-Ellipse liegen.

3.10.7.1.3 Linearität

Zum Nachweis der Linearität ist eine Masse zu verwenden, die in etwa der Hälfte der beim Verfahren 1 verwendeten Masse entspricht. Diese Unwucht ist 5-mal zu messen; dann wird der Mittelwert der Messwerte mit dem erwarteten Wert verglichen. Die Differenz zwischen den beiden Werten muss kleiner oder gleich 10% von RF sein. Dies ist im Zielschaubild grafisch darzustellen. Der Vergleich ist dadurch vorzunehmen, dass eine Radialtoleranz auf die Differenz zwischen den beiden x/y-Werten angewendet wird. Die Diagonale muss weniger als 10% der Spezifikation entsprechen.

3.10.7.2 Verfahren 2/Verfahren 3

Zur Duchführung der Untersuchung nach Verfahren 2 bzw. 3 sind die x- und y-Koordinaten gemäß den Kapiteln 3.6.2 und 3.6.3 zu verwenden. Die Linearität wird bei diesen Untersuchungen nicht bewertet, da sie bereits im Rahmen von Verfahren 1 nachgewiesen worden ist.

3.10.8 Montagegeräte

Befestigungssystem, Kalt- und Warmtest

Zur Bewertung dieser Geräte wird die Genauigkeit und Wiederholbarkeit der Transducer untersucht, die bei der Messung zum Einsatz kommen. Bei Prüfungen dieser Art ist es nicht praktikabel, Wiederholungsmessungen an einem Teil vorzunehmen; stattdessen wird der Transducer des jeweiligen Messgeräts mit einem zertifizierten Meister-Transducer verglichen.

Basierend auf mindestens 30 Werten ist eine Untersuchung nach Verfahren 1A durchzuführen. Diese Untersuchung ähnelt dem Verfahren 1; nur werden die Daten hier paarweise aufgenommen: mit dem Meister-Transducer und dem zu bewertenden Gerät. Die Auswertung wird basierend auf der Abweichung zwischen den Werten vorgenommen.

$$\mathbf{x_m - x_g = x_\Delta}$$

Die Standardabweichung der x_Δ-Werte berechnen und durch Teilung durch $\sqrt{2}$ korrigieren, da die Standardabweichung die Kombination der Streuung von beiden Transducern widerspiegelt.

$$s_\Delta = \sqrt{s_m^2 + s_g^2} \quad \text{Wenn } s_g = s_m \quad s_g = \frac{s_\Delta}{\sqrt{2}}$$

Berechnungsformeln und Abnahmekriterien sind in Kapitel 3.6.1 angegeben. Eine Untersuchung nach Verfahren 2 oder 3 ist nicht erforderlich.

3.10.9 Härteprüfer

In Vorbereitung.

3.10.10 Optische Prüfmittel

In Vorbereitung.

3.10.11 Chemische Analysegeräte

In Vorbereitung.

4. ÜBEREINSTIMMUNGSVALIDIERUNG

Nicht zutreffend

5. ANMERKUNGEN

5.1 Glossar

Für diese Richtlinie gelten die folgenden Definitionen:

5.1.1 Systematische Messabweichung

Die systematische Messabweichung ist durch die Differenz zwischen dem durchschnittlichen Messergebnis und dem Referenzwert gegeben. Der Referenzwert, auch akzeptierter Referenzwert oder Master Value (Meisterwert) genannt, ist ein Wert, der als anerkannter Bezugswert für die ermittelten Messwerte dient. Zur Ermittlung des Referenzwerts kann man mehrere Messwerte mit einem höherwertigen Messgerät (z.B. Metrology Lab oder Layout Equipment) ermitteln und dann den Mittelwert dieser Messwerte berechnen.

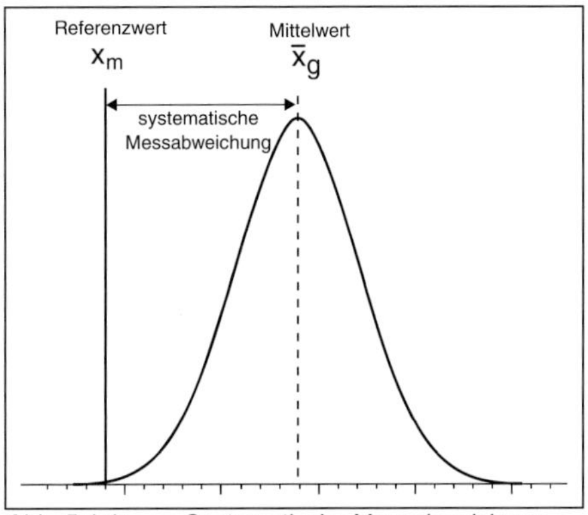

Abb. 5.1.1: Systematische Messabweichung

5.1.2 Messmittel

Ein Gerät, das zur Erfassung von Messwerten benutzt wird. Bezieht sich insbesondere auf die in Fertigungswerken verwendeten Geräte.

5.1.3 Linearität

Die Linearität ist durch die Genauigkeitsunterschiede innerhalb des Messbereiches des Messmittels gegeben [2].

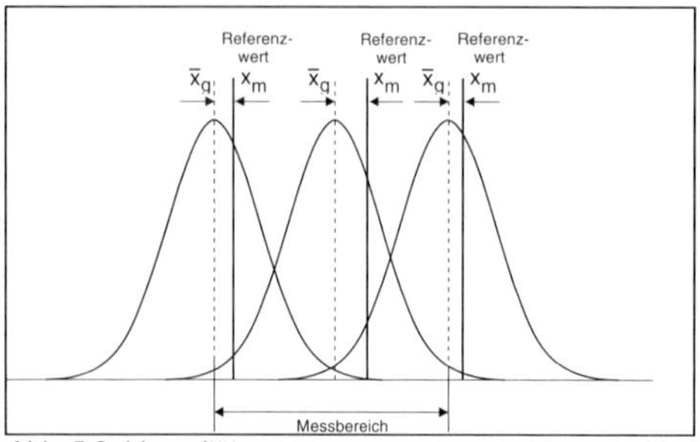

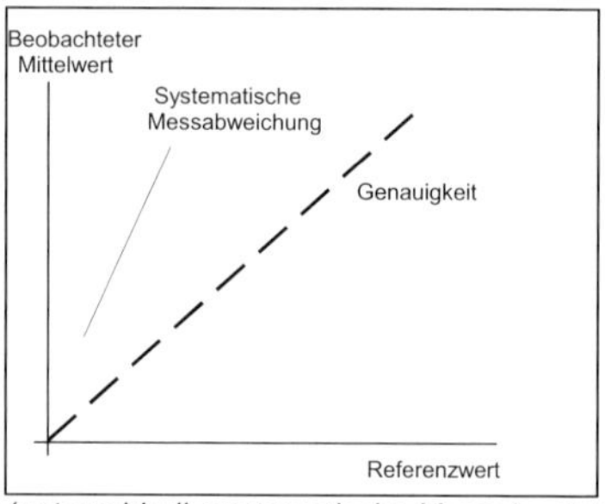

Abb. 5.2: Linearität *Linearität (unterschiedl. systematische Messabweichung)*

5.1.4 Meister (Einstellmeister, Master)

Ein Gerät zur Einstellung des Messmittels auf einen Referenzwert. Der Referenzwert des Meisters muss zertifiziert und auf das entsprechende nationale Normal rückführbar sein.

5.1.5 Messsystem

Die Summe aller Einflusskomponenten zur Ermittlung eines Messwerts für ein Merkmal: Verfahren, Vorgehensweisen, Messgeräte und andere Hilfsmittel, Software und Personal. Mit anderen Worten: der Gesamtprozess zur Erfassung von Messwerten [2].

5.1.6 Wiederholbarkeit und Nachvollziehbarkeit (R&R)

Wiederholbarkeit (Wiederholpräzision, Repeatability) beschreibt die Messwertstreuung, die entsteht, wenn ein Prüfer dasselbe Merkmal an demselben Teil und an derselben Stelle mehrmals mit demselben Messmittel prüft [2].

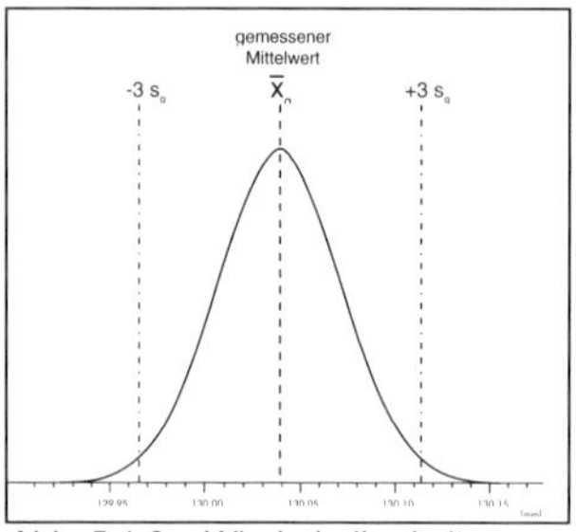

Abb. 5.1.6a: Wiederholbarkeit

Nachvollziehbarkeit (Vergleichpräzision, Reproducibility) beschreibt die Streuung in den Mittelwerten der Messwerte, die verschiedene Prüfer bei Messung desselben Merkmals an demselben Teil und an derselben Stelle mit demselben Messmittel ermittelt haben [2].

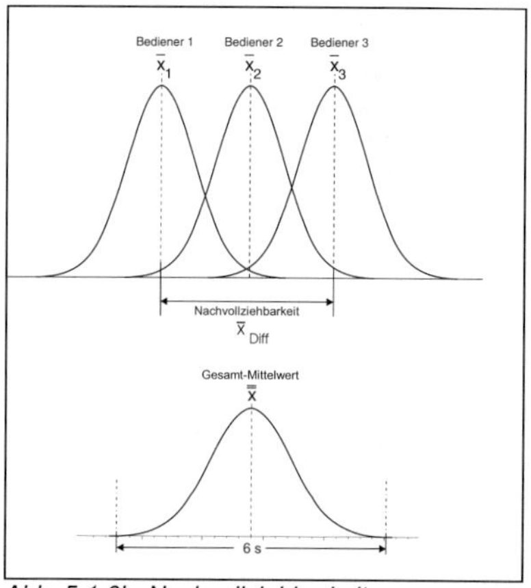

Abb. 5.1.6b: Nachvollziehbarkeit

Das Datenblatt und Berichtsformblatt für die Wiederholbarkeits- und Nachvollziehbarkeitsstudie gibt eine Rechenmethode zur Auswertung der gesammelten Daten vor. Bei dieser Analyse wird die Gesamtstreuung des Messsystems geschätzt und als Prozentsatz der Prozessstreuung ausgedrückt, und es werden Streuungskomponenten wie Wiederholbarkeit, Nachvollziehbarkeit sowie Teil-zu-Teil-Streuung aufgelistet. Diese Daten sollten mit den Ergebnissen der grafischen Auswertung verglichen werden und diese ergänzen.

5.1.7 Stabilität

Stabilität (oder Drift) beschreibt die gesamte Streuung der Messwerte, die mit einem Messsystem bei Messung desselben Merkmals an demselben Meister oder denselben Werkstücken über einen längeren Zeitraum ermittelt wurden [2].

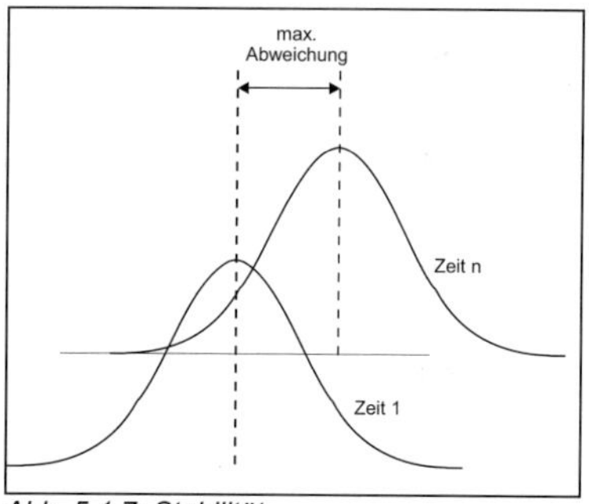

Abb. 5.1.7: Stabilität

5.2 Abkürzungen, Kürzel und Symbole

A_2, A_3	Von der Anzahl Wiederholungen der Messwertreihen abhängiger Faktor zur Bestimmung der Eingriffsgrenzen ($\bar{x}$-Karte)
ANOVA	Varianzanalyse (**An**alysis **o**f **Va**riance)
ARM	Mittelwert- und Spannweiten-Methode (**A**verange and **R**ange **M**ethod)
AV	Nachvollziehbarkeit / Vergleichpräzision (Reproducibility / **A**ppraiser **V**ariation)
%AV	Nachvollziehbarkeit / Vergleichpräzision (Reproducibility / **A**ppraiser **V**ariation) in % bezogen auf die Bezugsgröße (RF)
B_4	Von der Anzahl Wiederholungen der Messwertreihen abhängiger Faktor zur Bestimmung der Eingriffsgrenzen (s-Karte)
C_g	Potential Messsystem (gage potential index)
C_{gk}	Fähigkeitsindex Messsystem (gage capability index)
D_4	Von der Anzahl Wiederholungen der Messwertreihen abhängiger Faktor zur Bestimmung der Eingriffsgrenzen (R-Karte)
E_2	Von der Anzahl Wiederholungen der Messwertreihen abhängiger Faktor zur Bestimmung der Eingriffsgrenzen (x-Karte)
EV	Wiederholbarkeit / Wiederholpräzision (Repeatability – **E**quipment **V**ariation) Messsystem
%EV	Wiederholbarkeit / Wiederholpräzision (Repeatability – **E**quipment **V**ariation) in % bezogen auf die Bezugsgröße (RF)
IA	Wechselwirkung (**Inter****A**ction) - Teil-Bediener-Wechselwirkung (bei ANOVA)
k	Anzahl der Prüfer (operators)
K_1, K_2	Faktoren, die von der Anzahl der Prüfer abhängen
Li	**Li**nearität (Linearity)
%Li	**Li**nearität (Linearity) in % bezogen auf die Bezugsgröße (RF)
n	Anzahl der Teile (**n**umber of parts)
N	Anzahl Referenzteile (Teile mit bekanntem Ist-Wert / geeignete Meister)
OEG	**O**bere **E**ingriffs**g**renze
OSG	**O**bere **S**pezifikations**g**renze
PV	Teilestreuung (**P**iece **V**ariation)
r	Anzahl der Messwertreihen pro Prüfer (trials)
$\bar{\bar{R}}$	Mittlere Spannweite aller Prüfer
$\bar{R}$	Mittlere Spannweite eines einzelnen Prüfers
R&R	Wiederhol- und Nachvollziehbarkeit (Wiederhol- und Vergleichpräzision, **R**epeatability & **R**eproducibility)
%R&R	Wiederhol- und Nachvollziehbarkeit (Wiederhol- und Vergleichpräzision, **R**epeatability & **R**eproducibility) in % bezogen auf die Bezugsgröße (RF)
RF	Bezugsgröße (**Re**ference **F**igure), z.B. Prozesstoleranz, Gesamttoleranz, Klassentoleranz
s_g	Standardabweichung des Messsystems
SV	Oberflächenstreuung (**S**urface **V**ariation)
UEG	**U**ntere **E**ingriffs**g**renze
USG	**U**ntere **S**pezifikations**g**renze
$\bar{x}$	Mittelwert der Messwertreihen
$\bar{x}_{Diff}$	Max. Differenz zwischen den Mittelwerten ($\bar{x}$) mehrerer Prüfer
$\bar{x}_g$	Mittelwert des Messsystems (gage average)
x_i	Einzelwerte einer Messwertreihe
x_m	Referenzwert eines Musterteils (tatsächlicher Ist-Wert des Teils bzw. Meisters)
x/MR-Karte	Einzelwert- und gleitende Spannweitenkarte (Individuals and **M**oving **R**ange chart)

5.3 Referenzmaterial

[1] Statistische Verfahren zur Maschinen- und Prozessqualifikation, Hanser Verlag, 1997

[2] Measurement Systems Analysis – Reference Manual
A.I.A.G; Chrysler Corporation, Ford Motor Company, General Motors Corporation, Michigan, 1995

[3] Q-DAS: Datenformate
ASCII-Transferformat
Erhältlich von Q-DAS GmbH

[4] ANSI B4.4M – 1981
Inspection of Workpieces
Erhältlich von der American Society of Mechanical Engineers

6. ANHANG

6.1 ARM-Formel

Wiederholbarkeit (EV) $= K_1 \cdot \overline{\overline{R}}$

EV in % von RF $= 100 \cdot \frac{EV}{RF}\%$

Nachvollziehbarkeit (AV) == $\sqrt{(K_2 \cdot \overline{x}_{Diff})^2 - \frac{EV^2}{n \cdot r}}$

EV in % von RF $= 100 \cdot \frac{AV}{RF}\%$

R&R = $\sqrt{EV^2 + AV^2}$ R&R in % von RF $= 100 \cdot \frac{R\&R}{RF}\%$

6.2 Linearitätsberechnungen

Anzahl Messungen pro Teil	$k \cdot r$
Mittelwert der Messwerte Teil i	$\overline{y}_i = \frac{1}{k \cdot r} \sum_j^{k \cdot r} y_{ij}$
Referenzwert Teil i	$(x_m)_i$
Abweichung von Teil i, y_{quer}	$AC_i = \overline{y}_i - (x_m)_i$
Mittelwert der Abweichungen	$\overline{AC} = \frac{1}{N} \sum_j^N AC_i$
Mittelwert der Referenzwerte	$\overline{x}_m = \frac{1}{N} \sum_i^N (x_m)_i$
Summe der Quadrate der Referenzwerte	$Q_{x2} = \sum_i^N (x_m)^2$
Summe der Quadrate der Abweichungen	$Q_{AC2} = \sum_i^N AC^2$
Quadrat der Summe der Referenzwerte	$Q_{xm} = \left(\sum_i^N (x_m)_i \right)^2$
Quadrat der Summe der Abweichungen	$Q_{AC} = \left(\sum_i^N AC_i \right)^2$

Man berechnet die Regressionsgerade y = ax + b der Messabweichungen und bekannten Ist-Werte für die Punkte

$$((x_m)_i,\ AC_i),\ i=1...N$$

Die Parameter a und b ergeben sich aus

$$a=\frac{\sum_i^N ((x_m)_i-\bar{x}_m)\left(AC_i-\overline{AC}\right)}{\sum_i^N ((x_m)_i-\bar{x}_m)^2}$$

$$b=\overline{AC}-a\cdot\bar{x}_m$$

Der Korrelationskoeffizient R^2 berechnet sich aus

$$R^2=\frac{\left(\sum_i^N ((x_m)_i\ AC_i)-N\cdot\bar{x}_m\cdot\overline{AC}\right)^2}{\left(Q_{x2}-\frac{1}{N}Q_{xm}\right)\left(Q_{AC2}-\frac{1}{N}Q_{AC}\right)}$$

6.3 ARM-Formel Verfahren 3

Zur Berechnung dienen folgende Formeln: Spannweite $R_i = x_{i\,max} - x_{i\,min}$ des i-ten Teils

Mittlere Spannweite

$$\bar{R}=\frac{1}{n}\cdot\sum_{i=1}^{n}R_i$$

mit

i	= Teilenummer
j	= Wiederholungsnummer
n	= Anzahl der Teile
x_{ij}	= Messwerte des i-ten Teils
$x_{i\,max}$	= Größtwert von x_{ij}
$x_{i\,min}$	= Kleinstwert von x_{ij}

6.4 Standardberichte für die Qualifizierung von Messsystemen

GM POWERTRAIN

Measurement System Analysis

Individual characteristic Type 1

Q-DAS®

Plant FLINT ENG SO.	Dept. Manuf.	Operator John	Date 12/16/99

Part descr. Block	Project L6
Part no. 10355606	Reason for Test Machine Run Off

OP/STA# 10	Mach.No. 345 MC	Fixture Position 10-RH
Part remark Test Part Run		
Gage No. W538904	Serial number S01	Description MARPOSS E9066
Characteristic Details		Char.Class PQC

Number	H4001IDF1			Char. Remark
Description	Bore Diameter		Allowance	Used Diamond Tool for first 10 pieces
Nom.Val.	56.8300	USL 56.8400	0.0100	
Unit	mm	LSL 56.8200	-0.0100	

Calibration Master	min.	mean	max.	Study sample (type 1 only)
Description				Work piece 1-A
Tool No.	321	654	987	9999
Ser.No.	111	222	333	1-A
Actual Value	56.8250	56.8300	56.8350	56.8303

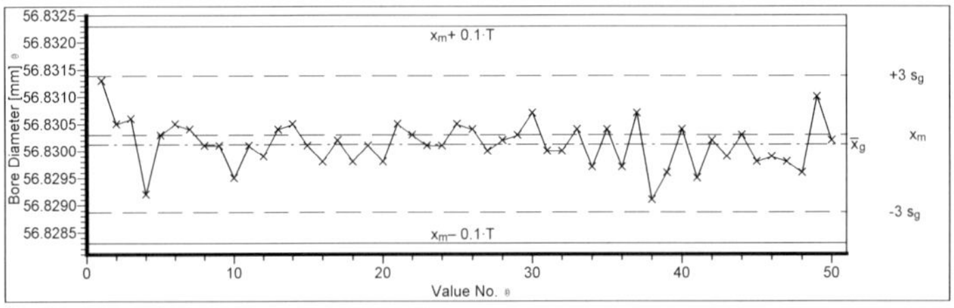

Individuals

1	6	11	16	21	26	31	36	41	46
56.8313	56.8305	56.8301	56.8298	56.8305	56.8304	56.8300	56.8297	56.8295	56.8299
56.8305	56.8304	56.8299	56.8302	56.8303	56.8300	56.8300	56.8307	56.8302	56.8298
56.8306	56.8301	56.8304	56.8298	56.8301	56.8302	56.8304	56.8291	56.8299	56.8296
56.8292	56.8301	56.8305	56.8301	56.8301	56.8303	56.8297	56.8296	56.8303	56.8310
56.8303	56.8295	56.8301	56.8298	56.8305	56.8307	56.8304	56.8304	56.8298	56.8302

n_{eff} = 50 RF = T = 0.0200 Resolution = 0.0005
x_m = 56.83030 $\bar{x}_g$ = 56.83013 $|\bar{x}_g - x_m|$ = 0.00017
s_g = 0.00042 $3 \cdot s_g$ = 0.00126 $6 \cdot s_g$ = 0.00252

Resolution = 0.0005 (5.00) %AC = $\frac{|\bar{x}_g - x_m|}{RF}$ = 0.85 % (5.00)

$C_g = \frac{0.2 \cdot RF}{6 \cdot s_g}$ = 1.59 (1.333) %EV = $\frac{6 s_g}{RF}$ = 12.62% (15)

$C_{gk} = \frac{0.1 \cdot RF - |\bar{x}_g - x_m|}{3 \cdot s_g}$ = 1.45 (1.333) %(EV+ 1.5AC) = $\frac{6 s_g + 1.5 AC}{RF}$ = 13.79% (15)

Measurement system capable (C_g,C_{gk})

Individual characteristic Type 1 GMPT EMS 3.x C:\QS-WINGM\FILES\NEW\GREEN_1
Page 1 /1

GM POWERTRAIN	Measurement System Analysis Characteristic summary statistics Type 2			Q-DAS®
Plant FLINT ENG SO.	Dept. Manuf.	Operator John		Date 12/16/99

Part descr.	Block	Project	L6
Part no.	10355606	Reason for Test	Machine Run Off

OP/STA#	10	Mach.No.	345 MC	Fixture Position	10-RH
Part remark	Test Part Run				
Gage No.	W538904	Serial number	S01	Description	MARPOSS E9066

Values Page 1/1

Char.No.	Char.Descr.	n_{eff}	T	%EV	%AV	%IA	%R&R	
H4001IDF1	Bore Diameter	90	0.0200	10.27 %	0.00 %	---	10.27 %	☺

GM POWERTRAIN

Measurement System Analysis

Individual characteristic Type 2 ANOVA

Q-DAS®

Plant FLINT ENG SO.	Dept. Manuf.	Operator John	Date 12/16/99

Part descr.	Block	Project	L6
Part no.	10355606	Reason for Test	Machine Run Off

OP/STA# 10	Mach.No. 345 MC	Fixture Position 10-RH
Part remark Test Part Run		
Gage No. W538904	Serial number S01	Description MARPOSS E9066
Characteristic Details		Char.Class PQC

Number	H4001IDF1			Char. Remark
Description	Bore Diameter		Allowance	Used Diamond Tool for first 10 pieces
Nom.Val.	56.8300	USL 56.8400	0.0100	
Unit	mm	LSL 56.8200	-0.0100	

Calibration Master				Study sample (type 1 only)
Description	min	mean	max	
Tool No.	333	222	111	
Ser.No.	789	456	123	
Actual Value	56.8350	56.8300	56.8350	56.8250

APPRAISER VARIATION FROM OVERALL PART AVERAGE

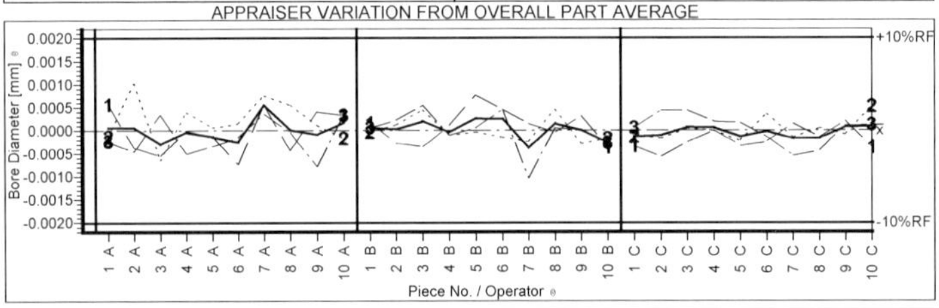

		A-John				B-Jane				C-Bill			
Piece	Xm	1	2	3	R	1	2	3	R	1	2	3	R
1	56.8330	56.8336	56.8343	56.8344	0.0008	56.8340	56.8342	56.8341	0.0002	56.8345	56.8343	56.8341	0.0004
2	56.8340	56.8321	56.8307	56.8322	0.0015	56.8320	56.8316	56.8315	0.0005	56.8323	56.8319	56.8313	0.0010
3	56.8340	56.8377	56.8378	56.8368	0.0010	56.8375	56.8367	56.8366	0.0009	56.8374	56.8371	56.8367	0.0007
4	56.8320	56.8292	56.8288	56.8297	0.0009	56.8291	56.8293	56.8293	0.0002	56.8292	56.8292	56.8290	0.0002
5	56.8300	56.8282	56.8280	56.8284	0.0004	56.8273	56.8281	56.8280	0.0008	56.8284	56.8283	56.8279	0.0005
6	56.8320	56.8219	56.8210	56.8213	0.0009	56.8207	56.8213	56.8207	0.0006	56.8214	56.8208	56.8213	0.0006
7	56.8370	56.8393	56.8391	56.8395	0.0004	56.8397	56.8401	56.8409	0.0012	56.8397	56.8400	56.8404	0.0007
8	56.8370	56.8305	56.8295	56.8301	0.0010	56.8301	56.8296	56.8300	0.0005	56.8302	56.8300	56.8305	0.0005
9	56.8360	56.8266	56.8269	56.8278	0.0012	56.8267	56.8273	56.8270	0.0006	56.8268	56.8271	56.8269	0.0003
10	56.8290	56.8375	56.8380	56.8375	0.0005	56.8382	56.8380	56.8381	0.0002	56.8382	56.8373	56.8377	0.0009

RF = T	= 0.0200	Resolution	= 0.0001	10%	
Repeatability	EV/%EV	= 0.00205	%EV	= 10.27 %	
Reproducibility	AV/%AV	= 0.000	%AV	= 0.00 %	
Interaction	IA/%IA	=	%IA	= ---	
Measurement System	R&R/%R&R	= 0.00205	%R&R	= 10.27 %	

Measurement system capable (R&R,Res.) 20.00 30.00

Individual characteristic Type 2 ANOVA GMPT EMS 3.x C:\QS-WINGM\FILES\NEW\GREEN_2.DFQ

Page 1 /2

GM POWERTRAIN	Measurement System Analysis Individual characteristic Type 2 ANOVA		Q-DAS®
Plant FLINT ENG SO.	Dept. Manuf.	Operator John	Date 12/16/99
Part descr. Block		Project L6	
Part no. 10355606		Reason for Test Machine Run Off	
OP/STA# 10	Mach.No. 345 MC	Fixture Position 10-RH	
Part remark Test Part Run			

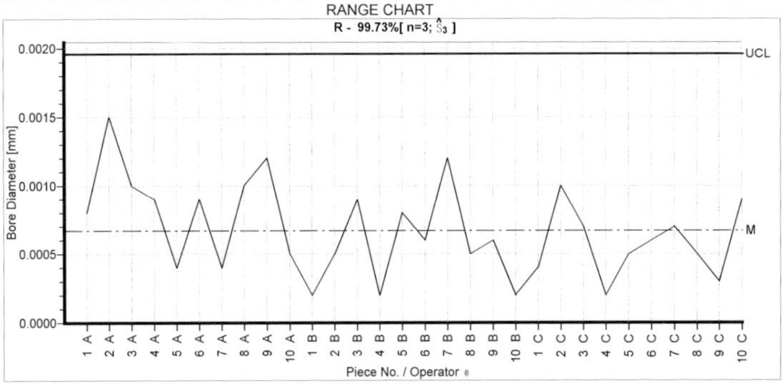

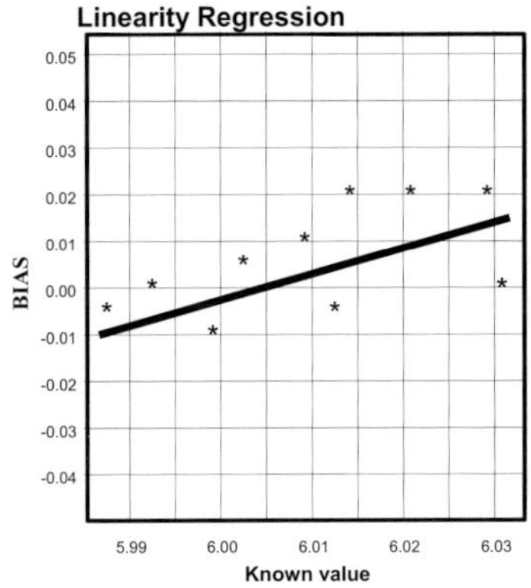

Measurement System Capable

Li = x.xx % **Demand =** x.x%

Lin Regression (y=A $_x$+B)

A= x.xxx B= x.xxx

R^2 = x.x%

Individual characteristic Type 2 ANOVA GMPT EMS 3.x C:\QS-WINGM\FILES\NEW\GREEN_2.DFQ

Page 2 /2

GM POWERTRAIN

Measurement System Analysis

Individual characteristic Type 2 ARM

Q-DAS®

Plant	FLINT ENG SO.	Dept.	Manuf.	Operator	John	Date	12/16/99

Part descr.	Block	Project	L6
Part no.	10355606	Reason for Test	Machine Run Off

OP/STA#	10	Mach.No.	345 MC	Fixture Position	10-RH
Part remark	Test Part Run				
Gage No.	W538904	Serial number	S01	Description	MARPOSS E9066
Characteristic	Details			Char Class	PQC

					Char. Remark
Number	H4001IDF1				
Description	Bore Diameter			Allowance	Used Diamond Tool for first 10 pieces
Nom.Val.	56.8300	USL	56.8400	0.0100	
Unit	mm	LSL	56.8200	-0.0100	

Calibration Master				Study sample (type 1 only)
Description	min	mean	max	
Tool No.	333	222	111	
Ser.No.	789	456	123	
Actual Value	56.8350	56.8300	56.8350	56.8250

APPRAISER VARIATION FROM OVERALL PART AVERAGE

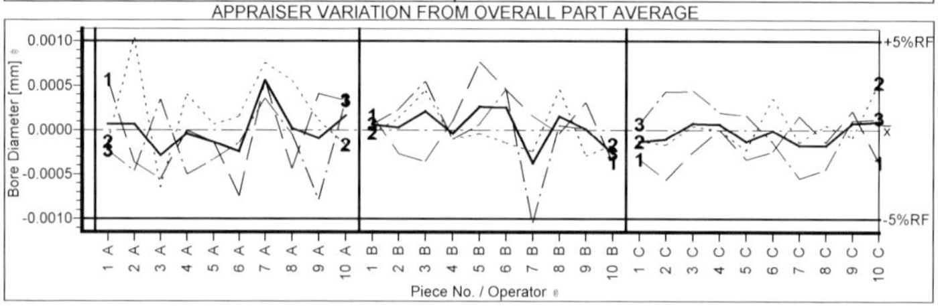

		A-John				B-Jane				C-Bill			
Piece	Xm	1	2	3	R	1	2	3	R	1	2	3	R
1	56.8330	56.8336	56.8343	56.8344	0.0008	56.8340	56.8342	56.8341	0.0002	56.8345	56.8343	56.8341	0.0004
2	56.8340	56.8321	56.8307	56.8322	0.0015	56.8320	56.8316	56.8315	0.0005	56.8323	56.8319	56.8313	0.0010
3	56.8340	56.8377	56.8378	56.8368	0.0010	56.8375	56.8367	56.8366	0.0009	56.8374	56.8371	56.8367	0.0007
4	56.8320	56.8292	56.8288	56.8297	0.0009	56.8291	56.8293	56.8293	0.0002	56.8292	56.8292	56.8290	0.0002
5	56.8300	56.8282	56.8280	56.8284	0.0004	56.8273	56.8281	56.8280	0.0008	56.8284	56.8283	56.8279	0.0005
6	56.8320	56.8219	56.8210	56.8213	0.0009	56.8207	56.8213	56.8207	0.0006	56.8214	56.8208	56.8213	0.0006
7	56.8370	56.8393	56.8391	56.8395	0.0004	56.8397	56.8401	56.8409	0.0012	56.8397	56.8400	56.8404	0.0007
8	56.8370	56.8305	56.8295	56.8301	0.0010	56.8301	56.8296	56.8300	0.0005	56.8302	56.8300	56.8305	0.0005
9	56.8360	56.8266	56.8269	56.8278	0.0012	56.8267	56.8273	56.8270	0.0006	56.8268	56.8271	56.8269	0.0003
10	56.8290	56.8375	56.8380	56.8375	0.0005	56.8382	56.8380	56.8381	0.0002	56.8382	56.8373	56.8377	0.0009

RF = T	= 0.0200	Resolution	= 0.0001		5%
Repeatability	EV/%EV	= 0.00204	%EV	= 10.19 %	
Reproducibility	AV/%AV	= 0.000	%AV	= 0.00 %	
Interaction	IA/%IA	=	%IA	= ---	
Measurement System	R&R/%R&R	= 0.00204	%R&R	= 10.19 %	

Measurement system not capable 10.00

Individual characteristic Type 2 ARM   GMPT EMS 3.x   C:\QS-WINGM\FILES\NEW\GREEN_2.DFQ

Page 1 /2

GM POWERTRAIN	Measurement System Analysis Individual characteristic Type 2 ARM		Q-DAS®
Plant FLINT ENG SO.	Dept. Manuf.	Operator John	Date 12/16/99

Part descr. Block	Project L6
Part no. 10355606	Reason for Test Machine Run Off

OP/STA# 10	Mach.No. 345 MC	Fixture Position 10-RH
Part remark Test Part Run		

RANGE CHART

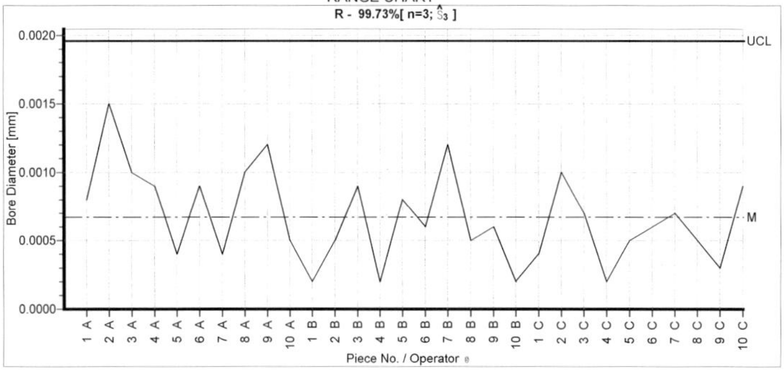

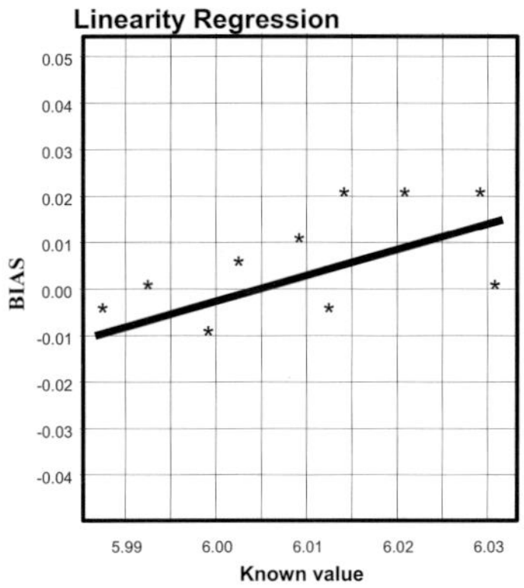

Measurement System Capable

Li = x.xx % **Demand =** x.x%

Lin Regression (y=A x+B)

A= x.xxx B**=** x.xxx

R^2 **=** x.x%

GM POWERTRAIN

Measurement System Analysis

Characteristic summary statistics Type 3

Q-DAS

Plant FLINT ENG SO.	Dept Manuf.	Operator John	Date 12/16/99

Part descr. Block	Project L6
Part no. 10355606	Reason for Test Machine Run Off

OP/STA# 10	Mach.No. 345 MC	Fixture Position 10-RH
Part remark Test Part Run		
Gage No. W538904	Serial number S01	Description MARPOSS E9066

Values **Page 1/1**

Char.No.	Char.Descr.	n_{eff}	T	%EV	%R&R	
H4001IDF1	Bore Diameter	50	0.060	15.78 %	15.78 %	☺

Characteristic summary statistics Type 3 GMPT EMS 3.x C:\QS-WINGM\FILES\NEW\GREEN_3

Page 1 /1

GM POWERTRAIN

Measurement System Analysis

Individual characteristic Type 3 ANOVA

Q-DAS®

Plant FLINT ENG SO.	Dept. Manuf.	Operator John	Date 12/16/99

Part descr. Block	Project L6
Part no. 10355606	Reason for Test Machine Run Off
OP/STA# 10	Mach.No. 345 MC
Fixture Position 10-RH	
Part remark Test Part Run	
Gage No. W538904	Serial number S01
Description MARPOSS E9066	
Characteristic Details	Char.Class PQC

Number	H4001IDF1			
Description	Bore Diameter		Allowance	
Nom.Val.	6.000	USL	6.030	0.030
Unit	mm	LSL	5.970	-0.030

Char. Remark
Used Diamond Tool for first 10 pieces

Calibration Master

Description	min	mean	max
Tool No.	6666	5555	4444
Ser.No.	789	456	123
Actual Value	5.975	6.005	6.025

Study sample (type 1 only)

APPRAISED VARIATION FROM OVERALL PART AVERAGE

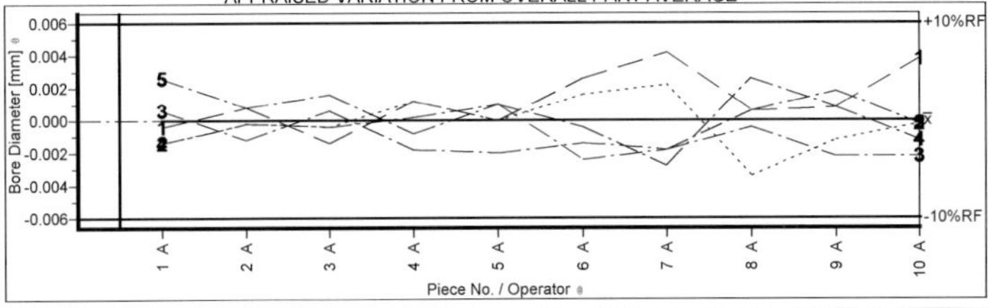

Piece	Xm	A-John 1	2	3	4	5	R
1	6.033	6.029	6.030	6.028	6.030	6.026	0.004
2	6.032	6.019	6.020	6.021	6.020	6.019	0.002
3	6.020	6.004	6.003	6.002	6.003	6.001	0.003
4	6.019	5.982	5.982	5.985	5.983	5.984	0.003
5	6.007	6.009	6.009	6.011	6.008	6.008	0.003
6	6.007	5.971	5.972	5.975	5.974	5.976	0.005
7	5.985	5.995	5.997	6.001	6.002	6.001	0.007
8	5.986	6.014	6.018	6.015	6.012	6.014	0.006
9	6.014	5.985	5.987	5.988	5.985	5.984	0.004
10	6.014	6.024	6.028	6.030	6.029	6.028	0.006

RF = T = 0.060

Resolution = 0.002 (5%)

R&R = EV = 0.00947

$\%R\&R = \frac{100 \cdot R\&R}{RF}\ \% = 15.78\ \%$ (20.00, 30.00)

Measurement system capable (EV,Res.)

Individual characteristic Type 3 ANOVA GMPT EMS 3.x C:\QS-WINGM\FILES\NEW\GREEN_3

GM POWERTRAIN

Measurement System Analysis

Individual characteristic Type 3 ANOVA

Q-DAS®

Plant: FLINT ENG SO.	Dept.: Manuf.	Operator: John	Date: 12/16/99
Part descr.: Block		Project: L6	
Part no.: 10355606		Reason for Test: Machine Run Off	
OP/STA#: 10	Mach.No.: 345 MC	Fixture Position: 10-RH	
Part remark: Test Part Run			

RANGE CHART

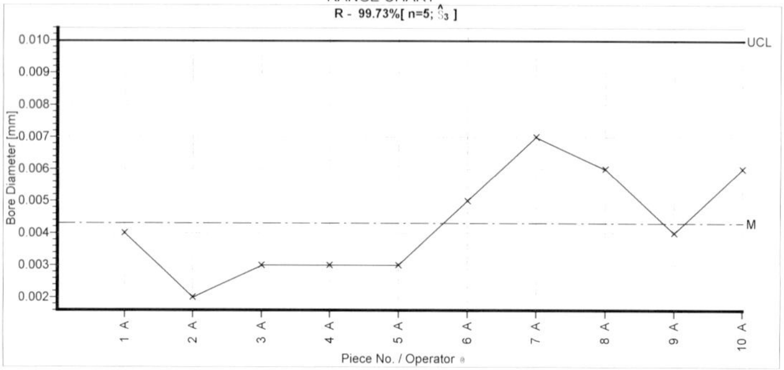

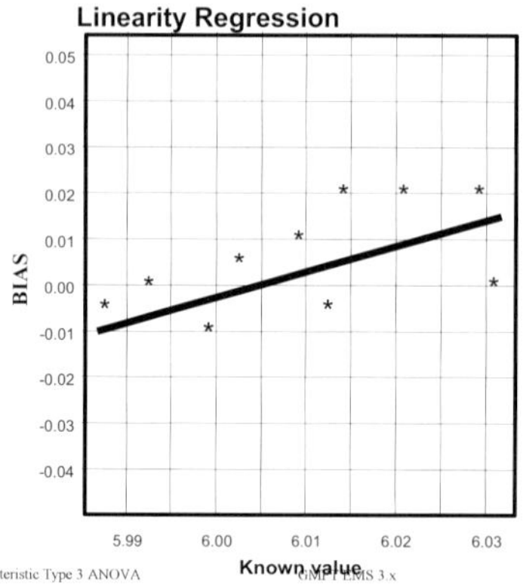

Measurement System Capable

Li = x.xx % **Demand =** x.x%

Lin Regression (y=A $_x$+B)

A= x.xxx B= x.xxx

R^2 = x.x%

GM POWERTRAIN

Measurement System Analysis

Individual characteristic Type 3 ARM

Q-DAS®

Plant FLINT ENG SO.	Dept. Manuf.	Operator John	Date 12/16/99

Part descr.	Block	Project	L6
Part no.	10355606	Reason for Test	Machine Run Off
OP/STA#	10	Mach.No. 345 MC	Fixture Position 10-RH
Part remark	Test Part Run		
Gage No.	W538904	Serial number S01	Description MARPOSS E9066
Characteristic	Details		Char.Class PQC

Number	H4001IDF1			Char. Remark
Description	Bore Diameter		Allowance	Used Diamond Tool for first 10 pieces
Nom.Val.	6.000	USL 6.030	0.030	
Unit	mm	LSL 5.970	-0.030	

Calibration Master | **Study sample (type 1 only)**

Description	min	mean	max
Tool No.	6666	5555	4444
Ser.No.	789	456	123
Actual Value	5.975	6.005	6.025

APPRAISED VARIATION FROM OVERALL PART AVERAGE

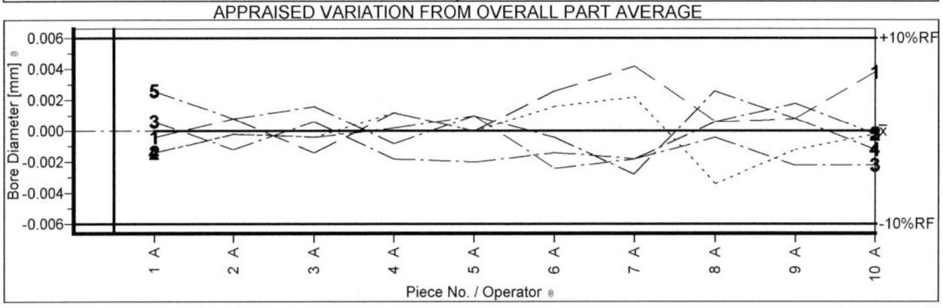

		A-John					
Piece	Xm	1	2	3	4	5	R
1	6.033	6.029	6.030	6.028	6.030	6.026	0.004
2	6.032	6.019	6.020	6.021	6.020	6.019	0.002
3	6.020	6.004	6.003	6.002	6.003	6.001	0.003
4	6.019	5.982	5.982	5.985	5.983	5.984	0.003
5	6.007	6.009	6.009	6.011	6.008	6.008	0.003
6	6.007	5.971	5.972	5.975	5.974	5.976	0.005
7	5.985	5.995	5.997	6.001	6.002	6.001	0.007
8	5.986	6.014	6.018	6.015	6.012	6.014	0.006
9	6.014	5.985	5.987	5.988	5.985	5.984	0.004
10	6.014	6.024	6.028	6.030	6.029	6.028	0.006

RF = T = 0.060 Resolution = 0.002 (5%)

R&R = EV = 0.00947

$$\%R\&R = \frac{100 \cdot R\&R}{RF}\,\% = 15.78\,\%$$ (20.00)

Measurement system capable (EV,Res.)

GM POWERTRAIN

Measurement System Analysis

Individual characteristic Type 3 ARM

Q-DAS®

Plant	FLINT ENG SO.	Dept.	Manuf.	Operator	John	Date	12/16/99
Part descr.	Block			Project	L6		
Part no.	10355606			Reason for Test	Machine Run Off		
OP/STA#	10	Mach.No.	345 MC	Fixture Position	10-RH		
Part remark	Test Part Run						

RANGE CHART

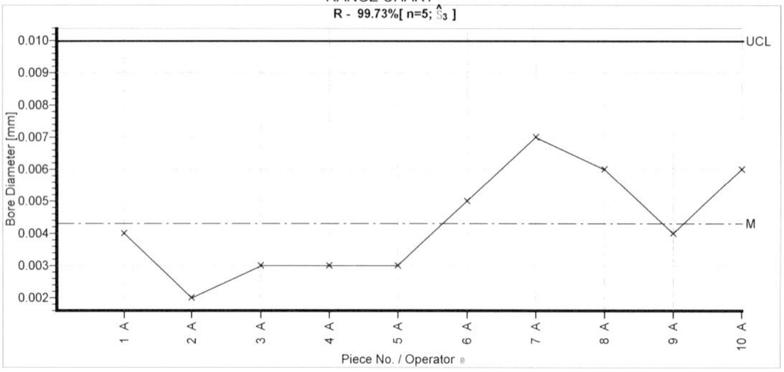

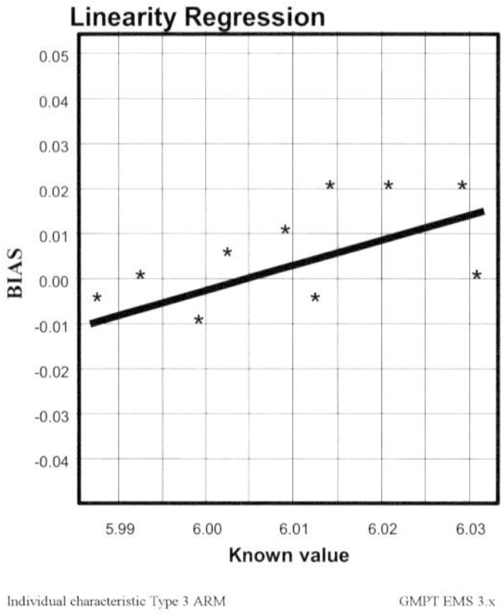

Measurement System Capable

Li = x.xx %   **Demand =** x.x%

Lin Regression (y=A x+B)

A= x.xxx   **B=** x.xxx

R^2 = x.x%

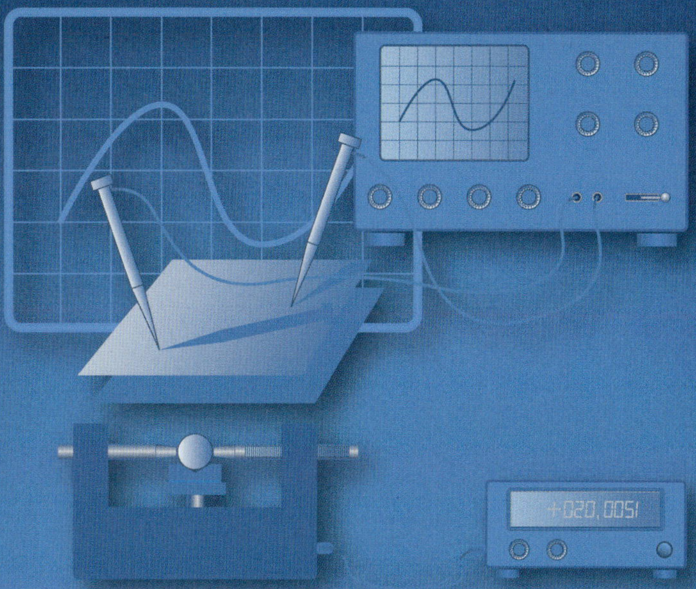

Qualitätsmanagement in der Bosch-Gruppe | Technische Statistik

10. Fähigkeit von **Mess- und Prüfprozessen**

BOSCH
Technik fürs Leben

Ausgabe 01.2003

Inhaltsverzeichnis

1 Einführung

Heft 10 ist konform mit den Anforderungen der MSA (Measurement Systems Analysis, DaimlerChrysler, Ford und GM; März 2002). Die Ausgabe Heft 10 vom September 2000 ist ungültig.
In dieser Schrift werden vorzugsweise genormte Begriffe verwendet (siehe Kapitel 8), die durch ihre Definition und internationale Anerkennung auch im Rechtsfall zur Eindeutigkeit beitragen. Auf die Beschreibung von Sonderverfahren sowie auf Literaturhinweise wird in diesem Heft verzichtet.

Die Prüfung der Fähigkeit und Überwachung der Stabilität von Messprozessen soll sicherstellen, dass eine Messeinrichtung am Einsatzort ein Qualitätsmerkmal mit ausreichend kleiner Messwertstreuung messen kann (bezogen auf die Merkmalstoleranz). Dazu sind 5 Verfahren angegeben. Sie werden durch ein Verfahren zur Untersuchung von Prüfmitteln für qualitative (attributive) Merkmale ergänzt.

Für die auszuführenden Messungen und Prüfungen sind im Regelfall wiederholbar messbare Normale und Objekte aus der Fertigung erforderlich. Die Ergebnisse der Messungen und Prüfungen sind immer mit einer Unsicherheit behaftet. Erweist sich ein Messprozess als nicht fähig, sind die Ursachen zu untersuchen, um Hinweise auf Verbesserungsmöglichkeiten zu bekommen. Dabei sind systematische und zufällige Messabweichungen, der Einfluss des Messobjektes und des Prüfers zu ermitteln. Auch Messhilfsmittel, Aufnahmevorrichtungen, sowie Messstrategie und Umgebungsbedingungen können einen Einfluss haben.

Statistische Auswertungen sind mit Hilfe geeigneter Statistiksoftware auszuführen. Bei Verwendung gerundeter Zwischenergebnisse können sich Abweichungen von den Beispieldaten ergeben. Die statistischen Auswertungen der Verfahren 1 bis 5 setzen normalverteilte Messwerte voraus. Ist dies nicht gegeben, werden dokumentierte Sonderlösungen notwendig.

Für eine tiefer gehende Analyse im Rahmen der Verfahren 2 und 3 kann bei Bedarf auch eine Varianzanalyse (ANOVA) durchgeführt werden. Dabei wird die Gesamtstreuung in einzelne Streuungsanteile separiert, die dem Einfluss der Prüfobjekte, der Prüfer, der Wechselwirkung zwischen Prüfer und Teil sowie der Messeinrichtung getrennt zugeordnet werden können. Es ist möglich, die Größe und die Signifikanz dieser Einflüsse jeweils statistisch zu bewerten (s. MSA).

2 Geltungsbereich

Der Nachweis der Fähigkeit ist durch Messungen am Einsatzort der Messeinrichtung und statistische Auswertungen zu erbringen. Er ist nur für Mess- und Prüfeinrichtungen sinnvoll, mit denen ein entsprechend großer Losumfang ($N \geq 25$) mit gleichen Merkmalen zu messen oder zu bewerten ist.

Die Fähigkeit von Messprozessen für quantitative (variable) Merkmale ist im Regelfall mit den Verfahren 1 bis 4 nachzuweisen. Die bestätigte Fähigkeit nach Verfahren 1 ist Voraussetzung für die Durchführung der Verfahren 2 bis 5.
Falls die Linearität nicht bereits vom Hersteller bzw. im Rahmen der periodischen Kalibrierung des Prüfmittels hinreichend untersucht wurde und diese für den betrachteten Anwendungsfall wichtig ist, muss eine Linearitätsuntersuchung durchgeführt werden (Verfahren 4).
Verfahren 5 ist für Messprozesse mit voraussichtlich nicht ausreichend stabilem Langzeitverhalten vorzusehen. Für die Untersuchung der Fähigkeit von Prüfmitteln zur Bewertung qualitativer (attributiver) Merkmale steht Verfahren 6 zur Verfügung.

Die Anwendung der Verfahren 1 bis 5 ist bei einigen Messgrößen, wie z.B. Härte und Drehmoment, sowie bei inhomogenen Messobjekten und Merkmalen mit nur einem oberen oder einem unteren Grenzwert nicht möglich; dokumentierte Sonderlösungen sind erforderlich. Bei Kalibrierungen und der Überwachung von Messmitteln gemäß DIN ISO 10012 (Forderungen an die Qualitätssicherung für Messmittel) ist die Angabe der Messunsicherheit gefordert. Die Messunsicherheit ist mit anderen Verfahren zu bestimmen, z.B. nach Heft 8 "Messunsicherheit" oder dem "Guide to the Expression of Uncertainty in Measurement (GUM)". Die Messwerte aus den Verfahren 1 bis 5 können zur Bestimmung der Messunsicherheit herangezogen werden.

Messmittel unterliegen einer Eingangsprüfung und sind anschließend in vorgegebenen Intervallen wiederkehrenden Prüfungen zu unterziehen, bei denen die Ermittlung systematischer Messabweichungen erfolgt (z.B. VDI/VDE/DGQ-Richtlinie 2618, Prüfmittelüberwachung; Bosch WP/N Prüfanweisungen). Ausschlaggebend ist die richtige Justage der Messeinrichtung nach Anleitung des Herstellers durch den Prüfer.

3 Ablaufdiagramm

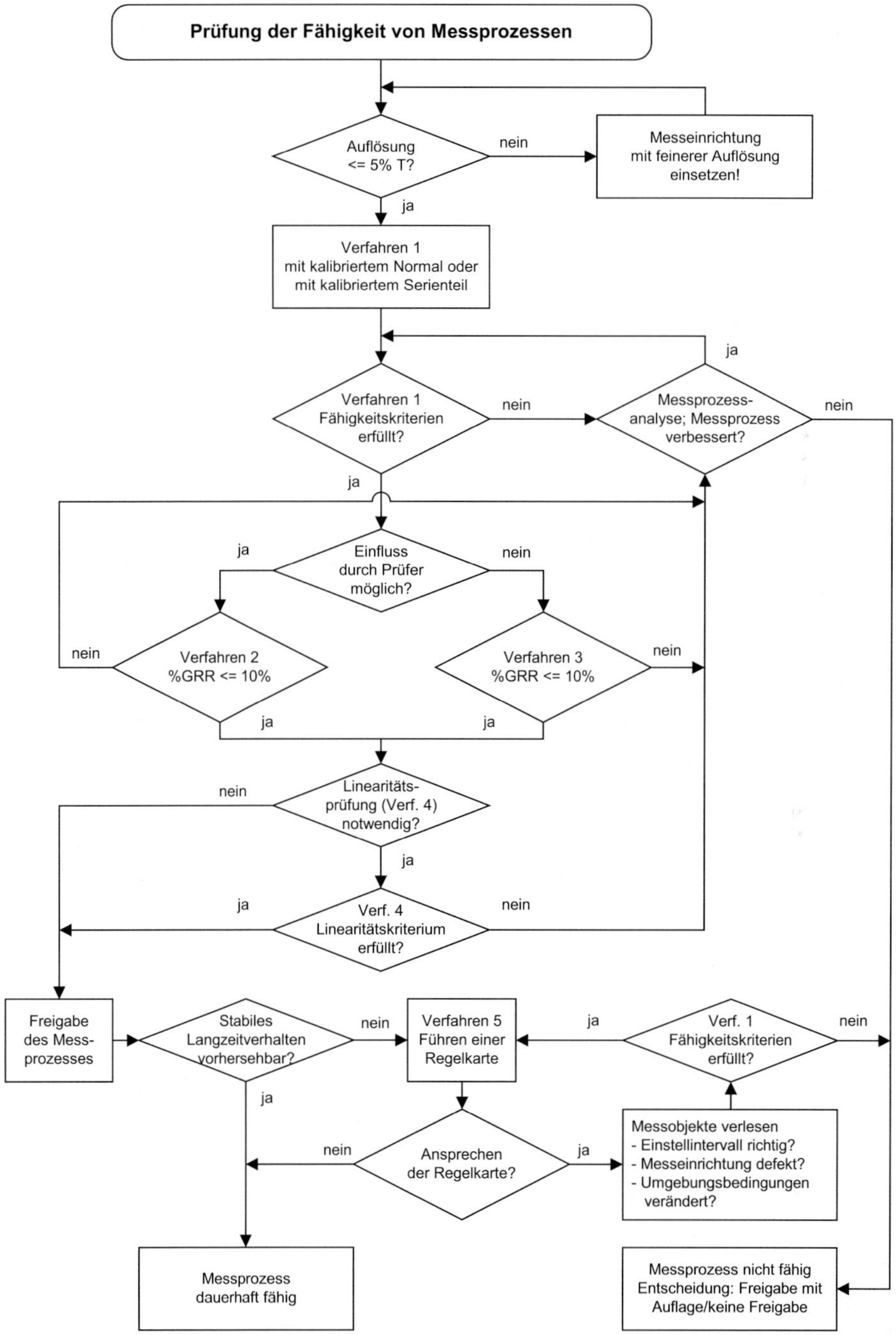

4 Verfahren zum Nachweis der Fähigkeit

4.1 Verfahren 1 (Bias und Repeatability)

Ziel: Prüfung der Fähigkeit eines Messprozesses bezüglich Streuung und Lage der Messwerte im Toleranzfeld eines Merkmals

Verfahrensbeschreibung:

Verfahren 1 wird vorzugsweise mit einem kalibrierten Normal durchgeführt, dessen Referenzwert x_m möglichst in der Mitte des Toleranzbereichs des mit der Messeinrichtung später zu messenden Merkmals liegen soll. An definierten Messpunkten (diese sind zu dokumentieren) ist das Normal $n \geq 25$ mal unter Wiederholbedingungen zu messen.
Auswertung: Aus den Messwerten wird die Standardabweichung s und die Abweichung vom Referenzwert (richtiger Wert) $\bar{x} - x_m$ ermittelt. Schließlich werden die Fähigkeitsindizes Cg und Cgk berechnet.

Fähigkeitskriterien zu Verfahren 1	
bei Messungen an einem Normal:	bei Messungen an einem kalibrierten Serienteil:
$C_g \geq 1{,}33$ und $C_{gk} \geq 1{,}33$	$\lvert \bar{x} - x_m \rvert$ ist nicht signifikant und $C_{gk} \geq 1{,}33$
Anmerkung: Bei Messungen am Normal ist die Streuung in der Regel vergleichsweise klein. Der Signifikanztest würde in diesem Fall zu empfindlich reagieren und entfällt daher.	Anmerkung: Die zur Durchführung des Signifikanztests notwendigen Formeln sind im Auswerteblatt vermerkt. Eine signifikante systematische Abweichung ist zu korrigieren.

Die Auswertung ist den Grenzwerten des Merkmals wie folgt anzupassen:

- Merkmal mit einem oberen und einem unteren Grenzwert (OGW und UGW): T = OGW - UGW
- Merkmal mit einem oberen Grenzwert und einer natürlichen unteren Grenze 0: T = OGW
- Merkmal mit nur einem Grenzwert (OGW oder UGW): T nicht existent

Hinweis: Für Merkmale mit nur einem Grenzwert (OGW oder UGW) ist die Berechnung des Kennwerts C_{gk} nicht möglich, da T nicht existent. In diesem Fall liegt der zulässige Bereich für die Merkmalswerte unterhalb $OGW - 4 \cdot s$ bzw. oberhalb $UGW + 4 \cdot s$. Der Referenzwert x_m des Normals soll in der Nähe des Grenzwertes liegen, Abweichung ca. 10% von OGW oder UGW.

Ablaufdiagramm:

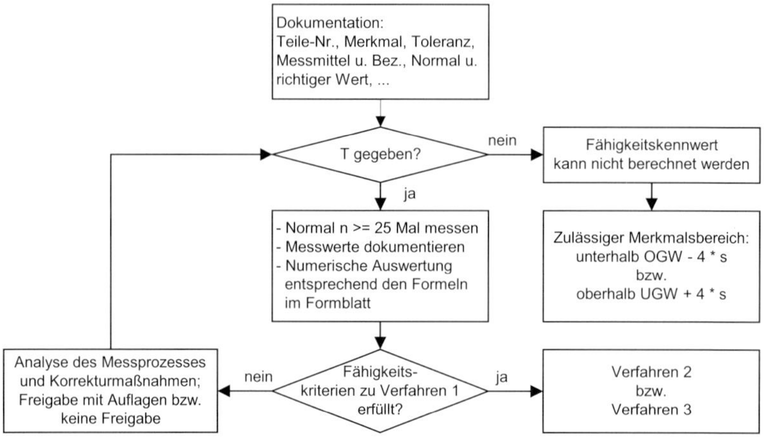

BOSCH Qualitätssicherung	**Messprozessfähigkeit Verfahren 1** (mit Normal)	**Protokoll Nr.:** 9911015................ **Blatt:** ....1...............

Messmittel:
Standort: W025 ....
Bezeichnung: Längenmessgerät
Messmittel Nr.: JML9Q002 ....
Auflösung: 0,001 mm ....

Merkmal:
Messobjekt: Welle ....
Zeichng. Nr.: 1460320000 ....
Merkmalsbez.: Aussendurchm. ....
Nennwert: (6,000 ± 0,03) mm
Toleranz T: 0,06 mm ....

Normal:
Bezeichnung: Einstellzylinder
Messmittel Nr.:
Referenzwert x_m: 6,0020 mm
U_{kal}: 0,0005 mm

Messverfahren: Manuelle Handhabung; Messstelle Mitte Zylinder; Raumtemperatur 20,2 °C ....
....

Tabellenwerte in: mm **Abweichung von:** ----

1 - 5	6 - 10	11 - 15	16 - 20	21 - 25	26 - 30	31 - 35	36 - 40	41 - 45	46 - 50
6,001	6,001	6,001	6,002	6,002	6,001	6,000	6,001	6,000	6,002
6,002	6,001	6,000	6,002	6,000	6,001	6,001	6,000	6,001	6,001
6,001	6,000	6,001	6,002	5,999	6,000	6,001	6,000	6,002	6,002
6,001	5,999	6,002	6,002	6,002	5,999	6,002	5,999	6,001	6,001
6,002	6,001	6,002	6,000	6,002	5,999	6,001	5,999	6,002	6,001

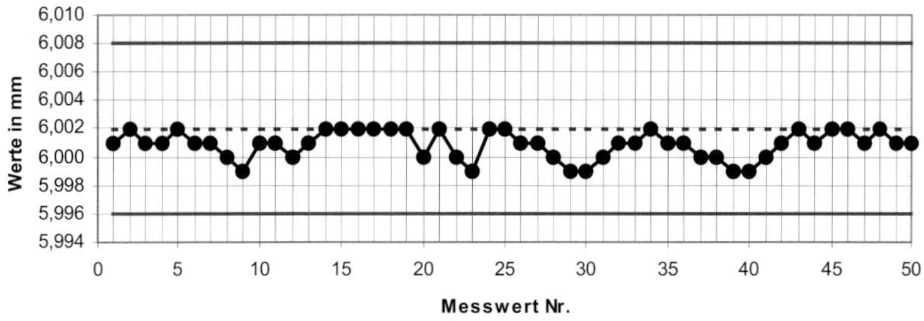

Referenzwert x_m = 6,0020 mm **Mittelwert $\bar{x}$ =** 6,0009 mm **Standardabweichung s =** 0,0010 mm

Auflösung ≤ 5% von T? [X] ja [ ] nein

Fähigkeitsindizes:

$$C_g = \frac{0{,}2 \cdot T}{6 \cdot s} = \frac{0{,}2 \cdot 0{,}06\ \text{mm}}{6 \cdot 0{,}001\ \text{mm}} = 2{,}01$$

$$C_{gk} = \frac{0{,}1 \cdot T - |\bar{x} - x_m|}{3 \cdot s} = \frac{(0{,}1 \cdot 0{,}06 - |6{,}0009 - 6{,}002|)\ \text{mm}}{3 \cdot 0{,}001\ \text{mm}} = 1{,}64$$

Cg ≥ 1,33 und Cgk ≥ 1,33? [X] ja [ ] nein

Bemerkung: ....

Datum: 05.11.02 Abteilung: W025 Unterschrift: *Mustermann*

Anforderungen an das Normal:

Das Normal muss bei Messungen unter Wiederholbedingungen ein eindeutiges Messergebnis zulassen und langzeitstabil sein. Es muss das gleiche Merkmal wie die später mit der Messeinrichtung zu prüfenden Objekte besitzen, jedoch qualitativ höheren Anforderungen genügen. Die Unsicherheit der Kalibrierung (U_{kal}) muss deutlich kleiner als 10% T sein, damit $C_{gk} \geq 1{,}33$ erreicht werden kann.

(zur Hierarchie von Normalen s. a. MSA)

Ist kein entsprechendes Normal verfügbar, ist aus der Produktion ein geeignetes Objekt auszusuchen, als Normal zu kalibrieren und zu kennzeichnen. Sofern die Kalibrierung eines solchen Objekts nicht möglich ist, ist die Prüfung nach Verfahren 1 nicht durchführbar; dokumentierte Sonderverfahren sind erforderlich.

Verfahren 1 bei Verwendung eines Referenzteils (Serienteils):

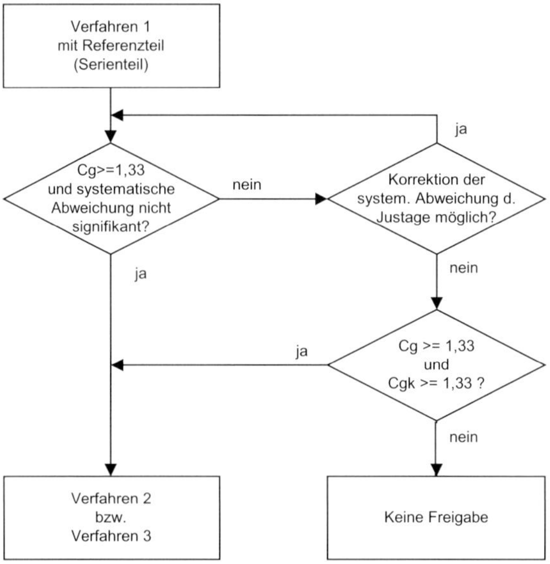

Hinweise:

Laut MSA ist eine systematische Abweichung grundsätzlich durch Änderung am Messsystem (z.B. Justage) zu korrigieren. Sollte dies nicht möglich sein, kann die systematische Abweichung durch Korrektion bei jedem Messergebnis berücksichtigt werden. Dazu ist allerdings die Zustimmung des Kunden erforderlich.

Bei anderen Stichprobenumfängen als n = 25 oder n = 50 muss der Grenzwert für den t-Test entsprechend angepasst werden.

BOSCH Qualitätssicherung	Messprozessfähigkeit Verfahren 1 (mit Serienteil)	Protokoll Nr.: 9911015............... Blatt: ....1....................

Messmittel:		Merkmal:		Normal:	
Standort:	W025	Messobjekt:	Welle	Bezeichnung:	Welle
Bezeichnung:	Längenmessgerät	Zeichng. Nr.:	1460320000	Messmittel Nr.:	
Messmittel Nr.:	JML9Q002	Merkmalsbez.:	Aussendurchm.	Referenzwert x_m:	6,0020 mm
Auflösung:	0,001 mm	Nennwert:	$(6{,}000 \pm 0{,}03)$ mm	U_{kal}:	0,001 mm
		Toleranz T:	0,06 mm		

Messverfahren: Manuelle Handhabung; Messstelle Mitte Zylinder; Raumtemperatur 20,2 °C ....

Tabellenwerte in: mm **Abweichung von:** ----

1 - 5	6 - 10	11 - 15	16 - 20	21 - 25	26 - 30	31 - 35	36 - 40	41 - 45	46 - 50
6,001	6,001	6,001	6,002	6,002	6,001	6,000	6,001	6,000	6,002
6,002	6,001	6,000	6,002	6,000	6,001	6,001	6,000	6,001	6,001
6,001	6,000	6,001	6,002	5,999	6,000	6,001	6,000	6,002	6,002
6,001	5,999	6,002	6,002	6,002	5,999	6,002	5,999	6,001	6,001
6,002	6,001	6,002	6,000	6,002	5,999	6,001	5,999	6,002	6,001

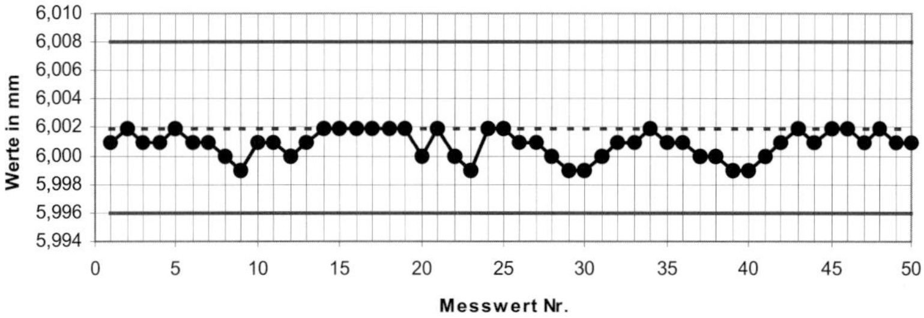

Referenzwert x_m = 6,0020 mm **Mittelwert $\bar{x}$ =** 6,0009 mm **Standardabweichung s =** 0,0010 mm

Auflösung $\leq$ 5% von T? [X] ja [ ] nein

Bias: Für n=25 ist die systematische Abweichung signifikant, wenn $|\bar{x} - x_m| > 0{,}413 \cdot s$

Für n=50 ist die systematische Abweichung signifikant, wenn $|\bar{x} - x_m| > 0{,}284 \cdot s$

$|\bar{x} - x_m| = 0{,}0011$ mm ..... $0{,}413 \cdot s = 0{,}00041$ mm ...... $0{,}284 \cdot s = 0{,}00028$ mm ....

Die system. Abweichung ist [ ] nicht signifikant [X] signifikant

Fähigkeits-indizes:

$$C_g = \frac{0{,}2 \cdot T}{6 \cdot s} = \frac{0{,}2 \cdot 0{,}06\,\text{mm}}{6 \cdot 0{,}001\,\text{mm}} = 2{,}01$$

$$C_{gk} = \frac{0{,}1 \cdot T - |\bar{x} - x_m|}{3 \cdot s} = \frac{(0{,}1 \cdot 0{,}06 - |6{,}0009 - 6{,}002|)\,\text{mm}}{3 \cdot 0{,}001\,\text{mm}} = 1{,}64$$

Cg $\geq$ 1,33 und Cgk $\geq$ 1,33? [X] ja [ ] nein

Bemerkung: System. Abweichung ist nicht korrigierbar.

Datum: 05.11.02 Abteilung: W025 Unterschrift: *Mustermann*

4.2 Verfahren 2 (Gage R&R, Repeatability and Reproducibility)

Ziel: Prüfung der Fähigkeit eines Messprozesses an Serienteilen bezüglich seines Streuverhaltens unter Einfluss des Prüfers

Verfahrensbeschreibung:

Kann eine Beeinflussung des Messprozesses durch die Handhabung des Prüfers nicht ausgeschlossen werden, so ist dieser Einfluss in Verbindung mit Serienteilen zu untersuchen. Die Prüfung erfolgt mit n = 10 wiederholbar messbaren Objekten aus der Fertigung und in der Regel mit 3 Prüfern. Es werden r = 2 getrennte Messreihen unter Wiederholbedingungen durchgeführt. Stehen keine entsprechenden Objekte zur Verfügung, ist das Verfahren nicht durchführbar; dokumentierte Sonderverfahren sind erforderlich.

Einzelschritte der Auswertung (bei 3 Prüfern):

- Aus den Daten der zwei Messreihen jedes Prüfers werden die Mittelwerte $\bar{x}_A$, $\bar{x}_B$ und $\bar{x}_C$ berechnet. $R_{\bar{x}}$ ist die Spannweite dieser drei Werte.
- Zu jedem Wertepaar (Reihe 1, Reihe 2) wird die Spannweite (R_i = größter Wert - kleinster Wert) bestimmt (für jeden Prüfer und jedes Teil).
- Aus den einzelnen Spannweiten wird schließlich für jeden Prüfer eine mittlere Spannweite berechnet ($\bar{R}_A$, $\bar{R}_B$ und $\bar{R}_C$).
- Aus den 6 Messergebnissen jedes Objekts wird der Mittelwert berechnet (im Beispiel Spalte ganz rechts).
- Die Größe R_P ist die Spannweite der Mittelwerte in der äußeren rechten Spalte (größter minus kleinster Mittelwert $\bar{x}_i$).
- Weitere Berechnungen entsprechend den Formeln im Auswerteblatt (für 2 Prüfer ist $K_2 = 0{,}7071$)

Der Messprozess ist fähig, wenn die Forderung $\%GRR \leq 10\%$ erfüllt ist (zu ndc s. Hinweise).

Ablaufdiagramm:

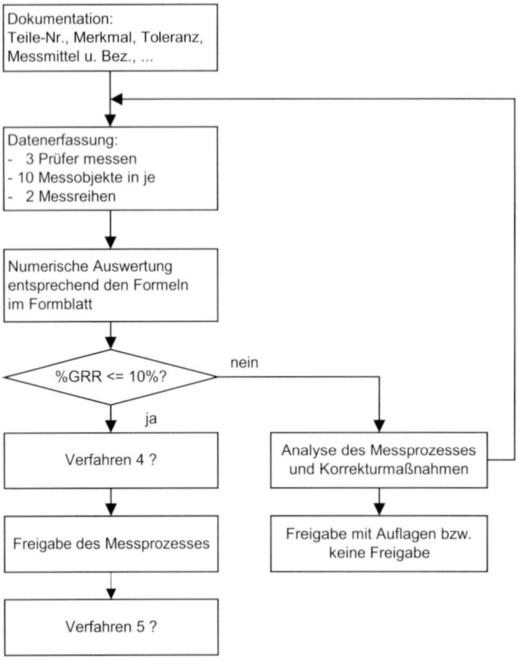

Hinweise zu Verfahren 2 und 3

Bei einseitig unten begrenzten Merkmalen kann keine Toleranz T angegeben werden. In diesem Fall besteht die Möglichkeit, GRR auf die Gesamtstreubreite TV zu beziehen, mit

$$TV = \sqrt{GRR^2 + PV^2}\,.$$

Dann ist $$\%GRR = 100 \cdot \frac{GRR}{TV}$$

ndc bezeichnet die Anzahl der Klassen, die (bei Einsatz dieses Messprozesses) innerhalb der Streubreite des Fertigungsprozesses noch unterscheidbar sind. ndc wird stets auf eine ganze Zahl abgerundet. Nach MSA sollte ndc ≥ 5 sein.

ndc < 5 bedeutet, dass GRR im Verhältnis zur Teilestreuung zu groß ist. Dies kann z.B. zu Problemen bei Regelkartenanwendungen oder bei einer Klassifikation innerhalb des Toleranzbereichs führen.

BOSCH Qualitätssicherung

Messprozessfähigkeit Verfahren 2

Protokoll Nr.: 9911015................
Blatt: ....2....................

Messmittel:		**Merkmal:**		**Normal:**
Standort:	W025	Messobjekt:	Welle	Bezeichnung:
Bezeichnung:	Längenmessgerät	Zeichnung Nr.:	1460320000	Messmittel Nr.:
Messmittel Nr.:	JML9Q002	Merkmalsbez.:	Außendurchm.	Referenzwert x_m :
Auflösung:	0,001 mm	Nennwert:	(6,000 ± 0,03) mm	U_{kal}:
		Toleranz T:	0,06 mm	

Messverfahren: Manuelle Handhabung; Messstelle Mitte Zylinder; Raumtemperatur 20,2 °C ....

....

Ergebnis aus Verfahren 1: Protokoll Nr.: 9911015 Blatt: 1 Datum: 05.11.2002 C_{gk} = 1,64

Tabellenwerte in: mm **Abweichung von:** ----

	Prüfer A: Wiegand ...			**Prüfer B:** Kunz ...			**Prüfer C:** Hagedorn			
Objekt Nr.	**Reihe 1**	**Reihe 2**	$R_{i,A}$	**Reihe 1**	**Reihe 2**	$R_{i,B}$	**Reihe 1**	**Reihe 2**	$R_{i,C}$	$\bar{x}_i$
1	6,029	6,030	0,001	6,033	6,032	0,001	6,031	6,030	0,001	6,031
2	6,019	6,020	0,001	6,020	6,019	0,001	6,020	6,020	0,000	6,020
3	6,004	6,003	0,001	6,007	6,007	0,000	6,010	6,006	0,004	6,006
4	5,982	5,982	0,000	5,985	5,986	0,001	5,984	5,984	0,000	5,984
5	6,009	6,009	0,000	6,014	6,014	0,000	6,015	6,014	0,001	6,013
6	5,971	5,972	0,001	5,973	5,972	0,001	5,975	5,974	0,001	5,973
7	5,995	5,997	0,002	5,997	5,996	0,001	5,995	5,994	0,001	5,996
8	6,014	6,018	0,004	6,019	6,015	0,004	6,016	6,015	0,001	6,016
9	5,985	5,987	0,002	5,987	5,986	0,001	5,987	5,986	0,001	5,986
10	6,024	6,028	0,004	6,029	6,025	0,004	6,026	6,025	0,001	6,026

$\bar{x}_A$	$\bar{R}_A$	$\bar{x}_B$	$\bar{R}_B$	$\bar{x}_C$	$\bar{R}_C$	R_P
6,0039	0,0016	6,0058	0,0014	6,0054	0,0011	0,06

Auswertung:

Mittlere Spannweite	$\bar{\bar{R}} = (\bar{R}_A + \bar{R}_B + \bar{R}_C)/3$	0,00137	mm
Spannweite der Bedienermittelwerte	$R_{\bar{x}} =$	0,00190	mm
Wiederholpräzision (Equipm. Var. EV) $K_1 = 0{,}8862$	$EV = \bar{\bar{R}} \cdot K_1 =$	0,00121	mm
Vergleichspräzision (Appraiser Var. AV) $K_2 = 0{,}5231$	$AV = \sqrt{(R_{\bar{x}} \cdot K_2)^2 - EV^2/(n \cdot r)}$	0,00096	mm
Wiederhol- u. Vergleichspräzis. (Gage R&R: GRR)	$GRR = \sqrt{EV^2 + AV^2} =$	0,00154	mm
Teilestreuung (Part Variation PV) $K_3 = 0{,}3146$	$PV = R_P \cdot K_3 =$	0,01825	mm
ndc (Anzahl unterscheidbarer Klassen) ndc ≥ 5 ?	$ndc = 1{,}41 \cdot (PV/GRR) =$	16	
%GRR	$\%GRR = 6 \cdot 100 \cdot (GRR/T)$	**15,4**	**%**

%GRR ≤ 10 %	10% < %GRR ≤ 30 %	%GRR > 30 %
☐ fähig	☒ bedingt fähig	☐ nicht fähig

Bemerkung: Messprozessanalyse durchführen!...

Datum: 05.11.02 Abteilung: W025 Unterschrift: *Mustermann*

4.3 Verfahren 3 (Gage R&R, Repeatability and Reproducibility)

Ziel: Prüfung der Fähigkeit eines Messprozesses an Serienteilen bezüglich seines Streuverhaltens ohne Einfluss des Prüfers

Verfahrensbeschreibung:
Das Verfahren eignet sich zur Prüfung der Fähigkeit von Messprozessen ohne Einfluss der Handhabung des Prüfers, z.B. bei Messautomaten. Die Prüfung erfolgt mit 25 wiederholbar messbaren zufällig ausgewählten Serienteilen, deren Merkmalswerte möglichst innerhalb des Toleranzbereichs liegen.
Stehen keine geeigneten Objekte zur Verfügung, ist das Verfahren nicht durchführbar; dokumentierte Sonderverfahren sind erforderlich.

Die Messobjekte sind unter Wiederholbedingungen an definierten Messpunkten zu messen (2 Messreihen).
Die Messergebnisse werden dokumentiert.

Die Auswertung erfolgt entsprechend den im Formblatt angegebenen Formeln.

R_P ist die Spannweite der Mittelwerte $\bar{x}_i$.

Ablaufdiagramm:

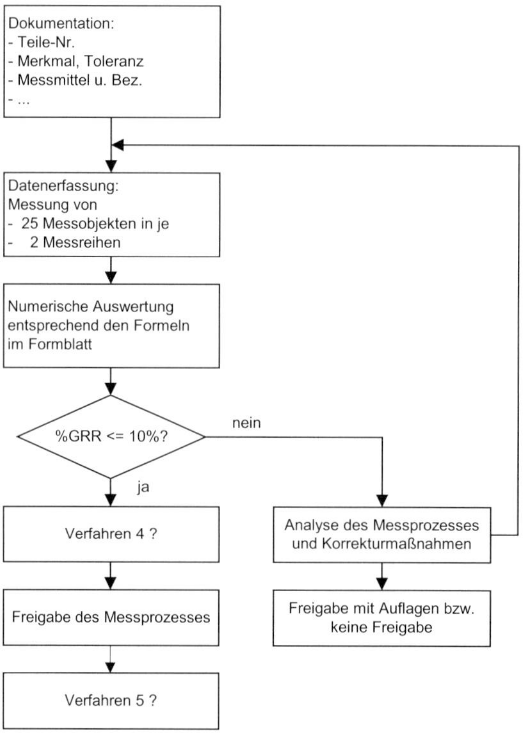

BOSCH Qualitätssicherung	**Messprozessfähigkeit Verfahren 3**	**Protokoll Nr.:** 9911015............... **Blatt:** ....3..............

Messmittel:		**Merkmal:**		**Normal:**
Standort:	W025	Messobjekt:	Welle	Bezeichnung:
Bezeichnung:	Längenmessgerät	Zeichnung Nr.:	1460320000	Messmittel Nr.:
Messmittel Nr.:	JML9Q002	Merkmalsbez.:	Außendurchm.	Referenzwert x_m:
Auflösung:	0,001 mm	Nennwert:	(6,000 ± 0,03) mm	U_{kal}:
		Toleranz T:	0,06 mm	

Messverfahren: Manuelle Handhabung; Messstelle Mitte Zylinder; Raumtemperatur 20,2 °C ....

Ergebnis aus Verfahren 1:

Protokoll Nr.: 9911015 **Blatt:** 1 **Datum:** 05.11.2002 C_{gk} = 1,64

Tabellenwerte in: mm **Abweichung von:** ----

Obj. Nr.	Reihe 1	Reihe 2	$\bar{x}_i$	R_i
1	6,029	6,030	6,030	0,001
2	6,019	6,020	6,020	0,001
3	6,004	6,003	6,004	0,001
4	5,982	5,982	5,982	0,000
5	6,009	6,009	6,009	0,000
6	5,971	5,972	5,972	0,001
7	5,995	5,997	5,996	0,002
8	6,014	6,018	6,016	0,004
9	5,985	5,987	5,986	0,002
10	6,024	6,028	6,026	0,004
11	6,033	6,032	6,033	0,001
12	6,020	6,019	6,020	0,001
13	6,007	6,007	6,007	0,000
14	5,985	5,986	5,986	0,001
15	6,014	6,014	6,014	0,000
16	5,973	5,972	5,973	0,001
17	5,997	5,996	5,997	0,001
18	6,019	6,015	6,017	0,004
19	5,987	5,986	5,987	0,001
20	6,029	6,025	6,027	0,004
21	6,017	6,019	6,018	0,002
22	6,003	6,001	6,002	0,002
23	6,009	6,012	6,011	0,003
24	5,987	5,987	5,987	0,000
25	6,006	6,003	6,005	0,003
		R_P =	0,061	

Verlauf der Spannweiten

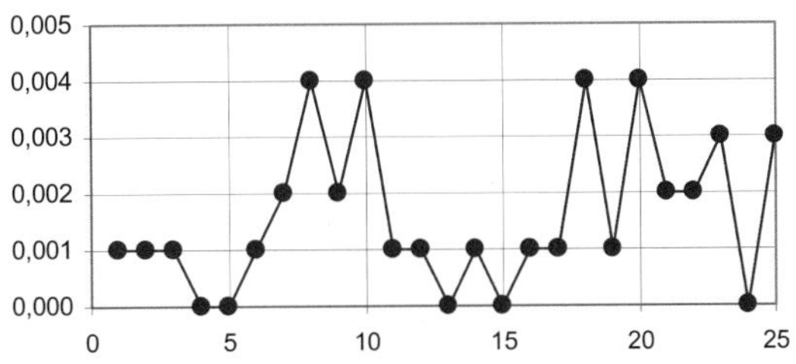

Mittlere Spannweite	$\bar{R}$ =	0,0016	mm
Streuung des Messprozesses (K_1 = 0,8862)	$EV = \bar{R} \cdot K_1$ =	0,00142	mm
Teilestreuung PV (K_3 =0,25)	$PV = R_P \cdot K_3$ =	0,0153	mm
ndc ≥ 5?	ndc = 1,41*(PV/GRR) =	15	
GRR = EV		0,00142	mm
%GRR	%GRR = 6*100*(GRR/T) =	14,2	%

%GRR ≤ 10 %	10% < %GRR ≤ 30 %	%GRR > 30 %
[ ] fähig	[X] bedingt fähig	[ ] nicht fähig

Bemerkung: Messprozessanalyse durchführen!...

Datum: 05.11.02 Abteilung: W025 Unterschrift: *Mustermann*

4.4 Verfahren 4 Linearität (Linearity)

Ziel: Untersuchung der Linearität einer Messeinrichtung

Voraussetzungen:

Eine Linearitätsuntersuchung ist durchzuführen, wenn diese nicht bereits vom Hersteller bzw. im Rahmen der periodischen Kalibrierung des Prüfmittels hinreichend untersucht wurde und diese für den betrachteten Anwendungsfall wichtig ist.

Sie ist insbesondere notwendig bei

- justierbarer, einstellbarer Verstärkung (Kennlinie),
- logarithmischer Skale,
- auf den Endwert bezogener Fehlergrenze.

Die Untersuchung muss an mindestens 5 über den Arbeitsbereich (Messbereich) verteilten Stützstellen erfolgen.

Verfahrensbeschreibung:

Wegen der Komplexität der Formeln (s. MSA) ist die Auswertung praktisch nur mit Rechnerhilfe durchführbar. Die folgende Vorgehensweise entspricht der in der MSA beschriebenen.

- **Vorbereitung:** Es werden $g \geq 5$ Serienteile ausgewählt, welche den zu untersuchenden Arbeitsbereich (Messbereich) der Messeinrichtung abdecken (z.B. äquidistante Unterteilung). Zu jedem Teil wird durch Messungen mit einem "Referenzverfahren" mit genügend kleiner Messunsicherheit ein Referenzwert (reference value) $x_{m\,i}$ bestimmt.

- **Durchführung:** Jedes dieser g Referenzteile wird vom vorgesehenen Prüfer mit der zu untersuchenden Messeinrichtung an deren vorgesehenem Einsatzort mindestens 10-mal gemessen ($m \geq 10$). Die Messwerte werden dokumentiert. $x_{i,j}$ ist der j-te Messwert, der am i-ten Teil gemessen wurde.

Auswertung:

- Ermittlung der Abweichung $\Delta_{i,j} = x_{i,j} - x_{m\,i}$ jedes Messwerts $x_{i,j}$ vom jeweiligen Referenzwert $x_{m\,i}$
- Grafische Darstellung dieser Abweichungen über den Referenzwerten
- Ermittlung und Darstellung der Ausgleichsgeraden sowie der 95%-Vertrauensgrenzen (α = 5%)
- Ggf. Durchführung eines statistischen Tests auf Signifikanz der Steigung und des Achsenabschnitts der Ausgleichsgeraden (s. MSA).

Fähigkeitskriterium:

Die Nulllinie muss vollständig innerhalb der Vertrauensgrenzen liegen. Damit gleichwertig ist die Forderung, dass die Steigung und der Achsenabschnitt der Ausgleichsgeraden nicht signifikant von null verschieden sind (t-Test, s. MSA).

Anmerkung: Die hier berechneten Vertrauensgrenzen beziehen sich auf den Mittelwert von Messergebnissen an einer bestimmten Stelle.

Beispiel: 5 Teile wurden jeweils 10 mal gemessen.

j-te Messung	1. Teil x_{m1} = 2,001	$\Delta_{1,j}$	2. Teil x_{m2} = 4,003	$\Delta_{2,j}$	3. Teil x_{m3} = 5,999	$\Delta_{3,j}$	4. Teil x_{m4} = 8,001	$\Delta_{4,j}$	5. Teil x_{m5} = 10,002	$\Delta_{5,j}$
1	1,977	-0,024	4,017	0,014	6,008	0,009	8,074	0,073	10,068	0,066
2	1,922	-0,079	4,072	0,069	5,952	-0,047	8,057	0,056	10,062	0,060
3	1,908	-0,093	4,056	0,053	5,953	-0,046	8,015	0,014	10,032	0,030
4	2,049	0,048	4,027	0,024	5,952	-0,047	7,997	-0,004	10,078	0,076
5	1,910	-0,091	3,962	-0,041	6,019	0,020	7,974	-0,027	10,037	0,035
6	1,942	-0,059	4,013	0,010	5,990	-0,009	8,016	0,015	9,921	-0,081
7	1,939	-0,062	4,102	0,099	5,939	-0,060	8,053	0,052	10,036	0,034
8	1,954	-0,047	3,995	-0,008	5,933	-0,066	8,053	0,052	10,015	0,013
9	1,986	-0,015	4,005	0,002	6,037	0,038	7,980	-0,021	10,029	0,027
10	1,908	-0,093	3,921	-0,082	6,014	0,015	8,067	0,066	10,039	0,037

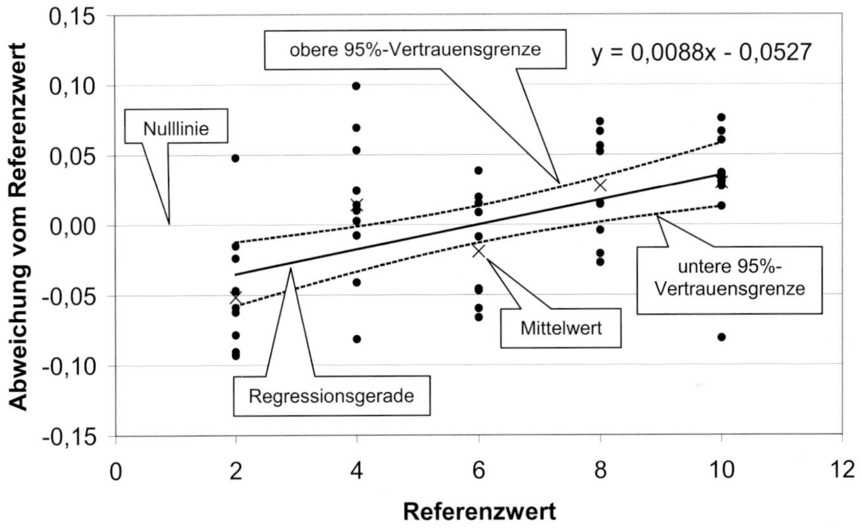

Bei diesem Beispiel liegt die Nulllinie nicht vollständig innerhalb der 95%-Vertrauensgrenzen (gestrichelte Linien). Steigung und Achsenabschnitt sind signifikant von Null verschieden. Die Mittelwerte der zu einem Referenzwert gehörenden 10 Messwerte sind in der Darstellung mit einem "x" markiert.

Es ist notwendig, den Messprozess zu analysieren und zu verbessern.

Hinweis: Oftmals können aus wirtschaftlichen Gründen nicht mehr als zwei Normale je Merkmal zur Verfügung gestellt werden. Daher beschränkt man sich auf die Untersuchung an den Grenzen des Toleranzbereichs. Damit ist je ein Normal in der Nähe des unteren bzw. oberen Grenzwerts zur Verfügung zu stellen. Anschließend wird mit jedem Normal eine Fähigkeitsuntersuchung nach Verfahren 1 durchgeführt.
Diese Vorgehensweise ist keine Linearitätsuntersuchung, sondern lässt nur eine Aussage über die Eignung an den jeweils betrachteten Stellen zu. Über andere Bereiche kann keine Aussage getroffen werden.

4.5 Verfahren 5 (Stability)

Ziel: Überwachung der Messbeständigkeit (stability) mit Hilfe einer $\overline{x}-s$-Regelkarte

Eine Folge von Messungen kann als Prozess aufgefasst werden, der Messwerte "produziert". Daher können die bekannten SPC-Verfahren und -regeln angewendet werden, um die dauerhafte Beherrschtheit (zeitliche Stabilität) und Fähigkeit dieses Messprozesses aufrechtzuerhalten. Verfahren 5 wird empfohlen zur Beurteilung des Langzeitverhaltens des Messprozesses.

Verfahrensbeschreibung:

Verfahren 5 ermöglicht den Nachweis gleichbleibend richtiger Messergebnisse. Das Normal bzw. Referenzteil (Serienteil) muss den Anforderungen des bei Verfahren 1 verwendeten Normals entsprechen (möglichst dasselbe Normal verwenden). Das Normal wird in (prozessspezifisch) festgelegten Zeitintervallen mindestens dreimal ($n \geq 3$) gemessen. Die Messwerte sind in eine $\overline{x}-s$-Regelkarte einzutragen.

Eingriffsgrenzen für den Mittelwert: $UEG = x_m - 3 \cdot \frac{s}{\sqrt{n}}$ $\quad OEG = x_m + 3 \cdot \frac{s}{\sqrt{n}}$

Eingriffsgrenzen für die Standardabweichung: $UEG_s = B'_{Eun} \cdot s$ $\quad OEG_s = B'_{Eob} \cdot s$

n	B'_{Eun}	B'_{Eob}
3	0,07	2,30
4	0,16	2,07
5	0,23	1,93

Für x_m können eingesetzt werden:

- Referenzwert des Normals/Referenzteils (Serienteils) oder
- Mittelwert aus einem Vorlauf (s. MSA)

Für s können eingesetzt werden:

- die Standardabweichung aus Verfahren 1 oder
- die Standardabweichung aus einem Vorlauf (s. MSA) oder
- $2{,}5\% \cdot T$ (entspricht T/40)

Falls eine der Eingriffsgrenzen überschritten wird, so muss der Messprozess untersucht und verbessert werden (ggf. Verfahren 1 durchführen).

Die durchgeführten Maßnahmen werden auf der Rückseite der Regelkarte dokumentiert.

Zusätzlich kann die 7er-Regel angewendet werden: Wenn 7 oder mehr aufeinanderfolgende Mittelwerte einseitig von x_m liegen, so liegt eine signifikante systematische Abweichung vor.

Auch mit Hilfe eines t-Tests kann festgestellt werden, ob eine signifikante systematische Abweichung vorliegt oder nicht (s. MSA).

Wenn sich der Messprozess laut Regelkarte nach Verfahren 5 über längere Zeit als stabil erweist, so kann ggf. das Prüfintervall vergrößert werden.

Anmerkung: Die Urwerte einer richtig geführten Regelkarte nach Verfahren 5 können zur Bestimmung der Messunsicherheit herangezogen werden.

BOSCH Qualitätssicherung

Verfahren 5 Messbeständigkeit

Ez/Teil	Welle 1460 320 000
Arbeitsgang	Messbeständigkeit
Merkmal	Durchmesser 6,000 mm

	1	2	3	4	5	6	7	8	9	10	11	12	13	14	15	16	17	18	19	20	21	22	23	24	25
x_1	2	4	3	3	2	0	1	1	0	4	2	3	2	2	4	3	2	2	1	3	4	2	4	5	2
x_2	1	4	2	1	1	1	1	2	0	4	1	1	1	0	3	2	2	2	2	3	3	0	3	4	1
x_3	1	3	2	4	2	-1	0	2	1	3	2	1	2	1	3	1	0	2	1	2	4	1	2	4	1
x_4																									
x_5																									
$\bar{x}$	1,3	3,7	2,3	2,7	1,7	0	0,7	1,7	0,3	3,7	1,7	1,7	1,7	1	3,3	2	1,3	2	1,3	2,7	3,7	1	3	4,3	1,3
s	0,6	0,6	0,6	1,5	0,6	1	0,6	0,6	0,6	0,6	0,6	1,2	0,6	1	0,6	1	1,2	0	0,6	0,6	0,6	1	1	0,6	0,6

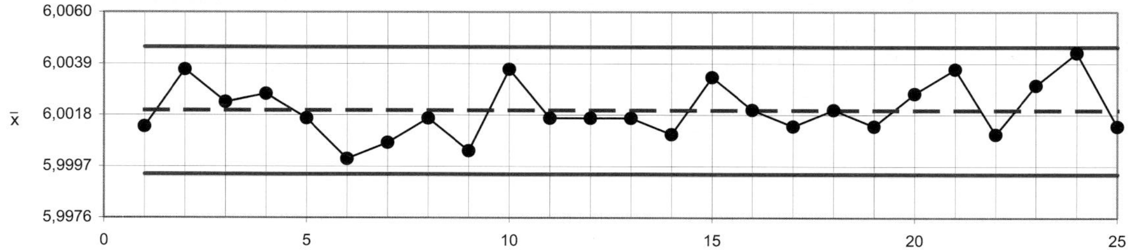

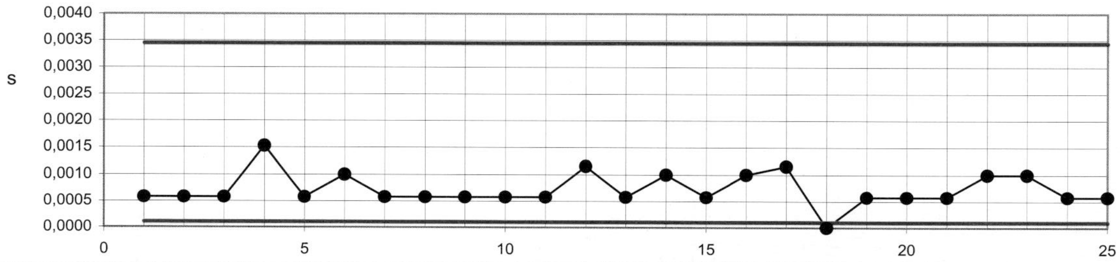

Datum	11.10.	11.10.	11.10.	11.10.	12.10.	12.10.	12.10.	12.10.	13.10.	13.10.	13.10.	13.10.	14.10.	14.10.	14.10.	14.10.	15.10.	15.10.	15.10.	15.10.	18.10.	18.10.	18.10.	18.10.	19.10.
Zeit	6:50	11:40	14:40	20:35	6:25	10:50	14:20	21:05	6:20	10:15	15:00	21:35	7:10	11:50	16:05	21:30	6:50	12:10	16:15	21:20	6:45	12:05	16:20	21:15	6:50
Name																									

Werk/Werkstatt	W025
Regelkarte erstellt von	Bk.
Datum	15.11.2002
Blatt Nr.	4
Messeinrichtung	JML9Q002
Bez. Einstellnormal	LY8N 6,000 Nr. 1
Referenzwert xm	6,002 mm
Kalibrierunsicherh. Ukal	0,0005 mm
Abweichung von	6,000 mm
Einheit	Mikrometer
Cgk	1,64
Stichprobenumfang	3
Prüfintervall	2x pro Schicht
Merkmalsbezeichnung	Durchmesser
Sollwert	6,000 mm
OGW	6,030 mm
UGW	5,970 mm
Toleranz T	0,060 mm
Eingriffsgrenzen	
OEG = xm + 0,043 * T	6,0046 mm
Mittell. = xm	6,002 mm
UEG = xm - 0,043 * T	5,9994 mm
OEGs = 2,302 * T/40	0,0035 mm
UEGs = 0,071 * T/40	0,0001 mm
Auswertung	
Verteilung	
Unsicherheit U des Messprozesses	
ausgewertet	
gesehen	

4.6 Verfahren 6
Prüfmittel für qualitative Merkmale

(MSA: Attribute Measurement Systems Study; Signal detection approach)

Ziel: Prüfung der Fähigkeit eines Prüfprozesses bezüglich eindeutiger Prüfentscheide (Prüfung qualitativer, attributiver Merkmale).

Verfahrensbeschreibung:

Die Prüfung erfolgt mit 50 Objekten aus der Fertigung. Die Merkmals-Istwerte (Referenzwerte) der Prüfobjekte müssen durch Messung mit einem Messgerät mit bekannter Messunsicherheit U ermittelt werden. Es werden Objekte benötigt, deren Merkmalswerte einen Bereich überdecken, der etwas unterhalb von UGW - U beginnt und etwas oberhalb von OGW + U endet.
Die Prüfobjekte werden unter Wiederholbedingungen mit dem vorgeschriebenen Prüfmittel beurteilt.
Sind die Bewertungen durch die Handhabung des Prüfers beeinflusst (z.B. Lehren mit manueller Handhabung), so werden die Prüfobjekte von 2 Prüfern in je zwei Prüfdurchgängen mit dem Prüfmittel beurteilt. Spielt die Handhabung eines Prüfers keine Rolle, z.B. bei Prüfautomaten, so werden die Prüfobjekte in 4 Durchgängen geprüft, so dass sich ebenfalls 4 Spalten ergeben. Die Reihenfolge der Objekte ist in beiden Fällen für jeden Prüfdurchgang neu zu wählen. Die Prüfergebnisse werden dokumentiert (gut: "+", schlecht: "-").

Auswertung:

Wenn alle vier Ergebnisse übereinstimmend "-" (bzw. "+") sind und mit der Referenzbeurteilung übereinstimmen, wird dieses Ergebnis in der Spalte "Code" eingetragen. Liegt keine Übereinstimmung vor, wird in der Spalte "Code" ein "x" eingetragen.
Anschließend wird die Ergebnistabelle nach der Größe der Referenzwerte in absteigender Reihenfolge sortiert (größter Wert oben). Bei dieser Darstellung werden zwei Unsicherheitsbereiche in der Nähe der beiden Grenzwerte erkennbar. Der Abstand des letzten von allen Prüfern für "gut" befundenen Teils zum ersten von allen "schlecht" beurteilten Teil (Istwerte) ist ein Maß für die Breite dieser Grauzone. Im vorliegenden Fall gibt es zwei solche Bereiche mit Breite d_1 bzw. d_2. Ihr Mittelwert $d = (d_1 + d_2)/2$ ist ein Maß für GRR und es ist $\%GRR = 100 \cdot d/T$. Falls das Prüfmittel nur gegen <u>einen</u> Grenzwert prüft, gibt es nur <u>ein</u> d (analoge Berechnung von %GRR).

Fähigkeitskriterium:

Das Prüfmittel gilt als fähig, wenn $\%GRR \le 10\%$ (analog zu Verfahren 2 oder 3). Andernfalls ist das Prüfmittel ungeeignet. Durch entsprechende Maßnahmen (z.B. Einweisung der Prüfer, richtige Handhabung, Konstruktionsänderung, alternatives Prüfmittel) ist der Prüfprozess zu verbessern. Ist das Ergebnis einer wiederholten Prüfung ebenfalls negativ, ist ein anzeigendes Messgerät einzusetzen.

Hinweise:

Der Einsatz mechanischer Lehren ist nur für Toleranzen der ISO Grundtoleranzreihen ≥ IT 9 sinnvoll.

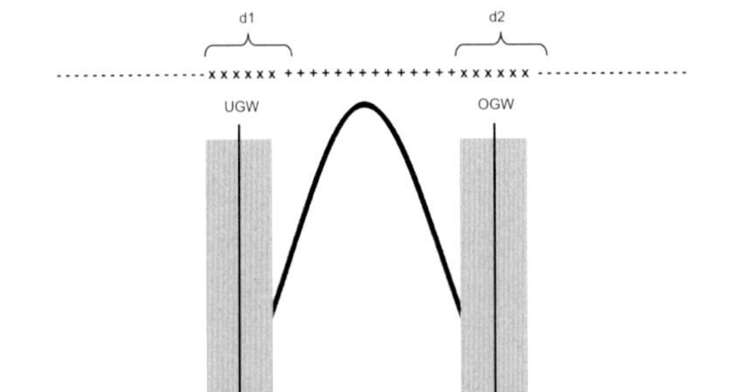

Im Beispiel auf der nächsten Seite sind die Daten bereits nach der Größe der Istwerte geordnet, so dass die Unsicherheitsbereiche (in der Spalte "Code" grau unterlegt) erkennbar werden.

Unterer Unsicherheitsbereich:
3,570 ist der kleinste Wert, der übereinstimmend mit "+" beurteilt wird; 3,546 ist der größte Wert mit übereinstimmendem Resultat "-".

Oberer Unsicherheitsbereich:
3,642 ist der kleinste Wert, der übereinstimmend mit "-" beurteilt wird; 3,626 ist der größte Wert mit übereinstimmendem Resultat "+".

BOSCH	**Prüfprozessfähigkeit Verfahren 6**	**Protokoll Nr.:** 9911015...............
Qualitätssicherung		**Blatt:** ....6....................

Prüfmittel:		**Merkmal:**		**Messeinrichtung:**	
Standort:	W025	Messobjekt:	Gehäuse	Bezeichnung:	Bohrungsmessger.
Bezeichnung:	Grenzlehrdorn	Zeichnung Nr.:	1265120000	Messmittel Nr.:	JMK3N1/3,6 Nr. 1
Prüfmittel Nr.:	LG3,6H11 Nr. 1	Merkmalsbez.:	Innendurchm.	Rückführung:	Einstellring 3,600
		Nennwert:	3,6 ± 0,0375 mm	Messunsicherheit:	0,002 mm
		Toleranz T:	0,075 mm		

Prüfverfahren: Manuelle Prüfung; 2 Prüfer; Raumtemperatur 20,2 °C ....

....

Bewertung: Gut: "+" Schlecht: "-" keine Übereinstimmung: "x"

Obj. Nr.	Ref.-wert	Ref.	Prüfer A (Kunz) 1	Prüfer A (Kunz) 2	Prüfer B (Hagen) 1	Prüfer B (Hagen) 2	Code
28	3,664	-	-	-	-	-	-
30	3,652	-	-	-	-	-	-
7	3,652	-	-	-	-	-	-
2	3,649	-	-	-	-	-	-
6	3,645	-	-	-	-	-	-
22	3,642	-	-	-	-	-	-
32	3,641	-	-	-	+	-	x
9	3,634	+	-	-	-	+	x
27	3,632	+	-	-	+	+	x
47	3,632	+	-	-	+	+	x
1	3,632	+	-	-	+	+	x
36	3,632	+	-	-	+	+	x
46	3,626	+	+	+	+	+	+
10	3,625	+	+	+	+	+	+
26	3,622	+	+	+	+	+	+
5	3,621	+	+	+	+	+	+
23	3,621	+	+	+	+	+	+
15	3,617	+	+	+	+	+	+
33	3,614	+	+	+	+	+	+
42	3,614	+	+	+	+	+	+
43	3,613	+	+	+	+	+	+
50	3,609	+	+	+	+	+	+
38	3,603	+	+	+	+	+	+
34	3,600	+	+	+	+	+	+
8	3,599	+	+	+	+	+	+

Obj. Nr.	Ref.-wert	Ref.	Prüfer A (Kunz) 1	Prüfer A (Kunz) 2	Prüfer B (Hagen) 1	Prüfer B (Hagen) 2	Code
40	3,597	+	+	+	+	+	+
13	3,595	+	+	+	+	+	+
21	3,595	+	+	+	+	+	+
25	3,593	+	+	+	+	+	+
44	3,592	+	+	+	+	+	+
35	3,591	+	+	+	+	+	+
3	3,587	+	+	+	+	+	+
41	3,587	+	+	+	+	+	+
31	3,586	+	+	+	+	+	+
16	3,585	+	+	+	+	+	+
18	3,582	+	+	+	+	+	+
39	3,578	+	+	+	+	+	+
20	3,574	+	+	+	+	+	+
48	3,573	+	+	+	+	+	+
11	3,572	+	+	+	+	+	+
37	3,570	+	+	+	+	+	+
24	3,565	+	+	+	-	-	x
14	3,561	-	+	+	-	+	x
45	3,560	-	+	+	-	-	x
49	3,559	-	+	+	-	-	x
12	3,552	-	+	-	-	-	x
4	3,552	-	+	-	-	-	x
29	3,546	-	-	-	-	-	-
19	3,544	-	-	-	-	-	-
17	3,531	-	-	-	-	-	-

d_1 = 3,570-3,546 = 0,024 d_2=3,642-3,626=0,016 d=(0,024+0,016)/2=0,02 %GRR = 26,7%

%GRR ≤ 10 % [ ] fähig 10% < %GRR ≤ 30 % [X] bedingt fähig %GRR > 30 % [ ] nicht fähig

Bemerkung: Analyse des Prüfprozesses!...

Datum: 05.11.02 Abteilung: W025 Unterschrift: *Mustermann*

5 Beurteilung von Messprozessen mit Cgk < 1,33 und/oder %GRR > 30%

Bezeichnung des Mess-/Prüfmittels: *LX 0815 P1*

Merkmalsbezeichnung: ....Außendurchmesser ....

1. Fähigkeitskennwerte aus Verfahren 1 <u>und</u> Verfahren 2 bzw. 3

Cgk	1,20 ... < 1,33		0,8 ... < 1,20		< 0,8	
%GRR	10% ... < 20%	X	20% ... ≤ 30%		> 30%	
Kennzahl 1	1		2		keine Freigabe	

Die höchste Kennzahl ist maßgebend.

2. Bedeutung der Fehlerfolge (extern)

(Bewertung aus Prozess-FMEA entnehmen, vergleiche "QS in der Bosch Gruppe", Heft 14, FMEA)

Extern	keine Auswirkung		unwahrscheinlich	X	unbedeutend		mittelschwer	
Kennzahl 2	1		2		3		keine Freigabe	
Begründung	Z.B. Absicherung des Merkmals durch nachfolgenden Messprozess							

3. Bedeutung der Fehlerfolge (intern)

(Festlegung der Bewertungskriterien in Verfahrensanweisung des Werks)

Intern	unbedeutend		mittelschwer	X	schwer		äußerst schwer	
Kennzahl 3	1		2		3		keine Freigabe	
Begründung	z.B. Nacharbeit in der Montage							

4. Beurteilung

Berechnung (Produkt der drei Kennzahlen)	Ergebnis
....*1*.... x ....*2*.... x ....*2*....	= ...*4*....

Ergebnis	Bewertung	Entscheidung
1 oder 2		Freigabe mit Auflage. Regelmäßige Prüfung, ob eine Verbesserung des Messprozesses möglich ist.
3, 4 oder 6	*X*	Freigabe mit Auflage. Regelmäßige Prüfung, ob eine Verbesserung des Messprozesses möglich ist. Nachweis der Wirksamkeit v. Maßnahmen zur Vermeidung der Fehlerfolgen.
≥ 8 oder C_{gk} < 0,8 oder %GRR > 30%		Keine Freigabe. Funktion des Merkmals muss durch eine fähige indirekte Prüfung sichergestellt werden. Sofern externe Fehlerfolgen nicht ausgeschlossen werden können, erfolgt die Festlegung gemeinsam mit der zuständigen Erzeugnisentwicklung.

Sofern externe (kundenrelevante) Fehlerfolgen nicht ausgeschlossen werden können, ist unabhängig vom berechneten Ergebnis eine Freigabe mit dem Kunden abzustimmen.

Genehmigungsdurchlauf

Festlegung in einer Verfahrensanweisung des Werks

6 Messprozessanalyse

Messprozess optimieren

Messeinrichtung, Einstellnormale Geprüft

Mess-, Spann-, Niederhaltekräfte ☐
Messorte, Definition Messstellen ☐
Aufnahmen, Fluchtung Prüfling Messtaster ☐
Antastelemente ☐
Führungen, Reibung, Verschleiß ☐
Positionierung, Verkippung Prüfling ☐
Messablauf; Warmlaufphase ☐
Güte des Normals/der Normale ☐

Messverfahren, -strategie

Antastend, berührungslos ☐
Bezugselement, Basis für Aufnahme ☐
Messgeschwindigkeit, Einschwingzeit ☐
Mehrpunktmessg. bzw. Scan. anst. Einzelmessw. ☐
Mittelwert aus Wiederholungsmessungen ☐
Auswertebereiche ☐
Messtechnik-, Statistik-Software ☐
Kalibrierkette ☐
Einstellverfahren (z.B. vor jeder Messung) ☐

Umgebungsbedingungen

Erschütterungen, Schwingungen ☐
Staub, Ölnebel, Zugluft, Feuchtigkeit ☐
Temp.-schwankungen, Sonneneinstrahlung ☐
Elektrische Störungen, Spannungsspitzen ☐
Energieschwankungen (Luft, Strom) ☐

Messobjekt

Sauberkeit, Waschrückstände ☐
Oberflächenbeschaffenheit, Grate ☐
Formfehler, Bezugsbasis ☐
Materialeigenschaften (z.B. Temp.-koeffizient) ☐

Bediener, Verfahrensanweisung

Einweisung, Schulung, Sorgfalt, Handhabung ☐
Sauberkeit (Handfett), Wärmeübertragung ☐

Bessere Messeinrichtung beschaffen

Auflösung < 5% ☐
Linear messende Messeinrichtung einsetzen ☐
Absolut messende Messeinrichtung bevorzugen (digital inkremental anst. analog induktiv) ☐
Robuste Messeinrichtung (Lagerung, Führung, Messhebel, Übertragungselemente) ☐
Bedienerunabhängige Messeinrichtung ☐
Neue (berührungslose) Messverfahren ☐

Merkmals-, Toleranz-, Messprozessbetrachtung

Einfluss des Merkmals auf die Funktion überprüfen (ggf. Ersatzmerkmal definieren z.B. Dichtheit anstelle Rundheit) ☐
100% verlesen mit reduzierten Tol. ☐
Streuung der Messwerte von Toleranz abziehen ☐
Auswirkungen auf Prozessregelung und Prozessfähigkeit berücksichtigen ☐
Toleranzanpassung (statist. Tolerierung; Verhältnis v. Prozessstreubreite und Toleranz) ☐
Abstimmg. mit Fertigungsplanung, Produktion ☐
Qualitätssicherung, Entwicklung, Kunde ☐

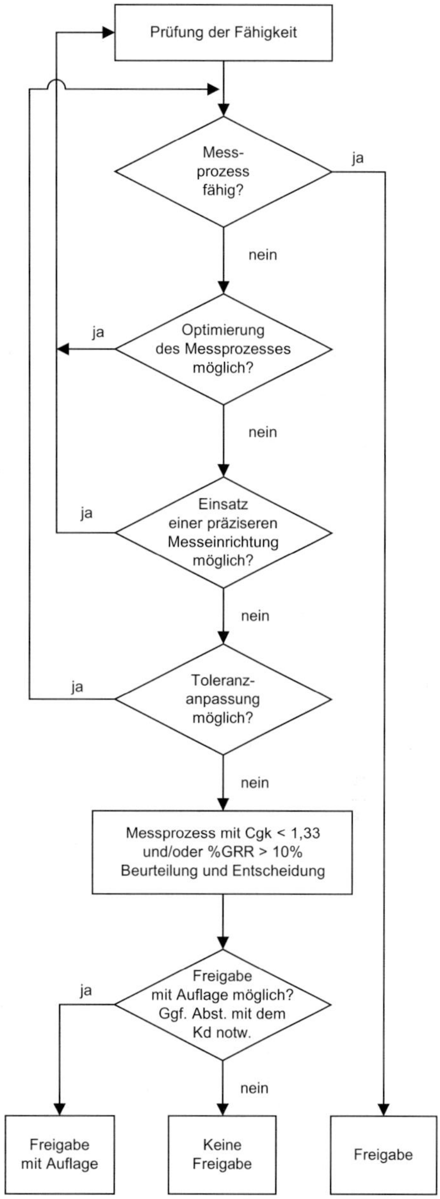

7 Verwendete Formeln und Formelzeichen

Zeichen	Formel	Bedeutung	Verf.
AV	$AV = \sqrt{(R_{\overline{X}} \cdot K_2)^2 - EV^2/(n \cdot r)}$	Vergleichspräzision (Appraiser Variation)	2
C_{gk}	$C_{gk} = \frac{0{,}1 \cdot T - \lvert\overline{x} - x_m\rvert}{3 \cdot s}$	Fähigkeitskennwert eines Messprozesses unter Berücksichtigung der systematischen Abweichung	1
C_g	$C_g = \frac{0{,}2 \cdot T}{6 \cdot s}$	Fähigkeitskennwert eines Messprozesses ohne Berücksichtigung der systematischen Abweichung	1
$\Delta_{i,j}$	$\Delta_{i,j} = x_{i,j} - x_{mi}$	Abweichung jedes Messwerts $x_{i,j}$ vom jeweiligen Referenzwert x_{mi}	4
EV	$EV = \overline{\overline{R}} \cdot K_1$	Wiederholpräzision (Equipment Variation)	2, 3
g		Anzahl der Referenzobjekte	4
GRR	$GRR = \sqrt{EV^2 + AV^2}$	Gesamtstandardabweichung des Messprozesses	2
GRR	$GRR = EV$	Gesamtstandardabweichung des Messprozesses	3
%GRR	$\%GRR = 6 \cdot 100 \cdot (GRR/T)$	Gesamtstreubreite des Messprozesses bezogen auf die Toleranz des Merkmals	2, 3
n		Anzahl der Messobjekte in einer Stichprobe bzw. Anzahl von Messungen	2, 5
ndc	$ndc = 1{,}41 \cdot (PV/GRR)$	Anzahl unterscheidbarer Klassen innerhalb der Streubreite der Messobjekte (number of distinct categories)	2, 3
PV	$PV = R_P \cdot K_3$	Teilestreuung (Part Variation)	2, 3
R_P	$R_P = \overline{x}_{i;max} - \overline{x}_{i;min}$	Spannweite der Mittelwerte $\overline{x}_i$ aller Messobjekte	2, 3
r		Anzahl der Messungen	2
$R_{i,A}$		Spannweite des von Prüfer A am i-ten Objekt gemessenen Wertepaars	2
$\overline{R}_A$	$\overline{R}_A = \frac{1}{10} \sum_{i=1}^{10} R_{i,A}$	Mittlere Spannweite der von Prüfer A gemessenen Wertepaare; Mittelwert der Spannweiten $R_{i,A}$	2
$\overline{\overline{R}}$	$\overline{\overline{R}} = \frac{1}{3} \cdot (\overline{R}_A + \overline{R}_B + \overline{R}_C)$	Mittlere Spannweite; Mittelwert von $\overline{R}_A$, $\overline{R}_B$ u. $\overline{R}_C$	2
$R_{\overline{X}}$		Spannweite der drei "Prüfermittelwerte"	2
s	$s = \sqrt{\frac{1}{n-1} \cdot \sum_{i=1}^{n} (x_i - \overline{x})^2}$	Standardabweichung von Messwerten x_i	1
T		Toleranz eines Merkmals	
U_{kal}		Unsicherheit der Kalibrierung	
$\overline{x}_A$		Mittelwert aller von Prüfer A an den 10 Objekten ermittelten Messwerte	1
x_i		i-ter Messwert	
$x_{i,j}$		j-ter Messwert, der am i-ten Teil gemessen wurde	4
$\overline{x}_i$		Mittelwert der von allen Prüfern am i-ten Objekt gemessenen Werte	2
$\overline{x}$	$\overline{x} = \frac{1}{n} \cdot \sum_{i=1}^{n} x_i$	Mittelwert von Messwerten	
x_m		Referenzwert eines Normals (m steht für master)	1, 4
x_{mi}		Referenzwert des i-ten Objekts	4
$\lvert\overline{x} - x_m\rvert$		Systematische Abweichung (bias)	1

8 Begriffe

Deutsch	Englisch	Norm	Definition
Abweichung	deviation	VIM[1] 3.11	Wert minus Bezugswert.
Auflösung (einer Anzeigeeinrichtung)	resolution	VIM[1] 5.12	Kleinste unterscheidbare Differenz zweier Anzeigen einer Anzeigeeinrichtung.
Fähigkeit	capability	-----	QS-9000, Glossary: Gesamte Spannweite der Streuung eines beherrschten Prozesses. Sie wird über die Daten von Regelkarten ermittelt.
Genauigkeit eines Messgerätes	accuracy	VIM[1] 5.18	Fähigkeit eines Messgerätes, Werte der Ausgangsgröße in der Nähe eines wahren Wertes zu liefern (qualitativer Begriff).
Konformität	conformity	DIN EN ISO 8402, 2.9	Erfüllung festgelegter Forderungen.
Losumfang	lot size	DIN 55350 Teil 31, 1.1	Anzahl der Einheiten im Los.
Messabweichung	error	VIM[1] 3.10	Messergebnis minus einem wahren Wert der Messgröße.
Messbeständigkeit	stability	VIM[1] 5.14	Fähigkeit eines Messgerätes, seine metrologischen Merkmale zeitlich unverändert beizubehalten.
Messeinrichtung	measuring system	VIM[1] 4.5	Vollständiger, zur Durchführung vorgegebener Messungen, zusammengestellter Satz von Messgeräten und anderer Einrichtungen.
Messmittel	measuring equipment	DIN ISO 10012, T. 1, 3.2	Alle Messgeräte, Normale, Referenzmaterialien, Hilfsmittel und Anweisungen, die für die Durchführung einer Messung notwendig sind. Dieser Begriff umfasst Messmittel, die für Prüfzwecke und solche, die für Kalibrierung verwendet werden.
Messobjekt	measuring object	DIN 1319-1, 1.2	Träger der Messgröße.
Messprozess	measurement process	ISO 10012-2, 3.10	Satz von in Wechselbeziehung stehenden Hilfsmitteln, Tätigkeiten und Einflüssen, die eine Messung ermöglichen.
Messsystem	----	----	Liegt nicht vor.
Messunsicherheit	uncertainty of measurement	VIM[1] 3.9	Dem Messergebnis zugeordneter Parameter, der die Streuung der Werte kennzeichnet, die vernünftigerweise der Messgröße zugeordnet werden könnte.
Nichtlineare Skala	nonlinear scale	VIM[1] 4.24	Skala, in der jeder Teilstrichabstand mit dem zugehörigen Teilungswert über einen Proportionalitätskoeffizienten zusammenhängt, der über die Skala nicht konstant ist.
Prüfmittel	measuring and test equipment	-----	DGQ Prüfmittelmanagement 13-61: Prüfmittel sind Messmittel, die zur Darlegung der Konformität bezüglich festgelegter Qualitätsforderungen benutzt werden.
Prüfung	Inspection	DIN EN ISO 8402, 2.15	Tätigkeit wie Messen, Untersuchen, Ausmessen bei einem oder mehreren Merkmalen einer Einheit sowie Vergleichen der Ergebnisse mit festgelegten Forderungen, um festzustellen, ob Konformität für jedes Merkmal erzielt ist.
Qualifikations- oder Eignungsprüfung	qualification	DIN 55350 T17, 3.1	Qualifikation ist nach DIN 55350 T11 die nachgewiesene Erfüllung einer Qualitätsforderung. Sie kann sich beziehen auf: die Einheit, materielles Produkt, immaterielles Produkt, Tätigkeit oder Prozess.
Richtiger Wert	conventional true value	VIM[1] 1,20	Durch Vereinbarung anerkannter Wert, der einer betrachteten speziellen Größe zugeordnet wird, und der mit einer dem jeweiligen Zweck angemessenen Unsicherheit behaftet ist.
Spezifikation	specification	DIN EN ISO 8402, 3.14	Dokument, in dem Forderungen festgelegt sind.
Systematische Messabweichung	linearity	-----	MSA, Chapter II-Section 2: Systematische Messabweichungen, dargestellt als Steigungsfaktor einer mittleren Geraden.
Systematische Messabweichung	systematic error	VIM[1] 3.14	Mittelwert, der sich aus einer unbegrenzten Anzahl von Messungen derselben Messgröße ergeben würde, die unter Wiederholbedingungen ausgeführt wurden, minus einem wahren Wert der Messgröße.
Systematische Messabweichung	bias	VIM[1] 5.25	Systematischer Anteil der Messabweichung eines Messgerätes.
Vergleichspräzision	reproducibility	VIM[1] 3.7	Ausmaß der gegenseitigen Annäherung zwischen Messergebnissen derselben Messgröße, gewonnen unter veränderten Messbedingungen.
Wiederholpräzision	repeatability	VIM[1] 5.27	Fähigkeit eines Messgerätes, bei wiederholtem Anlegen derselben Messgröße unter denselben Messbedingungen nahe beieinander liegende Anzeigen zu liefern.
Zufällige Messabweichung	random error	VIM[1] 3.13	Messergebnis minus dem Mittelwert, der sich aus einer unbegrenzten Anzahl von Messungen derselben Messgröße ergeben würde, die unter Wiederholbedingungen ausgeführt wurden.

1) Herausgeber DIN, VIM: Internationales Wörterbuch der Metrologie. Verbindlich im Rechtsfall.

Robert Bosch GmbH
C/QMM
Postfach 30 02 20
D-70442 Stuttgart
Germany
Phone +49 711 811-4 47 88
Fax +49 711 811-2 31 26
www.bosch.com

DaimlerChrysler

Eignungsnachweis von Prüfprozessen

Leitfaden LF 05

V1.1

QMP 45

Werke Berlin, Hamburg und Untertürkheim

Qualitätsmanagement

Stand / Version: 08.2006 /V1.1

Auflage: fortlaufend

Herausgeber: QM Werk Untertürkheim

Redaktionelle Verantwortung: Bernhard Krämer Tel. 0711-17-66 324

Mark Walz QM/GS Tel. 0711-17-64 422

Erstellt V1.0: Q-DAS GmbH, Weinheim Tel. 06201-39410

Überarbeitung V1.1: Krämer /Walz, QM/GS

Bezugshinweise: wird als PDF im DC Intranet durch P/BB zur Verfügung gestellt sowie über SIS im Handbuch Messtechnik

Titel	**Drucknummer**
Eignungsnachweis von Prüfprozessen	QMP 45
Leitfaden LF 05	
Poster (Farbig A4 bis A1)	
Maschinenfähigkeit von variablen Qualitätsmerkmalen	QMP 51
Verteilungszeitmodelle nach DIN 55 319	QMP 57
Fähigkeit von Positionstoleranzen	QMP 53
Analyse , Lenkung und Verbesserung von Fertigungsprozessen	QMP 58 bzw. 58.1 bis 58.6
Standardanforderungen für Prüfprozessesfähigkeit und Qualitätsfähigkeitskenngrössen	QMP 59

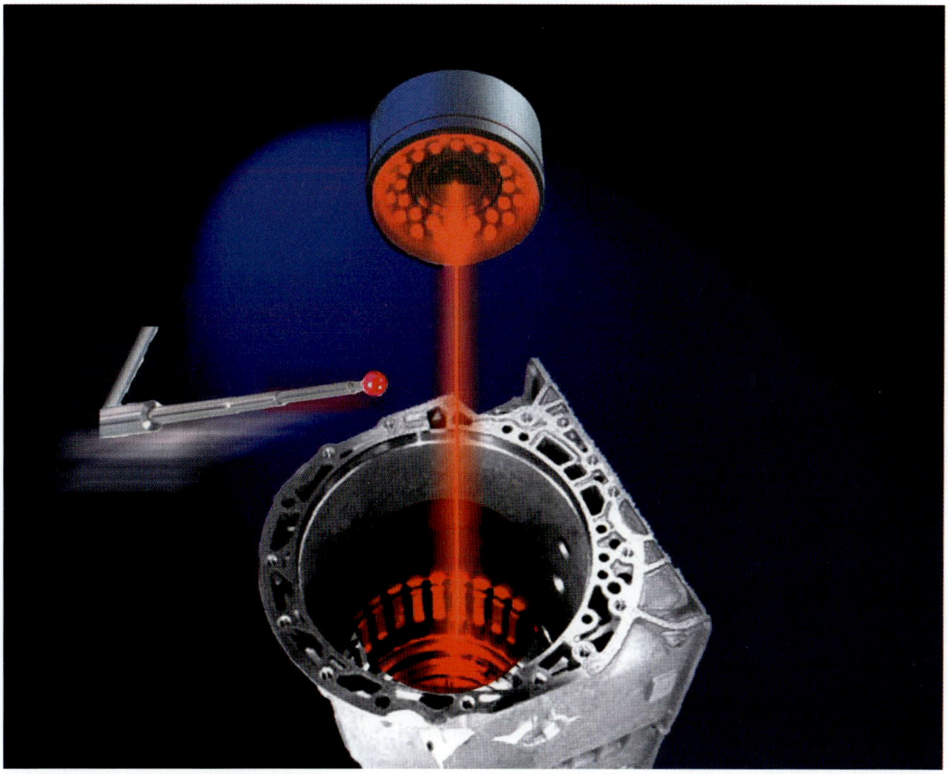

Inhaltsverzeichnis

1 Einleitung

1.1 Eingliederung des Dokuments

Der überarbeitete Leitfaden LF 05 dient als ergänzende Unterlage zu den vorhandenen Dokumenten (z.B. Verfahrensanweisungen) und Vorschriften.

Durch die Integration der alten Richtlinie QR 02 „Fähigkeitsnachweis von Messsystemen" in den neuen LF05, werden nun in diesem beide weit verbreiteten und bekannten Verfahren zum Eignungsnachweis von Prüfprozessen beschrieben. Ergänzend sind sowohl für den Fähigkeitsnachweis nach MSA [1], als auch für den Eignungsnachweis von Prüfprozessen im Sinne der GUM [5] bzw. VDA 5 [14], Fallbeispiele zu spezielle Messaufgaben aufgeführt. Die Auswertung und Berechnung der Kennwerte erfolgt mit qs-STAT.

Der Sonderfall „Unwucht", der im alten LF 6.1 behandelt wurde, ist nun ebenfalls im neuen LF05 beschrieben.

Die Anforderungen an die Prüfprozesse in diesem Leitfaden stammen aus:

- QS 9000, Leitfaden Measurement Systems Analysis [1]
- DIN EN 13005, Anleitung zur Bestimmung der Messunsicherheit (GUM) [5]
- ISO / TS 16949, Qualitätsmanagementsysteme [10]
- VDA Band 5, Prüfprozesseignung, [14]
- DGQ Prüfmittelmanagement Band 13-61, Prüfmittelmanagement, [3]
- DIN EN ISO 9000:2005, Qualitätsmanagementsysteme, [11]
- DIN EN ISO 10012, Forderungen an die Qualitätssicherung für Messmittel, [12]
- DIN EN ISO 14253, Prüfung von Werkstücken und Messgeräten durch Messen, [7]
- DGQ, Band 11.04 Managementsysteme – Begriffe, [2]
- DIN 1319, Grundlagen der Messtechnik, [6]
- VIM, Internationales Wörterbuch der Metrologie, [13]

Die Abbildung 1-1 zeigt die Integration des vorliegenden Dokumentes in die vorhandene Dokumentationsstruktur.

Bei der Analyse und Beurteilung von Prüfprozessen entstehen Kennwerte auf der Grundlage von Fähigkeitsanalysen als auch Kennwerte der Unsicherheitsbetrachtung. Das vorliegende Dokument soll aufzeigen, wann welche Kennwerte sinnvoller Weise zur Beurteilung herangezogen werden. Weiterhin wird großer Wert auf eine einheitliche Vorgehensweise gelegt, unabhängig, ob es sich um eine Fähigkeitsanalyse oder um eine Unsicherheitsbetrachtung handelt. Damit wird man den heutigen Anforderungen sowohl der Normung als auch vorhandener Verbandsrichtlinien gerecht.

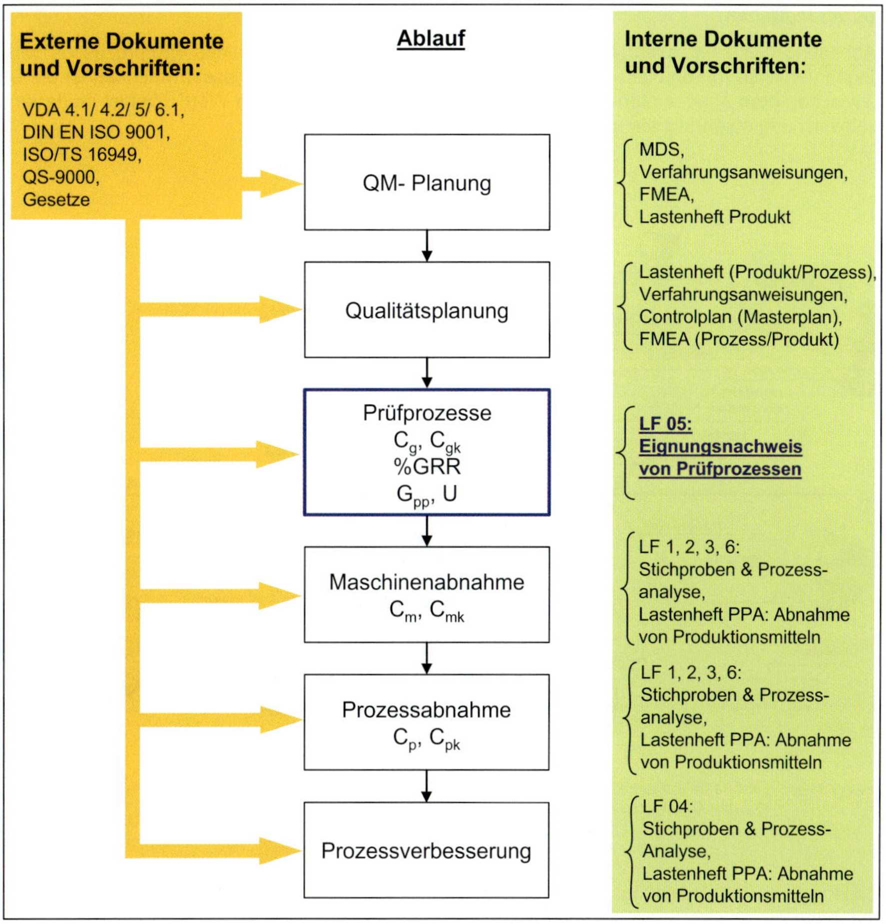

Abbildung 1-1: Integration des Leitfadens LF 05 in die Dokumentationsstruktur

1.2 Geltungsbereich

Der vorliegende Leitfaden gilt für die Werke Berlin, Hamburg und Stuttgart. Er dient zum Eignungsnachweis von Prüfprozessen, bei denen variable Merkmalswerte beurteilt werden. Dies kann einerseits über die so genannte Fähigkeitsanalyse erfolgen oder über die Messunsicherheitsbetrachtung.

1.3 Einfluss Prüfprozess auf Prozessfähigkeit

Die folgenden Ausführungen sollen die Konsequenzen des Einsatzes eines nicht geeigneten Prüfprozesses verdeutlichen.

Die Abbildung 1-2 zeigt exemplarisch Einflussfaktoren, die innerhalb eines Prüfprozesses wirken. Konsequenterweise führen diese Einflüsse zu Messabweichungen. Die Messabweichung ist die Differenz zwischen dem angezeigten Wert und dem „tatsächlich vorhandenen Wert“. Ziel ist es daher, die Messabweichung so gering wie möglich zu halten.

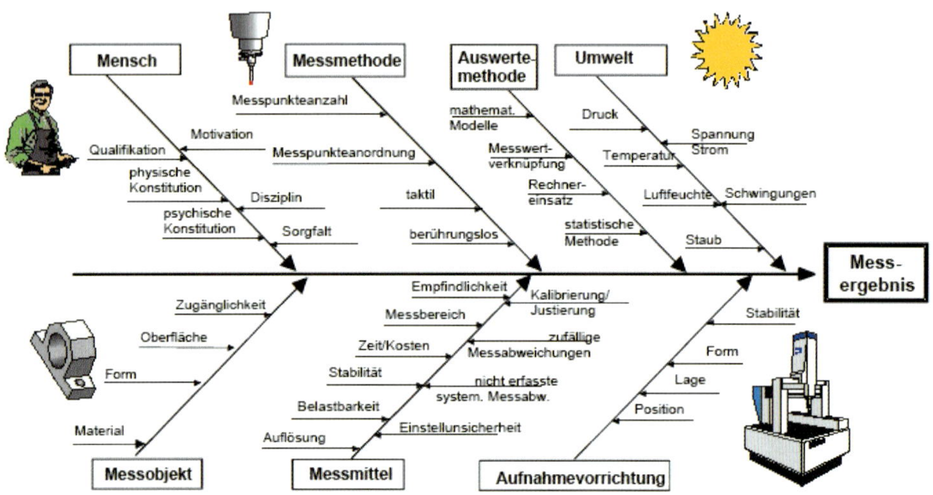

Abbildung 1-2: Einflüsse auf ein Messergebnis
Quelle: VDA 5 [14]

In Abbildung 1-3 und Abbildung 1-4 sind die Auswirkungen der „Streuung des Messsystems“ auf die „Beobachtete Prozessstreuung“ zu sehen.

In Abbildung 1-3 ist die „Streuung des Messsystems“ ausreichend klein. Damit ist die „Tatsächliche Prozessstreuung“ nahezu identisch mit der „Beobachteten Prozessstreuung“.

Die in Abbildung 1-4 dargestellte „Streuung des Messsystems“ ist zu groß. Daher ist ein deutlicher Unterschied zwischen der „Tatsächlichen Prozessstreuung“ und der „Beobachteten Prozessstreuung“ zu erkennen. Diese Differenz führt zur Fehlinterpretation des realen Sachverhaltes.

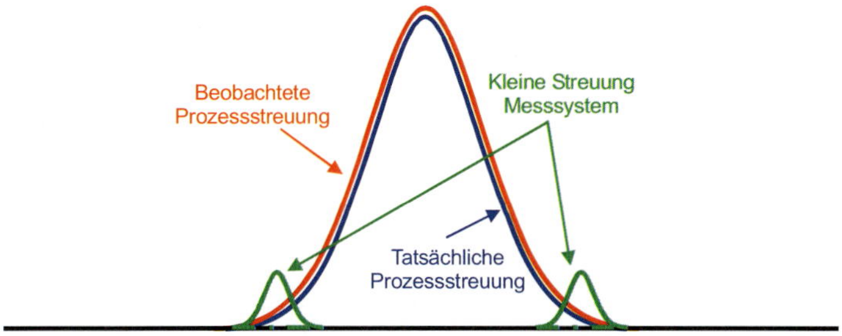

Abbildung 1-3: Beobachtete Prozessstreuung durch Prüfprozess nicht beeinflusst

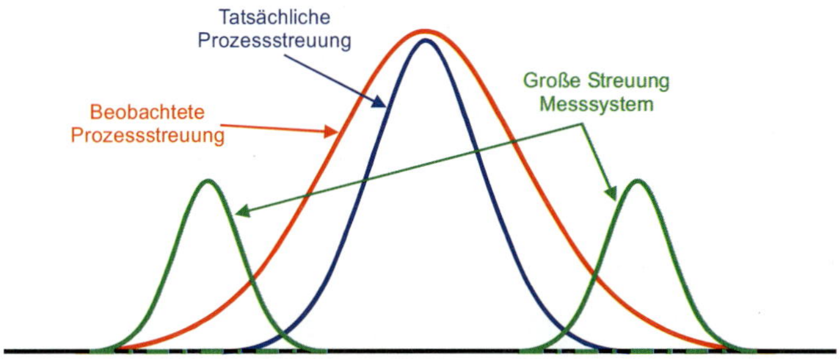

Abbildung 1-4: Beobachtete Prozessstreuung durch Prüfprozess beeinflusst

Damit stellen sich zwei Fragen:

1. Wie kann die „Streuung eines Messsystems" ermittelt werden?
2. Wie groß darf die „Streuung des Messsystems" höchstens sein, damit der Unterschied zwischen der „Beobachteten Prozessstreuung" und der „Tatsächlichen Prozessstreuung" noch akzeptabel ist?

1.4 Auswirkung der Messunsicherheit auf Fertigungstoleranz

Die DIN EN ISO 14253 [8] regelt, wie in Verbindung mit der vorgegebenen Spezifikation die Messunsicherheit beim Hersteller und beim Lieferant zu berücksichtigen ist.

Dort wird die Bestimmung der erweiterten Messunsicherheit *U* für einen Prüfprozess gefordert und Entscheidungsregeln sind festgelegt, Abbildung 1-5:

- **Bereich der Übereinstimmung:**
  Der Spezifikationsbereich verringert um die erweiterte Messunsicherheit *U*
- **Bereich der Nicht- Übereinstimmung:**
  Der Bereich außerhalb des Spezifikationsbereichs erweitert um die erweiterte Messunsicherheit *U*
- **Unsicherheitsbereich:**
  Bereiche in der Nähe der Spezifikationsgrenzen, für den unter Berücksichtigung der Messunsicherheit weder Übereinstimmung noch Nicht-Übereinstimmung nachgewiesen werden kann.

Dies hat für Lieferant und Abnehmer die in Abbildung 1-6 dargestellte Auswirkung. Der Lieferant muss seine Fertigung so ausrichten, dass sich der Fertigungsprozess nur in der Rubrik „Übereinstimmung" bewegt. Das bedeutet, dass mit zunehmender Messunsicherheit der Spielraum der Fertigung eingeengt wird. Umgekehrt muss der Abnehmer alles bis auf den Bereich „Nicht-Übereinstimmung" akzeptieren.

Ist die erweiterte Messunsicherheit *U* für einen Prüfprozess bekannt, wird die Kenngröße $2 \cdot U/T$ (T=Toleranz) berechnet und als Entscheidungsgrundlage für die Eignung eines Prüfprozesses [14] [3] herangezogen.

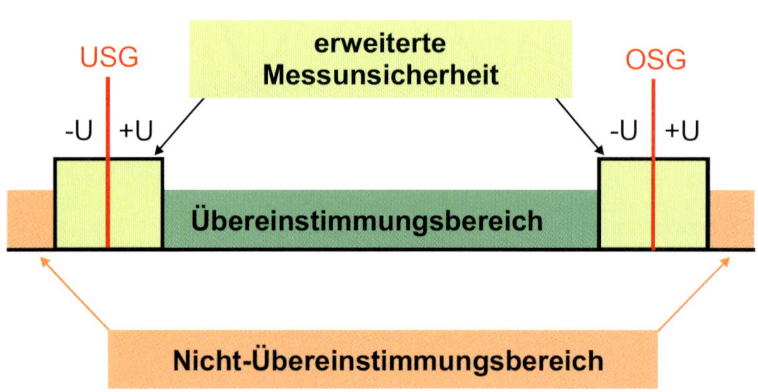

Abbildung 1-5: Messunsicherheit an den Spezifikationsgrenzen (Forderung der DIN EN ISO 14253 [8])

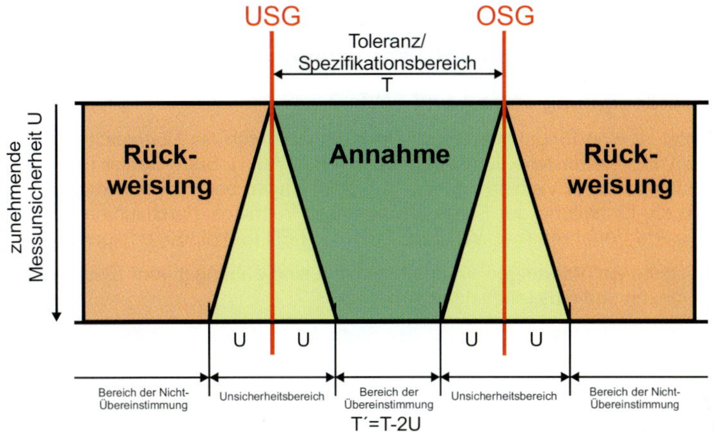

Abbildung 1-6: Auswirkung der zunehmenden Messunsicherheit auf die Fertigungstoleranz

1.5 Standard- und Sonderfälle

Unabhängig, ob es sich um eine Abnahme von Standard-Messgeräten oder die Durchführung der Eignung eines Prüfprozesses handelt, kann man immer zwischen einem „Standard-“ und mehreren „Sonderfällen“ trennen. Für Sonderfälle sind individuelle Lösungen und Grenzwerte festzulegen und zu vereinbaren. So muss z.B. im Einzelfall von allgemein vorgegebenen Grenzwerten abgewichen werden oder alternative Betrachtungsweisen herangezogen werden. In diesen Fällen muss häufig der Prozesseigner (bzw. das Qualitäts- bzw. Prüfplanungsteam) über die gegebenenfalls temporäre Verwendbarkeit, sowie die zusätzlich erforderlichen Maßnahmen entscheiden.

Für den Normalfall kann rezeptartig eine Vorgehensweise festgelegt werden, anhand derer die Beurteilung durchgeführt wird. Bei dieser schrittweisen Vorgehensweise werden Versuche durchgeführt, die Messergebnisse festgehalten und daraus (statistische) Kenngrößen ermittelt, die für den Eignungsnachweis herangezogen werden. Für die Entscheidung über die Eignung des Prüfprozesses werden die errechneten Kenngrößen mit vorgegebenen Grenzwerten verglichen:

- Erfüllen alle Kenngrößen die Anforderungen, ist der Prüfprozess geeignet.
- Erfüllen bestimmte Kenngrößen die Anforderungen nicht, geben die einzelnen Kenngrößen Hinweise auf die Ursachen. Entsprechende Verbesserungen sind vorzunehmen.

Zum Tragen kommen solche Untersuchungen bei:

- Abnahme von neuen Prüfprozessen beim Hersteller (Stufe 1)
- Abnahme von neuen bzw. veränderten Prüfprozessen im Werk (Stufe 2)
- Überwachung der Stabilität eines Prüfprozesses, sowohl in der Produktion, als auch im Messraum (Stufe 3)
- der Prüfmittelüberwachung im Sinne der DIN EN ISO 10012 [12] (Stufe 2)

1.6 Eignungsnachweis eines Prüfprozesses

1.6.1 Prüfprozesseignung Stufe 1 und Stufe 2

Für alle Prüfmittel ist eine Eingangsprüfung und Freigabe durch die Überwachungsstelle oder durch den Beauftragten der Kostenstelle durchzuführen (VA 010 7.6-1). Bei variabler Prüfung (Messung) mit Standardprüfmitteln, auch in Verbindung mit Prüfvorrichtungen oder mit universell einsetzbaren Prüfmitteln, ist dazu die Einhaltung der Fehlergrenzen des Prüfmittels durchzuführen. Die Prüfung kann durch standardisierte Verfahren (z.B. VDI/VDE 2618, DIN EN ISO10360) erfolgen.

Die messtechnischen Anforderungen an das Prüfmittel sind abhängig vom Einsatzgebiet und den zu messende Toleranzen und müssen festgelegt werden.

Zum Nachweis der Prüfprozesseignung in der Stufe 1 und Stufe 2 werden drei Einsatzfälle unterschieden.

Fall 1 **werkstückbezogene Messsysteme**:
Für die vereinbarten Merkmale ist eine Fähigkeitsanalyse Verfahren 1 siehe 3.1.1 durchzuführen.

Fall 2 **universell eingesetzte Messgeräte/Prüfmittel:**
Über die Standardunsicherheit u_{PM} des Prüfmittels ist T_{min} zu ermitteln und zu den Toleranzen des vorgesehenen Aufgabenspektrums ins Verhältnis zu setzen.

Fall 3 **Grenzlehren,** die zur attributiven Prüfung (gut/schlecht) eingesetzt werden, sind dann geeignet, wenn die Lehrentoleranzen im Rahmen der Prüfmittelüberwachung eingehalten werden.

1.6.2 Prüfprozesseignung Stufe 3

Bei variabler Prüfung (Messung) mit Standardprüfmitteln auch in Verbindung mit Prüfvorrichtungen oder mit universell einsetzbaren Prüfmitteln, ist vom Benutzer die Prüfprozesseignung nachzuweisen. Voraussetzung für die Durchführung der Prüfprozesseignung ist der Nachweis der Einhaltung der messtechnischen Anforderungen an Prüfmittel.

Zum Nachweis der Prüfprozesseignung werden zwei Einsatzfälle unterschieden, Abbildung 1-7:

Fall 1 **werkstückbezogene Messsysteme:**
Für die vereinbarten Merkmale ist eine Fähigkeitsanalyse nach Verfahren 2 (mit Bedienereinfluss) oder Verfahren 3 (ohne Bedienereinfluss), siehe 3.1.3 bzw. 3.1.4.

Fall 2 **universell eingesetzte Messgeräte/Prüfmittel:**
Die Messunsicherheit U ist für repräsentative bzw. kritische Prüfmerkmale zu ermitteln und zu den Toleranzen der vorgesehenen Aufgaben ins Verhältnis zu setzen. Basis hierfür ist die „goldene Regel der Messtechnik" die besagt, ein Messgerät ist geeignet wenn das Verhältnis von Genauigkeit zur Toleranz 1/10 beträgt.

Bei **Grenzlehren**, die zur attributiven Prüfung (gut/schlecht) eingesetzt werden, wird im Allgemeinen keine Eignungsuntersuchung durchgeführt. Sie gelten als geeignet, wenn die Lehrentoleranzen eingehalten sind. Für Ausnahmefälle ist im VDA 5 die Durchführung einer Lehrenfähigkeitsuntersuchung beschrieben.

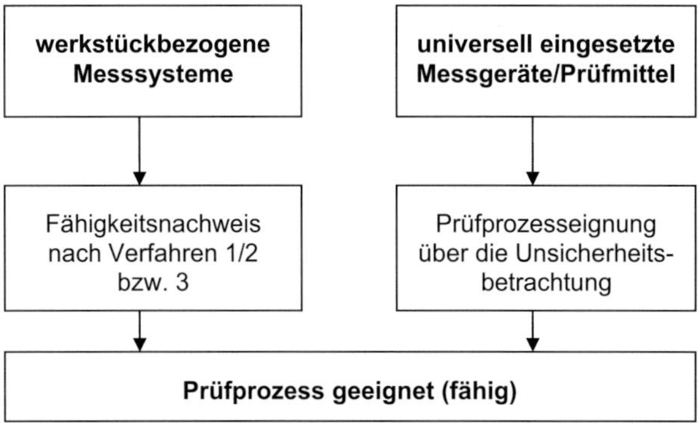

Abbildung 1-7: Einsatzfälle der Prüfprozesseignung

An dieser Stelle soll nochmals hervorgehoben werden, dass die beiden im Folgenden beschriebenen Vorgehensweisen zur Prüfprozesseignung nicht konträr zu einander stehen. Daher ist es deshalb auch möglich, zwischen den beiden Alternativen zu wählen bzw. die Daten aus der einen Vorgehensweise auch für die andere zu verwenden.

Bei der Unsicherheitsbetrachtung sind Unsicherheitseinflüsse aufgrund der Kalibrierung des Normals, der Formabweichung des Bauteils, Verschmutzungen oder durch Temperaturschwankungen jedoch nicht immer vollständig enthalten. Sind diese nicht zu vernachlässigen, müssen sie gegebenenfalls zusätzlich erfasst und bei der Unsicherheitsbetrachtung berücksichtigt werden. Die Bestimmung der Messunsicherheit dient in erster Linie für Konformitätsprüfungen, um die Brauchbarkeit des Prüfprozesses bzw. der damit erhaltenen Messwerte zu beurteilen.

Ideal wäre es für den Anwender, wenn er aus einem Katalog für die jeweilige Messaufgabe gleichzeitig geeignete Messgeräte bzw. die sich daraus ergebenden Prüfprozesse auswählen könnte. Um dies zu erreichen, sind die im Laufe der Zeit gesammelten Erfahrungen zu dokumentieren, zu kategorisieren und in geeigneter Form festzuhalten.

2 Begriffe und Definitionen

Die verwendeten Begriffe sind in DIN EN ISO 10012 [12] sowie im VIM, Internationales Wörterbuch der Metrologie [13] beschrieben.

Einige wichtige Definitionen werden im Folgenden zusätzlich erklärt.

2.1 Messabweichung

2.1.1 Systematische Messabweichung

Unter systematischer Messabweichung wird die Abweichung zwischen dem **Mittelwert der Anzeige**, des Messsystems bei wiederholtem Messen des gleichen Merkmals und dem **Referenzwert** des Merkmals verstanden. Das zu messende Teil ist ein Normal (Referenzwert), dessen Wert mit Präzisionsmesssystemen, z.B. Koordinatenmessgeräten ermittelt wird und das auf ein nationales oder internationales Normal zurückführbar sein muß. Ein Referenzwert kann bestimmt werden, indem mehrere Messungen mit einem höherwertigen Messgerät durchgeführt werden (z.B. Messraum oder Kalibrierlabor).

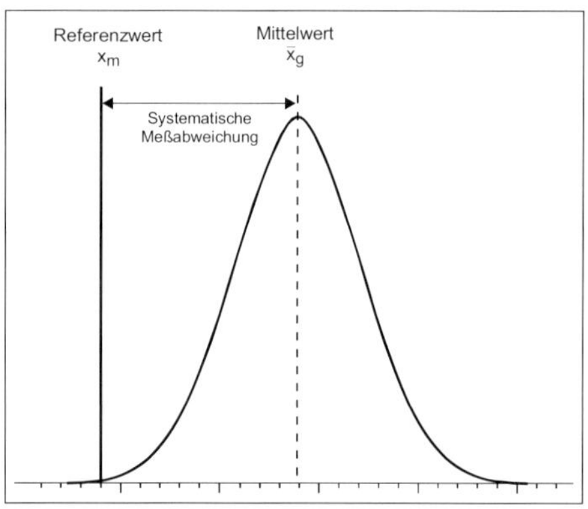

Abbildung 2-1: Systematische Messabweichung (Bias)

2.1.2 Zufällige Messabweichung

Messergebnis minus dem Mittelwert, der sich aus einer unbegrenzten Anzahl von Messungen derselben Messgröße ergeben würde, die unter Wiederholbedingungen ausgeführt wurden.

2.2 Messgerät

Gerät, das allein oder in Verbindung mit zusätzlichen Einrichtungen für Messungen gebraucht werden soll.

2.3 Auflösung des Messgerätes

Bevor eine der genannten Untersuchungen durchgeführt wird, ist zu überprüfen, ob die Auflösung des Messgerätes gegeben ist.

Das Messgerät muss eine Auflösung von **%RE ≤ 5%** der Toleranz des Merkmals haben, um Messwerte sicher ermitteln und ablesen zu können.

Beispiel:

Längenmaß 125 ± 0.25 mm

Bei einer Toleranz von 0,5 mm entsprechen 5% der Toleranz 0,025 mm. D.h., das Messsystem darf eine Auflösung von maximal 0,025 mm über den gesamten Messbereich haben. Gewählt wird z.B. eine Messuhr mit 0,01 mm Skalenteilung.

2.4 Messmittel

Alle Messgeräte, Normale, Referenzmaterialien, Hilfsmittel und Anweisungen, die für die Durchführung einer Messung notwendig sind. Dieser Begriff umfaßt Messmittel, die für Prüfzwecke und solche, die für die Kalibrierung verwendet werden.

2.5 Linearität

Konstant bleibender Zusammenhang zwischen der Ausgangsgröße und der Eingangs- (Mess-) größe eines Messmittels bei deren Änderung.

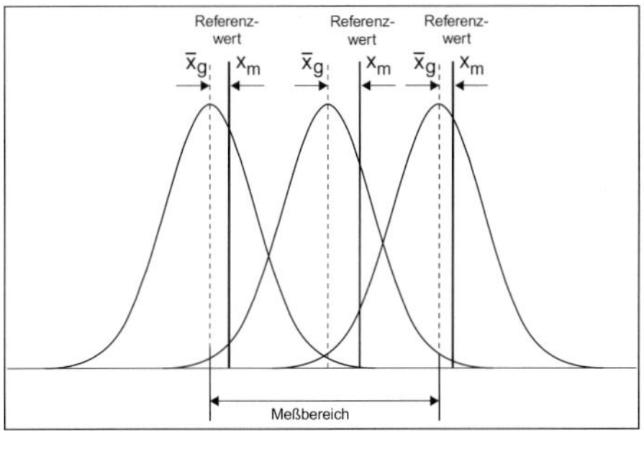

Abbildung 2-2: Linearität

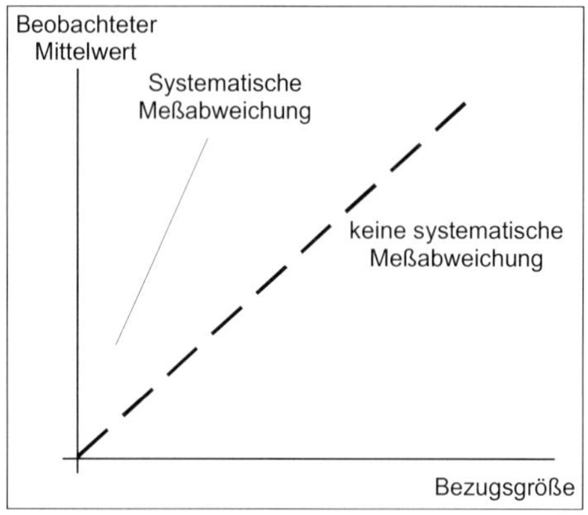

Abbildung 2-3: Linearität (Variabler Streubereich)

2.6 Normal / Einstellmeister

Ein Referenzteil zur Einstellung des Messmittels auf einen Bezugswert. Der Bezugswert des Normals muß zertifiziert und auf das entsprechende nationale bzw. internationale Normal rückführbar sein. Das Normal wird z.B. für die Fähigkeitsanalyse verwendet, siehe auch Punkt 2.12.

2.7 Messkette

Folge von Elementen eines Messgerätes oder einer Messeinrichtung, die den Weg des Messsignals von der Eingabe zur Ausgabe bildet.

2.8 Prüfprozess

Die Gesamtheit aller Einflusskomponenten zur Ermittlung eines Messwerts für ein Merkmal: Verfahren, Vorgehensweise, Messgerät, Hilfsmittel, Normal, Software, Personal etc., das dazu benutzt wird, um dem zu messenden Merkmal einen Wert zuzuweisen. Mit anderen Worten: der Gesamtprozess zur Erfassung von Messwerten. Der Gesamt-/Prüfprozess wird als Messsystem bezeichnet.

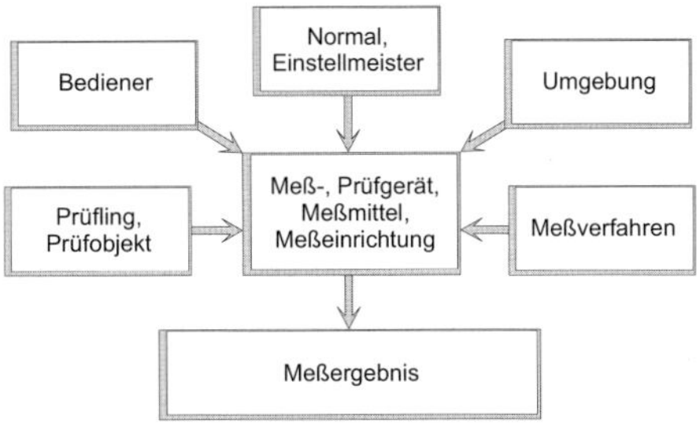

Abbildung 2-4: Prüfprozess / -system

2.9 Wiederholpräzision

Streuung der Messwerte, die sich bei mehrfachen Messungen durch denselben Prüfer mit demselben Gerät bei der Messung des identischen Merkmals am selben Teil ergibt.

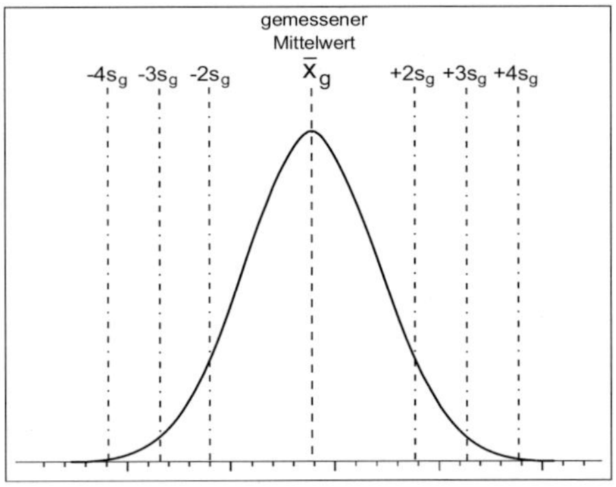

Abbildung 2-5: Wiederholpräzision

2.10 Vergleichpräzision

Streuung der Mittelwerte der Messwerte, die sich durch verschiedene Prüfer mit demselben Gerät bei der Messung eines identischen Merkmals am selben Teil ergibt.

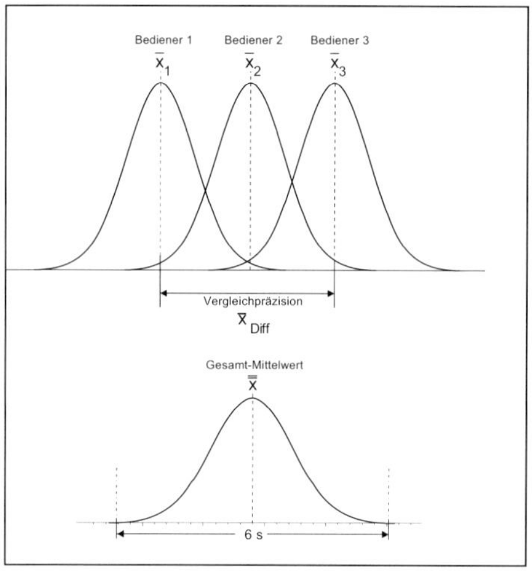

Abbildung 2-6: Vergleichpräzision

2.11 Messbeständigkeit / Stabilität

Fähigkeit eines Messsystems, seine metrologischen Merkmale zeitlich unverändert beizubehalten.

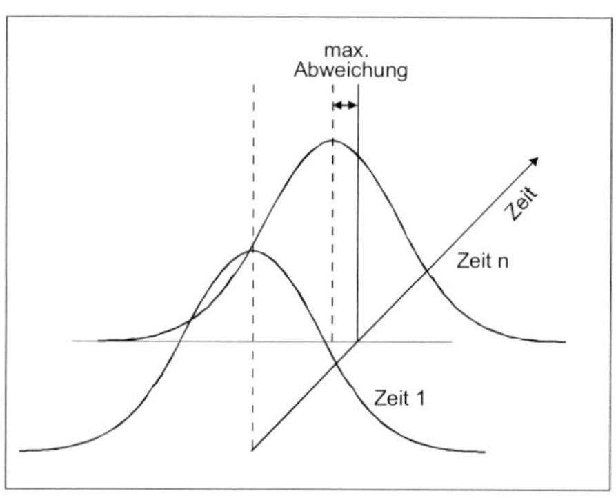

Abbildung 2-7: Messbeständigkeit / Stabilität

2.12 Unsicherheit des Normals / Einstellmeisters

Große Bedeutung für viele Prüfprozesse kommt dem so genannten Normal oder dem Einstellmeister zu. Dieser ist bei allen relativen Messaufgaben erforderlich. Jedes Normal und jeder Einstellmeister hat aufgrund seiner Herstellung und seines Gebrauchs ebenfalls eine Messunsicherheit. Bei der Eignungsuntersuchung eines Prüfprozesses muss deshalb auch der Unsicherheitsbeitrag aus der Kalibrierung des Normals mit berücksichtigt werden. Gleichzeitig wird durch das Normal die Rückführbarkeit auf nationale und internationale Normale hergestellt.

Die Abbildung 2-8 zeigt, wie sich die Messunsicherheit eines Normals vergrößert, je weiter es in der Hierarchiestufe vom nationalen oder internationalen Normal entfernt ist.

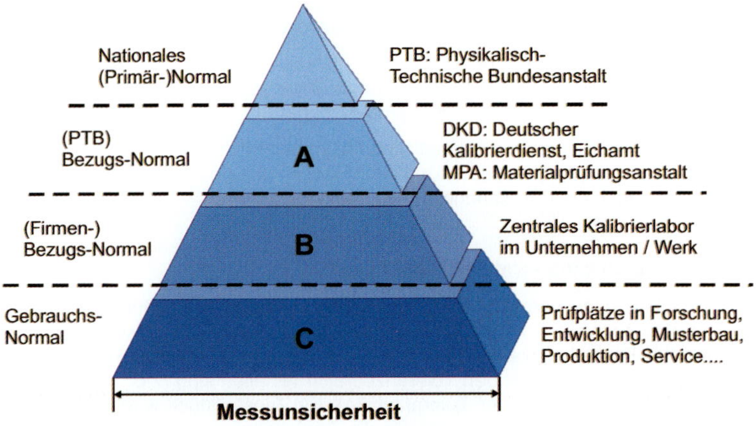

Abbildung 2-8: Hierarchie der Normale

Die Messunsicherheit *U* des Prüfnormals, die sich aus dem Kalibrierschein ergibt, ist also der erste Einflussfaktor, der sich bei der Beurteilung des Prüfprozesses auswirkt. Der Prüfprozess kann auf keinen Fall besser sein, als die Unsicherheit des Normals. Daher muss zunächst die Frage gestellt werden, wie groß darf die Messunsicherheit *U* eines Normals werden, damit das verwendete Normal akzeptiert ist? Als Erfahrungswert gilt $U \lessdot 5\%$ der Merkmalstoleranz. Bewegt sich *U* in dieser Größenordnung, ist die daraus resultierende Messunsicherheitskomponente bei der Bestimmung der erweiterten Messunsicherheit des gesamten Prüfprozesses in der Regel vernachlässigbar!

Häufig steht kein handelsübliches Normal zur Verfügung. In diesem Fall können so genannte Einstellmeister oder Meisterteile (im Folgenden als **Referenzteile** bezeichnet) herangezogen werden. Die Namensgebung ist nicht genormt und daher firmenübergreifend unterschiedlich. Dabei handelt es sich häufig um normale, der Fertigung entnommene, Werkstücke oder speziell für einen Prüfprozess hergestellte Teile. Um diese Referenzteile für die Beurteilung der systematischen Messabweichung heranziehen zu können, müssen diese ähnliche Bedingungen wie die Normale erfüllen. Das heißt, sie müssen kalibriert werden und unterliegen der Prüfmittelüberwachung.

Folgende Situationen sind zu unterscheiden:

Ein kalibriertes Einstellstück als Normal

Steht für die Fähigkeitsanalyse nur ein kalibriertes Normal zur Verfügung, ist zwischen zwei unterschiedliche Vorgehensweisen zu unterscheiden.

1: Das Einstellstück welches zum Einmessen der Messvorrichtung dient, wird als Normal für die Fähigkeitsanalyse verwendet. Die Messeinrichtung wird nach Vorschrift eingestellt. Die Fähigkeitsanalyse wird direkt im Anschluss an den Einstellvorgang durchgeführt.

Bei dieser Vorgehensweise wird die systematische Messabweichung, die bei der Fähigkeitsanalyse bewertet werden soll, eliminiert. Es kann nur die Wiederholpräzision C_g bestimmt werden. Die Bestimmung einer systematischen Abweichung und somit die Berechnung von C_{gk} ist nicht sinnvoll.

2: Das Einstellstück welches zum Einmessen der Messvorrichtung dient, wird für die Fähigkeitsanalyse verwendet. Die Messeinrichtung wird nach Vorschrift eingestellt. Die Fähigkeitsanalyse wird erst kurz vor dem nächsten geplanten Einstellvorgang durchgeführt.

In diesem Fall ist es möglich eine systematische Messabweichung, die ihre Ursache in der Stabilität oder in anderen zeitlichen Veränderungen der Messeinrichtung haben kann, zu erfassen und zu bewerten. Damit ist auch die Berechnung von C_{gk} sinnvoll.

Mehrere kalibrierte Einstellstücke als Normale

Häufig geht man schon dazu über, für jeden Messvorgang mehrere Kalibrierstücke zu beschaffen. Dies ist Basis für eine sinnvolle Fähigkeitsanalyse und bringt zusätzlich logistische Vorteile während der Überwachung der Einstellstücke. Werden zwei oder mehrere Einstellstücke beschafft, ist darauf zu achten, dass deren Ist-Maße über den Toleranzbereich verteilen sind (z.B. nahe der oberen, nahe der unteren Toleranzgrenze und in der Toleranzmitte). Ein Einstellstück wird dann zum Einmessen des Messsystems verwendet und das zweite für die Fähigkeitsanalyse. Bei Verwendung mehrerer Normale über den Toleranzbereich verteilt, ist zusätzlich eine Linearitätsaussage möglich.

Kalibriertes Werkstück (Meisterteil)

Viele Bereiche lassen ein spezielles Werkstück (Meisterteil) erfassen und entsprechend kalibrieren. Dieses kalibrierte Werkstück kann sowohl zur Stabilitätsüberwachung als auch für eine Fähigkeitsanalyse der Fertigungsmesseinrichtung verwendet werden. Zu beachten ist hierbei, dass die Kalibrierung der einzelnen Merkmale in ausreichender Genauigkeit erfolgt ist.

Nicht kalibrierte Merkmale an einem Einstellstück

Sind an Einstellstücken einzelne Merkmale wie z. B. Form- und Lagetoleranzen nicht kalibriert, sondern nur auf Einhaltung der Herstellerangaben geprüft, dürfen diese Messergebnisse nicht als Kalibrierwerte für eine Fähigkeitsanalyse verwendet werden. Die Messwerte der Prüfung des Einstellstücks im Messraum kann sich von dem Wert auf der Fertigungsmesseinrichtung z.B. aufgrund unterschiedlicher Messstelle oder Messstrategie erheblich unterscheiden, was zu einer falschen Bewertung des Messsystems führen kann. Wird für diese Merkmale trotzdem eine Fähigkeitsanalyse durchgeführt, kann nur die Wiederholpräzision C_g sicher bestimmt werden. Die Bestimmung der systematischen Abweichung und somit die Berechnung von C_{gk} ist nicht sinnvoll.

Normale und Einstellmeister werden nicht nur zur Einstellung von Prüfprozessen verwendet, sondern auch zur Überwachung von Messsystemen. So wird beispielsweise ein kalibriertes Werkstück mit mehreren Merkmalen zu einem Meisterteil erklärt. Damit können beispielsweise drei verschiedene Koordinatenmessgeräte wöchentlich überprüft werden. Dazu wird das Meisterteil gemessen. Über die Zeit hinweg erhält man ein sehr detailliertes Bild, wie sich die verschiedenen Koordinatenmessgeräte zueinander verhalten. Insbesondere die Veränderung der Streuung und der systematischen Abweichung sind zu beobachten.

2.13 Grundmodelle der Längenmessung und der Temperatureinfluss

Abhängig vom Grundmodell der Längenmessung wirkt sich der Temperatureinfluss entsprechend aus und ist zu berücksichtigen.

Dieser könnte durch die Wiederholungsmessungen erfasst werden, wenn dabei tatsächlich der ganze über das Jahr mögliche Temperaturbereich am Messplatz abgedeckt würde. Das ist jedoch in der Regel mit erheblichen organisatorischen Schwierigkeiten und großem Zeitaufwand verbunden. Werden die Messungen dagegen unmittelbar hintereinander durchgeführt, muss der Temperatureinfluss komplett rechnerisch abgeschätzt werden.

Für die rechnerische Korrektur auf die Bezugstemperatur 20°C müssen die Ausdehnungskoeffizienten und Temperaturen des Werkstücks und des Messmittels bzw. des Normals und ihre Grenzabweichungen bekannt sein. Die Grenzabweichungen der Ausdehnungskoeffizienten sind mit 20% von deren Werten anzunehmen, solange nicht besseres bekannt ist. So beträgt z.B. bei Parallelendmaßen aus Stahl, nach DIN EN ISO 3650 [15], der mittlere Ausdehnungskoeffizient $\alpha_N=(11,5\pm1)*10^{-6}/K$. Die verbleibende Restunsicherheit ist abzuschätzen.

Absolutmessung ohne Temperaturkompensation

Eine Absolutmessung liegt vor, wenn das Messergebnis unmittelbar an einem anzeigenden Messmittel ohne zusätzlich Hilfsmittel wie Normale oder Einstellmeister abgelesen werden kann, z.B. Messschieber, Bügelmessschrauben, Tiefenmessschrauben oder inkrementale Längenmesstaster im Messständer. Alle diese Messmittel bzw. Messeinrichtungen besitzen einen Maßstab für den gesamten Messbereich und einen festen Referenzpunkt (Nullpunkt).

Bei der Messung streuen die Messwerte sowohl durch die Abweichungen des Messmittels als auch durch die Abweichungen des Messobjekts selbst. Beide Einflüsse sind deshalb im mathematischen Modell der Messung zu berücksichtigen. Die Länge l ergibt sich durch die Korrektur des angezeigten Wertes L_{Anz} um die Abweichung der Anzeige des Messmittels A_M an dieser Stelle:

$$l = L_{\text{Anz}} - A_M$$

Der angezeigte Wert L_{Anz} hängt vor allem von den Formabweichungen der Oberfläche ab. Die Handhabung durch den Bediener und die Digitalisierung wirken sich zwar ebenfalls aus, sie sind jedoch auch in der Abweichung der Anzeige des Messmittels A_M enthalten und brauchen deshalb hier nicht noch einmal gesondert berücksichtigt werden.

Die Anzeige kann an verschiedenen Stellen des Messbereiches mit unterschiedlichem Vorzeichen und Betrag von dem richtigen Wert abweichen. Diese Abweichung wird durch die Fehlergrenze des Messmittels begrenzt. Das ist der Grenzwert der laut Spezifikation zulässigen Messabweichungen eines Messmittels oder einer Messeinrichtung. Er enthält sowohl die systematische Abweichung des Messmittels als auch die Handhabung durch den Bediener und die Digitalisierung.

Die Fehlergrenze wird in der Regel vom Hersteller des Messmittels angegeben. In einigen Fällen finden sich entsprechende Werte in Normen. Darüber hinaus kann der Betreiber eigene Fehlergrenzen festlegen. Er muss aber sicherstellen, dass diese Fehlergrenzen bei dem üblichen Gebrauch innerhalb der Überwachungsintervalle nicht überschritten werden. Dann lässt sich die Fehlergrenze zur Abschätzung der Abweichung der Anzeige des Messmittels A_M heranziehen. Ist die Häufigkeitsverteilung der Abweichungen nicht bekannt, muss eine Rechteckverteilung angenommen werden.

Absolutmessung mit Temperaturkompensation

Die richtige Länge ist für die Bezugstemperatur 20°C definiert. Deshalb muss die gemessene Länge mit den mehr oder weniger gut bekannten Temperaturen und Ausdehnungskoeffizienten auf diese Bezugstemperatur korrigiert werden:

$$l = L_{Anz} * [\, 1 - \alpha_W * \Delta T_W + \alpha_M * \Delta T_M \,] - A_M$$

mit $\Delta T_{W/M}$ = Temperaturabweichung des Werkstücks / Messgerätemaßstabs von 20°C
$\alpha_{W/M}$ = Wärmeausdehnungskoeffizient des Werkstücks / Messgerätemaßstabs

Vergleichsmessung ohne Temperaturkompensation

Eine Vergleichsmessung liegt vor, wenn das Messmittel zunächst mit einem zusätzlichen Normal oder Einstellmeister eingestellt wird, z.B. bei Messungen mit Messuhren oder Feinzeigern im Messständer oder in Mehrstellenmesseinrichtungen. Diese Messmittel besitzen einen begrenzten Messbereich, der in der Regel kleiner als die zu messende Länge ist, und keinen festen Referenzpunkt (Nullpunkt).

Bei der Messung streuen die Messwerte sowohl durch die Abweichungen des Messmittels als auch durch die Abweichungen des Messobjekts selbst und die Handhabung. Zusätzlich muss die mögliche Abweichung des Normals von seinem Nennmaß berücksichtigt werden. Alle drei Einflüsse sind im mathematischen Modell der Messung zu berücksichtigen. Die richtige Länge l ergibt sich als Summe aus der Länge L_N des Normals (Einstellmeisters) und des angezeigten Wertes L_{Anz}, korrigiert um die Abweichung der Anzeige des Messmittels A_M:

$$l = L_{Anz} - A_M + L_N$$

Der angezeigte Wert L_{Anz} hängt vor allem von den Formabweichungen der Oberfläche ab. Die Handhabung durch den Bediener und die Digitalisierung wirken sich hier ebenfalls aus, sie sind jedoch auch in der Abweichung der Anzeige des Messmittels A_M enthalten und brauchen deshalb hier nicht noch einmal gesondert berücksichtigt werden.

Die Anzeige kann an verschiedenen Stellen des Messbereiches mit unterschiedlichem Vorzeichen und Betrag von dem richtigen Wert abweichen. Diese Abweichung wird durch die Fehlergrenze des Messmittels begrenzt. Das ist der Grenzwert der laut Spezifikation zulässigen Messabweichungen eines Messmittels oder einer Messeinrichtung. Er enthält sowohl die systematische Abweichung des Messmittels als auch die Handhabung durch den Bediener und die Digitalisierung.

Bei der Vergleichsmessung wird das Messmittel zweimal abgelesen, einmal bei der Einstellung am Normal und einmal bei der Messung am Werkstück. Deshalb muss hier für A_M die Fehlergrenze für die

Spannweite der Anzeige herangezogen werden. Diese Fehlergrenze kann für verschiedene Teilmessbereiche unterschiedlich sein. Es ist die Fehlergrenze für den Teilmessbereich zu verwenden, der dem Anzeigeunterschied zwischen Normal und Werkstück entspricht, bzw. für den nächst größeren.

Die Fehlergrenze wird in der Regel vom Hersteller des Messmittels angegeben. In einigen Fällen finden sich entsprechende Werte in Normen. Darüber hinaus kann der Betreiber eigene Fehlergrenzen festlegen. Er muss aber sicherstellen, dass diese Fehlergrenzen bei dem üblichen Gebrauch innerhalb der Überwachungsintervalle nicht überschritten werden. Dann lässt sich die Fehlergrenze zur Abschätzung der Abweichung der Anzeige des Messmittels A_M heranziehen. Ist die Häufigkeitsverteilung der Abweichungen nicht bekannt, muss eine Rechteckverteilung angenommen werden.

Die Länge L_N des Normals (Einstellmeisters) ist in der Regel auf seinem Kalibrierschein angegeben, der auch die erweiterte Messunsicherheit dieser Kalibrierung enthält. Üblich ist eine erweiterte Messunsicherheit U für das Vertrauensniveau 95%, die mit einem Erweiterungsfaktor k=2 berechnet wurde.

Vergleichsmessung mit Temperaturkompensation

Auch hier muss die gemessene Länge mit den mehr oder weniger gut bekannten Temperaturen und Ausdehnungskoeffizienten auf die Bezugstemperatur 20°C korrigiert werden:

$$l = L_{Anz} - A_M + L_N\,[\,1 + [\alpha_N * \Delta T_N - \alpha_W * \Delta T_W\,]$$

mit $\Delta T_{W/N}$ = Temperaturabweichung des Werkstücks / Messgerätemaßstabs von 20°C
$\alpha_{W/N}$ = Wärmeausdehnungskoeffizient des Werkstücks / Messgerätemaßstabs

Differenzmessung ohne Temperaturkompensation

Eine Differenzmessung liegt vor, wenn sich das Messergebnis als Differenz zwischen zwei am Werkstück angezeigten Messwerten ergibt, z.B. als Laufabweichung oder Wanddickendifferenz. Die beiden Messwerte werden unabhängig voneinander an verschiedenen Stellen der Oberfläche aufgenommen.

Bei der Messung streuen die Messwerte sowohl durch die Abweichungen des Messmittels als auch durch die Abweichungen des Messobjekts an den beiden Messstellen. Alle drei Einflüsse sind im mathematischen Modell der Messung zu berücksichtigen. Die richtige Länge ergibt sich als Differenz aus den beiden angezeigten Werten L_{Anz1} und L_{Anz2}, korrigiert um die Abweichung der Anzeige des Messmittels A_M:

$$L = L_{Anz1} - L_{Anz2} - A_M$$

Die angezeigten Werte L_{Anz1} und L_{Anz2} hängen vor allem von den Formabweichungen der Oberfläche ab. Die Handhabung durch den Bediener und die Digitalisierung wirken sich hier ebenfalls aus, sie sind jedoch auch in der Abweichung der Anzeige des Messmittels A_M enthalten und brauchen deshalb hier nicht noch einmal gesondert berücksichtigt werden.

Die Anzeige kann an verschiedenen Stellen des Messbereiches mit unterschiedlichem Vorzeichen und Betrag von dem richtigen Wert abweichen. Diese Abweichung wird durch die Fehlergrenze des Messmittels begrenzt. Das ist der Grenzwert der laut Spezifikation zulässigen Messabweichungen eines Messmittels oder einer Messeinrichtung. Er enthält sowohl die systematische Abweichung des Messmittels als auch die Handhabung durch den Bediener und die Digitalisierung.

Bei der Differenzmessung wird das Messmittel zweimal abgelesen, einmal bei der Anzeige L_{Anz1} und einmal bei L_{Anz2}. Deshalb muss hier für A_M die Fehlergrenze für die Spannweite der Anzeige herangezogen werden. Diese Fehlergrenze kann für verschiedene Teilmessbereiche unterschiedlich sein. Es ist die Fehlergrenze für den Teilmessbereich zu verwenden, der dem Anzeigeunterschied zwischen den beiden Messstellen entspricht, bzw. für den nächst größeren.

Die Fehlergrenze wird in der Regel vom Hersteller des Messmittels angegeben. In einigen Fällen finden sich entsprechende Werte in Normen. Darüber hinaus kann der Betreiber eigene Fehlergrenzen festlegen. Er muss aber sicherstellen, dass diese Fehlergrenzen bei dem üblichen Gebrauch innerhalb der Überwachungsintervalle nicht überschritten werden. Dann lässt sich die Fehlergrenze zur Abschätzung der Abweichung der Anzeige A_M des Messmittels heranziehen. Ist die Häufigkeitsverteilung der Abweichungen nicht bekannt, muss eine Rechteckverteilung angenommen werden.

Differenzmessung mit Temperaturkompensation

Auch hier müsste die gemessene Länge auf die Bezugstemperatur 20°C korrigiert werden. Die Messlänge und die Temperaturdifferenz zwischen den beiden Messstellen sind aber in der Regel klein, so dass der Temperatureinfluss praktisch vernachlässigt werden kann. Deshalb wird an dieser Stelle bewusst auf die Modellgleichung mit Temperaturkompensation verzichtet.

3 Durchführung:

3.1 Fähigkeitsanalyse

Die Fähigkeitsanalyse zum Nachweis der Prüfprozesseignung ist eine praxisorientierte Beurteilung des gesamten Messsystems/Messgerätes bei der alle auf den Prüfprozess einwirkenden Unsicherheitskomponenten summarisch erfasst werden. Die Fähigkeitsanalyse unterteilt sich grundsätzlich in zwei Verfahren und wird vor allem für werkstückgebundene Messsysteme empfohlen.

Anhand der Fähigkeitskennwerte C_g und C_{gk} (Verfahren 1) wird entschieden, ob eine Messeinrichtung unter Verwendung eines Normals für den vorgesehenen Einsatz unter Betriebsbedingungen geeignet ist. Mit den Kennwerten %R&R (Verfahren 2 oder 3) wird beurteilt, ob eine Messeinrichtung unter Berücksichtigung aller Einflussgrößen für die vorgesehene Messaufgabe geeignet ist.

3.1.1 Fähigkeitsanalyse Verfahren 1

Anhand der Fähigkeitskennwerte C_g und C_{gk} wird entschieden, ob eine Messeinrichtung unter Verwendung eines Normals für den vorgesehenen Einsatz unter Betriebsbedingungen geeignet ist.

Vorbereitung:

1. Die Messeinrichtung ist entsprechend den Vorschriften des Herstellers einzurichten und gebrauchsfertig zu machen.
2. Es muss ein Normal/Einstellmeister oder Meisterteil vorhanden sein, dessen richtiger Wert durch Kalibrierung auf nationale oder internationale Normale rückführbar ist. Die Kalibrierunsicherheit (Messunsicherheit der übergeordneten Messverfahren), mit denen der richtige Wert dieses Normals bestimmt wird, ist anzugeben.

Steht aus messtechnischen Gründen kein Normal zur Verfügung, entfällt die Berechnung von C_{gk}. In diesem Fall kann mit Hilfe eines geeigneten Messobjektes nur die Wiederholpräzision C_g bestimmt werden.

3. Dokumentation erstellen, Teilemaske anlegen und für jedes Merkmal eine Merkmalsmaske mit Merkmalswert und Toleranz anlegen. Prüfmittel, Prüfmittelauflösung, Normal mit Kalibrierwert usw. sind zu ergänzen. Die entsprechende Wertemaske wird daraus automatisch vorbereitet.

Hinweis:

Bei der Verwendung eines Messobjektes (Meisterteil) kann eine größere Streuung auftreten.

Ablaufdiagramm Verfahren 1:

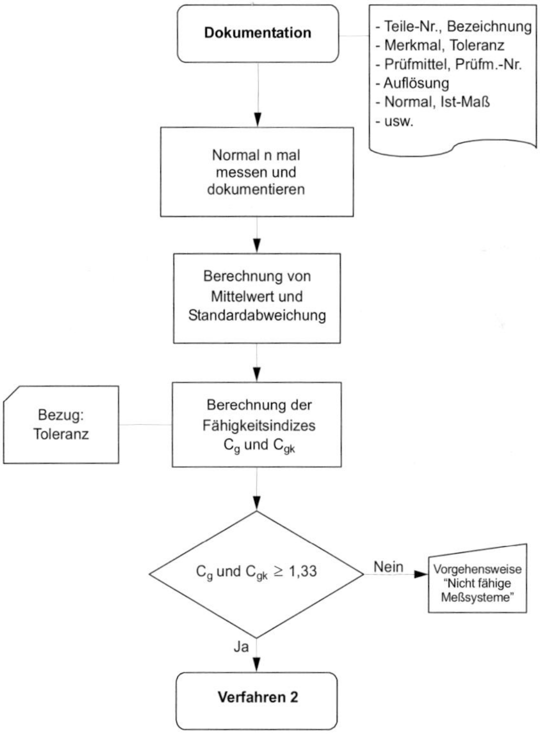

Abbildung 3-1: Ablaufdiagramm Verfahren 1

Messung und Auswertung:

1. Schritt

Beurteilung der Auflösung (RE) der Messeinrichtung (Messwertaufnehmer mit Anzeige) zur Bezugsgröße RF (ReferenceFigure) meist Toleranz T.

$$\%RE = \frac{RE}{RF} \cdot 100\%$$

Wenn $\%RE \leq 5\%$ ist die Auflösung geeignet, bei $\%RE > 5\%$ ist das Messgerät aufgrund der unzureichenden Auflösung ungeeignet für die vorgesehene Messaufgabe.

Hinweis:

Ausnahmeregelungen müssen im Einzelfall getroffen werden (s. Vorgehensweise "Nicht fähige Messsysteme").

2. Schritt

Festlegung und Auswahl eines Normals, dessen richtiger Wert x_m im Toleranzfeld des Prüfmerkmals liegt. Die Messposition ist am Normal zu kennzeichnen, zwangsweise zu positionieren oder zu beschreiben.

3. Schritt

Einstellung und Abgleich, eventuell Justierung der Messeinrichtung nach der gültigen Vorschrift. Während der Durchführung der Messungen sind Veränderungen an der Messeinrichtung nicht zulässig.

4. Schritt

Durchführung von min. 20 Wiederholmessungen in kurzen Zeitabständen am Normal nach der gültigen Prüfanweisung für die spätere Bauteilmessung (Wiederholbedingungen) durch denselben Prüfer am Standort. Das Normal ist vor jeder Messung erneut bei gleicher Messposition in die Messvorrichtung einzulegen.

5. Schritt

Die Messwerte in die Wertemaske eintragen. Unter bestimmten Voraussetzungen können die Werte auch automatisch übertragen werden.

6. Schritt

Die Berechnung des Mittelwerts $\overline{x}_g$, der Wiederholstandardabweichung s_g, des Abweichungsbetrags Bi sowie der Fähigkeitskennwerte C_g und C_{gk} erfolgt automatisch.

$$Bi = \left|\overline{x}_g - x_m\right|$$

$$C_g = \frac{0{,}2 \cdot T}{4 \cdot s_g}$$

$$C_{gk} = \frac{0{,}1 \cdot T - Bi}{2 \cdot s_g}$$

Beurteilung der Ergebnisse:

I. Fall: $C_g \geq 1{,}33$ und $C_{gk} \geq 1{,}33$

Das Messgerät ist fähig.

Unter folgenden Bedingungen kann eine Wiederholstandardabweichung $s_g = 0$ auftreten. Es erfolgt keine automatische Berechnung der Kennwerte und der Fall ist zu begründen.

a: Das Normal ist sehr gleichmäßig in seiner Merkmalsausprägung.

b: Die Auflösung der Messeinrichtung reicht nicht aus, um die Einflüsse zu erkennen.

c: Fehler in der Messeinrichtung (z.B. Messtaster klemmt).

II. Fall: $C_g \geq 1{,}33$ aber $C_{gk} < 1{,}33$

Das Messgerät ist nicht fähig.

Die Messabweichung ist durch geeignete Maßnahmen zu reduzieren, bis $C_{gk} \geq 1{,}33$ erfüllt ist.

Wurde ein Gebrauchsnormal verwendet, so kann es sein, dass der richtige Wert x_m des Normals nicht korrekt ermittelt wurde (z.B. unterschiedliche Messpunkte). Der richtige Wert x_m ist zu überprüfen und gegebenenfalls anzupassen.

III. Fall: $C_{gk} < 1{,}33$ und $C_g < 1{,}33$

Das Messgerät ist nicht fähig.

Die Messwertstreuung ist durch geeignete Maßnahmen zu reduzieren, bis $C_g \geq 1{,}33$ und $C_{gk} \geq 1{,}33$ erfüllt ist.

Nur durch Einstellung ist keine ausreichende Verbesserung zu erzielen, da die Wiederholstandardabweichung der Prüfprozesse zu groß ist. Eventuell ist ein anderes Messverfahren notwendig.

Ausnahmeregelungen müssen im Einzelfall getroffen werden (siehe hierzu auch Vorgehensweise „Nicht fähige Messsysteme“).

Anmerkung:

Durch Umstellen der Formel für C_{gk} mit $C_{gk} \geq 1{,}33$ kann der kleinste Betrag der Toleranz errechnet werden, ab dem die Messeinrichtung nach Verfahren 1 geeignet ist

$$T_{min} \geq \frac{2{,}67 \cdot s_g + Bi}{0{,}1} = 26{,}7 \cdot s_g + 10Bi$$

3.1.2 Linearitätsuntersuchung (zusätzlich bei Bedarf)

Beim Einsatz des Messsystems ist dessen "Linearität" nachzuweisen. Bei der Untersuchung der Linearität sind folgende Situationen zu unterscheiden:

1. das Messsystem enthält eine lineare Maßverkörperung. Dies ist in Form eines Zertifikates bzw. einer Überprüfung nachgewiesen.

   In diesem Fall ist keine separate Linearitätsstudie erforderlich.

2. Das Messsystem enthält keine lineare Maßverkörperung.

   In diesem Fall muss die Linearität des Messsystems näher untersucht werden.

Begriffserklärung „Linearität":

Im DGQ Band 13-61 [3] findet man folgende Definition für „Linearität".

„Konstant bleibender Zusammenhang zwischen der Ausgangsgröße und der Eingangs- (Mess-) größe eines Messmittels bei deren Änderung."

Eine ähnliche Festlegung ist in der MSA [1] zu finden. Beide Begriffsdefinitionen sind für eine umfassende Linearitätsuntersuchung nicht ausreichend.

Daher wird zunächst der Begriff „Linearität" beschrieben, wie er im vorliegenden Leitfaden zu verstehen ist.

Mit einer Linearitätsuntersuchung soll die „Systematische Messabweichung" eines Messsystems über einen spezifizierten Bereich ermittelt werden. Anhand der Ergebnisse ist zu beurteilen, ob sich die systematische Messabweichung in einem Bereich bewegt, in dem das Messsystem als geeignet angesehen werden kann.

Die folgenden Bilder zeigen verschiedene Situationen mit Abweichungen von der Linearität. Es bedeuten:

●	Mittelwert der Messwertreihe am Normal i
......	Verbindungslinie der Mittelwerte
___	ideale Position, bei der alle Messwerte dem jeweiligen Referenzwert entsprechen
$(x_m)i$	Referenzwert des Normals i
x_i	Messwert

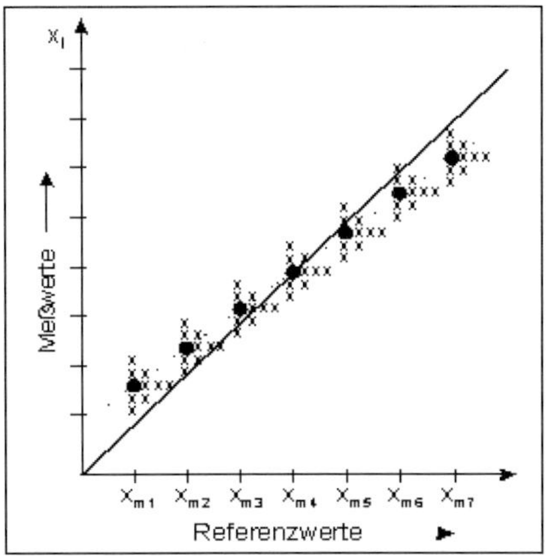

Die systematische Messabweichung ist unabhängig von den Referenzwerten über den spezifizierten Bereich konstant.

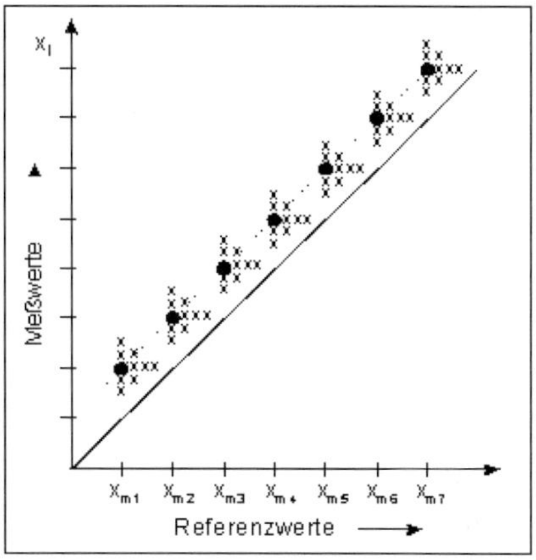

Die systematische Messabweichung ändert sich über den spezifizierten Bereich. Es besteht ein linearer Zusammenhang zwischen den Referenzwerten und der systematischen Messabweichung.

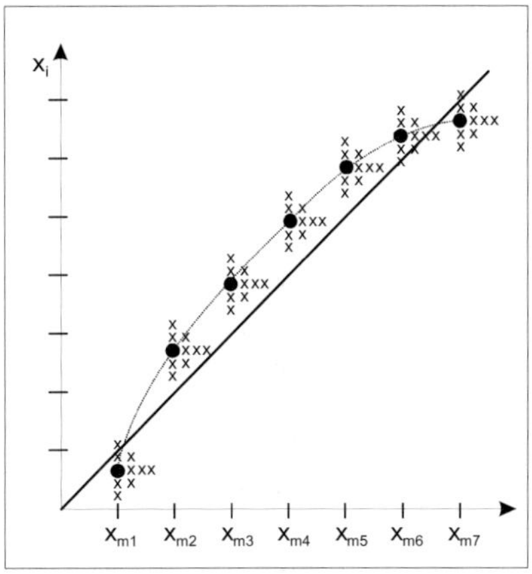

Es besteht kein linearer Zusammenhang zwischen den Referenzwerten und der systematischen Messabweichung.

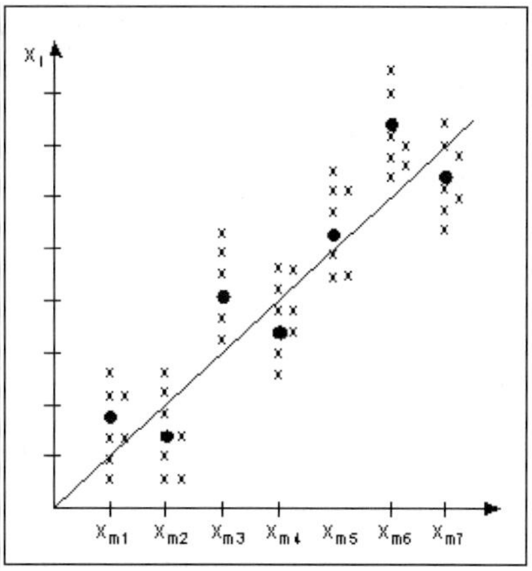

Die Streuung der Messwerte bei den einzelnen Referenzwerten ist signifikant. Die Streuung der Messwerte an einem Referenzteil muss gemäß Verfahren 1 ausreichend klein sein.

Untersuchung der Linearität:

Um die Linearität gemäß der hier getroffenen Definition beurteilen zu können, sind pro Merkmal m Normale (m ≥ 3) zu verwenden. Die Normale sollten möglichst gleichmäßig über den spezifizierten Auswertungsbereich verteilt sein. Dabei sollte jeweils ein Normal oben bzw. unten auch außerhalb der Toleranzgrenze liegen.

Werden nur drei Normale (xm1, xm2, xm3) verwendet, sollten die Referenzwerte innerhalb folgender Bereiche liegen:

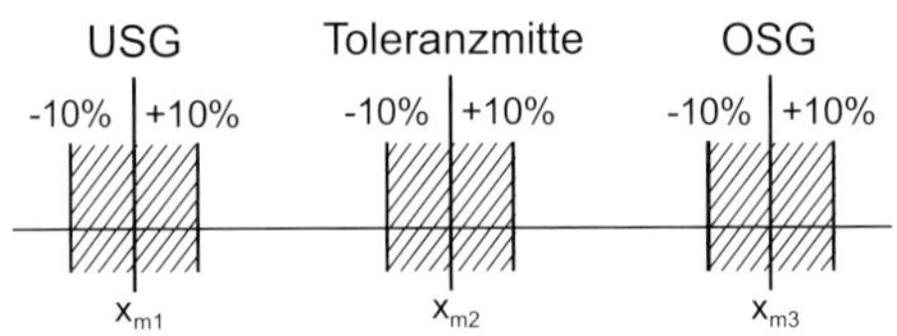

Abbildung 3-2: Auswahl der Normale bei Linearitätsuntersuchungen

Messung und Auswertung:

1. Schritt

Festlegung und Auswahl von mindestens drei Normalen, deren richtige Werte x_{mi} möglichst gleichmäßig über den spezifizierten Auswertungsbereich verteilt liegen. Die Messposition ist an jedem Normal zu kennzeichnen, zwangsweise zu positionieren oder zu beschreiben.

2. Schritt

Einstellung und Abgleich, eventuell Justierung der Messeinrichtung nach der gültigen Vorschrift. Während der Durchführung der Messungen sind Veränderungen an der Messeinrichtung nicht zulässig.

3. Schritt

Alle verwendeten Normale werden unter Wiederholbedingungen 10 mal gemessen. Anschließend sind die Mittelwerte $(\bar{x}_g)_i$ und die systematische Messabweichung $(Bi)_i$ zu bestimmen.

4. Schritt

Die Messwerte und die Mittelwerte pro Normal können im xy-Plot oder als Differenz zum jeweiligen Referenzteil im Abweichungsdiagramm dargestellt werden.

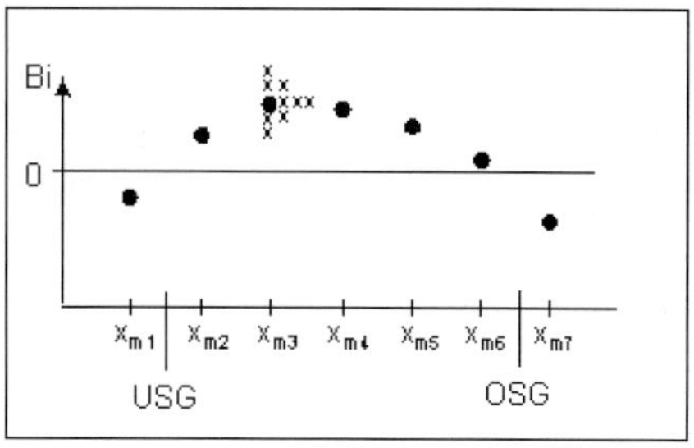

Abbildung 3-3: Abweichungsdiagramm

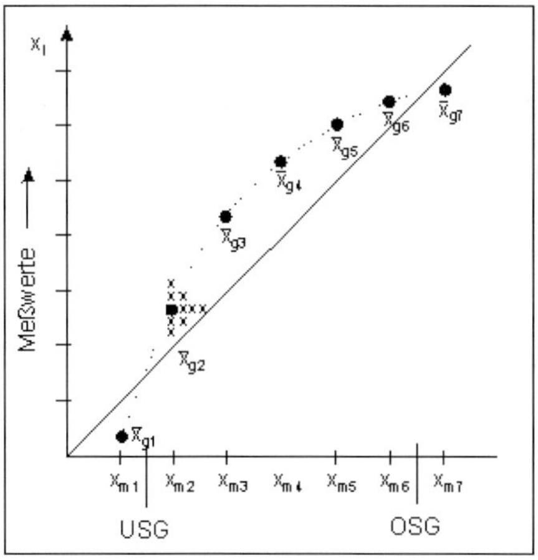

Abbildung 3-4: Linearitätsuntersuchungen xy-Plot

Beurteilung der Ergebnisse:

Die Linearität wird anhand der systematischen Messabweichung *Bi* beurteilt. Für jedes Normal gilt:

$$Bi_i = \left(\bar{x}_g\right)_i - \left(x_m\right)_i$$

Die an jedem Normal ermittelte systematische Messabweichung muss dem Betrag nach kleiner gleich 5% der Toleranz sein. In diesem Fall lautet die allgemeine Forderung für *Bi*

$$-5\% \cdot T \leq Bi \leq 5\% \cdot T$$

Die Linearität des Messsystems ist nachgewiesen

Hinweis:
Die Streuung des Messsystems ist bei dieser Betrachtung nicht berücksichtigt. Soll diese in die Beurteilung mit einbezogen werden, ist für jedes Normal eine Fähigkeitsanalyse nach Verfahren 1 durchzuführen.

Plausibilitätsprüfung mit Hilfe der Regressionsanalyse

Für den Fall, dass ein linearer Zusammenhang zwischen dem Referenzwert und den gemessenen Mittelwerten besteht, kann die Geradengleichung mittels einer Regressionsanalyse bestimmt werden. Aus dem Korrelationskoeffizient wird die Steigung der linearen Regressionsgeraden geschätzt.

Als Maß für die Güte der Anpassung, die eine Regression erzielt, dient das Bestimmtheitsmaßes (R^2). Je näher das Bestimmtheitsmaß bei 100% liegt, desto genauer beschreibt die ermittelte Ausgleichsgerade den Sachverhalt. Die Berechnung von R^2 erfolgt automatisch.

Besonderheit bei der Untersuchung nur an den Spezifikationsgrenzen

Oftmals können aus wirtschaftlichen Gründen nicht mehr als zwei Normale zur Verfügung gestellt werden. Daher beschränkt man sich auf eine Untersuchung an den Spezifikationsgrenzen. Dazu sind jeweils ein Normal in der Nähe der unteren bzw. der oberen Spezifikationsgrenze zur Verfügung zu stellen. Dann ist mit jedem Normal eine Fähigkeitsanalyse gemäß Verfahren 1 durchzuführen. Die Messung und Auswertung, sowie die Beurteilung der Ergebnisse ist mit der in Verfahren 1 beschriebenen Vorgehensweise identisch.

3.1.3 Fähigkeitsanalyse Verfahren 2

Ein Bedienereinfluss ist durch die Konstruktion der Messeinrichtung möglichst auszuschließen, ist aber nur dann ganz auszuschließen, wenn die Beschickung der Messeinrichtung mit dem Messobjekt und der Prüfprozess automatisiert ablaufen. Ist ein Bedienereinfluss bei einer Messeinrichtung gegeben, so muss dieser Einfluss untersucht werden. Ansonsten kann Verfahren 3 (keine Berücksichtigung des Bedienereinflusses) angewendet werden.

In einer Fähigkeitsanalyse Verfahren 2 wird anhand des Kennwertes *%GRR* (Prüfsystemstreuung) beurteilt, ob eine Messeinrichtung unter Berücksichtigung aller Einflussgrößen für die vorgesehene Messaufgabe geeignet ist. Zu den Einflussgrößen gehören z.B. Verschmutzung, Erschütterung, zeitlicher und örtlicher Temperaturgradient, Bediener, Messmethode, Messverfahren, Beschaffenheit des Messobjektes.

Vorbereitung:

1. Das Verfahren 2 darf nur nach erfolgreichem Nachweis der Eignung aus Verfahren 1 durchgeführt werden.
2. Die Messeinrichtung ist entsprechend den Vorschriften des Herstellers einzurichten und gebrauchsfertig zu machen.
3. Dokumentation erstellen, Teilemaske anlegen und für jedes Merkmal eine Merkmalsmaske mit Merkmalswert und Toleranz anlegen. Prüfmittel, Prüfmittelauflösung, Normal mit Kalibrierwert usw. sind zu ergänzen. Die entsprechende Wertemaske wird daraus automatisch vorbereitet.

Ablaufdiagramm Verfahren 2:

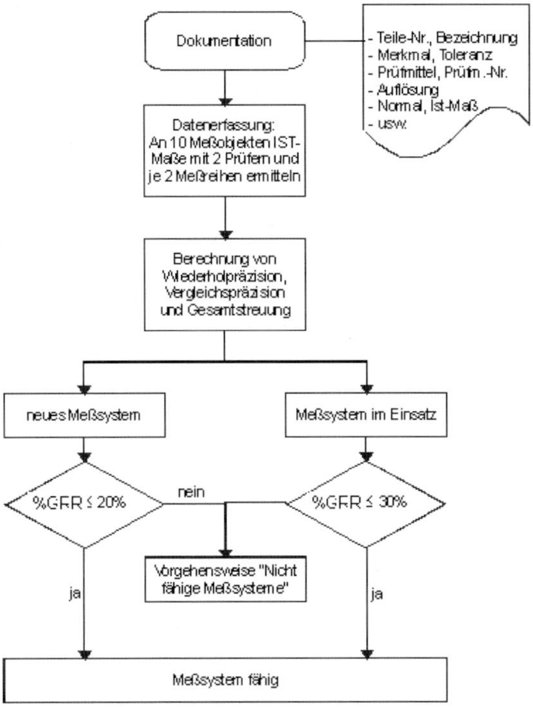

Abbildung 3-5: Ablaufdiagramm Verfahren 2

Messung und Auswertung:

1. Schritt

Festlegung der Anzahl von Prüfern ($k \geq 2$). Auswahl von 10 Messobjekten ($n \geq 5$), die möglichst über den Toleranzbereich verteilt sind und die Anzahl der Messungen pro Prüfer ($r \geq 2$). Dabei muss das Produkt $k \cdot r \cdot n$ größer gleich 30 sein: $k \cdot r \cdot n \geq 30$.

Standardfall: 2 Prüfer, 10 Teile mit 2 Messreihen pro Prüfer.

2. Schritt

Die Teile werden nummeriert. Um den Einfluss des Messobjekts, z.B. den Oberflächeneinfluss, auszuschließen, wird die Messposition gekennzeichnet oder dokumentiert. Die Umgebungsbedingungen (z.B. Temperatur, Bediener, Schwingungen usw.) sind zu dokumentieren.

3. Schritt

Der erste Gerätebediener stellt die Messeinrichtung ein und ermittelt die Merkmalswerte der Messobjekte in der durch die Nummerierung vorgegebenen Reihenfolge und nach der gültigen Vorschrift unter Beachtung der Messposition. Die Messwerte werden dokumentiert. In derselben Reihenfolge und nach derselben Verfahrensweise ermittelt der erste Gerätebediener die Merkmalswerte der Messobjekte ein zweites Mal. Die Messergebnisse der zweiten Messung dürfen von den Ergebnissen der ersten Messung nicht beeinflusst werden. Während der Durchführung der Untersuchung sind Veränderungen an der Messeinrichtung nicht zulässig.

Hinweis:

Die hier empfohlene Reihenfolge für den Messablauf kann oftmals aus praktischen Gegebenheiten nicht eingehalten werden. Um bestimmte Eigenschaften einer Messeinrichtung bzw. den Drift durch Temperatureinfluss erkennen zu können, ist es ebenfalls sinnvoll, eine andere Reihenfolge zu wählen.

Daher empfiehlt sich, die Reihenfolge des Messablaufs je nach Messaufgabe in Absprache zwischen Kunde und Lieferant individuell festzulegen und entsprechend zu dokumentieren.

4. Schritt

Schritt 3 ist mit jedem weiteren Prüfer zu wiederholen. Die jeweiligen Messergebnisse sollten während der Durchführung der Messung den anderen Prüfern nicht bekannt sein.

5. Schritt

Die Werte in die Wertemaske eintragen. Unter bestimmten Voraussetzungen können die Werte auch automatisch übertragen werden.

6. Schritt

Die Berechnung des Mittelwerts $\bar{x}_g$, der Spannweite R_g, sowie der Wiederholpräzision *EV, %EV*, der Wiederholpräzision *AV, %AV*, der Wechselwirkung *IA, %IA* und der Prüfsystemstreuung *GRR, %GRR* erfolgt automatisch anhand einer Varianzanalyse. Die Formeln zur Varianzanalyse (ANOVA) sind im Anhang zusammengestellt.

$$GRR = \sqrt{EV^2 + AV^2 + IA^2}$$

$$\%GRR = \frac{GRR}{RF} \cdot 100\%$$

Beurteilung der Ergebnisse:

I. Fall: %GRR $\leq$ 20% für neue Messsysteme

II. Fall: %GRR $\leq$ 30% für Messsysteme im Einsatz

Das Messsystem ist geeignet.

Tritt bei einem oder mehreren Prüfern der Fall $\bar{R} = 0$ auf, so ist dies zu begründen. Dieser Fall kann z.B. nur unter folgenden Bedingungen auftreten:

a: Das Messgerät ist sehr gleichmäßig in seiner Merkmalsausprägung.

b: Die Auflösung der Messeinrichtung reicht nicht aus, um die Einflüsse zu erkennen.

c: Fehler in der Messeinrichtung (z.B. Messtaster klemmt).

III. Fall: %R&R > 20% bzw. 30%

Das Messsystem ist nicht geeignet.

Der Einfluss der Prüfer und/oder die Messstreuung sind durch geeignete Maßnahmen zu reduzieren, bis die Forderung erfüllt ist. Eventuell ist ein anderes Messverfahren oder eine bessere Schulung der Prüfer notwendig (siehe hierzu auch Vorgehensweise „Nicht fähige Messsysteme").

Anmerkung:

Durch Umstellung der Ungleichung %GRR ≤ 20% bzw. 30% kann der kleinste zulässige Betrag der Toleranzvorgabe errechnet werden, für die die Messeinrichtung nach Verfahren 2 eingesetzt werden kann.

$T_{\min} \geq 5 \cdot GRR$ bei neuen Messsystemen

$T_{\min} \geq \frac{10}{3} \cdot GRR$ bei Messsystemen im Einsatz

3.1.4 Fähigkeitsanalyse Verfahren 3 (Sonderfall von Verfahren 2)

Das Verfahren 3 ist ein Sonderfall des Verfahrens 2 und wird bei Messsystemen angewendet, bei denen kein Bedienereinfluss vorliegt. (z.B. mechanisierte Messeinrichtung, Prüfautomaten, automatisches Handling usw.) bzw. der Bedienereinfluss vernachlässigbar klein ist.

Anhand des Kennwerts *%EV* wird beurteilt, ob eine Messeinrichtung unter Verwendung von Messobjekten (z.B. Produktionsteilen) unter Betriebsbedingungen und Berücksichtigung des möglichen Einflusses der zu messenden Produktionsteile (Oberflächeneinfluss, Verschmutzung, Temperatureinfluss etc.) für die vorgesehene Messaufgabe geeignet ist.

Vorbereitung:

1. Das Verfahren 3 darf nur nach erfolgreichem Nachweis der Eignung aus Verfahren 1 durchgeführt werden.
2. Die Messeinrichtung ist entsprechend den Vorschriften des Herstellers einzurichten und gebrauchsfertig zu machen.
3. Dokumentation erstellen, Teilemaske anlegen und für jedes Merkmal eine Merkmalsmaske mit Merkmalswert und Toleranz anlegen. Prüfmittel, Prüfmittelauflösung, Normal mit Kalibrierwert usw. sind zu ergänzen. Die entsprechende Wertemaske wird daraus automatisch vorbereitet.

Messung und Auswertung:

1. Schritt
Auswahl von Messobjekten (n ≥ 5), die möglichst über die Toleranz verteilt sind und Festlegung der Anzahl Messungen pro Messobjekt (r ≥ 2). Dabei muss das Produkt $n \cdot r$ größer gleich 20 sein: $n \cdot r \geq 20$.

Standardfall: 10 Teile mit 2 Messungen pro Messobjekt.

2. Schritt
Die Teile werden nummeriert. Um den Einfluss des Messobjekts (z.B. der Teilegeometrie) auszu-

schließen, wird die Messposition gekennzeichnet oder ist zu dokumentieren. Die Einflussgrößen (z.B. Temperatur, Schwingung usw.) sind festzuhalten.

3. Schritt
Der Gerätebediener stellt die Messeinrichtung ein und ermittelt die Messwerte der Messobjekte in der durch die Nummerierung vorgegebenen Reihenfolge nach der gültigen Vorschrift unter Beachtung der Messposition. Die Messwerte werden dokumentiert. In derselben Reihenfolge und nach derselben Verfahrensweise ermittelt der Gerätebediener die Merkmalswerte der Teile ein zweites Mal. Die Messergebnisse der zweiten Messung dürfen von den Ergebnissen der ersten Messung nicht beeinflusst werden. Während der Durchführung der Untersuchung sind Veränderungen an der Messeinrichtung nicht zulässig.

Hinweis:
Die hier empfohlene Reihenfolge für den Messablauf kann oftmals aus praktischen Gegebenheiten nicht eingehalten werden. Um bestimmte Eigenschaften einer Messeinrichtung bzw. den Drift durch Temperatureinfluss erkennen zu können, ist es ggf. sinnvoll, eine andere Reihenfolge zu wählen.

Daher empfiehlt sich, die Reihenfolge des Messablaufs je nach Messaufgabe in Absprache zwischen Kunde und Lieferant individuell festzulegen und entsprechend zu dokumentieren.

4. Schritt

Die Werte in die Wertemaske eintragen. Unter bestimmten Voraussetzungen können die Werte auch automatisch übertragen werden.

6. Schritt

Die Berechnung des Mittelwerts $\bar{x}_g$, der Spannweite R_g, sowie der Wiederholpräzision *EV, %EV* und der Prüfsystemstreuung *GRR, %GRR* erfolgt automatisch.

$$GRR = EV$$

$$\%GRR = \%EV = \frac{GRR}{RF} \cdot 100\%$$

Beurteilung der Ergebnisse:

I. Fall: %GRR = %EV ≤ 20% für neue Messsysteme

II. Fall: %GRR = %EV ≤ 30% für Messsysteme im Einsatz

Das Messgerät ist geeignet.

Der Fall $R_g = 0$ ist zu begründen. Dieser Fall kann z.B. unter folgenden Bedingungen auftreten:

a: Das Messgerät ist sehr gleichmäßig in seiner Merkmalsausprägung.

b: Die Auflösung der Messeinrichtung reicht nicht aus, um die Einflüsse zu erkennen.

c: Fehler in der Messeinrichtung (z.B. Messtaster klemmt).

III. Fall: %GRR = %EV > 20% bzw. 30%

Das Messgerät ist nicht geeignet.

Die Messstreuung ist zu reduzieren, bis die Forderung erfüllt ist (siehe hierzu auch Vorgehensweise „Nicht fähige Messsysteme“).

Anmerkung:

Durch Umstellung der Ungleichung %EV $\leq$ 20% bzw. 30% kann die kleinste zulässige Betrag der Toleranzvorgabe errechnet werden, für die die Messeinrichtung zur Messung nach Verfahren 3 eingesetzt werden kann:

$T \geq 5 \cdot EV$ bei neuem Messsystem

$T \geq \frac{10}{3} \cdot EV$ bei Messsystem im Einsatz

3.2 Messunsicherheitsbetrachtung

3.2.1 Methoden und Ablauf zu Ermittlung der Messunsicherheit

Die Messunsicherheitsbetrachtung ist eine an GUM [5] bzw. VDA 5 [14] orientierte Vorgehensweise zum Nachweis der Prüfprozesseignung eines Messsystems/Messgerätes. Sie nutzt theoretische Überlegungen, welche Einflussfaktoren wirken, schätzt daraus Messunsicherheit und somit Auswirkung auf den Prüfprozess ab. Sie beinhaltet die Erstellung eines Messunsicherheitsbudgets, indem die berücksichtigten Einflusskomponenten aufgeführt sind. Die Berechnung erfolgt gemäß den in Abschnitt 2.13 aufgeführten Grundmodellen der Längenmesstechnik. Die Vorgehensweise eignet sich besonders für universell eingesetzte Messgeräte/Prüfmittel

Aus der ermittelten erweiterten Messunsicherheit kann eine kleinste prüfbare Toleranz T_{min} und der Grenzwert g_{pp} für die Prüfprozesseignung berechnet werden. Mit diesen wird beurteilt, ob eine Messeinrichtung aufgrund der Messunsicherheit und unter Berücksichtigung aller relevanten Einflussgrößen für die vorgesehene Messaufgabe geeignet ist.

1	Analyse Prüfprozess: Benennung von Unsicherheitskomponenten	1, 2, ...,n
2	Ermittlung Standardunsicherheiten durch Methode A und/oder B	$u(x_A)_i$ $u(x_B)_i$
3	Ermittlung der kombinierten Standard-unsicherheit	$u(y) = \sqrt{\sum_{i=1}^{n} u(x)_i^2}$
4	Ermittlung der erweiterten Messunsicherheit	$U = k \cdot u(y)$

Abbildung 3-6: Allgemeingültige Vorgehensweise zur Bestimmung der Messunsicherheiten

Der Einfluss von Unsicherheitskomponenten auf das Messergebnis wird durch die Bestimmung von Standardunsicherheiten $u(x)_i$ quantifiziert. Die Bestimmung der Standardunsicherheit kann durch

– statistische Auswertung von Messreihen (Methode A; Bestimmung von $u(x_A)_i$)

oder durch

– Verwendung von Vorinformationen (Methode B; Bestimmung von $u(x_B)_i$)

ermittelt werden.

Die Standardunsicherheiten der Methoden A und B werden gleich behandelt.

Methode A

Es wird aus einer Messreihe mit *n* Einzelmesswerten, die unter definierten Versuchsbedingungen ermittelt wurden, die empirische Standardabweichung s_n der Einzelmesswerte nach

$$s_n = \sqrt{\frac{\sum_{i=1}^{n}(x_i - \bar{x})^2}{n-1}}$$

ermittelt. Für die Bestimmung der Standardabweichung s_n werden $n = 20$ Wiederholungsmessungen empfohlen. Sie wird im Rahmen der Messunsicherheitsuntersuchung in der Regel nur einmalig bestimmt.

Die Standardabweichung geht als Standardmessunsicherheit $u(x_A)$ in das Messunsicherheitsbudget ein, wenn, wie im praktischen Einsatzfall üblich, das Messergebnis durch nur einmalige Messung bestimmt wird.

$$u(x_A) = s_n$$

Einen kleineren Wert für $u(x_A)$ erhält man durch mehrmalige Wiederholungsmessungen mit dem Stichprobenumfang $n^* > 1$

$$u(x_A) = \frac{s_n}{\sqrt{n^*}}$$

als Standardmessunsicherheit des Mittelwertes der Stichprobe

Methode B

Wenn die Bestimmung einer Standardunsicherheit nach der Ermittlungsmethode A nicht, bzw. nicht wirtschaftlich erfolgen kann, so können die entsprechenden Standardunsicherheiten aus Vorinformationen geschätzt werden. Vorinformationen können sein:

- Daten aus früheren Messungen
- Erfahrungen oder allgemeine Kenntnisse über Verhalten und Eigenschaftender relevanten Materialien und Messgeräte (bauähnliche bzw. baugleiche Geräte)
- Angaben des Herstellers
- Daten von Kalibrierscheinen und Zertifikaten

- Unsicherheiten, die Referenzdaten aus Handbüchern zugeordnet sind.
- Messwerte auf der Basis von weniger als n = 10 Messungen

Liegen für die verwendeten Vorinformationen Werte mit einer erweiterten Messunsicherheit U und Informationen zum verwendeten Erweiterungsfaktor k vor, so ist der Erweiterungsfaktor k vor der Zusammenfassung zur kombinierten Standardunsicherheit $u(y)$ in der Form

$$u(x_B) = \frac{U}{k}$$

zu berücksichtigen.

Ist dies nicht bekannt, so ist ein Fehlergrenzwert a oder eine andere Ober und Untergrenzen auszuwählen. Die Standardunsicherheit $u(x_B)$ wird unter Berücksichtigung der Verteilung durch Transformation der Fehlergrenze berechnet. Typische Verteilungen enthält Tabelle 4. Ohne Hinweise auf die Verteilung ist die Rechteckverteilung als sicherste Variante zu verwenden.

$$u(x_B) = a \cdot b$$

mit a = Fehlergrenzwert und b = Verteilungsfaktor

Verteilung	*Schema* (P = stat. Sicherheit mit der die Werte innerhalb $\pm a$ liegen)	*Verteilungsfaktor b*	*Standardunsicherheit $u(x_B)$*
Dreieckverteilung	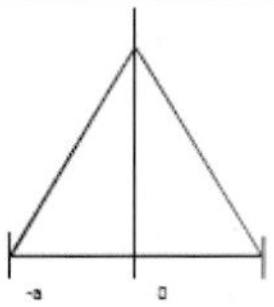 (P = 100 %)	0,4	$u(x_B) \approx \frac{2a}{\sqrt{24}} \approx 0{,}4 \cdot a$
Normalverteilung	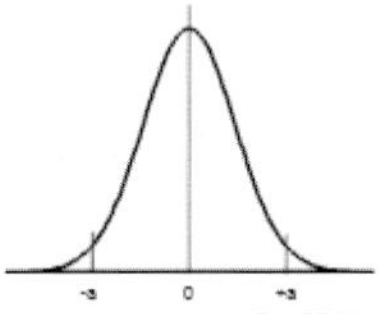 (P = 95 %)	0,5	$u(x_B) = \frac{2a}{\sqrt{16}} = 0{,}5 \cdot a$
Rechteckverteilung	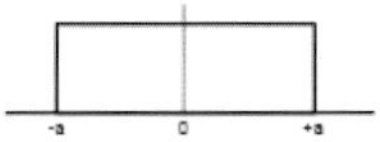 (P = 100 %)	0,6	$u(x_B) \approx \frac{2a}{\sqrt{12}} \approx 0{,}6 \cdot a$
U-Verteilung	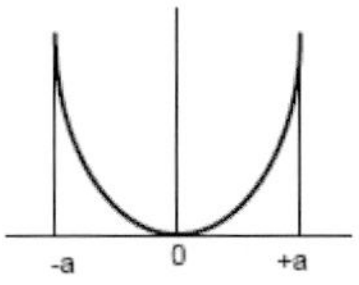 (P = 100 %)	0,7	$u(x_B) = \frac{a}{\sqrt{2}} \approx 0{,}7 \cdot a$

Abbildung 3-7: Typische Verteilungen von Fehlergrenzwerten und deren Verteilungsfaktor b zur Bestimmung einer Standardunsicherheit nach Methode B.

3.2.2 Analyse des Prüfprozesses

Für die Benennung der Unsicherheitskomponenten ist im ersten Schritt das entsprechende Grundmodell zu wählen. Aus dem Grundmodell, dem für die Prüfung geplanten Messsystem und den Einsatz-/Umgebungsbedingungen sind die relevanten einzelnen Komponenten zu bestimmen. Zu den Einflussgrößen gehören z.B. Messsystem, Messmethode, Messverfahren, Verschmutzung, Erschütterung, zeitlicher und örtlicher Temperaturgradient, Bediener, Beschaffenheit des Messobjektes.

3.2.3 Ermittlung der Standardunsicherheiten

Standardunsicherheit des Normals/Referenzteils

Die im Kalibrierschein zum Normal angegebene Messunsicherheit sollte kleiner sein als 5% der zu überprüfenden Merkmalstoleranz. Ist dies hier nicht gegeben, errechnet sich die Standard-Unsicherheitskomponente des Normals nach der Methode B aus

$$u_c = \frac{U_c}{k_c}$$

Standardunsicherheit aufgrund der Auflösung

Die Auflösung der Anzeige des Messmittels sollte kleiner 5% der Toleranz sein. Ist dies nicht gegeben, wird für die Auflösung eine Standard-Unsicherheitskomponente nach der Methode B berechnet

$$u_{re} = \frac{1}{2 \cdot \sqrt{3}} \cdot \text{Auflösung}$$

Standardunsicherheit aufgrund systematischer Messabweichungen

Zur Bestimmung der Standardunsicherheitskomponente aufgrund der systematischen Messabweichung muss ein Normal bzw. kalibriertes Referenzteil, von dem der Istwert bekannt ist, von einem Bediener mehrfach (z.B. 20 mal) gemessen werden. Die Messwerte sind festzuhalten. Daraus kann der Mittelwert bestimmt werden. Die systematische Messabweichung ergibt sich dann aus der Differenz zwischen dem errechneten Mittelwert $\bar{x}_g$ und dem Istwert des Normals bzw. Referenzteils. Zur Bestimmung der Standardunsicherheitskomponente ist die systematische Messabweichung Bi mit dem so genannten Verteilungsfaktor zu multiplizieren. In diesem Fall geht man von einer Rechteckverteilung aus. Nach der Methode B ist der Verteilungsfaktor dann 0,58.

Mittelwert der Messwertreihe $\bar{x}_g = \frac{\sum_{i=1}^{n} x_i}{n}$ i = 1, 2, ..., n

systematische Messabweichung $Bi = |\bar{x}_g - x_m|$ x_m = Istwert Normal

Unsicherheitskomponente systematische Messabweichung $u_b = \frac{1}{\sqrt{3}} \cdot Bi$

Standardunsicherheit aufgrund von Linearitätsabweichungen

Dieser ist nur durchzuführen, wenn das Messgerät keine lineare Maßverkörperung enthält. In diesem Fall muss das Linearitätsverhalten des Messgerätes nach der Methode B ermittelt werden.

Um die Größe dieses Einflusses zu bestimmen, sollten an mindestens 3 Normalen bzw. Referenzteilen, die gleichmäßig über die Spezifikation verteilt sind, Wiederholungsmessungen (mindestens 10 pro Normal) durchgeführt werden. Für jede der 3 Messwertreihen wird die systematische Messabweichung bestimmt. Die größte systematische Messabweichung geht dann in die Bestimmung der Unsicherheitskomponente Linearität ein:

Systematische Messabweichung am Normal i $e_i = \left|\bar{x}_{gi} - x_{mi}\right|$

Maximale systematische Messabweichung von allen Normalen $Bi_{max} = \max\{e_i\}; \quad i = 1,2,...,$

Standardmessunsicherheitskomponente Linearität $u_b = \frac{1}{\sqrt{3}} \cdot Bi_{max}$

In der Regel ist die Kalibrierung von Referenzteilen sehr aufwendig und damit kostspielig. Daher beschränkt man sich in der Regel auf drei Normale.

Standardunsicherheit aufgrund der Messgerätestreuung

Um die Größe des Einflusses aufgrund der Gerätestreuung zu ermitteln, können, wie unter Punkt 3.1.1 beschrieben, nach der Methode A an einem Normal bzw. Referenzteil Wiederholungsmessungen vorgenommen werden. Aus der Messwertreihe wird die Standardabweichung bestimmt. Diese wird gleichgesetzt mit der Unsicherheitskomponente Gerätestreuung.

Standardabweichung $s_g = \sqrt{\frac{\sum_{i=1}^{n}\left(x_i - \bar{x}_g\right)^2}{n-1}}$

Standardabweichungskomponente Gerätestreuung $u_g = s_g$

Standardunsicherheit aufgrund des Objekteinflusses

Um die Größe der Unsicherheit aufgrund von Form- oder anderen Objektfehlern zu bestimmen, messen ein oder mehrere Prüfer ein Objekt an mehreren Stellen. Dabei sind mindestens 20 Wiederholungsmessungen durchzuführen (Methode A). Aus der Messwertreihe kann die Standardabweichung berechnet werden. Diese ergibt dann die Unsicherheitskomponente u_{Objekt}.

Standardabweichung $s_{w1} = \sqrt{\frac{\sum_{i=1}^{n}\left(x_i - \bar{x}_g\right)^2}{n-1}}$

Standardabweichungskomponente des Objekteinflusses $u_{w1} = s_{w1}$

Standardunsicherheit aufgrund von Bedienereinflüssen

Um die Größe der Unsicherheit aufgrund von Bedienereinflüssen zu bestimmen, messen mehrere Prüfer ein Objekt an der gleichen Stelle. Dabei sind mindestens 10 Wiederholungsmessungen je Bediener durchzuführen (Methode A). Aus der Messwertreihe kann die Standardabweichung berechnet werden. Diese ergibt dann die Unsicherheitskomponente $u_{Bediener}$.

Standardabweichung

$$s_{w1} = \sqrt{\frac{\sum_{i=1}^{n}\left(x_i - \bar{x}_g\right)^2}{n-1}}$$

Standardabweichungskomponente des Bedienereinflusses

$$u_{w1} = s_{w1}$$

Objekt- und Bedienereinflüsse können auch wie unter Punkt 3.1.3 beschrieben, nach der Methode A zusammen ermittelt werden und mithilfe einer Varianzanalyse (ANOVA) siehe [4] berechnet werden. Eine weitere Möglichkeit ist auch die Mittelwert- und Spannweitenmethode (ARM). Zur Vereinfachung sollte das Verfahren insgesamt so gestaltet werden, dass nur ein Minimum von praktischen Messungen erforderlich ist.

Standardunsicherheit aufgrund von Temperatureinflüssen

Die Berechnung der Standardunsicherheit aufgrund von Temperatureinflüssen ist, je nach dem welches Grundmodel vorliegt, siehe 2.13, sowie ob eine Temperaturkompensation durchgeführt wird, zu unterscheiden.
Hinweis: Die unten angeführten Formeln zur Berechnung der Standardunsicherheit gelten nur unter der Annahme, dass α_W, α_M, t_W und t_M unkorreliert sind und sich die Temperaturen während der Messung nicht ändern.

Absolutmessung mit Temperaturkompensation

Da sowohl die (gemessenen) Temperaturen als auch die Wärmeausdehnungskoeffizienten die zur Berechnung eingesetzt werden, wiederum mit Unsicherheiten behaftet sind, verbleibt eine Restunsicherheit u_{Rest}. Diese lässt sich als Standardunsicherheit durch Temperatureinflüsse berechnen:

Standardunsicherheit

$$u_{w2} = u_{Rest} = L_{Anz}\sqrt{\Delta T_M^2 u_{\alpha_M}^2 + \Delta T_W^2 u_{\alpha_W}^2 + \alpha_M^2 u_{T_M}^2 + \alpha_W^2 u_{T_W}^2}$$

mit

$$\Delta T_{W/M} = T_{W/M} - 20°C$$

L_{Anz} = Anzeigewert des Messgerätes
$\Delta T_{W/M}$ = Temperaturabweichung des Werkstücks / Messgerätemaßstabs von 20°C
$\alpha_{W/M}$ = Wärmeausdehnungskoeffizient des Werkstücks / Messgerätemaßstabs
$u_{\alpha\, W/M}$ = Unsicherheit der Wärmeausdehnungskoeffizienten ($\approx 0{,}1 * \alpha_{W/M}$)
$u_{T\, W/M}$ = Unsicherheit der Temperaturmessung

Absolutmessung ohne Temperaturkompensation

Für die im Betrieb maximal vorkommenden Temperaturen lassen sich die Messabweichungen Δl für die Absolutmessung berechnen zu:

$$\Delta l = L_{Anz} (\alpha_W * \Delta T_W - \alpha_M * \Delta T_M)$$

mit

$$\Delta T_{W/M} = T_{W/M} - 20°C$$

$\Delta T_{W/M}$	=	Temperaturabweichung des Werkstücks / Messgerätemaßstabs von 20°C
$\alpha_{W/M}$	=	Wärmeausdehnungskoeffizient des Werkstücks / Messgerätemaßstabs

Zusammen mit der Unsicherheit aus Ausdehnungskoeffizienten und Temperaturmessung u_{Rest} lässt sich die maximal zu erwartende Abweichung aufgrund von Temperatureinflüssen ermitteln. Sie kann als Grenzwert angegeben werden, dann gilt:

Standardunsicherheit $$u_{w2} = 0{,}6 \cdot a$$

mit $$a = |\Delta L| + 2u_{Rest}$$

Vergleichsmessung mit Temperaturkompensation

Da sowohl die (gemessenen) Temperaturen als auch die Wärmeausdehnungskoeffizienten die zur Berechnung eingesetzt werden, wiederum mit Unsicherheiten behaftet sind, verbleibt eine Restunsicherheit u_{Rest}. Die Standardunsicherheit durch Temperatureinflüsse berechnet sich mit:

Standardunsicherheit $$u_{w2} = u_{Rest} = L_N \sqrt{\Delta T_N^2 u_{\alpha_N}^2 + \Delta T_W^2 u_{\alpha_W}^2 + \alpha_N^2 u_{T_N}^2 + \alpha_W^2 u_{T_W}^2}$$

mit

$$\Delta T_{W/N} = T_{W/N} - 20°C$$

L_N	=	Länge des Normals
$\Delta T_{W/N}$	=	Temperaturabweichung des Werkstücks / Normals von 20°C
$\alpha_{W/N}$	=	Wärmeausdehnungskoeffizient des Werkstücks / Normals
$u_{\alpha\, W/N}$	=	Unsicherheit der Wärmeausdehnungskoeffizienten ($\approx 0{,}1 * \alpha_{W/M}$)
$u_{T\, W/N}$	=	Unsicherheit der Temperaturmessung

Vergleichsmessung ohne Temperaturkompensation

Für die im Betrieb maximal vorkommenden Temperaturen lassen sich die Messabweichungen Δl für die Vergleichsmessung berechnen zu:

$$\Delta l = L_N\ (\alpha_W * \Delta T_W - \alpha_N * \Delta T_N)$$

mit $$\Delta T_{W/N} = T_{W/N} - 20°C$$

L_N = Länge des Normals
$\Delta T_{W/N}$ = Temperaturabweichung des Werkstücks / Normals von 20°C
$\alpha_{W/N}$ = Wärmeausdehnungskoeffizient des Werkstücks / Normals

Zusammen mit der Unsicherheit aus Ausdehnungskoeffizienten und Temperaturmessung u_{Rest} lässt sich die maximal zu erwartende Abweichung aufgrund von Temperatureinflüssen ermitteln. Sie kann als Grenzwert angegeben werden, dann gilt:

Standardunsicherheit $$u_{w2} = 0{,}6 \cdot a$$

mit $$a = |\Delta l| + 2u_{Rest}$$

Differenzmessung

Da die Messlänge und die Temperaturdifferenz zwischen den beiden Messstellen in der Regel sehr klein ist, kann der Temperatureinfluss praktisch vernachlässigt werden. Ist die nicht der Fall bzw. soll die Standardunsicherheit trotzdem bestimmt werden, kann diese nach DIN ISO/ TS 15530-3 [9] berechnet werden:

Standardunsicherheit $$u_{W2} = |T - 20°C| \cdot u_\alpha \cdot L_{Anz}$$

mit

u_α = Unsicherheit des Wärmeausdehnungskoeffizienten (≈ 0,1 * α_W)
T = die mittlere Temperatur während des Prüfprozesses
L_{Anz} = das gemessene Maß

3.2.4 Ermittlung der kombinierten Standardunsicherheit

Sind, wie oben beschrieben, die einzelnen Unsicherheitskomponenten berechnet, ergibt sich die kombinierte Standardunsicherheit u_{gesamt} aus

$$u_{gesamt} = \sqrt{u_c^2 + u_{re}^2 + u_b^2 + u_g^2 + u_w^2}$$

mit

u_c = Standardunsicherheit aus der im Kalibrierschein angegebenen Unsicherheit
u_{re} = Standardunsicherheit aufgrund der Auflösung

u_b = systematische Abweichung zwischen dem Mittelwert $\bar{x}$ und dem Kalibrierwert x_m
u_g = Standardunsicherheit aus den Wiederholungsmessungen
u_w = Zusammengefasste Standardunsicherheit aus weiteren Einflüssen (Werkstoff-, Temperatur-, Produktionsstreuungen, ...
mit $u_w = u_{w1} + u_{w2} + \ldots + u_{wi}$

3.2.5 Ermittlung der erweiterten Messunsicherheit

Durch Erweiterung der ermittelten Standardunsicherheit u_{gesamt} erhält man die Erweiterte Messunsicherheit

$$U = k \cdot u_{gesamt}$$

mit

k = Erweiterungsfaktor

Die Überlagerung von beliebigen Verteilungen führt in der Tendenz immer zu einer angenäherten Normalverteilung (Zentraler Grenzwertsatz der Wahrscheinlichkeitsrechnung). Unter der Voraussetzung, dass als Überdeckungswahrscheinlichkeit P = 95,5% angenommen wird und bei den Versuchen mehr als 15 Wiederholungsmessungen vorgenommen worden sind ist der Erweiterungsfaktor k in der Regel 2.

Sind weniger als 15 Messungen vorgenommen worden, ist der k-Faktor entsprechend größer zu wählen. Der Wert ist der Tabelle 6-2 zu entnehmen.

Anmerkung:

Gegebenfalls sind der effektiven Freiheitsgrade ν_{eff} der Messgröße nach der Welch-Satterthwaite-Formel zu ermitteln.

$$\nu_{eff} = \frac{u^4(y)}{\sum_{i=1}^{N} \frac{u_i^4(y)}{n_i - 1}}$$

Diese enthält die Standardunsicherheit $u(y)$ der Messgröße und die Unsicherheitsbeiträge $u_i(y)$ der einzelnen Einflußgrößen (jeweils in der vierten Potenz) sowie die Anzahl n_i der Messwerte, aus denen der Schätzwert der jeweiligen Einflußgröße nach der Methode A des Leitfadens ermittelt wurde. Der Ausdruck n_i-1 bezeichnet die Freiheitsgrade der einzelnen Einflußgrößen.

3.2.6 Bestimmung der Eignungskennwerte

Wurde die erweiterte Messunsicherheit U bestimmt, kann diese gemäß DIN EN ISO 14253 [8] an den Spezifikationsgrenzen berücksichtigt werden. Insbesondere wenn an einem Teil zeitgleich mehrere Merkmale zu beurteilen sind, möchte man gerne eine Kenngröße berechnen, die eine Aussage über die Eignung der Merkmale und damit des gesamten Prüfprozesses über alle Merkmale hinweg erlaubt. Im VDA 5 [14] wurde hierfür ein Kennwert g_{pp} definiert. Dieser errechnet sich aus

$$g_{pp} = 2\frac{U}{T}$$

Dieser Kennwert wird mit einem vorgegebenen Grenzwert verglichen. Ist der errechnete Kennwert g_{pp} kleiner als die vorgegebene Grenze, gilt der Prüfprozess bezüglich des jeweiligen Merkmals als geeignet. Die Grenzwerte werden in Abhängigkeit des Stadiums der Unsicherheitsstudie festgelegt. Es werden 3 Stufen unterschieden:

Der Kennwert g_{pp} kann die geforderten Grenzwerte über- bzw. unterschreiten. Unter der Annahme, dass g_{pp} mit dem jeweiligen Grenzwert G_{pp} identisch ist, kann ein „Minimale Toleranz" berechnet werden, für die der Prüfprozess noch geeignet wäre:

$$T_{min} = 2 \cdot \frac{U}{G_{pp}}$$

Beurteilung der Ergebnisse:

I. Fall: vorläufige Prüfprozesseignung beim Hersteller (Stufe 1) oder im Werk (Stufe 2)

$g_{pp} \leq 30\%$

II. Fall: Prüfprozesseignung im Werk (Stufe 3)

$g_{pp} \leq 40\%$

Der Prüfprozess ist geeignet.

III. Fall: $g_{pp} > 30\%$ bzw. 40%

Das Messgerät ist nicht geeignet.

Die Messstreuung ist zu reduzieren, bis die Forderung erfüllt ist (siehe hierzu auch Vorgehensweise „Nicht fähige Messsysteme").

Anmerkung

Werden Konformitätsprüfungen durchgeführt ist die berechnete erweiterte Messunsicherheit *U* gemäß DIN 14253 [8] an den Spezifikationsgrenzen zu berücksichtigen, siehe Kapitel 1.4.

3.3 Messbeständigkeit / Stabilität (ST)

Bei den vorher genannten Verfahren zur Fähigkeitsanalyse und Unsicherheitsbetrachtung wird in der Regel nur eine Kurzzeitbetrachtung vorgenommen. Daher ist die kontinuierliche Untersuchung der Messbeständigkeit zu empfehlen.

Vorbereitung:

1. Es muss ein Normal/Einstellmeister oder ein kalibriertes Bauteil vorhanden sein, dessen richtiger Wert auf nationale oder internationale Normale rückführbar ist und das sich im Laufe der Zeit nicht verändert. Die Messunsicherheit der übergeordneten Messverfahren, mit denen der richtige Wert bestimmt wird, ist anzugeben.
2. Die Festlegung der Grenzwerte zur Beurteilung der Messbeständigkeit kann auf 2 Arten vorgenommen werden.

- Wurde bei der Abnahme eine Fähigkeitsanalyse oder eine Messunsicherheitsbetrachtung durchgeführt, sind aus den Urdaten die Eingriffsgrenzen für die Stabilitätsüberwachung zu berechnen und in eine Shewhart-Qualitätsregelkarte (QRK) einzutragen.
- Sind keine Daten vorhanden müssen vorläufige Grenzwerte festgelegt werden. In der Regel hat sich eine Festlegung von ±10% der Toleranz bezogen auf den Ist-Wert des Normals/ Werkstücks bewährt.
- Für den Stabilitätsnachweis sind zunächst in kurzen Zeitabständen Überprüfungen vorzunehmen. Basierend auf den Ergebnissen ist ein Intervall festzulegen, zu dem regelmäßig neue Überprüfungen stattfinden sollen. Hierzu wird jeweils eine Stichprobe mit n=2 oder 3, zu unterschiedlichen Zeiten, Schichten, etc. entnommen und in die Qualitätsregelkarte eingetragen.

Messung und Auswertung:

1. Schritt
Dokumentieren der Daten zu Messeinrichtung, Normal, Merkmal, Toleranz etc.

2. Schritt
Eintragen der Grenzen der Messbeständigkeit in die Regelkarte. Der Stichprobenumfang kann zwischen 2 und 5 liegen (Standard n = 2).

mit s_g ermittelt über Verfahren 1 oder einer Unsicherheitsbetrachtung (Nichteingriffswahrscheinlichkeit =99%)
OEG = $x_m + 2{,}576 \cdot s_g$
UEG = $x_m - 2{,}576 \cdot s_g$

alternativ: Eingabe der Grenzen, z.B.
OEG = $x_m + 0{,}1 \cdot T$
UEG = $x_m - 0{,}1 \cdot T$

Hinweis:
Falls der Abstand der natürlichen Eingriffsgrenzen einer Urwertkarte < 10% der Toleranz ist, können die vorläufigen Eingriffsgrenzen auf 10% der Toleranz festgelegt werden, um zu verhindern, dass die Auflösung des Messmittels der Grund für eine Verletzung der Eingriffsgrenze ist.

3. Schritt

Einstellen der Messeinrichtung mit Hilfe des Normals nach der gültigen Vorschrift.

4. Schritt

Ausführung von mindestens 2 Einzelmessungen am Normal und/oder Werkstück in den festgelegten Prüfintervallen nach der gültigen Vorschrift. Während der Messbeständigkeitsprüfung darf nicht nachgestellt werden.

5. Schritt

Die Messergebnisse nach jeder Stabilitätsprüfung in die Qualitätsregelkarte eintragen.

6. Schritt

Die Berechnung der statistischen Werte, sowie die Ermittlung der Stabilität und der erweiterten Messunsicherheit erfolgt automatisch nachdem genügend Werte vorhanden sind.

Eignungskennwert $g_{pp} = 2\,\frac{U}{T}$

Beurteilung und Maßnahmen bei der Messbeständigkeitsprüfung

I. Fall: Die Summe der Eingriffsgrenzenverletzung (Anzahl der Werte außerhalb der Eingriffsgrenzen) überschreitet nicht die Grenzen des Zufallsstreubereichs der Binominalverteilung (QRK = Stabil) und der Grenzwert g_{pp} ist $\leq$ 0,4.

Die Stabilität ist nachgewiesen

Es reicht aus, die Messeinrichtung in festgelegten Intervallen, zum Beispiel, jeweils am Arbeitsbeginn einzustellen.

II. Fall: Es treten Über- oder Unterschreitungen der vorgegebenen Eingriffsgrenzen aufgrund eines Trends auf:

Die Stabilität ist nicht gegeben, das Intervall ist zu lang.

Das Intervall ist so zu verkürzen, dass die Messwerte innerhalb der Grenzen verbleiben.

III. Fall: Es finden Über- und Unterschreitungen der vorgegebenen Grenzen ohne Trend statt, so dass bei der Messeinrichtung keine stabile Phase erkennbar ist.

Die Stabilität ist nicht gegeben, die Messeinrichtung ist ungeeignet.

Es sind Verbesserungen einzuleiten (siehe hierzu auch Vorgehensweise „Nicht fähige Meßsysteme").

4 Fallbeispiele

alle Fallbeispiele inklusive der Sonderfälle Unwucht und Positionstoleranz. Fertigstellung bis Ende Oktober 06!

5 Abkürzungen

a	Fehlergrenzwert
ANOVA	(Varianzanalyse) **An**alysis **o**f **Va**riance
ARM	Mittelwert-Spannweiten-Methode (**A**verage **R**ange **M**ethod)
AV	Vergleichpräzision (Reproducibility / **A**ppraiser **V**ariation)
%AV	Vergleichpräzision (Reproducibility / **A**ppraiser **V**ariation) in % bezogen auf die Bezugsgröße (RF)
Bi	Systematische Messabweichung
%Bi	Systematische Messabweichung (**Bi**as) in % bezogen auf die Bezugsgröße (RF)
	Die systematische Messabweichung wird häufig als Genauigkeit bezeichnet. In der ISO 10012 ist aber der Begriff "Genauigkeit" als qualitativer Begriff definiert. Daher wird in dieser Richtlinie die Differenz zwischen dem beobachteten Mittelwert $\overline{x}_g$ und dem "wahren Wert" x_m mit systematischer Messabweichung bezeichnet.
C_g	Potential Messsystem (**g**age potential index)
C_{gk}	Fähigkeitsindex Messsystem (**g**age **c**apability index) Verfahren 1
EV	Wiederholpräzision (Repeatability - **E**quipment **V**ariation) Messsystem
%EV	Wiederholpräzision (Repeatability - **E**quipment **V**ariation) Messsystem in % bezogen auf die Bezugsgröße (RF)
g_{pp}	Kennwert für die Beurteilung des Prüfprozesses
G_{pp}	Grenzwert für die Beurteilung des Prüfprozesses
k	Erweiterungsfaktor
k	Anzahl der Prüfer (operators)
K_1, K_2	Faktoren, die von der Anzahl der Prüfer, Wiederholungen und Teile abhängt
L_N	Länge des Normals bei einer Referenztemperatur von 20°C
L_{Anz}	Anzeige des Messgerätes
n	Anzahl der Einzelmesswerte einer Messreihe
n	Anzahl der Teile (**n**umber of parts)
OEG	**O**bere **E**ingriffs**g**renze
OSG	**O**bere **S**pezifikations**g**renze
r	Anzahl der Messwertreihen pro Prüfer
$\overline{\overline{R}}$	Mittelwert der mittleren Spannweiten
$\overline{R}$	mittlere Spannweite

R&R	Wiederhol- und Vergleichpräzision, **R**epeatability & **R**eproducibility
%R&R	Wiederhol- und Vergleichpräzision (**R**epeatability & **R**eproducibility) in % bezogen auf die Bezugsgröße (RF)
RE	Auflösung (**Re**solution) des Messsystems
%RE	Auflösung (**Re**solution) des Messsystems in %
RF	Bezugsgröße (**R**eference **F**igure), z.B. Prozesstoleranz, Prozessstreuung, Toleranz, Klassentoleranz
s_g	Standardabweichung einer, mit einem Messsystem am Normal erfassten, Messreihe
s_n	empirische Standardabweichung aus n Einzelmesswerten
s_w	Wiederholstandardabweichung
T	Toleranz
T_{min}	kleinste prüfbare Toleranz für das betrachtete Prüfmittel
T‘	Toleranz unter Berücksichtigung der Messunsicherheit
u(x)	Standardunsicherheit
u	kombinierte Standardunsicherheit
U	erweiterte Messunsicherheit
%U	erweiterte Unsicherheit in % bezogen auf die Bezugsgröße (RF)
U_c	erweiterte Kalibrierunsicherheit
UEG	**U**ntere **E**ingriffs**g**renze
USG	**U**ntere **S**pezifikations **G**renze
$\overline{x}_g$	Mittelwert einer, mit einem Messsystem am Normal erfassten, Messwertreihe
$\overline{\overline{x}}$	arithmetischer Mittelwert aus mehreren Messreihen
x_i	Einzelwerte einer Messwertreihe
x_m	Referenzwert (**m**aster) (von Normal) entspricht “richtiger” bzw. “wahrer” Wert
α	Wärmeausdehnungskoeffizient
α_W	Wärmeausdehnungskoeffizient des Werkstückes
α_N	Wärmeausdehnungskoeffizient des Normals
ΔT	Temperaturdifferenz
ΔT_W	Temperaturabweichung des Werkstückes von 20°C
ΔT_N	Temperaturabweichung des Normals von 20°C

Alle nicht benötigten Abkürzungen und Formelzeichen streichen

6 Tabellen

Anzahl Stichproben: k · n / Anzahl Prüfer (k) • Anzahl Teile (n)	Stichprobenumfang: Anzahl Wiederholungen (r) für K_1 oder Anzahl Prüfer (k) für K_2								
	2	3	4	5	6	7	8	9	10
1	1.0 1.41421	2.0 1.91155	2.9 2.23887	3.8 2.48124	4.7 2.67253	5.5 2.82981	6.3 2.96288	7.0 3.07794	7.7 3.17905
2	1.9 1.27931	3.8 1.80538	5.7 2.15069	7.5 2.40484	9.2 2.60438	10.8 2.76779	12.3 2.90562	13.8 3.02446	15.1 3.12869
3	2.8 1.23105	5.7 1.76858	8.4 2.12049	11.1 2.37883	13.6 2.58127	16.0 2.74681	18.3 2.88628	20.5 3.00643	22.6 3.11173
4	3.7 1.20621	7.5 1.74989	11.2 2.10522	14.7 2.36571	18.1 2.56964	21.3 2.73626	24.4 2.87656	27.3 2.99737	30.1 3.10321
5	4.6 1.19105	9.3 1.73857	13.9 2.09601	18.4 2.35781	22.6 2.56263	26.6 2.72991	30.4 2.87071	34.0 2.99192	37.5 3.09808
6	5.5 1.18083	11.1 1.73099	16.7 2.08985	22.0 2.35253	27.0 2.55795	31.8 2.72567	36.4 2.86680	40.8 2.98829	45.0 3.09467
7	6.4 1.17348	12.9 1.72555	19.4 2.08543	25.6 2.34875	31.5 2.55460	37.1 2.72263	42.5 2.86401	47.6 2.98568	52.4 3.09222
8	7.2 1.16794	14.8 1.72147	22.1 2.08212	29.2 2.34591	36.0 2.55208	42.4 2.72036	48.5 2.86192	54.3 2.98373	59.9 3.09039
9	8.1 1.16361	16.6 1.71828	24.9 2.07953	32.9 2.34370	40.4 2.55013	47.7 2.71858	54.5 2.86028	61.1 2.98221	67.3 3.08896
10	9.0 1.16014	18.4 1.71573	27.6 2.07746	36.5 2.34192	44.9 2.54856	52.9 2.71717	60.6 2.85898	67.8 2.98100	74.8 3.08781
11	9.9 1.15729	20.2 1.71363	30.4 2.07577	40.1 2.34048	49.4 2.54728	58.2 2.71600	66.6 2.85791	74.6 2.98000	82.2 3.08688
12	10.7 1.15490	22.0 1.71189	33.1 2.07436	43.7 2.33927	53.8 2.54621	63.5 2.71504	72.6 2.85702	81.3 2.97917	89.7 3.08610
13	11.6 1.15289	23.8 1.71041	35.8 2.07316	47.3 2.33824	58.3 2.54530	68.7 2.71422	78.6 2.85627	88.1 2.97847	97.1 3.08544
14	12.5 1.15115	25.7 1.70914	38.6 2.07213	51.0 2.33737	62.8 2.54452	74.0 2.71351	84.7 2.85562	94.9 2.97787	104.6 3.08487
15	13.4 1.14965	27.5 1.70804	41.3 2.07125	54.6 2.33661	67.2 2.54385	79.3 2.71290	90.7 2.85506	101.6 2.97735	112.1 3.08438
16	14.3 1.14833	29.3 1.70708	44.1 2.07047	58.2 2.33594	71.7 2.54326	84.5 2.71237	96.7 2.85457	108.4 2.97689	119.5 3.08395
17	15.1 1.14717	31.1 1.70623	46.8 2.06978	61.8 2.33535	76.2 2.54274	89.8 2.71190	102.8 2.85413	115.1 2.97649	127.0 3.08358
18	16.0 1.14613	32.9 1.70547	49.5 2.06917	65.5 2.33483	80.6 2.54228	95.1 2.71148	108.8 2.85375	121.9 2.97613	134.4 3.08324
19	16.9 1.14520	34.7 1.70480	52.3 2.06862	69.1 2.33436	85.1 2.54187	100.3 2.71111	114.8 2.85341	128.7 2.97581	141.9 3.08294
20	17.8 1.14437	36.5 1.70419	55.0 2.06813	72.7 2.33394	89.6 2.54149	105.6 2.71077	120.9 2.85310	135.4 2.97552	149.3 3.08267
d_2 cd	1.12838 0.876	1.69257 1.815	2.05875 2.7378	2.32593 3.623	2.53441 4.4658	2.70436 5.2673	2.8472 6.0305	2.97003 6.7582	3.07751 7.4539

		Stichprobenumfang: Anzahl Wiederholungen (r) für K_1 oder Anzahl Prüfer (k) für K_2									
		11	12	13	14	15	16	17	18	19	20
Anzahl Prüfer (k) • Anzahl Teile (n) Anzahl Stichproben: k · n	1	8.3 3.26909	9.0 3.35016	9.6 3.42378	10.2 3.49116	10.8 3.55333	11.3 3.61071	11.9 3.66422	12.4 3.71424	12.9 3.76118	13.4 3.80537
	2	16.5 3.22134	17.8 3.30463	19.0 3.38017	20.2 3.44922	21.3 3.51287	22.4 3.57156	23.5 3.62625	24.5 3.67734	25.5 3.72524	26.5 3.77032
	3	24.6 3.20526	26.5 3.28931	28.4 3.36550	30.1 3.43512	31.9 3.49927	33.5 3.55842	35.1 3.61351	36.7 3.66495	38.2 3.71319	39.7 3.75857
	4	32.7 3.19720	35.3 3.28163	37.7 3.35815	40.1 3.42805	42.4 3.49246	44.6 3.55183	46.7 3.60712	48.8 3.65875	50.8 3.70715	52.8 3.75268
	5	40.8 3.19235	44.0 3.27701	47.1 3.35372	50.1 3.42381	52.9 3.48836	55.7 3.54787	58.4 3.60328	61.0 3.65502	63.5 3.70352	65.9 3.74914
	6	49.0 3.18911	52.8 3.27392	56.5 3.35077	60.1 3.42097	63.5 3.48563	66.8 3.54522	70.0 3.60072	73.1 3.65253	76.1 3.70109	79.1 3.74678
	7	57.1 3.18679	61.6 3.27172	65.9 3.34866	70.0 3.41894	74.0 3.48368	77.9 3.54333	81.6 3.59888	85.3 3.65075	88.8 3.69936	92.2 3.74509
	8	65.2 3.18506	70.3 3.27006	75.2 3.34708	80.0 3.41742	84.6 3.48221	89.0 3.54192	93.3 3.59751	97.4 3.64941	101.4 3.69806	105.3 3.74382
	9	73.3 3.18370	79.1 3.26878	84.6 3.34585	90.0 3.41624	95.1 3.48107	100.1 3.54081	104.9 3.59644	109.5 3.648.38	114.1 3.69705	118.5 3.74284
	10	81.5 3.18262	87.9 3.26775	94.0 3.34486	99.9 3.41529	105.6 3.48016	111.2 3.53993	116.5 3.59559	121.7 3.64755	126.7 3.69625	131.6 3.74205
	11	89.6 3.18174	96.6 3.26690	103.4 3.34406	109.9 3.41452	116.2 3.47941	122.3 3.53921	128.1 3.59489	133.8 3.64687	139.4 3.69558	144.7 3.74141
	12	97.7 3.18100	105.4 3.26620	112.7 3.34339	119.9 3.41387	126.7 3.47879	133.3 3.53861	139.8 3.59430	146.0 3.64630	152.0 3.69503	157.9 3.74087
	13	105.8 3.18037	114.1 3.26561	122.1 3.34282	129.8 3.41333	137.3 3.47826	144.4 3.53810	151.4 3.59381	158.1 3.64582	164.7 3.69457	171.0 3.74041
	14	113.9 3.17984	122.9 3.26510	131.5 3.34233	139.8 3.41286	147.8 3.47781	155.5 3.53766	163.0 3.59339	170.3 3.64541	177.3 3.69417	184.2 3.74002
	15	122.1 3.17938	131.7 3.26465	140.9 3.34191	149.8 3.41245	158.3 3.47742	166.6 3.53728	174.6 3.59302	182.4 3.64505	190.0 3.69382	197.3 3.73969
	16	130.2 3.17897	140.4 3.26427	150.2 3.34154	159.7 3.41210	168.9 3.47707	177.7 3.53695	186.3 3.59270	194.6 3.64474	202.6 3.69351	210.4 3.73939
	17	138.3 3.17861	149.2 3.26393	159.6 3.34121	169.7 3.41178	179.4 3.47677	188.8 3.53666	197.9 3.59242	206.7 3.64447	215.2 3.69325	223.6 3.73913
	18	146.4 3.17829	157.9 3.26362	169.0 3.34092	179.7 3.41150	190.0 3.47650	199.9 3.53640	209.5 3.59216	218.8 3.64422	227.9 3.69301	236.7 3.73890
	19	154.5 3.17801	166.7 3.26335	178.4 3.34066	189.6 3.41125	200.5 3.47626	211.0 3.53617	221.1 3.59194	231.0 3.64400	240.5 3.69280	249.8 3.73869
	20	162.7 3.17775	175.5 3.26311	187.8 3.34042	199.6 3.41103	211.0 3.47605	222.1 3.53596	232.8 3.59174	243.1 3.64380	253.2 3.69260	263.0 3.73850
d_2 cd		3.17287 8.1207	3.25846 8.7602	3.33598 9.3751	3.40676 9.9679	3.47193 10.5396	3.53198 11.0913	3.58788 11.6259	3.64006 12.144	3.68896 12.6468	3.735 13.1362

Tabelle 6-1: d_2^**-Tabelle mit Freiheitsgraden*

Freiheitsgrad f	1	2	3	4	5	6	7	8	9	10	11	12	13	14	$\to\infty$
Werte k (p=95,5%)	13,97	4,53	3,31	2,87	2,65	2,52	2,43	2,37	2,32	2,28	2,25	2,23	2,21	2,20	2,0

Tabelle 6-2: k-Werte für 95,5% in Abhängigkeit des Freiheitsgrades

7 Literatur

[1] ***A.I.A.G. - Chrysler Corp., Ford Motor Co., General Motors Corp.***
Measurement Systems Analysis, Reference Manual, 3. Auflage.
Michigan, USA, 2002.

[2] ***DGQ - Deutsche Gesellschaft für Qualität***
DGQ Band 11-04: Managementsysteme - Begriffe, Ihr Weg zu klarer Kommunikation, 7. völlig überarbeitete Auflage.
Beuth Verlag, Berlin, 2005.

[3] ***DGQ - Deutsche Gesellschaft für Qualität***
DGQ Band 13-61, Anlage 4: Prüfmittelmanagement - Prüfprozesse planen, überwachen und verbessern. Anwendung der DIN EN ISO 9001.
Beuth Verlag, Berlin, 2003.

[4] ***Dietrich, E. / Schulze, A.***
Eignungsnachweis von Prüfprozessen.
Carl Hanser Verlag, München, Wien, 2005.

[5] ***DIN - Deutsches Institut für Normung***
DIN EN V 13005: Leitfaden zur Angabe der Unsicherheit beim Messen.
Deutsche Fassung ENV 13005:1999
Beuth Verlag GmbH, Berlin, 1999.
entspricht ISO: Guide to the expression of uncertainty in measurement (GUM).

[6] ***DIN - Deutsches Institut für Normung***
DIN 1319-1: Grundlagen der Messtechnik - Teil 1: Grundbegriffe.
Beuth Verlag, Berlin, 1995.

[7] ***DIN - Deutsches Institut für Normung***
DIN EN ISO 14253-1: Geometrische Produktspezifikation (GPS). Prüfung von Werkstücken und Messgeräten durch Messen. Teil 1: Entscheidungsregeln für die Feststellung von Übereinstimmung oder Nichtübereinstimmung mit Spezifikationen.
Beuth Verlag, Berlin, 1999.

[8] ***DIN - Deutsches Institut für Normung***
ISO/TR 14253-2: Geometrical product specifications (GPS) - Inspection by measurement of workpieces and measuring equipment. Part 2: Guide to the estimation of uncertainty in GPS measurement, in calibration of measuring equipment and in product verification.
International Organization for Standardization, Genf, 1999.

[9] ***DIN - Deutsches Institut für Normung***
DIN E 32881-3, Ausgabe:2000-12: Geometrische Produktspezifikation (GPS) - Verfahren zur Bestimmung der Messunsicherheit von Koordinatenmessgeräten (KMG) - Teil 3: Unsicherheitsermittlung mit kalibrierten Werkstücken (ISO/DTS 15530-3:2000).
Beuth Verlag, Berlin, 2000.

[10] ***DIN - Deutsches Institut für Normung***
DIN Fachbericht 78: Technische Spezifikation ISO/TS 16949 , Qualitätsmanagementsysteme, Besondere Anforderungen bei Anwendung von ISO 9001 für die Serien- und Ersatzteil-Produktion in der Automobilindustrie.
Beuth Verlag, Berlin, 2002.

[11] ***DIN - Deutsches Institut für Normung***
DIN EN ISO 9000:2005: Qualitätsmanagementsysteme
- Grundlagen und Begriffe.
Beuth Verlag, Berlin, 2005.

[12] ***DIN - Deutsches Institut für Normung***
DIN EN ISO 10012 : Messmanagementsysteme - Anforderungen an Messprozesse und Messmittel (ISO 10012:2003)l
Beuth Verlag, Berlin, 2004.

[13] ***DIN - Deutsches Institut für Normung***
VIM, Internationales Wörterbuch der Metrologie.
Beuth Verlag, Berlin, 1994.

[14] ***VDA - Verband der Automobilindustrie***
VDA 5 Band Prüfprozesseignung.
VDA, Frankfurt, 2003.

[15] ***DIN - Deutsches Institut für Normung***
DIN EN ISO 3650, Ausgabe:1999-02
Geometrische Produktspezifikation (GPS) - Längennormale – Parallelendmaße
Beuth Verlag, Berlin, 2000.

Index